Das Politische der Wissenschaft

Salzburger interdisziplinäre Diskurse

Herausgegeben von Franz Gmainer-Pranzl

Editorial Advisory Board
Wolfgang Aschauer (FB Soziologie und Sozialgeographie,
Universität Salzburg)
Stefan Bogner (AK Salzburg)
Bettina Bußmann (FB Philosophie an der Gesellschaftswissen-
schaftlichen Fakultät, Universität Salzburg)
Ricarda Drüeke (FB Kommunikationswissenschaft,
Universität Salzburg)
Franz Gmainer-Pranzl (Zentrum Theologie Interkulturell und Studium
der Religionen/FB Systematische Theologie, Universität Salzburg)
Elisabeth Höftberger (FB Systematische Theologie,
Universität Salzburg)
Stephan Kirste (FB Völkerrecht, Europarecht und Grundlagen
des Rechts, Universität Salzburg)
Barbara Mackinger (FB Psychologie, Universität Salzburg)
Alexandra Marciniak (Leseinitiative Zeit Punkt Lesen/BhW
Niederösterreich GmbH)
Ulli Vilsmaier (Responsive Research Collective und Leuphana
Universität Lüneburg)
Georg Zimmermann (PMU Salzburg/FB Mathematik,
Universität Salzburg)

Band 18

Nancy Andrianne / Manfred Gabriel /
Franz Gmainer-Pranzl (Hrsg.)

Das Politische der Wissenschaft

PETER LANG

Bibliografische Information der Deutschen Nationalbibliothek
Die Deutsche Nationalbibliothek verzeichnet diese Publikation
in der Deutschen Nationalbibliografie; detaillierte bibliografische
Daten sind im Internet über http://dnb.d-nb.de abrufbar.

Umschlagabbildung: © DG Design + Grafik, Daniela Gnad

Diese Publikation wurde gefördert von der Studienvertretung Doktorat an der KGW-Fakultät der ÖH Universität Salzburg.

ISSN 2192-1849
ISBN 978-3-631-87940-5 (Print)
E-ISBN 978-3-631-87944-3 (E-PDF)
E-ISBN 978-3-631-87945-0 (EPUB)
DOI 10.3726/b19856

© Peter Lang GmbH
Internationaler Verlag der Wissenschaften
Berlin 2022
Alle Rechte vorbehalten.

Peter Lang – Berlin · Bern · Bruxelles · New York ·
Oxford · Warszawa · Wien

Das Werk einschließlich aller seiner Teile ist urheberrechtlich geschützt. Jede Verwertung außerhalb der engen Grenzen des Urheberrechtsgesetzes ist ohne Zustimmung des Verlages unzulässig und strafbar. Das gilt insbesondere für Vervielfältigungen, Übersetzungen, Mikroverfilmungen und die Einspeicherung und Verarbeitung in elektronischen Systemen.

Diese Publikation wurde begutachtet.

www.peterlang.com

Inhalt

Nancy Andrianne/Manfred Gabriel/Franz Gmainer-Pranzl
Vorwort Herausgeberin und Herausgeber 9

Kay-Michael Dankl
Vorwort ÖH Salzburg 13

Beiträge der Ringvorlesung

Max Preglau
Das Politische der Wissenschaft an der ökonomisierten
Managementuniversität: Zur Lage von Kritischer Theorie und Öffentlicher
Soziologie. Erfahrungen und Reflexionen eines Soziologen 17

Siegrid Schmidt
Das Politische der Germanistik. 200 Jahre Geschichte(n) aus der
Germanistik und ihrem Umfeld 39

Georg Zimmermann
Statistik und Interessenskonflikte – ein unüberwindbares Problem?
Beispiele aus sozialen Medien und dem Wissenschaftsbetrieb 59

Nancy Andrianne
Ökonomische Betrachtungsweise von Schule. Verortung zwischen Neuer
Steuerung, Organisation, Leistungsevaluation und Bildung 77

Franz Gmainer-Pranzl
Politische Theologie – ein Beitrag zur Gesellschafts- und
Wissenschaftskritik 151

Stefanie Hürtgen
Gegen neoliberale Externalisierung und Sachzwang: „Wirtschaft" als
gesellschaftliche Angelegenheit am Beispiel der Corona-Krise 175

Andrea Schmidt
Spannungsfelder in der angewandten Sozialforschung und Sozioökonomie 203

Otto Lagodny
Das Politische an der Rechtswissenschaft 211

Dominik Gruber
Das Politische der Wissenschaft nach Adorno 229

Manfred Oberlechner-Duval
Kritische akademische Lehrerinnen- und Lehrerausbildung als
„Eingedenken in die Natur der Aufklärung" 253

Manfred Gabriel
Wissenschaft als Beruf(ung). Eine kritische Skizze in zwölf Teilen 277

Weitere Beiträge

Katharina Kreissl/Angelika Striedinger
Institutionelle Logiken in der reformierten Hochschule:
Wie unterschiedliche Konzeptionen der Universität organisationale
Gleichstellungsarbeit (de)legitimieren 293

Flora Löffelmann
Wie wir zu forschenden Individuen werden. Mit Bernard Stiegler gegen
das Denken einer „disembodied rationality" in der Wissenschaft 307

Sonja Riegler
Wissen im Widerspruch, Wissen als Widerspruch. Umriss einer
ambivalenten Beziehung 331

Nikolaus Dimmel
Rechtswissenschaft als politisches Handlungsinstrument 347

Maia Loh
Questioning Science. Historische und kritische Analyse einer globalen
und hegemonialen Wissensinstitution 381

Maximilian Niesner
Wissenschaft – eine *diskursive Praxis* 423

ANHANG

Programm der Ringvorlesung „Das Politische der Wissenschaft" im
Sommersemester 2018 an der Universität Salzburg 451

Autorinnen und Autoren 453

Übersetzerin 459

Nancy Andrianne/Manfred Gabriel/Franz Gmainer-Pranzl

Vorwort
Herausgeberin und Herausgeber

Was ist das Politische der Wissenschaft? Diese Frage stellt sich nicht nur anlässlich brisanter gesellschaftspolitischer Forschungsthemen, Interventionen der Politik im Wissenschaftsbetrieb oder konkreter Protestaktionen von Studierenden, sondern viel grundsätzlicher: Wissenschaft erfolgt im Kontext gesellschaftlicher Interessen und Machtstrukturen, nicht im viel zitierten Elfenbeinturm. Auch der Versuch des Rückzugs auf eine „reine Wissenschaft", die angeblich frei von politischen Interessen wäre, kann Lehre und Forschung an der Universität nicht aus der Abhängigkeit von öffentlichen Erwartungshaltungen, ökonomischen Zielen oder sozialen Dynamiken befreien. Gerade die Tendenz, Fragen nach der gesellschaftlichen Verantwortung, dem kritischen Potential und möglichen normativen Gehalten von Wissenschaft in den Hintergrund zu drängen und universitäre Studien dem Druck auszusetzen, ökonomisch „anwendbar" und praktisch „verfügbar" zu sein, ist alles andere als „unpolitisch". Eine scheinbar entpolitisierte Wissenschaft, für die nur „messbare Daten" zählen, während Fragen nach Werten und Normen, sozialer Gerechtigkeit, gesellschaftlicher Verantwortung und Humanität tendenziell als „nichtwissenschaftliche Angelegenheit" angesehen werden, ist in höchstem Maß politisch – sie folgt den Interessen bestimmter gesellschaftlicher Akteure.

Dieses Spannungsfeld zwischen Freiheit und Verantwortung der Wissenschaft, unabhängiger und interessensgeleiteter Forschung, exakten Methoden und komplexen Lebensbedingungen war Thema einer interdisziplinären Ringvorlesung, die im Sommersemester 2018 an der Universität Salzburg stattfand. Kolleginnen und Kollegen aus den unterschiedlichsten Fachbereichen der Universität Salzburg sowie weiteren Universitäten und Forschungseinrichtungen setzten sich aus der Perspektive ihres Faches und Forschungsgebietes mit der Herausforderung des „Politischen der Wissenschaft" auseinander. In den Vorträgen und Diskussionen wurde dabei auf verschiedene – und immer wieder auch überraschende – Weise bewusst, wie sehr wissenschaftliche Arbeit von politischen Einflüssen geprägt ist, aber auch wie politisch wirksam sie werden kann. Die Vortragenden zeigten diese Wechselwirkungen an Themen wie der Situation von Wissenschaft in Diktaturen, der Sensibilität von Wissenschaft für gesellschaftspolitische Entwicklungen, der allgegenwärtigen „Messbarkeit" und Ökonomisierung von Wissenschaft, der Ausbildung von Lehrerinnen und Lehrern, der politisch ambivalenten Rolle von Theologie, der Relevanz ökonomischer Interessen in verschiedenen Forschungsbereichen sowie damit zusammenhängenden rechtswissenschaftlichen, politikwissenschaftlichen und soziologischen Fragen. Weitere Beiträge von Kolleginnen und Kollegen, die sich in ihrer Arbeit ebenfalls mit dem „Politischen der Wissenschaft" auseinandersetzen und im zweiten Teil dieses Bandes abgedruckt sind, steuern weitere wertvolle Einsichten bei, die von Logiken der Universitätsreform über feministische Wissenschaftstheorie, die politischen Hintergründe von Veränderungen rechtswissenschaftlicher Curricula, Möglichkeiten epistemischen Widerspruchs bis hin zu grundsätzlichen Fragen des Verständnisses von Wissenschaft reichen.

Insgesamt geht es den Vorträgen der Ringvorlesung bzw. den Beiträgen dieses Bandes sowohl auf einer wissenschaftstheoretischen Ebene als auch mit Blick auf konkrete Problemstellungen um eine Auseinandersetzung mit folgenden Fragen:

- Ermöglicht die inhaltliche Ausrichtung der Wissenschaft (überhaupt noch) eine (gesellschafts-)politische Reflexion?
- Wie verhalten sich die Vorstellung eines „wertfreien" Wissens einerseits und einer sozial engagierten Wissenschaft andererseits?
- Welchen Stellenwert haben Universitäten und Wissenschaften (noch) für Gesellschaft und Politik, bedenkt man die zunehmende Ökonomisierung aller Lebensbereiche und deren Auswirkungen auf die Arbeitsbedingungen von Menschen, die Teil des Wissenschaftssystems sind oder werden wollen?
- Welche Folgen haben aktuelle Politiken eines Antiakademismus, die deutlich machen, inwiefern Wissenschaft und ihre Expertise bestimmten Herrschaftspositionen im Weg ist?
- Worin besteht konkret die gesellschaftliche Verantwortung von Wissenschaft?
- Was bedeutet „das Politische" für unterschiedliche wissenschaftliche Disziplinen?

Das Ziel der Ringvorlesung bzw. des Sammelbandes war und ist es, die Leserinnen und Leser für die Wechselbeziehungen zwischen wissenschaftlicher Theorie, universitärem Selbstverständnis und gesellschaftlicher Verantwortung zu sensibilisieren und eine kritische Nachdenklichkeit mit Blick auf das Verständnis von „Bildung" und „Forschung" zu fördern. Gerade die Corona-Epidemie, die die Arbeiten zur Fertigstellung dieses Bandes überschattete, machte auf besonders dringliche, ja dramatische Weise den politischen Kontext von „Wissenschaft" bewusst und rief die gesellschaftliche bzw. globale Verantwortung wissenschaftlicher Arbeit in Erinnerung – diese „Lektion" ist wohl lehrreicher als die gesamte Ringvorlesung.

Wir danken allen, die zum Gelingen dieses Publikationsprojekts beigetragen haben: den Vortragenden der Ringvorlesung, den Teilnehmerinnen und Teilnehmern an dieser Lehrveranstaltung, den Autorinnen und Autoren der Beiträge, den finanziellen Unterstützern sowie Frau Lena Schützle (München) und Frau Elisabeth Höftberger (Salzburg) für die engagierte Mitarbeit bei der Erstellung des Manuskripts.

Salzburg, im August 2021
Nancy Andrianne/Manfred Gabriel/Franz Gmainer-Pranzl

Kay-Michael Dankl

Vorwort
ÖH Salzburg – Studienvertretung Doktorat Kultur- und Gesellschaftswissenschaften

Verhältnisse – seien sie gesamtgesellschaftlich oder auf die Universität bezogen – zu hinterfragen, fällt heutzutage nicht leicht. Die gesellschaftlichen Bedingungen, die uns alltäglich umgeben, wirken oft wie eine scheinbar natürliche Umwelt, die fix gegeben und damit alternativlos ist. Die Organisationsform der Universität, die Rahmenbedingungen des Studierens, die bürokratische Reglementierung von Lehren und Forschen, die räumliche Gestaltung des Campus etwa scheinen kein Gegenstand sozialer und politischer Aushandlungsprozesse zu sein, sondern unpolitische Rahmenbedingungen, die man an der Hochschule vorfindet und mit denen der oder die Einzelne zurechtkommen muss. Damit entziehen sie sich der Fantasie, sie auf demokratischen Wege verändern und umgestalten zu können.

Die Hochschule von heute scheint zunehmend der Logik des Marktes zu folgen. Die „unternehmerische" Hochschule habe effizient Absolvent*innen zu „produzieren", Forschungsergebnisse für die unternehmerische Verwertung zu liefern und dabei möglichst wenige staatliche Ressourcen zu beanspruchen – geschweige denn den wirtschaftlich-gesellschaftlichen Betrieb in seinem Voranschreiten zu stören. Die spezifischen Interessen, die den Universitäten, Lehrenden, Forschenden, Studierenden und weiteren Bediensteten eine bestimmte Ordnung aufdrängen, wirken unsichtbar, solange sie nicht angesprochen und hinterfragt werden.

Um die irreführende Wirkung von Verhältnissen als vermeintlich vor-politisch oder naturgegeben zu entlarven, hilft der Vergleich mit anderen Modellen, die wir an verschiedenen Orten oder in der Geschichte suchen können. Der Vergleich fördert Unterschiede zutage, die Anknüpfungspunkte für Reflexion, Kritik und die Idee der Gestaltbarkeit sein können. Auch innerhalb eines Modells kritisch zu hinterfragen, welche Funktionen erfüllt werden, wer Macht hat oder davon profitiert und was dabei auf der Strecke bleibt, kann aufzeigen, dass die Dinge auch anders sein könnten. Die in diesem Sammelband vertretenen Beiträge zeigen, wie produktiv diese Zugänge sind.

Den technokratischen Nimbus der Wissenschaft als vermeintlich unpolitische Sphäre zu zerstreuen und einen klaren Blick auf die wissenschaftlichen und universitären Verhältnisse zu ermöglichen, ist eine Grundvoraussetzung, um demokratische Wissenschaftspolitik zu betreiben. Erst was als veränderbar erkannt wird, kann umgestaltet werden.

Diesen Anspruch verfolgt die Österreichische Hochschüler*innenschaft (ÖH) als Interessensvertretung der Studierenden, aber auch viele Studierende, die kritisch nachdenken, sich organisieren und – wie etwa bei den UniBrennt-Protesten von 2009 – Phasen hochschulpolitischer Debatten und des Aktivismus anstoßen.

In diesem Sinne ist dieses Buchprojekt mit den Einblicken und Erkenntnissen der Ringvorlesung „Das Politische der Wissenschaft" aus dem Sommersemester 2018 an der Universität Salzburg sehr wertvoll. Es ist ein wichtiger Beitrag, um den Nebel der Verhältnisse zu lichten, universitäts- und wissenschaftspolitische Analysen zu schärfen und Studierende sowie Studierendenvertreter*innen bei ihrer Suche nach Handlungsmöglichkeiten zu unterstützen.

Salzburg, im Mai 2021
Kay-Michael Dankl

Beiträge der Ringvorlesung

Max Preglau

Das Politische der Wissenschaft an der ökonomisierten Managementuniversität:
Zur Lage von Kritischer Theorie und Öffentlicher Soziologie. Erfahrungen und Reflexionen eines Soziologen

Abstract: The first section of this contribution draws on the post-empirical (Karl Popper, Thomas Kuhn) and critical theories of science (Karl-Otto Apel, Jürgen Habermas) and seeks to identify the aspects of science in general, and sociology in particular, which are value- and interest-related, and thus have implications which are (potentially, at the very least) political. Following Michael Buroway two versions of normative-critical theories are then identified: critical theory in the narrow sense conducted in the field of academia, and applied "public sociology" addressing social groups that are affected by social dominance, exclusion and inequality. The second section demonstrates, based on the findings of critical research at social, university and technical levels, that the conditions for the creation of a critically reflective sociology and the adoption of a politically progressive "public sociology" in the wake of wide-ranging social transformations have altered dramatically and become far more difficult – at the macro-level of society as a whole, the meso-level of the universities and the cognitive level of discourse and knowledge systems. The third section asks, in conclusion, whether future perspectives for Critical Theory and "Public Sociology" still exist in this new situation, and if so, what they are.

Keywords: universities, education, post-Fordism, management university, postmodernism

In diesem Beitrag möchte ich klären, ob und wo es Politisches in der universitären Wissenschaft gibt, und nachzeichnen, wie sich dieses Politische der Wissenschaft an den österreichischen Universitäten entwickelt hat. Zu diesem Zweck werde ich zunächst versuchen, im Lichte der Wissenschaftstheorie die Wert- und Interessensbezüge und damit das zumindest potentiell Politische der Wissenschaft im Allgemeinen und der Soziologie im Besonderen herauszuarbeiten (1). In der Folge möchte ich darlegen, wie sich die Bedingungen der Produktion und Rezeption einer kritisch-reflexiven Soziologie und einer sich als Anwalt und Aufklärer eines politischen Publikums verstehenden „Öffentlichen Soziologie" verändert haben. Ich untersuche dabei drei Ebenen: die Makroebene der Gesamtgesellschaft, die Mesoebene der Universitätsorganisation und die kognitive Ebene der Diskurse und Wissenssysteme, um herauszufinden, welche Auswirkungen diese Veränderungen auf das durch Wissenschaft Wiss- und Sagbare und damit aber auch auf die politische Funktion von Wissenschaft haben (2). Abschließend möchte ich klären, welche Zukunftsperspektiven für Kritische Theorie und „Öffentliche Soziologie" in dieser neuen Situation bestehen (3).

1 Das Politische der Wissenschaft: Wertbezüge wissenschaftlicher Forschung

1.1 Wert- und Interessensbezüge wissenschaftlicher Forschung aus empirisch-analytischer Sicht

Selbst nach klassisch „positivistischer" Sicht[1] gilt: Wert- und Interessensbezüge und damit potentiell politische Bezüge sind im Objektbereich (als Gegenstände der Wissenschaft) unproblematisch und im „Basisbereich" bzw. im „Entdeckungszusammenhang" (Welches Problem mache ich zum Forschungsthema: Produktivität und Effizienz vs. Verteilungsgerechtigkeit? Welche Theorien lege ich dabei zugrunde: Verhaltens- vs. Handlungstheorie, Ordnungs- vs. Konflikttheorie? Welche Methoden wende ich an: quantitatives vs. qualitatives Paradigma, experimentelle vs. kommunikative Validierung?) sowie im „Verwertungs- und Wirkungszusammenhang" (Was geschieht mit den Ergebnissen? Wem werden sie zur Verfügung gestellt?) unvermeidlich. Im Aussagenbereich bzw. im „Begründungszusammenhang" gelten sie freilich als verboten.

Tabelle 1: Wertbezüge wissenschaftlicher Forschung aus „positivistischer" Sicht

Bereich	Wertbezug
Basisbereich/Entdeckungszusammenhang; Verwertungs- und Wirkungszusammenhang	erlaubt, da unvermeidlich
Objektbereich	erlaubt, da unproblematisch
Aussagenbereich/Begründungszusammenhang	verboten, da rational nicht diskutierbar

Die sogenannte „postempiristische Wissenschaftstheorie"[2] hat diesen wert- und politikgeladenen Charakter von Wissenschaft noch verstärkt, indem sie die Grenzen logischer und empirischer Argumente bei der Theorie und

---

[1] Vgl. Albert, Wertfreiheit; Reichenbach, Experience.
[2] Vgl. Kuhn, Die Struktur wissenschaftlicher Revolutionen; Feyerabend, Wider den Methodenzwang.

Methodenwahl aufgezeigt hat: Diese bleibt abhängig vom zugrundeliegenden „Paradigma", dessen Auswahl seinerseits weder logisch noch empirisch zwingend begründet oder verworfen werden kann; ästhetische und ethisch-politische Werte, Grundüberzeugungen und präreflexive kulturelle Selbstverständlichkeiten spielen auch hier eine entscheidende Rolle.

1.2 Wert- und Interessensbezüge der Wissenschaft aus normativkritischer Sicht

Jürgen Habermas[3] und Karl Otto Apel[4] haben bekanntlich im Zuge des „Positivismusstreits" in den 1960er- und 1970er-Jahren darauf hingewiesen, dass auch der sogenannte „Aussagenbereich" bzw. „Begründungszusammenhang" keine wert- und interessensneutrale Sphäre ist.

- Der vermeintlich wertfreien, empirisch-analytischen Wissenschaft liegt ein technisches Erkenntnisinteresse zugrunde, das in die Logik der Begründung selbst eingeschrieben ist: Durch die Forderung nach experimenteller Reproduzierbarkeit wird Wirklichkeit ins Handlungsschema möglichen technischen Verfügens gebracht und die prototypische tatsächliche technologische Anwendbarkeit zum Prüfkriterium einer Theorie erhoben.
- Das Monopol der empirisch-analytischen Wissenschaft in den Sozialwissenschaften birgt die Gefahr, dass die manipulative Logik des instrumentellen Verfügens auch in die Welt der interpersonalen Beziehungen eindringt und dort zur Errichtung und Erhaltung von sozialer Herrschaft beiträgt.
- Der Allgemeinverbindlichkeitsanspruch der empirisch-analytischen Wissenschaften geht zu Lasten anderer Wissenschaften, deren Wertbezüge bzw. Erkenntnisinteressen sich ihrerseits als objektive Menschheitsinteressen legitimieren lassen, und zwar der
  o hermeneutisch-interpretativ verfahrenden „sinnverstehenden" Sozial- und Kulturwissenschaften: Diesen liegt ein „praktisches Erkenntnisinteresse" an intersubjektiver Verständigung über historische, kulturelle und subkulturelle Grenzen hinweg zugrunde; und der
  o „tiefenhermeneutisch" verfahrenden, „szenisch verstehenden" normativkritischen Sozial- und Kulturwissenschaften, die die Erklärung unbewusster

---

3 Vgl. Habermas, Analytische Wissenschaftstheorie; ders., Erkenntnis und Interesse.
4 Vgl. Apel, Szientistik, Hermeneutik, Ideologiekritik.

Verhaltenszwänge und undurchschauter Handlungseffekte für ein vertieftes (Selbst-)Verständnis von Individuum und Gesellschaft nutzbar machen.

Dieser erkenntnisanthropologische Ansatz (den Habermas nach seiner Wende zur Kommunikationstheorie in den 1980er-Jahren zwar nicht weiter verfolgt, aber m. W. auch niemals revoziert hat) macht deutlich, dass durch die Struktur des Begründungszusammenhangs der allgemeine Typus des praktischen Verwendungszusammenhangs bereits antizipiert wird: Manipulation von Massen durch eine professionelle Elite von Manipulatoren, Verständigung zwischen sozialen Gruppen und Kulturen über soziale und historische Abstände hinweg oder Aufklärung eines undurchschauten Zwängen ausgesetzten und ideologisch verblendeten Publikums.

Wie lässt sich dieses Erkenntnisinteresse an Aufklärung rechtfertigen? Im Anschluss an George Herbert Mead[5] und Jürgen Habermas[6] können wir aber auch davon ausgehen, dass universelle und uneingeschränkte Kommunikation auch die Voraussetzung dafür ist, dass sich Menschen als „animalia socialia" voll entfalten und individualisieren, mit anderen unbefangen austauschen und einander wechselseitig erkennen und anerkennen und inspirieren können, und dass zugleich das Inklusionspotential und das Handlungsrepertoire der Gesellschaft erweitert wird. Damit stellt sich für SoziologInnen als eine der vornehmsten Aufgaben, Gesellschaft im jeweiligen speziellen Feld kritisch daraufhin zu befragen, ob universelle Kommunikation durch die jeweils bestehenden sozialen Bedingungen ermöglicht oder behindert wird.

Im Anschluss an Buroway[7] möchte ich im Folgenden zwei Formen normativ-kritischer Theorien unterscheiden:

- eine im akademischen Feld betriebene „Kritische Theorie" im eigentlichen Sinn, und
- eine angewandte „Öffentliche Soziologie", adressiert an von sozialer Herrschaft, sozialen Ausschluss und Ungleichheit betroffene gesellschaftliche Gruppen. AdressatInnen dieses Typs normativ-kritischer Sozial- und Kulturwissenschaft waren zunächst die Arbeiterklasse (Marxismus, erste Generation der Kritischen Theorie), dann die neuen sozialen Bewegungen (Neomarxismus, Kritische Geschlechterforschung etc.) und zuletzt die sozial heterogene und diverse „Zivilgesellschaft" (Postkolonialismus, Poststrukturalismus,

---

5   Vgl. Mead, Geist, Identität und Gesellschaft.
6   Vgl. Habermas, Theorie des kommunikativen Handelns.
7   Vgl. Buroway, Public Sociology.

Queer Theory…). Ihr kommt eine wichtige kognitive Funktion innerhalb der Kritischen Theorie zu: die kommunikative Validierung qua Zustimmung der Betroffenen zu den Deutungen der TheoretikerInnen.

1.3 Wertbasis der Wissenschaft

Wie bereits Karl R. Popper[8] hervorhob, ist Wissenschaft als kooperatives Unternehmen der Wahrheitssuche nur möglich in einer „offenen Gesellschaft", in der die wissenschaftliche Kommunikation – ihre Themen, begrifflich-theoretischen und methodischen Konzepte und der Kreis ihrer Beteiligten – weder durch äußere (gesellschaftliche) noch durch innere (organisationsstrukturelle) Einflüsse oder Barrieren beschränkt ist. WissenschaftlerInnen haben demnach das Recht und die moralisch-politische Verpflichtung, für eine solche offene Gesellschaft und eine offene und freie Universität einzutreten.

Als Zwischenresümee dieses Teils können wir festhalten:

- Wissenschaft ist im Entdeckungs-, Begründungs- und Verwertungs- und Wirkungszusammenhang, im Basis-, im Objekt- wie im Aussagenbereich auf gesellschaftliche Werte und Interessen bezogen und so zumindest latent und potentiell politisch; WissenschaftlerInnen stehen daher auch immer in moralisch-politischer Verantwortung.
- Angesichts der Tatsache, dass universelle und uneingeschränkte Kommunikation auch die Bedingung der Möglichkeit der vollen Entfaltung von Individuum und Gesellschaft darstellt, ist es eine legitime Aufgabe der Soziologie, real existierende Gesellschaften im Lichte des Ideals der universellen Kommunikation kritisch zu hinterfragen.
- Da eine freie und offene Gesellschaft und Universität Bedingung von Wissenschaft als kooperatives Unternehmen der Wahrheitssuche sind, ist es für WissenschaftlerInnen notwendig und legitim, moralisch-politisch dafür einzutreten.

2 Sozialer Wandel der Produktions- und Rezeptionsbedingungen von Wissenschaft

Im folgenden Abschnitt möchte ich darlegen, wie sich die Bedingungen der Produktion und Rezeption von kritisch-reflexiver Wissenschaft und „Öffentlicher

---

8 Vgl. Popper, Die offene Gesellschaft und ihre Feinde.

Soziologie" auf drei Ebenen verändert haben: auf der Makroebene der Gesamtgesellschaft, auf der Mesoebene der Universitätsorganisation und auf der kognitiven Ebene der Diskurse und Wissenssysteme, und welche Auswirkungen diese Veränderungen auf das durch Wissenschaft Wiss- und Sagbare und damit aber auch auf die potentielle und aktuelle politische Funktion von Wissenschaft haben.

2.1 Makroebene: Vom Manchesterkapitalismus über den Fordismus zum Postfordismus

Der *Manchesterkapitalismus* beruhte auf einer nach liberalen Grundsätzen marktgesteuerten Ökonomie, einer bürgerlichen, auf dem formellen oder faktischen Ausschluss von Arbeitern und Frauen vom aktiven und passiven Wahlrecht beruhenden Demokratie und einem ausschließlich auf „Recht und Ordnung" bedachten, wirtschafts- und sozialpolitisch enthaltsamen „Nachtwächterstaat" (Ferdinand Lasalle)[9]. Daraus resultierte eine „soziale Entbettung" der Ökonomie, die mit ungeschützten Arbeits- und Lebensverhältnissen und unsteten und niedrigen Einkommensverhältnissen der Menschen einherging. Der bürgerlich dominierte Staat hatte auch kein Interesse an einer bzw. keine Bereitschaft und keine Mechanismen zur Rezeption und Umsetzung von Resultaten kritischer Gesellschaftsanalysen. Diese Verhältnisse haben soziale Abwehrreaktionen provoziert und letztlich zu sozialer Desintegration, Selbstaufhebung der Demokratie und zum Faschismus geführt (Karl Polanyi)[10].

Der *Fordismus* war gekennzeichnet durch den Versuch, auf nationaler Ebene eine politisch gesteuerte und regulierte Wirtschaft, eine dynamische und auf dem allgemeinen Wahlrecht der StaatsbürgerInnen beruhende Massendemokratie und einen inklusiven und expansiven Wohlfahrtsstaats zu errichten.[11] Die vorherrschende demokratische und soziale Politik zeigte auch Interesse an kritischen Gesellschaftsanalysen sowie die Bereitschaft und institutionelle Fähigkeit zu deren Rezeption. Der Fordismus war verbunden mit Vollbeschäftigung, stabilen und arbeits- und sozialrechtlich geschützten Arbeits- und Lebensverhältnissen und einem „Fahrstuhleffekt" des kollektiven sozialen Aufstiegs durch Ausbau und Öffnung des Bildungswesens, stetige Einkommenszuwächse, staatliche

---

9 Vgl. Habermas, Legitimationsprobleme im Spätkapitalismus, 41 ff.; Aglietta, A Theory of Capitalist Regulation.
10 Vgl. Polanyi, The Great Transformation.
11 Vgl. Habermas, Legitimationsprobleme im Spätkapitalismus, 50 ff.; Hirsch/Roth, Das neue Gesicht des Fordismus, 46 ff.

Umverteilung und Sozialleistungen, sowie mit einer weitgehenden rechtlichen Gleichstellung der Geschlechter (Familienrechtsreform, erste Gleichstellungsgesetze).[12] Dieses Gesellschaftsarrangement war der Versuch, die Lehren aus der Wirtschafts- und Gesellschaftskrise der Zwischenkriegszeit in Form einer (Wieder-) Einbettung der Ökonomie in die Gesellschaft zu ziehen, und war letztlich gut drei Jahrzehnte lang erfolgreich.

Freilich sind auch diese Erfolge im Lichte der Befunde zeitgenössischer kritischer Sozialanalysen zu relativieren: Trotz Öffnung des Bildungssystems hat sich der Arbeiteranteil an der gehobenen Bildung kaum erhöht, Entfremdung durch Lohnarbeit wurde nicht beseitigt, sondern lediglich abgemildert und monetär kompensiert, im Bereich sozialer Geschlechtergerechtigkeit gab es abgesehen von Familienrecht und Bildungsbeteiligung nur wenig Fortschritte, und der Fahrstuhleffekt wurde durch „Unterschichtung" in Form von „Gastarbeit"[13]ermöglicht. Die Festlegung der Frauen auf die Reproduktionsarbeit und ihre Abhängigkeit vom männlichen Familienernährer wurde gelockert, aber nicht beseitigt,[14] die Ungleichheit von Einkommen und Vermögen wurde abgemildert, aber nicht aufgehoben,[15] die soziale und politische Inklusion von MigrantInnen wurde vernachlässigt,[16] und die politische Massenbeteiligung ging mit einer „Transformation der Demokratie"[17] und einem „Strukturwandel der Öffentlichkeit"[18] einher, der mit einem Verlust an materieller Qualität der Demokratie verbunden war.

Die in den 1980er-Jahren einsetzende Entwicklung zum *Postfordismus*[19] hingegen war gekennzeichnet durch eine Globalisierung und Deregulierung der Wirtschaft, Privatisierung und „marktkonformen" (Post-) Demokratisierung[20] – einem politischen System, in dem demokratische Formen zwar weiter laufen, Politik aber nach der Verlagerung von Entscheidungen auf Märkte und supranationale Instanzen über weniger substanzielle Gestaltungsmacht verfügt und sich dafür verstärkt „populistisch" als Medienspektakel mit Unterhaltungswert inszeniert. An die Stelle des gestaltenden und verteilenden Wohlfahrtsstaats

---

12 Vgl. Beck, Risikogesellschaft, 115 ff.
13 Vgl. Gordon, Assimilation in American Life.
14 Vgl. Preglau, Geschlechterpolitik.
15 Vgl. Milanovic, Die Ungleiche Welt.
16 Vgl. Bauböck, „Nach Rasse und Sprache verschieden".
17 Vgl. Agnoli/Brückner, Die Transformation der Demokratie.
18 Vgl. Habermas, Strukturwandel der Öffentlichkeit.
19 Vgl. Hirsch/Roth, Das neue Gesicht des Kapitalismus, 104 ff.
20 Vgl. Crouch, Postdemokratie.

tritt der aktivierende „Wettbewerbsstaat"[21], der selbst nach den am Vorbild der Privatwirtschaft orientierten Prinzipien des New Public Management (NPM, Wettbewerb, monokratisches Management) reorganisiert wurde. Eine stark technokratisch orientierte und bisher kaum durch demokratische Partizipation mit der „Zivilgesellschaft" rückgekoppelte sogenannte „Global Governance" durch supranationale Verhandlungssysteme und Organisationen sorgt nicht für die soziale (und ökologische) Bändigung der Vermarktlichung und Globalisierung, sondern treibt diese nur weiter voran.[22]

Dieses Arrangement hat zu relativ hoher Arbeitslosigkeit und flexibler Unterbeschäftigung, atypischen und ungeschützten Beschäftigungsverhältnissen und einer „Abstiegsgesellschaft"[23] mit zunehmender Ungleichheit geführt, in der auch geschlechtsspezifische und ethnische Ungleichheiten fortgeschrieben und neu konfiguriert werden[24] – und damit zu einer neuerlichen sozialen Entbettung der Ökonomie und schließlich auch zur jüngsten Gesellschafts- und Wirtschaftskrise. Gleichzeitig haben in der Politik das Interesse an Kritischer Theorie und die Bereitschaft und Fähigkeit zur Rezeption ihrer Resultate massiv abgenommen.

Als Zwischenresümee lässt sich hier festhalten: Soziale Exklusion und Ungleichheit haben die Gesellschaft in allen drei beschriebenen Stadien der Kapitalismusentwicklung durchzogen, also genug Stoff für eine normativ-kritische Soziologie geliefert. Zugleich hat sich der Kreis ihrer AdressatInnen verschoben – von den alten sozialen Bewegungen (Arbeiterbewegung, erste Frauenbewegung) über die neuen sozialen Bewegungen (StudentInnen-, Bürgerrechts-, zweite Frauen-, Grün-Alternativbewegung) hin zu den Kristallisationspunkten einer heterogenen und flüchtigen „Zivilgesellschaft" (LGBTIQ-Bewegung, Occupy-Bewegung etc.).

Periodenspezifisch variabel war auch die Unterstützungs- und Rezeptionsbereitschaft für die Resultate normativ-kritischer Gesellschafts- und Kulturanalysen bei den sozialen Bewegungen und der Politik. Am größten war sie wohl im „goldenen Zeitalter" sozialer Demokratie des Fordismus: namentlich StudentInnen- und Frauenbewegung, aber auch die sozial-demokratisch inspirierte Reformpolitik waren an ihren Ergebnissen sowie an ihrer institutionellen

---

21 Vgl. Hirsch, Der nationale Wettbewerbsstaat, 101 ff.
22 Vgl. Held, Soziale Demokratie im globalen Zeitalter.
23 Vgl. Nachtwey, Abstiegsgesellschaft.
24 Vgl. Klinger/Knapp/Sauer, Achsen der Ungleichheit.

Verankerung interessiert. In Österreich wurde diese Chance freilich auch aus der Sicht der Politik ebenso wie der Wissenschaftsgeschichte nicht optimal genutzt.[25]

2.2 Mesoebene: Von der oligarchischen Ordinarien- über die demokratische Gruppen- zur vermarktlichten Managementuniversität[26]

Bis in die 1970er-Jahre hinein waren die Universitäten in Österreich nach dem *Humboldt'schen Modell* organisiert. Maßgeblich für Humboldt war die „Sachidee", die Vereinnahmung des Wissenschaftsbetriebes durch wirtschaftliche und politische Interessen zu vermeiden, die auseinanderstrebenden modernen Einzelwissenschaften im Medium einer philosophischen Reflexion nach dem Modell des sokratischen Dialogs wieder zusammenzuführen und auf diese Weise die Erkenntnisse der Wissenschaft für eine umfassende Bildung des Menschen fernab von einer reinen „Brotgelehrsamkeit" fruchtbar zu machen. Um diese Sachidee zu realisieren, entwickelte Humboldt die „Sozialidee" der Universität als einem Ort, an dem

– alle Wissenschaften und deren Reflexion unter einem einheitlichen organisatorischen Dach versammelt sind,
– die „Bildung durch Wissenschaft" im Rahmen eines sokratischen Dialogs erfolgt, in dem sich alle TeilnehmerInnen im Rahmen der „Gemeinschaft der Lehrenden und Lernenden" aktiv und gleichberechtigt auf den Prozess einer „Suche nach der Wahrheit" einlassen,
– Lehre und Forschung miteinander unauflöslich verschränkt sind,
– und dem Staat die Aufgabe zukommt, diesen Prozess der kooperativen Wahrheitssuche vor Einflussnahme durch wissenschaftsfremde Interessen von außen zu schützen und die autonome Selbstverwaltung der Universität zu gewährleisten („Einsamkeit und Freiheit").

Tatsächlich waren die Universitäten dann aber speziell in den Natur- und Technikwissenschaften sowie in den Betriebs- und Handelswissenschaften in unreflektierte und unkontrollierte Beziehungen mit der Gesellschaft geraten, während sie speziell in den Sozial-, Geistes- und Kulturwissenschaften zu Orten der bloßen Reproduktion und Verwaltung überholter Traditionen verkommen sind, die sich von modernen Entwicklungen abgekoppelt hatten; zugleich hatte

---

25 Vgl. Fleck, Sociology in Austria since 1945.
26 Vgl. zum Folgenden Rybnicek, Neue Steuerungs- und Managementmethoden; Preglau, New Public Management.

die durchaus im Einklang mit den vor- und halbdemokratischen Verhältnissen auf der Makroebene stehende Organisationsform der *oligarchischen Ordinarienuniversität* dem Stand der Ordinarien ein Entscheidungsmonopol in den Senaten, Fakultäten und Instituten eingeräumt und der demokratischen Mitbestimmung und Kontrolle durch andere Universitätsangehörige (Mittelbau, Studierende, nichtwissenschaftliches Personal) entzogen.[27] Durch das Universitätsorganisationsgesetz (UOG) 1975[28] wurden die Universitäten in Österreich dann jedoch – als Ausfluss der Massendemokratie und wohlfahrtsstaatlicher Politik auf der Makroebene – nach demokratischen Grundsätzen reorganisiert, und zwar im dreifachen Sinn:

- im Sinne der Öffnung der Universität für alle Klassen und Genusgruppen durch Ausbau der und freien Zugang zu den Universitäten;
- durch die Beteiligung aller Gruppen (ProfessorInnen, AssistentInnen, Studierende und nicht-wissenschaftliches Personal) an der Willensbildung; und
- drittens durch die Verpflichtung der Universitäten, qua Forschung und Lehre einen Beitrag zur gedeihlichen Entwicklung der demokratischen Gesellschaft zu leisten. In diesem Zusammenhang ist auch die Zuerkennung des „allgemeinpolitischen Mandats" an die Österreichische HochschülerInnenschaft (ÖH) von Bedeutung. Maßgebliche Triebkräfte dieser Demokratisierung waren die StudentInnenbewegung auf politischer und die Renaissance der Kritischen Theorie auf ideeller Ebene.

Bildung sollte dabei entsprechend der *Humboldt'schen* Sachidee neben der wissenschaftlichen Berufsvorbildung auch (vor allem durch die Geschichts-, Kultur- und Sozialwissenschaften angeleitete) Persönlichkeitsbildung im Sinn einer Selbstaufklärung über die historisch-gesellschaftlichen Lebensbedingungen und einer Einübung der Fähigkeit, diese zu kritisieren und Perspektiven zu deren Veränderung zu entwickeln.[29]

Freilich ging es dabei auch um ökonomische Funktionalisierung der Wissenschaft und ihrer Lehre: Die demokratische Universitätsreform ging mit der technokratischen Ausrichtung auf die Bedürfnisse der entstehenden „Wissensökonomie und -gesellschaft" (qua Allgemeinem Hochschul-Studiengesetz 1966) einher; die hermeneutischen und kritischen Wissenschaften und das von

---

27 Vgl. Habermas, Vom sozialen Wandel akademischer Bildung.
28 Vgl. BKA: RIS, UOG 1975.
29 Vgl. Preglau-Hämmerle, Politische und soziale Funktion; Habermas, Vom sozialen Wandel akademischer Bildung.

ihnen generierte kritische Aufklärungs- und Orientierungswissen standen gut etablierten „positivistischen" Wissenschaften und dem von diesen produzierten Herrschafts- und Verfügungswissen gegenüber. In der Praxis wurden diese demokratischen Intentionen daher auch nur beschränkt eingelöst:

- Von der Öffnung der Universität konnten vor allem die Töchter der neuen Mittelschichten der „Dienstleistungsgesellschaft" profitieren.
- Die Gruppenuniversität hatte das ständische Kuriensystem an der Universität nicht beseitigt, die Universitäten waren mangels Autonomie weiterhin in zentralen Studien- und Forschungsangelegenheiten von ministeriellen Entscheidungen abhängig, und die demokratische Mitbestimmung hat durch leicht mobilisierbare Negativkoalitionen zu Immobilität und Stillstand geführt.
- Und auch die fachübergreifende Bildung und Gesellschaftsaufklärung durch Wissenschaft stieß in Konkurrenz mit der wissenschaftlichen Berufsvorbildung und angesichts zunehmender Differenzierung und Sprachbarrieren zwischen und innerhalb der Disziplinen auf immer größere Schwierigkeiten.[30]

Bis in die 1990er-Jahre wurde der Versuch unternommen, das System auf dem bestehenden Pfad zu reformieren.[31] In der Folge wurde dieser Versuch jedoch von der neoliberal-rechtskonservativen schwarz-blauen „Wendekoalition" abgebrochen und qua Universitätsgesetz 2002[32] der Paradigmenwechsel zum NPM-Ansatz vollzogen, der die Reorganisation der Steuerungs- und Organisationsformen und Leitungssysteme des öffentlichen Sektors nach dem Vorbild der Privatwirtschaft vorsieht.

Der von Schwarz-Blau vollzogene Paradigmenwechsel entsprach den neuen Verhältnissen von Postdemokratie und Wettbewerbsstaat und führte zu heftigen Protesten der Angehörigen der Universitäten, insbesondere des „Mittelbaus" und der Studierenden, bedeutete er doch einen radikalen Bruch mit den humanistischen Idealen einer „Bildung durch Wissenschaft" sowie mit den kollegialen Organisationsformen der demokratischen Gruppenuniversität. Im neuen Universitätsgesetz wurden zwar die Grundsätze der klassischen Universität – „Verbindung von Forschung und Lehre", „Freiheit der Wissenschaft und ihrer Lehre" und ihre Aufgabenstellung „Bildung durch Wissenschaft" – übernommen, und auch demokratische Mitbestimmung ist noch darin vorgesehen, es geht nun aber

---

30 Vgl. Habermas, Die Idee der Universität.
31 Vgl. BKA: RIS, UOG 1993.
32 Vgl. BKA: RIS, UG 2002.

eigentlich darum, die Universität auf ihre neuen Aufgaben im postfordistischen Standortwettbewerb umzustellen:

Tabelle 2: Die „klassische" und die „neue" Universität[33]

Aspekte einer „klassischen" Universität	Aspekte einer „neuen" NPM Universität
„interner" Forschungsimperativ: Wissenschaft und Forschung als Medien der Bildung und (Selbst-) Aufklärung als Hauptzweck universitären Handelns	„externe" KundInnen-, Nachfrage- und Anwendungsorientierung: Öffnung der Universitäten für externe Anspruchsgruppen und Schaffung von Angeboten für deren Bedürfnisse
Einheit von Forschung und Lehre – „forschungsgeleitete Lehre", „Bildung durch Wissenschaft"	Qualitätsorientierung und Wettbewerb: Qualität als Leitmotiv der Hochschulentwicklung, Anreize und Sanktionen zur Qualitätssicherung
Freiheit von Forschung und Lehre: „Einsamkeit und Freiheit", zweckfreie und von allen externen Ansprüchen unabhängige Forschung	Leistungs- und Wirkungsorientierung: Mittelzuweisung nach Maßgabe der von Staat und Gesellschaft erwünschten und durch Evaluation ermittelten Leistungen und Wirkungen
gering ausgeprägte institutionelle Autonomie – Universitäten als „Anstalten" oder „Einrichtungen" unter der Kuratel des Bundes	hohe institutionelle Autonomie: Globalbudgets, und Ziel- und Leistungsvereinbarungen. Basisfinanzierung, strategische Zielsetzung und Steuerung verbleiben beim Ministerium
Kameralistik: Einhaltung von Haushaltsansätzen und nicht die effiziente und zweckmäßige Mittelverwendung im Mittelpunkt	effizienz- und kostenorientierter Einsatz von Budgetmitteln, Fokus auf Erreichung der vereinbarten Ziele und Leistungen
Bürokratie und BeamtInnentum	Managementorientierung, private flexible und zum Teil prekäre Beschäftigungsverhältnisse
Ordinarienherrschaft, später Mitsprache und paritätische Mitwirkung aller Mitglieder an der Entscheidungsfindung, „allgemeinpolitisches Mandat" der ÖH	Zurückdrängung der paritätischen Mitbestimmung, mehr Verantwortung und größere Handlungsfreiheiten für Führungskräfte; Fall des allgemeinpolitischen Mandats der ÖH (geplant)
Kuriensystem: ständische Hierarchie von ProfessorInnen, Mittelbau, Studierenden und allgemeinem Dienst	flache Hierarchien durch die Stärkung dezentraler Einrichtungen, aber Ständehierarchie nur partiell gebrochen

---

33 Vgl. Rybnicek, Neue Steuerungs- und Managementmethoden, 114 f., gekürzt und ergänzt durch den Verfasser.

Die organisatorische Umstellung hat ihrerseits gravierende Folgen für Forschung und Lehre:

- Durch die programmatische Ausrichtung des Studienbetriebs auf „Beschäftigungsfähigkeit", verschulten Studienbetrieb in Großlehrveranstaltungen und Obergrenzen für die interaktive Lehre aus Kostengründen sind vor allem in den Bachelorstudien die notwendigen Lehr- und Lernvoraussetzungen für eine aktive und kritische und dialogisch vermittelte Aneignung von Lehrinhalten und die „öffentlich-soziologische" Auseinandersetzung mit den darin dargestellten gesellschaftlichen Verhältnissen nicht mehr gegeben. Für das akademische Studium Kritischer Theorien gibt es – vor allem in den nicht so überlaufenen Master- und Doktoratsprogrammen – weiterhin Nischen, man kann dort auch Masterarbeiten und Dissertationen schreiben, aber auch – paradox genug – bei Habermas oder Foucault und Butler oder Spivak durchfallen.
- Die für den Forschungsbetrieb immer bedeutsameren Drittmittel fließen Großteils (80 %) in Naturwissenschaften, Technik und Medizin.[34] Im Falle von Auftragsforschung werden die Themen naturgemäß nicht (nur) von den Forschenden, sondern (auch) von den privaten AuftraggeberInnen bestimmt; in der geförderten Forschung werden lediglich Grundlagenforschung, nicht aber angewandte Vorhaben von der Art der „Öffentlichen Soziologie" finanziert.
- Um den Wertekriterien der Evaluation zu entsprechen, orientieren sich die Forschenden nicht mehr an sozialer Relevanz und an aktuellen Themen des öffentlichen Diskurses, sondern nur mehr an innerwissenschaftlicher Relevanz und den Themen des akademischen Diskurses. Die durch enge Qualifizierungsfristen und laufende Evaluierung erzwungene Orientierung an kurzfristigen Veröffentlichungen bedingt, dass die – für Sozial- und Kulturwissenschaften typischen – langfristigen Grundlagenarbeiten in umfassender Aneignung und gründlicher Auseinandersetzung mit der Fachtradition zunehmend unterbleiben. Um mit den Aufsätzen für Tagungen und Journals erfolgreich zu sein, orientiert man sich hinsichtlich Forschungsthemen, Theorien und Methoden tunlichst an den Moden und Präferenzen des akademischen „Mainstreams". Wissen, das im jeweiligen lokalen und zeitlichen Rahmen gültig und praktisch nützlich sein und/oder in öffentliche Diskurse

---

34 Vgl. BMWFW, Taschenbuch, 109.

einfließen kann, wird nicht mehr produziert; Methoden und Theorien, die im „Mainstream" der Disziplin unüblich oder verpönt sind, werden nicht mehr gepflegt, der zusätzliche „öffentlich-soziologische" Produktions- und Vermittlungsaufwand unterbleibt. Man kann sich aber durchaus weiterhin im marginalisierten Spezialisierungssegment „Kritische Theorie" in einschlägigen Publikationsorganen, Sektionen und Tagungen akademisch profilieren, Grants und Preise abstauben und habilitieren.

Die neue postdemokratische Managementuniversität hat dem allmächtigen Leitungsdreieck allerdings auch die Möglichkeit in die Hand gegeben, Aktivitätsräume für „dissidente", kritische Wissenschaften offen zu halten. Ein Beispiel dafür ist die Einrichtung der – in Reaktion auf eine entsprechende Initiative engagierter WissenschaftlerInnen und in Kooperation mit dem Büro für Gleichstellung und Gender Studies der Universität erfolgte – Forschungsplattform „Geschlechterforschung: Diskurse, Transformationen und Identitäten" an der Universität Innsbruck. Angesichts der fehlenden Möglichkeit dieses interfakultären Bereichs, sich in einem auf den Säulen von Fakultäten und Instituten aufgebauten organisatorischen Rahmen personell selbst zu rekrutieren und zu erneuern, und angesichts seiner Schwierigkeit, die auf die Naturwissenschaften zugeschnittenen Evaluierungskriterien zu erfüllen, bleibt deren Fortbestand freilich abhängig vom weiteren Wohlwollen der Leitung.

Seit dem Studienjahr 2010/11 gibt es – auf Initiative derselben Gruppe von WissenschaftlerInnen, die bereits die Einrichtung der Forschungsplattform Geschlechterforschung betrieben hatte, und wiederum unterstützt durch das Büro für Gleichstellung und Gender Studies der Universität – auch ein interfakultäres Gender Studium in Form des Masterstudiums „Geschlecht, Kultur, Sozialer Wandel", und neuerdings sogar ein Doktoratskolleg „Geschlecht und Geschlechterverhältnisse in Transformation: Räume – Relationen – Repräsentationen". Auch hier hängt der Fortbestand allerdings von der Kooperationsbereitschaft der beteiligten Fakultäten und letztlich vom goodwill des Rektorats in Personal- und Curriculumsfragen ab.

Als Zwischenergebnis können wir hier festhalten: Am günstigsten für die Produktion kritischer Wissenschaften waren zweifellos die Verhältnisse an der demokratischen Gruppenuniversität. Unter dem Druck der StudentInnen- und Frauenbewegung und begünstigt durch den Ausbau der Universitäten und die paritätische Mitbestimmung im akademischen Betrieb konnten sich hier die zuvor von der elitären Ordinarienuniversität ausgeschlossenen normativ-kritischen und „öffentlichen" Strömungen der Wissenschaften etablieren. An der vermarktlichten Managementuniversität mit ihrer Betonung von KundInnenorientierung und innerakademischer Leistung haben sich die Vorzeichen insbesondere für eine „öffentliche" Soziologie wieder deutlich verschlechtert.

2.3 Kognitive Ebene: Von der Ideologiekritik über den universalistischen Menschenrechtsdiskurs zum postmodernen Differenzdiskurs

Die ursprüngliche, in der Zeit des „Manchesterkapitalismus" entstandene Version normativ-kritischer Gesellschaftstheorie, der *Marxismus*, hatte sich sozusagen als geistiger Flügel und Selbstbewusstsein der Arbeiterbewegung verstanden. Der normative Kern des Marxismus war insofern unproblematisch gegeben und konsensfähig, als es ihm ja nicht um neue Werte und Normen ging, sondern darum, die vorgefundenen und als allgemeingültig vorausgesetzten Werte und Normen – „Freiheit, Gleichheit, Brüderlichkeit" – vom Kopf auf die Füße zu stellen, sie als Ideologie zu entlarven, die verschleiert, dass die Wirklichkeit diesen Idealen widerspricht, sie aber gleichwohl als Maßstab für die Umgestaltung der Wirklichkeit in Anspruch zu nehmen.[35]

Das Problem der Vermittlung zwischen Wissenschaft und Praxis stellte sich daher damals nicht: Einerseits spielte der Marxismus an den damaligen Universitäten keine Rolle, andererseits waren die damaligen TheoretikerInnen „organische" Teile der damaligen Arbeiterbewegung – „organische Intellektuelle" im Sinne von Antonio Gramsci.

Das hat sich im *Übergang zum Fordismus* geändert. Nach dem „neuesten Angriff auf die Metaphysik" (Horkheimer)[36] konnte sich normativ-kritische Gesellschaftstheorie in Gestalt der *frühen Kritischen Theorie* eben nicht mehr unproblematisch auf die geistesgeschichtliche Tradition, aus der die „Ideen der Aufklärung" stammen, beziehen – und hatte damit ihren Anknüpfungspunkt und ihre Legitimation verloren. Zugleich konnte sie sich angesichts dogmatischer und autoritärer Fehlentwicklungen im Bereich der Führung der Arbeiterbewegung und angesichts des „autoritären Charakters" der Basis der Arbeiterbewegung auch nicht mehr als loyaler organischer Teil der Arbeiterbewegung verstehen, sondern als Kritiker deren autoritärer und konformistischer Tendenzen. Angesichts des um sich greifenden Illiberalismus und Irrationalismus sowie des militanten Antisemitismus an den Universitäten war auch der Weg dorthin verschlossen. Was blieb, war die Emigration aus Europa und

---

35 Vgl. Habermas, Zwischen Philosophie und Wissenschaft.
36 Vgl. Horkheimer, Der neueste Angriff auf die Metaphysik.

ohnmächtige Fundamentalkritik der „total verwalteten Welt" in Berufung auf eine untergegangene Tradition, als „Flaschenpost" an die Adresse eines eingebildeten zukünftigen Zeugen.[37]

In den 1960er-Jahren – dem „Golden Age" der sozialen Demokratie in der Blütezeit des Fordismus – hat sich dann wiederum eine neue Konstellation ergeben. Eine *neue Generation der Kritischen Theorie* machte sich daran, die normativen Grundlagen Kritischer Theorie neu zu begründen – auf sprach- und kommunikationstheoretischer (Habermas)[38] oder anerkennungstheoretischer Grundlage (Honneth)[39] – und Kritische Theorie für neue soziale Differenzlinien und Konfliktfelder zu öffnen (feministische Geschlechtertheorie).[40] Zugleich setzte sich in der Gesellschaft ein neuer, mit dieser Neubegründung und thematischen Erweiterung kompatibler Menschenrechtskonsensus durch, auf den sich auch die neuen sozialen Bewegungen, namentlich StudentInnen- und Frauenbewegung berufen konnten. Mit dem Ausbau, der sozialen Öffnung und der demokratischen Umstrukturierung der Universitäten zogen auch Kritische Theoretikerinnen in den Universitäten ein und nahmen an deren Diskursen teil; angesichts der Rezeptionsinteressen in den Kreisen der neuen sozialen Bewegungen konnten sie sich eine Zeit lang auch fast wiederum als deren „organische Intellektuelle" verstehen.

Im Übergang zum Postfordismus und zur ökonomisierten, „postdemokratischen" Managementuniversität hat sich die Konstellation neuerlich verändert. Im *Zeitalter der Postmoderne*[41] wurde das „Ende der großen Erzählungen" proklamiert und der Menschenrechtsuniversalismus von verschiedenen Seiten – Poststrukturalismus (Foucault),[42] Postfeminismus,[43] Postkolonialismus (Spivak)[44] dekonstruiert und ist einem radikalen Relativismus gewichen. Zugleich hat sich der akademische Diskurs intern in heterogene Paradigmen aufgespalten und immer mehr selbstreferenziell von den Alltags- und Bewegungsdiskursen abgekoppelt. Die Alltags- und Bewegungsdiskurse haben sich im „postfaktischen Zeitalter" ihrerseits in selbstbezügliche soziale Echokammern abgekapselt

---

37 Vgl. Horkheimer/Adorno, Dialektik der Aufklärung.
38 Vgl. Habermas, Theorie des kommunikativen Handelns.
39 Vgl. Honneth, Kampf um Anerkennung.
40 Vgl. als feministische Frühwerke: Becker-Schmidt, Die doppelte Vergesellschaftung; Becker-Schmidt/Knapp, Das Geschlechterverhältnis.
41 Vgl. Welsch, Unsere postmoderne Moderne; Lyotard, Postmoderne für Kinder.
42 Vgl. Fink-Eitel, Michel Foucault zur Einführung.
43 Vgl. Butler, Das Unbehagen der Geschlechter.
44 Vgl. Spivak, Can the Subaltern speak?

und scheinen von außen durch Fakten und Ansprachen nicht mehr erreichbar zu sein.

Resümierend kann festgehalten werden: Kritische Theorie konnte sich zwischenzeitig an den Universitäten etablieren, und sie kann sich auch noch heute in einem akademischen Subdiskurs behaupten, ist dort jedoch zunehmend isoliert und ohne Einfluss auf andere Inseln des Fachs. Gleichzeitig kann sie immer weniger die Grenzen des akademischen Feldes überschreiten und in die Echokammern ihrer AdressatInnen eindringen – „Öffentliche Soziologie" scheint damit an Grenzen ihrer Möglichkeit gestoßen.

3 Zukunftsperspektiven von Kritischer Theorie und „Öffentlicher" Soziologie

Angesichts der beschriebenen Lage befindet sich das Programm einer „Öffentlichen Soziologie" in einer sich zuspitzenden Krise:

- Die normativen Grundlagen einer kritischen Sozial- und Kulturwissenschaft lassen sich nach wie vor rational rechtfertigen. Es gibt auch nach wie vor unübersehbare Ausschlüsse und Ungleichheiten in der Gesellschaft – „objektiv" mangelt es also auch nicht an Stoff und möglichen AdressatInnen für eine normative-kritische Soziologie. Auch an der heutigen Managementuniversität sind sie als akademisches Unternehmen in Nischen etabliert oder zumindest geduldet.
- „Öffentliche Soziologie" erscheint jedoch im verschulten Bachelor-Lehrbetrieb und im Forschungsbetrieb marginalisiert, wird bei der Evaluation allenfalls als minderwertige „Transferleistung" berücksichtigt und somit zu einer Zusatzaufgabe, die lediglich von institutionell bereits etablierten Forschenden und/oder als BürgerInnenarbeit in der Freizeit erbracht werden kann.
- In Zeiten von Postdemokratie und Wettbewerbsstaat fehlen auch in der Politik weitgehend das Interesse an und die Bereitschaft und die institutionellen Kanäle zur Rezeption und Umsetzung der Resultate Kritischer Theorien. Angesichts der Entkoppelung des akademischen Diskurses vom Alltags- und Bewegungsdiskurs, der sich seinerseits in isolierte „Echokammern" eingekapselt hat, erscheint zudem die Ansprache ihrer designierten AdressatInnen zunehmend als unmöglich. Und damit ist ein entscheidendes Moment „Öffentlicher Soziologie" in Gefahr: die Möglichkeit der kommunikativen Validierung.

Das gilt jedoch nur dann, wenn darunter ein Unternehmen verstanden wird, in dem der oder die öffentliche WissenschaftlerIn seinem oder ihrem Zielpublikum unter unbefragter Voraussetzung seines oder ihres Weltbilds quasi autoritativ die Welt erklärt. Das gilt aber nicht für den Fall, dass der oder die öffentliche WissenschaftlerIn gleichsam in Augenhöhe den Versuch unternimmt, die Gefühlslage und Deutungsmuster seiner/ihrer AdressatInnen nachzuvollziehen und die Funktion des Dolmetschers und Interpreten zwischen verschiedenen (Bewegungs-)Milieus übernimmt, wenn sich der Beziehungsmodus also zunächst einmal vom autoritativen „Aufklären" zum egalitär-rezeptiven „Verstehen" verschiebt. Das entspräche der ursprünglichen Aufgabe einer hermeneutisch verstehenden Sozialwissenschaft, und das ist auch der Ansatz, den Arlie R. Hochschild in ihrem Augen-öffnenden jüngsten Sozialreport über Tea-party-AnhängerInnen und Trump-WählerInnen in den USA gewählt hat[45].

Hier eröffnet sich ein neuer Aufgabenbereich und ein neues Profilierungsfeld für eine Kritische Theorie und Öffentliche Soziologie: Brückenbauen zwischen den isolierten selbstbezüglichen sozialen Echokammern. Ist diese Brücke einmal geschlagen und damit auch ein Verhältnis von wechselseitiger Anerkennung und Respekt etabliert, kann der oder die öffentliche WissenschaftlerIn dann auch dazu übergehen, die unterschiedlichen Milieus ins Gespräch zu bringen, dieses Gespräch zu moderieren und auch die Wertungen und Deutungen seiner oder ihrer Kritischen Theorie dem Test kommunikativer Validierung zu unterziehen. Das wäre dann der Schritt vom „Verstehen" zur „Aufklärung", wobei die klassische Maxime nach wie vor Gültigkeit besäße: „In einem Aufklärungsprozess gibt es nur Beteiligte" (J. Habermas).[46] Damit hätte „Öffentliche Soziologie" auch wiederum die Chance auf gesellschaftliche und politische Resonanz.

Literatur

Aglietta, Michel, A Theory of Capitalist Regulation. The US Experience, London 1979.

Agnoli, Johannes/Brückner, Peter, Die Transformation der Demokratie, Berlin 1967.

Albert, Hans, Wertfreiheit als methodisches Prinzip, in: Topitsch, Ernst (Hg.), Logik der Sozialwissenschaften, Köln/Berlin 1972, 181–210.

Apel, Karl Otto, Szientistik, Hermeneutik, Ideologiekritik, Entwurf einer Wissenschaftslehre in erkenntnisanthropologischer Sicht, in: ders., Transformation der Philosophie, Band 2, Frankfurt am Main 1976, 96–127.

---

45 Vgl. Hochschild, Fremd in ihrem Land.
46 Vgl. Habermas, Einige Schwierigkeiten beim Versuch, Theorie und Praxis zu vermitteln.

Bauböck, Rainer, „Nach Rasse und Sprache verschieden": Migrationspolitik in Österreich von der Monarchie bis heute, in: Reihe Politikwissenschaft/Institut für Höhere Studien, Abt. Politikwissenschaft, 31, Wien: https://nbn-resolving.org/urn:nbn:de:0168-ssoar-266866 (15.01.2021).

Beck, Ulrich, Risikogesellschaft. Auf dem Weg in eine andere Moderne, Frankfurt am Main 1986.

Becker-Schmidt, Regina, Die doppelte Vergesellschaftung – die doppelte Unterdrückung. Besonderheiten der Frauenforschung in den Sozialwissenschaften, in: Unterkircher, Lilo/Wagner, Ina (Hg.), Die andere Hälfte der Gesellschaft. Soziologische Befunde zu geschlechtsspezifischen Formen der Lebensbewältigung. Österreichischer Soziologentag 1985, Wien 1987, 10–25.

Becker-Schmidt, Regina/Knapp, Gudrun-Axeli, Das Geschlechterverhältnis als Gegenstand der Sozialwissenschaften, Frankfurt am Main/New York 1995.

Bundeskanzleramt: Rechtsinformationssystem – BKA: RIS, Bundesgesetz vom 11. April 1975 über die Organisation der Universitäten (Universitäts-Organisationsgesetz – UOG), Wien: https://www.ris.bka.gv.at/Dokumente/BgblPdf/1975_258_0/1975_258_0.pdf (24.09.2018).

Bundeskanzleramt: Rechtsinformationssystem – BKA: RIS, Bundesgesetz über die Organisation der Universitäten (UOG 1993), Wien: https://www.ris.bka.gv.at/Dokumente/BgblPdf/1993_805_0/1993_805_0.pdf (24.09.2018).

Bundeskanzleramt: Rechtsinformationssystem – BKA: RIS, Bundesrecht konsolidiert: Gesamte Rechtsvorschrift für Universitätsgesetz 2002, Fassung vom 24.09.2018, Wien, https://www.ris.bka.gv.at/GeltendeFassung.wxe?Abfrage=Bundesnormen&Gesetzesnummer=20002128 (24.09.2018).

Bundesministerium für Wissenschaft, Forschung und Wirtschaft – BMWFW, Statistisches Taschenbuch, Wien 2015: https://docplayer.org/59703378-2015-statistisches-taschenbuch.html (02.12.2020).

Buroway, Michael, Public Sociology. Öffentliche Soziologie gegen Marktfundamentalismus und globale Ungleichheit. Brigitte Aulenbacher, Brigitte/Dörre, Klaus (Hg.), Weinheim/Basel 2015.

Butler, Judith, Das Unbehagen der Geschlechter, Frankfurt am Main 1991.

Crouch, Colin, Postdemokratie, Frankfurt am Main 2008.

Feyerabend, Paul, Wider den Methodenzwang. Skizze einer anarchistischen Erkenntnistheorie, Frankfurt am Main 1976.

Fink-Eitel, Hinrich, Michel Foucault zur Einführung, Hamburg 2002.

Fleck, Christian, Sociology in Austria since 1945, Basingstoke 2016.

Gordon, Milton M., Assimilation in American Life. The Role of Race, Religion and National Origins, New York 1964.

Habermas, Jürgen, Strukturwandel der Öffentlichkeit, Darmstadt/Berlin 1962.

Habermas, Jürgen, Analytische Wissenschaftstheorie und Dialektik, in: ders., Zur Logik der Sozialwissenschaften, Frankfurt am Main 1970, 9–38.

Habermas, Jürgen, Einige Schwierigkeiten beim Versuch, Theorie und Praxis zu vermitteln. Einleitung zur Neuausgabe, in: ders., Theorie und Praxis, Frankfurt am Main 1971, 947.

Habermas, Jürgen, Erkenntnis und Interesse, Frankfurt am Main 1973.

Habermas, Jürgen, Legitimationsprobleme im Spätkapitalismus, Frankfurt am Main 1973.

Habermas, Jürgen, Zwischen Philosophie und Wissenschaft. Marxismus als Kritik, in: ders., Theorie und Praxis, Frankfurt am Main 1974, 228–289.

Habermas, Jürgen, Theorie des kommunikativen Handelns. Band 1: Handlungsrationalität und gesellschaftliche Rationalisierung, Frankfurt am Main 1981.

Habermas, Jürgen, Vom sozialen Wandel akademischer Bildung, in: ders., Kleine politische Schriften I–IV, Frankfurt am Main 1981, 101–119.

Habermas, Jürgen, Die Idee der Universität – Lernprozesse, in: Eigen, Manfred u. a., Die Idee der Universität. Versuch einer Standortbestimmung, Berlin/Heidelberg 1988, 139–173.

Held, David, Soziale Demokratie im globalen Zeitalter, Frankfurt am Main 2007.

Hirsch, Joachim, Der nationale Wettbewerbsstaat. Staat, Demokratie und Politik im globalen Kapitalismus, Berlin 1995.

Hirsch, Joachim/Roth, Roland, Das neue Gesicht des Kapitalismus. Vom Fordismus zum Postfordismus, Hamburg 1986.

Hochschild, Arlie Russel, Fremd in ihrem Land. Eine Reise ins Herz der amerikanischen Rechten, Frankfurt am Main/New York 2017.

Honneth, Axel, Kampf um Anerkennung. Zur moralischen Grammatik sozialer Konflikte, Frankfurt am Main 1992.

Horkheimer, Max, Der neueste Angriff auf die Metaphysik, in: Zeitschrift für Sozialforschung 6 (1937) 4–53.

Horkheimer, Max/Adorno, Theodor W., Dialektik der Aufklärung, Frankfurt am Main 1973.

Klinger, Cornelia/Knapp, Gudrun-Axeli/Sauer, Birgit, Achsen der Ungleichheit. Zum Verhältnis von Klasse, Geschlecht und Ethnizität, Frankfurt am Main/New York 2007.

Kuhn, Thomas S., Die Struktur wissenschaftlicher Revolutionen, Frankfurt am Main 1967.

Lyotard, Jean François, Postmoderne für Kinder, Wien 1987.

Mead, George Herbert, Geist, Identität und Gesellschaft, Frankfurt am Main 1973.

Milanović, Branko, Die ungleiche Welt. Migration, das Eine Prozent und die Zukunft der Mittelschicht, Berlin 2016.

Nachtwey, Oliver, Abstiegsgesellschaft. Über das Aufbegehren in der regressiven Moderne, Berlin 2016.

Polanyi, Karl, The Great Transformation. Politische und ökonomische Ursprünge von Gesellschaften und Wirtschaftssystemen, Frankfurt am Main ^{3}1995.

Popper, Karl Raimund, Die offene Gesellschaft und ihre Feinde, in: ders., Gesammelte Werke in deutscher Sprache, Band 5 und 6, Tübingen 2003.

Preglau, Max, New Public Management an Österreichs Universitäten – Auswirkungen auf die Lehre und Forschung der Soziologie, in: Bohmann, Gerda/Brunner, Karl-Michael/Lueger, Manfred (Hg.), Strukturwandel der Soziologie, Baden-Baden 2016, 243–266.

Preglau, Max, Geschlechterpolitik und geschlechtpolitisch relevante Sozialpolitik in Österreich, in: aep-informationen 1/2018, 11–15.

Preglau-Hämmerle, Susanne, Die politische und soziale Funktion der Universität in Österreich. Von den Anfängen bis zur Gegenwart, Innsbruck 1986.

Reichenbach, Hans, Experience and Prediction. An Analysis of the Foundations and the Structure of Knowledge, Chicago 1938.

Rybnicek, Robert, Neue Steuerungs- und Managementmethoden an Universitäten. Über die Akzeptanz und Problematik unter den Universitätsangehörigen, Wiesbaden 2014.

Spivak, Gayatri Charkravorty, Can the Subaltern speak?, in: Nelson, Cary/Grossberg, Lawrence (Hg.), Marxism and the Interpretation of Culture. Urbana 1988, 271–313.

Welsch, Wolfgang, Unsere postmoderne Moderne, Weinheim 1988.

Siegrid Schmidt

Das Politische der Germanistik
200 Jahre Geschichte(n) aus der Germanistik und ihrem Umfeld

Abstract: This contribution traces the political dimensions of academic scholarship since the early 19th century. "The political" is to be found, implicitly or explicitly, in the subject matter, the literature, its authors and its readers, all of which are themselves pervaded, in their output and its reception, by their own political and ideological context, either perpetuating and confirming it or opposing it by their critical analyses. The text uses examples to focus on three time periods of the era under consideration: the period before and after 1848, the years of emerging nationalism under the National Socialist ideology and the period of dealing with the Nationalist Socialist past which followed. This article seeks to show, by means of examples, in what ways humanities scholars in general, and Germanists in particular, were involved in these movements and what forms of expression were generated by these movements, both in terms of literature itself and of literary hermeneutics.

Keywords: Germanic Studies, writers, political dimension, political propaganda, 1968 student movement

1 Vorwort

Die akademische Germanistik setzt sich zwar heute aus wenigstens drei Teilfächern zusammen, die Ältere und die Neuere Literaturwissenschaft und die Sprachwissenschaft, aber in jedem Fall ist sie den Buchwissenschaften zuzurechnen. Damit sollte sich auch ihre politische Dimension im Medium ‚Buch' finden lassen. Denn folgt man dem Diktum des kanadischen Philosophen und Kommunikationstheoretikers Marshall McLuhan, der meint, „The media is the massage"[1] – also schon das Medium ist nicht nur Transportmittel der Botschaft, sondern die Botschaft selbst –, dann scheint zwischen Buch und Politischem eine gewisse Interdependenz zu bestehen: Wenn Bücher allgemein eine politische Botschaft repräsentieren können, ist ihnen diese als Medium inhärent.

Bleibt nur die Frage, was meint (hier) ‚Politik', das ‚Politische'? Definitionen von ‚Politik' findet man freilich unendlich viele, historisch, fachspezifisch etc.

---

1 Vgl. die Werke, in welchen McLuhan dieses Konzept entwickelt: McLuhan, Understandig Media; ders., The Media is the Massage.

Ein wichtiger Aspekt ist, wie weit der Politikbegriff gespannt wird. Ich neige zu einem sehr weiten Politikbegriff, der nicht allein Macht- und Parteipolitik umfasst, nicht nur tagespolitisches Handeln, sondern der umfassend gesellschaftliches Handeln umspannt. Der Duden beispielsweise eröffnet ein noch breiteres Feld und nennt als Synonym ‚Lehre von der Staatsführung'. Andere, sozial- und politikwissenschaftliche Definitionen wären:

- „Politik ist die Summe der Mittel, die nötig sind, um zur Macht zu kommen und sich an der Macht zu halten und um von der Macht den nützlichsten Gebrauch zu machen."[2]
- „Politik ist das Streben nach Machtanteil oder nach Beeinflussung der Machtverteilung."[3]
- „Politik ist die Lehre von den Staatszwecken und den besten Mitteln (Einrichtungen, Formen, Tätigkeiten) zu ihrer Verwirklichung."[4]
- „Politik ist der Komplex sozialer Prozesse, die speziell dazu dienen, das Konzept administrativer (Sach-) Entscheidungen zu gewährleisten. Politik soll verantworten, legitimieren und die erforderliche Machtbasis für die Durchsetzung der sachlichen Verwaltungsentscheidungen liefern."[5]
- „Politik ist die Gesamtheit aller Aktivitäten zur Vorbereitung und Herstellung gesamtgesellschaftlich verbindlicher und/oder am Gemeinwohl orientierter und der ganzen Gesellschaft zugutekommender Entscheidungen."[6]
- „Politik (ist) der alle Bereiche des gesellschaftlichen Lebens durchdringende Kampf der Klassen und ihrer Parteien, der Staaten und der Weltsysteme um die Verwirklichung ihrer sozialökonomisch bedingten Interessen und Ziele."[7]

Die kontroversen Politikbegriffe und -definitionen können in zwei Kategorien unterteilt werden, ohne dass diese sich untereinander ausschlössen. Regierungszentriert versus emanzipatorisch. Zu den regierungszentrierten oder

---

2 Basisliteratur: Machiavelli, Niccolo, Der Fürst. Übersetzt, eingeleitet und kommentiert von Enno Rudolph und Marzia Ponso. Italienisch-deutsche Ausgabe, Hamburg 2019. – Div. Ausgaben und Übersetzungen. Zitiert nach Wikipedia, „Politik".
3 Basisliteratur: Weber, Max, Politik als Beruf, Berlin 1911. Diverse Ausgaben. 19. Auflage 2010. Zitiert nach Wikipedia, „Politik".
4 Brockhaus 1903, Band 13, 236. Zitiert nach Wikipedia, „Politik".
5 Basisliteratur: Luhmann, Niklas, Soziale Systeme, hg. von Detlef Horster, Berlin 2013. – Luhmann, Niklas, Politische Planung: Aufsätze zur Soziologie von Politik und Verwaltung, Opladen 1971. Zitiert nach Wikipedia, „Politik".
6 Basisliteratur: Meyer, Thomas, Aufstand gegen die Moderne, Hamburg 1989. Zitiert nach Wikipedia, „Politik".
7 Eichhorn u. a. (Hg.), Wörterbuch der marxistisch-leninistischen Soziologie, 340. Zitiert nach Wikipedia, „Politik".

gouvernementalen Politikbegriffen gehören jene Konzepte, die Macht, Herrschaft und Führung fokussieren. Im 19. Jahrhundert galt der Staat und seine Macht (Gewaltmonopol) als das Zentrum der Politik. Es wurde versucht, alle einschlägigen Elemente der Macht dem Staat zuzuordnen. Hinsichtlich der internationalen Beziehungen ist Macht bis heute einer der zentralen Begriffe der Theoriebildung (vgl. etwa den Politischen Neorealismus). Kurt Sontheimer weist auf die Gefahr hin, dass Politik- und Sozialwissenschaften bei diesem Politikverständnis gegebenenfalls die Argumentationsbasis der Mächtigen liefern können. Emanzipatorische Politikauffassungen betonen dagegen die Machtbeschränkungen durch Partizipation im breitesten Sinne.

Und dieser Gedanke der Partizipation erweitert das Spektrum des Politischen selbst. Denn Partizipation beginnt mit dem stillen Gang zur Wahlurne und wird sichtbarer im Öffentlich-Machen von Meinung, in welcher Form auch immer. Damit impliziert ein vergesellschaftetes Wort, wenn man so will, stets eine politische Dimension. Eines der Medien, die Worte/Wörter öffentlich machen, ist das Buch, der Gegenstand der Literaturwissenschaft. Die Details bleiben zu beschreiben und zu diskutieren.

2 Was ist an der Germanistik politisch?

Wenn das öffentliche Wort – wenn auch im weitesten Sinn eines Verständnisses von Politischem – per se politisch ist, dann liegt es auf der Hand, dass die Germanistik, als Wissenschaft von Sprache und Literatur, diesen Aspekt impliziert, und sie tut dies sogar mehrfach. Ihre Betrachtungsgegenstände Sprache und Literatur haben nicht nur allgemein, sondern speziell dieses umfassend Gesellschaftliche zum Ausdruck gebracht, thematisiert, teilweise direkt, zum Teil nur indirekt über beschriebene Geschehnisse und ihre zu Grunde liegenden Werthaltungen. Politisch-gesellschaftliche Relevanz nahmen und nehmen eine Reihe der Literaturproduzierenden für sich in Anspruch, die Beispiele werden dies zeigen.[8] Auch die Schriftsteller*innen sind ein Sujet der Literaturwissenschaft. Auch die Wissenschaftler*innen selbst verhalten sich in Tat und vor allem im Wort politisch, und das über die Wissenschaftsgeschichte der Germanistik hinweg entweder zyklisch oder antizyklisch, also angepasst oder gegen den Mainstream rudernd. Und das differiert von Epoche zu Epoche und ist freilich auch mit den jeweiligen Forscherpersönlichkeiten verbunden.

Damit ergeben sich die Themen, die ich hier in aller Kürze vorstellen will. Jeder Unterpunkt könnte zum vorlesungsfüllenden Text werden, aber er ist

---

8 Vgl. die Texte im Anhang.

jeweils als Anstoß zu verstehen, sich mit der einen oder anderen Persönlichkeit oder mit einem historischen Abschnitt bzw. Phänomen etwas näher zu beschäftigen. D. h. ich möchte in drei historischen Abschnitten (frühes 19. Jh., NS-Zeit, 1960er Jahre) Vertreter*innen der germanistischen Wissenschaft vorstellen, die allgemein mit oder ohne direkte Verbindung zur betrachteten Literatur und den Literat*innen politisch handelten, in Wort und/oder in Tat. Dabei stehen die deutschen Verhältnisse zumeist im Vordergrund, aber Österreich soll immer wieder ausdrücklich Berücksichtigung erfahren.

3 Die Anfänge einer Wissenschaft

Wirft man einen Blick in die „Zeittafel zur Geschichte der deutschen Philologie bzw. Literaturwissenschaft"[9], gehen die ersten Werke, die Einschlägiges zum Thema bieten, ins 15. Jh. zurück. Es handelt sich dabei um Johannes Trithemius' Werk, die erste Literaturgeschichte aus dem Jahre 1486. Sie nennt die ersten Textzeugen und in einer späteren Ausgabe ist auch zeitgenössisches, wie Sebastian Brants *Narrenschiff* (Druck 1494) vermerkt. Dieses ist bereits ein gesellschaftskritisches, also im weiteren Sinne ein politisches Werk. Hier kann auch angemerkt werden, dass allgemein die mittelalterliche Literatur alles andere als unpolitisch war. Es sei hier nur auf die *Reichstöne* des Walther von der Vogelweide verwiesen und an die verschiedenen Ausformungen der Kreuzzugsdichtung in lyrischen und epischen Gattungen erinnert.[10]

Bis ins 18. Jh. folgen im Sinne einer Philologie des Deutschen erste Sprachanalysen, Sprachbetrachtungen, Grammatiken, Poetiken. Allerdings ist die Germanistik noch kein eigenständiges akademisches Fach. Die theoretischen Auseinandersetzungen mit Sprache und Kunst im Allgemeinen und Literatur

---

9 Vgl. Merkheft für Germanisten, 2 ff.
10 „Es schritt an jenem Tag, als unser Herr geboren wurde
 Von einer Jungfrau, die er sich zur Mutter auserwählt hatte,
 in Magdeburg der König Philipp in seiner Herrlichkeit einher.
 Da schritt eines Kaisers Bruder und eines Kaisers Sohn
 In einem Gewand, obwohl es doch drei Personen sind:
 Er ging würdevoll und ohne Hast:
 Gemessen folgte ihm die hochgeborene Königin nach,
 die Rose ohne Dorn, die Taube ohne Galle.
 Nirgendwo gab es sonst solchen höfischen Anstand:
 Die Thüringer und die Sachsen dienten da so,
 daß auch die Weisen damit zufrieden gewesen wären" (Von der Vogelweide, Walther, Aus dem ersten Philipps-Ton, 162.)

im Besonderen nehmen in Verbindung mit der Aufklärung, in der Romantik und in der Klassik zu. Ich erinnere an einschlägige Texte von Gotthold Ephraim Lessing, *Laokoon oder über die Grenzen der Malerei und Poesie* (1766);[11] ders., *Hamburgische Dramaturgie* (1767);[12] Johann Gottfried Herder/Johann Wolfgang Goethe, *Von deutscher Art und Kunst* (1773);[13] Johann Christoph Adelung, *Versuch eines vollständigen grammatisch-kritischen Wörterbuches der Hochdeutschen Mundart mit beständiger Vergleichung der übrigen Mundarten, besonders aber der oberdeutschen* (1774–1756; ³1793).[14]

Mit den Namen August Wilhelm Schlegel, Joseph von Görres und Friedrich Heinrich von der Hagen und nicht zuletzt Jacob und Wilhelm Grimm und Karl Lachmann, der vor allem viele Text-Editionen erstellt hat, zu Beginn des 19. Jhs. professionalisiert sich die Germanistik und wird zum eigenen akademischen Fach. Genannter Friedrich Heinrich von der Hagen war der erste außerordentliche Professor für Germanistik ab 1810 in Berlin. Die weitere Entwicklung zog sich über die folgenden 150 Jahre, wenn man so will, denn die Germanistik in Salzburg hat erst eine 65-jährige Tradition.[15]

Was aber war zu Beginn der akademischen Germanistik im frühen 19. Jh. politisch? Es war und wurde der Gegenstand und zum Teil auch seine Vertreter*innen. Die beiden großen Forschungsbereiche in den ersten Jahrzehnten der Germanistik waren die wenige Jahre bzw. Jahrzehnte davor wiederentdeckten Handschriften mittelalterlicher Texte, des *Nibelungenliedes*, der Walther-Lieder, des *Iwein* und andere Werke des Hartmann von Aue, also der Bereich, der heute die ältere deutsche Literatur umfasst. Der zweite große Bereich war die Sprachwissenschaft, ihr bekanntestes Werk das Wörterbuch der Brüder Grimm, ein wahrhaft Jahrhunderte umfassendes Projekt: Es wurde 1854 begonnen und dauert mit den Neuauflagen und Ergänzungsbänden bis heute an.

Um die politische Dimension dieses wissenschaftlichen Tuns zu erahnen, ist nun doch auf die Macht- und Herrschaftspolitik und ideologischen Kontexte der Zeit einzugehen. Ein bemerkenswerter Punkt in diesem Zusammenhang wird sein, dass sich damals Einrichtungen, Institutionen und Gruppierungen

---

11 Vgl. Merkheft für Germanisten, 4.
12 Vgl. ebd. 5.
13 Vgl. ebd.
14 Vgl. ebd.
15 Zu Beginn des 19. Jhs. wurde die Benediktiner-Universität in Salzburg im Zusammenhang mit den Napoleonischen Kriegen aufgelöst; Anfang der 1960er Jahre wurden die Fakultäten (Theologie, Rechtswissenschaft, Kultur- und Geisteswissenschaft, Naturwissenschaft) und Institute nach und nach wieder eingerichtet.

herausbildeten, die im frühen 19. Jh. völlig andere Ziele verfolgten und andere Konnotationen weckten, als sie dies heute tun; das heißt, Organisationen aller Art unterliegen Entwicklungen und fundamentalen Veränderungen.

Die ersten Jahrzehnte des 19. Jhs. in Deutschland und Österreich standen unter dem Eindruck der Napoleonischen Kriege und der damit verbundenen Krisen-, Hunger- und anderen negativen Erfahrungen. Deutschland bildete bei weitem keine Einheit, sondern zerfiel in 39 Klein- bzw. Kleinststaaten. Das Ansinnen bürgerlich-liberaler Kreise ging dahin, (wieder) eine Nation erstehen zu lassen, die Freiheit der Bürger zu erhöhen, was sich vor allem in der Versammlungs- und Pressefreiheit ausdrücken sollte. Es wurde eine konstitutionelle Monarchie angestrebt, was natürlich die damaligen Machthaber in Berlin und Wien und in den „Regionalstaaten" nicht positiv stimmte. Öffentlichen Ausdruck erfuhren diese Ziele im Wartburgfest 1817 und im Hammberger Fest 1832, wo sich Vertreter des Bürgertums und vor allem der akademischen Eliten, zum Teil Mitglieder der jüngst gegründeten Burschenschaften zur gemeinsamen Forderung nach und Demonstration für mehr Freiheit in Wort und Zeichen (Tragen der verbotenen schwarz-rot-goldenen Flagge) trafen.

Hier muss hinzugefügt werden, dass derlei Bestrebungen der gesellschaftlichen Veränderung die Stärkung des Bürgertums bis zur Ausformung und völlig veränderten Wahrnehmung des Arbeiterstandes, des Proletariats, nicht ausschließlich im (heutigen) Deutschland und Österreich verfolgten wurden. Es spinnt sich hier eine Kette über Jahrzehnte und über nahezu alle europäischen Nationen, von Frankreich ausgehend bis zu Varianten in Griechenland, Italien, Ungarn, Polen usw. Diese internationale Revolutions-Bewegungen waren nicht – das sei betont – auf operationaler Ebene vernetzt oder einheitlich.

Aber zurück zu den deutschorientierten kritischen Aktiven: Beim Stichwort „Burschenschaften" treffen wir auf solch ein Phänomen, das in seinen Anfängen für liberale Werte im besten Sinne, auch im heutigen, stand. Sie waren national, aber im Verständnis des 19. Jhs., also für gestärkte Gemeinsamkeit. Darüber hinaus strebte man die oben angeführten Freiheitsrechte an. Als Zeichen für ihre ideologische Ausrichtung mag der Hinweis dienen, dass Mitglieder der Burschenschaften eine wichtige Rolle bei den revolutionären Geschehnissen des Frühjahrs 1848 spielten und eine große Gruppe in der Nationalversammlung der Paulskirche in Frankfurt stellten. Dieses erste deutsche Parlament konnte in einem Jahr vom Mai 1847 bis Mai 1848 die Rolle des Gesetzgebers übernehmen. Es wurde unter anderem ein Wahlgesetz beschlossen. Die Verbindung zur Germanistik bzw. zum breiteren Bereich der Geisteswissenschaft: In den Burschenschaften findet man eine große Anzahl von Germanisten, Historikern und Philosophen; wenn auch die größte Zahl der über 500 Mitglieder der

Nationalversammlung und der Burschenschaftler aus den Reihen der Juristen und nicht näher bezeichneten Beamten kamen.

Ein historisches Ereignis mag die Situation, die Zielsetzung des nationalen, liberalen Bürgertums und seine besondere Verbindung zur Germanistik illustrieren: Die Göttinger Sieben.[16] Ernst August I. bestieg 1837 den Thron im Königreich Hannover. Unmittelbar nach seinem Regierungsantritt hob er die relativ freiheitliche Verfassung, das vier Jahre zuvor in Kraft getretene Staatsgrundgesetz zum 1. November 1837 wieder auf. Am 18. November des Jahres reichten die Göttinger Sieben Proteste ein. Es handelt sich dabei um sieben Göttinger Professoren (Wilhelm E. Albrecht, Staatsrechtler; Friedrich C. Dahlmann, Historiker; Heinrich Ewald, Orientalist; Georg Gottfried Gervinius, Literaturhistoriker; Jacob Grimm, Wilhelm Grimm, beide Rechtswissenschaftler und Germanisten; Wilhelm Eduard Weber, Physiker). Sie fanden mit ihrem Protest keine Unterstützung bei ihrer Universität, im Gegenteil. Der Prorektor und vier Dekane übergaben dem König ein Schreiben, in dem sie sich von den Professoren distanzierten. Die Gesamtuniversität äußerte sich offenbar nicht dazu, was durchaus verschiedene Schlüsse zulässt. Auf jeden Fall entließ Ernst August im Dezember die Professoren und verwies drei davon außer Landes. Der preußische König Friedrich Wilhelm IV. rehabilitierte die Wissenschaftler zum Teil 1840. Was aber durchaus bemerkenswert ist: Eine breite Öffentlichkeit tat sich zusammen und kam für das Gehalt der drei Ausgewiesenen auf.[17] Ein Zeichen, dass dieser Liberalismus eine Massenbewegung mit sozialer Komponente geworden war.

Über diese regierungspolitischen Aspekte hinaus war oder wurde auch die betrachtete Literatur zu einem Politikum bzw. zu einem ideologischen Schwergewicht. Im Sinne des nationalen Gedankens wurde es notwendig, diesem auch den entsprechenden historischen und kulturellen Rahmen zu geben, historische Gemeinsamkeiten und Wurzeln zu definieren. Hier tritt die (fast) gemeinsame Sprache ins Zentrum, die identitätsbildenden Charakter hat. Daneben wurden es die Sprachkunstwerke, welchen diese Rolle in besonderer Weise zugeordnet wurde. Die literarischen Werke des Mittelalters bezeugten im 19. Jh. offenbar eine gemeinsame deutsche kulturelle Vergangenheit, die die aktuelle politische Vereinigung der vielen deutschen Teilstaaten zu einem Großen und Ganzen nahe legte und legitimierte. Es war einerseits die Gesamtheit dieser Texte, die die gemeinsame Vergangenheit dokumentieren sollte, und das *Nibelungenlied* in

---

16 Vgl. Wikipedia, Göttinger Sieben.
17 Vgl. ebd.

besonderer Weise. Es wurde zu *dem* deutschen Nationalepos stilisiert, was Auswirkungen auf die Heldenbilder der darin vertretenen Figuren hatte. Wie viele andere mittelhochdeutsche Texte waren die verschiedenen Handschriften zwischen 1755 und ca. 1780 wiedergefunden worden (eine in Hohenems), und das *Nibelungenlied* führte offenbar von seiner Stoffgeschichte her nicht nur ins Mittelalter zurück, sondern darüber hinaus in frühere Epochen deutscher, germanischer Geschichte. Die agierenden Figuren konnten als Helden gefeiert werden, und so wurde dieser Text mit besonderer Intensität in der Forschung (vor allem in Editionen und Übersetzungen) bearbeitet und einer breiteren Öffentlichkeit zugänglich gemacht. Dass dieses Lied auch interessant für die Machtpolitik war, zeigt die Tatsache, dass sich Fürsten mit den Bildern davon schmückten, in der Münchener Residenz (Bilderzyklus von Schnorr von Carolsfeld) und in Neuschwanstein, wo allerdings schon die Einflüsse von Richard Wagners Stoffgestaltung sichtbar werden, zum Beispiel in den dargestellten Personen, die mehr auf die nordische Tradition der Nibelungen verweisen als auf das mittelhochdeutsche *Nibelungenlied*.

Nicht allein alte Texte werden in der Germanistik und darüber hinaus für die herrschende Ideologie nutzbar gemacht, es entstehen auch neue Texte zu den aktuellen Geschehnissen. Ich verweise auf den lyrischen Text von Heinrich Heine, der den Weberaufstand (Schlesischer Weberaufstand Juni 1844 – Bauernbefreiung schon 1807) thematisiert.[18] Das allein war schon ein gewisses Novum (abgesehen von Walther von der Vogelweide), zumindest etwas Ungewöhnliches,

---

18 „Im düstern Auge keine Träne
Sie sitzen am Webstuhl und fletschen die Zähne:
Deutschland, wir weben dein Leichentuch,
Wir weben hinein den dreifachen Fluch –
Wir weben, wir weben!

Ein Fluch dem Gotte, zu dem wir gebeten
In Winterskälte und Hungersnöten;
Wir haben vergebens gehofft und geharrt –
Er hat und geäfft, gefoppt und genarrt –
Wir weben, wir weben!

Ein Fluch dem König, dem König der Reichen,
Den unser Elend nicht konnte erweichen
Der den letzten Groschen von uns erpreßt
Und uns wie Hunde erschießen läßt –
Wir weben, wir weben" (Heine, Die schlesischen Weber, 184 f.).

dass etwas Tagesaktuelles literarische Gestaltung findet, noch dazu in lyrischer Form. Dieser Text soll nur als Beispiel dafür stehen, dass sich eine große Zahl an Schriftstellern vor allem in Romanen und Dramen mit den sozialen und anderen Missständen der Zeit auseinandersetzten.

Beispiele aus dem 19. Jh. sind: Hofmann von Fallersleben, Das junge Deutschland (Heinrich Heine; Karl Gützkow; Ferdinand Freiligreth, *Ein Glaubensbekenntnis*); später: Eduard Mörike, Karl Immermann, Droste-Hülshoff, Charlotte Stieglitz mit ihrem Werk *Ein Denkmal* (die ersten Frauennamen tauchen auf), Berthold Auerbach, Franz Grillparzer und Georg Büchner (*Hessischer Landbote*[19]). Sie äußerten sich in öffentlichen Stellungnahmen und/oder in ihren Werken zu den Missständen der Zeit und machten sich für Presse- und Versammlungsfreiheit stark.

4 Vom nationalen Liberalismus zum Nationalismus

Das Jahr 1848 brachte nicht jene nachhaltigen gesellschaftlichen, gesetzlichen und machtpolitischen Veränderungen, die man angestrebt hatte. Die Revolutionen in allen Teilreichen wurden letztlich niedergeschlagen. Man war vermutlich schon froh, wenn man nur vorrübergehend Repressalien auf sich nehmen musste wie Gefängnis oder Exil. Die Gedanken der nationalen Einheit waren damit nicht ad acta gelegt. Sie lebten in den Schriften und Köpfen der Burschenschaften, der Wissenschaftler, der bürgerlichen Politiker und nicht zuletzt der Philosophen und Schriftsteller fort.

Allerdings erlebten die ideologischen Grundlagen, vor allem die Einstellung zur eigenen Nation, zum Nationalen eine deutliche Veränderung, man könnte sagen eine Radikalisierung. Deren Hintergründe und Verläufe sind hier nicht im Detail nachzuzeichnen. Ein einschneidendes Ereignis waren mit Sicherheit die kriegerischen Auseinandersetzungen mit ihren sehr unterschiedlichen Ergebnissen. Zunächst der Krieg gegen Frankreich 1870/71. Er führte letztlich (grob gesagt) zur Niederlage Frankreichs und es wurde in Versailles ein für die Grand Nation sehr ungünstiger „Friedensvertrag" ausgehandelt, mit hohen Reparationszahlungen und dem Verlust Elsass-Lothringens, das dem hier quasi neu entstandenen Deutschen Kaiserreich zugeschlagen wurde. Diese Maßnahmen waren ein negativer Einbruch für die französische Wirtschaft einerseits und ein unglaublicher Motor oder Katalysator für die deutsche Wirtschaft andererseits, die sich zu einer der größten in Europa entwickeln konnte. Das gab

---

19 Eine Flugschrift von Georg Büchner, überarbeitet von Friedrich Ludwig Weidig.

dem nationalen Gedanken aus Frust und Stolz auf französischer Seite enormen Auftrieb.

Der Schauplatz Versailles wurde zum „Schicksalsort" für Kriegsentscheidungen, die nichts anderes waren als neuer wirtschaftlicher und ideologischer Sprengstoff für neuerliche Auseinandersetzungen. Wie bekannt, endete der Erste Weltkrieg (1914–1918) für Deutschland/Österreich desaströs. Frankreich konnte den Sieg, wenn es so etwas im Krieg überhaupt gibt, für sich verzeichnen. Als besondere Schmach war es wohl gemeint und wurde es auch verstanden: Die „Friedensverhandlungen" zwischen Frankreich und Deutschland fanden wieder in Versailles statt. Nun musste Deutschland finanziell und territorial bluten – Elsass-Lothringen war wieder verloren. Dieser Vertrag und die sogenannte „Dolchstoßlegende" begründeten dann das nationalsozialistische Argument der umfassenden Schmach dieses Kriegsendes, das nun auf deutscher Seite zu neuer Kriegshetze führte – die natürlich im „Kleid des Arguments" daherkam.

Aber wo bleibt die Germanistik bzw. ihr Sujet? Wie schon oben angedeutet, wurde vor allem das *Nibelungenlied* zum Identifikationstext für den nationalen Gedanken. Es war sozusagen eine Botschaft aus „germanischer Frühzeit" und schien jene Werthaltungen und Ziele zu implizieren oder zu propagieren, die die Nationalen gern als „deutsche Tugenden" u. ä. bezeichneten. Einen besonderen Stellenwert erlangte in diesem Zusammenhang die Treue, die Nibelungentreue.[20] Wie verfälschend diese nationale Inanspruchnahme textbezogen betrachtet war, zeigt genau dieser Begriff in besonderer Weise. Im gesamten *Nibelungenlied* wird man den Begriff der ‚Nibelungentreue' völlig vergeblich suchen. Selbst das allgemeinere Wort *triuwe* ist nicht besonders häufig und zentral präsent,[21] d. h. man legte in einen Text einen Gedanken und in der Konsequenz eine ganze Ideologie, die dem Text so nicht eignet. Da dieser Text aber nicht nur als Kunstwerk rezipiert wurde, sondern zunehmend ideologisch bzw. als historischer Rechtfertigungszusammenhang gedeutet wurde, wäre es hier die Aufgabe einer kritischen Germanistik gewesen, diese Inkohärenz aufzuklären. Das hätte freilich nicht die ins Nationalistische wachsende Ideologie verhindert, aber der Legitimationsargumentation die historisch-literarische Grundlage entzogen, die auf einer so nicht gegebenen Textbasis beruht.

---

20 Den Begriff der ‚Nibelungentreue' prägte der preußische Adelige Bernhard Fürst von Bülow, der 1909 im Zusammenhang mit dem Bündnis Preußen-Österreich von Nibelungentreue sprach.

21 Dies ist beispielsweise mit Hilfe der Mittelhochdeutschen Begriffsdatenbank nachprüfbar: http://mhdbdb.sbg.ac.at/ (15.01.2021).

5 Propagandistische Germanen

Nun haben wir die Geschehnisse um 1848 und Anfang des 20. Jhs. gestreift. Wir schreiben weiter in die 1930er und 1940er Jahre. Wie mit dem allgemeinen, aber auch dem wissenschaftlichen Zugang der Nibelungen-Forschung angedeutet wurde, war ein gewisses Naheverhältnis der Germanistik zur NS-Ideologie zu konstatieren. Es war in diesem Forschungsbereich nur jenen Personen möglich, weiter die Forschung und Lehre zu verfolgen, die keinen kritischen Standpunkt zum System vertraten. Als Vertreter mit nachhaltiger Wirkung sind zu nennen Andreas Heusler und Heinz Otto Burger. Das kritische und gesellschaftsverändernde Potential von Sprache und Literatur, wie es in den Anfängen der Germanistik zu finden war und für diese geradezu konstitutiv erschien, war restlos verloren gegangen.

Wie eng sich mittelalterlich-literarische Texte, die unkritische Grundhaltung der Germanistik und politische Propaganda verbinden konnten, ist wiederum im Zusammenhang mit dem *Nibelungenlied* zu zeigen. Nicht genug damit, dass sich Hitler selbst im Bilde quasi als neuer Siegfried inszenierte, der Wagnersche „Ring des Nibelungen" überdimensionale Aufmerksamkeit erhielt usw.; eine Sequenz aus dem *Nibelungenlied* erlangte im Zuge der Schlacht um Stalingrad (1942/43) zweifelhafte Berühmtheit:

> Wir kennen ein gewaltiges Heldenlied von einem Kampf ohnegleichen, es heißt ‚Der Kampf der Nibelungen'. Auch sie standen in einer Halle voll Feuer und Brand, löschten den Durst mit dem eigenen Blut, aber sie kämpften bis zum Letzten. Ein solcher Kampf tobt heute dort, und noch in tausend Jahren wird jeder Deutsche mit heiligem Schauer von diesem Kampf in Ehrfurcht sprechen und sich erinnern, dass dort trotz allem Deutschlands Sieg entschieden worden ist.[22]

So beschied es Göring seinen Offizieren – ja, zu welchem Zweck? Um die letzten heldischen Reserven zu aktivieren oder um die Hoffnungslosigkeit – mit dem Blick auf das Ende des *Nibelungenliedes* – auch dieser Schlacht in Stalingrad zu umschreiben. Dass es mit dem desaströsen Ende des Liedes ein umfassenderes Problem gab, zeigt auch die Tatsache, dass Wagners „Ring" zu Kriegsende zwar noch aufgeführt wurde, aber die „Götterdämmerung" gestrichen werden musste.

6 Eine Person – zwei Biographien

Was Germanisten in den Jahren zwischen 1933 und 1945 so machten und was danach aus ihnen wurde, zeigt ein besonderer Fall, der zwar in dieser Form nur

---

22 Zitiert nach: Kellerhoff, Wie die Deutschen vom Ende von Stalingrad erfuhren, 5.

unikal belegt ist, aber u. a. sehr viele Bezüge zu Salzburg aufweist. Es handelt sich um einen Germanistikstudenten, der in der Zeit des Nationalsozialismus studierte und seine wissenschaftliche Karriere aufnahm, aber 1945 seine Identität änderte, um als anderer Germanistikstudent und -absolvent neuerlich in eine hochrangige wissenschaftliche Karriere zu gelangen. Diese konnte „unerkannt" bis in die mittleren 1990er Jahre fortgesetzt werden. Es handelt sich um den Fall Schneider/Schwerte, den ich hier ein wenig ausführlicher darstellen will. Ich orientiere mich dabei an den Darstellungen und Analysen von Karl Müller und seinem Aufsatz „Vier Leben in einem – Hans Schneider/Hans Schwerte" aus dem Jahr 2006 und an der Dokumentation des Antirassismus-Referats der Universität Erlangen-Nürnberg. Müller schildert das Zusammentreffen mit dem scheinbar umfassend großen Kollegen vor dessen Enttarnung:

> Ich vergegenwärtige mir eine verstörende Gesprächssituation während des Sommersemesters 1994 mit dem damals als Honorarprofessor der Universität Salzburg tätigen Hans Schwerte. Wir hatten gemeinsam ein literaturwissenschaftliches Blockseminar geleitet, in dem Werke von Thomas Mann, Hermann Broch und Alfred Döblin zur Debatte standen. In einer Seminarpause ging der Gedankenaustausch weiter – wir sprachen über das Döblinsche ‚Augen auf, aufgepaßt' und seine möglichen Adressaten während der Weimarer Republik, als es mir, räsonierend über damalige politische Verhältnisse und vorlaut selbstgewiß, einfiel anzumerken: ‚Nein, in die SS wäre ich sicher nicht eingetreten.' Schwerte reagierte auf unerhörte Weise. Er fuhr plötzlich seinen Zeigefinger auf mich aus und rief hoch erregt aus: ‚Das, Herr Dr. Müller, sollten Sie nicht sagen. Wie können Sie das sagen!' [...] Ich hatte in diesem Augenblick – retrospektiv betrachtet – wahrscheinlich mit jener in Hans Schwerte aufbrechenden Instanz des SS-Mannes im ‚Persönlichen Stab des Reichsführers SS' Heinrich Himmler und seit Mitte 1942 Abteilungsleiter des sogenannten ‚Germanischen Wissenseinsatzes' im ‚Ahnenerbe' der SS zu tun, mit SS-Hauptsturmführer Hans Ernst Schneider.[23]

Als Hans Ernst Schneider wurde dieser Germanist 1909 in Königsberg geboren. Er studierte zwischen 1928 und 1932 Germanistik in Berlin und Wien. Seine SS-Karriere begann 1937, ein Jahr später wird er hauptamtlicher Referent in der Berliner Zentrale des Rasse- und Siedlungshauptamtes. Es folgt seine Aufnahme in den persönlichen Stab Himmlers. Seine konkreten Aufgaben führen ihn schon damals nach Salzburg. Er soll germanische Spuren in der Ostmark recherchieren, was dazu führt, dass er die Auflösung kirchlicher Einrichtungen unterstützt,[24] die offenbar das Germanische verdecken. Seine weitere Karriere im Interesse des „Germanischen Wissenschaftseinsatzes" führte Schneider in die Niederlande und letztlich als Leiter der Abteilung im ‚Ahnenerbe' nach Berlin.

---

23 Müller, Vier Leben in einem, 79 f.
24 Vgl. ebd. 84 f.

1945 erfolgt der Namenswechsel zu Hans Werner Schwerte. Als solcher studiert er in Hamburg und Erlangen-Nürnberg Germanistik, promoviert 1948 zu Rainer Maria Rilke, habilitiert sich 1958 mit einer Arbeit zu *Faust und das Faustische. Ein Kapitel deutscher Ideologie* und wird 1965 zum ordentlichen Professor für Neuere Deutsche Literaturwissenschaft an der Universität Aachen ernannt. Er übt dort drei Jahre das Amt des Rektors aus, emeritiert 1978, und wird, wie erwähnt, Honorarprofessor in Salzburg. 1983 wird ihm das Bundesverdienstkreuz und 1990 die Ehrensenatorenschaft der RWTH Aachen verliehen.

Zwei Jahre später klärt ein US-amerikanischer Romanist, Earl Jeffrey Richards, das Simon-Wiesenthal-Zentrum über die wechselnden Identitäten „Schneider/Schwerte" auf. Wenige Monate später nimmt Schwerte eine Selbstanzeige vor. In der Folge werden ihm alle Ehrungen und wissenschaftliche Positionen entzogen, abgesehen von seinem Doktorgrad in Nürnberg. 1999 stirbt Schwerte.[25]

Diese beiden Biographien fanden vor allem in Deutschland Aufmerksamkeit und führten zu einer wissenschaftspolitischen Auseinandersetzung.[26] Der Fall zeigt auf pointierte Weise, welche Rolle die Germanistik und Germanist*innen während des Dritten Reiches spielten, wie man sich ihrer bediente. Er macht auch deutlich, dass es einerseits den handelnden Personen durchaus klar war, dass es kein ungebrochenes Weiterarbeiten geben konnte, aber andererseits war die Verschleierung einer früheren Existenz möglich. Dies wiederum, etwas ungeschützt überlegt, setzt ein gewisses Maß an Toleranz solcher und ähnlicher Verschleierungs-, Vertuschungs- und, euphemistisch ausgedrückt, Verharmlosungsprozesse voraus. Unter anderem, so denke ich, wird es stets ein persönliches Umfeld geben, das von diesen Veränderungen weiß und sie mitträgt. Das studentische Antirassismus-Referat der Universität Nürnberg-Erlangen bringt diese Gedanken pointierter und anklagend zum Ausdruck, wenn die Nichtaberkennung der Promotion Schwertes als Beweis dafür angeführt wird, dass „eine Nazi-Vergangenheit in diesen Kreisen (Promotionsausschuss der Univ. Nürnberg-Erlangen, S. Sch.) als Kavaliersdelikt angesehen wird"[27].

Der nächste Abschnitt scheint in eine ganz andere Welt und Thematik, jene der revoltierenden Student*innen in den 1960er Jahren, zu führen. Allerdings sind die Bereiche sehr nahe verbunden, denn wie man mit der NS-Vergangenheit und ihren Playern in der unmittelbaren Nachkriegszeit umging bzw. umzugehen habe, wurde zum wichtigen Impuls der Studentenbewegung.

---

25 Vgl. ebd.
26 Vgl. z. B. König (Hg.), Der Fall Schwerte im Kontext.
27 O. A., Schlussbemerkung, 235.

7 Die 68er Studenten-Revolten – „Unter den Talaren der Muff von 1000 Jahren"

Für die etwas deftige Auflockerung ein paar (weitere) Sprüche, die dem Sprachgebrauch der „wilden 68er" zuzuordnen sind:

- „Stell dir vor es ist Krieg, und keiner geht hin! – Dann kommt der Krieg eben zu dir!"
- „Ich gehe gern zur Arbeit, ich gehe auch gerne von der Arbeit nach Hause, nur die Zeit dazwischen ist Sch…e!"
- „Lehrer waren auch mal Schüler! – Nur nicht so gute, deshalb sind sie ja auch Lehrer geworden!"
- „Wenn alles pennt und einer spricht, dann nennt man dieses Unterricht."
- „Nur tote Fische schwimmen mit dem Strom!"
- „Lieber Gras rauchen als Heuschnupfen."
- „Nur Idioten halten Ordnung, ein Genie beherrscht das Chaos."
- „Menschen haben einen Horizont mit dem Radius Null und nennen das ihren Standpunkt."
- „Gestern standen wir am Rande des Abgrunds – heute sind wir einen Schritt weiter."
- „Polizisten sind wie Schnittlauch: Innen hohl, außen grün und sie treten meistens in Bündeln auf."
- „Wer zweimal mit derselben pennt, gehört schon zum Establishment!"

Damit genug – die zum Teil bewusst vulgären Sprüche geben durchaus zentrale Themen der 68er Studentenbewegung wieder. Der erstgenannte markiert mindestens zwei Kritikbereiche, die die Bewegung auslöste und durch sie problematisiert und diskutiert wurden: grundsätzlich die mehr als veralteten Strukturen in der Gesellschaft und im Bildungswesen an Schulen und Universitäten, im Speziellen unter dem Stichwort „Ordinarien-Universität". Dort galt ausschließlich die Meinung, der Forschungsansatz, die Lehre usw. der berufenen Professoren, also der Ordinarien. Und ich habe hier nicht vergessen, geschlechtergerecht zu formulieren, es gab praktische keine Professorinnen, keine Ordinaria – die ersten sind in den 1970er Jahren zu finden. Dieser Spruch hat aber noch eine weitere Dimension, nämlich der Hinweis auf die „1000 Jahre" markiert die erst kurz vergangene Geschichte, nämlich jene des angeblich „1000-jährigen Reiches". Zum Glück hat dies nicht 1000 Jahre angedauert, aber in der Kritik stand der Umgang mit dieser unmittelbaren Vergangenheit, mit ihrer Aufarbeitung. Das Beispiel Schwerte hat schon darauf verwiesen.

Die anderen (zum Teil trivialen) Spott-Aphorismen verbalisieren, dass Autoritäten wie Lehrer*innen und Polizei (als Vertreter der Staatsgewalt) abgelehnt oder zumindest stark hinterfragt wurden. Man verstand sich jedoch als ausgesprochen pazifistische Bewegung, zusammengesetzt aus genialen, unangepassten Individuen. Es wurde zur „sexuellen Befreiung" aufgerufen, man denke an die Proteste gegen die Kriminalisierung von Abtreibung bzw. die freudige Aufnahme „der Pille", die allerdings zunächst eher die Freiheit der Männer wirklich erweiterte und nur eingeschränkt jene der Frauen.

Mit einem Blick auf das gesamte Dezennium ist zu sagen, dass diese Studentenbewegung keine deutsche und keine mitteleuropäische war, sondern dass nahezu schon eine globalisierte gesellschaftliche und kulturelle Umwälzung zu konstatieren ist. Revolten mit und ohne nachhaltige Veränderungen waren von Asien bis Amerika zu beobachten. Die Ursachen waren vielfach überlappend, während die Protagonisten und die Stoßrichtungen durchaus unterschiedlich zu nennen sind. So gab es nicht, wie häufig zu lesen ist, in USA die ersten Studentenunruhen, sondern in Japan. Bereits 1945 bildete sich eine linksgerichtete studentische Verbindung, 1960 lieferten sich Student*innen und Staatsmacht bei einem Besuch des damaligen Präsidenten Eisenhower blutige Schlachten, und 1968 legten japanische Student*innen ganze Universitäten lahm – ein Reflex auf Hiroshima etc. und allgemeiner Antiamerikanismus, in Varianten auch in anderen Ländern. 1963 kam es an der Universität Berkeley zu Auseinandersetzungen. Ein großes Thema, nicht nur an den amerikanischen Universitäten, war der Vietnamkrieg. Frankreichspezifisch war die Verbindung der Student*innen mit der Arbeiterklasse über das gemeinsame Feindbild De Gaulle. Ein französisch-deutscher Revolutionär, Daniel Cohen Bendit, Mathematiker, Germanist und Publizist, spielte auch in der deutschen Studentenbewegung eine Rolle und konnte später in alternativen politischen Bewegungen („Grüne") Karriere machen.

Andere Umstürze der einen oder anderen Art waren einerseits die Kulturrevolution in China, die allerdings damals unter den europäischen Revolutionären anders rezipiert wurde, als uns das Wissen darüber heute nahelegt. Man verstand damals als Demokratisierung, was eigentlich eine Entkulturalisierung bedeutete. Andererseits der „Prager Frühling" 1968, der allerding schnell und umfassend von den Sowjets niedergeschlagen wurde. Nicht zu vergessen ist auch eine andere große Reformbewegung, die in diesem Zusammenhang meiner Wahrnehmung nach nur selten genannt wird, nämlich das Zweite Vatikanische Konzil zwischen 1962 und 1965. Es brach vieles Verkrustete sogar in der mehr als 1000 Jahre alten Institution „Katholische Kirche" auf, aber zum Teil mit wenig oder ohne Nachhaltigkeit, was hier nicht weiter vertieft werden kann.

Zurück zu den Student*innen und der Germanistik. Ideologisch rechneten sich die Student*innen der sechziger Jahr zur „Neuen Linken" unter dem geistigen Vorbild von Herbert Marcuse (1898–1979), ein marxistischer Philosoph, der von Deutschland in die USA emigriert war und diese studentische Revolte als Vorbotin einer allgemeinen Revolution deutete. Als geistige Väter wurden Marx und Engels, Wilhelm Reich und Siegmund Freud betrachtet, als Idole galten Che Guevara, Mao und Ho Chi Minh. Eine theoretische Grundlage bildete wesentlich die „Kritische Theorie" der Frankfurter Schule der Soziologie mit Max Horkheimer, Theodor Adorno und Jürgen Habermas. Marcuse charakterisierte die Studentenbewegung wie folgt:

> Die ‚Neue Linke' besteht aus politischen Gruppen, die links von den traditionellen politischen Parteien stehen. Sie besitzen noch keine neuen Organisationsformen, sind zudem ohne Massenbasis und, besonders in Amerika, von der Arbeiterbewegung isoliert.[28]

Erste Orte der 68er Unruhen waren Berlin und München. Insgesamt waren in der Bewegung viele Germanistik-Studierende involviert, und es war auch eine Germanisten-Veranstaltung, die zumindest einen Auslöser lieferte, nämlich der Germanisten-Tag in München 1966. Nach einem Artikel in der *Zeit* 1968 (Walter Boehlich)[29] ging es am Germanistentag in München um die Kritik an der Vergangenheit eines Faches, dessen jüngere, liberalere Vertreter*innen erkannt hatten, dass dieses Fach sich nicht länger so verstehen dürfe, wie es sich fast eineinhalb Jahrhunderte verstanden hatte. – Die Bestrebungen gingen dahin, möglichst viel Interdisziplinarität ins Fach einzuführen, um z. B. allein auf Nationales gerichtete Betrachtungsweisen zurück zu drängen und Literatur auch mit den Methoden von Nachbardisziplinen (Soziologie, Psychologie, Philosophie, andere Philologien) zu betrachten. Dies scheiterte mehr oder weniger an zwei Aspekten: Es hatten sich noch keine spezifischen Methoden zur Verknüpfung für das Interdisziplinäre herausgebildet, die über das Additive hinausgingen. Was schwerer wog, wie sich im Zusammenhang mit der Planung für den Germanistentag in München gezeigt hatte, war die Tatsache, dass eine Verständigung zwischen den älteren und jüngeren Ordinarien nahezu unmöglich geworden war. Sie sprachen zwei verschiedene Sprachen – diese Differenz erwies sich zwischen Lehrenden und Studierenden noch als wesentlich einschneidender.

Im gleichen Jahr rief Rudi Dutschke auf einer Abschlusskundgebung im Zusammenhang mit einer Großdemonstration gegen den Vietnamkrieg (Sozialistischer Deutscher Studentenbund) erstmals die Gründung der außerparlamentarischen Opposition (APO) aus. Der Germanistikstudent Benno Ohnesorg wurde am 2. Juli 1967 bei einer Antischah-Demonstration (der damalige Schah

---

28 Marcuse, zitiert nach: Imlinger, Die österreichische Studentenbewegung 1968, 8.
29 Vgl. Boehlich, Der Deutsche Germanistentag.

von Persien mit seiner Gemahlin Fara Diba war auf Staatsbesuch in Berlin) aus der Pistole (Revolver) eines Polizisten tödlich getroffen. Die grundsätzlichen Kritikpunkte und dieses furchtbare Ereignis, fortgesetzt durch ein Attentat auf Rudi Dutschke (an den Spätfolgen starb er 1979) im April 1968 führten letztlich zu den heftigen Revolten im Jahre 1968.

Ein kleiner Exkurs nach Österreich; nur drei Punkte möchte ich hier nennen: Die Proteste kamen eher etwas verspätet und abgeschwächt nach Österreich und hier im Wesentlichen nach Wien. Die Anliegen waren die gleichen: die Aufarbeitung des Dritten Reiches, der Vietnamkrieg und die Spießigkeit der Elterngeneration. Der Politikwissenschaftler Pelinka kommentiert:

> Österreich war als Demokratie verspätet – Demokratie, demokratische Republik, demokratische Verfassung und demokratischer Prozess wurden Österreich zweimal von oben verordnet: 1918 und 1945. Demokratie war in Österreich zweimal nicht das Ergebnis eines Kampfes der Österreicher um Demokratie, Demokratie war zweimal das Ergebnis der Niederlage der Armeen, in denen die meisten Österreicher mehr oder minder freiwillig zu kämpfen hatten. Österreich, das war (und ist) das Land ohne erfolgreiche Revolution, das Land einer Aufklärung durch die Regierenden, das Land der Demokratie durch die Siegermächte.[30]

Auch in Österreich gab es einen Auslöser für Unruhen, der mit der Universität, wenn auch nicht direkt mit der Germanistik, zu tun hatte.[31] Ein Rechtshistoriker, Taras Borodajkewycz, verbreitete in seinen Vorlesungen Aussagen und Meinungen, die in den juristischen Bereich der „Wiederbetätigung" fielen. Damit polarisierte er seine (und darüberhinausgehend die) Studentenschaft. Er wiederholte seine Parolen zum Großdeutschen Reich etc. in öffentlichen Interviews, und dies löste heftige Proteste von Studierenden und von KZ-Überlebenden aus. Es kam zu einem Handgemenge zwischen Protestierenden der rivalisierenden Gruppen, in dem ein KZ-Überlebender getötet wurde. Der getötete Ernst Kirchweger bekam zwar nahezu ein Staatsbegräbnis, das von vielen tausend Menschen begleitet wurde, aber die personellen Konsequenzen für den Täter und den Versucher hielten sich in Grenzen.

Vielleicht für Österreich nicht untypisch, fand der Protest eine besondere Ausdrucksform in der Kunst. Hier sind vor allem die längere Geschichte der Wiener Gruppe um Oswald Wiener und der Wiener Aktionismus zu nennen. In der Literatur erweiterte sich das Spektrum der 68-Bewegten um Werke von Peter Handke (*Kaspar*, *Publikumsbeschimpfung*), Ingeborg Bachmann und das ganz frühe Werk von Elfriede Jelinek, Thomas Bernhard nicht zu vergessen.

---

30 Pelinka, zitiert nach Imlinger, Die österreichische Studentenbewegung 1968, 13.
31 Vgl. Lackner, Fischer, Lacina, Bronner und die „Affäre Borodajkewycz".

Der Wiener Aktionismus, zunächst Teil des 1966 gegründeten „Instituts für direkte Kunst", fand anfänglich vor allem im Ausland Beachtung und Anerkennung, was allerdings allmählich auch nach Österreich zurückwirkte.[32] Diese Idee der „künstlerischen Direktgestaltung" gebar zum Teil extreme Projekte, wie den Sturz des Burgtheaters oder die Sprengung des Kuriergebäudes (wohl in Parallelität zu Attacken auf Axel Springer-Imperium in der BRD), was allerdings, nicht umgesetzt wurde.

Was in die Tat gesetzt wurde, waren eine Reihe von spektakulären Provokationen: Statt des angekündigten Vortrags zum Thema „Kunst und Revolution" 1968 wurde der damalige Finanzminister Koren unflätig beschimpft (Peter Weibel), Oswald Wiener las kybernetische Abhandlungen vor, und Günter Brus onanierte zur Bundeshymne. Anschließend entleerten sich die Aktionisten zum „Gaudeamus igitur". Peter Weibel, später Professor für angewandte Kunst, glaubte, dass diese Schocktherapie richtig war, da sie scheinbar in Österreich einen Liberalisierungsprozess eingeleitet hat.[33]

Was waren die Ergebnisse dieser Studentenrevolten (unter heftiger Beteiligung der Germanistik)? Sie wurden zweifelsohne sehr zweigeteilt und kontrovers diskutiert und beforscht. Zum einen fand eine Radikalisierung der Gruppierungen statt; mit den Hinweisen auf Andreas Baader, Ulrike Meinhof, Gudrun Ensslin, den Anschlägen, den Entführungen und Morden und den anschließenden Geschehnissen in ihren Gefängnissen[34] (es wurden Bücher aller Gattungen darüber geschrieben, Filme gedreht usw.) sei dies hier nur angedeutet.

Zum anderen haben all die oben genannten Bewegungen tatsächlich weitreichende Veränderungen eingeleitet. Dies betrifft alle Lebensbereiche. Die Universitäten und Schulen, aber auch andere Institutionen erfuhren eine deutliche Demokratisierung. Eine Vielzahl von Normen, Lebenskonzepten und Verhaltensweisen wurde diskutiert und verändert. Moralische Vorstellungen standen auf dem Prüfstand und konnten nicht unverändert fortbestehen; zum Teil hatte dies auch juristische Auswirkungen, Gesetze wurden geändert, nicht nur die Paragraphen, die die Abtreibung betrafen. Das gilt für viele Rechte, die den Frauen vorher verwehrt waren. Damit war die legistische Grundlage für eine selbstbestimmte Lebensführung der Frauen gelegt. Allerdings geschah dies erst in indirekter Folge der Studentenbewegung, in den 1960er Jahre selbst wurde den Frauen zwar eine andere Rolle als davor zugedacht, aber ob diese wirklich wertschätzender für die Frauen war, das ist eine andere Frage.

---

32 Vgl. Imlinger, Die österreichische Studentenbewegung 1968, 56.
33 Vgl. ebd.
34 Vgl. Gräb, Wege in die Gewalt, 2014.

8 Schlussbemerkung

Dass in der Geschichte der Disziplin für alle Dimensionen der Germanistik, also dem Gegenstand selbst, der/m Produzent*in des Gegenstandes, dem Forscher, der Forscherin, dem Studenten, der Studentin eine enge Verknüpfung zum Politischen eignet, hoffe ich verdeutlicht zu haben. Die weitere Frage wäre, wie es gerade für die Germanistik zu erklären ist, dass es in den vergangenen zwei Jahrzehnten vor allem bei den forschenden Personen zu einer gewissen Entfernung vom Politischen kommt. Freilich möchte ich nicht von Entpolitisierung sprechen, denn für mich bleibt der Aspekt des sozialen Handelns als das Politische unangetastet, und damit ist Forschung und vor allem Lehre nach wie vor als wissenschafts- und gesellschaftspolitisches Handeln zu adressieren. Die Beurteilungen der wissenschaftlichen Diskurse, ihre Entwicklungen und Veränderungen können seriös nur aus einer gewissen zeitlichen Distanz getroffen bzw. geführt werden.

Literatur

Böhlich, Walter, Der deutsche Germanistentag. Oder: Lehren aus einem unfreiwilligen Lernprozess, in: DIE ZEIT vom 25.10.1968: https://www.zeit.de/1968/43/der-deutsche-germanistentag (23.12.2020).

Brockhaus, Band 13, 236: https://de.wikipedia.org/wiki/Politik (23.12.2020).

Cohn-Bendit, Daniel, Wir haben sie geliebt, die Revolution, Frankfurt am Main 1987.

Dutschke, Rudi, Geschichte ist machbar. Texte über das herrschende Falsche und die Radikalität des Friedens, Nördlingen 1991.

Fohrmann, Jürgen/Voßkamp, Wilhelm, Wissensgeschichte der Germanistik im 19. Jahrhundert, Stuttgart/Weimar 1994.

Gräb, Christian, Wege in die Gewalt. Die 68er zwischen Kritik und Militanz, Bonn 2014.

Heine, Heinrich, Die schlesischen Weber, in: Kortländer, Bernt (Hg.), Heinrich Heine. Neue Gedichte, Stuttgart 1990, 184–185.

Imlinger, Elisabeth, Die österreichische Studentenbewegung 1968: Literarische Beiträge in Zeitschriften – Versuch einer Dokumentation und Analyse (Diplomarbeit, Universität Salzburg), Salzburg 1988.

Janotta, Johannes, Eine junge Wissenschaft wird alt: Überlegungen zur Wissenschaftsgeschichte der Germanistik aufgrund des Internationalen Germanistenlexikons, Berlin/Wien 2013.

Kellerhoff, Sven Felix, Wie die Deutschen vom Ende in Stalingrad erfuhren, in: Die Welt, Zweiter Weltkrieg: https://www.welt.de/113266162 (20.02.2020).

König, Helmut (Hg.), Der Fall Schwerte im Kontext, Opladen/Wiesbaden 1998.

König, Christoph/Müller, Hans-Harald/Röcke, Werner (Hg.), Wissenschaftsgeschichte der Germanistik in Porträts, Berlin 2000.

Lackner, Herbert, Fischer, Lacina, Bronner und die „Affäre Borodajkewycz", Profil, 21.3.1015: https://www.profil.at/oesterreich/zeitgeschichte-die-affaere-borodajkewycz/400873094 (15.01.2021).

Luhmann, Niklas, Politische Planung: Aufsätze zur Soziologie von Politik und Verwaltung, Opladen 1971.

Luhmann, Niklas, Soziale Systeme, hg. Detlef Horster, Berlin 2013.

Lux, Anna, Räume des Möglichen. Germanistik und Politik in Leipzig, Jena und Berlin (1918–1961), Stuttgart 2014.

[Ohne Hg.], Merkheft für Germanisten zu Sammlung Metzler mit einer Zeittafel zur Geschichte der deutschen Philosophie, Stuttgart 1961.

Machiavelli, Niccolo, Der Fürst. Übersetzt, eingeleitet und kommentiert von Enno Rudolph und Marzia Ponso. Italienisch-deutsche Ausgabe, Hamburg 2019.

Meyer, Thomas, Aufstand gegen die Moderne, Hamburg 1989.

McLuhan, Marshall, Understanding Media, New York 1964 (6. Auflage).

McLuhan, Marshall, The Media is the Massage, New York 1989.

Müller, Karl, Vier Leben in einem – Hans Schneider/Hans Schwerte. Die Literaturwissenschaft als Selbsterkenntnis- und Zufluchtsraum, in: Justin Stagl (Hg.), Soziokulturelle Metamorphosen, Heidelberg 2007, 79–118.

[Ohne Autor], Schlussbemerkung, in: Antirassismus-Referat der Studentischen Versammlung an der Friedrich-Alexander-Universität Nürnberg-Erlangen (Hg.), Ungeahntes Erbe. Der Fall Schneider/Schwertner: Persilschein für eine Lebenslüge. Dokumentation. Aschaffenburg 1998, 234–237.

Schwerte, Hans, Faust und das Faustische. Ein Kapitel deutscher Ideologie, Stuttgart 1962.

Stammler, Wolfgang (Hg.), Deutsche Philologie im Aufriss, 2 Bände, Berlin ²1966.

Von der Vogelweide, Walther, Aus dem ersten Philipps-Ton: Ich schritt an jenem Tage, in: Müller, Ulrich/Weiss, Gerlinde (Hg.), Deutsche Gedichte des Mittelalters. Mittelhochdeutsch/Neuhochdeutsch, Stuttgart ²2009, 162–163.

Weber, Max, Politik als Beruf, Berlin 1911.

Wikipedia, Göttinger Sieben: https://de.wikipedia.org/wiki/G%C3%B6ttinger_Sieben (04.12.2020).

Wikipedia, Politik: https://de.wikipedia.org/wiki/Politik (31.3.2020).

Georg Zimmermann

Statistik und Interessenskonflikte – ein unüberwindbares Problem?
Beispiele aus sozialen Medien und dem Wissenschaftsbetrieb

Abstract: Statistical methods are currently being used in an ever-increasing number of different social and scientific contexts. The (implicit or explicit) assumption here is frequently that such "hard facts" result in a higher degree of objectivity. Yet precisely this can represent a potential hazard that should not be underestimated, especially if the claim to objectivity is overlaid with personal preferences or social discourses. This contribution uses examples to outline different ways in which such "conflicts of interest" influence the "political" in its widest sense. Many of these problems (for instance the influence of one's own academic education or mindset) seem insoluble – yet the conclusion of the contribution identifies a possible way forward to truly "evidence-based" decision-making.

Keywords: conflicts of interest, statistics, impact factor, mathematics, teaching

Es ist merkwürdig: Einerseits gelten Mathematik und Statistik bei vielen als Schreckgespenster und unüberwindbare Hürden, andererseits ist der Trend zur Quantifizierung und (scheinbaren?) Objektivierung von Sachverhalten als Grundlage von Entscheidungsprozessen in Politik, Gesellschaft und Wissenschaft ungebrochen. Gerade dieses Vertrauen in die (un-)heimliche Aussagekraft und Macht der Zahlen in vielen Lebensbereichen sollte daher einer genaueren Prüfung unterzogen werden. Im vorliegenden Beitrag wird versucht, die Objektivität von quantitativen Argumenten und Quantifizierungsprozessen anhand eines Beispiels aus dem Social-Media- bzw. Journalismus-Bereich sowie der Betrachtung eines wesentlichen quantitativen Aspekts des Wissenschaftssystems exemplarisch zu diskutieren. Um nicht Gefahr zu laufen, am Ende in einem aporetischen Zustand zu verharren, ist der letzte Abschnitt einem Ausblick auf mögliche Lösungsansätze gewidmet. Bei aller Kritik, die im Rahmen des vorliegenden Beitrags geübt wird, sollte jedoch stets der selbstreferentielle Aspekt im Vordergrund stehen – die jeweiligen Abschnitte sind als Warnungen und Denkanstöße für das eigene Agieren im Wissenschaftssystem sowie an den Schnittstellen zwischen Wissenschaft, öffentlicher Kommunikation und Gesellschaft zu lesen. Darauf soll die Formulierung der Kapitelüberschriften als „Gretchenfragen" hindeuten.

1 „Sag', wie hast du's mit dem Mathematikunterricht?" – Ein Blogbeitrag

Der Journalist Armin Wolf schrieb am 3. Februar 2018 den folgenden Eintrag in seinem Blog:[1]

> Ich bin recht häufig in Schulen eingeladen, immer in den obersten Klassen vor der Matura. Und ich frage dort oft: Wer von euch hatte schon mal Nachhilfe? In der Regel sind es gute zwei Drittel. Und fast alle im gleichen Fach: Mathematik. […] Wäre es nicht sehr viel sinnvoller, wir könnten sicherstellen, dass jeder, der die Schule verlässt, Alltagsaufgaben souverän rechnen kann, offensichtlich unsinnige Zahlen erkennt, wirklich mit Prozent- und Rentenrechnungen vertraut ist (um Zinseszinsen auszurechnen) und mit Wahrscheinlichkeitsrechnung und Statistik? […] Wozu man einen maximal großen Kegel in ein Pyramide einschreiben können muss – oder so ähnlich? Ich weiß es bis heute nicht. Oder was waren nochmal ‚komplexe Zahlen'? Mir ist der Begriff seit der Schule nie wieder begegnet.[2]

Dieser Beitrag zeigt geradezu paradigmatisch die folgende Situation: Die anwendungsorientierten Aspekte der Mathematik (z. B. Statistik) werden für wichtig gehalten, andere Teilbereiche werden hingegen als „Gedankenspielereien" ohne Praxisbezug abgetan. Zunächst sei angemerkt, dass ein Blogbeitrag freilich auch subjektive Elemente enthalten darf und nicht den Ansprüchen genügen muss, die man üblicherweise an wissenschaftliche Textsorten stellt. Aber es nimmt hier doch eine durchaus prominente Person des öffentlichen Lebens in Österreich auf ihrer offiziellen Internet-Seite Stellung. Somit erscheint es gerechtfertigt, zumindest den Maßstab grundlegender journalistischer Kriterien anzulegen, die ja mitunter – man denke etwa an sorgfältige Recherchearbeit – der guten wissenschaftlichen Praxis sehr ähnlich sind. In der Folge soll es nun um zwei Aspekte gehen, die bei eingehender Lektüre des Blogbeitrags zentral erscheinen: Einerseits um den Einfluss von sogenannten *Interessenskonflikten* im öffentlichen, gesellschaftlich-politischen Diskurs sowie um die Freilegung eines *historisch-gesellschaftlich bedingten Subtextes* der Argumentation; andererseits um die Rolle und Bedeutung von Statistiken in einem im Grunde stark von Subjektivität geprägten Diskurs.

Es sind im Wesentlichen zwei historisch-gesellschaftlich bedingte Argumentationsmuster auszumachen, die der Diskussion um die „richtigen" Inhalte und didaktischen Konzepte des Mathematikunterrichts zugrunde liegen: Zum einen ist die Überzeugung zu nennen, dass die Mathematik *per se*, d. h. insbesondere

---

1 Vgl. Wolf, Was läuft im Mathe-Unterricht falsch?
2 Ebd.

auch unter Einschluss von – zumindest vordergründig – abstrakten Teilbereichen, einen wesentlichen Bestandteil der Allgemeinbildung darstellt. Dies schließt freilich anwendungsorientierte Aspekte nicht aus, räumt dem Alltagsbezug jedoch keine primäre Funktion als einer Art „Existenzberechtigung" der Mathematik ein. Als Grundlage darf man wohl letztlich das humanistische Bildungsideal annehmen, das seinerseits zumindest ideelle Wurzeln in Konzepten wie dem der *septem artes liberales*, der „Sieben freien Künste", hat.[3] Von diesen sind auf jeden Fall zwei Fächer, nämlich die Arithmetik und die Geometrie, auch gemäß dem aktuellen wissenschaftlichen Verständnis der Mathematik zuzurechnen. Mathematische Disziplinen waren in diesem Kanon also durchaus prominent vertreten. In der Genese und grundsätzlichen Konzeption der *artes liberales* stand überdies auch die Musik der Mathematik sehr nahe, was vor allem durch die historische Bedeutung der pythagoräischen Lehre zu erklären ist.[4] Davon abgesehen sei zum Abschluss dieses kurzen historischen Exkurses auch an die erkenntnistheoretische Funktion der Mathematik in der *Politeia* Platons erinnert: Die Mathematik – vor allem in Gestalt von Arithmetik und Geometrie – ist dort auf einer Zwischenstufe zwischen der eigentlichen „Erkenntnis" und dem bloßen „Meinen" angesiedelt.[5] In Bezug auf das höchste Ziel, die Einsicht in die „Ideen" (und dabei insbesondere in die „Idee des Guten", d. h. ethische Einsicht), die im unmittelbar darauf folgenden sogenannten „Höhlengleichnis" beschrieben wird,[6] erscheint die Mathematik somit als eine wichtige Vorbereitung.

Wenn man nun wieder zum gegenwärtigen Bildungsdiskurs zurückkehrt, so sollte man freilich nicht allzu vorschnell versuchen, historische Entwicklungslinien zu unterstellen; aber es ist festzustellen, dass beispielsweise im Abschnitt „Bildungs- und Lehraufgabe" des aktuellen Lehrplans der Allgemeinbildenden Höheren Schule (AHS)-Oberstufe explizit von einem erkenntnistheoretischen Aspekt gesprochen wird: „[…] Mathematisierung eines realen Phänomens kann die Alltagserfahrung wesentlich vertiefen."[7] Außerdem wird ein „autonomer Aspekt" der Mathematik angesprochen: „Mathematische Gegenstände und Sachverhalte bilden als geistige Schöpfungen eine deduktiv geordnete Welt eigener Art […]; Mathematik fördert […] den demokratischen Prozess."[8] Die Autonomie erschöpft sich also nicht darin, die Mathematik als eine eigene

---

3 Vgl. Schneider, Artes liberales.
4 Vgl. ebd.
5 Vgl. Platon, Politeia, 510c ff.
6 Vgl. ebd. 514a ff.
7 Bundesrecht konsolidiert: Gesamte Rechtsvorschrift für Lehrpläne, Anlage A.
8 Ebd. 2.

Denkweise, die von jeglichen (Zweck-)Bindungen an die Realität freigesprochen wird, zu verstehen, sondern hat auch einen politischen Bezug. Um noch einmal auf Platon zurückzukommen: Es wäre verfehlt, in der postulierten demokratiefördernden Wirkung der Mathematik ein platonisches Argument zu sehen, denn die in der *Politeia* anklingenden Vorstellungen (z. B. „Philosophenkönigtum"[9]; „jeder soll das Seine tun"[10]) entsprechen – auch nach antiken Maßstäben – keiner demokratischen Staatsordnung. Dennoch bleibt festzuhalten, dass der Mathematik aufgrund ihrer zuvor skizzierten erkenntnistheoretischen Bedeutung auch eine gewisse politische Funktion zugesprochen werden kann: Die Mathematik dient, wie bereits erwähnt, als eine wichtige vorbereitende Stufe auf dem Weg zur Erkenntnis der „Ideen" – letzteres ist aber für Philosoph/-innen kein reiner Selbstzweck, denn die gewonnenen Einsichten müssen in der Folge in der alltäglichen „politischen" Arbeit angewendet und durchgesetzt werden.[11]

Das zweite der beiden eingangs erwähnten Argumentationsmuster betrifft eher die angewandten Aspekte der Mathematik und erhielt bei den Reformen der Lehrpläne und der Reifeprüfung in Österreich in den vergangenen Jahren besondere Aufmerksamkeit: Der Mathematikunterricht soll *lebensnäher* gestaltet werden, sowohl inhaltlich als auch didaktisch. Erstgenanntes wird mittels vermehrter Bezüge zu verschiedenen Bereichen der Praxis (sogenannte „Bildungsbereiche", wie z. B. „Natur und Technik"[12]) angestrebt. Dies geht mit der verstärkten Forderung nach einem individuellen, heuristisch orientierten Zugang, einem *learning by doing*, einher.[13] Allerdings ist hier einschränkend anzumerken, dass es vor allem in Bezug auf die konkrete Umsetzung dieser neuen didaktischen Paradigmen in den Lehrbüchern mitunter noch Probleme oder Vorbehalte geben mag.[14] Ferner ist zu bedenken, dass die Änderung von Vorstellungen, die Lehrer/-innen, aber auch Schüler/-innen über die Mathematik bzw. den Mathematikunterricht haben, eventuell einige Zeit dauern kann.[15] Offenbar wird nach wie vor der Anspruch aufrechterhalten, neben den Praxisbezügen auch eine Art Kanon mathematischer Allgemeinbildung zu vermitteln: So ist etwa die Hälfte der Beispiele des sogenannten „ersten Teils" der standardisierten kompetenzorientierten schriftlichen AHS-Reifeprüfung aus Mathematik

---

9   Platon, Politeia, 573d.
10 Ebd. 433e ff.
11 Vgl. ebd. 519d ff.
12 Vgl. Bundesrecht konsolidiert: Gesamte Rechtsvorschrift für Lehrplane, Anlage A.
13 Vgl. ebd.
14 Vgl. Neuwirth, Mathematik und Mathematikunterricht.
15 Vgl. Kaiser/Maaß, Vorstellungen über Mathematik, 83 f.

2017/18 einem rein mathematischen Kontext ohne expliziten Bezug zur Alltagswelt zuzuordnen.[16]

Nun können die Ausführungen in den vorhergehenden Absätzen selbstverständlich nicht den Anspruch auf Vollständigkeit erheben, zumal sie auf keiner systematischen Sichtung des einschlägigen Materials zum Thema beruhen. Es wurde aber hoffentlich erkennbar, dass die Einbeziehung von Quellen unterschiedlicher Art – sowohl was die Textsorten als auch die Inhalte betrifft – doch zu einem differenzierteren und einem sich der gesellschaftlich-historischen Kontexte eher bewussten Ergebnis führt, als dies bei dem eingangs erwähnten Blogbeitrag von Armin Wolf der Fall war. Die genauere Analyse der im Beitrag verfolgten Argumentation offenbart vielmehr, dass wiederholt von „(eigenen) Erfahrungen" ausgegangen wird, wie etwa: „Mir ist der Begriff seit der Schule nie wieder begegnet."[17] Wenngleich positiv hervorgehoben muss, dass der Beitrag über weite Strecken frei von Polemik ist, so irritiert doch ein „Retweet" desselben Autors,[18] bezogen auf einen Kommentar des Journalisten Martin Hufnagl mit dem Titel „Ein unerträglich gewordenes System. Michael Hufnagl über gleichschaltenden Mathematik-Terror statt Stärkenförderung". Auch wenn von Hufnagl versucht wird, die Argumentation auf eine allgemeinere als die rein persönliche Ebene zu heben, so bleibt doch der Eindruck einer Polemik, der neben dem zuvor beschriebenen Diskurs „humanistisches Bildungsideal vs. Pragmatik" auch gesamtgesellschaftliche Wertehaltungen bzw. Systemkritik im Allgemeinen zugrunde liegen mögen („Mathematik ist mein Symbol. Für ein unerträglich gewordenes System"[19]). Herrn Wolfs virtuelle Weiterempfehlung eines solchen Kommentars wirft folglich auch ein zweifelhaftes Licht auf die Objektivität und die methodische Qualität seines eigenen Blog-Eintrags.

Beim Lesen des vorliegenden Beitrags des Sammelbandes stellt sich wohl die immer stärker und stärker drängende Frage, ob denn die bisherigen Ausführungen am Ende mehr als eine gekränkte Antwort eines überzeugten Mathematikers darstellen? Es ist hoffentlich bereits deutlich geworden, dass bewusst darauf verzichtet wurde, den Inhalt der zitierten Blogbeiträge bzw. Kommentare an sich zu bewerten und für die „humanistische" oder die „pragmatische" Seite Partei zu ergreifen. Es ging vielmehr primär darum, herauszuarbeiten, dass

---

16 Vgl. BMBWF, Standardisierte kompetenzorientierte schriftliche Reifeprüfung, 5–28.
17 Wolf, Was läuft im Mathe-Unterricht falsch?
18 Wolf „twitterte" folgendes: „Der Mathe-Terror. – Selten war ich mit @MHufnagl so einer Meinung [...]": https://twitter.com/arminwolf/status/959836053610881024?lang=de (22.01.2019).
19 Hufnagl, Ein unerträglich gewordenes System.

gesellschaftlich-historisch bedingte Diskurse die öffentliche Meinungsäußerung von Personen, die sich im Übrigen der Bedeutsamkeit der Mathematik durchaus bewusst sind, ja sogar über einiges an Fachwissen in mathematischen Teilgebieten verfügen,[20] mitunter beträchtlich beeinflussen und zu Verzerrungen führen können. Dies ist nicht als eine Kritik an konkreten Personen, sondern vor allem als eine Warnung zu lesen – als eine Warnung nicht nur für Journalist/-innen, sondern insbesondere auch für Wissenschaftler/-innen, die hinsichtlich dem grundsätzlichen Streben nach objektiver und differenzierter Information Erstgenannten ja durchaus ähnlich sind. Folglich ist mit der eingehenden Analyse der den Blogbeitrag von Armin Wolf überlagernden Diskurse ein erstes Problemfeld des „Politischen der Wissenschaft" identifiziert.

Zu diesen gesellschaftlich-politischen Subtexten kommt ein statistisch-methodisches Problem der Argumentation hinzu: Eingangs erwähnt Armin Wolf die Ergebnisse von (vermutlich informellen) Umfragen zum Nachhilfe-Bedarf in Mathematik – mit dem Ergebnis, dass ca. 2/3 der Befragten bereits mindestens ein Mal in ihrer Schullaufbahn Mathematik-Nachhilfe genommen hätten.[21] An anderer Stelle wird darauf noch einmal Bezug genommen, allerdings ist dort etwas ungenauer von mehr als 50 Prozent die Rede.[22] Nur, wie wurden diese Zahlen eigentlich erhoben? Offenbar handelt es sich um eine sogenannte „Gelegenheitsstichprobe": Jene Schüler/-innen, die Armin Wolf bei seinen Besuchen getroffen hat, wurden befragt.[23] In der Folge wird nun implizit davon ausgegangen, dass basierend auf diesen Ergebnissen eine allgemeine Aussage über den Nachhilfe-Bedarf von Schüler/-innen in Österreich getroffen werden kann. Über Details zur Anzahl, zum Schultyp, zum Ort, etc. erfährt man jedoch nichts. Folglich erscheint die Zulässigkeit dieses Schlusses aus statistisch-methodischer Sicht fragwürdig. Diese methodische Kritik sollte aber keinesfalls dahingehend interpretiert werden, dass die Behauptung, es bestünde ein großer Bedarf an Mathematik-Nachhilfe in Österreich, *per se falsch* wäre – man *weiß* es schlichtweg *nicht*, oder zumindest lassen die vorliegenden Daten aufgrund der beschriebenen Unzulänglichkeiten kein Urteil über die Situation in Österreich *generell* zu. Abgesehen von dieser Frage erscheint es jedoch sinnvoll, Vergleiche mit Ergebnissen von repräsentativen Befragungen anzustellen: Beispielsweise hat

---

20 In diesem Zusammenhang sei auf den inhaltlich einwandfreien und gleichzeitig allgemeinverständlichen Beitrag von Armin Wolf zum Thema „Wahlumfragen" verwiesen; vgl. Wolf, Kann man Wahlumfragen glauben?
21 Vgl. Wolf, Was läuft im Mathe-Unterricht falsch?
22 Vgl. ebd.
23 Vgl. ebd.

die Arbeitskammer Wien eine Studie in Auftrag gegeben, die im Jahr 2017 veröffentlicht wurde. Dabei wurden nicht nur Haushalte in Wien, sondern auch in sechs weiteren Bundesländern befragt.[24] Im Ergebnisbericht des mit der Durchführung beauftragten Institutes für Empirische Sozialforschung (IFES) findet sich u. a. das folgende interessante Ergebnis: Von jenen 1.043 Befragten, die in der Vergangenheit bereits einmal externe Nachhilfe benötigt hatten, entfielen 62 Prozent auf Nachhilfe in Mathematik.[25] Wenngleich die folgende Vermutung aufgrund der fehlenden Informationen zum genauen Ablauf der von Herrn Wolf durchgeführten Befragungen freilich nur eine Vermutung bleiben kann, so ist doch interessant, dass die vom IFES berichteten 62 Prozent relativ nahe bei dem im Blog angegebenen Wert von 2/3 liegen. Wurde die Frage vielleicht falsch wiedergegeben, und sollten die 2/3 eher auf die Schüler/-innen mit Nachhilfe-Bedarf als auf alle Schüler/-innen bezogen werden? Dies bleibt offen – und außerdem ist anzumerken, dass auch jener Wert, der in der IFES-Studie erhoben wurde, noch einer genaueren Prüfung hinsichtlich der zugrundeliegenden Methodik unterzogen werden müsste, um eine wirklich zuverlässige, belastbare Aussage machen zu können. Ferner müsste man noch andere Aspekte berücksichtigen – die folgende Quintessenz soll aber schon jetzt festgehalten werden: Die titelgebende Frage des Blog-Beitrags, was nun im Mathematikunterricht „falsch laufe"[26], kann von einem objektiven, „evidenzbasierten" Standpunkt aus betrachtet wohl kaum als befriedigend beantwortet gelten. Ein Aspekt scheint dabei besonders problematisch zu sein: Aus Sicht der Rezipient/-innen des Beitrags ist der zuvor angesprochene Metadiskurs „humanistisches Bildungsideal vs. Pragmatik" vielleicht nicht explizit als solcher identifizierbar, aber zumindest dergestalt zu erahnen, dass die Argumentation des Blogbeitrags vage als subjektiv gefärbt eingestuft wird. Dagegen vermitteln die Erwähnungen von Zahlen und Statistiken, insbesondere an prominenter Stelle gleich zu Beginn des Beitrags, den Eindruck von „harten Fakten" – das Problem sei objektiv vorhanden, und seine Tragweite lasse sich quantifizieren. Das kritische Reflektieren der oben skizzierten methodischen Fragen der Datenerhebung ist für Rezipient/-innen eventuell schwieriger oder angesichts des – vermeintlich – untrüglichen Charakters von quantitativen Angaben weniger naheliegend als das Aufdecken von etwaigen subjektiven

---

24 Vgl. IFES, Nachhilfe in Österreich, 4. Eine derartige Auflistung der wesentlichen Aspekte des sogenannten Studiendesigns, d. h. Details zur Methode der Stichprobenziehung, zur Grundgesamtheit etc. wäre bei jeglicher Erwähnung von Statistiken generell wünschenswert!
25 Vgl. ebd. 34.
26 Wolf, Was läuft im Mathe-Unterricht falsch?

Elementen in einer rein narrativen Argumentation. Auf diese Gefahr sollte gerade in einer Zeit der zunehmenden Verweise auf quantitative, "evidenzbasierte" Argumente besonderes Augenmerk gelegt werden.

2 „Sag', wie hast du's mit dem Publikations-Output?" – Der Journal Impact Factor

In einem zweiten Schritt soll nun gezeigt werden, dass ein dem im vorhergehenden Abschnitt ähnliches Problem auch im Wissenschaftssystem selbst präsent ist – man beruft sich auf vermeintlich objektive, durch quantitative Argumente gestützte „Evidenz", die allerdings bei näherer Betrachtung Fragen bezüglich der zugrundeliegenden Methodik der Datenerhebung aufwirft und zudem bisweilen mit subjektiven Interessen, die jedoch nicht explizit genannt werden, vermengt erscheint. Es soll dabei weniger um die – bewusst oder unbewusst – falsche Verwendung gewisser statistischer Konzepte oder fehlerhafte Interpretationen von quantitativen Ergebnissen in konkreten Arbeiten gehen (dazu sei auf die zahlreichen, allgemeinverständlichen Publikationen zum Thema verwiesen[27]). Vielmehr soll die Rolle von Quantifizierungs- und Bewertungsprozessen anhand eines Beispiels aus dem Bereich des wissenschaftlichen Publikationssystems diskutiert werden.

Insbesondere in der medizinischen Forschung, aber auch in anderen Disziplinen (z. B. Biologie, Psychologie, Soziologie) ist der sogenannte *Journal Impact Factor* (JIF) von wesentlicher Bedeutung: Er erlaubt es nämlich – scheinbar – die Forschungsleistung und -qualität zu quantifizieren und findet folglich in unterschiedlichen Bereichen des Wissenschaftssystems Anwendung (Stellenbewerbungen, Entscheidung über die Zuerkennung von Forschungsfördermitteln etc.).[28] Der JIF wurde vor etwas mehr als 50 Jahren von Eugene Garfield vorgeschlagen.[29] Ursprünglich war er tatsächlich dazu gedacht, um den „Einfluss" einer bestimmten wissenschaftlichen *Zeitschrift* zu quantifizieren.[30] Er kann folglich u. a. verwendet werden, um Journale innerhalb einer bestimmten Fachrichtung miteinander zu vergleichen und auf diese Weise als Hilfestellung bei Ankaufsentscheidungen von Bibliotheken zu dienen.[31] Grob gesprochen gibt der JIF in einem bestimmten Berichtsjahr die durchschnittliche Anzahl von Zitaten,

---

27 Vgl. etwa Beck-Bornholdt/Dubben, Der Hund, der Eier legt.
28 Vgl. The PLoS Medicine Editors, The Impact Factor Game, 707.
29 Vgl. Garfield, Citation Indexes for Science, 109.
30 Vgl. Garfield, The History and Meaning of the Journal Impact Factor, 90.
31 Vgl. ebd. 92.

die auf in den vorhergehenden zwei Jahren publizierte Artikel des Journals verweisen, an.[32] Wenngleich man hinsichtlich der Festlegung des Referenzzeitraums unterschiedliche Meinungen vertreten kann,[33] so erscheint der JIF doch zumindest grundsätzlich sinnvoll definiert zu sein. Bei näherer Betrachtung der konkreten Daten tritt jedoch das folgende Problem zutage: Die Anzahl der Zitate ist je nach Artikel sehr unterschiedlich. Mehr noch: Statistisch gesprochen weist die Zitat-Anzahl keine symmetrische, sondern eine „schiefe" Verteilung auf, denn während die Anzahl der Zitate bei einem Großteil der Beiträge einer Zeitschrift relativ ähnlich und auf verhältnismäßig niedrigem Niveau angesiedelt ist, gibt es meist ein paar wenige Artikel, die außergewöhnlich häufig zitiert werden.[34] Ein analoges Phänomen ist beispielsweise bei Daten zu Wohnungspreisen oder dem Bruttojahreseinkommen zu beobachten. Üblicherweise lernt man in einführenden Statistikkursen – nicht nur in mathematisch orientierten, sondern auch in angewandten Studienrichtungen –, dass in solchen Fällen der sogenannte *Median* anstelle des Mittelwerts verwendet werden sollte. Der Median ist definiert als der (positionsmäßig) mittlere Wert in der geordneten Datenliste. Zur besseren Veranschaulichung des wesentlichen Unterschieds zwischen Median und Mittelwert sei das folgende hypothetische Beispiel betrachtet: Angenommen, eine Zeitschrift hat in den vergangenen beiden Jahren 5 Artikel publiziert, die 2, 6, 10, 12 und 95 Mal zitiert wurden. Der Mittelwert ist in diesem Fall gleich der Summe der Zitationen dividiert durch 5, also $125/5 = 25$. Der Median ist jedoch gleich dem 3. Wert in der (bereits) geordneten Liste, also gleich 10. Offenbar entspricht der Median hier eher dem, was man unter einer „mittleren" Anzahl von Zitaten intuitiv verstehen würde. Dagegen charakterisiert der Mittelwert das „Zentrum" der Werte in diesem Fall nur unzureichend. Wie bereits erwähnt, ist dies keinesfalls ein kompliziertes mathematisches Problem, sondern verhältnismäßig einfach zu erkennen.

Abgesehen von dem Problem der asymmetrischen Verteilung gibt es noch weitere fragwürdige operationale Aspekte: So wird etwa bei genauerem Studium der JIF-Formel deutlich, dass zwar die Verweise auf sämtliche in den beiden vorangegangenen Jahren publizierten Artikel addiert, aber anschließend bei der Mittelwerts-Bildung nicht durch deren Anzahl, sondern lediglich durch die Anzahl der „zitierfähigen Beiträge" (*citable items*) des Journals dividiert werden. Die Klassifikation eines Artikels als „(nicht) zitierfähig" liegt dabei in der

---

32 Vgl. The PLoS Medicine Editors, The Impact Factor Game, 707.
33 Vgl. Garfield, The History and Meaning of the Journal Impact Factor, 90.
34 Vgl. The Nature Neuroscience Editors, Deciphering Impact Factors, 783.

Verantwortung einer einzigen Institution mit dem Namen *Clarivate Analytics*. Auf der Webseite dieser Organisation finden sich zwar einige Informationen zu den Kriterien, welche Journale überhaupt mit einem Impact-Faktor ausgestattet werden – auch dies ist ja ein wichtiger erster Schritt, der die wirtschaftliche Situation und wissenschaftliche Reputation eines Journals entscheidend beeinflussen kann.[35] Auch werden einige Warnungen bezüglich diverser problematischer Aspekte der Verwendung und Interpretation des Impact-Faktors angeführt.[36] Entsprechende Hinweise finden sich – zumindest in Kurzform – sogar auf der Hauptseite des „Produkts", der *Journal Citation Reports*.[37] Detailinformationen zur Methodik, die bei der Klassifikation der Artikel als „(nicht) zitierfähig" angewendet wird, sucht man allerdings vergeblich.

Zusätzlich zu dieser Intransparenz können auch gewisse Strategien der Verlage zu Änderungen der Anzahl der zitierfähigen Beiträge und somit zu Verzerrungen des JIF führen:[38] Publiziert eine Zeitschrift beispielsweise zusätzlich zu Originalarbeiten, Übersichtsartikeln etc. auch eine beträchtliche Anzahl von kurzen Kommentaren und Editorials, so ist es durchaus wahrscheinlich, dass Letztgenannte als nicht zitierfähig klassifiziert werden.[39] Die Zahl, durch die man die Summe der Zitate dividiert, wird dadurch kleiner, und der JIF wird folglich größer. Dazu noch einmal das Beispiel von vorhin: Man nehme an, eine bestimmte Zeitschrift hat in den vergangenen beiden Jahren 5 zitierfähige Arbeiten publiziert, die jeweils 2, 6, 10, 12 und 95 Mal zitiert wurden. Der entsprechende Impact-Faktor wurde zuvor bereits als JIF = 25 berechnet. Angenommen, es gibt nun eine zweite Zeitschrift, die ebenfalls 5 Artikel mit genau denselben Anzahlen an Zitationen publiziert hat – nur mit dem Unterschied, dass z. B. die beiden Beiträge mit 2 bzw. 6 Zitaten als nicht zitierfähig klassifiziert wurden (es könnte sich dabei z. B. um Kommentare des Editors handeln, die üblicherweise ab und zu zitiert werden, aber eben nicht unbedingt als „citable items" gelten müssen). Der JIF wäre dann beträchtlich höher, nämlich 125/3 = 41,67.

Es wird also deutlich: Offenbar kann der Impact-Faktor trotz seines quantitativen Charakters möglicherweise von bestimmten, mehr oder weniger subjektiven Kriterien beeinflusst werden. Insbesondere in der Medizin hat sich in den letzten Jahren ein zunehmendes Bewusstsein für den potentiellen Einfluss

---

35 Vgl. Testa, Journal Selection Process.
36 Vgl. Garfield, Using the Clarivate Analytics Impact Factor.
37 Vgl. Clarivate Analytics, Journal Citation Reports.
38 Vgl. Kiesslich/Weineck/Kölblinger, Reasons for Journal Impact Factor Changes, 10.
39 Vgl. McVeigh/Mann, The Journal Impact Factor Denominator, 1107.

von sogenannten *Interessenskonflikten* („conflicts of interest", COI) auf die Forschungsergebnisse, aber auch auf das Wissenschaftssystem *per se* herausgebildet. Dabei kann man grundsätzlich kommerzielle/finanzielle und nicht-finanzielle Interessenskonflikte unterscheiden.[40] Erstgenannte betreffen vor allem verschiedenste Arten von finanziellen Beziehungen zwischen Forscher/-innen und der pharmazeutischen Industrie, die bewusst oder unbewusst Einfluss auf das primäre Forschungsziel – Fortschritt und Verbesserungen für die Wissenschaft und die Patient/-innen – haben können.[41] Tatsächlich gibt es zahlreiche Untersuchungen, die auf einen Zusammenhang zwischen finanziellen Interessenskonflikten bzw. Sponsoring und den Ergebnissen der jeweiligen Studien hindeuten.[42] Dagegen ist der Einfluss von nicht-finanziellen Interessenskonflikten weniger gut erforscht, rückt aber in letzter Zeit mehr und mehr in den Fokus der einschlägigen Publikationen.[43] Allerdings ist es bisweilen schwer, diese Gruppe von Interessenskonflikten genau zu definieren bzw. deren Einfluss in weiterer Folge zu analysieren, da im Grunde alles Nicht-Finanzielle, von persönlichen Beziehungen bis hin zum potentiellen Einfluss der Ausbildung, die man ja notwendigerweise zu absolvieren hat, zu dieser Kategorie gezählt wird. Deshalb besteht die Gefahr einer gewissen terminologischen Unschärfe; ferner ist eigentlich jede/-r im Wissenschaftsbetrieb davon betroffen, weshalb sich die Frage stellt, ob die Aussage, dass ein nicht-finanzieller Interessenskonflikt vorliegt, nicht letztlich tautologisch ist und folglich keiner weiteren Beachtung bedarf. Abgesehen von der Frage der sinnvollen terminologischen Eingrenzung und Erfassung ist es freilich auch wichtig, in einem zweiten Schritt den *Umgang* mit solchen COIs – oder COIs im Allgemeinen – zu reflektieren. Dazu wird im abschließenden Teil kurz Stellung genommen. Schon an dieser Stelle sei jedoch festgehalten, dass offenbar nicht nur Forschungsergebnisse an sich, sondern auch Elemente des (medizinischen) Wissenschaftssystems, wie eben beispielsweise der Impact-Faktor, potentiell von (finanziellen und/oder nicht-finanziellen) Interessenskonflikten beeinflusst werden.

Zu guter Letzt seien noch einige Fehlinterpretationen des JIF angesprochen: Wie bereits erwähnt, wurde er als eine Maßzahl vorgeschlagen, die vor

---

40 Vgl. International Committee of Medical Journal Editors, ICMJE Form for Disclosure of Potential Conflicts of Interest.
41 Vgl. ebd.
42 Vgl. etwa Lexchin u. a., Pharmaceutical industry sponsorship and research outcome, 1168 f.
43 Vgl. etwa Bero/Grundy, Why Having a (Nonfinancial) Interest; Wiersma/Kerridge/Lipworth, Dangers of Neglecting Non-financial Conflicts.

allem den „Einfluss" eines Journals quantifizieren sollte.[44] Mit der Qualität einer Zeitschrift hatte der JIF also konzeptionell zunächst nichts zu tun. Dies änderte sich jedoch im Lauf der Zeit: Der Impact-Faktor wurde einerseits zu einem Surrogat für die inhaltliche Qualität eines Journals, wobei der Sachverhalt, dass es sich eigentlich nur um ein Surrogat handelte, mehr und mehr in den Hintergrund zu treten schien. Ferner wurde und wird der JIF auch zusehends verwendet, um die Forschungsleistung von Wissenschafter/-innen oder ganzen wissenschaftlichen Institutionen zu beurteilen.[45]

Dies läuft zum Beispiel folgendermaßen ab: Die wissenschaftliche Leistung einer Person wird quantifiziert, indem man für jeden Eintrag der Publikationsliste den Impact-Faktor (falls vorhanden) des entsprechenden Journals in der jeweils aktuellen Liste der *Journal Citation Reports* ermittelt. Anschließend werden die einzelnen Impact-Faktoren einfach addiert oder auf eine andere Art und Weise in einer einzigen Zahl, eben in einer Statistik, zusammengefasst. Darauf basierend können dann Ranglisten erstellt werden, die dazu dienen sollen, einzelne Forscher/-innen oder ganze Institute miteinander zu vergleichen. Im Allgemeinen scheint die Vorgangsweise durchaus plausibel zu sein, denn offenbar werden Personen/Institutionen, die in „einflussreichen" Journalen publizieren, eher die vorderen Plätze der entsprechenden Ranglisten einnehmen. Jedoch ist zu bedenken, dass die zuvor erwähnten statistischen und operationalen Probleme derartige Rankings in einem methodisch-qualitativ zweifelhaften Licht erscheinen lassen. Zudem erscheint es sehr problematisch, implizit anzunehmen, dass der Impact-Faktor eine gute Beschreibung des Einflusses (d. h. der Anzahl der Zitate) einer einzelnen Publikation in einem bestimmten Journal darstellt: Es wurde bereits beispielhaft gezeigt, dass die Anzahl der Zitate im Allgemeinen sehr variabel und die entsprechende Verteilung asymmetrisch ist, weshalb die Diskrepanz zwischen dem JIF als einem *Durchschnittswert* und der Anzahl der Zitate eines *einzelnen* Beitrags groß sein kann. Die bereits erwähnten Beispiele haben gezeigt, dass selbst verhältnismäßig kleine Änderungen der Daten bzw. der zugrundeliegenden Klassifikation große Unterschiede bezüglich des resultierenden JIF bewirken können.

Zusammenfassend ist festzuhalten, dass der Impact-Faktor *zweierlei Probleme*, die bei der Anwendung von quantitativen Analysemethoden sowie bei darauf basierenden Schlüssen und Entscheidungen häufig anzutreffen sind, geradezu paradigmatisch zeigt: Erstens besteht das „mathematische" bzw.

---

44 Vgl. McVeigh/Mann, The Journal Impact Factor Denominator, 1107.
45 Vgl. ebd.

"statistische" Hauptproblem nicht in einem mathematischen Fehler, einem Rechenfehler, einer ganz bewussten und offensichtlichen Manipulation von Daten o. ä. Es sind vielmehr bestimmte Schwächen im operationalen und konzeptionellen Bereich sowie schlichtweg Fehlinterpretationen des Impact-Faktors, die in den letzten Jahrzehnten berechtigte Kritik genährt haben. Hinzu kommt ein – wenn auch nicht explizit deklarierter oder belegbarer – Interessenskonflikt: Im Jahr 2016 wurde die Vorgängerinstitution von *Clarivate Analytics*, also jener For-Profit-Institution, die für die Klassifikation von Journalen, Artikeln und die Berechnung und Veröffentlichung der Impact-Faktoren zuständig ist, von zwei Private-Equity-Firmen (Onex Corporation, Baring Private Equity Asia) übernommen.[46] Obwohl, wie gesagt, keine explizite Evidenz vorliegt, die einen negativen Einfluss von kommerziellen Interessen belegt, so ist doch anzumerken, dass die eigentlich Betroffenen, nämlich die Forscher/-innen sowie die Rezipient/-innen, offenbar kein Mitspracherecht bei diversen Entscheidungen besitzen. Es ist jedoch anzumerken, dass dies wohl bereits bei der Vorgängerinstitution *Thomson Scientific*, also vor der Übernahme im Jahr 2016, der Fall war.[47] Außerdem wurde ja oben andeutungsweise gezeigt, dass in den letzten Jahren durchaus auch ein gewisses Bewusstsein für Limitationen des Impact-Faktors entstanden ist. Abgesehen davon sollte aber bedacht werden, dass der Impact-Faktor aufgrund seiner Bedeutsamkeit in unterschiedlichen Bereichen des medizinischen Wissenschaftsbetriebs auch selbst wiederum *Interessenskonflikte generiert*: Finanzielle und nicht-finanzielle COIs sind hier häufig schwer zu unterscheiden, denn wenn der Impact-Faktor etwa bei Habilitationsverfahren verwendet wird, so ist das damit verbundene Ziel von Habilitanden, möglichst in „High-Impact"-Journalen zu publizieren, sowohl kommerziell als auch ideell motiviert. Trotz der intensiven, kritischen Diskussion der vergangenen Jahre bzw. Jahrzehnte hat sich summa summarum zwar so manches verbessert, doch der Einfluss des Impact-Faktors auf Entscheidungs- und Bewertungsprozesse im (medizinischen) wissenschaftlichen Feld scheint nach wie vor wesentlich zu sein.[48]

---

46 Vgl. Baring Private Equity Asia, Baring Asia.
47 Vgl. The PLoS Medicine Editors, The Impact Factor Game, 708.
48 Vgl. Stephan/Veugelers/Wang, Reviewers are blinkered by Bibliometrics, 412.

3 „Sag', wie hast du's mit der Evidenz?" – Wahrhaft „evidenzbasierte" Schlüsse und Entscheidungen

Wie bereits erwähnt, besteht der Sinn und Zweck der beiden vorhergehenden Abschnitte nicht primär darin, Kritik an bestimmten Akteur/-innen des öffentlichen Lebens bzw. des Wissenschaftssystems zu üben. Vielmehr soll in einem abschließenden Fazit nun versucht werden, Implikationen für die eigene wissenschaftliche Arbeit bzw. für das Agieren an den Schnittpunkten zwischen Gesellschaft und Wissenschaft abzuleiten.

Zunächst sei noch einmal daran erinnert, dass es sehr wichtig ist, sich die eigenen *Interessenskonflikte* bewusst zu machen. Diese liegen quasi auf der Hand, wenn man in Kooperationen mit Industrie, Wirtschaft oder anderen Organisationen involviert ist. Doch weder sollte das Vorliegen solcher finanzieller Interessenskonflikte allzu pauschal und vorschnell als ein sich negativ auf die Darstellung der Ergebnisse auswirkender Faktor bewertet werden, noch darf man Gefahr laufen, die vielleicht nicht so unmittelbar offensichtlichen nicht-finanziellen Interessenskonflikte außer Acht zu lassen. Wie am Beispiel des Blogbeitrags von Armin Wolf dargestellt, ist es auch nötig, beispielsweise die (potentiell) einer Argumentation zugrundeliegenden historisch-gesellschaftlichen Diskurse offenzulegen. Dies trifft in besonderem Maß dann zu, wenn neben narrativ-inhaltlichen auch quantitative Argumente vorgebracht werden: Wie man an beiden diskutierten Beispielen sehen konnte, sind es weniger die offensichtlichen Methoden des „Lügens mit Statistik" (z. B. Datenmanipulation, irreführende grafische Darstellung) als vielmehr die Art und Weise der *Datenerhebung*, des der Berechnung zugrundeliegenden Konzepts oder der *Interpretation*, die mitunter fragwürdig erscheinen. Deshalb sollte man als Journalist/-in, als Wissenschaftler/-in oder generell als eine zu Fragen des Gesellschaftlich-Politischen öffentlich Stellung beziehende Person vor dieser Art von Unzulänglichkeiten besonders auf der Hut sein. Dies gilt nicht nur für die eigene wissenschaftliche Arbeit – in der quantitative Forschung möglicherweise nur eine marginale Rolle spielen mag –, sondern auch für das System, innerhalb dessen man agiert: Wird konkret etwa über eine verstärkte „Quantifizierung" von Forschungsleistungen am eigenen Fachbereich nachgedacht, so sollte man dies nicht pauschal ablehnen, aber doch auf mögliche Unzulänglichkeiten im zuvor genannten Sinn achten und gegebenenfalls darauf hinweisen. Freilich mögen gewisse institutionelle Vorgaben oder allgemeine „Moden" im Wissenschaftssystem hier nur eingeschränkte Einflussmöglichkeiten der/des Einzelnen zulassen. Es bleibt zu hoffen, dass größer angelegte, institutionell getragene Alternativen hier in den nächsten Jahren noch wirksamer werden.[49]

Abgesehen von diesen quantitativen Aspekten bleibt das potentielle Problem der Interessenskonflikte, insbesondere der nicht-finanziellen, ein ernstzunehmender Einflussfaktor auf die Methodik und Darstellung der eigenen Forschung. Mehr noch: Werden Forschung und öffentliche Kommunikation von Forschung nicht streng genommen unmöglich, wenn sogar die eigene akademische Ausbildung als Interessenskonflikte gelten? Zunächst sei noch einmal daran erinnert, dass nicht das Vorliegen von Interessenskonflikten an sich, sondern der Umgang mit denselben von wesentlicher Bedeutung für die Integrität des jeweiligen Forschungsprojektes ist. Zur Illustration – und als Abschluss – soll nun noch einmal die titelgebende Frage des eingangs diskutierten Blogbeitrags „Was läuft im Mathe-Unterricht falsch?" gestellt werden: Nicht um sie zu beantworten, sondern um anhand dieser Frage exemplarisch darzustellen, welche Herangehensweise eine wahrhaftig „evidenzbasierte" Antwort liefern könnte, anstatt in einer Diskussion stecken zu bleiben, die von einander unversöhnlich gegenüberstehenden subjektiven Meinungen geprägt und somit im Hinblick auf eine rationale, für alle Beteiligten vertretbare – und somit im besten Sinn demokratische – Lösung letztlich fruchtlos ist. In diesem Kontext könnten die Überlegungen zur Erstellung von sogenannten systematischen Reviews und evidenzbasierten Richtlinien aus dem medizinischen Bereich eine bedenkenswerte methodische Vorlage bieten.[50] Zunächst müsste ein Konsortium gebildet werden, bestehend aus Wissenschaftler/-innen unterschiedlicher Disziplinen, aber auch unter Einschluss von Vertreter/-innen aller „Betroffenen" (Schuladministration, Lehrer/-innen, Schüler/-innen, Eltern etc.). Die Mitglieder dieses Konsortiums müssen zu Beginn ihre jeweiligen Interessenkonflikte deklarieren und/oder diese von anderen Mitgliedern des Konsortiums (oder gegebenenfalls von externen Personen) gegenprüfen lassen. Stellt man fest, dass bestimmte Interessensgruppen (z. B. Lehrer/-innen, Wissenschaftler/-innen mit einer bestimmten wissenschaftlichen Meinung etc.) über- bzw. unterrepräsentiert sind, so ist die Zusammensetzung entsprechend anzupassen. In einem zweiten Schritt sind dann – stets unter Einbeziehung der gesamten Gruppe – die genaue Ausformulierung der zu beantwortende(n) Frage(n), die grundsätzliche methodische Herangehensweise etc. festzulegen. Darauf aufbauend hat drittens eine systematische Aufarbeitung des aktuellen Forschungsstands zu erfolgen; zu jenen Teilbereichen, bei denen noch

---

49 Vgl. z. B. die „San Francisco Declaration on Research Assessment" (DORA).
50 Vgl. etwa World Health Organization, Handbook for Guideline Development.

unzureichende Evidenz vorhanden ist, werden vom Konsortium eigene Studien geplant und durchgeführt. Hat man schließlich genügend Material gesammelt, um die zuvor präzise formulierten Fragen nach dem *status quo* des Mathematikunterrichts sowie etwaigen problematischen Aspekten auf einer soliden Basis aufbauend beantworten zu können, so kann das Projekt abgeschlossen werden: Das Konsortium erstellt einen offiziellen Abschlussbericht, in dem die Ergebnisse und Schlüsse aus den einzelnen „Stufen" des Projekts in einer gut verständlichen, jedoch inhaltlich differenzierten Art und Weise zusammengefasst werden. Man mag die vorgeschlagene Herangehensweise vielleicht alles in allem für zu formal oder praktisch nicht umsetzbar halten; tatsächlich würde ein solches Projekt wohl einige finanzielle und zeitliche Ressourcen beanspruchen. Doch gerade der interdisziplinäre Aspekt und die Einbeziehung aller Interessensgruppen, insbesondere auch der unmittelbar Betroffenen, sind reizvoll. Außerdem erscheint es sinnvoller, gemeinsam die Kräfte in einem solchen Projekt zu bündeln, anstatt (nur) in vereinzelten Kleingruppen zu arbeiten, die teilweise unzureichend aufeinander abgestimmt und zudem eventuell von bestimmten akademischen „Schulen", politisch-gesellschaftlichen Überzeugungen usw. beeinflusst sind. Zugegebenermaßen wäre ein solches Projekt nicht wirklich gut geeignet, um die mediale Öffentlichkeit quasi am laufenden Band mit den neuesten Statistiken samt deren (von anderen Diskursen überlagerten) Interpretationen zu versorgen. Dennoch ist festzuhalten, dass zeitgemäße Vermittlung bzw. öffentlichkeitswirksame, moderne Darstellung einerseits und methodische Genauigkeit andererseits einander nicht unbedingt ausschließen. Außerdem zeigen Beispiele aus der Medizin, dass der oben skizzierte Weg zwar organisatorisch anspruchsvoll und bisweilen kompliziert, aber doch gangbar ist. Und letztlich scheinen die Entwicklungen vor allem im Bereich der medizinischen Forschung doch darauf hinzudeuten, dass ein solcher stark strukturierter und auf methodische Qualität bedachter Weg die *einzige* Möglichkeit darstellt, am Ende des Tages zu wahrhaft *evidenzbasierten* Entscheidungen zum Wohl *aller Beteiligten* zu gelangen – und das sollte wohl bei allen gesellschaftlich relevanten Fragen, bei denen die Wissenschaft, egal ob die „Life Sciences", eine kulturwissenschaftlich orientierte Disziplin etc. etwas beizutragen hat, das primäre Ziel sein.

Literatur

Baring Private Equity Asia, Baring Asia and Onex Complete Acquisition of Thomson Reuters' Intellectual Property & Science Business for $ 3.55 billion: http://www.bpeasia.com/news/161003-thomson-reuters/ (23.01.2019).

Beck-Bornholdt, Hans-Peter/Dubben, Hans-Hermann, Der Hund, der Eier legt. Erkennen von Fehlinformation durch Querdenken, Reinbek bei Hamburg [8]2014.

Bero, Lisa A./Grundy, Quinn, Why Having a (Nonfinancial) Interest Is Not a Conflict of Interest, in: PLoS Biol 14 (2016) 12, e2001221.

Bundesrecht konsolidiert: Gesamte Rechtsvorschriften für Lehrpläne – allgemeinbildende höhere Schulen, Fassung vom 01.09.2018, Anlage A: https://www.ris.bka.gv.at/GeltendeFassung.wxe?Abfrage=Bundesnormen&Gesetzesnummer=10008568&FassungVom=2018-09-01 (15.12.2020).

Bundesministerium für Bildung, Wissenschaft und Forschung (BMBWF), Standardisierte kompetenzorientierte schriftliche Reifeprüfung AHS 9. Mai 2018, Mathematik, Teil-1-Aufgaben: https://www.srdp.at/downloads/ (22.01.2019).

Clarivate Analytics, Journal Citation Reports, https://clarivate.com/products/journal-citation-reports/ (23.01.2019).

Garfield, Eugene, Citation Indexes for Science. A new Dimension in Documentation through Association of Ideas, in: Science 122 (1955) 3159, 108–111.

Garfield, Eugene, The History and Meaning of the Journal Impact Factor, in: JAMA 295 (2006) 1, 90–93.

Garfield, Eugene, Using the Clarivate Analytics Impact Factor: https://clarivate.com/essays/using-impact-factor/ (23.01.2019).

Hufnagl, Michael, Ein unerträglich gewordenes System. Michael Hufnagl über gleichschaltenden Mathematik-Terror statt Stärkenförderung: https://kurier.at/meinung/blogs/meine-gedanken-ihre-gedanken/mathematik-terror-in-der-schule-ein-unertraeglich-gewordenes-system/36.456.656 (22.01.2019).

Institut für empirische Sozialforschung (IFES), AK-Studie: Nachhilfe in Österreich 2017. Studienbericht: https://www.arbeiterkammer.at/service/studien/bildung/Nachhilfe_in_Oesterreich_2017.html (22.01.2019).

International Committee of Medical Journal Editors (ICMJE), ICMJE Form for Disclosure of Potential Conflicts of Interest: http://www.icmje.org/conflicts-of-interest/ (22.01.2019).

Kaiser, Gabriele/Maaß, Katja, Vorstellungen über Mathematik und ihre Bedeutung für die Behandlung von Realitätsbezügen, in: Büchter, Andreas u. a. (Hg.), Realitätsnaher Mathematikunterricht vom Fach aus und für die Praxis, Hildesheim 2006, 83–94.

Kiesslich, Tobias/Weineck, Silke B./Kölblinger, Dorothea, Reasons for Journal Impact Factor Changes. Influence of Changing Source Items, in: PLoS One 11 (2016) 4, e0154199.

Lexchin, Joel u. a., Pharmaceutical Industry Sponsorship and Research Outcome and Quality. Systematic Review, in: BMJ 326 (2003) 1167–1170.

McVeigh, Marie E./Mann, Stephen J., The Journal Impact Factor Denominator. Defining Citable (Counted) Items, in: JAMA 302 (2009) 10, 1107–1109.

Neuwirth, Erich, Mathematik und Mathematikunterricht. Getrennte Welten: http://blogs.neuwirth.priv.at/bildungundstatistik/2013/11/19/mathematik-und-mathematikunterricht-getrennte-welten/ (22.01.2019).

Platon, Politeia (Hülser, Karlheinz (Hg.), Platon. Sämtliche Werke in zehn Bänden, griechisch und deutsch, nach der Übersetzung Friedrich Schleiermachers, Band 5), Frankfurt am Main u. a. 1991.

San Francisco Declaration on Research Assessment (DORA): https://sfdora.org/read/ (07.12.2020).

Schneider, Jakob Hans Josef, Artes liberales, in: Cancik, Hubert/Schneider, Helmuth/Landfester, Manfred (Hg.), Der Neue Pauly. Rezeptions- und Wissenschaftsgeschichte: http://dx.doi.org/10.1163/1574-9347_dnp_e1303260 (26.01.2019).

Stephan, Paula/Veugelers, Reinhilde/Wang, Jian, Reviewers are blinkered by Bibliometrics, in: Nature 544 (2017) 7651, 411–412.

Testa, James, Journal Selection Process: https://clarivate.com/webofsciencegroup/solutions/journal-citation-reports/ (15.12.2020).

The Nature Neuroscience Editors, Deciphering Impact Factors, in: Nature Neuroscience 6 (2003) 8, 783.

The PLoS Medicine Editors, The Impact Factor Game. It is Time to find a better Way to assess the Scientific Literature, in: PLoS Medicine 3 (2006) 6, e291.

Wiersma, Miriam/Kerridge, Ian/Lipworth, Wendy, Dangers of Neglecting Non-financial Conflicts of Interest in Health and Medicine, in: Journal of Medical Ethics 44 (2018) 5, 319–322.

Wolf, Armin, Was läuft im Mathe-Unterricht falsch? https://www.arminwolf.at/2018/02/03/was-laeuft-im-mathe-unterricht-falsch/ (07.12.2020)

Wolf, Armin, Kann man Wahlumfragen glauben? https://www.facebook.com/notes/armin-wolf/kann-man-wahlumfragen-glauben/1890735584271635/ (22.01.2019).

World Health Organization (WHO), Handbook for Guideline Development, Geneva 2012.

Nancy Andrianne

Ökonomische Betrachtungsweise von Schule
Verortung zwischen Neuer Steuerung, Organisation, Leistungsevaluation und Bildung

Abstract: The economic approach to schools received a considerable boost with Austria's participation in TIMSS 1995/96 and PISA-2000 at the turn of the millennium. The results of the studies were so mediocre that they initiated a heated debate in Austria on the performance of the school system and the effectiveness of teaching. In Austria – as in many other countries – there followed a paradigm shift in the way the school system was managed, away from input management towards a system that focused more on school outcomes. Periodic participation in international school performance and the introduction of educational standards are intended to provide information about the school system, enable comprehensive accountability and form a basis for a high-performing school system. Thus, a new approach to school, teaching and learning processes is unmistakable. Schools or school systems are now seen in analogy to national economies from the point of view of their productivity or production function. In the following, these fundamental changes are traced as a coherent expression of a new management of schools under economic auspices and critically examined in terms of reasons, goals and effects (or consequences of their implementation). In order to make the starting point of the changes and their forced implementation understandable, the educational policy background is included.

Keywords: school effectiveness, international school performance studies, monitoring and educational standards, PISA shock, input-output management

1 Einleitung – Problemaufriss

Einen erheblichen Schub erhielt die ökonomische Betrachtungsweise von Schule mit der Teilnahme Österreichs an TIMSS[1] 1995/96 und PISA[2]-2000 zur Jahrtausendwende. Die Studienbefunde waren derartig mittelmäßig ausgefallen, dass sie

---

1 TIMSS (Trends in International Mathematics and Science Study) bezeichnet die dritte internationale Mathematik- und Naturwissenschaftsstudie und wurde in den Jahren 1995 und 1996 von der International Association for the Evaluation of Educational Achievement (IEA) durchgeführt.
2 PISA (Programme for International Student Assessment) ist die Internationale Schulleistungsstudie der OECD (Organisation for Economic Cooperation and Development).

in Österreich eine heftige Debatte zur Leistungsfähigkeit des Schulsystems und zur Wirksamkeit des Unterrichts einleiteten. Zugleich konnte belegt werden, wie stark, trotz Bildungsexpansion und umfassender wohlfahrtsstaatlicher Absicherung, der Einfluss der sozialen Zugehörigkeit auf die Lernergebnisse der Schülerinnen und Schüler ist. Insbesondere in Anbetracht der Qualifikationsfunktion von Schule und zunehmenden Anforderungen in Wissensgesellschaften wurden die Befunde als „Bedrohung" für die soziale Entwicklung einerseits, und den wirtschaftlichen Fortschritt Österreichs anderseits gesehen.[3] Entsprechend ist in der Nachfolge dieser Befunde die Problematisierung der Leistungsfähigkeit des österreichischen Schulsystems ins Zentrum der öffentlichen, politischen und wissenschaftlichen Auseinandersetzung gerückt, wenngleich nicht als eine kritische Schulsystemfrage – etwa im Sinne einer bildungspolitischen Weichenstellung, an Stelle eines sozial hoch selektiv arbeitenden Schulsystems ein integratives Schulsystem zu etablieren –, sondern primär als eine Sorge um den Lernertrag („Output") von Schule – dem *Humankapital* – zur Sicherung der internationalen Wettbewerbsfähigkeit und des Wohlstandes Österreichs.

Eine Folge dieser heftig geführten Diskussion war, dass die bis dahin öffentlich, politisch und wissenschaftlich teils gewollte Abstinenz Österreichs gegenüber großflächigen Schulleistungsstudien innerhalb weniger Jahre aufgegeben wurde.[4] Seitdem unterliegt die Schule einer tiefgreifenden Umwälzung ihrer Praxis. Die bildungswissenschaftliche Diskussion wird verstärkt von PISA-relevanten Effektivitätskriterien und damit zusammenhängenden empirischen Fragen bestimmt, und die Schulpraxis, pädagogisches Denken und Handeln geraten durch die Etablierung eines Bildungs-Monitorings und der Einführung von Bildungsstandards unter einen Effektivitätsanspruch. So entsteht der Eindruck, aus den Schulleistungsbefunden folge der Handlungszwang, Schule und Unterricht den Notwendigkeiten globaler Entwicklung anzupassen. Nachfolgend werden diese grundlegenden Veränderungen als ein in sich zusammenhängender Ausdruck einer neuen Steuerung von Schule unter ökonomischen Vorzeichen nachgezeichnet und auf Gründe, Ziele, Wirkungen (bzw. Folgen) ihrer Umsetzung) kritisch hinterfragt. Um den Ausgangspunkt der aufgezeigten

---

3 Vgl. Bozkurt/Brinek/Retzl, PISA in Österreich, 326–343; Olano, Gewinner, Verlier und Exoten, 274 ff.
4 Vgl. Bos/Postlethwaite, Internationale Schulleistungsforschung, 252 ff.

Veränderungen und ihrer forcierten Durchsetzung verständlich zu machen, werden die bildungspolitischen Hintergründe mit einbezogen.[5]

2 Primat der Effektivität als Grundlage ökonomischer Betrachtung von Schule

2.1 Bestimmung und Abgrenzung von „Qualität" und „Effektivität"

Der Begriff „Qualität" leitet sich vom lateinischen Substantiv „Qualitas" ab und bedeutet im engsten Wortsinn Beschaffenheit, Güte oder Werthaltigkeit. Qualität impliziert damit eine „Bevorzugung von etwas Höherwertigem gegenüber etwas Wenigerwertigem"[6], oder anders formuliert, der Qualitätsbegriff schließt den Aspekt einer „unausgesprochenen Werteskala von gut und schlecht"[7] mit ein. Effektivität – aus der Ökonomie entlehnt – bezeichnet demgegenüber die Genauigkeit und Vollständigkeit, mit der ein festgelegtes Ziel erreicht bzw. realisiert wurde:

> Effektivität bezeichnet Wirksamkeit und Erfolg von Organisationen, das Ausmaß, zu dem sie ihre Ziele erreichen, gewonnen aus dem Vergleich von input und output. Effizienz bezeichnet dagegen Strategien der Herstellung von Effektivität, die durch verschiedene Kombinationen der input-Faktoren zu Stande kommen sowie durch mehr oder weniger rationale Verhältnisse zwischen den eingesetzten Mitteln und den verfolgten Zielen.[8]

Effektivität vergleicht Ziele und Ergebnisse (Outputs), Effizienz setzt Mittel (Inputs) und Ergebnisse (Outputs) ins Verhältnis, sprich, Effektivität geht der Frage nach, ob ein ökonomisch „vertretbares" Verhältnis zwischen den eingesetzten Mitteln und Ressourcen und dem erreichten Ergebnis besteht.[9] Ein Blick in die einschlägige Forschungsliteratur zeigt, dass von einer Vielzahl an Forscherinnen und Forscher zunehmend der Begriff „Effektivität" gegenüber dem Begriff „Qualität" bevorzugt wird. Eine plausible Erklärung dafür sieht Bert P. M. Creemers in folgendem Aspekt begründet:

---

5 Dieser Beitrag führt Überlegungen meines Dissertationsprojekts „Migrationsspezifische Bildungsungleichheiten in Österreich. Potenzielle, intendierte und nichtintendierte Schuleffekte" (Kapitel I.3) weiter.
6 Fend, Thesen zum Workshop, 139; vgl. Terhart, Nach PISA, 50 f.
7 OECD, Schulen und Qualität, 37.
8 Hohmeier, Effektivität, 150.
9 Vgl. Liket, Freiheit und Verantwortung; Huber/Büeler, Schulentwicklung und Qualitätsmanagement, 581; Ditton/Müller, Schulqualität, 122.

> The term ‚quality' is rather vague because it can include almost anything, such as effectiveness, efficiency, and statements about the content, processes, and inputs of education. That is the reason why we prefer the term ‚effectiveness' […], which refers to means-ends relationships between educational processes and student outcomes.[10]

Während Effektivität sich primär auf Aussagen über Ziele und Ergebnisse bezieht, also der Frage nachgeht, ob oder in welchem Ausmaß eine Einzelschule oder ein Teilsystem (primärer, sekundärer, tertiärer Bereich) des Bildungssystems in seiner Gesamtheit die gesetzten schulischen Ziele erreicht hat, handelt es sich bei Qualität um ein multidimensionales Konzept, das sich auf alle Ebenen – auf Inputs und Outputs, aber auch auf die Prozesse – des Schulsystems, also auf sehr „viele" schulische Wirkungen bezieht. Die bevorzugte Wahl des Begriffs „Effektivität" wird damit begründet, dass es sich bei dem Begriff „Qualität" um ein komplexes Konzept handelt, das allgemein schwierig zu charakterisieren und begriffsanalytisch zu untersuchen ist.[11] Die in der Diskussion eingebrachten kritischen Aspekte des Qualitätsbegriffs im schulischen Kontext lassen sich anhand folgender Definition exemplarisch aufzeigen:

> Qualität ist die bewertete Beschaffenheit eines Bildungssystems, einer Schule oder einer Klasse, gemessen an den in einem politischen Aushandlungsprozess gefundenen Ansprüchen und Zielvorstellungen aller am Bildungswesen interessierten Gruppierungen und Personen.[12]

Deutlich wird hier, dass unter Qualität „keine allgemeingültige Eigenschaft eines Gutes, sondern ein situativ-, personal- und auch zeitrelationaler Begriff"[13] gefasst wird. Qualität ist relativ zu dem- bzw. derjenigen, der bzw. die diesen Begriff verwendet, sowie abhängig vom Kontext, in dem er verwendet wird.[14] Und da verschiedene Gruppen eine je spezifische Perspektive auf Qualität entwickeln, stellt sich bei der Verwendung des Qualitätsbegriffs grundlegend die Frage nach „Wessen Qualität?"[15] Diese Frage setzt wiederum eine weitere Präzisierung

---

10 Creemers, The goals of school effectiveness and school improvement, 21.
11 Vgl. OECD, Schulen und Qualität, 36–50; Harvey/Green, Qualität definieren, 17 f.; Terhart, Qualität und Qualitätssicherung im Schulsystem, 814–820; Böttcher, Kann eine ökonomische Schule auch eine pädagogische sein, 91–94; Steffens, Schulqualitätsdiskussion in Deutschland, 45–49; Klieme, Qualitätsbeurteilung von Schule und Unterricht, 433 f.
12 Dubs, Qualitätsmanagement für Schulen, 15.
13 Ditton/Müller, Schulqualität, 122.
14 Vgl. OECD, Schulen und Qualität, Seiten; Böttcher, Kann eine ökonomische Schule auch eine pädagogische sein, 92.
15 Harvey/Green, Qualität definieren, 17.

voraus, etwa: „Wer beobachtet und urteilt mit welchem Ziel in welcher Rolle? Wie ist die Feststellung, das Urteil, die Meinung legitimiert?"[16] Der Begriff „Qualität" ist demzufolge per se durch die „Subjektivität des Betrachters"[17] gekennzeichnet, weshalb es laut Peter Posch und Herbert Altrichter sogar „vergebliche Mühe [ist], ein einheitliches Qualitätskonzept zu definieren, weil Qualität ein *relativer* Begriff ist und nur im Hinblick auf die Werte der verschiedenen Interessengruppen (stakeholders) näher bestimmt werden kann"[18]. Zu einem ganz ähnlichen, aber dennoch weitergehenden Schluss kommt auch Theo Liket, dass nämlich

> es nicht nur nutzlos ist zu versuchen, einen Begriff wie ‚Qualität der Bildung' zu definieren, sondern dass es auch beinahe unmöglich ist. Der Begriff bezieht sich auf viel mehr als auf Bildung im engeren Sinne: Versuche, die Qualität von Bildung zu definieren, führen zu lebensanschaulichen Diskussionen, die das Gebiet der Bildung weit überschreiten[19].

Aussagen über Qualität von Schule sind das „Resultat einer Bewertung der Beschaffenheit eines Objektes"[20], und zwar das eines nach vorab explizit festgelegten inhaltlichen Kriterien. Gemeint ist in anderen Worten, dass eine Bewertung der Schule oder des Schulsystems begründungsbedürftig ist, d. h. an Ziel- und Aufgabenbestimmungen zu koppeln sind, kurz: „Qualität ‚an sich' gibt es nicht […]; ohne Ziel- bzw. Aufgabenbestimmung hängt die Schulqualität ‚in der Luft'."[21] Die Effektivität von Schule – das Ausmaß, in dem sie ihre Ziele erreicht, gewonnen aus dem Vergleich von „input" und „output" – lässt sich als zentraler Referenzpunkt für eine (empirisch gestützte) Bewertung von Schule begreifen.[22]

Ausgehend davon wird eine präzise Trennung der beiden Begriffe „Effektivität" und „Qualität" als angebracht erachtet, da „normative, theoretische und empirische Argumente in der Schulqualitätsdiskussion allzu oft unentwirrbar zusammen fließen"[23]. Man kann, so Hans-Günter Rolff, „von empirischen

---

16 Klieme, Qualitätsbeurteilung von Schule und Unterricht, 434.
17 Böttcher, Kann eine ökonomische Schule auch eine pädagogische sein, 91.
18 Posch/Altrichter, Möglichkeiten und Grenzen, 28.
19 Liket, Freiheit und Verantwortung, 83.
20 Heid, Qualität, 41.
21 Böttcher, Kann eine ökonomische Schule auch eine pädagogische sein, 92.
22 Vgl. Steffens/Bargel, Erkundungen zur Qualität von Schule, 17–32; Terhart, Qualität und Qualitätssicherung im Schulsystem, 814–820; Heid Qualität, 44–48; Gröhlich, Bildungsqualität, 17–27; Klieme, Qualitätsbeurteilung von Schule und Unterricht, 437–440.
23 Klieme, Schulqualität, Schuleffektivität und Schulentwicklung, 49.

Studien [...] keine definitiven Antworten über Schulqualität erwarten. Empirie ist ihrem Wesen nach deskriptiv, die Frage nach der ‚Qualität von Schule' normativ"[24]. In der Diskussion zu unterscheiden ist einerseits zwischen (wertneutralen) Beschreibungen bestimmter Zustände, andererseits zwischen (normativen) Werturteilen.[25]

2.2 Zum grundlegenden Verständnis einer effektiven Schule

Konzeptionell besteht Konsens darüber, was eine effektive Schule ausmacht. Auf die eine oder andere Weise wird eine effektive Schule zunächst ganz allgemein als eine Schule beschrieben, in der alle Schülerinnen und Schüler die im Lehrplan beschriebenen Inhalte beherrschen. Exemplarisch für dieses Grundverständnis lässt sich die Definition von Daniel Levine und Lawrence Lezotte heranziehen:

> From the outset of what some now refer to as the effective schools movement, the concept of the effective school has been disarmingly simple. If one starts with the basic definition of ‚effective' – to produce a desired result or outcome – and uses it to define an effective school, one quickly realizes that there is a virtual consensus, at least conceptually, on what constitutes an effective school. In one way or another, an effective school usually is described as one where all of its students master the intended curriculum.[26]

Während Levine und Lezotte, relativ einfach gehalten, eine effektive Schule als Herstellung eines gewünschten, verfolgten oder gesetzten Ergebnisses definieren, bestimmt Robert Bollen hingegen Schuleffektivität als das Ausmaß, in dem eine Bildungsinstitution ihre Ziele bei effizientem Einsatz von Ressourcen und Mitteln erreicht:

> [W]e might define school effectiveness as: the extent to which any (educational) organisation as a social system, given certain resources and means, fulfils its objectives without incapacitating its means and resources and without placing undue strain upon its members.[27]

Bollen betont damit nicht nur den Organisations- und Gestaltungsgedanken von Schule im Hinblick auf die Schulleistungen der Kinder und Jugendlichen, sondern hebt die Bedeutung der Ressourcen und Mittel zur Erreichung von schulischen Zielen hervor. Darüber hinaus wird von einer effektiv arbeitenden Schule ausgegangen, wenn sie ihre Ziele erreicht hat, ohne Ressourcen und Mittel zu

---

24 Rolff, Schulentwicklung als Entwicklung von Einzelschulen, 878.
25 Vgl. Heid, Qualität, 42 f.
26 Levine/Lezotte, Unusually effective schools, 1.
27 Bollen, School effectiveness and school improvement, 2.

„vergeuden" und ohne ihre Akteurinnen und Akteure „unangemessener" Belastung auszusetzen.[28] Wenn also bessere Lerneffekte bei Schülerinnen und Schüler mit gleichen Mitteln (z. B. Geld, Zeit, Engagement) erreicht werden können, ist ein solches Vorgehen diesem Verständnis nach effizient. Mit dieser Grundannahme wird die Tatsache anerkannt, dass Schulen unter verschiedenen Gegebenheiten unterschiedliche Möglichkeiten zur Erreichung eines bestimmten Ziels haben. Robert Bollen führt an diesem Punkt weiter aus:

> Given this definition, we do not have to talk about the ‚ineffective school', and could replace this notion by that of a ‚school with a very low degree of effectiveness', but we could never talk of ‚zero effectiveness', because in that case the school would be closed.[29]

Eine weitreichendere Definition wird von Peter Mortimore formuliert, wonach eine effektive Schule dann gegeben ist, wenn der Lernfortschritt (bzw. das sich zu bestimmten Zeitpunkten der Schullaufbahn in Testscore abbildende Fach-Kompetenzniveau) der Schülerinnen und Schüler größer ausgefallen ist, als von den Eingangsvoraussetzungen her zu erwarten gewesen wäre: „Eine effektive Schule ist eine solche Schule, in der Schüler größere Fortschritte machen, als man im Hinblick auf das Schülerpotential hätte vermuten können".[30] Mit dem „Schülerpotential" ist gemeint, dass sich die Schulleistungen der Schülerinnen und Schüler in stärkerem Maß verbessert haben, als aufgrund ihrer „mitgebrachten" Lernvoraussetzungen (z. B. soziale Herkunft, Sprachgebrauch, Vorwissen) prognostisch zu erwarten wäre. Diese Definition stellt den Leistungs- bzw. Fach-Kompetenzzuwachs der Schülerinnen und Schüler als Ziel von Schule in den Vordergrund und betont den „Mehrwert"[31], den eine Schule unabhängig von den Ausgangsbedingungen der Schülerinnen und Schüler zum Schulerfolg beiträgt. Ein solcher Zugang impliziert zum einen, dass sozial benachteiligte Schülerinnen und Schüler, statistisch gesehen, wahrscheinlich weniger gleich gut oder gar besser abschneiden als ihre nicht benachteiligten Mitschülerinnen und Mitschüler. Zum anderen berücksichtigt dieses Verständnis von effektiver Schule gleichzeitig, dass sozial Benachteiligte trotz oder gerade wegen ihrer Benachteiligung sehr gute Schulleistungen erbringen können.

---

28 Huber, School Effectiveness, 11.
29 Bollen, School effectiveness and school improvement, 2.
30 Mortimore, Auf der Suche nach neuen Ressourcen, 175.
31 Bischof, Schulentwicklung und Schuleffektivität, 19.

2.3 Betonung der Produktionsfunktion der Schule

Für eine ökonomische Betrachtung von Schule kennzeichnend ist die Betonung der *Produktionsfunktion* der Schule oder des Schulsystems als Ganzes. Die Produktionsfunktion beschreibt die Transformation von Eingangsbedingungen in erzielte Bildungsergebnisse mittels schulinterner Organisations- und Gestaltungsprozesse. Die Grundstruktur wird linear gedacht und unterscheidet drei einander chronologisch nachfolgende Phasen beim Erwerb von Fach-Kompetenzen, Jahreszeugnissen, Abschlüssen, Diplomen oder akademischen Titeln:[32]

Tabelle 1: Dimensionen effektiver Schulen

Strukturmerkmale (Input)	Prozessmerkmale (Prozess)	Bildungsergebnisse (Output)
• Kontext (z.b. Stadt-Land-Region → Infrastruktur, finanzielle Mittel, Schulgebäude) • Lernende (z.B. sozio-ökonomischer Status, kognitive Grundfähigkeit, ethnische Herkunft → Sprachgebrauch, Selbstkonzept/Motivation) • Lehrkräfte (z.B. Aus- u. Weiterbildung, Arbeitsbedingungen)	• Schulkultur/-ethos • Führungsverhalten Schulleitung (z.b. Koordination Schulbetrieb) • Schul- u. Klassenklima • Klassenführung (z.b. Herstellung sozialer Ordnung etc.) • Unterrichtsgestaltung (z.B. Stil, Methode, Zeitnutzung)	• Grad der Zielerreichung gemäß z.B. nationaler Vorgaben wie etwa in den Bildungsstandards beschrieben → gemessen über Kompetenztests • langfristige Erfolge wie z.B. Schulabschluss, Berufseinstieg bzw. Übertritt SEK I in SEK II → Bildungsmobilität

Die schematisch dargestellten drei Bereiche (Input, Process, Output) lassen sich wie folgt umschreiben:[33]

- INPUT: Zu den Inputfaktoren zählen einerseits die strukturellen Bedingungen (z. B. regionaler Standort und Schulform), anderseits die finanziellen, materiellen und personellen Ressourcen (z. B. Qualifikation der Lehrkräfte), die dem Schulsystem zur Verfügung stehen. Dazu gezählt werden auch weitere Ressourcen wie beispielsweise die Zusammensetzung der Schülerschaft (z. B. nach herkunftsspezifischen Merkmalen) sowie die „mitgebrachten" Lernbedingungen der Schülerinnen und Schüler (z. B. Vorwissen, Sprachgebrauch), von denen angenommen wird, dass sie für den Erwerb von Fach-Kompetenzen und Abschlüssen bedeutsam sind. Inputfaktoren bilden Merkmale ab, die von den Schulen und den in ihnen handelnden Akteurinnen und Akteuren nicht – oder zumindest nur geringfügig – direkt beeinflussbar

---

32 Vgl. Ditton, Qualitätskontrolle und Qualitätssicherung in Schule und Unterricht, 77; OECD, School factors related to quality and equity, 12.
33 Vgl. Gröhlich, Bildungsqualität, 19–21; Ackeren/Klemm/Kühn, Entstehung, Struktur und Steuerung des deutschen Schulsystems, 116–118.

sind, vielmehr stellen sie vergleichsweise mehr oder weniger günstige Ausgangsbedingungen für die schulische Praxis dar.
- PROZESS: Unter Prozessfaktoren werden Merkmale und Handlungsmuster von Schule und Unterricht zusammengefasst. Umfasst wird dabei der Organisations- und Gestaltungsprozess sowohl einer bestimmten Schulform (Schulebene) als auch der jeweiligen einzelnen Klasse (Klassenebene). Prozessfaktoren stellen gesamt betrachtet Merkmale dar, die entweder unmittelbar (z. B. Lehr- und Lernarrangements) oder mittelbar (z. B. Schulklima, Führungsverhalten der Schulleitung) mit dem Unterrichtsprozess in Zusammenhang stehen, und liegen aus diesem Grund in der direkten Verantwortung der Schule.
- OUTPUT: Zu den Outputfaktoren zählen kurzfristig Ergebnisse des Schulbesuchs, die meistens am Ende einer festgelegten Jahrgangsstufe oder des gesamten Bildungsgangs erfasst werden. Hierzu zählen die erzielten fachlichen Kompetenzen (z. B. die Fähigkeit, das erworbene Fachwissen in realen Lebenszusammenhängen einzusetzen) und überfachlichen Kompetenzen (z. B. Einstellungen oder leistungsbezogene Werthaltungen wie z. B. Lern- und Leistungsmotivation) der Schülerinnen und Schüler. Aber auch andere weitere längerfristige Ergebnisse („Outcome") des Schulbesuchs wie beispielsweise der Berufs- und Lebenserfolg und die Eingliederung insbesondere in das gesamtgesellschaftliche Wirtschaftssystem spielen hier eine wichtige Rolle.

Die Effektivität von Schule hängt nach dem Prozess-Produkt-Paradigma[34] einerseits von den individuell „mitgebrachten" Lernvoraussetzungen der Schülerinnen und Schüler ab, anderseits von den schulischen Prozessmerkmalen. Forschungslogisch ist es möglich, Schulleistungen als Output zu untersuchen und daraus auf eine mehr oder minder effektiv arbeitende Schule oder Klasse zu schließen. Die Effektivität von schulischen oder unterrichtlichen Organisations- und Gestaltungsprozessen wird hier als Differenz zwischen der Wirkung von Strukturmerkmalen (Input) und den erzielten schulischen Ergebnissen (Output) verstanden. Das „Input-Prozess-Output-Modell" erlaubt die theoretische Implikation, dass der Output eine direkte Folge der schulinternen Prozesse sowie der Inputfaktoren ist. Prozessmerkmale dienen mit anderen Worten der

---

34 Dieses grundlegende *Input-Prozess-Output-Modell* ist in den letzten Jahren mehrfach erweitert worden. So wurden z. B. statt einfacher Zusammenhänge *komplexe Zusammenhänge* (kurvlineare Beziehungen, Berücksichtigung mehrerer Variablen, Interaktionen) untersucht und *Wechselwirkungen* von fachspezifischen Unterrichtsmerkmalen mit Schülermerkmalen sowie *kompensatorische* Beziehungen berücksichtigt.

Beschreibung, wie unter den gegebenen Umständen bzw. Eingangsvoraussetzungen die Veränderungen vom Input zum Output vollzogen werden. Sie spielen für die Identifizierung von effektiven Schulen eine übergeordnete Rolle.

3 Marktförmige Instrumente: Internationale Schulleistungsstudien

3.1 Zielbestimmung und Indikatoren

Internationale Schulleistungsvergleiche (z. B. PISA, TIMSS, PIRLS), die als „large-scale-assessment"-Studien bezeichnet werden, dienen dazu, schulischen Akteurinnen und Akteuren auf periodischer Basis vergleichbare Informationen über die Erträge und damit über die Leistungsfähigkeit des Schulsystems zur Verfügung zu stellen. Das Ziel besteht in der Schaffung einer soliden empirischen Grundlage zur Verbesserung der nationalen Schulsysteme hinsichtlich einer Effektivitätssteigerung und -entwicklung.[35] Bei Schulleistungsstudien handelt es sich somit um Bestandsaufnahmen bzw. Beschreibungen von Zuständen, die in erster Linie die Aufgabe einer regelmäßigen Systembeobachtung[36] erfüllen sollen. Konzipiert als Stichprobenuntersuchungen lassen sie allerdings keine Aussagen zu Einzelschulen zu.[37] In anderen Worten:

---

35 Vgl. OEDC, Schülerleistungen im internationalen Vergleich, 9; OECD, Lernen für das Leben (2001), 14; Haider, System-Monitoring

36 Eine weitere Funktion von Schulvergleichsstudien ist das „Benchmarking" (vgl. Stanat/Lüdtke, Internationale Schulleistungsvergleiche, 279 f). Hier werden bestimmte Ausprägungen der Indikatoren als Ziel („Benchmark") gesetzt, das zum Beispiel von einzelnen Ländern oder einer Gruppe von Ländern (z. B. der Europäischen Union) erreicht werden soll. Der Vergleich erfolgt dabei weniger in Hinblick auf bestimmte Merkmale, sondern in Bezug auf die Erreichung von gesetzten Zielen (z. B. Lissabon-Ziele der EU für 2020 im Bildungsbereich; vgl. Below, Bildungssysteme im historischen und internationalen Vergleich, 170; Oelkers/Reusser, Qualität entwickeln, 67–76). Benchmarks werden dann zu Standards, wenn mögliche oder zur Anwendung empfohlene Vergleichsgrößen zu Normgrößen werden, die (z. B. für die Zuerkennung bestimmter Qualifikationen) zu erreichen sind. Weiterführende Erläuterungen zum Begriff „Benchmark" finden sich in den Beiträgen von Lassnigg/Gruber, Statistiken – Indikatoren – Standards, 8 f; Thonhauser, Benchmarking zwischen Euphorie und Skepsis; ders., Ja, aber).

37 Vgl. Stanat/Lüdtke, Internationale Schulleistungsvergleiche, 279; Dedering/Bos, Internationale Schulleistungsuntersuchungen und Schulleistungstests, 177; Ackeren/Klemm/Kühn, Entstehung, Struktur und Steuerung des deutschen Schulsystems, 122.

Unter Schulleistungsuntersuchungen sind [...] quantitativ-empirische Untersuchungen zu verstehen, die auf der Basis von Tests den Wissensstand und die erworbenen Kompetenzen bei einer großen Zahl von Schülerinnen und Schülern ermitteln, um dann aus Gruppenvergleichen Rückschlüsse über die Zielerreichung in verschiedenen Schulsystemen [...] zu ziehen [...].[38]

Um zu betonen, dass es um die Evaluation von Schulsystemen geht, findet in der Forschungsliteratur zu Schulleistungsstudien[39] überwiegend der Begriff des „System-Monitoring" oder „Bildungs-Monitoring" Eingang.[40] Jürgen Oelkers und Kurt Reusser definieren den Begriff „Bildungs-Monitoring" als „systematische, mittels objektiver Verfahren wie Tests, Fragebögen und statistischen Auswertungen erfolgende und auf Dauer angelegte Beschaffung und Aufbereitung von Informationen über das Bildungssystem und dessen Umfeld [...] mit dem Ziel, Ersteres unter Qualitätsgesichtspunkten deutlicher sichtbar und damit besser kontrollier- und führbar zu machen"[41].

Die Hauptfunktion des Bildungs-Monitorings ist, durch Beschreibung und Evaluation der Ausprägung ausgewählter Indikatoren[42] die Lage und die Entwicklung eines ganzen Bildungssystems und ihrer Subsysteme (weniger der einzelnen Schulen oder Individuen) festzustellen und spezifische Leistungsbereiche zu identifizieren, in denen es Stärken und Schwächen[43] gibt, insbesondere jedoch

---

38 Dedering/Bos, Internationale Schulleistungsuntersuchungen und Schulleistungstests, 177.
39 Zum Beispiel bei Böttcher u. a. (Hg.), Bildungsmonitoring und Bildungscontrolling.
40 Vgl. Kogan, Monitoring, Control, and Governance of School Systems. 39 f.
41 Oelkers/Reusser, Qualität entwickeln, 320.
42 Indikatoren sind „empirisch relevante und belastbare Informationen über Bereiche des Bildungs- und Erziehungswesens. Sie sind in Zeitreihen fortschreibbare Datensätze, und sie müssen international oder länderspezifisch auch regional vergleichbare Daten zur Verfügung stellen" (Tippelt, Steuerung durch Indikatoren, 10). Weiterführende Beschreibungen zum Verständnis und Einordnung von Indikatoren, insbesondere im Kontext der Bildungsberichterstattung, finden sich bei Döbert, Die Bildungsberichterstattung in Deutschland, 83 f., und Maaz/Kühne, Indikatorengestützte Bildungsberichterstattung, 384–386.
43 Zu beachten ist, dass internationale Schulleistungsvergleiche auf der Basis empirischer Befunde zwar Hinweise auf die Stärken und Schwächen eines ganzen Bildungssystems geben, ohne jedoch Kausalaussagen über Ursache-Wirkungszusammenhänge zwischen Kompetenzen und Kontexten treffen zu können. Zur Aufhellung solcher Zusammenhänge sind Längsschnitt- oder quasi-experimentelle Studien nötig. Da Schulleistungsvergleiche auf Vergleichbarkeit angelegt sind, können sie Aussagen über Veränderungen von Bildungssystemen über die Zeit (Stichwort: „Trendbarometer") ermöglichen.

ein nach ökonomischen Kriterien definierter Handlungsbedarf besteht.[44] Diese Fokussierung macht deutlich, dass es bei der Anlage und Durchführung von Schulvergleichsstudien um die Bereitstellung von „Steuerungswissen"[45] für die Bildungspolitik geht.[46] Das bedeutet zugleich, dass die empirische Bildungs- und Schulforschung viel stärker als früher zur Schaffung und Aufbereitung von Wissensgrundlagen für die Systemsteuerung beitragen. Schulleistungsstudien unterliegen in der Regel einer zentralen Steuerung, werden also durch eine Behörde initiiert und wissenschaftlich in ihrer Entwicklung, Durchführung, Auswertung und Rückmeldung begleitet.[47] Bereitgestellt werden effektivitätsrelevante Indikatoren[48] aus vier Bereichen:[49]

- *Basisindikatoren*, die ein Grundprofil jener Kenntnisse und Fähigkeiten der nachwachsenden Generation bilden, die für aktive gesellschaftliche Teilhabe und kontinuierliches Weiterlernen grundlegend sind.
- *Kontextindikatoren*, welche die demographische, soziale und wirtschaftliche Einbettung von Bildungssystemen beschreiben und über deren institutionelle Verfassung Auskunft geben.
- *Relationale Maße*, die international variierende Zusammenhänge zwischen individuellen Hintergrundmerkmalen und schulischen Kontextvariablen einerseits und Leistungsergebnissen andererseits sichtbar machen.
- *Trendindikatoren*, die sich aus dem zyklischen Charakter der Datenerhebung ergeben und Veränderungen des Leistungsniveaus, der Leistungsverteilungen

---

44 Vgl. Oelkers/Reusser, Qualität entwickeln, 319–325.
45 Zum Verständnis von „Steuerungswissen" bzw. wie die „Steuerleute" die „richtigen" Konsequenzen aus diesem Wissen ziehen können, vgl. Altrichter/Heinrich, Evaluation als Steuerungsinstrument, 56–64; Tillmann, Was leistet die PISA-Studie.
46 Vgl. Dedering, Entscheidungsfindung in Bildungspolitik und Bildungsverwaltung, 53–56.
47 Vgl. Goy/Ackeren/Schwippert, Ein halbes Jahrhundert internationale Schulleistungsstudien, 79; Schwippert/Goy, Leistungsvergleichs- und Schulqualitätsforschung, 390; Ackeren/Klemm/Kühn, Entstehung, Struktur und Steuerung des deutschen Schulsystems, 121.
48 Ein Ansatz, der für internationale Vergleiche zur Beurteilung von Bildungssysteme zunehmend verwendet wird, ist der Vergleich verschiedener Indikatoren wie z. B. zu Absolventinnen und Absolventen bestimmter Bildungsgänge, eine Dropout-Rate, eine Übertrittsquote in weiterführende Schulen oder der Vergleich der Ausgaben für das Bildungssystem als Anteil am Bruttoinlandsprodukt (vgl. Below, Bildungssysteme im historischen und internationalen Vergleich, 169 f). Ein bekanntes Beispiel für gesammelte Indikatoren über Bildungssysteme ist die jährlich erscheinende OECD-Veröffentlichung „Bildung auf einen Blick" (bzw. „Education at a Glance").
49 Vgl. Baumert u. a., PISA Programme for International Student Assessment, 286.

und der Zusammenhänge zwischen schüler- bzw. schulbezogenen Merkmalen und Leistungsresultaten im Zeitverlauf zeigen.

Internationale Schulleistungsstudien verfolgen das Ziel, Unterschiede im Leistungsstand zwischen Schülerinnen und Schülern verschiedener Länder zu identifizieren und aufzuzeigen, wie weit die jeweils durchschnittlichen Leistungsergebnisse (Output) der verschiedenen Schülergruppen voneinander abweichen. Neben dem klassischen Schwerpunkt des Leistungsvergleichs werden auch strukturelle, institutionelle und soziale Aspekte von Lernen in den Blick genommen.[50] So wird beispielsweise auf Basis von individuellen Schülermerkmalen der Einfluss des sozialen Kontexts auf die Leistungsergebnisse der Schülerinnen und Schüler untersucht. Gefragt wird, inwieweit es den an Schulleistungsstudien beteiligten Ländern gelingt, Unterschiede im Leistungsstand zwischen Schülergruppen aus höheren und niedrigeren Sozialschichten, mit und ohne Migrationserfahrungen oder zwischen Mädchen und Jungen zu reduzieren.[51] Zugleich ermöglichen internationale Schulvergleichsstudien innerstaatliche Analysen, etwa ein Vergleich zwischen den Regionen (z. B. Bundesländer, Stadt-Land-Gefälle) oder Schulformen.[52]

3.2 Grundbildungskonzept versus Lehrplanvalidität

Angesichts der Geschwindigkeit des wirtschaftlichen und technologischen Wandels sowie der ständigen Überholung alter Wissensbestände wird in Schulleistungsstudien nach einem Grundbildungskonzept gefragt, das „den individuellen Bedürfnissen und der Notwendigkeit des flexiblen Umgangs mit wechselnden gesellschaftlichen Anforderungen gleichermaßen gerecht wird".[53] Schulleistungsstudien stützen sich demzufolge auf ein grundbildungstheoretisches Konzept

---

50 Vgl. Stanat/Lüdtke, Internationale Schulleistungsvergleiche, 279.
51 Vgl. Baumert/Schümer, Familiäre Lebensverhältnisse; OECD, Lernen für das Leben (2001), 143–186; Stanat/Kunter, Geschlechterunterschiede in Basiskompetenzen; Reiter, Multivariate thematische Analysen; Reiter, Schüler/innen nichtdeutscher Muttersprache; Allmendinger/Dietrich, PISA und die soziologische Bildungsforschung; Hannover, Gender revisited.
52 Vgl. Schümer, Institutionelle Bedingungen schulischen Lernens im internationalen Vergleich; Baumert/Schümer, Familiäre Lebensverhältnisse; Baumert/Trautwein/Artelt, Schulumwelten; Reiter, Schülerleistungen im nationalen Vergleich; Pointinger, Schülerleistungen im nationalen Vergleich.
53 Ackeren/Klemm/Kühn, Entstehung, Struktur und Steuerung des deutschen Schulsystems, 128; vgl. Baumert u. a., PISA Programme for International Student Assessment, 287 ff.

bzw. theoretisches Basiskonzept, das „literacy" heißt und in der deutschen Übersetzung als „Kompetenz" und/oder „Grundbildung" beschrieben wird. Dieses Konzept bildet nicht den Lehrplan ab, sondern bezieht sich auf Kompetenzen in spezifischen Bereichen (z. B. Lesen, Mathematik, Naturwissenschaften), die sich, wenigstens grundsätzlich, schulisch wie außerschulisch erwerben lassen und von denen angenommen wird, dass sie in „modernen Gesellschaften für eine befriedigende Lebensführung in persönlicher und wirtschaftlicher Hinsicht sowie für eine aktive Teilnahme am gesellschaftlichen Leben notwendig sind".[54] Aber auch fächerübergreifende Kompetenzen (z. B. problemlösendes Denken) werden im Rahmen von Schulleistungsstudien untersucht.[55] Internationale Schulleistungsvergleiche konzentrieren sich damit weniger auf die Frage, inwieweit Schülerinnen und Schüler curriculare Inhalte beherrschen, als vielmehr auf deren Fähigkeit ihre Kenntnisse zur Bewältigung realitätsnaher Herausforderungen einzusetzen.[56] Es geht „zunehmend darum, was die Schülerinnen und Schüler mit ihrem Schulwissen anfangen können, und nicht nur um den Erwerb dieses Wissens im engeren Sinne"[57]. Die hier zugrundeliegende Philosophie richtet sich auf die „Funktionalität der bis zum Ende der Pflichtschulzeit erworbenen Kompetenzen für die Lebensbewältigung im jungen Erwachsenenalter und deren Anschlussfähigkeit für kontinuierliches Weiterlernen in der Lebensspanne. Unter der Perspektive gesellschaftlicher Entwicklung ordnet sich dieser Ansatz in die Theorie des Humankapitals ein"[58]. Bildung nimmt diesem Anspruch zufolge eine Schlüsselrolle in erster Linie für das berufliche Fortkommen und die gesellschaftliche Teilhabe eines jeden Einzelnen im Sinne des wirtschaftlichen Erfolgs und der Wettbewerbsfähigkeit eines Landes ein.

4 TIMSS- und PISA-Studie: Empirische Bestätigung unzureichender Effektivität von Schule

Bei TIMSS (1995/96) und PISA (2000) spielt bei der Analyse der Leistungsunterschiede und Kompetenzprofile der Schülerinnen und Schüler die Mittelwertvergleiche (Rankings) traditionell die größte Rolle. Von herausragendem

---

54 Baumert u. a., PISA Programme für International Student Assessment, 285; vgl. Klieme, Zur Entwicklung nationaler Bildungsstandards; Rubenson, Lifelong learning.
55 Vgl. Baumert u. a., PISA Programme for International Student Assessment; Klieme/Artelt/Stanat, Fächerübergreifende Kompetenzen;
56 Vgl. Terhart, Nach PISA, 22 f; Rubenson, Lifelong learning, 415 ff.
57 OECD, Lernen für das Leben (2001), 14.
58 Baumert u. a., PISA Programme for International Student Assessment, 285.

Interesse sind Informationen über die Breite der Verteilung und der Abstand von den besten zu den schlechtesten Schülerinnen und Schüler, da erst auf dieser Grundlage eine Einschätzung über die Größe der Leistungsfähigkeit und Kompensierungsfähigkeit der Schule möglich ist, etwa, ob es der Schule gelingt, die unterschiedlichen individuellen Startbedingungen von Kindern und Jugendlichen auszugleichen. Nachfolgend werden empirische Länderbefunde[59] zu Österreich und Deutschland präsentiert, die den Anstoß zur heftig geführten Diskussion über die Leistungsfähigkeit der Schulsysteme im deutschsprachigen Raum gegeben haben.

4.1 Schulleistungen

TIMSS (1995/96) Österreich

TIMSS bezeichnet die dritte internationale Mathematik- und Naturwissenschaftsstudie und wurde in den Jahren 1995 und 1996 von der International Association for the Evaluation of Educational Achievement (IEA) durchgeführt. Das definierte Ziel von TIMSS-1995/96 bestand in der Erfassung mathematischer und naturwissenschaftlicher Leistungen von sogenannten „Schlüsseljahrgängen" in der Grund- bzw. Volksschule und den Sekundarstufen. Österreich beteiligte sich 1995/96 an den Teilstudien aller Populationen I, II und III (3./4. Klasse in der Grund- bzw. Volksschule, 7./8. Schulstufe in der Sekundarstufe I, 12. und 13. Schulstufe in der Sekundarstufe II).[60]

Für den Bereich der mathematisch-naturwissenschaftlichen Leistungen der 7. und 8. Jahrgangsstufe (SEK I) lässt sich anhand der Leistungsdaten zunächst ein recht positives Bild von Österreich nachzeichnen. In dieser 2. Teilstudie („Population II") lagen die Schülerinnen und Schüler sowohl in den

---

59 Für die hier präsentierten Befunde ist – angelehnt an Radisch, Von FIMS bis PIRLS und PISA, 185 f. – zu berücksichtigen, dass die definitorischen Verständnisse des jeweils getesteten Kompetenzbereichs zwischen den Schulleistungsstudien TIMSS-1995/96 und PISA-2000 variieren. D. h. aus den unterschiedlichen Operationalisierungen resultieren auch unterschiedliche Erhebungsinstrumente (Stichwort: curriculare Validität vs. Kompetenzen zur Bewältigung realitätsnaher Herausforderungen). Weiters liegen den Schulleistungsstudien auch je unterschiedliche Definitionen der Population zugrunde. PISA-2000 bezieht sich auf eine altersbasierte Stichprobe (15-Jährige); TIMSS-1995/96 legt eine jahrgangsbasierte Stichprobe zu Grunde. Für jahrgangs- und altersbasierte Stichproben ergeben sich je unterschiedliche Leistungsstreuungen.
60 Vgl. Beaton u. a., Mathematics achievement in the middle school years; Beaton u. a., Science achievement in the middle school years; Mullis u. a., Mathematics and science achievement in the final year of secondary school.

mathematischen als auch naturwissenschaftlichen Kompetenzwerten[61] unter den ersten 10 von gesamt 45 teilnehmenden Ländern und waren damit Spitzenreiter.[62] Mit einer durchschnittlichen Mathematikleistung von 539 Punkten lagen die Achtklässler über den internationalen Mittelwert von 513 Punkten und mit einer durchschnittlichen Naturwissenschaftsleistung von 558 Punkten ebenfalls über den internationalen Mittelwert von 516 Punkten.[63] Wegen dieses vergleichbar guten Abschneidens gab es in Österreich keine besonderen Reaktionen auf diese Ergebnisse. Entsprechend sind auch – kritisch angemerkt – weder die innerstaatlichen Ergebnisse noch die Test-Aufgaben und die in sie geflossenen Überlegungen einigermaßen bekannt.

Nach der ersten Euphorie über die TIMSS-Befunde der 7. und 8. Jahrgangsstufe (SEK I) folgte rasch die Ernüchterung, als die Befunde der 3. Teilstudie[64] („Population III") kurze Zeit später bekannt wurden: Im internationalen Vergleich lagen die österreichischen Schülerinnen und Schüler der 9. bis 12. bzw. 13. Jahrgangsstufe (SEK II) mit ihren mathematisch-naturwissenschaftlichen Leistungen im Durchschnitt auf Rang 10 von gesamt 21 teilnehmenden Ländern und

---

61 Die erzielten Kompetenzwerte wurden in TIMSS-1995/96 auf einer Skala mit dem Mittelwert 500 und der Standardabweichung 100 angegeben. Auf dieser Skala wurden vier einzelne Fähigkeits- bzw. Kompetenzstufen unterschieden und inhaltlich wie folgt charakterisiert: (1) Die erste Kompetenzstufe (Level 1 = Testwert ≤ 400) umfasst Anforderungen, die sich im Wesentlichen auf das alltagsbezogene Schlussfolgern beschränken und keine expliziten mathematischen Operationen beinhalten, (2) die zweite Kompetenzstufe (Level 2 = Testwert 401–500) umfasst die sichere Anwendung von einfachen mathematischen Routinen, (3) die dritte Kompetenzstufe (Level 3 = Testwert 501–600) erlaubt das mathematische Modellieren auf einem einfachen Niveau, (4) die vierte und höchste Kompetenzstufe (Level 4 = Testwerte > 700) beinhaltet das mathematische Argumentieren, insbesondere anhand von graphischen Darstellungen. Schülerinnen und Schüler der verschiedenen Kompetenzstufen konnten mit hinreichender Sicherheit (= Lösungschance von mindestens 2:1 bzw. Lösungswahrscheinlichkeit von mindestens 65 %) die Testaufgaben lösen (vgl. Köller/Baumert/Bos, TIMSS Third International Mathematics and Science Study, 278).
62 Vgl. Beaton u. a., Mathematics achievement, 29; Beaton u. a., Science achievement, 29.
63 Vgl. Beaton u. a., Mathematics achievement, 21; Beaton u. a., Science achievement, 22.
64 In Österreich nahmen an der 3. Teilstudie Schülerinnen und Schüler des Abschlussjahrgangs (12. Klasse) der allgemeinbildenden höheren Schule (AHS), der Abschlussjahrgangsstufe (13. Klasse) der Berufsbildenden Höheren Schule (BHS) und die abschließenden Klassenstufen der Berufsbildenden Mittleren Schule (BMS) in der 10., 11. oder 12. Klasse, abhängig vom Ausbildungsgang der Schülerinnen und Schüler, sowie jene im dualen System in ihrem letzten Ausbildungsjahr (BS) teil (vgl. Mullis u. a., Mathematics and science achievement, 237 ff bzw. ebd. A3 – Appendices).

waren im Gesamtvergleich zu den 13-/14-Jährigen der 2. Teilstudie („Population II") leicht zurückgefallen.[65] Äußerst alarmierend wurde das Ergebnis gedeutet, wonach sich die österreichischen Schülerinnen und Schüler im Fachleistungstest Physik in den letzten Rängen von gesamt 16 teilnehmenden Ländern wiederfanden.[66] Mit einer durchschnittlichen Physikleistung von 435 Punkten lagen die Schülerinnen und Schüler der Sekundarstufe II weit unter dem internationalen Mittelwert von 501 Punkten.[67] Gemessen nicht nur an den Kompetenzbereichen von TIMSS-1995/96, sondern an der curricularen Anbindung,[68] sprich, an den Zielen und Inhalten der Lehrpläne der höheren Schulen, lag das Abschneiden der österreichischen Schulabsolventinnen und -absolventen deutlich unter dem internationalen Durchschnitt[69] und war damit für die bildungspolitischen

---

65 Vgl. Mullis u. a., Mathematics and science achievement, 3 und 31 f.; Kühnelt, TIMSS 3, 3.
66 Vgl. Mullis u. a., Mathematics and science achievement, 9.
67 Vgl. ebd. 188 und 191.
68 Die TIMS-Studie ist in den meisten Teilnehmerländern weitgehend lehrplan- und unterrichtsvalide. Es handelt sich dabei um einen Kompromiss zwischen einer Anwendungsorientierung und einer curricularen Anbindung der Testaufgaben – vor allem deshalb, weil eine kriteriumsorientierte Interpretation von Kompetenzwerten erheblich aufschlussreicher ist (vgl. Baumert/Lehmann, TIMSS, 46 f., 179 ff. und 185 ff.; Köller/Baumert/Bos, TIMSS Third International Mathematics and Science Study, 277 f.). Die PISA-Studie dagegen trennte sich dezidiert von Kriterien der curricularen Validität und setzt auf die Erfassung von Grundkompetenzen, die Alltagsnähe in den Vordergrund stellen (vgl. Artelt u. a., Lesekompetenz, 97–101; Baumert u. a. (Hg.), PISA 2000, 287 ff.; Terhart, Nach PISA, 23 f.).
69 Das schlechte Abschneiden der österreichischen Oberstufenschülerinnen und -schüler (9. bis 12. bzw. 13. Schulstufe) hat das damalig zuständige Ministerium (BMUKK) dazu veranlasst, das Institut für Interdisziplinäre Forschung und Fortbildung (IFF) mit dem einjährigen Projekt IMST (Innovation in Mathematics and Science Teaching) zu beauftragen, die Ursachen der „TIMSS-Situation" zu analysieren und Vorschläge für die weitere Vorgangsweise zu erarbeiten (vgl. Krainer, Ausgangspunkt und Grundidee von IMST², 21 f.; Krainer, Genese, Ansatz und Wirkungen des Projekts IMST, 343–347; Krainer, Das Projekt IMST; Krainer/Benke, Wie haben sich Fachdidaktik und Unterricht). Es konnte in der Folge belegt werden, dass die Rangplatzierung ein verzerrtes Bild zeigte, weil hier u. a. österreichische Schülerinnen und Schüler eingerechnet wurden, die im letzten Schuljahr keinen Fachunterricht hatten (bzgl. Mathematik waren das in Österreich 21 %, in Kanada 19 %, in den USA 8 %, in allen anderen Ländern unter 2 %) (vgl. Mullis u. a., Mathematics and science achievement, 162). Zwar ergaben die neuen Vergleiche ein etwas besseres Bild, dennoch lag Österreich in den getesteten mathematisch-naturwissenschaftlichen Kompetenzen deutlich unter

Entscheidungsträgern äußerst unbefriedigend ausgefallen.[70] Dazu offenbarte TIMSS-1995/96 Österreich ein weiteres Problemfeld: Je älter die getesteten Schülerinnen und Schüler waren, desto schwächer waren die Leistungen in Mathematik und den Naturwissenschaften im internationalen Vergleich.[71]

TIMSS (1995/96) Deutschland

Deutschland beteiligte sich im Rahmen von TIMSS-1995/96 an der Erhebung für die Sekundarstufen I und II (7./8. Schulstufe in der Sekundarstufe I, 12. und 13. Schulstufe in der Sekundarstufe II), sodass ebenso umfangreiche Leistungsdaten von Schülerinnen und Schüler am Ende der Pflichtschulzeit und am Ende der gymnasialen Oberstufe vorlagen.

Die Leistungen der Schülerinnen und Schüler der 7. und 8. Jahrgangsstufen (SEK I) fielen im mathematisch-naturwissenschaftlichen Bereich nur mittelmäßig aus.[72] Im internationalen Vergleich erreichten die Jugendlichen mit ihren Mathematikleistungen Platz 25 von gesamt 45 beteiligten Ländern. Mit einer durchschnittlichen Mathematikleistung von 509 Punkten lagen die Achtklässler nahe am internationalen Mittelwert von 513 Punkten.[73] Allgemein ausgedrückt definiert diese Fähigkeits- bzw. Kompetenzstufe ein Grundniveau, auf dem „mathematische Routineverfahren [...] einigermaßen sicher ausgeführt werden können"[74]

Neben den erzielten Mittelwerten spielt bei der Interpretation dieser Ergebnisse die Leistungsstreuung eine große Rolle: Kennzeichnend für Deutschland waren, so Jürgen Baumert und Rainer Lehmann,[75] die relativ schwachen Mathematikleistungen der unteren 25 % und die dünne Decke im Spitzenbereich. Das bedeutet, dass ein erheblicher Prozentsatz der Jugendlichen in der Sekundarstufe I nicht das für „einen erfolgreichen Übergang in die berufliche Erstausbildung notwendige Niveau mathematisch-naturwissenschaftlicher Grundausbildung"[76]

---

dem internationalen Durchschnitt (vgl. Krainer, Genese, Ansatz und Wirkungen des Projekts IMST, 344).
70 Vgl. Kühnelt, TIMSS 3, 3; Krainer, Die Programme IMST und SINUS, 47 f.; Krainer Genese, Ansatz und Wirkungen des Projekts IMST, 343–345.
71 Vgl. Krainer/Benke, Wie haben sich Fachdidaktik und Unterricht, 77.
72 Vgl. Baumert/Lehmann, TIMSS, 55 ff.; Köller/Baumert/Bos, TIMSS Third International Mathematics and Science Study, 278 f.
73 Vgl. Beaton, Mathematics achievement, 21.
74 Baumert/Lehmann, TIMSS, 91; vgl. Köller/Baumert/Bos, TIMSS Third International Mathematics and Science Study, 277 f.
75 Vgl. Baumert/Lehmann, TIMSS, 94 f.
76 Köller/Baumert/Bos, TIMSS Third International Mathematics and Science Study, 279.

erreichte. Zwar gehen bessere durchschnittliche Fachleistungen in der Regel mit einer größeren Verteilung auf die Kompetenzstufen einher, was auf eine günstigere Entwicklung der leistungsstärkeren Schülerinnen und Schüler zurückzuführen ist, zugleich weisen die leistungsschwächeren Schülerinnen und Schüler aber auch bessere Resultate auf. Ländern mit einem solchen Leistungs- bzw. Kompetenzprofil gelingt es deutlich besser, die leistungsschwächsten Schülerinnen und Schüler auf einem gewissen Niveau zu fördern.

Die Ergebnisse der 3. Teilstudie[77] („Population III") von TIMSS-1995/96 lassen sich wie folgt bilanzieren: In Deutschland lag das mathematisch-naturwissenschaftliche Kompetenzniveau der Schülerinnen und Schüler der 12. und 13. Schulstufe (SEK II) im internationalen Vergleich im unteren durchschnittlichen Bereich.[78] Eine Besonderheit zeigte sich auch hier in der vergleichsweise sehr großen Leistungsstreuung: Im der mathematischen und naturwissenschaftlichen Grundbildung war das unterste Kompetenzniveau über- und die beiden obersten Kompetenzniveaus der Schulabsolventinnen und -absolventen deutlich unterbesetzt.[79] Bei Betrachtung der Verteilung der Mittelwerte auf die Fähigkeits- bzw. Kompetenzstufen zeigte sich, dass gesamt 21 % lediglich die Kompetenzstufe I in Form von elementarem Wissen erreichten, während dieses unterste Niveau beispielsweise von nur 7,6 % der norwegischen Schülerinnen und Schüler erreicht wurde.[80]

Weiter schienen für Deutschland die niedrigen Leistungen der Schülerinnen und Schüler der 12. und 13. Schulstufe (SEK II) als Folge des mathematisch-naturwissenschaftlichen Schulunterrichts der Sekundarstufe I in einem bedeutsamen Maße kumulative Defizite abzubilden:[81] Vergleicht man die Leistungsabstände zwischen den Schulformen mit den Ergebnissen der 7. und 8. Jahrgangsstufe (SEK I) so zeigten die TIMSS-1995/96-Daten, dass sich die

---

77 In der 3. Teilstudie von TIMSS-1995/96 nahmen in Deutschland Schülerinnen und Schüler des Abschlussjahres der allgemeinbildenden Schulen der Sekundarstufe II – dies entspricht der 13. Klasse in den alten Bundesländern und der 12. Klasse in den neuen Bundesländern (ohne Brandenburg) – und dem beruflichen Bildungsgang teil (vgl. Baumert/Bos/Lehmann, TIMSS/III, 308).
78 Vgl. Mullis u. a., Mathematics and science achievement, 32.
79 Vgl. Baumert u. a., TIMSS/III-Deutschland, 26.
80 Vgl. ebd. 52 ff.; Baumert/Bos/Lehmann, TIMSS/III, 149 ff.
81 Vgl. Watermann/Baumert, Mathematische und naturwissenschaftliche Grundbildung, 191; Köller/Baumert/Bos, TIMSS Third International Mathematics and Science Study, 279.

Leistungsschere zwischen den Schulformen tendenziell erweitert.[82] Insbesondere schienen dabei die Leistungsunterschiede zwischen Haupt- und Realschule vom Ende der 8. Jahrgangsstufe bis zum Abschluss der Sekundarstufe II größer zu werden. Köller, Baumert und Bos betonen in Bezug auf diese Ergebnisse kritisch:

> Insgesamt haben die Befunde in beiden Alterskohorten in Deutschland die Einsicht gestärkt, dass im Bereich des mathematisch-naturwissenschaftlichen Unterrichts, aber auch im Schulwesen generell erheblicher Optimierungsbedarf besteht, um ein Kenntnisniveau auf Seiten der Jugendlichen und jungen Erwachsenen zu erreichen, das Grundlage erfolgreicher Bildungs- bzw. Berufskarrieren ist.[83]

Eine zentrale Erkenntnis der 3. Teilstudie („Population III") war, dass die Ertragslage eines Schulsystems primär von einer situationsangemessenen Form des Unterrichts abhängt.[84]

PISA (2000) Österreich

Im Vergleich zu TIMSS-1995/96 wurde im ersten PISA-Zyklus das Erkenntnisinteresse um eine Domäne, nämlich die der Lese-Kompetenz,[85] erweitert. Mit den drei Grundkompetenzen mathematischer, naturwissenschaftlicher und lesetechnischer Art lagen erstmals Konzepte vor, die laut OECD[86] als Voraussetzung für eine gesellschaftliche Teilhabe betrachtet werden können.[87]

Bei PISA-2000 schnitt Österreich in allen getesteten Domänen deutlich über dem OECD-Mittelwert ab, einen „PISA-Schock"[88] wie es in Deutschland der Fall

---

82 Vgl. Baumert/Lehmann, TIMSS, 81 und 95; Baumert u. a. TIMSS/III–Deutschland, 30 f.; Watermann/Baumert, Mathematische und naturwissenschaftliche Grundbildung, 206 f.
83 Köller/Baumert/Bos, TIMSS Third International Mathematics and Science Study, 279.
84 Vgl. Baumert/Bos/Lehmann, TIMSS/III; Ternhart, Nach PISA, 32 f.; Weinert, Vergleichende Leistungsmessung in Schulen, 21.
85 Die PISA-Studie wird alle drei Jahre mit wechselnden Schwerpunkten wiederholt, wobei sich der Schwerpunkt 2000 auf Lese-Kompetenzen, 2003 auf mathematische Kompetenzen, 2006 auf naturwissenschaftliche Kompetenzen und 2009 dann wieder auf Lese-Kompetenz (und fortlaufend) verlagerte.
86 Vgl. OECD, Lernen für das Leben (2001), 23 ff.
87 Vgl. Baumert/Stanat/Demmrich, PISA 2000, 19–22; Lang, Die OECD/PISA-Studie, 28–31.
88 Die Metapher des „PISA-Schocks" ist vor dem Hintergrund einzuordnen, dass PISA-2000 ein großes mediales Echo in Deutschland und etwas später auch Österreich erzeugte, und nirgendwo sonst als im deutschsprachigen Raum wurde das eigene Bildungssystem derart kritisch unter die Lupe genommen (vgl. Niemann, Deutschland,

war, gab es (zunächst) nicht: Im internationalen Vergleich lagen die 15-jährigen Schülerinnen und Schüler im schwerpunktmäßigen Lese-Kompetenzbereich mit ihren Leistungen auf Platz 10 von 31 Ländern[89]. Auf der Gesamtskala[90] lag der Mittelwert der Leseleistung bei 507 Punkten und damit 7 Punkte über dem OECD-Mittelwert (500) – zu Deutschland betrug der Abstand insgesamt 23 Punkte.[91]

Ungeachtet dieser relativ guten Positionierung im Ranking machten die Befunde (bezogen auf die Hauptdomäne Lesen) auf beträchtliche Differenzen bei den Schulmittelwerten innerhalb der einzelnen Schulformen aufmerksam: Die beste (636 Punkte) und die schlechteste allgemeinbildende höhere Schule (AHS) (502 Punkte) waren 134 Punkte voneinander entfernt – dies entsprach einem Abstand von fast zwei ganzen Lese-Kompetenzstufen (à 73 Punkte). Während die AHS-Spitzenschulen im Durchschnitt auf der höchsten Kompetenzstufe IV (> 626 Punkte) einzuordnen waren, konnten die schlechtesten AHS gerade noch der Kompetenzstufe III zugeschrieben werden (480–553 Punkte).[92]

---

68 ff.). Insbesondere die Anzahl der Zeitungsartikel, die sich in Österreich und Deutschland mit PISA-2000/2003 beschäftigten, spiegeln die heftige Diskussion wider. Eine ausschlussreiche (quantitative) Presseanalyse haben u. a. für Österreich Bozkurt/Brinek/Retzl, PISA in Österreich, 326–343 und für Deutschland Tillmann u. a., PISA als bildungspolitisches Ereignis, 65–75, vorgenommen (für einen Überblick zu „PISA-Reaktionen" in anderen PISA-teilnehmenden Länder vgl. Olano u. a., Das PISA-Echo, 17).

89 Weltweit nahmen im Frühsommer 2000 rund 180.000 Schülerinnen und Schüler aus 32 Länder – darunter 28 OECD-Mitgliedstaaten – an der PISA-Studie teil (vgl. OECD, Lernen für das Leben [2001], 15). China gehörte zwar zu den Teilnehmerländern von PISA-2000, es lagen aber zum Zeitpunkt der PISA-Publikation keine Daten für dieses Land vor, so dass sich die Bestimmung der österreichischen Position auf 31 teilnehmende Länder bezieht (vgl. Haider/Reiter, PISA 2000, 19).

90 Zum Zwecke der internationalen Vergleichbarkeit wurde der Mittelwert aller an PISA teilnehmenden Länder für die Gesamtskala auf 500 gesetzt. Die Standardabweichung wurde gleichzeitig auf 100 festgelegt, was bedeutet, dass sich im Bereich von 400 bis 600 Punkten zwei Drittel aller an PISA teilnehmenden Schülerinnen und Schüler befinden (vgl. OECD, Lernen für das Leben [2001], 39). „Bis auf die Tatsache, dass es sich um den Mittelwert dieser Staaten handelt, und die Mittelwerte anderer Länder hierzu zufallskritisch ins Verhältnis gesetzt werden können, kommt dem Wert 500 keine inhaltliche Bedeutung zu" (Artelt u. a., Lesekompetenz, 88).

91 Vgl. Haider/Reiter, PISA 2000, 48 f.; Haider, Kompetenzprofil Lesen, 13; Bozkurt/Brinek/Retzl, PISA in Österreich, 322 f.

92 Vgl. Haider/Reiter, PISA 2000, 70 f; Haider, Kompetenzprofil Lesen, 15 ff.

Nicht wünschenswert für das österreichische Schulsystem war zudem, dass ein zu großer Teil der Jugendlichen die obligatorische Schule verlässt, ohne über grundlegende Lese-Kompetenzen zu verfügen:[93] Rund 18–20 % der Jugendlichen – sofern man laut Haider u. a., Zukunft Schule, jene Jugendlichen hinzurechnet, die sich mit 15/16 Jahren nicht mehr im Schulsystem befanden – waren als schlechte Leserinnen und Leser einzustufen, die aufgrund ihrer „eingeschränkten Lesekompetenz kaum zu einem selbstständigen Bildungserwerb in der Lage sind" (ebd. 14). Damit belegte bereits der erste PISA-Zyklus schon früh, dass sich österreichische Schulen in hohem Maße in ihren Fähigkeiten, Schülerinnen und Schüler zu fördern, unterscheiden.

Wenngleich bereits PISA-2000 die Schwachstellen des österreichischen Bildungssystems aufgedeckt hatte, löste erst die Veröffentlichung der Ergebnisse aus PISA-2003 heftige Kontroversen aus.[94] Keine einzige der in PISA-2000 erreichten Leistungen noch die erzielten Rangplätze konnten gehalten oder verbessert werden[95]. Beobachtet wurde ein im internationalen Vergleich deutliches Absinken der Leistungen, begleitet von einem rangmäßig zum Teil erheblichen

---

93 Vgl. Haider/Reiter, PISA 2000, 76 f; Haider, LOW10; Gruber, Bildungsstandards, 669 f.
94 Vgl. Gruber, The German ‚PISA-Shock'; Bauer/Hauer/Neuhofer, Österreich im PISA-Schock, 122–130; Bozkurt/Brinek/Retzl, PISA in Österreich, 326–343.
95 In Österreich kam es nach der Veröffentlichung von PISA-2003 zu einer heftig geführten Diskussion darüber, welche Schlussfolgerungen aus den Studienergebnissen für das Schulsystem zu ziehen wären. Bei näherer Betrachtung des Datenmaterials konnte festgestellt werden, dass die Daten der beiden PISA-Erhebungen von 2000 und 2003 speziell für Österreich nicht unmittelbar vergleichbar waren (vgl. Neuwirth/Ponocny/Grossmann, Einleitung, 11; Bozkurt/Brinek/Retzl, PISA in Österreich, 326 f.; OECD, PISA 2006, 325; Olano, Gewinner, Verlierer und Exoten, 276): Bei PISA-2000 wurden die Leistungswerte der Gruppe der Berufsschülerinnen und Berufsschüler nicht mit ausreichender Gewichtung in den Gesamtergebnissen berücksichtigt. Zu wenige Jugendliche an berufsbildenden Schulformen wurden bei PISA-2000 getestet, so dass die Gymnasiasten überrepräsentiert waren (vgl. Neuwirth/Ponocny/Grossmann, Einleitung, 11 f.). Da Berufsschülerinnen und Berufsschüler aber am unteren Ende des Leistungsspektrums angesiedelt sind, führte dies dazu, dass die publizierten österreichischen PISA-2000-Werte „besser" ausgefallen sind, als sie es bei einer Gewichtung tatsächlich gewesen wären (vgl. ebd. 12–15). Eine Neuberechnung der Ergebnisse ergab, dass die Schülerinnen und Schüler bereits im Jahr 2000 auf einem vergleichbaren Niveau wie drei Jahre später waren (vgl. Neuwirth, Korrigierte Hauptergebnisse). Die OECD übernahm die neuen Befunde und korrigierte in ihren Datenbanken das österreichische Abschneiden nachträglich nach unten (vgl. z. B. OECD, PISA 2006, 325).

Abrutschen innerhalb der 29 teilnehmenden OECD-Länder[96] – in Mathematik von Rang 11 auf 15, in Lesen von 10 auf 19, und in Naturwissenschaft von 8 auf 20 – auch weil sich mehrere andere Länder inzwischen erheblich verbessert hatten.[97] Genauer als noch bei PISA-2000 wurden daher die Ergebnisse des zweiten PISA-Zyklus beleuchtet.

Bei Betrachtung der Leistungsverteilung auf die Kompetenzstufen zeigte sich, dass Österreich sowohl bei den schwächsten Schülerinnen und Schüler als auch in der Leistungsspitze im Vergleich zu führenden Ländern sehr weit zurück lag.[98] Als besonders ausgeprägt erwies sich der hohe Anteil von Schülerinnen und Schüler mit den niedrigsten Punktewerten: Rund 19 % der österreichischen Jugendlichen fehlte es gegen Ende ihrer Pflichtschulzeit an grundlegender Mathematik-Kompetenz (6 % unter Level I, weitere 13 % auf der ersten Kompetenzstufe), so dass sie in die Risikogruppe gezählt werden mussten – und rund 21 % (7 % unter Level I, weitere 13 % auf der ersten Kompetenzstufe) der Jugendlichen hatten mit einfachsten Leseaufgaben Schwierigkeiten und gehörten damit der Lese-Risikogruppe an (13 % der Schülerinnen und Schüler gehörten sowohl in Mathematik als auch in Lesen der Risikogruppe an). In anderen Ländern wie beispielsweise Finnland (7 % in Mathematik und 6 % in Lesen) oder den Niederlanden (jeweils 11 %) ist der Anteil von leistungsschwachen Schülerinnen und Schüler wesentlich kleiner ausgefallen.[99] Demgegenüber standen nur 14 % der 15-jährigen Jugendlichen, die in Mathematik auf Kompetenzstufe V oder höher operieren konnten – die Spitzengruppe war in Österreich deutlich kleiner

---

96 Weltweit nahmen im Frühsommer 2003 rund 275.000 Schülerinnen und Schüler aus 41 Ländern – darunter 30 OECD-Mitgliedstaaten – an der PISA-Studie teil (vgl. OECD, Lernen für das Leben [2004], 21 f.). Für die Bestimmung der Position Österreichs in Form von Rangplätzen wurden 29 von 30 OECD-Mitgliedssaaten herangezogen, weil die PISA-Daten von Großbritannien aufgrund zu geringer Rücklaufquoten nicht berücksichtigt werden konnten (vgl. Lang u. a., Die OECD/PISA-Studie, 18 f.).
97 Vgl. Haider, PISA 2003, 164; Bauer/Hauer/Neuhofer, Österreich im PISA-Schock, 114 f.; Bozkurt/Brinek/Retzl, PISA in Österreich, 323–325.
98 Vgl. Reiter, Mathematik-Kompetenz im internationalen Vergleich, 48 f.; Reiter, Lese-Kompetenz im internationalen Vergleich, 68 f.; Lang, Naturwissenschafts-Kompetenz im internationalen Vergleich, 80 f.; Schreiner/Pointinger, Risikoschüler/innen im internationalen Vergleich, 120 ff.; Spitzenschüler/innen im internationalen Vergleich, 140 ff.; Lassnigg, Eine unendlich(e) peinliche Geschichte, 36 f.
99 Vgl. Reiter, Mathematik-Kompetenz im internationalen Vergleich, 49; Schreiner/Pointinger, Risikoschüler/innen im internationalen Vergleich, 188 ff. und 141 ff.

als jene in den führenden Ländern (z. B. 26 % Belgien und Niederlande, 23 % Finnland) ausgefallen.[100]

Innerstaatlich zeigte sich – ähnlich wie bei PISA-2000 – auch 2003 eine große Bandbreite von Leistungen zwischen Schulen der *gleichen* Schulformen: Ganze 160 Punkte trennten die beiden allgemeinbildenden höheren Schulen (AHS) mit dem höchsten und dem niedrigsten Mathematik-Mittelwert – das entsprach einem Abstand von mehr als 2,5 Kompetenzstufen. Die geringste Differenz zwischen dem höchsten und dem niedrigsten Schulmittelwert zeigte sich in den berufsbildenden mittleren Schulen (BMS) mit 110 Punkten – was trotzdem fast zwei Kompetenzstufen darstellte.[101] Dabei konzentrierten sich die Spitzenleistungen – als logische Konsequenz vorgelagerter schulischer Selektionsprozesse – vornehmlich in den höheren Schulen, während sich der Anteil der Schülerinnen und Schüler mit den niedrigsten Kompetenzwerten in Schulformen mit partiellem „Restschulcharakter"[102] sammelten.

PISA (2000) Deutschland

Die PISA-2000-Ergebnisse ließen erkennen, dass Deutschland in der Länderrangfolge in allen drei Kompetenzbereichen im oberen Bereich des unteren Drittels jeweils unterhalb des Durchschnitts lag (Lese-Kompetenz: Platz 22, mathematische Grundbildung und naturwissenschaftliche Grundbildung: jeweils Platz 20 von gesamt 32 teilnehmenden Ländern). Auf der Gesamtskala lag der Mittelwert der schwerpunktmäßigen Lese-Kompetenz bei 484 Punkten und somit 16 Punkte unter dem internationalen Mittelwert.[103]

Als besonders problematisch erwies sich bei PISA-2000 – ähnlich wie bei TIMSS-1995/96 – der Anteil von Schülerinnen und Schüler mit den niedrigsten Punktewerten im schwerpunktmäßigen Lese-Kompetenzbereich: Insgesamt fast 22 % der Jugendlichen waren nicht in der Lage, Anforderungen eines Mindeststandards[104] zu bewältigen, d. h. Leseaufgaben mit einiger Sicherheit zu

---

100 Vgl. Schreiner/Pointinger, Spitzenschüler/innen im internationalen Vergleich, 143.
101 Vgl. Schreiner, Kompetenzprofil Mathematik, 58 ff. und 61.
102 Bauer/Hauer/Neuhofer, Österreich im Pisa-Schock, 117.
103 Vgl. OECD, Lernen für das Leben (2001), 37–112.
104 Als Mindeststandard für den Deutschunterricht der Sekundarstufe I wurde das Erreichen der Kompetenzstufe II definiert, deren Hintergrund sich so gestaltet: Um Werte wie beispielsweise 614, 502 oder 367 inhaltlich interpretieren zu können, wird in PISA die Fähigkeitsskala (bzw. das Kompetenzkontinuum) in fünf einzelne Stufen unterteilt, die anhand von typischen Aufgabenmerkmalen gekennzeichnet werden (Level 5 = höchste Kompetenzstufe [Punktzahl über 625], Level 1 = niedrigste

lösen.[105] Der entsprechende Anteil lag in den Teilnehmerländern insgesamt bei knapp 18 %, in einigen anderen Ländern wie beispielsweise Schweden sogar noch darunter.[106]

Aufschlussreich waren die Leistungsverteilungen auf die *verschiedenen Schulformen*: Im OECD-Mittelwert (500) lag die durchschnittliche Leseleistung von Hauptschülern bei 394 Punkten, der der Integrierten Gesamtschüler bei 459 Punkten, die Realschüler bei 494 Punkten und die Gymnasiasten bei 582 Punkten. Entsprechend der Zuordnung auf die definierten Kompetenzstufen bedeutete dies, dass sich die Leistungen der Schülerinnen und Schüler aus Hauptschulen im Durchschnitt auf Kompetenzstufe I (335–407 Punkte), aus Gesamtschulen auf Kompetenzstufe II (408–480 Punkte), aus Realschulen auf Kompetenzstufe III (481–553 Punkte) und aus Gymnasien auf Kompetenzstufe IV (> 626 Punkte) befinden. Der Anteil der 15-jährigen Schülerinnen und Schüler mit geringer Lese-Kompetenz war besonders in Hauptschulen sehr hoch – 25 % waren nicht in der Lage, Aufgaben der niedrigsten Kompetenzstufe zu lösen, und nur 43 % der Hauptschülerinnen und Hauptschüler erreichten das als Mindeststandard definierte Leistungsniveau (Kompetenzstufe II).[107] Auf Basis dieser PISA-2000-Ergebnisse wurde konstatiert, dass im deutschen Schulsystem speziell im unteren Leistungsbereich niedrige Ergebnisse erzielt werden.

Kompetenzstufe [Punktzahl 335–407], Schülerinnen und Schüler der Stufe 1 und darunter (Level < 1), gelten als „RisikoschülerInnen": sie sind nicht in der Lage, routinemäßig die elementarsten Fähigkeiten nachzuweisen, die in PISA gemessen werden (vgl. OECD, Lernen für das Leben [2001], 37–80; Artelt u. a., Lesekompetenz, 88–97). Grundannahme ist, dass Schülerinnen und Schüler einer bestimmten Kompetenzstufe die Aufgaben dieser Stufe mit einiger Sicherheit meistern können und gleichzeitig mit hoher Wahrscheinlichkeit auch alle leichteren Testaufgaben der niedrigeren Stufen lösen. Umgekehrt werden von einem Jugendlichen, dessen fachliche Kompetenz beispielsweise der Kompetenzstufe II zuzuordnen ist, die Aufgabe der Kompetenzstufe III in weniger als 50 % der Fälle richtig gelöst (vgl. ebd. 95; Haider/Reiter, PISA 2000, 42 f.).

105 Dies traf in Deutschland insgesamt auch für PISA-2003 zu, wenngleich in Teilbereichen der mathematischen und der naturwissenschaftlichen Kompetenz gegenüber PISA-2000 signifikante Zuwächse zu beobachten waren. Jedoch blieben im unteren Leistungssegment die Ergebnisse vergleichsweise schlecht (vgl. Prenzel u. a., Soziale Herkunft und mathematische Kompetenz; Prenzel/Carstensen/Zimmer, Von PISA 2000 zu PISA 2003, 362–365).
106 Vgl. Artelt u. a., Lesekompetenz, 102 ff.; Terhart, Nach PISA, 26.
107 Vgl. Artelt u. a., Lesekompetenz, 120 ff.

4.2 Soziale Zugehörigkeit

Eine große Stärke von PISA-2000 war, dass es das Design ermöglichte diesen wichtigen Aspekt der Chancengleichheit zu berücksichtigen. Erstmals wurden Merkmale der sozialen Zugehörigkeit[108] (z. B. Bildungsstand, beruflicher Status, Einkommen der Familie) der 15-Jährigen differenziert erfasst, wodurch der Einfluss der Sozialschichtzugehörigkeit auf den Schulerfolg untersucht, werden konnten. Mit PISA-2000 konnte nicht nur festgestellt werden,[109] inwieweit Jugendliche aus unterschiedlichen Sozialschichten sich nach ihrer Kompetenzhöhe unterscheiden, sondern auch der Frage nachgegangen werden, ob und inwieweit die Schule dabei eine maßgebende Rolle spielt.

Für alle teilnehmenden Länder offenbarte der erste PISA-Zyklus in allen getesteten Kompetenzbereichen einen systematischen Zusammenhang zwischen dem sozioökonomischen Status und den erzielten Kompetenzwerten der 15-Jährigen: Schülerinnen und Schüler aus Familien höherer Sozialschichten erreichten am Ende der Pflichtschulzeit durchschnittlich bessere Leistungen in den getesteten Domänen als Jugendliche aus sozialstatusschwachen Familien.[110] Der statistisch signifikante Zusammenhang variierte jedoch erheblich in seiner Ausprägung, was zugleich bedeutet, dass eine Entkopplung von Schichtzugehörigkeit und dem Erwerb von Grundkompetenzen grundsätzlich möglich ist.[111] Während Länder wie zum Beispiel Finnland oder Schweden einen relativ geringen Zusammenhang zwischen sozioökonomischen Status und den erfassten Kompetenzwerten der 15-Jährigen bei einem insgesamt hohen Leistungsniveau

---

108 Im ersten Zyklus der PISA-Studie wurde – anknüpfend Bourdieu, Ökonomisches Kapital, und Coleman, Social Capital – eine Reihe von Indikatoren für das ökonomische, kulturelle und soziale Kapital der Familien erfasst (vgl. Baumert/Schümer, Familiäre Lebensverhältnisse, 326–334; OECD, Lernen für das Leben [2001], 161–185 und 262 ff; Baumert/Maaz, Das theoretische und methodische Konzept).
109 Vgl. zum Beispiel Baumert/Schümer, Familiäre Lebensverhältnisse; Bacher, Bildungsungleichheit und Bildungsbenachteiligung; Radinger, Soziales Kapital und PISA-Leistungen; Baumert/Stanat/Watermann, Herkunftsbedingte Disparitäten im Bildungswesen.
110 Vgl. Baumert/Schümer, Familiäre Lebensverhältnisse, 351–372; OECD, Lernen für das Leben, 217–285; Reiter, Multivariate thematische Analysen; OECD, School factors related to quality and equity, 23–30.
111 Vgl. Baumert/Schümer, Familiäre Lebensverhältnisse, 382 f.; OECD, Lernen für das Leben, 228; Oelkers, Wie man Schule entwickelt, 100 ff.; Stanat/Lüdtke, Internationale Schulleistungsvergleiche, 314; Ackeren/Klemm/Kühn, Entstehung, Struktur und Steuerung des deutschen Schulsystems, 138.

aufwiesen, ist der Zusammenhang in Österreich und Deutschland bedeutend größer ausgefallen.[112]

Österreich gehörte laut PISA-2000 zu den Ländern mit den größten sozialen Disparitäten. In kaum einem anderen Land hing die Leseleistung so stark von der Sozialschichtzugehörigkeit ab. Der Mittelwert für die Lese-Kompetenz lag in der ersten HISEI-Quartilsklasse[113] (d. h. der Schülerinnen und Schüler, deren Eltern die niedrigsten beruflichen Stellungen innehatten) bei 440 Punkten und stieg sukzessive bis auf 541 Punkte in der vierten Quartilsklasse der Sozialstruktur. Rund 15 % der gesamten Leistungsvarianz ließen sich durch den familiären Sozialstatus der Schülerinnen und Schüler erklären. Damit bewegte sich Österreich im „Spitzenfeld" mit den größten Mittelwertdifferenzen zwischen Jugendlichen aus höheren und niedrigeren Sozialschichten.[114]

Ähnlich problematisch stellte sich die Situation für Deutschland dar: Im Lese-Kompetenzbereich stieg der Mittelwert von 427 Punkten in der ersten HISEI-Quartilsklasse auf 538 Punkte in der vierten Quartilsklasse der Sozialstruktur. Der Abstand betrug mehr als eineinhalb Kompetenzstufen oder 1,2 Standardabweichungen. Wie groß der Spielraum für die Entkopplung von Sozialschichtzugehörigkeit und dem Erwerb von Lese-Kompetenz international

---

112 Vgl. OECD, Lernen für das Leben, 227 ff.; OECD, School factors related to quality and equity, 25.

113 Im Rahmen der ländervergleichenden Analysen von PISA wird zur Beschreibung der sozialen Lage der Familien der 15-Jährigen mehrheitlich der sozioökonomische Status einer Schülerin oder eines Schülers verwendet. Dieser wird durch den höchsten sozio-ökonomischen Index der beiden Eltern gemessen (HISEI: Highest International SocioEconomic Index; (vgl. Ganzeboom/Graaf/Treiman, A Standard International Socio-Economic Index). Der HISEI kann Werte (bzw. einen sozio-ökonomischen Punkte-Index) zwischen 16 und 90 annehmen, wobei er z. B. für Österreich einen Mittelwert von rund 48 (PISA-2000) bzw. 47 (PISA-2003) aufweist. Zum Zweck einer übersichtlicheren Darstellung wird der HISEI in vier gleich große Gruppen, die vier Quartilsklassen, unterteilt. Die Quartilsgrenzen von PISA-2000 basierten für Österreich auf folgenden Klassen: 1. Quartilsklasse (16 bis 35 Indexpunkte, z. B. Kleinbauer/Kleinbäuerin, Werkzeugmacher/in, Kfz-Mechaniker/in, Taxi-/Lkw-Fahrer/in, Kellner/in), 2. Quartilsklasse (35 bis 53 Indexpunkte, z. B. Buchhalter/in, Verkaufspersonal, Manager/in von Kleinbetrieben, Pflegepersonal), 3. Quartilsklasse (54 bis 70 Indexpunkte, z. B. Marketingmanager/in, Lehrer/in, Hoch- und Tiefbauingenieur/in, Wirtschaftsprüfer/in) und 4. Quartilsklasse (71 bis 90 Indexpunkte, z. B. Arzt/Ärztin, Hochschullehrer/in, Jurist/in) (vgl. OECD, Lernen für das Leben [2001], 164; Steiner/Wroblewski, Sozioökonomische Einflussgrößen, 92).

114 Vgl. Steiner/Wroblewski, Sozioökonomische Einflussgrößen, 92 f.

sein kann, zeigte – wie bereits erwähnt – Finnland mit nur einer halben Standardabweichung.[115] Die durch den familiären Sozialstatus erklärte Varianz der Lese-Kompetenz betrug für Deutschland gesamt 13 % und lag im internationalen Vergleich ebenfalls überdurchschnittlich hoch.[116]

Für Österreich und Deutschland von hoher Relevanz war zudem der Befund, dass ein wesentlicher Faktor, der den Effekt großer sozialer Disparitäten mit hervorruft, die Verteilung der Schülerinnen und Schüler zu einem relativ frühen Zeitpunkt auf verschiedene Schulformen darstellte.[117] In Ländern mit gegliederten und selektiven Bildungssystemen wird ein Zusammenhang zwischen Sozialschichtzugehörigkeit und erworbenen Grundkompetenzen am Ende der Sekundarstufe I im Wesentlichen – aber nicht ausschließlich – über die Schulformzugehörigkeit bzw. durch die *differenziellen Entwicklungsmilieus*, die Schulformen mehrheitlich im deutschsprachigen Raum darstellen, vermittelt. Allerdings ist zu berücksichtigen, dass die Bildungswahl ebenso durch die Schichtzugehörigkeit bestimmt ist:[118]

> Wollen wir das Kompetenzniveau vorhersagen, so hilft uns die Schulform mehr als die soziale Herkunft. Da wir aber über die unterschiedliche Verteilung von Kindern nach sozialer Herkunft auf unterschiedliche Schulformen wissen, ist diese Selektion von Herkunft das ausschlaggebende Selektionsprinzip.[119]

Besonders frappierend zeigte sich das Problem für Österreich an folgenden Schulformen: Für die polytechnischen Schulen (PTS) lagen die Lese-Kompetenzwerte zwischen 404 Punkten (1. HISEI-Quartilsklasse) und 436 Punkten (4. Quartilsklasse), während für die allgemeinbildenden höheren Schulen (AHS) die entsprechenden Mittelwerte zwischen 544 Punkte und 567 Punkte

---

115 Dies belegte, dass ein höherer sozio-ökonomischer Status einer Schülerin oder eines Schülers nicht systematisch in allen Ländern mit einem „Leistungsvorteil" verbunden ist. In anderen Worten: Die Platzierung im oberen Quartil des sozio-ökonomischen Index stellte nicht automatisch in jedem Land den gleichen relativen Vorteil dar (vgl. Radinger, Soziales Kapital und PISA-Leistungen, 319; OECD, Lernen für das Leben [2001], 165 ff.).
116 Vgl. Baumert/Schümer, Familiäre Lebensverhältnisse, 361 und 383 ff.; Allmendinger/Dietrich, PISA und die soziologische Bildungsforschung, 205.
117 Vgl. OECD, School factors related to quality and equity, 47–62; Lassnigg, Eine unendlich(e) peinliche Geschichte, 34 ff.
118 Vgl. Baumert/Schümer, Familiäre Lebensverhältnisse, 370 ff.; Reiter, Multivariate thematische Analysen; Allmendinger/Dietrich, PISA und die soziologische Bildungsforschung, 205 f.; Radinger, Soziales Kapital und PISA-Leistungen, 322 f.
119 Allmendinger/Dietrich, PISA und die soziologische Bildungsforschung, 205.

lagen.[120] Demgegenüber verzeichneten 15-jährige Schülerinnen und Schüler aus den Ländern,[121] die auf eine leistungsmäßige Heterogenität im Schulsystem als Ressource setzen, tendenziell viel bessere Leistungen.[122] Dies belegt, dass leistungsstarke Lerngruppen, die auf Schulsystemebene durch institutionalisierte Leistungsgruppierung zustande kommen, Entwicklungsmilieus ausbilden, in denen bedeutend höhere Wissenszuwächse erreicht werden, als dies in lernschwächeren Gruppen der Fall ist.[123] In stark segregierenden Schulsystemen, so der naheliegende Schluss, scheint der Ausgleich von herkunftsbedingten Benachteiligungen erheblich schwerer zu gelingen.[124]

Beim Vergleich der *sozialschichtspezifischen Beteiligungschancen* wurde das Ausmaß der sozialen Disparitäten besonders deutlich: Die Analysen der PISA-2000-Daten für Deutschland belegten, dass die relative Chance (odds ratio)[125] eines Jugendlichen aus einem Arbeiterhaushalt,[126] ein Gymnasium anstelle einer

---

120 Vgl. Steiner/Wroblewski, Soziöokonomische Einflussgrößen, 93.
121 Als besonders beispielhaft wird – im Gegensatz zu „klassisch" deutschsprachigen Systemen – das finnische Bildungssystem gesehen, das in den 1970er-Jahren das gegliederte Schulsystem durch ein Gesamtschulsystem ersetzt hat, in dem die Schülerinnen und Schüler nicht nur beeindruckend gut abgeschnitten haben, sondern sich auch soziale Unterschiede kaum auf die gemessenen Kompetenzen auswirken (vgl. Below, Bildungssysteme im historischen und internationalen Vergleich, 169).
122 Vgl. OECD, School factors related to quality and equity, 61.
123 Vgl. Baumert/Artelt, Bildungsgang und Schulstruktur, 190; Ackeren/Klemm/Kühn, Entstehung, Struktur und Steuerung des deutschen Schulsystems, 138; Below, Bildungssysteme im historischen und internationalen Vergleich, 169.
124 Vgl. Stanat/Lüdtke, Internationale Schulleistungsvergleiche, 314; OECD, School factors related to quality and equity, 87–95.
125 Mit dem englischen Begriff „odds" werden Beteiligungschancen in ganzzahligen Verhältnissen ausgedrückt. So beträgt zum Beispiel bei PISA-2000 (Deutschland) die Chance eines Jugendlichen aus einem Facharbeiterhaushalt, ein Gymnasium anstelle einer anderen Schulform zu besuchen, ungefähr 3:17. Auf drei Gymnasiasten kommen also 17 Besucher anderer Schulformen. Diese Beteiligungschancen sind das Äquivalent des Verhältnisses der Wahrscheinlichkeit und Gegenwahrscheinlichkeit eines Gymnasialbesuchs (vgl. Baumert/Schümer, Familiäre Lebensverhältnisse, 356).
126 Im Rahmen von PISA-2000 (Deutschland) wurde zur Beschreibung der sozialen Lage der 15-Jährigen – neben dem HISEI – ein weiteres anschaulicheres und soziologisch aussagekräftigeres Maß herangezogen. Es handelt sich dabei um eine von Robert Erikson, John Goldthorpe und Lucienne Portocarero vorgenommene Einteilung in soziale Klassen. Neben dem Rückgriff auf die Klassifikation von Berufen werden hier zusätzlich Angaben über die Art des Beschäftigungsverhältnisses im Sinne der Stellung im Beruf und das Ausmaß der Weisungsbefugnisse berücksichtigt. Die „EGP-Klassen" verbinden eine hierarchische Abstufung von Berufen mit einer typologischen

anderen Schulform zu besuchen, ungefähr 3:17 beträgt. Im Verhältnis bedeutet dies, dass die Chancen des Gymnasialbesuchs für den Jugendlichen aus der Familie der oberen Dienstklasse rund 5,7-mal so hoch waren wie die Beteiligungschancen des Jugendlichen aus der Arbeiterklasse – und die Chance, statt einer Realschule ein Gymnasium zu besuchen, fiel für einen Jugendlichen, dessen Eltern der oberen Dienstklasse zuzuordnen sind, immer noch 4,28-mal so hoch wie die Chance eines Schülers, dessen Eltern der Arbeiterklasse, sprich, dessen Eltern dem unteren Viertel der Sozialstruktur angehören.[127]

Der systemvergleichende Charakter von PISA-2000 machte erstmals transparent, dass es soziale Ungleichheit in den Bildungschancen zwar überall gibt, der Zusammenhang zwischen Sozialschichtzugehörigkeit und dem Erwerb von Fach-Kompetenzen und Schulabschlüssen aber zwischen den teilnehmenden Ländern beträchtlich variierten. Damit wurde gleichzeitig deutlich gemacht, dass ein nicht geringer Teil der Verantwortung für dieses Problem bei den *nationalen Schulsystemen* liegt, oder, optimistisch formuliert, dass in diesem Bereich beträchtliche Gestaltungsspielräume vorhanden sind, die es in Zukunft besser zu nutzen gilt.[128]

4.3 Migrationshintergrund

Des Weiteren zeigten die erhobenen PISA-2000-Daten auch, dass eine erhebliche Differenz zwischen den Kompetenzniveaus von Schülerinnen und Schüler mit und ohne Migrationsgeschichte besteht. So ist deutlich geworden, dass 15-jährige Schülerinnen und Schüler aus Migrationsfamilien (je nach Herkunftsland, sozioökonomischem Kontext, Einreisealter) in den getesteten Fach-Kompetenzen am Ende der Sekundarstufe I hinter Jugendliche zurückfallen, die aus Familien der Mehrheitsgesellschaft (z. B. Österreich oder Deutschland) stammen.[129] Kompetenzen und Abschlüsse stellen in modernen Gesellschaften

---

Klassifikation (vgl. Baumert/Schümer, Familiäre Lebensverhältnisse, 338): I) Obere Dienstklasse; II) Untere Dienstklasse; III) Routinedienstleistungen in Handel und Verwaltung; IV) Selbständige („Kleinbürgertum") und selbständige Landwirt/in; V-VI) Facharbeiter/in und Arbeiter/in mit Leitungsfunktionen sowie Angestellte in manuellen Berufen; VII) Un- und angelernte Arbeiter/in sowie Landarbeiter/in (vgl. Erikson/Goldthorpe/Portocarero, Intergenerational class mobility, 420; Baumert/Schümer, Familiäre Lebensverhältnisse, 339).

127 Vgl. Baumert/Schümer, Familiäre Lebensverhältnisse, 356 f.; Terhart, Nach PISA, 28.
128 Vgl. OECD, Lernen für das Leben (2001), 232 ff.
129 Vgl. Baumert/Schümer., Familiäre Lebensverhältnisse, 394–397; Haider, LOW10, 51 f.; Reiter, Schüler/innen nichtdeutscher Muttersprache, 70.

bzw. im „Zeitalter der Migration" jedoch eine wichtige Dimension der sozialen Integration dar, insbesondere im Hinblick auf die spätere Arbeitsmarktbeteiligung.

In Österreich belegten die PISA-2000-Daten in der Hauptdomäne Lesen eine außerordentliche Mittelwertdifferenz zwischen Schülerinnen und Schüler mit und ohne Migrationsgeschichte (erfasst durch das Kriterium des Erstprachengebrauchs) von rund 80 Punkten auf der Gesamtskala. Im internationalen Vergleich stellte das eine hohe Differenz dar und entsprach einem Abstand von mehr als zwei Lese-Kompetenzstufen. Demnach hatte es Österreich mit einem inhaltlich eindeutig definierten Unterschied zu tun. Ein interessantes Charakteristikum der Gruppe der nichtdeutschsprachigen Schülerinnen und Schüler ist ihre soziale Lage[130] bzw. ihr sozio-ökonomischer Status: Der durchschnittliche HISEI von Familien mit Migrationsgeschichte lag (in PISA-2000) bei 35 Punkten und demnach im oberen Bereich der 2. Quartilsklasse in der Sozialstruktur – im Vergleich hierzu: der durchschnittliche HISEI für gesamt Österreich lag bei rund 48 Punkten.[131] Selbst unter statistischer Kontrolle der Sozialschichtzugehörigkeit zeigte sich für die Schülerinnen und Schüler mit nichtdeutscher Erstsprache ein anhaltend großer Nachteil im Sinne eines zu erwartenden „Verlust" von durchschnittlich 58 Punkten auf der Lese-Gesamtskala gegenüber Jugendlichen mit deutscher Muttersprache. In den anderen teilnehmenden Ländern (z. B. Belgien, Schweiz, Deutschland, Dänemark, Finnland, Irland, Italien, Luxemburg und Schweden) lag die entsprechende Differenz im Bereich zwischen 30 bis 40 Punkten – Deutschland kam mit 48 Punkten ebenfalls über den internationalen Durchschnittswert, dagegen erzielten in Schweden die 15-Jährigen (bei Zutreffen eines Migrationsstatus) durchschnittlich einen um 12 Punkte niedrigeren Lese-Kompetenzwert.[132]

Die Verteilung der Leistungen auf die Lese-Kompetenzstufen belegte, dass ein überproportionaler Anteil *innerhalb* der Schülergruppe mit nicht-deutscher Muttersprache der Risikogruppe angehörte: 42 % (19 % unter Level I, weitere 23 % auf der ersten Kompetenzstufe) der nichtdeutschsprachigen Jugendlichen hatten mit den einfachsten Leseaufgaben Schwierigkeiten und zählten zur

---

130 Es sei an dieser Stelle darauf hingewiesen, dass die schwächeren Leistungen von Jugendlichen mit nichtdeutschem Sprachhintergrund überwiegend auf „klassische" soziale Hintergrundmerkmale zurückzuführen sind, die auch innerhalb der deutschsprachigen Schülergruppe gleichermaßen zum Tragen kommen.
131 Vgl. Reiter, SchülerInnen nichtdeutscher Muttersprache, 70; Steiner/Wroblewski, Sozioökonomische Einflussgrößen, 92.
132 Vgl. Reiter, Multivariate thematische Analysen, 106 f.

Lese-Risikogruppe. Demgegenüber erreichten nur 3 % der 15-Jährigen nichtdeutscher Muttersprache sehr hohe Lese-Kompetenzwerte auf der Kompetenzstufe V (und eine kleine Gruppe von 11 % erreichte Level IV). Der Anteil innerhalb der 15-jährigen deutschsprachigen Schülerinnen und Schüler mit geringer Lese-Kompetenz lag – im Vergleich zu den oben angeführten 42 % der Schülergruppe mit nicht-deutscher Muttersprache – bei 12 % (3 % unter Level I, weitere 9 % auf der ersten Kompetenzstufe).[133]

Analog zur obigen Darstellung der relativen Chancen (odds ratio), sprich, der relativen Risiken zeigten die Analysen der PISA-2000-Daten, dass die 15-jährigen Jugendlichen nichtdeutscher Muttersprache erwartungsgemäß einen hohen Risikofaktor haben, zur Lese-Risikogruppe zu gehören, und zwar auch dann, wenn die Sozialschichtzugehörigkeit statistisch konstant gehalten wurde. Das österreichische Schulsystem wies diesbezüglich erhebliche Probleme auf, Jugendliche aus Migrationsfamilien an vergleichbare Bildungschancen heranzuführen: Das Risiko, zur Gruppe schwacher Leserinnen und Leser zu gehören, betrug das 2,6-fache im Vergleich zu Jugendlichen mit deutscher Muttersprache.[134] Dies war ein Wert, der jedoch mit Ausnahme Schwedens und Norwegens auch in anderen Zielländern (wie z. B. Deutschland) der (klassischen) europäischen Arbeitsmigration belegt wurde. Schweden und Norwegen zeigten, dass Migrationsfamilien, auch wenn sie an ihrer Herkunftssprache festhalten, sozialstrukturell besser integriert sind und ihre Kinder demnach auch deutlich bessere Schulleistungen erreichen.[135] Während die Migrationsforschung auf diese Befunde bereits des längeren hingewiesen hat, liegen aus der empirischen Bildungs- und Schulforschung erst seit PISA-2000 dazu differenzierte Daten vor.

5 Auswirkungen von TIMSS und PISA in Österreich

Maßgeblich durch die oben beschriebenen Studienergebnisse angestoßen, lässt sich unübersehbar ein neuer Umgang mit Schule, Unterricht und Lernprozessen feststellen. Schulen bzw. Schulsysteme werden nun in Analogie zu nationalen *Ökonomien* unter dem Gesichtspunkt ihrer Produktivität[136] bzw.

---

133 Vgl. Reiter, Schüler/innen nichtdeutscher Muttersprache, 70 f.; Haider, LOW10, 51 ff.
134 Vgl. Baumert/Schümer, Familiäre Lebensverhältnisse, 400; Reiter, Schüler/innen nichtdeutscher Muttersprache, 70.
135 Vgl. Baumert/Schümer, Familiäre Lebensverhältnisse, 395 und 401.
136 Die Frage, was Bildung kosten darf, war lange Zeit ein Tabuthema, und die Antwort auf diese Frage war stets „je mehr, desto besser". Entsprechend ist Qualität mit sogenannten Input-Faktoren, also Investitionen in und Ausstattung von Schulen, gleichgesetzt worden. Spätestens seit der Zeit der Bildungsexpansion in den 1960er- und

Produktionsfunktion gesehen.[137] Fragen wie „Welche nationalen Bildungssysteme bringen bessere Leistungsprofile hervor, welche schlechtere? Oder pädagogischer formuliert: In welchen Bildungssystemen lernen die Schüler viel, in welchen wenig? Gibt es Hinweise, welche Merkmale nationaler Bildungssysteme zu einer guten oder eher mangelhaften Förderung der Schüler beitragen?"[138] sind neu für ein Bildungssystem, in dem die Institution Schule lange Zeit einer Wirkungskontrolle entzogen war. Nachfolgend werden die Reformen vorgestellt, die seitdem in der (österreichischen) Bildungspolitik intensiv diskutiert und initiiert wurden, sowie auf die Folgen eingegangen, die sich für die Bildungs- und Schulforschung daraus ergeben haben.

5.1 Der „PISA-Schock"

Die negative Bilanz des Schulsystems führte zu einer großen Ernüchterung und erschütterte die bis dahin bestehende Wahrnehmung, „Österreich habe eines der besten Bildungssysteme der Welt"[139]. Insbesondere in Anbetracht der Qualifikationsfunktion der Schule, Wissen und Kompetenzen für die Zukunft aller Kinder und Jugendlichen (aber auch der Gesellschaft und Wirtschaft zu vermitteln, sowie angesichts immer höherer Qualifikationsanforderungen (Stichwort: „Wissensgesellschaft") Ausgrenzung zu vermeiden und abzubauen, wurden die Befunde als „Bedrohung" für die wirtschaftliche, kulturelle und soziale Entwicklung Österreichs gesehen.[140] Die schulischen Ergebnisse waren derartig mittelmäßig ausgefallen, dass sie – in Deutschland und wenig später auch in Österreich – sowohl in Wissenschaft und Forschung als auch in der gesellschaftlichen Öffentlichkeit heftige Debatten über die Leistungsfähigkeit des Schulsystems und die Wirksamkeit des Unterrichts auslösten.[141] Diese haben

---

1970er-Jahren wissen wir jedoch, dass Qualität zumindest keine lineare Funktion von Quantität ist. Je mehr Investition heißt nicht automatisch desto bessere Bildungsergebnisse. In Zeiten der knappen öffentlichen Haushalte sieht sich die Schule zunehmend mit der Frage konfrontiert, ob die Leistungen, die sie erbringt, das Geld „wert" sind, das sie kosten. Dies stellt unweigerlich die Effektivitätsfrage auf, vor allem, weil der Fokus mit der neuen Steuerung auf die Ergebnisse des Bildungsprozesses gerichtet ist.

137 Vgl. Böttcher, Zur Funktion staatlicher „Inputs", 186–189.
138 Fend, Bildungspolitische Optionen, 38.
139 Eder/Altrichter, Qualitätsentwicklung und Qualitätssicherung, 311.
140 Vgl. Bozkurt/Binek/Retzl, PISA in Österreich, 326–343; Olano, Gewinner, Verlierer und Exoten, 274 ff.
141 Vgl. Heinrich/Gruschka, PISA; Gruber, Bildungsstandards; Gruber, The German ‚PISA-Shock'; Jahnke, Deutsche PISA-Folgen; Jahnke/Meyerhöfer, PISA & Co.

unter dem Schlagwort „TIMSS-Schock" bzw. „PISA-Schock" weitläufig Eingang gefunden und sind bis heute nicht wirklich abgeklungen.[142] Es kann angelehnt an Ulrich Steffens[143] vermutet werden, dass es die größte Resonanz war, die jemals von einer empirischen Schulstudie ausging. Die heftigen Reaktionen haben sich jedoch mit unterschiedlicher Geschwindigkeit und von unterschiedlichen Ausgangspunkten her weitgehend in allen europäischen Ländern vollzogen. Bezogen auf Österreich stellt Werner Specht fest, dass die Bildungsdiskussion „in den letzten Jahren erstmals wieder ähnlich heftig und engagiert geführt worden wie zur Zeit der ersten Gesamtschuldebatte, als sich Gegner und Befürworter einer gemeinsamen Schule der 10–14-Jährigen stürmische Auseinandersetzungen lieferten"[144] Eine Folge dieser Diskussion war es, dass die bis dahin weit verbreitete und teils gewollte Abstinenz gegenüber großen Schulleistungsstudien innerhalb weniger Jahre aufgegeben wurde.[145]

Konsequenzen für die Bildungs- und Schulforschung

Die Beschäftigung mit der Effektivität des Schulsystems auf Basis von Leistungsergebnissen spielte bis weit in die 1990er-Jahre in der österreichischen Forschungslandschaft eine nur marginale Rolle und war kein etabliertes Forschungsfeld. Demzufolge fehlte es an systematischer Überprüfung von Erträgen bzw. „Outputs" schulischer Lernarrangements, primär deshalb, weil die Kompetenz zur Messung von Schulleistungen mithilfe der neuen testtheoretischen Entwicklung wenig entwickelt war.[146] Die ersten groß angelegten empirischen Schulleistungsstudien bzw. Wirkungsstudien im deutschen Sprachraum, insbesondere von der Forschungsgruppe rund um Helmut Fend[147] befassten sich zwar mit pädagogischen Wirkungen und Leistungseffekten des Schulsystems, das Interesse für leistungsbezogene Effektivität der Schule fiel aber äußerst spärlich aus:

---

142 Vgl. Gruber, Bildungsstandards, 66; Bauer/Hauer/Neuhofer, Österreich im PISA-Schock, 110; Gruber, The German ‚PISA-Shock', 202.
143 Vgl. Steffens, Schulqualitätsdiskussion in Deutschland, 35 f.
144 Specht, Innovation durch Evaluation, 46.
145 Vgl. Bos/Postlethwaite, Internationale Schulleistungsforschung, 252 ff.
146 Vgl. Fend, Bildungsforschung und Schulentwicklung in Österreich, 18; Specht, Von den Mühen der Ebene, 13–15; Klieme, Schulqualität, Schuleffektivität und Schulentwicklung, 436.
147 Vgl. Fend, Schulklima; ders., Theorie der Schule; ders., Gesamtschule im Vergleich.

Wir müssen uns bewußt sein, daß die Diskussion über gute und schlechte Schulen im englischsprachigen Bereich in hohem Maße auf Leistungskriterien konzentriert war. Diese standen in unseren Untersuchungen nicht so sehr im Vordergrund, wenngleich wir in der großen Leistungsstudie in den Jahren 1978/79 die Möglichkeit genutzt haben, auch entsprechende Untersuchungen auf Schulebene durchzuführen.[148]

Die Bildungs- und Schulforschung stützte sich vielmehr auf die Schulklimaforschung[149] und die Erfassung von Sozialisationseffekten und pädagogischen Wirkungen innerschulischer Lernumwelten. Das Kernthema in diesem Zusammenhang war laut Eckhard Klieme[150] also nicht die Effektivität von Schule, sondern die Frage nach den sozial-ökologischen[151] Bedingungen für die Bildung und

---

148 Fend, Schulqualität, 546.
149 In den 1970er-Jahren wurde die Schulklimaforschung durch die US-amerikanischen Forschergruppen rund um Rudolf H. Moos und Herbert J. Walberg dominiert. Diese Forscherinnen und Forscher entwickelten theoretische Überlegungen und darauf aufbauend Messinstrumente zur Erfassung des Schulklimas (vgl. Moos, Evaluating educational climates; Walberg, Educatinal environments and effects). Daran anschließend ergab sich auch für den deutschsprachigen Raum eine rege Forschungstätigkeit (vgl. Pekrun, Schulklima, 23–26 und 30–47; Dreesmann u. a., Neuere Entwicklungen, 657 f.). Die hier durchgeführten ersten Wirkungsstudien (vgl. z. B. Fend, Schulklima; Schwarzer/Lange, Zur subjektiven Lernumweltbelastung von Schülern; Dreesmann, Zur Beziehung zwischen Rechenleistungen; Dreesmann, Neuere Entwicklungen; Schwarzer, Unterrichtsklima als Sozialisationsbedingung; Eder, Schulische Umwelttypen; Eder, Linzer Fragebogen; Saldern/Littig/Ingenkamp, LASSO) generierten (ähnlich wie in den USA) einerseits umfassende theoretische Grundlagen und andererseits auch neue Instrumente zur Erfassung des Schul-, Unterrichts- und Sozialklimas (vgl. Gruehn, Unterricht und schulisches Lernen, 73; Eder, Unterrichtsklima und Unterrichtsqualität, 217–219; Eder, Schul- und Klassenklima, 698–703). Die deutschsprachige Diskussion zur Qualität und Effektivität von Schule stütze sich lange auf die Schulklimaforschung, wobei „Klima" in erster Linie aus der Sicht der Schülerinnen und Schüler betrachtet wurde, was infolgedessen hauptsächlich zu Untersuchungen über das Unterrichts- und Klassenklima führte (vgl. Janke, Soziales Klima an Schulen, 59–69).
150 Vgl. Klieme, Schulqualität, Schuleffektivität und Schulentwicklung, 45.
151 Grundlage sozial-ökologisch orientierter Theorie und Forschung bildet in Anlehnung an Urie Bronfenbrenner (vgl. Bronfenbrenner, Ökologische Sozialisationsforschung; ders., the ecology of human development; ders., Die Ökologie der menschlichen Entwicklung) die Erkenntnis, dass sich individuelle Entwicklung stets in Wechselwirkung zwischen Individuum und Umwelt vollzieht: Das Individuum interagiert immer in und mit seiner sozial-räumlichen Umwelt, wird in seiner Entwicklung von ihr beeinflusst und wirkt zugleich auf sie zurück (vgl. Bronfenbrenner, Ökologische Sozialisationsforschung). Vertreterinnen und Vertreter dieser Forschungsrichtung analysieren

Entwicklung von Heranwachsenden.[152] Bezogen auf die Schule wurde danach gefragt, welche Wirkungen institutionelle Faktoren (z. B. Schulform, Curriculum, personale Struktur) auf die Entwicklung der Persönlichkeit von Kindern und Jugendlichen entfalten, und durch welche Faktoren diese vermittelt werden (z. B. Interaktionsprozesse zwischen Schülern und Lehrern, Leistungserwartung von Lehrerinnen und Lehrern). Im Mittelpunkt solcher Untersuchungen[153] standen empirisch messbare Merkmale wie etwa Selbstvertrauen, Lernfreude, Schul- bzw. Leistungsangst, Empathie oder Kooperationsfähigkeit von Kindern und Jugendlichen. Leistungsrelevante Effekte, so Marianne Horstkemper und Klaus-Jürgen Tillmann,[154] rückten kaum bis gar nicht in Forschungsblick. Helmut Fend konstatiert in seinem einflussreichen Buch zur Theorie der Schule, dass es hierorts um jenen Bereich von Wirkungen ging,

> den die alte Pädagogik mit dem Begriff der Erziehung immer ansprechen wollte, wenn sie von der Vorstellung geleitet war, Wissen und Fertigkeiten genügten als Ziel schulischer Beeinflussung nicht, wenn sie meinte, entscheidend seien die Inhalte der Orientierung eines Menschen und allgemeine Haltungen der Selbstverantwortung und des Selbstvertrauens, der Kooperationsbereitschaft und Toleranz sowie der Redlichkeit und Aufrichtigkeit.[155]

Einen erheblichen Schub erhielt die Bildungs- und Schulforschung mit der Partizipation an TIMSS-1995/96 und PISA-2000 (und darauffolgenden

---

die Zusammenhänge zwischen den Bedingungen des sozialen Lebensraums und deren Einfluss auf die Persönlichkeitsentwicklung und machen das Ineinandergreifen der verschiedenen Lebenskontexte des Individuums (z. B. Familie, Freundeskreis bzw. Peers, Schule, Beruf) sowie ihre Eingebundenheit in die sozialen und institutionellen Rahmenbedingungen (z. B. sozio-kulturelle Regularien wie etwa Umgangsregeln) zum zentralen Bestandteil der Theoriebildung (vgl. Grundmann, Humanökologie, Sozialstruktur und Sozialisation, 175 f.; ders., Die Sozialökologie von Bildungsprozessen, 20 ff.; Nikolova, Grundschulen als differentielle Entwicklungsmilieus, 38). Weiterführende Beschreibungen (z. B. von Ditton, Der Beitrag Urie Bronfenbrenners; Grundmann, Zur Einführung in den Themenschwerpunkt; Lüscher, Urie Bronfenbrenner) finden sich im Themenheft der Zeitschrift für Soziologie der Erziehung und Sozialisation (26. Jahrgang, Heft 3) zum Schwerpunkt „Urie Bronfenbrenner und die Sozialökologie der menschlichen Entwicklung" aus Anlass des Todes von Urie Bronfenbrenner.

152 Vgl. Grundmann, Humanökologie, Sozialstruktur und Sozialisation, 174–176; Horstkemper/Tillmann, Sozialisation in der Schule und Hochschule, 291–296.
153 Zum Beispiel bei Specht/Thonhauser, Schulqualität; Fend, Schulqualität.
154 Vgl. Horstkemper/Tillmann, Schulformvergleiche und Studien zu Einzelschulen, 291 f.
155 Fend, Theorie der Schule, 329.

internationalen und nationalen Erweiterungen), die Beiträge zu Systemwissen und zur Effektivität von Schule liefern. Insbesondere die Jahre zwischen 1995 und 2001 haben die Wissensbasis über die Effektivität des Schulsystems erheblich erweitert und vertieft und stellen in der Entwicklung dieses Forschungsfelds „Meilensteine"[156] dar. Laut Werner Specht wurden im Wesentlichen drei Wissensformen generiert:[157]

- Neues systemdiagnostisches Wissen: Gemeint ist hier das neue Wissen und Information über zentrale Outputmerkmale des Schulsystems. Dazu gehört beispielsweise der zentrale Befund über die Größenordnung des Anteils jener Schülerinnen und Schüler, die das Schulsystem ohne wesentliche fachliche Kompetenzzuwächse durchlaufen.
- Reaktivierung von „altem" verschüttetem Wissen: Die Erkenntnis, wie stark die soziale Herkunft den Erwerb von Kompetenzen und Abschlüssen beeinflusst, ist in Wirklichkeit nicht neu: „Sozial bedingte Chancenungleichheit ist eine Thematik, die über lange Jahre von der Agenda der Bildungsdiskussion verschwunden war und erst mit TIMSS und PISA wieder in die Diskussion geriet."[158]
- Steuerungswissen: Von unmittelbarer Steuerungsrelevanz sind zum einen das Ausmaß der Variation der gemessenen Outputmerkmale zwischen den Bildungssystemen, das gleichsam die Spielräume der Einflussnahme sichtbar macht, und zum anderen die Variabilität der Gestaltungsparameter von Schulsystemen, die zu ähnlichen (ähnlich effektiven oder ähnlich ineffektiven) Ergebnissen im Output führen.

Die Schulleistungsstudien haben ein breites Spektrum neuer Forschungsfragen und Ansatzpunkte für eine Verbesserung der Bildungsverhältnisse eröffnet, die in Österreich lange Jahre vernachlässigt worden sind.[159] Mit eingeschlossen waren neue bis dahin kaum genutzte Erkenntnismöglichkeiten über Kontextbedingungen schulischer Lehr-Lern-Prozesse und über die Bedeutsamkeit der Unterschiede zwischen den hierarchisch miteinander verschachtelten Ebenen des Schulsystems.[160] Dies setzte eine leistungsfähige empirische Bildungs- und

---

156 Ackeren/Klemm/Kühn, Entstehung, Struktur und Steuerung des deutschen Schulsystems, 135.
157 Vgl. Specht, Innovation durch Evaluation, 44–46.
158 Ebd. 45.
159 Vgl. Specht, Schulentwicklung und Qualitätsmanagement, 38 f. und 43 f.; ders., Von den Mühen der Ebene, 13–16.
160 Vgl. Helmke, TIMSS und die Folgen, 142.

Schulforschung voraus, was zu Beginn des neuen Jahrtausends die Forschung zur Wirksamkeit der Schule vor neue, enorm herausfordernde Aufgaben stellte. Entsprechend hat sich innerhalb nur weniger Jahre eine empirische Wende in zweifacher Hinsicht vollzogen: hinsichtlich einer systematischen Erfassung von Schulleistungen einerseits und hinsichtlich der Unterrichtsentwicklung andererseits. Dies rechtfertigt die Feststellung, dass mit TIMSS-1995/96 und PISA-2000 eine Zäsur im Umgang mit Schule, Unterricht und Lernprozessen erreicht wurde. Von der inhaltlichen Substanz her betrachtet, handelt es sich in anderen Worten um einen „Paradigmenwechsel"[161] in der Betrachtung von Schule, deren Kernelemente im nächsten Kapitel erläutert werden.

5.2 Empirische Wende: Wandel von der Input- zur Outputsteuerung

Wenngleich es in Österreich vor PISA-2000 und TIMSS-1995/96 nicht an theoretischer Fundierung zur Qualitätssicherung von Schule mangelte,[162] hat sich seit den Publikationen der Studienbefunde die bildungs- und schulbezogene Forschung grundlegend verändert:[163] Vermutete Schwächen von Schülerinnen und Schülern wurden abgelöst durch die konkrete Benennung von Kennzahlen, die bis heute anhaltend als Schwächen im Hinblick auf die Leistungsfähigkeit des Schulsystems interpretiert werden.

Neue Steuerungsvorstellungen

Die Leistungsvergleichsstudien lieferten statistische Kennziffern über den Lernertrag („Output") von Schulen und belegten eine unzureichende Effektivität des „traditionellen" Schulsystems, was in Österreich – sowie Deutschland – eine Umorientierung[164] auf die sogenannte „neue" Outputsteuerung[165]

---

161 Oelkers/Reusser, Qualität entwickeln, 239.
162 Vgl. Posch/Altrichter, Bildung in Österreich; dies., Möglichkeiten und Grenzen; Specht/Thonhauser, Schulqualität; Eder (Hg.), Qualitätsentwicklung und Qualitätssicherung.
163 Vgl. Posch, Erfahrungen mit dem Qualitätsmanagement, 600–604.
164 Weiterführende Beschreibungen zur (historischen) Entwicklung der Diskussion über die „Modernisierung des Schulwesen" in Österreich – in der sich die Umorientierung zur neuen Outputsteuerung der Schule in der Jahrtausendwende dann konkret vollzogen hat – finden sich in den Beiträgen von Altrichter/Brüsemeister/Heinrich, Merkmale und Fragen, 9–14; Altrichter/Heinrich, Evaluation als Steuerungsinstrument, 51–53; und Altrichter/Heinrich, Kategorien der Governance-Analyse, 78–93.
165 Der Begriff „Steuerung" markiert in diesem Kontext Möglichkeiten und Grenzen der vorausschauenden Planbarkeit und Beeinflussbarkeit von (Qualitäts-)Entwicklungen

bewirkte.[166] Im Zentrum stand nun die Leitfrage: „Wie kann die Steuerungsstruktur des Schulwesens (die Art und Weise, wie seine Ordnung und seine Leistung zustande kommen und sich weiterentwickeln) rasch und zielgerichtet so verändert werden, dass qualitätsvolle Ergebnisse – und bessere Ergebnisse als bisher – ökonomisch erbracht werden können?"[167] Dieser Strategiewechsel auf die Outputseite (siehe Abbildung 1) und damit das Bestreben, Lernergebnisse empirisch fassbar zu machen, hat insofern unmittelbar mit der Frage der Effektivität des Schulsystems zu tun, als sie einzig mit Ergebnissen („Output") beantwortet werden kann:[168]

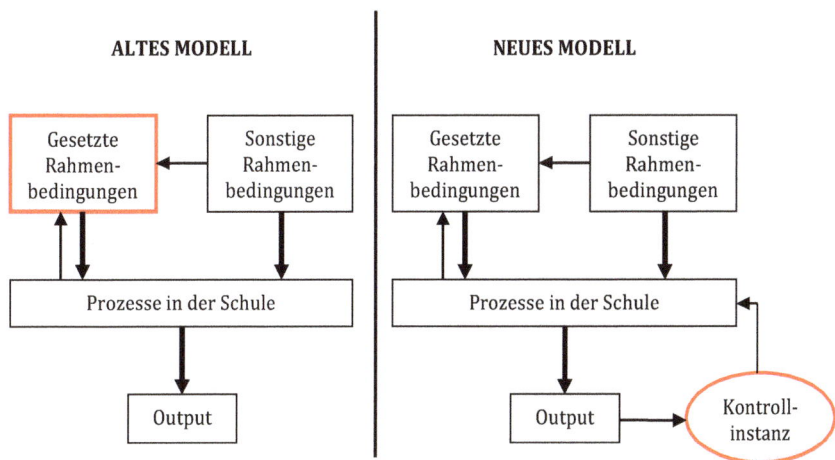

Abbildung 1: Paradigmenwechsel von Input- zur Outputsteuerung im Schulsystem[169]

---

im Schulsystem. Steuerung kann in diesem Kontext als methodisches Handeln verstanden werden, das ein vom Steuernden (z. B. Staat) beabsichtigtes Handeln oder Verhalten bei bestimmten Personen (z. B. Lehrerinnen und Lehrer) oder sozialen Systemen (z. B. Einzelschule, Klasse und Unterricht) auslösen will. „Output bzw. Ergebnissteuerung" weist damit eine ausgesprochen nationale Dimension auf (vgl. Altrichter, Österreich, 49–51; Döbert, Zur Steuerung von Schulsystemen, 299–302; Altrichter/Maag Merki, Steuerung der Entwicklung des Schulwesens, 2–6).
166 Vgl. Altrichter/Heinrich, Kategorien der Governance-Analyse, 90–93.
167 Altrichter/Maag Merki, Steuerung der Entwicklung des Schulwesens, 3.
168 Vgl. Oelkers/Russer, Qualität entwickeln 17.
169 Quelle: Saldern/Paulsen, Sind Bildungsstandards die richtige Antwort auf PISA, 96.

Das alte Steuerungsmodell[170] von Schule galt spätestens nach PISA-2000 als überholt und als nicht konkurrenzfähig.[171] Die lange Zeit geltende Vermutung einer automatischen Verbesserung des Outputs bei entsprechenden Investitionen und zentralen Vorgaben hatte seine Gültigkeit verloren.[172] Klaus Klemm bewertet das alte Modell als Ausdruck einer „tradierten Steuerungsphilosophie":

> Die deutsche Bildungsverwaltung setzt – hier muss auf die Sprache der Ökonomie zurückgegriffen werden – auf die Steuerung über Input- und Prozessvariablen. Geregelt werden bis in das letzte Detail z. B. die Lehrerzuweisung, die Klassengrößen, die Lehrerausbildung, die Schulbaugestaltung als Inputs in das Schulsystem. Geregelt werden ebenso detailversessen – um einige Beispiele aus dem Bereich des Prozesses zu nennen – die Lehrpläne, die Zulassung von Lehrbüchern, die Versetzungsordnungen und die Notenvergabe. Diese Regelungswut zeigt Wirkung und bleibt wirkungslos zugleich.[173]

Laut Wolfgang Böttcher ist es beachtlich, wie in der Vergangenheit darauf vertraut wurde, dass Ausbildung, Lehrpläne, Lehrbücher und Klassenarbeiten schon das gewünschte Resultat „zeitigen" werden:

> Es ist bemerkenswert, dass in Deutschland Belege für diese Leistungserbringung bislang in der Regel lediglich organisationsintern erstellt wurden, indem Lehrer ihren Schülern Noten erteilten. Dabei gab es aber nicht einmal Standards der Zensierung innerhalb ein und derselben Schule. Externe Rechenschaftslegung war im deutschen Bildungssystem systematisch kaum vorgesehen, eine Kritik externer Akteure an den Ergebnissen institutionalisierter Bildung und Erziehung wurde im pädagogischen Milieu tendenziell gar abqualifiziert.[174]

Während in der Vergangenheit wirksame Verfahren einer systematischen Ergebnisfeststellung und -bewertung von Schule kaum entwickelt waren, d. h. weder die Effektivität der Prozesse noch der Kontexte und der Ergebnisse sonderlich Beachtung fanden, hat sich eine deutliche Schwerpunktverschiebung auf die Output-Seite des Schulsystems vollzogen – kurz: Die „Dinge [sollten] künftig gewissermaßen vom Kopf auf die Füße gestellt werden"[175]. Eine wesentliche

---

170 Kritische Anmerkungen zu diesem Dualismus „alte" und „neue" Steuerung im Bildungssystem finden sich im Beitrag von Herrmann, „Alte" und „neue" Steuerung im Bildungssystem.
171 Vgl. Altrichter, Österreich, 52–55; Böttcher, Kann eine ökonomische Schule auch eine pädagogische sein, 98 f.; Heinrich, Governance in der Schulentwicklung, 30 f.; Steffens, Schulqualitätsdiskussion in Deutschland, 22 f.
172 Vgl. Fend, Bildungspolitische Optionen, 41 f.
173 Klemm, Dezentralisierung und Privatisierung, 112.
174 Böttcher, Bildungsstandards und Evaluation, 39.
175 Lange, Qualitätssicherung in Schulen, 146.

Neuerung im Steuerungsmodell[176] ist die Betonung der Eigenverantwortung der Einzelschule für den Einsatz ihrer Mittel unter zunehmender Lockerung zentraler Vorgaben, anders formuliert: Wie die Schulen ihre Ziele erreichen, dürfen sie zunehmend stärker selbst entscheiden, aber ob sie ihre Ziele erreichen, wird kontinuierlich durch Schulleistungstests extern überprüft. Die Grundidee dieser größeren bzw. erweiterten Schulautonomie[177] besteht im Kern darin,

> eine Reihe von Entscheidungsrechten und -kompetenzen von vor allem höheren Ebenen des Schulsystems, die sich auf ‚strategische' Aufgaben konzentrieren sollten, auf jene der Einzelschule zu verlagern, die für ihre – als ‚operativ' verstandenen – Aufgaben größere Gestaltungsspielräume und erhöhte Eigenverantwortung zugewiesen bekam[178].

Größere Gestaltungsfreiheiten für Einzelschulen

Im Sinne der neuen output-orientierten Steuerung[179] gibt der Staat nun durch Rahmenbedingungen und verbindliche Ergebniserwartungen einen Zielhorizont

---

176 Herbert Altrichter und Katharina Maag Merki machen bezüglich dieser Reformbemühungen darauf aufmerksam, dass im deutschsprachigen Raum aufgrund der höchst heterogenen Verständnis- und Realisierungsweisen nicht von „einem" Steuerungsmodell gesprochen werden kann, sondern von durchaus verschiedenen Steuerungsmodellen (vgl. Altrichter/Maag Merki, Steuerung der Entwicklung des Schulwesens, 34 ff.).
177 Autonomie gehört seit langem zu den Forderungen der Pädagogik, so dass (historisch) höchst heterogene Vorstellungen vorliegen. Je nachdem, welcher Aspekt im Kontext Schule dabei in den Blick genommen wurde, wurde Autonomie sowohl als Gegenstand, als Ziel oder als Bedingung von Schulentwicklungsprozessen angesehen. Einschlägige ideengeschichtliche Darstellungen hierzu finden sich bei Heinrich, Governance in der Schulentwicklung, 15–38, und Rürup, Innovationswege im deutschen Bildungssystem, 107–146.
178 Altrichter/Rürup/Schuchart, Schulautonomie und die Folgen, 110.
179 Die zugrundeliegende Theorie der neuen output-orientierten Steuerung legt den Schluss nahe, dass Bildungssysteme „steuerbar" sind. In welchem Maße das möglich ist – welche Rolle dabei etwa den Bildungsstandards und einem Bildungs-Monitoring zukommt – sind bis heute offene Fragen (vgl. Kogan, Monitoring, Control, and Governance of School Systems). In anderen Worten: Der Nachweis der Wirksamkeit der Neuen Steuerung ist ein höchst anspruchsvolles Vorhaben. Zu den wissenschaftlichtheoretischen und methodologischen Anforderungen, die sich hierbei stellen, vgl. Altrichter/Brüsemeister/Wissinger (Hg.), Educational Governance; Böttcher u. a., Bildungsmonitoring und Bildungscontrolling; Maag Merki/Langer/Altrichter, Educational Governance; Altrichter/Maag Merki (Hg.), Handbuch Neuer Steuerung im Schulsystem.

"aus der Distanz"[180] vor, dessen Konkretisierung und operative Realisierung den Einzelschulen überlassen bleibt, um die Vorgaben den je spezifischen Bedarfen „vor Ort"[181] entsprechend auch zu erreichen.[182] Beabsichtigt wird, die Prozessverantwortung im Bildungssystem zu „dezentralisieren"[183] und die staatliche Aufsicht über das Bildungssystem auf die Ergebniskontrolle zu beschränken.[184] Darin ist die Überzeugung enthalten, dass die Verantwortungsverlagerung auf untere Handlungsebenen (Einzelschule, Klasse) im Sinne der Qualitätssicherung effektiver und im Sinne eines adäquaten Mitteleinsatzes effizienter sein kann, allen voran, weil dort auch die größte Kompetenz vorhanden ist (Subsidiaritätsprinzip).[185] Bei PISA-2000 beispielsweise erzielten Länder mit mehr Schulautonomie in der Tendenz bessere durchschnittliche Schülerleistungen,[186] so dass die Förderung der Autonomie der Schulen als eine wichtige „Möglichkeit zur Verbesserung ihrer Leistungen"[187] eingeschätzt wurde.

Dieser neue Freiheitsgewinn von Einzelschulen geht jedoch mit einem bedeutenden Gegengewicht (Rezentralisierung)[188] einher: Es besteht die Verpflichtung, systematischer und genauer als bisher über einzelschulische Arbeitsergebnisse Rechenschaft abzulegen (Accountability-Prinzip). D. h. bei einem kritischen Blick auf die höhere Gestaltungsfreiheit wird deutlich, dass die pädagogische

---

180 Ackeren/Klemm/Kühn, Entstehung, Struktur und Steuerung des deutschen Schulsystems, 115.
181 Ebd.
182 Vgl. Böttcher, Zur Funktion staatlicher „Inputs", 193–200.
183 Mit Dezentralisierung ist gemeint, dass „Entscheidungen, die bisher von oberen bzw. zentralen Entscheidungsebenen getroffen wurden, nunmehr in die Verantwortung unterer Entscheidungsebenen gelegt werden, und zwar insbesondere in die Hände der Schulleitung und der einzelschulischen Gremien" (Rürup, Innovationswege im deutschen Bildungssystem, 124).
184 Vgl. ebd. 123–133.
185 Vgl. Blossfeld u. a., Bildungsautonomie, 13; Lange, Schulautonomie, 23 f.; Rolff, Autonomie von Schule, 211 f.; Böttcher, Kann eine ökonomische Schule auch eine pädagogische sein, 100–103.
186 Forschungsergebnisse zu den Auswirkungen dieser erweiterten Schulautonomie sind uneinheitlich, d. h. mehr Autonomie bringt nicht in jedem Fall bessere Schulleistungen – so der aktuelle Stand. Eine Zusammenfassung der Hauptforschungsergebnisse hierzu leisten Altrichter u. a., Schulautonomie oder die Verteilung, 275–280, sowie Altrichter/Brauckmann, Schulautonomie, 166–171.
187 OECD, Lernen für das Leben (2001), 231.
188 Diese Kopplung von De- und Rezentralisierung bietet Chancen und Risiken zugleich. Einige exemplarisch herausgegriffene Beispiele zur „Ambivalenz der neuen Steuerung" werden von Klemm, Dezentralisierung und Bildungswesen, 114 f. erläutert.

Freiheit der Akteurinnen und Akteuren (z. B. Lehrkräfte im Unterricht) sich im Spannungsfeld von zugestandener Autonomie und gleichzeitig verschärfter Kontrolle befindet.[189]

Dies lenkt den Blick auf die entscheidende Frage nach der Verantwortung, die die Kehrseite jeder Freiheit ist:[190] Verantwortung schließt die Verpflichtung zur Rechenschaft ein, die mit einer größeren Autonomie von Schulen ‚unauflöslich verbunden' ist"[191]. So betont Wolfgang Böttcher:

> Freiheit ohne Rechenschaftslegung gefährdet die Auftragserfüllung, Rechenschaft ohne Freiheit demotiviert die Akteure der operativen Ebene und führt womöglich dazu, eben diese Akteure für Ergebnisse verantwortlich zu machen, obwohl sie allenfalls begrenzte Möglichkeiten haben, die ‚pädagogische Produktion' positiv zu beeinflussen.[192]

Die Autonomie der Einzelschule ist zu einer Vorbedingung dafür geworden, dass sie für ihre Arbeitsergebnisse verantwortlich gemacht und zur Rechenschaft gezogen werden kann.[193]

5.3 TIMSS und PISA als Auslöser durchgreifender Schulreformen: Monitoring und Bildungsstandards

Die Grundlage für den Wechsel auf die „neue" Outputsteuerung lieferte die durch das Bundesministerium für Bildung, Wissenschaft und Kultur (BMBWK) beauftragte „Zukunftskommission"[194] (im Folgendem ZK), die mit dem Ziel der Reformierung des Schulsystems bildungspolitische Konsequenzen aus den Befunden der internationalen Schulleistungsstudien formulierten.[195] Das im Jahr 2003 vorgestellte Reformkonzept der ZK skizzierte ein differenziertes Bild der Probleme des österreichischen Schulsystems und bot zur systematischen

---

189 Vgl. Lange, Qualitätssicherung in Schulen, 147–152; Terhart, Zwischen Aufsicht und Autonomie; Tillmann, Schulautonomie, 597 f.
190 Vgl. Liket, Freiheit und Verantwortung, 52 ff.
191 Lange, Schulautonomie, 34.
192 Böttcher, Bildungsstandards und Evaluation, 40.
193 Vgl. Böttcher, Kann eine ökonomische Schule auch eine pädagogische sein, 131–133; Klemm, Dezentralisierung und Privatisierung, 111–119; Blossfeld u. a., Bildungsautonomie, 13–16; Altrichter/Rürup/Schuchart, Schulautonomie und die Folgen, 108–116.
194 Mitglieder der Zukunftskommission waren Ferdinand Eder, Günter Haider, Werner Specht, Christiane Spiel und Manfred Wimmer; vgl. Haider u. a., Zukunft Schule; ders. u. a., Entwicklung, Einführung, Überprüfung; ders. u. a., Das Reformkonzept der Zukunftskommission.
195 Vgl. Haider u. a., Zukunft Schule, 35–40; ders. u. a., Das Reformkonzept der Zukunftskommission, 11–21.

Verbesserung von Schule auf allen Ebenen (vom Unterricht des einzelnen Lehrers bis hin zur bildungspolitischen Steuerung) zahlreiche Maßnahmen[196] – quasi als Lösung aus der „Schulsystemkrise" bzw. zur Bewältigung der anstehenden Herausforderungen – an. Der strategische Maßnahmeplan sah vor, die Steigerung der Bildungserträge künftig durch drei Grundprinzipien zu erzielen, nämlich: (1) durch möglichst weitgehende Selbstverantwortung und Autonomie,[197] (2) durch umfassende Rechenschaftslegung und verstärkte Ergebnis- und Entwicklungsorientierung, die sich (3) auf klar definierte Mindeststandards beziehen.[198] In den Vordergrund traten „Messungen" oder „Testungen" (internationale Schulleistungsstudien und Bildungsstandards als Monitoring) zur Feststellung von Zielerreichungen (Ergebnisorientierung) und die damit verbundene Rechenschaftslegung.[199]

Zu den sichtbarsten Veränderungen, die diesen Strategiewechsel als „Spätfolge"[200] von TIMSS-1995/96 und PISA-2000, also den Nachvollzug des Paradigmenwechsels belegen, gehören zwei eng aufeinander bezogene Bereiche: Zum einen handelt es sich um die Etablierung eines umfassenden und systematischen Bildungs-Monitorings und zum anderen um die Einführung nationaler

---

196 Im Ergebnis wurden fünf Handlungsbereiche angesprochen: (1) Schule und Unterricht systematisch verbessern, (2) Ergebnisorientierung und Qualitätssicherung, (3) Innere Schulorganisation und Autonomie, (4) Professionalisierung und Stärkung des Lehrberufs und (5) Forschungs- und Unterstützungsleistung. Eine graphische Übersicht der Handlungsbereiche (und nachfolgend entsprechende vertiefende Erläuterungen) findet sich bei Haider u. a., Das Reformkonzept der Zukunftskommission, 22 f.).
197 Die Stärkung der Schule als Handlungseinheit, d. h. der sogenannten „operativen" Ebene bei zeitgleicher Einführung von Bildungs-Monitoring und Bildungsstandards wurde als „Leitstrategie" (Schratz/Hartmann, Schulautonomie in Österreich, 323) zur Steigerung der Bildungserträge hervorgehoben (vgl. Böttcher, Kann eine ökonomische Schule auch eine pädagogische sein, 127–138; Schratz/Hartmann, Schulautonomie in Österreich, 335–337; Altrichter/Rürup/Schuchart, Schulautonomie und die Folgen, 108–116).
198 Vgl. Haider u. a., Zukunft Schule, 44 f.; Specht, Von den Mühen der Ebene, 19; Eder/Altrichter, Qualitätsentwicklung und Qualitätssicherung im österreichischen Schulwesen, 311.
199 Vg. Bozkurt/Binek/Retzl, PISA in Österreich, 347–349.
200 Nicht unbedingt ausgelöst durch den „TIMSS-Schock" bzw. „PISA-Schock" aber, so betont Altrichter „massiv verstärkt durch den dadurch ausgelösten Druck, Handlungsfähigkeit in dieser krisenhaften Situation zu zeigen" (Altrichter, Veränderungen der Systemsteuerung, 76), setzten die meisten deutschsprachigen Länder auf externe Steuerung ihrer Schulsysteme.

Bildungsstandards und deren periodischer Überprüfung.[201] Da diese beiden Bereiche als Instrumente der Steigerung der Lernergebnisse und Reduzierung von herkunftsbedingten Bildungsungleichheiten im Kontext der Schuleffektivitätsforschung stehen, werden sie nachfolgend genauer erläutert.

5.3.1 Ebene des Systems („äußere" Schulreform): Bildungs-Monitoring

Beim Bildungs-Monitoring handelt es sich um

> the systematic collection of evidence about the contexts, inputs, processes and outcomes of an education system [...]. The systematic collection of evidence about educational performance, as in an indicator system for the monitoring of educational progress, is an important element of evaluation in a model of accountability. Monitoring refers to ways in which accountability is ensured by using the evaluative judgment for purposes of influence in a managerial or other control system.[202]

Ausgehend von diesem Ansatz wurde auf Systemebene ein umfangreiches empirisches Bildungs-Monitoring[203] zur dauerhaften, datengestützten Beschaffung und Aufbereitung von Informationen über das österreichische Bildungssystem etabliert, das im Wesentlichen drei Grundfunktionen hat:[204] (1) die Beobachtung, Analyse und Darstellung wesentlicher Aspekte des österreichischen Schulsystems, verbunden mit der Funktion der Systemkontrolle einschließlich der Angleichung von Leistungsmaßstäben („Benchmarks"), (2) sowie die Funktion, „Steuerungswissen" zu generieren bzw. zu erweitern, und (3) „Steuerungshandeln" begründbarer und zielgerichtet zu gestalten.[205] Das Bildungs-Monitoring dient der Orientierung und Ergebnisrückmeldung auf der Systemebene und gibt datengestützte Auskunft über die Leistungsfähigkeit des Bildungssystems.

Die datengestützten Informationen werden auf den unterschiedlichen Ebenen des Bildungssystems (Land, Region, Schule, Klasse, Schülerinnen und Schüler) erhoben. Dies umfasst sowohl die regelmäßige Teilnahme an internationalen

---

201 Vgl. Specht, Innovation durch Evaluation, 42–44.
202 Husén/Tuijnman, Monitoring Standards in Education, 4.
203 Mit dem Jahr 2008 hat das Bundesinstitut für Bildungsforschung, Innovation und Entwicklung im österreichischen Schulwesen (bifie) die Kernaufgaben des Bildungs-Monitorings sowie die regelmäßige nationale Bildungsberichterstattung übernommen (vgl. Specht, Innovation durch Evaluation, 42–44; ders., Nationaler Bildungsbericht, 99–106). Das (inter)nationale Bildungs-Monitoring ist seitdem fest institutionalisiert (vgl. Fend, Bildungsforschung und Schulentwicklung in Österreich).
204 Vgl. Böttcher u. a., Bildung unter Beobachtung, 8.
205 Vgl. Haider, System-Monitoring; Specht, Überlegungen zur Institutionalisierung; Lehmann, Internationale Ansätze, 24–29; Maritzen, Bildungsmonitoring, 110–116.

Leistungsvergleichsstudien – und in diesem Rahmen vertiefende Analysen zu kritischen Zeitpunkten der Schullaufbahn sowie zum Unterricht, familialen Kontext und Charakteristika der österreichischen Schulen[206] – als auch den Bereich der nationalen Bildungsberichterstattung,[207] in der Daten und wissenschaftliche Erkenntnisse über das Bildungssystem den schulischen Akteurinnen und Akteuren bereitgestellt werden. Bei der Bildungsberichterstattung geht es

> um die Transparenz des Bildungswesens aus der Systemperspektive. Hauptergebnisse der Bildungsberichterstattung sind ein in regelmäßigen Abständen veröffentlichter Bildungsbericht sowie eine öffentlich zugängliche Homepage mit vertiefenden und ergänzenden Informationen. Kern jeder Bildungsberichterstattung ist ein überschaubarer, systematischer, regelmäßig aktualisierbarer Satz von Indikatoren[208].

Die Bildungsberichterstattung ermöglicht eine Dauerbeobachtung des Bildungssystems auf der Grundlage zuverlässiger Daten, die es ermöglichen, die Situation des Schulsystems aus der Systemperspektive zu beurteilen sowie Entwicklungen im Zeitverlauf empirisch abzubilden.[209] Auf Systemebene sichert das Bildungs-Monitoring den Informations- bzw. Wissensstand über die Stärken und Schwächen im Schulsystem. Bildungsstandards weiten dies bis auf die Schul- und Klassenebene aus.

5.3.2 Ebene des Lehrens und Lernens („innere" Schulreform): Bildungsstandards

Die OECD schlug in ihrer Publikation *Schools and Quality*[210] bereits vor rund 30 Jahren vor, nationale Standards zu formulieren, die Ziele der schulischen

---

206 Zum Beispiel von Eder (Hg.), PISA 2009.
207 Mit dem ersten Nationalen Bildungsbericht 2009 (zuletzt 2018) hat sich Österreich den internationalen Entwicklungen hin zu einer evidenzbasierten Steuerung des Bildungssystems angeschlossen.
208 Döbert, Die Bildungsberichterstattung in Deutschland, 75.
209 Vgl. Döbert, Die Bildungsberichterstattung in Deutschland, 74–77; ders., Indikatorengestützte Bildungsberichterstattung, 15 f.; Specht, Nationaler Bildungsbericht; Eder/Altrichter, Qualitätsentwicklung und Qualitätssicherung, 316 f.; Rürup/Fuchs/Weishaupt, Bildungsberichterstattung, 414–418; Maaz/Kühne, Indikatorengestützte Bildungsberichterstattung, 377–380.
210 Vgl. OECD, Schools and Quality; die zitierten Passagen sind der deutschen Übersetzung entnommen (vgl. OECD, Schulen und Qualität).

Aktivitäten klar präzisieren.[211] Für diesen Vorschlag lassen sich laut Wolfgang Böttcher und Jan Nikolas Dicke folgende Argumente einbringen:

> Die Bewertung der Leistungen der Schule ist ja nur fair durchzuführen, wenn vorab klar ist, was sie leisten soll. Eine völlig unspezifische Vorstellung davon, welche Standards Schule zu erfüllen hat, garantiert eine dauerhaft kritische Stimmung. Unklarheit des Arbeitsauftrages eröffnet keine realistische Hoffnung darauf, die Klienten oder Kunden des Schulsystems zufrieden zu stellen und die Schule zukunftsfähig zu machen.[212]

Die OECD versuchte also früh auf die Notwendigkeit klarer und nachprüfbarer Standards als zentralem Instrument zur Reduzierung öffentlicher Schulkritik – und somit für das Gelingen von Schulreformen – aufmerksam zu machen. Der Begriff der „Standards" hat infolgedessen überall dort herausragende Bedeutung erlangt, wo in den nationalen Bildungssystemen „ernsthafte Probleme der Kohärenz, der Einheitlichkeit und der Qualität diagnostiziert worden sind"[213]. Als prominentes Beispiel ist die US-amerikanische „standards-based-reform"[214]

---

211 Vgl. OECD, Schule und Qualität, 51–74; Böttcher, Kann eine ökonomische Schule auch eine pädagogische sein; 139–142; ders., Bildung, Standards, Kerncurricula, 152–155.
212 Böttcher/Dicke, Bildungsstandards und Controlling, 103.
213 Specht, Schulentwicklung und Qualitätsmanagement, 94; vgl. Kogan, Monitoring, Control, and Governance of School Systems, 25.
214 1983 wurde in den USA der Bericht „A Nation at Risk" (vgl. National Commission on Excellence in Education, A Nation at Risk) veröffentlicht, der aufzeigte, dass die Leistungen der amerikanischen Schülerinnen und Schüler seit Mitte der 1960er-Jahre kontinuierlich gesunken sind. Der Bericht forderte eine grundlegende Reform des Bildungssystems. Infolge dieses „Krisenreports" wurde ein hoch standardisiertes outputorientiertes „high-stakes" Bildungs-Monitoring etabliert und mit dem Bundesgesetz „No Child Left Behind" aus dem Jahr 2001 eine bislang nicht gekannte Steuerung durch den Bund durchsetzt. Seitdem sind die Bundesstaaten dazu verpflichtet, die Schülerinnen und Schüler regelmäßig zu testen, um nachzuweisen, dass sie das entsprechend definierte Leistungsniveau erreichen (vgl. Böttcher, „Standard-Based Reform", 72–77; O'Day, Standards-Based Reform, 115 ff.; Oelkers/Reusser, Qualität entwickeln, 67–76; Criblez u. a., Bildungsstandards, 22 f.). Die Testergebnisse sind mit Entscheidungen für die Schülerinnen und Schüler (z. B. keine Versetzung oder Wiederholung eines Schuljahres, Zugang zu bestimmten Programmen, Qualifikation für ein High School Diploma), Lehrpersonen und Schulleitungen (z. B. bei „high score" finanzielle und/oder materielle Belohnungen, zusätzliche Unterstützungen, bei „low score" Personalentlassungen, ggf. Schließung der Schule) verknüpft, was zu gravierenden nicht-intendierten Effekte (z. B. auf Lern- und Leistungsergebnisse der Schülerinnen und Schüler oder schul- und unterrichtsbezogene Prozesse) führen kann (vgl. Nichols/Berliner, Collateral damage, 145–170; O'Day, Standards-Based Reform,

der 1980er-Jahre zu nennen, wo das Fehlen einer zentralen Verantwortlichkeit für das Bildungssystem und ihre Subsysteme zu Krisenphänomenen geführt hat und zu Befürchtungen eines Niedergangs der öffentlichen Bildung sowie, damit verbunden, des Verlusts der wirtschaftlichen Wettbewerbsfähigkeit.[215]

In Österreich wurden die Vorschläge der OECD[216] in Wissenschaft und Forschung zunächst weitgehend ignoriert.[217] Erst die Schulleistungsstudien TIMSS-1995/96 und PISA-2000 haben aufgerüttelt.[218] Die Einführung von nationalen Bildungsstandards wurde auf höchster politischer Ebene erstmals im Jahr 2000 eingefordert, insbesondere aus der Tatsache, dass das österreichische Schulsystem bis dahin keine objektive Ergebniskontrolle und auch keine externen Maßstäbe für die Leistungsbeurteilung[219] kannte, was zu eklatanten

---

115–126; Criblez u. a., Bildungsstandards, 163 f.; Martinek, High Stakes Testing; Maag Merki, Theoretische und empirische Analysen, 161–165). Es gibt mittlerweile eine Vielzahl an US-amerikanischen Publikationen (vgl. z. B. Nichols/Berliner, Collateral damage), die auf die negativen Konsequenzen von „high-stakes" Testing hinweisen.

215 Vgl. Specht, Schulentwicklung und Qualitätsmanagement, 94; Böttcher, „Standard-Based Reform", 72–77; O'Day, Standards-Based Reform, 108–112; Oelkers/Reusser, Qualität entwickeln, 67–76; Criblez u. a., Bildungsstandards, 22 f.

216 Vgl. OECD, Schools and Quality.

217 Vgl. Specht, Von den Mühen der Ebene, 15 f. – Christian Wiesner und Claudia Schreiner betonen in Bezug auf die Genese der Bildungsstandards, dass sich in den 1990er-Jahren Reformen im Bildungsbereich in Österreich schwerpunktmäßig „noch weitgehend auf die Autonomie der Schulen (Rahmenbedingungen für Schule und deren Struktur), auf den pädagogischen Bereich der Inputaspekte (z. B. Lehrplan des Jahres 1999) und auf die innere Schulqualität (Qualitätsprozesse) [bezogen] – Aspekte des Outputs oder des Outcomes waren noch kaum im Fokus des Interesses" (Wiesner/Schreiner, Genese der Bildungsstandards in Österreich, 17).

218 Man kann in Anlehnung an Wolfgang Böttcher und Jan Niklas Dicke durchaus auch für Österreich konstatieren, dass „aus dem Nichts" (Böttcher/Dicke, Bildungsstandards und Controlling, 103) ein schulpolitischer Konsens entstand, der die Notwendigkeit von nationalen Bildungsstandards feststellte.

219 TIMSS-95/96 und PISA-2000 erhellten zunehmend die Tatsache, dass sich Schulen in hohem Maß in ihrer Fähigkeit der Beurteilung und Förderung der Schülerinnen und Schüler unterscheiden: „Je nach regionaler Situation [sind] für gleiche Berechtigungen ganz unterschiedliche Leistungen und unterschiedliche Voraussetzungen erforderlich" (Haider u. a., Zukunft Schule, 15; vgl. Haider, PISA & Co und das Schulsystem, 384 f.; Haider/Schreiner, PISA-Leistung und Schulnoten, 232 ff.). Die Ergebnisse verwiesen jedoch nicht nur auf große Differenzen in den Bildungschancen zwischen Stadt und Land, sondern ebenso zwischen Schülerinnen und Schüler unterschiedlicher Sozialschichtzugehörigkeit. Daraus ergaben sich enorme (Urteils)Ungerechtigkeiten bei der Vergabe von Schulabschlüssen und bei der Zuweisung zu verschiedenen Bildungsgängen

Ungerechtigkeiten bei der Vergabe von Schulabschlüssen und daran geknüpften Berechtigungen führte.[220]

Zum Begriff „Bildungsstandards"

Etwa zur gleichen Zeit, als die sogenannte „Klieme-Expertise"[221] mit dem Titel *Zur Entwicklung nationaler Bildungsstandards*[222] in Deutschland erschien – und mit ihr das Thema Bildungsstandards im gesamten deutschen Sprachraum an Brisanz und Relevanz gewann –, konkretisierte die ZK im Jahr 2004 in einem differenzierten Positionspapier[223] die „Entwicklung, Einführung, Überprüfung und Nutzung von Bildungsstandards im österreichischen Schulsystem"[224]. Durch dieses Grundsatzpapier, so stellen Christian Wiesner und Claudia Schreiner im Rückblick fest,[225] wurde der Begriff der „Bildungsstandards" nachhaltig in die österreichische Diskussion über Standards eingeführt, dem folgende Definition zugrunde liegt:

> ‚Bildungsstandards' legen fest, welche Grundkompetenzen (Wissen, Fähigkeiten, Fertigkeiten usw.) alle SchülerInnen als Folge des Unterrichts bis zum Ende einer definierten Schulphase erworben haben sollen. Sie geben – in einer verständlichen und möglichst konkreten Form – das erwünschte, nachhaltig zu sichernde Ergebnis des Unterrichts bei den SchülerInnen an.[226]

Demnach benennen die Bildungsstandards präzise, verständlich und fokussiert die wesentlichen Ziele pädagogischer Arbeit, ausgedrückt als erwünschte Lernergebnisse bzw. Kompetenzen der Schülerinnen und Schüler zu bestimmten Zeitpunkten ihrer Schullaufbahn.[227] Der „Output" beinhaltet nicht nur die

---

(vgl. Haider u. a., Das Reformkonzept der Zukunftskommission, 94 ff.; Eder/Thonhauser, Österreich, 552). Für Deutschland finden sich weiterführende empirische Befunde und Erläuterungen zu diesem Thema bei Klieme, Bildungsstandards, 58–63.
220 Vgl. Eder/Neuweg/Thomhauser, Leistungsfeststellung Leistungsbeurteilung, 256–265.
221 Die „Klieme-Expertise" (vgl. Klieme u. a., Zur Entwicklung nationaler Bildungsstandards) hat die bildungspolitische Entwicklung und wissenschaftliche Diskussion in den deutschsprachigen Ländern maßgeblich geprägt. Sie wurde zum Maßstab für die Konzeption von Bildungsstandards und deren zentrale Empfehlung, Leistungsstandards an Modelle der Kompetenzentwicklung zu koppeln bzw. von diesen abzuleiten.
222 Vgl. Klieme u. a., Zur Entwicklung nationaler Bildungsstandards.
223 Dieses Positionspapier „Bildungsstandards" steht in einem engen strategischen, inhaltlichen und strukturellen Zusammenhang mit dem im Jahr 2003 veröffentlichten Reformkonzept.
224 Vgl. Haider u. a., Entwicklung, Einführung, Überprüfung.
225 Vgl. Wiesner/Schreiner, Genese der Bildungsstandards in Österreich, 18.
226 Haider u. a., Entwicklung, Einführung, Überprüfung, 2.
227 Vgl. Köller, Standards und Qualitätssicherung, 96.

Vergabe von Zertifikaten, sondern umfasst in erster Linie die erzielten Lernergebnisse im Sinne von Wissen, Fähigkeiten, Fertigkeiten der Schülerinnen und Schüler. Kompetenzen werden dabei, in Anlehnung an Franz Weinert[228] als von Schülerinnen und Schülern verfügbare oder erlernbare kognitive, motivationale und soziale Voraussetzungen verstanden, um bestimmte Probleme in variablen Situationen erfolgreich und verantwortungsvoll lösen zu können.

Entsprechend diesem Verständnis findet eine klare Abgrenzung zu Lehrplänen statt, die hauptsächlich auf den Inhalt des Unterrichts (z. B. auf Unterrichtsgegenstände und Unterrichtsthemen, Aufgaben und Ziele der jeweiligen Schulform sowie Hinweise zu Arbeitsformen) ausgerichtet sind und durch ihren additiven Charakter mehr oder weniger unverbindlich sind:

> Lehrpläne sind, wie gesagt, oft Beispielsammlungen, die der Logik des Additiven folgen. Es ist immer noch mehr möglich, solange nichts wirklich ausgeschlossen wird. Standards sind demgegenüber Festlegungen, sie geben an, was nirgendwo fehlen darf, wenn eine bestimmte Qualität erreicht werden soll.[229]

Während in Lehrplänen Aufgaben- und Themenschwerpunkte erläutert werden, beschreiben Bildungsstandards Minimal- und/oder Maximalziele. Für Lehrerinnen und Lehrer bedeutet dies, dass ihr Unterricht nicht in erster Linie nach dem Kriterium bewertet wird, ob und wie ein Lernstoff behandelt worden ist, sondern ob und in welchem Ausmaß die Schülerinnen und Schüler die verbindlichen Kompetenzen nachhaltig erworben haben.[230]

Bedeutsame Zielgrößen

Die ZK versuchte mit dem Konzept der Bildungsstandards die Arbeit an den zwei „Baustellen"[231] des österreichischen Schulsystems aufzunehmen, nämlich: Zum einem den Anteil besonders leistungsschwacher Schülerinnen und Schüler (Stichwort „Risikogruppen") zu reduzieren und zum anderen die Systemgerechtigkeit durch die Vergleichbarkeit von Leistungsbewertungen, Schulabschlüssen und Berechtigungen zu erhöhen, die eines der Kernprobleme der Schule darstellte.[232]

---

228 Vgl. Weinert, Vergleichende Leistungsmessung, 27 f.
229 Oelkers, Wie man Schule entwickelt, 136.
230 Vgl. Haider u. a., Entwicklung, Einführung, Überprüfung, 2; Haider u. a., Das Reformkonzept der Zukunftskommission, 36.
231 Specht, Von den Mühen der Ebene, 20.
232 Vgl. Specht/Freudenthaler, Bildungsstandards, 619; Haider u. a. Das Reformkonzept der Zukunftskommission, 83 und 94 ff.; Eder/Neuweg/Thonhauser, Leistungsfeststellung und Leistungsbeurteilung, 254.

Die bedeutsamsten Zielkomplexe der Einführung von Bildungsstandards waren dementsprechend: (1) Bessere Leistungen der Schülerinnen und Schüler, (2) Gleichwertigkeit der schulischen Ausbildung und der Abschlüsse und (3) Beiträge zur Systementwicklung durch eine veränderte Unterrichtskultur.[233] Hervorzuheben ist, dass Bildungsstandards nicht nur zu einer Verbesserung der Schülerleistungen (bzw. Erhöhung des durchschnittlichen Kompetenzerwerbs) verfolgen, sondern dazu beitragen sollen, unerwünschte Bildungsungleichheiten im Schulsystem nachhaltig abzubauen.[234] Danach stellen Bildungsstandards ein wichtiges (bildungspolitisches) Instrument zum Ausgleich unterschiedlicher Bildungschancen dar, was in Österreich angesichts der Systemschwächen gerade im unteren Leistungsbereich von herausragender Bedeutung ist.

Kritische Anmerkung zur Realisierung durch ministerielle Seite

Realisiert wurden die nationalen Bildungsstandards an den Übergängen der Bildungslaufbahn in der 4. Jahrgangsstufe (Ende Grund- bzw. Volksschule) in Deutsch und Mathematik und in der 8. Jahrgangsstufe (Ende Sekundarstufe I) in Deutsch, Mathematik und Englisch. Die gesetzliche Verankerung[235] erfolgte im Jahr 2008 durch die Novellierung von § 17 des Schulunterrichtsgesetzes (BGBl. I Nr. 117/2008),[236] die Verordnung gilt seit 2009. Die österreichische Standardstrategie entspricht zwar in zentralen Begriffsbestimmungen und Strategieelementen dem Reformkonzept der ZK (und ebenso Großteils der „Klieme-Expertise"),[237]

---

233 Vgl. Altrichter/Posch, Die Diskussion um Bildungsstandards in Österreich, 29; Haider u. a., Das Reformkonzept der Zukunftskommission, 34; Huber u. a. Bildungsstandards, 50; Altrichter/Kanape-Willingshofer, Bildungsstandards und externe Überprüfung, 357 f.
234 Vgl. Freudenthaler/Specht/Paechter, Von der Entwicklung zur Akzeptanz, 606.
235 Der gesetzlichen Verankerung sind zwei Pilotphasen zur Implementierung der österreichischen Bildungsstandards vorausgegangen: In der ersten Pilotphase (2003/04) wurden die erarbeiteten Bildungsstandards zunächst an 18 Pilotschulen der 8. Jahrgangsstufe, später auch an mehr als 30 Schulen der 4. Jahrgangsstufe (Grund- bzw. Volksschule) erprobt. In der Pilotphase II (2004/05) wurden an rund 140 ausgewählten Schulen in allen Bundesländern die Bildungsstandards erprobt. Vertiefende Beschreibungen zu diesen zwei Pilotphasen (Zielbestimmung, Grundkonzept, Ergebnisse) finden sich in den Beiträgen von Freudenthaler/Specht/Paechter, Von der Entwicklung zur Akzeptanz; Lucyshyn, Bildungsstandards in Österreich; Huber u. a., Bildungsstandards, 52 f.; Specht, Von den Mühen der Ebene, 26 f.
236 BGBl = Bundesgesetzblatt.
237 Zu einer vergleichenden Betrachtung der Unterschiede zwischen der sogenannten „Klieme-Expertise" (Deutschland) und des von der „Zukunftskommission"

wurde jedoch von ministerieller Seite in veränderter Form umgesetzt, was zumindest zu zwei relevanten Abweichungen führte:[238]

Trennung der Standardüberprüfung von der Leistungsbeurteilung

Die ZK forderte in ihrem Positionspapier zum einen die Verknüpfung von Bildungsstandard-Testergebnissen und schulischer Leistungsbeurteilung:

> Standards eröffnen [...] die Chance, die Vergabe von Berechtigungen (durch Abschlussnoten) an den Schnittstellen des Schulsystems objektiver, fairer und vergleichbarer zu machen. Für die Leistungsbeurteilungen an den Schnittstellen, die mit Berechtigungen verbunden sind, sollen daher neben dem Lehrerurteil auch die Ergebnisse aus kumulativen Standard-Tests herangezogen werden.[239]

Diese Forderung war aus dem Grund naheliegend, weil – neben TIMSS-95/96 und PISA-2000 – zahlreiche Studien zunehmend erhellten, dass Leistungsbeurteilungen und die Vergabe von Berechtigungen „elementaren Gerechtigkeitskriterien"[240] nicht genügen. Die Forderung wurde von ministerieller Seite verworfen: „Die *Leistungsbeurteilung* der Schülerinnen und Schüler bleibt von Standardüberprüfungen unberührt, das heißt die Ergebnisse von Standardüberprüfungen sind nicht in die Leistungsbeurteilung einzubeziehen."[241] Bildungsstandards erfüllen österreichweit einzig zwei Funktionen: eine Entwicklungs- und eine Überprüfungsfunktion.

Formulierung von Regelstandards und ihre Konsequenzen

Die ZK hatte des weiteren Bildungsstandards als Mindeststandards empfohlen, „weil sie eindeutig die Ergebnisse beschreiben, die von allen Lernern erwartet werden und weil sie die für alle Schüler verbindliche Grundbildung umschreiben"[242]. Diesem Verständnis nach dienen Mindeststandards der Sicherung von Grundbildung, indem sie die Leistung für alle Schülerinnen und Schüler

---

(Österreich) entwickelten Konzeptes zu Bildungsstandards vgl. Specht, Von den Mühen der Ebene, 20 f; Neuweg, Chancen und Risiken, 48; Altrichter/Kanape-Willingshofer, Bildungsstandards und externe Überprüfung, 357 f.

238 Vgl. Specht, Von den Mühen der Ebene, 22 f.; Altrichter/Kanape-Willingshofer, Bildungsstandards und externe Überprüfung, 357 f.
239 Haider u. a., Das Reformkonzept der Zukunftskommissoin, 37; vgl. Haider u. a., Entwicklung, Einführung, Überprüfung, 3.
240 Neuweg, Chancen und Risiken, 51.
241 Vorblatt und Erläuterungen, 5.
242 Haider u. a., Entwicklung, Einführung, Überprüfung, 3.

definieren, die im Hinblick auf schulisches Lernen *nicht* unterschritten werden dürfen.

Die Bildungspolitik hat sich entschlossen, Bildungsstandards als Regelstandards zu konzipieren. Letzteres beschreibt (im Vergleich zu Mindeststandards) „Kompetenzen, die im Durchschnitt (von der Mehrheit einer Lerngruppe) erreicht werden sollen, wobei Maßnahmen erst bei Nichterreichen in bedeutendem Umfang zu ergreifen sind"[243]. Begründet wurde die Entscheidung über Regelstandards von ministerieller Seite mit den Erfordernissen des differenzierten österreichischen Schulsystems:

> Die Entscheidung zugunsten von Regelstandards versus Mindeststandards wurde getroffen, weil mit den Regelstandards eine größere Bandbreite der Schülerleistungen im differenzierten Schulsystem erfasst werden kann. Der Einführung von Mindeststandards und der daraus resultierenden Berechtigungsvergabe standen unüberbrückbare Hürden im differenzierten Schulsystem entgegen.[244]

Georg Hans Neuweg formuliert in diesem Zusammenhang in besonders zutreffender Weise folgende Kritik:

> Weil aber erstens die Ausformulierung von Regelstandards trotz aller Heterogenität der Schüler-Population für durchaus möglich gehalten wird und es vor allem zweitens durchaus möglich wäre, Mindeststandards in ihrem Niveau abzustufen, scheint die Differenzierung nicht wirklich das Problem zu sein. Eher wohl scheut man die Verbindlichkeit, die sich aus Mindeststandards ergibt; an ihnen dürfte man sich nämlich nicht bloß orientieren, man müsste sie auch erreichen.[245]

Standards, die als Regelstandards konzipiert sind, verlieren an starker Signalfunktion, da sie keine Hinweise darauf geben, welche Schülerinnen und Schüler besonderer Förderung bedürfen. Die für die Unterstützung leistungsschwächerer Schülerinnen und Schüler entscheidende Frage, was diese wissen und können müssen, um als erfolgreich zu gelten, lässt sich mit Regelstandards nicht oder zumindest nicht positiv beantworten.[246] Zudem wirft diese Entscheidung die Frage nach der Zielsetzung auf: Wer Regelstandards einführt, verweist auf eine andere Zielsetzung als jemand, der für Mindeststandards eintritt. Den Mindeststandards liegt die Idee zugrunde, dass im Schulsystem gleichsam eine Garantie

---

243 Ackeren/Klemm/Kühn, Entstehung, Struktur und Steuerung des deutschen Schulsystems, 164.
244 Lucyshyn, Bildungsstandards in Österreich, 15.
245 Neuweg, Chancen und Risiken, 49.
246 Vgl. Altrichter/Kanape-Willingshofer, Bildungsstandards und externe Überprüfung, 358; Schott/Azizi Ghanbari, S, Bildungsstandards, 23.

auf eine minimale Grundbildung für *alle* – egal welche Schulform Kinder und Jugendliche besuchen – verantwortet wird, sie stehen also für ein bildungspolitisches Ideal. Regelstandards legitimieren demgegenüber bereits per Definition, dass eine Gruppe von Schülern unterhalb des Durchschnitt- oder Regelniveaus bleibt. Für eine nachhaltige Reduktion von Bildungsungleichheiten ist es daher unerlässlich, verpflichtete Standards als Mindeststandards und nicht als Regelstandards zu formulieren.[247] Gesamt betrachtet, implizierten die Forderungen der ZK zu den Bildungsstandards „gravierende Systemveränderungen"[248] bzw. einen pädagogischen „Kulturbruch"[249], weshalb sie an einigen Punkten politisch als „nicht umsetzbar" eingestuft wurde.[250]

6 Fazit

Obwohl die wichtigsten bisherigen Reformmaßnahmen im Gefolge der internationalen Vergleichsstudien nicht primär pädagogischer und auch nicht schulstruktureller Natur waren, sondern sich auf die Steigerung der Effektivität des Schulsystems beziehen, haben diese Studien doch insgesamt eine Reformdynamik befördert, wie sie in den deutschsprachigen Ländern zuletzt vielleicht in den 1960er-Jahren zu beobachten war, als ebenfalls eine Defizitanalyse des österreichischen Schulsystems die Veränderungsbereitschaft entscheidend gefördert hatte.[251] Empirisch wurden drei zentrale Problembereiche des österreichischen Schulsystems aufgedeckt, die sich rückblickend allerdings auch kaum nennenswert verändert haben: Erstens zeigte sich hinsichtlich der getesteten Grundbildungskompetenzen insofern erhebliche Differenzen, als rund ein Viertel lediglich die unterste Kompetenzstufe in allen erfassten Domänen erreichten – und dieser „Risikogruppe" gegenüber stand eine nur relativ kleine Spitzengruppe. Es kann angenommen werden, dass solche Leistungsergebnisse in modernen Gegenwartsgesellschaften negative Auswirkungen auf den Bildungsweg und Berufserfolg entfalten. Zweitens belegten die Befunde, dass mehrgegliederte bzw. segregierende Schulsysteme sozial hoch selektiv arbeiten und lediglich durchschnittliche Lernleistungen erzielen. Die Ergebnisse

---

247 Vgl. Böttcher, Chancenungleichheit als Herausforderung, 108; Klieme u. a., Zur Entwicklung nationaler Bildungsstandards, 20 f.
248 Specht, Von den Mühen der Ebene, 22.
249 Criblez u. a., Bildungsstandards, 81; vgl. Eder/Posch/Thonhauser, Möglichkeiten und Probleme einer Externalisierung der Leistungsbeurteilung, 260.
250 Vgl. Specht, Von den Mühen der Ebene, 22 f.
251 Vgl. Specht, Innovation durch Evaluation, 44.

zur Leistungsstreuung und zum durchschnittlichen Leistungsniveau von Schülerinnen und Schüler stützten die Annahme, dass es dem österreichischen Schulsystem nur bedingt gelingt, Leistungsschwächere erfolgreich zu fördern. Demgegenüber zeigten andere Schulsysteme (z. B. das finnische Bildungssystem mit 9-jähriger Gesamtschule) ein hohes durchschnittliches Leistungsniveau bei gleichzeitig niedriger Leistungsstreuung. Drittens war der Befund besorgniserregend, wie stark in Österreich der Einfluss der Sozialschichtzugehörigkeit auf den Bildungserfolg der Schülerinnen und Schüler ist. Die angestrebte Chancengleichheit wurde im Schulsystem bis dato nicht erreicht und die hierzulande beklagte Heterogenität scheint in anderen Ländern (z. B. Finnland oder Schweden) bedeutend weniger Probleme zu bereiten. Insbesondere bei Schülerinnen und Schülern aus Migrationsfamilien wurde festgestellt, dass sie die am stärkste benachteiligte Schülergruppe ist, weil hier vielfältigste Effekte kumulieren, etwa soziale Zugehörigkeit, die Beherrschung der Unterrichtssprache bzw. die wenig adressatengerechte Gestaltung von Lernprozessen.

Es vollzog sich ein Paradigmenwechsel von der Betrachtung schulischen Inputs (z. B. finanzielle Rahmenbedingungen) hin zur empirischen Erfassung des vor allem kognitiven Lernertrags von Schule. Dieser Wandel hat am Ende der 1990er-Jahre dazu geführt, dass große Schulleistungsstudien, die Lernergebnisse auf Seiten der Schülerinnen und Schüler messen sollen, in Österreich etabliert wurden. Dahinter steht bis heute das Ziel, wichtige Systemmonitoring- und Benchmark-Informationen zur outputorientierten Effektivität des Schulsystems zur Verfügung zu stellen und dabei zu helfen, ein Verständnis für mögliche Erklärungen der festgestellten Problemfelder des Schulsystems zu entwickeln sowie Ansatzpunkte für steuernde Maßnahmen zu erkennen. Parallel entstanden Bildungsstandards, deren Erreichung ebenfalls in großen Schulleistungsstudien seit dem Jahre 2009 überprüft wird. Österreich hat damit eine Systembeobachtung der Schule realisiert.

Die insbesondere bildungspolitisch motivierten und staatlich finanzierten Schulleistungsstudien stehen allerdings nicht im Zeichen einer grundlegenden kritischen Schulsystemfrage – im Sinne einer bildungspolitischen Weichenstellung an Stelle eines selektiven Schulsystems ein integratives Schulsystem zu etablieren –, sondern primär geht es um die Sorge vor allem des kognitiven Lernertrags von Schule zum Zwecke der internationalen Wettbewerbsfähigkeit.[252] Ob sich mit der Einführung der Bildungsstandards der Unterricht verbessern

---

252 Vgl. Hanisch/Katschnig, Schulsystemvergleiche, 728–730; Horstkemper/Tillmann, Schulformvergleiche und Studien zu Einzelschulen, 292.

wird und damit auch die Lernleistungen der Schülerinnen und Schüler langfristig steigen werden, ist eine offene Frage. Fest steht aber, dass nach der Einführung der Bildungsstandards die Leistungsfähigkeit des Schulsystems transparenter geworden ist.

Literatur

Ackeren/Isabell van/Klemm, Klaus/Kühn, Svenja Mareike, Entstehung, Struktur und Steuerung des deutschen Schulsystems. Eine Einführung, Wiesbaden ³2015.

Allmendinger, Jutta/Dietrich, Hans, PISA und die soziologische Bildungsforschung, in: Lenzen, Dieter u. a. (Hg.), PISA und die Konsequenzen für die erziehungswissenschaftliche Forschung (Beiheft 3 der Zeitschrift für Erziehungswissenschaft), Wiesbaden 2004, 201–210.

Altrichter, Herbert, Österreich: Veränderung der Systemsteuerung, in: Schweizerische Konferenz der kantonalen Erziehungsdirektoren (Schweiz)/Bundesministerium für Bildung, Wissenschaft und Kultur (Österreich)/Bund-Länder-Kommission für Bildungsplanung und Forschungsförderung (Bundesrepublik Deutschland) (Hg.), Die Vielfalt orchestrieren. Steuerungsaufgaben der zentralen Instanz bei größerer Selbständigkeit der Einzelschulen, Innsbruck 2000, 49–79.

Altrichter, Herbert, Veränderungen der Systemsteuerung im Schulwesen durch die Implementation einer Politik der Bildungsstandards, in: Brüsemeister, Thomas/Eubel, Klaus-Dieter (Hg.), Evaluation, Wissen und Nichtwissen, Wiesbaden 2008, 74–115.

Altrichter, Herbert u. a., Schulautonomie oder die Verteilung von Entscheidungsrechten und Verantwortung im Schulsystem, in: Bruneforth, Michael u. a., (Hg.), Nationaler Bildungsbericht Österreich 2015, Band 2: Fokussierte Analysen bildungspolitischer Schwerpunktthemen, Graz 2015, 263–304.

Altrichter, Herbert/Brauckmann, Stefan, Schulautonomie, Systemgovernance und Schulleitung, in: Altrichter, Herbert u. a. (Hg.), Baustellen in der österreichischen Bildungslandschaft. Zum 80. Geburtstag von Peter Posch, Münster 2018, 161–177.

Altrichter, Herbert/Brüsemeister, Thomas/Heinrich, Martin, Merkmale und Fragen einer Governance-Reform am Beispiel des österreichischen Schulwesens, in: Österreichische Zeitschrift für Soziologie 30 (2005) 4, 6–28.

Altrichter, Herbert/Brüsemeister, Thomas/Wissinger, Jochen (Hg.), Educational Governance. Handlungskoordination und Steuerung im Bildungssystem, Wiesbaden 2007.

Altrichter, Herbert/Heinrich, Martin, Evaluation als Steuerungsinstrument im Rahmen eines „neuen Steuerungsmodells" im Schulwesen, in: Böttcher, Wolfgang/Holtappels, Heinz Günter/Brohm Michaela (Hg.), Evaluation im Bildungswesen. Eine Einführung in Grundlagen und Praxisbeispiele, Weinheim 2006, 51–64.

Altrichter, Herbert/Heinrich, Martin, Kategorien der Governance-Analyse und Transformationen der Systemsteuerung in Österreich, in: Altrichter, Herbert/Brüsemeister, Thomas/Wissinger, Jochen (Hg.), Educational Governance. Handlungskoordination und Steuerung im Bildungssystem, Wiesbaden 2007, 55–103.

Altrichter, Herbert/Kanape-Willingshofer, Anna, Bildungsstandards und externe Überprüfung von Schülerkompetenzen: Mögliche Beiträge externer Messungen zur Erreichung der Qualitätsziele der Schule, in: Herzog-Punzenberger, Barbara (Hg.), Nationaler Bildungsbericht Österreich2012, Band 2: Fokussierte Analysen bildungspolitischer Schwerpunktthemen, Graz 2012, 355–394.

Altrichter, Herbert/Maag Merki, Katharina (Hg.), Handbuch Neue Steuerung im Schulsystem, Wiesbaden ²2016.

Altrichter, Herbert/Maag Merki, Katharina, Steuerung der Entwicklung des Schulwesens, in: ebd. 1–27.

Altrichter, Herbert/Posch, Peter, Die Diskussion um Bildungsstandards in Österreich, in: Journal für Schulentwicklung 8 (2004) 4, 29–38.

Altrichter, Herbert/Rürup, Matthias/Schuchart, Claudia, Schulautonomie und die Folgen, in: Altrichter, Herbert/Maag Merki, Katharina (Hg.), Handbuch Neue Steuerung im Schulsystem, Wiesbaden ²2016, 106–149.

Artelt, Cordula u. a., Lesekompetenz: Testkonzeption und Ergebnisse, in: Baumert, Jürgen u. a. (Hg.), PISA 2000. Basiskompetenzen von Schülerinnen und Schülern im internationalen Vergleich, Opladen 2001, 69–137.

Bacher, Johann, Bildungsungleichheit und Bildungsbenachteiligung im weiterführenden Schulsystem Österreichs. Eine Sekundäranalyse der PISA 2000-Erhebung, in: SWS-Rundschau 45 (2005) 1, 37–62.

Bauer, Fritz/Hauer, Bernadette/Neuhofer, Max, Österreich im PISA-Schock? In: WISO[253] 28 (2005) 1, 109–137.

Baumert, Jürgen u. a., TIMSS/III–Deutschland. Der Abschlussbericht. Zusammenfassung ausgewählter Ergebnisse der Dritten Internationalen

---

253 Wirtschafts- und Sozialpolitische Zeitschrift des ISW (Institut für Sozial- und Wirtschaftswissenschaften).

Mathematik- und Naturwissenschaftsstudie zur mathematischen und naturwissenschaftlichen Bildung am Ende der Schullaufbahn, Berlin 2000.

Baumert, Jürgen u. a., (Hg.), PISA 2000. Basiskompetenzen von Schülerinnen und Schülern im internationalen Vergleich, Opladen 2001.

Baumert, Jürgen u. a., PISA Programme for International Student Assessment. Zielsetzung, theoretische Konzeption und Entwicklung von Messverfahren, in: Weinert Franz E. (Hg.), Leistungsmessungen in Schulen, Weinheim ³2014, 285–310.

Baumert, Jürgen/Artelt, Cordula, Bildungsgang und Schulstruktur, in: Pädagogische Führung 14 (2003) 4, 188–192.

Baumert, Jürgen/Bos, Wilfried/Lehmann, Rainer, TIMSS/III. Dritte Internationale Mathematik- und Naturwissenschaftsstudie – Mathematische und naturwissenschaftliche Bildung am Ende der Schullaufbahn, Band 1: Mathematische und naturwissenschaftliche Grundbildung am Ende der Pflichtschulzeit, Opladen 2000.

Baumert, Jürgen/Lehmann, Rainer, TIMSS – Mathematisch-naturwissenschaftlicher Unterricht im internationalen Vergleich. Deskriptive Befunde, Opladen 1997.

Baumert, Jürgen/Maaz, Kai, Das theoretische und methodische Konzept von PISA zur Erfassung sozialer und kultureller Ressourcen der Herkunftsfamilie: Internationale und nationale Rahmenkonzeption, in: Baumert, Jürgen/Stanat, Petra/Watermann, Rainer (Hg.), Herkunftsbedingte Disparitäten im Bildungswesen. Vertiefende Analysen im Rahmen von PISA 2000, Wiesbaden 2006, 11–29.

Baumert, Jürgen/Schümer, Gundel, Familiäre Lebensverhältnisse, Bildungsbeteiligung und Kompetenzerwerb, in: Baumert Jürgen u. a. (Hg.), PISA 2000. Basiskompetenzen von Schülerinnen und Schülern im internationalen Vergleich, Opladen 2001, 323–407.

Baumert, Jürgen/Stanat, Petra/Demmrich, Anke, PISA 2000: Untersuchungsgegenstand, theoretische Grundlagen und Durchführung der Studie, in: Baumert, Jürgen u. a. (Hg.), PISA 2000. Basiskompetenzen von Schülerinnen und Schülern im internationale Vergleich, Opladen 2001, 15–68.

Baumert, Jürgen/Stanat, Petra/Watermann, Rainer (Hg.), Herkunftsbedingte Disparitäten im Bildungswesen. Vertiefende Analysen im Rahmen von PISA 2000, Wiesbaden 2006.

Baumert, Jürgen/Trautwein, Ulrich/Artelt, Cordula, Schulumwelten – institutionelle Bedingungen des Lehrens und Lernens, in: Baumert, Jürgen u. a. (Hg.), PISA 2000 – Ein differenzierter Blick auf Länder der Bundesrepublik Deutschland, Opladen 2003, 261–331.

Beaton, Albert E. u. a., Mathematics achievement in the middle school years: IEA's Third International Mathematics and Science Study, Chestnut Hill 1996.

Beaton Albert E. u. a., Science achievement in the middle school years: IEA's Third International Mathematics and Science Study, Chestnut Hill 1996.

Below, Susanne von, Bildungssysteme im historischen und internationalen Vergleich, in: Becker Rolf (Hg.), Lehrbuch der Bildungssoziologie, Wiesbaden ³2017, 151–177.

Bischof, Linda Marie, Schulentwicklung und Schuleffektivität. Ihre theoretische und empirische Verknüpfung, Wiesbaden 2017.

Blossfeld, Hans-Peter u. a., Bildungsautonomie: zwischen Regulierung und Eigenverantwortung – Jahresgutachten Aktionsrat Bildung, Wiesbaden 2010.

Böttcher, Wolfgang, Kann eine ökonomische Schule auch eine pädagogische sein? Schulentwicklung zwischen Neuer Steuerung, Organisation, Leistungsevaluation und Bildung, Weinheim 2002.

Böttcher, Wolfgang, Bildung, Standards, Kerncurricula. Eine Verteidigung gegen Missverständnisse und Vorbehalte, in: Die Deutsche Schule 95 (2003) 2, 152–164.

Böttcher, Wolfgang, Chancenungleichheit als Herausforderung. Oder: Wie an einem Problem vorbei agiert wird, in: Holtappels, Heinz Günter/Höhmann, Katrin (Hg.); Schulentwicklung und Schulwirksamkeit. Systemsteuerung, Bildungschancen und Entwicklung der Schule, Weinheim 2005, 99–119.

Böttcher, Wolfgang, Bildungsstandards und Evaluation im Paradigma der Outputsteuerung, in ders. u. a. (Hg.), Evaluation im Bildungswesen. Eine Einführung in Grundlagen und Praxisbeispiele, Weinheim 2006, 39–49.

Böttcher, Wolfgang, „Standard-Based Reform" oder: Kann man für die Schulreform von den USA lernen? In: Eder, Ferdinand/Gastager, Angela/Hofmann, Franz (Hg.), Qualität durch Standards? Beiträge zum Schwerpunktthema der 67. Tagung der AEPF, Münstern 2006, 71–84.

Böttcher, Wolfgang, Zur Funktion staatlicher „Inputs" in der dezentralisierten und outputorientierten Steuerung, in: Altrichter, Herbert/Brüsemeister, Thomas/Wissinger, Jochen (Hg.), Educational Governance. Handlungskoordination und Steuerung im Bildungssystem, Wiesbaden 2007, 185–206.

Böttcher, Wolfgang u. a. (Hg.), Bildungsmonitoring und Bildungscontrolling in nationaler und internationaler Perspektive, Münster 2008.

Böttcher, Wolfgang u. a., Bildung unter Beobachtung, in: ebd. 7–11.

Böttcher, Wolfgang/Dicke, Jan Niklas, Bildungsstandards und Controlling – eine Einführung, in: Böttcher, Wolfgang u. a. (Hg.), Bildungsmonitoring und Bildungscontrolling in nationaler und internationaler Perspektive, Münster 2008, 103–106.

Bollen, Robert, School effectiveness and school improvement. The intellectual and policy context, in: Reynolds, David u. a. (Hg.), Making good schools. Linking school effectiveness and school improvement, London 1996, 1–20.

Bos, Wilfried/Postlethwaite, T. Neville, Internationale Schulleistungsforschung. Ihre Entwicklungen und Folgen für die deutsche Bildungslandschaft, in: Weinert, Franz E. (Hg.), Leistungsmessungen in Schulen, Weinheim ³2014, 251–267.

Bourdieu, Pierre, Ökonomisches Kapital, kulturelles Kapitel, soziales Kapital, in: Kreckel, Reinhard (Hg.), Soziale Ungleichheiten, Göttingen 1983, 183–198.

Bozkurt, Dominik/Brinek, Gertrude/Retzl, Martin, PISA in Österreich: Mediale Reaktionen, öffentliche Bewertungen und politische Konsequenzen, in: Hopmann, Stefan/Brinek, Gertrude/Retzl, Martin (Hg.), PISA zufolge PISA – PISA According to PiSA. Hält PISA, was es verspricht? – Does PISA Keep What IT Promises? (Schulpädagogik und Pädagogische Psychologie 6), Münster 2007, 321–362.

Bronfenbrenner, Urie, Ökologische Sozialisationsforschung, Stuttgart 1976.

Bronfenbrenner, Urie, The ecology of human development, in: Zeitschrift für Sozialisationsforschung und Erziehungssoziologie 10 (1990) 101–114.

Bronfenbrenner, Urie, Die Ökologie der menschlichen Entwicklung. Natürliche und geplante Experiment, Frankfurt am Main ²1993.

Bronfenbrenner, Urie, Ökologische Sozialisationsforschung – Ein Bezugsrahmen, in: Bauer, Ullrich/Bittlingmayer, Uwe H./Scherr, Albert (Hg.), Handbuch Bildungs- und Erziehungssoziologie, Wiesbaden 2012, 167–176.

Coleman, James S, Social Capital in the Creation of Human Capital, in: American Journal of Sociology 94 (1988) 95–120.

Creemers, Bert P. M., The goals of school effectiveness and school improvement, in: Reynolds, David u. a. (Hg.), Making good schools. Linking school effectiveness and school improvement, London 1996, 21–35.

Criblez, Lucien u. a, Bildungsstandards, Seelze-Velber 2009.

Dedering, Kathrin, Entscheidungsfindung in Bildungspolitik und Bildungsverwaltung, in: Altrichter, Herbert/Maag Merki, Katharina (Hg.), Handbuch Neue Steuerung im Schulsystem, Wiesbaden ²2016, 52–73.

Dedering, Kathrin/Bos, Wilfried, Internationale Schulleistungsuntersuchungen und Schulleistungstests – eine Einführung, in: Böttcher, Wolfgang u. a. (Hg.), Bildungsmonitoring und Bildungscontrolling in nationaler und internationaler Perspektive, Münster 2008, 177–182.

Ditton, Hartmut, Qualitätskontrolle und Qualitätssicherung in Schule und Unterricht. Ein Überblick zum Stand der empirischen Forschung, in: Helmke,

Andreas/Hornstein, Walter/Ternhart, Ewald (Hg.), Qualität und Qualitätssicherung im Bildungsbereich: Schule, Sozialpädagogik, Hochschule (41. Beiheft der Zeitschrift für Pädagogik), Weinheim 2000, 73–92.

Ditton, Hartmut, Der Beitrag Urie Bronfenbrenners für die Erziehungswissenschaft, in: Zeitschrift für Soziologie der Erziehung und Sozialisation 26 (2006) 3, 268–281.

Ditton, Hartmut/Müller, Andreas, Schulqualität, in: Reinders, Heinz u. a. (Hg.), Empirische Bildungsforschung. Gegenstandsbereiche, Wiesbaden ²2015, 121–134.

Döbert, Hans, Die Bildungsberichterstattung in Deutschland – Oder: Wie können Indikatoren zu Innovationen im Bildungswesen beitragen? In: Landesinstitut für Schule und Medien Berlin-Brandenburg (LISUM, Deutschland)/ Bundesministerium für Unterricht, Kunst und Kultur (BMUKK, Österreich)/ Schweizerische Konferenz der kantonalen Erziehungsdirektoren (EDK, Schweiz) (Hg.), Bildungsmonitoring, Vergleichsstudien und Innovationen. Von evidenzbasierter Steuerung zur Praxis, Berlin 2008, 71–91.

Döbert, Hans, Indikatorengestützte Bildungsberichterstattung – eine Einführung, in: Böttcher, Wolfgang u. a. (Hg.), Bildungsmonitoring und Bildungscontrolling in nationaler und internationaler Perspektive, Münster 2008, 13–18.

Döbert, H, Zur Steuerung von Schulsystemen – Einsichten aus der Analyse von Einflussfaktoren auf die PISA-Ergebnisse, in: Hofmann, Franz/Schreiner, Claudia/Thonhauser, Josef (Hg.), Qualitative und quantitative Aspekte. Zu ihrer Komplementarität in der erziehungswissenschaftlichen Forschung, Münster 2008, 299–320.

Dreesmann, Helmut, Zur Beziehung zwischen Rechenleistungen, kognitiven Variablen und Unterrichtsklima, in: Zeitschrift für Empirische Pädagogik 5 (1981) 2, 83–96.

Dreesmann, Helmut, Neuere Entwicklungen zur Erforschung des Unterrichtsklimas, in: Treiber, Bernhard/Weinert, Franz E. (Hg.), Lehr-Lern-Forschung. Ein Überblick in Einzeldarstellungen, München 1982, 177–199.

Dreesmann, Helmut u. a., Schulklima, in: Ingenkamp, Karlheinz u. a. (Hg.), Empirische Pädagogik 1970–1990. Eine Bestandsaufnahme der Forschung in der Bundesrepublik Deutschland, Band II, Weinheim 1992, 655–682.

Dubs, Rolf, Qualitätsmanagement für Schule, St. Gallen 2003.

Eder, Ferdinand, Schulische Umwelt-Typen und ihr Einfluss auf das Klima in Schulklassen, in: Empirische Pädagogik 4 (1990) 165–189.

Eder, Ferdinand, Linzer Fragebogen zum Schul- und Klassenklima für die 8.–13. Klasse (LFSK 8–13), Göttingen 1998.

Eder, Ferdinand, Unterrichtsklima und Unterrichtsqualität, in: Unterrichtswissenschaft 30 (2002) 3, 213–229.

Eder, Ferdinand, Schul- und Klassenklima, in: Rost, Detlef H./Sparfeldt, Jörn R./ Buch Susanne R. (Hg.), Handwörterbuch Pädagogische Psychologie, Weinheim ⁵2018, 696–707.

Eder, Ferdinand (Hg.), PISA 2009. Nationale Zusatzanalysen für Österreich, Münster 2012.

Eder, Ferdinand/Altrichter, Herbert; Qualitätsentwicklung und Qualitätssicherung im österreichischen Schulwesen: Bilanz aus 15 Jahren Diskussion und Entwicklungsperspektiven für die Zukunft, in: Specht, Werner (Hg.), Nationaler Bildungsbericht Österreich 2009, Band 2: Fokussierte Analysen bildungspolitischer Schwerpunktthemen, Graz 2009, 305–322.

Eder, Ferdinand/Neuweg, Georg Hans/Thonhauser, Josef, Leistungsfeststellung und Leistungsbeurteilung, in: Specht, Werner (Hg.), Nationaler Bildungsbericht Österreich 2009, Band 2: Fokussierte Analysen bildungspolitischer Schwerpunktthemen, Graz 2009, 247–266.

Eder, Ferdinand/Thonhauser, Josef, Österreich, in: Döbert, Hans u. a. (Hg.), Die Bildungssysteme Europas, Baltmannsweiler ⁴2017, 536–558.

Erikson, Robert/Goldthorpe, John H./Portocarero, Lucienne, Intergenerational class mobility in three Western European societies: England, France and Sweden, in: British Journal of Sociology 30 (1979) 4, 341–415.

Fend, Helmut, Schulklima: Soziale Einflussprozesse in der Schule, Weinheim 1977.

Fend, Helmut, Theorie der Schule, München 1980.

Fend, Helmut, Gesamtschule im Vergleich. Bilanz der Ergebnisse des Gesamtschulversuchs, Weinheim 1982.

Fend, Helmut, Schulqualität. Die Wiederentdeckung der Schule als pädagogische Gestaltungsebene, in: Neue Sammlung 28 (1988) 4, 537–547

Fend, Helmut, Thesen zum Workshop, in: Grogger, Günter/Specht, Werner (Hg.), Evaluation und Qualität im Bildungswesen: Problemanalyse und Lösungsansätze am Schnittpunkt von Wissenschaft und Bildungspolitik, Graz 1999, 136–138.

Fend, Helmut, Bildungspolitische Optionen für die Zukunft des Bildungswesens, in: Oelkers, Jürgen (Hg.), Zukunftsfragen der Bildung (43. Beiheft der Zeitschrift für Pädagogik), Weinheim 2001, 37–48.

Fend, Helmut, Bildungsforschung und Schulentwicklung in Österreich. Eine persönliche Geschichte von Distanz und wieder gewonnener Nähe, in: Altrichter, Herbert u. a. (Hg.), Baustellen in der österreichischen Bildungslandschaft. Zum 80. Geburtstag von Peter Posch, Münster 2018, 14–25.

Freudenthaler, Harald/Specht, Werner/Paechter, Manuela, Von der Entwicklung zur Akzeptanz und professionellen Nutzung nationaler Bildungsstandards, in: Erziehung & Unterricht 154 (2004) 7/8, 606–617.

Ganzeboom, Harry B. G./Graaf, Paul M./Treiman, Donald J., A Standard International Socio-Economic Index of Occupational Status, in: Social Science Research 21 (1992) 1–56.

Goy, Martin/Ackeren, Isabell van/Schwippert Knut, Ein halbes Jahrhundert internationale Schulleistungsstudien. Eine systematische Übersicht, in: Tertium Comparationis 14 (2008) 1, 77–107.

Gröhlich, Carola, Bildungsqualität. Strukturen und Prozesse in Schule und Unterricht und ihre Bedeutung für den Kompetenzerwerb, Münster 2012.

Gruber, Karl Heinz, Bildungsstandards: „World class", PISA-Durchschnitt und österreichische Mindest-Standards, in: Erziehung & Unterricht 154 (2004) 7/8, 666–677.

Gruber, Karl Heinz, The German ‚PISA-Shock': Some aspects of the extraordinary impact of the OECD's PISA study on the German education system, in: Ertl, Hubert (Hg.), Cross-national. Attraction in Education: accounts from England and Germany, Oxford 2006, 195–208.

Gruehn, Sabine, Unterricht und schulisches Lernen, Münster 2000.

Grundmann, Matthias, Zur Einführung in den Themenschwerpunkt: Urie Bronfenbrenner und die Sozialökologie der menschlichen Entwicklung, in: Zeitschrift für Soziologie der Erziehung und Sozialisation 26 (2006) 3, 227–231.

Grundmann, Matthias, Humanökologie, Sozialstruktur und Sozialisation, in: Hurrelmann, Klaus u. a. (Hg.), Handbuch Sozialisationsforschung, Weinheim [7]2008, 173–182.

Grundmann, Matthias, Die Sozialökologie von Bildungsprozessen. Bildungserfahrungen, Bildungsaspirationen und Bildungserwerb aus sozialisationstheoretischer Perspektive, in: Witte, Erich H./Doll, Jörg (Hg.), Sozialpsychologie, Sozialisation und Schule, Lengerich 2011, 12–28.

Haider, Günter, System-Monitoring, in: Eder, Ferdinand (Hg.), Qualitätsentwicklung und Qualitätssicherung im österreichischen Schulwesen (Bildungsforschung des Bundesministeriums für Bildung, Wissenschaft und Kultur 17), Innsbruck 2002, 203–223.

Haider, Günter, Kompetenzprofil Lesen, in: Reiter, Claudia/Haider, Günter (Hg.), PISA 2000. Lernen für das Leben. Österreichische Perspektiven des internationalen Vergleichs, Innsbruck 2002, 13–20.

Haider, Günter, System-Monitoring, in: Eder, Ferdinand (Hg.), Qualitätsentwicklung und Qualitätssicherung im österreichischen Schulwesen

(Bildungsforschung des Bundesministeriums für Bildung, Wissenschaft und Kultur 17), Innsbruck 2002, 203–223.

Haider, Günter, LOW10 – Analysen der untern 10 %, in: ebd. 47–54.

Haider, Günter, PISA 2003: Resümee und Ausblick, in: Haider, Günter/Reiter, Claudia (Hg.), PISA 2003. Internationaler Vergleich von Schülerleistungen. Nationaler Bericht, Graz 2004, 162–166.

Haider, Günter, PISA & Co und das Schulsystem – Stand der Dinge und zukünftige Entwicklung, in: Haider, Günter/Schreiner, Claudia (Hg.), Die PISA-Studie. Österreichs Schulsystem im internationalen Wettbewerb, Wien 2006, 379–387.

Haider, Günter u. a., Zukunft Schule. Strategien und Maßnahmen zur Qualitätsentwicklung. Reformkonzept der österreichischen Zukunftskommission, Wien 2003.

Haider, Günter u. a., Entwicklung, Einführung, Überprüfung und Nutzung von Bildungsstandards im österreichischen Schulsystem. Positionspapier der Zukunftskommission, Salzburg 2004.

Haider, Günter u. a., Das Reformkonzept der Zukunftskommission. Abschlussbericht, Wien 2005.

Haider, Günter/Reiter, Claudia, PISA 2000. Nationaler Bericht. Internationale und nationale Ergebnisse. Vergleich der Schülerleistungen mit dem Schwerpunkt Lesen und Leseverständnis, Innsbruck 2001.

Haider, Günter/Schreiner, Claudia, PISA-Leistung und Schulnoten, in: dies. (Hg.), Die PISA-Studie. Österreichs Schulsystem im internationalen Wettbewerb, Wien 2006, 229–236.

Hanisch, Günter/Katschnig, Tamara, Schulsystemvergleiche, in: Rost, Detlef H (Hg.), Handwörterbuch Pädagogische Psychologie, Weinheim ²2006, 728–737.

Hannover, Bettina, Gender revisited: Konsequenzen aus PISA für die Geschlechterforschung, in: Lenzen, Dieter u. a. (Hg.), PISA und die Konsequenzen für die erziehungswissenschaftliche Forschung (Beiheft 3 der Zeitschrift für Erziehungswissenschaft), Wiesbaden 2004, 81–99.

Harvey, Lee/Green, Diana, Qualität definieren. Fünf unterschiedliche Ansätze, in: Helmke, Andreas/Hornstein, Walter/Terhart, Ewald (Hg.), Qualität und Qualitätssicherung im Bildungsbereich: Schule, Sozialpädagogik, Hochschule (41. Beiheft der Zeitschrift für Pädagogik), Weinheim 2000, 17–39.

Heid, Helmut, Qualität: Überlegungen zur Begründung einer pädagogischen Beurteilungskategorie, in: ebd. 41–54.

Heinrich, Martin, Governance in der Schulentwicklung. Von der Autonomie zur evaluationsbasierten Steuerung, Wiesbaden 2007.

Heinrich, Martin/Gruschka, Andreas, PISA. Oder: Populistische Insinuationen Schulischer Arbeitsergebnisse, in: Pädagogische Korrespondenz. Zeitschrift für kritische Zeitdiagnostik in Pädagogik und Gesellschaft 28 (2002) 2, 104–105.

Helmke, Andreas, TIMSS und die Folgen: Der weite Weg von der externen Leistungsevaluation zur Verbesserung des Lehrens und Lernens, in: Trier, Uri P. (Hg.), Bildungswirksamkeit zwischen Forschung und Politik. Efficacité de la formation entre recherche et politique, Zürich 2000, 135–164.

Herrmann, Ulrich G., „Alte" und „neue" Steuerung im Bildungssystem. Anmerkungen zu einem bildungshistorisch problematischen Dualismus, in: Lange, Ute u. a. (Hg.) Steuerungsprobleme im Bildungswesen, Wiesbaden 2009, 57–77.

Hohmeier, Jürgen, Effektivität, in: Fuchs-Heinritz u. a. (Hg.), Lexikon zur Soziologie, Wiesbaden ⁴2007, 150.

Horstkemper, Marianne/Tillmann, Klaus-Jürgen, Schulformvergleiche und Studien zu Einzelschulen, in: Helsper, Werner/Böhme, Jeanette (Hg.), Handbuch der Schulforschung, Wiesbaden ²2008, 285–320.

Horstkemper, Marianne/Tillmann, Klaus-Jürgen, Sozialisation in der Schule und Hochschule, in: Hurrelmann, Klaus/Grundmann, Matthias/Walper, Sabine (Hg.), Handbuch Sozialisationsforschung, Weinheim ⁷2008, 290–305.

Huber, Christina u. a., Bildungsstandards in Deutschland, Österreich, England, Australien, Neuseeland und Südostasien. Literaturbericht zu Entwicklung, Implementation und Gebrauch von Standards in nationalen Schulsystemen, Aarau 2006.

Huber, Stephan Gerhard, School Effectiveness: Was macht Schule wirksam? In: Schul-Management 30 (1999) 2, 10–17.

Huber, Stephan Gerhard/Büeler, Xaver, Schulentwicklung und Qualitätsmanagement, in: Blömeke, Sigrid u. a. (Hg.), Handbuch Schule, Bad Heilbrunn 2009, 579–587.

Husén, Torsten/Tuijnman, Albert C., Monitoring Standards in Education: Why and How it Came About, in: Tuijnman, Albert C./Postlethwaite, T. Neville (Hg.), Monitoring the standards of education, Oxford 1994, 1–21.

Jahnke, Thomas, Deutsche PISA-Folgen, in: Hopmann, Stefan/Brinek, Gertrude/Retzl, Martin (Hg.), PISA zufolge PISA – PISA According to PISA. Hält PISA, was es verspricht? – Does PISA Keep What It Promises? (Schulpädagogik und Pädagogische Psychologie 6), Münster 2007, 305–320.

Jahnke, Thomas/Meyerhöfer, Wolfram (Hg.), PISA & Co – Kritik eines Programms, Hildesheim ²2007.

Janke, Nike, Soziales Klima an Schulen aus Lehrer-, Schulleiter- und Schülerperspektive. Eine Sekundäranalyse der Studie „Kompetenzen und Einstellungen von Schülerinnen und Schülern – Jahrgangsstufe 4 (KESS 4)", Münster 2006.

Klemm, Klaus, Dezentralisierung und Privatisierung im Bildungswesen, in: Holtappels, Heinz Günter/Höhmann, Katrin (Hg.), Schulentwicklung und Schulwirksamkeit. Systemsteuerung, Bildungschancen und Entwicklung der Schule, Weinheim 2005, 111–119.

Klieme, Eckhard, Bildungsstandards als Instrumente zur Harmonisierung von Leistungsbewertungen und zur Weiterentwicklung didaktischer Kulturen, in: Eder, Ferdinand/Gastager, Angela/Hofmann, Franz (Hg.), Qualität durch Standards? Beiträge zum Schwerpunktthema der 67. Tagung der AEPF, Münster 2006, 55–70.

Klieme, Eckhard, Qualitätsbeurteilung von Schule und Unterricht: Möglichkeiten und Grenzen einer begriffsanalytischen Reflexion – ein Kommentar zu Helmut Heid, in: Zeitschrift für Erziehungswissenschaft 16 (2013) 433–441.

Klieme, Eckhard, Schulqualität, Schuleffektivität und Schulentwicklung – Welche Erkenntnis eröffnet empirische Forschung? In: Steffens, Ulrich/Bargel, Tino (Hg.), Schulqualität – Bilanz und Perspektiven. Grundlagen der Qualität von Schule 1, Münster 2016, 45–64.

Klieme, Eckhard u. a., Zur Entwicklung nationaler Bildungsstandards. Eine Expertise, Berlin 2003.

Klieme, Eckhard/Artelt, Cordula/Stanat, Petra, Fächerübergreifende Kompetenzen: Konzepte und Indikatoren, in: Weinert, Franz E (Hg.), Leistungsmessungen in Schulen, Weinheim 2014, 203–218.

Köller, Olaf, Standards und Qualitätssicherung zur Outputsteuerung im System und in der Einzelinstitution, in: Buer, Jürgen van/Wagner, Cornelia (Hg.), Qualität von Schule. Ein kritisches Handbuch, Frankfurt am Main 2007, 93–102.

Köller, Olaf/Baumert, Jürgen/Bos, Wilfried, TIMSS Third International Mathematics and Science Study: Dritte internationale Mathematik- und Naturwissenschaftsstudien, in: Weinert, Franz E (Hg.), Leistungsmessungen in Schulen, Weinheim ^{3}2014, 269–284.

Kogan, Maurice, Monitoring, Control, and Governance of School Systems, in: OECD (Hg.), Evaluating and Reforming Education Systems, Paris 1996, 25–45.

Krainer, Konrad, Ausgangspunkt und Grundidee von IMST^2. Reflexion und Vernetzung als Impulse zur Förderung von Innovationen, in: ders. u. a. (Hg.), Lernen im Aufbruch: Mathematik und Naturwissenschaften. Pilotprojekt IMST^2, Innsbruck 2002, 21–57.

Krainer, Konrad, Die Programme IMST und SINUS: Reflektionen über Ansatz, Wirkungen und Weiterentwicklungen, in: Höttecke, Dietmar (Hg.), Naturwissenschaftlicher Unterricht im internationalen Vergleich (Schriften der Gesellschaft für Didaktik der Chemie und Physik 27), Münster 2007, 47–67.

Krainer, Konrad, Genese, Ansatz und Wirkungen des Projekts IMST, in: Hofmann, Franz/Schreiner, Claudia/Thonhauser, Josef (Hg.), Qualitative und quantitative Aspekte. Zu ihrer Komplementarität in der erziehungswissenschaftlichen Forschung, Münster 2008, 343–357.

Krainer, Konrad, Das Projekt IMST – Innovations in Mathematics, Science and Technology Teaching. Einblicke in Ansatz und Entwicklungen am Beispiel des IMST-Fonds, in: Eder, Ferdinand/Hörl, Gabriele (Hg.), Gerechtigkeit und Effizienz im Bildungswesen. Unterricht, Schulentwicklung und LehrerInnenbildung als professionelle Handlungsfelder, Münster 2008, 183–194.

Krainer, Konrad/Benke, Gertraud, Wie haben sich Fachdidaktik und Unterricht in Mathematik und in den Naturwissenschaften in Österreich in den letzten 35 Jahren weiterentwickelt, in: Altrichter, Herbert u. a. (Hg.), Baustellen in der österreichischen Bildungslandschaft. Zum 80. Geburtstag von Peter Posch, Münster 2018, 76–90.

Kühnelt, Helmut, TIMSS 3 – nicht nur für Maturanten, in: Plus Lucis 2 (2000) 3–6.

Lang, Birgit, Die OEDC/PISA-Studien, in: Haider, Günter/Reiter, Claudia (Hg.), PISA 2000. Nationaler Bericht. Internationale und nationale Ergebnisse. Vergleich der Schülerleistungen mit dem Schwerpunkt Lesen und Leseverständnis, Innsbruck 2001, 12–37.

Lang, Birgit, Naturwissenschafts-Kompetenz im internationalen Vergleich, in: Haider, Günter/Reiter, Claudia (Hg.), PISA 2003. Internationaler Vergleich von Schülerleistungen. Nationaler Bericht, Graz 2004, 78–87.

Lang, Birgit u. a., Die OECD-PISA-Studie, in: ebd. 18–43.

Lange, Hermann, Schulautonomie. Entscheidungsprobleme aus politisch-administrativer Sicht, in: Zeitschrift für Pädagogik 41 (1995) 1, 21–37.

Lange, Hermann, Qualitätssicherung in Schulen, in: Die Deutsche Schule 91 (1999) 2, 144–159.

Lassnig, Lorenz, Eine unendlich(e) peinliche Geschichte…oder: Kein „Einheitsbrei" in Österreich? In: Hackl, Bernd/Pechar, Hans (Hg.), Bildungspolitische Aufklärung. Um- und Irrwege der österreichischen Schulreform, Innsbruck 2007, 28–45.

Lassnig, Lorenz/Gruber, Karl–Heinz, Statistiken – Indikatoren – Standards – Benchmarks als Mittel zur Koordination und Steuerung im Bildungswesen.

Beitrag für die Arbeitsgruppe „Indikatoren und Benchmarks" im Bundesministerium für Bildung, Wissenschaft und Kultur, Wien 2001.

Lehmann, Rainer H., Internationale Ansätze zu einer Strategie des Bildungsmonitoring – aktuelle Diskussion und mögliche Konsequenzen für Deutschland, in: Böttcher, Wolfgang u. a. (Hg.), Bildungsmonitoring und Bildungscontrolling in nationaler und internationaler Perspektive, Münster 2008, 19–33.

Levine, Daniel U./Lezotte, Lawrence W., Unusually effective schools. A review and analysis of research and practice, Madison 1990.

Liket, Theo M. E., Freiheit und Verantwortung, Gütersloh 1993.

Lucyshyn, Josef, Bildungsstandards in Österreich. Entwicklung und Implementierung. Pilotphase II (2004–207), Salzburg 2007.

Lüscher, Kurt, Urie Bronfenbrenner 1917–2005. Facetten eines persönlichen Porträts, in: Zeitschrift für Soziologie der Erziehung und Sozialisation 26 (2006) 3, 232–246.

Maag Merki, Katharina, Theoretische und empirische Analysen der Effektivität von Bildungsstandards, standardbezogenen Lernstandserhebungen und zentralen Abschlussprüfungen, in: Altrichter, Herbert/Maag Merki, Katharina (Hg.), Handbuch Neue Steuerung im Schulsystem, Wiesbaden ²2016, 151–181.

Maaz, Kai/Kühne, Stefan, Indikatorengestützte Bildungsberichterstattung, in: Rippelt, Rudolf/Schmidt-Hertha, B (Hg.), Handbuch Bildungsforschung, Wiesbaden ⁴2018, 375–396.

Maritzen, Norbert, Bildungsmonitoring – Systeminnovation zur Sicherung von Qualitätsstandards, in: Landesinstitut für Schule und Medien Berlin-Brandenburg (LISUM, Deutschland)/Bundesministerium für Unterricht, Kunst und Kultur (BMUKK, Österreich)/Schweizerische Konferenz der kantonalen Erziehungsdirektoren (EDK, Schweiz) (Hg.), Bildungsmonitoring, Vergleichsstudien und Innovationen. Von evidenzbasierter Steuerung zur Praxis, Berlin 2008, 109–124.

Martinek, Daniela, High Stakes Testing – ein kritischer Blick auf die amerikanische Vorgehensweise bei der Überprüfung von Standards, in: Hofmann, Franz/Martinek, Daniela/Schwantner, Ursula (Hg.), Binnendifferenzierung – (k)ein Widerspruch? (Österreichische Beiträge zur Bildungsforschung 7), Münster 2011, 103–129.

Moos, Rudolf H., Evaluating educational climates, San Francisco, 1979.

Mortimore, Peter, Auf der Suche nach neuen Ressourcen. Die Forschung zur Wirksamkeit von Schule (School effectiveness), in: Böttcher, Wolfgang/Weishaupt, Horst/Weiß, Manfred (Hg.), Wege zu einer neuen Bildungsökonomie.

Pädagogik und Ökonomie auf der Suche nach Ressourcen und Finanzierungskonzepten, Weinheim 1997, 171–192.

Mullis, Ina V. S., Mathematics and science achievement in the final year of secondary school. IEA's third International Mathematics and Science Study, Chestnut Hill 1998.

National Commission on Excellence in Education, A Nation at Risk: The Imperative for Educational Reform, Washington D. C. 1983.

Neuweg, Georg Hans, Chancen und Risiken der Implementation von Bildungsstandards im österreichischen Schulwesen, in: Hackl, Bernd/Pechar, Hans (Hg.), Bildungspolitische Aufklärung. Um- und Irrwege der österreichischen Schulreform, Innsbruck 2007, 46–62.

Neuwirth, Erich/Ponocny, Ivo/Grossmann, Wilfried, Einleitung der wissenschaftlichen Herausgeber, in: Neuwirth, Erich/Grossmann, Wilfried/Ponocny, Ivo (Hg.), PISA 2000 und PISA 2003: Vertiefende Analysen und Beiträge zur Methodik, Graz 2006, 11–15.

Neuwirth, Erich, Stichprobe PISA 2000 und PISA 2003 für Österreich, in: ebd. 28–38.

Neuwirth, Erich, Korrigierte Hauptergebnisse PISA 2000 und PISA 2003 für Österreich, in: ebd. 62–70.

Nichols, Sharon L./Berliner, David C., Collateral damage. How high-stakes testing corrupts America's Schools, Cambridge, MA 2007.

Niemann, Dennis, Deutschland – Im Zentrum des PISA-Sturms, in: Knodel, Philipp u. a. (Hg.), Das PISA-Echo. Internationale Reaktionen auf die Bildungsstudie, Frankfurt am Main 2010, 59–90.

Nikolova, Roumiana, Grundschulen als differentielle Entwicklungsmilieus, Münster 2011.

O'Day, Jennifer, Standards-Based Reform – Promises, Pitfalls, and Potential Lessons from the U.S., in: Böttcher, Wolfgang u. a. (Hg.), Bildungsmonitoring und Bildungscontrolling in nationaler und internationaler Perspektive, Münster 2008, 107–127.

OECD, Schools and Quality. An International Report, Paris 1989.

OECD, Schulen und Qualität. Ein internationaler OECD-Bericht, Frankfurt am Main 1991.

OECD, Schülerleistungen im internationalen Vergleich. Eine neue Rahmenkonzeption für die Erfassung von Wissen und Fähigkeiten, Berlin 2000.

OECD, Lernen für das Leben. Erste Ergebnisse der internationalen Schulleistungsstudie PISA 2000, Paris 2001.

OECD, School factors related to quality and equity. Results from PISA 2000, Paris, 2005.

OECD, PISA 2006. Science Competencies for Tomorrow's World, Volume 1: Analysis, Paris 2007.

Oelkers, Jürgen, Wie man Schule entwickelt. Eine bildungspolitische Analyse nach PISA, Weinheim 2003.

Oelkers, Jürgen/Reusser, Kurt, Qualität entwickeln – Standards sichern – mit Differenz umgehen (Bildungsforschung 27), Berlin 2008.

Olano, Daniel de u. a., Das PISA-Echo – Resonanzen und Erklärungsansätze, in: Knodel, Philipp u. a. (Hg.), Das PISA-Echo. Internationale Reaktionen auf die Bildungsstudie, Frankfurt am Main 2010, 9–25.

Olano, Daniel de, Gewinner, Verlierer und Exoten – PISA in sieben weiteren Staaten, in: ebd. 251–296.

Pekrun, Reinhard, Schulklima, in: Twellmann, Walter (Hg.), Handbuch Schule und Unterricht, Band 7.1: Dokumentation, Düsseldorf 1985, 524–547.

Pointinger, Martin, Schülerleistungen im nationalen Vergleich, in: Haider, Günter/Reiter, Claudia (Hg.), PISA 2003. Internationaler Vergleich von Schülerleistungen. Nationaler Bericht, Graz 2004, 96–119.

Posch, Peter, Erfahrungen mit dem Qualitätsmanagement im Bildungswesen in Österreich, in: Zeitschrift für Erziehungswissenschaft 5 (2002) 4, 598–616.

Posch, Peter/Altrichter, Herbert, Bildung in Österreich. Analysen und Entwicklungsperspektiven, Innsbruck 1992.

Posch, Peter/Altrichter, Herbert, Möglichkeiten und Grenzen der Qualitätsevaluation und Qualitätsentwicklung im Schulwesen, Innsbruck 1997.

Prenzel, Manfred u. a., Soziale Herkunft und mathematische Kompetenz, in: ders. u. a. (Hg.), PISA 2003. Der Bildungsstand der Jugendlichen in Deutschland – Ergebnisse des zweiten internationalen Vergleichs, Münster 2004, 273–282.

Prenzel, Manfred/Carstensen, Claus H./Zimmer, Karin, Von PISA 2000 zu PISA 2003, in: ebd. 355–369.

Radinger Regina, Soziales Kapital und PISA-Leistungen. Eine Mehrebenenanalyse, in: Statistische Nachrichten 4 (2005) 316–327.

Radisch, Falk, Von FIMS bis PIRLS und PISA. Deutschlands Abschneiden bei internationalen Schulleistungsvergleichen, in: Böttcher, Wolfgang u. a. (Hg.), Bildungsmonitoring und Bildungscontrolling in nationaler und internationaler Perspektive, Münster 2008, 183–194.

Reiter, Claudia, Schülerleistungen im nationalen Vergleich, in: Haider, Günter/Reiter, Claudia (Hg.), PISA 2000. Nationaler Bericht. Internationale und nationale Ergebnisse. Vergleich der Schülerleistungen mit dem Schwerpunkt Lesen und Leseverständnis, Innsbruck 2001, 68–79.

Reiter, Claudia, Multivariate thematische Analysen, in: ebd. 102–119.

Reiter, Claudia, Schüler/innen nichtdeutscher Muttersprache, in: Reiter, Claudia/Haider, Günter (Hg.), PISA 2000. Lernen für das Leben. Österreichische Perspektiven des internationalen Vergleichs, Innsbruck 2002, 69–74.

Reiter, Claudia, Mathematik-Kompetenz im internationalen Vergleich, in: Haider, Günter/Reiter, Claudia (Hg.), PISA 2003. Internationaler Vergleich von Schülerleistungen. Nationaler Bericht, Graz 2004, 44–61.

Reiter, Claudia, Lese-Kompetenz im internationalen Vergleich, in: ebd. 64–75.

Rolff, Hans-Günter, Schulentwicklung als Entwicklung von Einzelschulen? Theorien und Indikatoren von Entwicklungsprozessen, in: Zeitschrift für Pädagogik 37 (1991) 6, 865–886.

Rolff, Hans-Günter, Autonomie von Schule – Dezentrale Entwicklung und zentrale Steuerung, in: Melzer, Wolfgang/Sandfuchs, Uwe (Hg.), Schulreform in der Mitte der 90er Jahre. Strukturwandel und Debatten um die Entwicklung des Schulsystems in Ost- und Westdeutschland (Schule und Gesellschaft 8), Opladen 1996, 209–227.

Rubenson, Kjell, Lifelong learning: between humanism and global capitalism, in: Jarvis, Peter (Hg.), The International Handbook of Lifelong Learning, London 2009, 411–423.

Rürup, Matthias, Innovationswege im deutschen Bildungssystem. Die Verbreitung der Idee „Schulautonomie" im Ländervergleich, Wiesbaden 2007.

Rürup, Matthias/Fuchs, Hans-Werner/Weishaupt, Horst, Bildungsberichterstattung – Bildungsmonitoring, in: Altrichter, Herbert/Maag Merki, Katharina (Hg.), Handbuch Neue Steuerung im Schulsystem, Wiesbaden ²2016, 410–437.

Saldern, Matthias von/Littig, Kurt Ernst/Ingenkamp, Karlheinz (Hg.), LASSO 4.–13. Landauer Skalen zum Sozialklima, Weinheim ²1996.

Saldern, Matthias von/Paulsen, Arne, Sind Bildungsstandards die richtige Antwort auf PISA? In: Schlömerkemper, J (Hg.), Bildung und Standards. Zur Kritik der „Instandardsetzung" des deutschen Bildungswesens (Die Deutsche Schule 96, Beiheft 8), Weinheim 2004, 66–100.

Sammons, Pam/Hillman, Josh/Mortimore, Peter, Key characteristics of effective schools. A review of school effectiveness research, in: White, John/Barber, Michael (Hg.), Perspectives on school effectiveness and school improvements, London 1997, 77–124.

Schratz, Michael/Hartmann, Martin, Schulautonomie in Österreich: Bilanz und Perspektiven für eine eigenverantwortliche Schule, in: Specht, Werner (Hg.),

Nationaler Bildungsbericht Österreich 2009, Band 2: Fokussierte Analysen bildungspolitischer Schwerpunktthemen, Graz 2009, 323–340.

Schreiner, Claudia/Pointinger, Martin, Risikoschüler/innen im internationalen Vergleich, in: Haider, Günter/Schreiner, Claudia (Hg.), Die PISA-Studie. Österreichs Schulsystem im internationalen Wettbewerb, Wien 2006, 116–136.

Schreiner, Claudia/Pointinger, Martin, Spitzenschüler/innen im internationalen Vergleich, in: ebd. 139–157.

Schümer, Gundel, Institutionelle Bedingungen schulwischen Lernens im internationalen Verlgeich, in: Baumert, Jürgen u. a. (Hg.), PISA 2000. Basiskompetenzen von Schülerinnen und Schülern im internationalen Vergleich, Opladen 2001, 411–427.

Schwarzer, Ralf, Unterrichtsklima als Sozialisationsbedingung für Selbstkonzeptentwicklung, in: Unterrichtswissenschaft 2 (1983) 2, 129–148.

Schwarzer, Ralf/Lange Bernhard, Zur subjektiven Lernumweltbelastung von Schülern, in: Unterrichtswissenschaft 4 (1980) 358–371.

Schwippert, Knut/Goy, Martin, Leistungsvergleichs- und Schulqualitätsforschung, in: Helsper, Werner/Böhme, Jeanette (Hg.), Handbuch der Schulforschung, Wiesbaden ²2008, 387–421.

Specht, Werner, Schulentwicklung und Qualitätsmanagement. Aktuelle Beiträge zur Qualitätsdiskussion (ZSE-Report 63, Zentrum für Schulentwicklung), Wien 2002.

Specht, Werner, Überlegungen zur Institutionalisierung zentraler Funktionen der Qualitätsentwicklung und Qualitätssicherung auf nationaler Ebene, in: Eder, Ferdinand u. a. (Hg.) Qualitätsentwicklung und Qualitätssicherung im österreichischen Schulwesen, Innsbruck 2002, 423–441.

Specht, Werner, Von den Mühen der Ebene. Entwicklung und Implementation von Bildungsstandards in Österreich: in: Eder, Ferdinand/Gastager, Angela/Hofmann, Franz (Hg.), Qualität durch Standards= Beiträge zum Schwerpunktthema der 67. Tagung der AEPF, Münster 2006, 13–37.

Specht, Werner, Innovation durch Evaluation? Entstehung und Umsetzung von Innovationen im Bildungssystem als Konsequenz aus Bildungsmonitoring, Bildungsberichterstattung und vergleichenden Schulleistungsstudien – Möglichkeiten und Grenzen aus österreichischer Sicht, in: Landesinstitut für Schule und Medien Berlin-Brandenburg (LISUM, Deutschland)/Bundesministerium für Unterricht, Kunst und Kultur (BMUKK, Österreich)Schweizerische Konferenz der kantonalen Erziehungsdirektoren (EDK, Schweiz) (Hg.), Bildungsmonitoring, Vergleichsstudien und Innovationen. Von evidenzbasierter Steuerung zur Praxis, Berlin 2008, 41–52.

Specht, Werner, Nationaler Bildungsbericht – ein Schritt in Richtung evidenzbasierter Politik in Österreich, in: ebd. 93–108.

Specht, Werner/Thonhauser, Josef (Hg.), Schulqualität. Entwicklungen, Befunde, Perspektiven, Innsbruck 1996.

Specht, Werner/Freudenthaler, Harald, Bildungsstandards – Bedingungen ihrer Wirksamkeit, in: Erziehung & Unterricht 154 (2004) 7/8, 618–629.

Stanat, Petra/Kunter, Mareike, Geschlechterunterschiede in Basiskompetenz, in: Baumert Jürgen u. a. (Hg.), PISA 2000. Basiskompetenzen von Schülerinnen und Schülern im internationalen Vergleich, Opladen 2001, 251–269.

Stanat, Petra/Lüdtke, Oliver, Internationale Schulleistungsvergleiche, in: Trommsdorff, Gisela/Kornadt, Hans-Joachim (Hg.), Enzyklopädie der Psychologie. Kulturvergleichende Psychologie, Band 3: Anwendungsfelder der kulturvergleichenden Psychologie, Göttingen 2007, 279–347.

Steffens, Ulrich, Schulqualitätsdiskussion in Deutschland – Ihre Entwicklung im Überblick, in: van Buer, Jürgen/Wagner, Cornelia (Hg.), Qualität von Schule. Ein kritisches Handbuch, Frankfurt am Main 2007, 21–51.

Steffens, Ulrich/Bargel Tino, Erkundungen zur Qualität von Schule, Neuwied 1993.

Terhart, Ewald, Qualität und Qualitätssicherung im Schulsystem. Hintergründe – Konzepte – Probleme, in: Zeitschrift für Pädagogik 46 (2000) 6, 809–829.

Terhart, Ewald, Zwischen Aufsicht und Autonomie. Geplanter und ungeplanter Wandel im Bildungsbereich, Essen 2001.

Terhart, Ewald, Nach PISA, Hamburg 2002.

Thonhauser, Josef, Benchmarking zwischen Euphorie und Skepsis, in: Erziehung und Unterricht 152 (2002) 7/8, 849–858.

Thonhauser, Josef, Ja, aber! Zur Debatte über die Einführung von Bildungsstandards, in: Erziehung und Unterricht 154 82004) 7/8, 646–655.

Tillmann, Klaus-Jürgen, Schulautonomie, in: Coelen, Thomas/Otto, Hans-Uwe (Hg.), Grundbegriffe Ganztagsbildung. Das Handbuch, Wiesbaden 2008, 594–601.

Tillmann, Klaus-Jürgen, Was leistet die PISA-Studie zur Steuerung des Bildungssystems? In: Tippelt, Rudolf (Hg.), Steuerung durch Indikatoren. Methodologische und theoretische Reflektionen zur deutschen und internationalen Bildungsberichterstattung, Opladen 2009, 17–30.

Tillmann, Klaus-Jürgen u. a., PISA als bildungspolitisches Ereignis. Fallstudien in vier Bundesländern, Wiesbaden 2008.

Tippelt, Rudolf, Steuerung durch Indikatoren!? – Methodologische und theoretische Reflexionen zur deutschen und internationalen Bildungsberichterstattung, in: ders. (Hg.), Steuerung durch Indikatoren. Methodologische und theoretische Reflektionen zur deutschen und internationalen Bildungsberichterstattung, Opladen 2009, 7–15.

Vorblatt und Erläuterungen zum BGBl. I Nr. 117/2008: https://www.parlament.gv.at/PAKT/VHG/XXIII/ME/ME_00183/fname_106733.pdf (04.08.2021).

Walberg, Herbert J., Educational environments and effects. Evaluation, policy, and productivity, Berkeley, CA 1979.

Watermann, Rainer/Baumert, Jürgen, Mathematische und naturwissenschaftliche Grundbildung beim Übergang von der Schule in den Beruf, in: Baumert, Jürgen/Bos, Wilfried/Lehmann, Rainer (Hg.), TIMSS/III. Dritte Internationale Mathematik- und Naturwissenschaftsstudie – Mathematische und naturwissenschaftliche Bildung am Ende der Schullaufbahn, Band 1: Mathematische und naturwissenschaftliche Grundbildung am Ende der Pflichtschulzeit, Opladen 2000, 199–259.

Weinert, Franz E, Vergleichende Leistungsmessung in Schulen – eine umstrittene Selbstverständlichkeit, in: ders. (Hg.), Leistungsmessungen in Schulen, Weinheim ³2014, 17–31.

Wiesner, Christian/Schreiner, Claudia, Genese der Bildungsstandards in Österreich, Salzburg 2017.

Franz Gmainer-Pranzl

Politische Theologie – ein Beitrag zur Gesellschafts- und Wissenschaftskritik

Abstract: Theology has always been political, inasmuch as it reflects a specific way of life ("faith") that is associated with social and societal contexts. Thus "political theology" means, not a strategy involving the legitimation of power and institutions as formulated by Carl Schmitt, but, quite the contrary, a critical debate with power and politics. Johann Baptist Metz defined the "memoria passionis", the "memory of suffering", as the fundamental principle of "political theology". Theology should, in a socio-political sense, make one sensitive to the suffering of others. Metz understands the Biblical tradition as the "dangerous remembrance" of solidarity and emancipation which have been lost in the course of history. Accordingly, theology contributes to the development of an "intellectual option for the poor" and to the strengthening of the socio-critical function of science and academia.

Keywords: political theology, anamnetic theology, critique of society, memory of suffering, option for the poor

Die (selbst-)kritische Frage, ob die wissenschaftliche Arbeit, wie sie an der Universität geleistet wird, (noch) einen Bezug zu einer gesellschaftskritischen und -politischen Auseinandersetzung aufweise, stand am Beginn der interdisziplinären Ringvorlesung „Das Politische der Wissenschaft" im Sommersemester 2018 an der Universität Salzburg.[1] Vertreter*innen unterschiedlicher Disziplinen, Arbeits- und Forschungsbereiche fragten, worin die gesellschaftliche Verantwortung der Wissenschaft bestehe und was „das Politische" ihrer jeweiligen Fachdisziplin sei. An dieser Diskussion und Reflexion beteiligte sich auch die

---

1 Der (unveröffentlichte) Konzepttext der Ringvorlesung, den die Vortragenden zur Vorbereitung erhielten, begann mit folgenden Fragen und Anmerkungen: „Was ist das Politische der Wissenschaft? Sind Wissenschaften und Universitäten überhaupt noch gesellschaftlich und politisch relevant? Wie sich immer deutlicher zeigt, werden Fragen nach der gesellschaftlichen Verantwortung, dem kritischen Potential und möglichen normativen Gehalten der Wissenschaft in den Hintergrund gedrängt; universitäre Studien stehen immer mehr unter dem Erwartungsdruck, (ökonomisch) ‚anwendbar' und (‚unmittelbar') verfügbar zu sein. Wissenschaft scheint prinzipiell entpolitisiert zu sein. Was zählt, sind ‚messbare Daten', während Fragen nach Werten und Normen, soziale Gerechtigkeit, gesellschaftliche Verantwortung und Humanität tendenziell als ‚nichtwissenschaftliche Angelegenheit' angesehen werden."

Theologie – ein Fach, das eher im Ruf steht, Traditionen und Institutionen zu verteidigen, anstatt sie kritisch in Frage zu stellen; mehr noch: Theologie und ihren unterschiedlichen Disziplinen wird immer wieder das Recht abgesprochen, als Wissenschaft an der Universität vertreten zu sein.[2] Ist (christliche) Theologie, die für sich selbst ja in Anspruch nimmt, ein Diskurs *aus* Religion (und nicht nur *über* Religion) – konkret: aus dem Erfahrungskontext kirchlichen Lebens – zu sein, und sich als „Glaubens-Wissenschaft"[3] versteht, überhaupt in der Lage, „das Politische" der Wissenschaft kritisch in den Blick zu nehmen? Ist die Theologie somit nicht selbst Teil eines politischen Machtsystems, dem die Aufmerksamkeit kritischer Wissenschaft gilt?[4]

Diese Anfragen sind von den Theologinnen und Theologen ernst zu nehmen; wenn Theologie ihr wissenschaftliches Selbstverständnis und ihren Bezug auf gesellschaftliche Herausforderungen nicht überzeugend erläutern kann, müssen tatsächlich Sinn und Relevanz einer solchen „Glaubens-Wissenschaft" in Frage gestellt werden. Solche kritischen Rückfragen eröffnen der Theologie allerdings die Möglichkeit, über ihre eigenen Voraussetzungen, Methoden und Arbeitsbereiche Rechenschaft abzulegen und explizit nachzufragen, worin „das Politische" ihres Denkens bestehen könnte. Von daher setzt sich dieser Beitrag zuerst mit dem (1) Selbstverständnis von Theologie als solcher auseinander, (2) stellt auf dem Hintergrund unterschiedlicher theologischer Disziplinen, Themenfelder und Paradigmen den Ansatz der „neuen Politischen Theologie" vor, der

---

2 Diese Kritik reicht von einer differenzierten Auseinandersetzung mit den komplexen Beziehungen zwischen Religion, Wissenschaft, Ethik und Gesellschaft (vgl. Willoweit, Religion und Wissenschaft) über eine grundlegende wissenschaftstheoretische Infragestellung theologischer Fakultäten, die nach Hans Albert „nichts anderes als institutionelle Residuen des apologetischen und dogmatischen Denkens im Bereich der wissenschaftlichen Forschung und Lehre" (Albert, Traktat über kritische Vernunft, 155) seien, bis hin zu aggressiver Polemik, für die es „außer Frage stehen" sollte, „dass Voodoo-Fächer wie Theologie nichts an wissenschaftlichen Hochschulen zu suchen haben" (Kölski, Theologen raus aus den Unis, 36).

3 Vgl. Werbick, Einführung in die theologische Wissenschaftslehre, 33–77.

4 Hier ist an die – wohl schon als „klassisch" zu bezeichnende – Religionskritik von Karl Marx zu erinnern, der in seiner *Kritik der Hegelschen Rechtsphilosophie* (1844) die Religion als „Seufzer der bedrängten Kreatur" und „Geist geistloser Zustände" bezeichnete (zitiert nach Kern, „Es rettet uns kein höh'res Wesen", 55), sie also als vertröstende Komplizin einer Gesellschaft begreift, die den Menschen entfremdet und kettet. Religionskritik, die von einem Interesse an Emanzipation geprägt ist, bedeutet immer auch Kritik an einer Theologie, die ein von Entfremdung und Ausbeutung geprägtes soziales System stützt.

den Bezug zwischen Religion und Gesellschaft markant hervorgehoben hat, und arbeitet von daher (3) das spezifisch „Politische" der Theologie als Wissenschaft heraus.

1 Was macht eigentlich „Theologie"? Anmerkungen zu einer weithin unbekannten Disziplin

Theologie ist die nach wissenschaftlichen Regeln erfolgende Reflexion der eigenen religiösen Überzeugung und Lebenspraxis.[5] Egal, auf Grundlage welchen religiösen Bekenntnisses auch immer „Theologie" in diesem grundsätzlichen Sinn getrieben wird, ob an einer öffentlichen akademischen Lehr- und Forschungsstätte oder in einer Einrichtung der jeweiligen Religionsgemeinschaft – in vielen religiösen Traditionen hat sich eine Form argumentativer Auseinandersetzung mit jener „letzten Orientierung"[6] herausgebildet, der religiöse Menschen in Theorie und Praxis folgen. Die Fähigkeit, das, was die eigene „Religion"[7] ausmacht, über die Grenzen der eigenen Bekenntnisgemeinschaft hinaus zu kommunizieren und angesichts kritischer Anfragen zu diskutieren, und zwar im Dialog mit Anders- und Nichtglaubenden, ist letztlich das, was „Theologie" meint.

In diesem Beitrag geht es um *eine* spezifische Tradition von Theologie, die an der Universität Salzburg vertreten ist: um *Katholische Theologie* als einer Studienrichtung, in der eine weltweit vertretene Glaubensgemeinschaft ihre Überzeugung reflektiert: als Klärung von Dissens,[8] als Auseinandersetzung mit Kritik und Infragestellung[9] sowie als Dialog mit der Gesellschaft und anderen

---

5 Vgl. die originelle Formulierung von Gilbert K. Chesterton: „Theology is simply that part of religion that requires brains" (zitiert nach: Dürnberger, Basics Systematischer Theologie, 21).

6 Religionen, so Ingolf U. Dalferth, sind „gemeinsame Lebensorientierungen" (Dalferth, Die Wirklichkeit des Möglichen, 39); vgl. ebd. 78–82.

7 Der Begriff „Religion" ist deshalb in Anführungszeichen gesetzt, weil er höchst unterschiedlich interpretiert wird; schon das lateinische Substantiv „religio" wird von mindestens zwei unterschiedlichen Verben abgeleitet: *relegere* (sorgfältig beachten) bzw. *religare* (sich zurückbinden). Zur Diskussion über den Begriff „Religion" vgl. Figl, Der Begriff der Religion.

8 Religiöse Überlieferungsinhalte, die sich als mehrdeutig erweisen, bedürfen einer Entscheidung, die nicht einfach autoritär, sondern „durch Abwägung von Gründen und Gegengründen erzielt werden soll" (Schaeffler, Das Gebet und das Argument, 228).

9 Bereits das junge Christentum war angesichts der radikalen Infragestellung durch die Gnosis gefordert, sein Selbstverständnis theologisch zu formulieren; die Anfragen der Reformation im 16. Jahrhundert, die Kritik der Aufklärung sowie unterschiedliche Ansätze einer grundsätzlichen Infragestellung von „Religion" und „Glaube" führten

Wissenschaften.[10] Die vier Fachbereiche der Katholisch-Theologischen Fakultät vertreten unterschiedliche Disziplinen, die bestimmte Aspekte des „Gesamtunternehmens" Theologie markieren: (a) Philosophie, (b 1/2) Bibelwissenschaft und Kirchengeschichte, (c) Praktische Theologie und (d) Systematische Theologie. *Im Fach „Katholische Theologie" geht es um die intellektuelle Verantwortung [a] einer Lebensform bzw. Lebenspraxis („Glaube"), die aus einem bestimmten Impuls („christliche Hoffnung") [d] lebt, der in überlieferten Texten bezeugt („Bibel") [b 1], in einer Bekenntnis- und Glaubensgemeinschaft („Kirche") weitergegeben [b 2] und in einer konkreten Gesellschaft gelebt wird [c].* Wie lässt sich nun diese komprimierte Darstellung von Theologie in Verbindung mit den Disziplinen der unterschiedlichen Fachbereiche der Katholisch-Theologischen Fakultät etwas näher explizieren?

- Ausgangspunkt und Grundlage der Theologie ist eine *Lebenspraxis.* „Christlicher Glaube" ist eine bestimmte Art und Weise, das eigene Leben zu gestalten und auszurichten. Die Religions- und Christentumskritik hat sich fast ausschließlich auf Glaubensvorstellungen und Glaubensinhalte bezogen, die „metaphysisch", „unbewiesen" und von daher „intellektuell unredlich" seien.[11] Zwar hat das Christentum – wie jede andere Religion auch – eine kognitive Dimension, und über religiöses Wissen (auch in Form von Dogmen) ist durchaus zu diskutieren, aber das Christentum ist im Ansatz keine Lehre oder

---

zur Etablierung des Fachs „Fundamentaltheologie", das den Anspruch des christlichen Glaubens angesichts der Religions-, Offenbarungs- und Kirchenkritik der Neuzeit verantwortet: „Fundamentaltheologie ist ein argumentatives Verfahren. Die Glaubensoption gilt ihr als rechenschaftsfähig und rechenschaftspflichtig" (Werbick, Den Glauben verantworten, 849).

10 Dieser Dialog ist nicht nur als freundliche Geste, sondern als wissenschaftstheoretische Aufgabe gemeint: als „Vermittlung *in fremde Erkenntniszusammenhänge hinein*" (Seckler, Fundamentaltheologie, 395), die dem „Logos des christlichen Glaubens" ein hohes Maß an kritischer Selbstreflexivität, gesellschaftlicher Anschlussfähigkeit und interdisziplinärer Übersetzungskompetenz abverlangt – also genau das, was Jürgen Habermas von Glaubensgemeinschaften und ihren Theologien forderte: die Arbeit einer „hermeneutischen Selbstreflexion" (Habermas, Religion in der Öffentlichkeit, 143) bzw. „einer für die Beteiligten selbst einsichtigen Rekonstruktion überlieferter Glaubenswahrheiten" (ebd. 144) angesichts der „kognitiven Dissonanzen", die zwischen religiösen Überzeugungen einerseits und dem religiös-weltanschaulichen Pluralismus, dem Erklärungsmonopol der Wissenschaften und säkular-demokratischen Ethikkonzepten anderseits bestehen.

11 So vor allem die Kritik der analytischen Philosophie; vgl. Ricken, Sind Sätze über Gott sinnlos?

Theorie, sondern eine neue Lebenspraxis.[12] Christ*in sein heißt nicht in erster Linie – wie manche Religionskritiker*innen suggestiv unterstellen –, „überirdische", „unbewiesene" Gegenstände für wahr halten, sondern: auf bestimmte Weise *handeln*. Glaube ist eine Form von Praxis – und diese Lebenspraxis soll intellektuell redlich verantwortet (was nicht heißt: bewiesen) werden. Dazu ist schon im Ansatz „Philosophie" [a] nötig: als kritisch-differenzierte Reflexion der Voraussetzungen, Kontexte und Konsequenzen dieser Praxis und ihrer hermeneutischen, erkenntnistheoretischen, logischen und ethischen Implikationen. Weil katholische Theologie von jeher darauf Wert gelegt hat, „die Vernunftgemäßheit des Glaubens auszuweisen"[13], spielt Philosophie bis heute eine große Rolle im Theologiestudium.

– Der zündende Impuls für die „neue Lebenspraxis" von Christinnen und Christen ist nicht einfach ein ethischer Entschluss, sondern eine Haltung, die im christlichen Sprachgebrauch als „Hoffnung" bezeichnet wird. Gemeint ist damit die Ausrichtung der menschlichen Existenz auf eine Wirklichkeit, die als bereits gegenwärtig, aber noch nicht verwirklicht erfahren wird. Die Orientierung an dieser neuen, inspirierenden und herausfordernden Wirklichkeit (in den biblischen Texten des Neuen Testaments als „Reich Gottes" bezeichnet) macht die Hoffnung eines christlichen Lebens aus. Damit sind Überzeugungen verbunden, die (selbst-)kritisch verantwortet werden wollen. Soll „christliche Hoffnung" weder eine Angelegenheit rein privater Frömmigkeit sein noch ein Schlagwort, das auf enthusiastisch-suggestive Wirkung oder autoritär-integralistische Vereinnahmung angelegt ist, braucht es eine *systematisch-theologische Reflexion* [d] darüber, welche Gründe für die Geltung einer solchen „Hoffnung" angeführt werden, worauf sich diese überhaupt begründet und wie sich solche religiösen Bilder und Überzeugungen zu säkularen, politischen und ethischen Alternativen verhalten. Zentrale Themen und Diskursfelder systematischer Theologie sind in diesem Zusammenhang Gotteslehre, Christologie, theologische Anthropologie und theologische Erkenntnislehre – geleitet von der Überzeugung und Verpflichtung, „den Streit um die Verantwortbarkeit religiöser Überzeugungen auch öffentlich zu führen"[14].

---

12 Ich orientiere mich hier am Titel eines bekannten Werks des belgischen Theologen Edward Schillebeeckx aus dem Jahr 1977: *Christus und die Christen. Die Geschichte einer neuen Lebenspraxis*.
13 Wendel, Philosophie, 123.
14 Höhn, Gott – Offenbarung – Heilswege, 40. – Als klassisches Motiv für die systematisch-theologische Verantwortung christlicher Hoffnung wird bis heute ein Zitat aus dem

– Das, worauf sich „christliche Hoffnung" gründet, ist bezeugt in biblischen Texten, die bekanntlich nicht als monolithischer Block überliefert wurden, sondern als vielfältige Sammlung von Büchern, die verschiedenen literarischen Gattungen angehören und historisch, kulturell und politisch sehr unterschiedlich geprägt sind. Es ist Aufgabe der *alt- und neutestamentlichen Bibelwissenschaften* [b 1], diese Texte zu untersuchen, auszulegen und als kritischen Impuls gegen spätere Interpretationen und Vereinnahmungen zur Geltung zu bringen, und es ist die Aufgabe der *Kirchengeschichte* bzw. *Historischen Theologie* [b 2], die Vermittlung der in den biblischen Texten bezeugten Botschaft in den unterschiedlichsten geographischen Räumen, historischen Epochen, kulturellen Kontexten und gesellschaftlichen Feldern zu reflektieren. Kirchengeschichte in diesem Sinn ist nicht bloß Darstellung der historischen Entwicklung einer Institution, sondern Auseinandersetzung mit einem herausfordernden Vermittlungs- und Übersetzungsgeschehen: „Weitergabe und Bewahrung des Glaubens ist somit ein lebendiger Prozess und heißt immer auch Reflexion und Weiterentwicklung der Tradition in der Aufnahme von häufig unbequemen Fragen, die von außen oder aus der Kirche selbst an sie herangetragen werden."[15]

– Und schließlich wird „christliche Hoffnung" in einer konkreten kirchlichen Gemeinschaft und im Kontext einer bestimmten Gesellschaft gelebt, und das bedeutet, den sozialen, kulturellen und gesellschaftlichen Kontext einer solchen Glaubenspraxis ernst zu nehmen, zu erforschen und als Wechselwirkung zwischen Religion und Öffentlichkeit, Kirche und Gesellschaft, Glauben und Wissen zu begreifen. Die Disziplinen der *Praktischen Theologie* [c] wie Religionspädagogik, Pastoraltheologie, Sozialethik, Liturgiewissenschaft usw. lesen – so eine zentrale Kategorie der Katholischen Theologie seit dem Zweiten Vatikanischen Konzil (1962–1965) – die „Zeichen der Zeit" und interpretieren sie im Licht jenes Anspruchs, der „christliche Hoffnung" begründet.[16] Interdisziplinäre Kooperationen etwa mit Bildungs-, Sozial- und Politikwissenschaften sind in diesem Sinn Ausdruck des Bemühens, die gesellschaftlichen Zusammenhänge religiösen Lebens in den Blick zu nehmen[17] und einen wechselseitigen Lernprozess zu eröffnen.

Ersten Petrusbrief herangezogen: „Seid stets bereit, jedem Rede und Antwort zu stehen, der nach der Hoffnung fragt, die euch erfüllt" (1 Petr 3,15b).
15 Schöllgen, Alte Kirchengeschichte und Theologie der frühen Kirche, 208.
16 Vgl. Garhammer, Pastoraltheologie, 278–282.
17 „Die Theologie macht sich die Gesellschaftsanalysen nicht selbst, sondern stellt sich ihnen […]" (Waldenfels, Kontextuelle Fundamentaltheologie, 491).

Eine wichtige Erkenntnis aus diesem kurzen Einblick in Zusammenhänge und Arbeitsfelder theologischer Disziplinen besteht darin, „das Politische" – im weiten Sinn des Wortes verstanden als Kontext und Einfluss sozialer und gesellschaftlicher Dynamiken – als unausweichliche Größe auf dem Feld theologischer Reflexion wahr- und ernst zu nehmen. (Katholische) Theologie, die den Wahrheitsanspruch christlicher Hoffnung verantwortet, hat sich mit den politischen Dimensionen des Lebens auseinanderzusetzen, weil die Praxis des Christlichen in historische Entwicklungen, soziale Zusammenhänge, gesellschaftliche Voraussetzungen und Machtinteressen verstrickt ist und einer kritischen (Selbst-)Aufklärung dieser wechselseitigen Einflüsse bedarf. Konkret bedeutet „das Politische der Theologie" eine kritische Selbstvergewisserung des gesellschaftlichen Ortes theologischer Reflexion[18] sowie eine bewusste Wahrnehmung des gesellschaftskritischen und -verändernden Potentials „christlicher Hoffnung". Beides ist im Besonderen Anliegen der „(neuen) Politischen Theologie", die im Folgenden vorgestellt wird.

2 „Politische Theologie" – von Herrschaftsideologie zu Gesellschaftskritik

„‚Politische Theologie' – der Begriff ist mehrdeutig und darum nicht unmissverständlich. Er ist zudem historisch belastet"[19] – so beginnt Johann Baptist Metz Überlegungen zu einem durchaus ambivalenten Begriff. Metz' kritische Aufmerksamkeit richtet sich hier auf die historische Erfahrung, dass mit Religion, Kirche und Theologie immer wieder Politik gemacht wurde, also Machtinteressen „im Namen des Glaubens" durchgesetzt wurden. Begriffe wie „Politischer Katholizismus" sind insbesondere in Österreich auf dem Hintergrund der Geschichte der Ersten Republik bzw. vor allem des „Christlichen Ständestaates" ab 1934 mit der Erfahrung kirchlicher Unterstützung eines autoritären Regimes bzw. staatlicher Privilegierung der römisch-katholischen Kirche besetzt[20] und lassen den Begriff „Politische Theologie" als Relikt einer vordemokratischen Phase sowie als Rechtfertigungsideologie autoritärer Politik erscheinen.

---

18 Dazu gab es in den vergangenen Jahren eine Fülle an Publikationen, vgl. etwa Schmidinger, Hat Theologie Zukunft; Schwinges (Hg.), Universität, Religion und Kirchen; Schröter (Hg.), Die Rolle der Theologie in Universität, Gesellschaft und Kirche; Krieger (Hg.), Zur Zukunft der Theologie in Kirche, Universität und Gesellschaft; Kessler, Theologie an Hochschulen.
19 Metz, Das Problem einer „Politischen Theologie", 9.
20 Vgl. Hanisch, Der Politische Katholizismus.

Ein solches Konzept „Politischer Theologie" ist vor allem mit dem rechtstheoretischen bzw. staatsphilosophischen Konzept von Carl Schmitt (1888–1985) verbunden, auf den auch der Begriff „Politische Theologie" zurückgeht. Diesem Verständnis einer Legitimation politischer Macht durch Religion wird im Folgenden der Ansatz einer „neuen Politischen Theologie" gegenübergestellt, die sich von Schmitts Vorstellung signifikant unterscheidet: „Politische Theologie ist also nicht der Versuch, die Kirche für eine ganz bestimmte konkrete Politik neu aufzuladen, sondern zunächst einmal der Versuch, dies zu verhindern"[21], so Metz. Die folgende Gegenüberstellung zweier Formen einer „Politischen Theologie" – einer machtlegitimierenden einerseits und einer machtkritischen andererseits – verdeutlicht, worin „das Politische der Theologie" letztlich besteht: in einer Analyse der gesellschaftlichen Bedingungen der Theologie als Wissenschaft sowie in der Wahrnehmung eines (selbst-)kritisch-transformativen Potentials in Kirche und Gesellschaft.

2.1 Carl Schmitts „politische Staatstheologie"[22]

Der erste Satz des dritten Abschnitts von Carl Schmitts Werk *Politische Theologie* (1922) hat große Bekanntheit erlangt: „Alle prägnanten Begriffe der modernen Staatslehre sind säkularisierte theologische Begriffe."[23] In dieser Aussage sind drei Motive präsent, die Schmitts Verständnis von „Politischer Theologie" prägen: Erstens die Parallelisierung von Theologie und Staatstheorie bzw. Recht,[24] zweitens der Einfluss, den theologische Konzepte auf die politische Theorie im Allgemeinen sowie auf das Verständnis von Souveränität im Besonderen hatten,[25] und drittens die machtlegitimierende Funktion religiöser Praxis und

---

21 Metz, Was will die „Politische Theologie", 65.
22 Metz, Mystik der offenen Augen, 32.
23 Schmitt, Politische Theologie, 43.
24 Die „Parallele von Theologie und Jurisprudenz" (ebd. 47), auf die nach Schmitt vor allem Hans Kelsen hingewiesen habe (vgl. ebd. 46), bildet einen Grundpfeiler seiner Argumentation; fast ein halbes Jahrhundert später unterstreicht Schmitt nochmals den Stellenwert der Rechtswissenschaft als „Schwesterwissenschaft der Theologie" (Schmitt, Politische Theologie II, 78) und hält fest: „Alles, was ich zu dem Thema *Politische Theologie* geäußert habe, sind Aussagen eines Juristen über eine rechtstheoretisch und rechtspraktisch sich aufdrängende, systematische Struktur-Verwandtschaft von theologischen und juristischen Begriffen" (ebd. 79, Fn. 1).
25 Dieser Einfluss ist zum einen historisch, „indem zum Beispiel der allmächtige Gott zum omnipotenten Gesetzgeber wurde" (Schmitt, Politische Theologie, 43), zum anderen systematisch, insofern die Theologie – etwa durch die Kategorie „Wunder" – eine Denkform für die Ausübung politischer Souveränität lieferte.

theologischer Theorie, die – latent oder explizit – in den Texten zur „Politischen Theologie" greifbar wird; es verwundert von daher nicht, dass Schmitt genau „die Beseitigung aller theistischen und transzendenten Vorstellungen und die Bildung eines neuen Legitimitätsbegriffes"[26] beklagte.

Interessant ist, worin Schmitt jenes Moment des theologischen Diskurses sieht, das seiner Meinung nach bestimmte Vorstellungen politischer Macht stützt; es ist nicht einfach der Gottesgedanke als solcher, sondern die Durchbrechung von Normalität und allgemeiner Plausibilität, wie sie im Wunderbegriff zur Geltung kommt und im „Ausnahmezustand" ihr politisch-juristisches Analogon findet. Die wohl bekannteste Aussage Schmitts, „Souverän ist, wer über den Ausnahmezustand entscheidet"[27], bringt es auf den Punkt: Nicht der Anspruch einer allgemein gültigen Vernunft- oder Staatsordnung, sondern das Außergewöhnliche eines Wunders bzw. einer Ausnahmesituation macht deutlich, wer „das Sagen" hat. Deshalb steht Schmitt dem modernen Rechtsstaat und seiner demokratischen Ordnung – das hieß für ihn konkret: der Weimarer Republik – skeptisch gegenüber, weil er sich davon keine klaren Entscheidungen, kein „Durchgriffsrecht" angesichts einer verfahrenen Situation erwartete.[28] Die theologische Sprache liefert gewissermaßen jene Motive, die in säkularisierter Form dazu in der Lage sind, „mit Analogien aus einer theistischen Theologie die persönliche Souveränität des Monarchen ideologisch zu stützen"[29].

Dieses Verständnis einer „Politischen Theologie", das dazu beiträgt, Souveränität in einem dezisionistischen – und von daher unangreifbaren – Sinn zu legitimieren,[30] hat viel Kritik hervorgerufen, gerade auch von christlich-theologischer Seite. Besonders getroffen hat Schmitt offenbar die Kritik, die bereits 1931 von Erik Peterson geäußert und 1935 im Beitrag „Monotheismus als politisches Problem" expliziert wurde. Erikson hielt auf Grundlage der Lehre von der

---

26 Ebd. 54.
27 Ebd. 13.
28 „Denn die Idee des modernen Rechtsstaates setzt sich mit dem Deismus durch, mit einer Theologie und Metaphysik, die das Wunder aus der Welt verweist und die im Begriff des Wunders enthaltene, durch einen unmittelbaren Eingriff eine Ausnahme statuierende Durchbrechung der Naturgesetze ebenso ablehnt wie den unmittelbaren Eingriff des Souveräns in die geltende Rechtsordnung. Der Rationalismus der Aufklärung verwarf den Ausnahmefall in jeder Form" (ebd. 43).
29 Ebd.
30 „Alles Recht ist ‚Situationsrecht'. Der Souverän schafft und garantiert die Situation als Ganzes in ihrer Totalität. Er hat das Monopol dieser letzten Entscheidung" (ebd. 19).

Dreieinigkeit Gottes jede Form „Politischer Theologie" für unmöglich,[31] konkret den Versuch, das Konzept einer „göttlichen Monarchie" zur Legitimation politischer Herrschaftsmodelle heranziehen.[32] Damit nahm Erikson Einsichten einer anderen Form „Politischer Theologie" vorweg, die keine Motive zur Stützung der Herrschaft eines Souveräns – sei es als Entscheidung über einen Ausnahmezustand oder überhaupt als staats- bzw. verfassungsrechtliche Parallele zwischen einer monotheistischen Vorstellung und einer monarchischen oder autoritären Regierungsform – liefert und sich auch nicht von reaktionärer Politik in Dienst nehmen lässt,[33] sondern „das Politische" der Theologie als selbst- und machtkritischen Anspruch begreift, der die übliche Logik der Macht grundlegend in Frage stellt.

2.2 „Politische Theologie" im Zeichen anamnetischer Vernunft

Mit „Politischer Theologie" im engeren Sinn des Wortes ist ein kritischer Bewusstwerdungsprozess sowie eine Strömung innerhalb der katholischen und evangelischen Theologie seit den 1960er Jahren gemeint, die bis in die 1990er Jahre das theologische Denken mindestens im deutschen Sprachraum maßgeblich beeinflusste.[34] Ob diese „Politische Theologie" nun begeistert aufgenommen, distanziert zur Kenntnis genommen oder leidenschaftlich bekämpft wurde – sie konfrontierte die Theologie als solche unausweichlich mit der Frage nach ihrem gesellschaftlichen Standort, ihren politischen Interessen und ihren sozialen Optionen. In deutlicher Abgrenzung zur „Staatlichkeitsideologie"[35], wie sie Metz zufolge Carl Schmitt vertreten hatte, ging es der *„neuen* Politischen Theologie"

---

31 Eriksons These, die explizit auf Schmitts „Politische Theologie" abzielt, läuft auf den Versuch hinaus, „[…] die theologische Unmöglichkeit einer ‚politischen Theologie' zu erweisen" (zitiert nach: Schmitt, Politische Theologie II, 13).

32 Eriksons zweite Schlussthese lautet: „Damit ist nicht nur theologisch der Monotheismus als politisches Problem erledigt und der christliche Glaube aus der Verkettung mit dem Imperium Romanum befreit worden, sondern auch grundsätzlich der Bruch mit jeder ‚politischen Theologie' vollzogen, die die christliche Verkündigung zur Rechtfertigung einer politischen Situation missbraucht" (zitiert nach: ebd. 74).

33 Schmitts Ansatz, so Johann Baptist Metz, schließe an Traditionen an, die einer „religiösen Legitimierung des ‚absoluten' und ‚infalliblen' Staates" (Metz, Memoria passionis, 252) verpflichtet seien; Hermann Fischer sieht „das gegenaufklärerisch-dezisionistische Modell C. Schmitts" (Fischer, Protestantische Theologie, 189) als ungeeignet an, um den Herausforderungen moderner Gesellschaften gerecht zu werden.

34 Vgl. die Übersicht bei Gibellini, Handbuch der Theologie, 290–311.

35 Metz, Mystik der offenen Augen, 32.

um eine „Grundlagenproblematik systematischer Theologie und nicht etwa um die Anwendung theologischer Begriffe und Erkenntnisse auf dem Feld der Politik"[36]. Im Vorwort zu seinem Buch *Glaube in Geschichte und Gesellschaft* (1977), einem Klassiker der „neuen Politischen Theologie", sieht Metz seine Überlegungen „als kritische Fortbildung des Ansatzes einer neuen politischen Theologie" und betont nochmals in Abgrenzung zum Konzept von Schmitt:

> Diese war nie – wie etwa die klassische ‚politische Theologie', auf die man die neue gern festgelegt hätte, um sie zu ruinieren, ehe sie sich entfaltet hatte – von der Intention geleitet, anderweitig bereits in Kraft gesetzte oder propagierte Politik religiös zu überhöhen und deren Handlungsmuster einfach theologisch zu kopieren; sie war vielmehr darauf aus, die eigentümliche politische Bewusstlosigkeit von Theologie und Christentum in ihren (historisch-gesellschaften) Wurzeln aufzuspüren und zu kritisieren, da sich Christentum und Theologie nicht ohne Selbsttäuschung oder Betrug für politisch unschuldig und absichtslos halten können.[37]

Diese „politische Bewusstlosigkeit" theologischen Denkens hatte einige Jahr zuvor bereits Jürgen Moltmann (* 1926) kritisiert und in seiner *Theologie der Hoffnung* (1964) beklagt, das Christentum habe seine ursprüngliche „eschatologische Ausrichtung"[38] verloren. Anstatt mit Leidenschaft die „eschatologische Gegenwärtigkeit des Zukünftigen"[39] zu erwarten, richtete sich das Christentum, so Moltmann, kultisch und institutionell in der Gegenwart ein. Diese Entwicklung habe zu einer Individualisierung der Religion geführt; die Theologie drohe „zur religiösen Ideologie der romantischen Subjektivität zu werden, zur Religion im Raume der sozial entlasteten Individualität"[40]. Theologie, die sich von der „Erwartung der verheißenen Zukunft des Reiches Gottes"[41] in Anspruch nehmen lasse, werde offen für ein Engagement „zugunsten einer Humanisierung der Verhältnisse"[42], betont Moltmann in bewusster Umkehr der geläufigen religionskritischen Argumentation, Religion führe zu einer bloßen Jenseitsorientierung. Gegen die „Entpolitisierung des Evangeliums"[43] machte Dorothee Sölle

---

36 Metz, Appendix. Lexikonartikel „Politische Theologie", 163.
37 Metz, Glaube in Geschichte und Gesellschaft, XI (Vorwort).
38 Moltmann, Theologie der Hoffnung, 144.
39 Ebd. 146.
40 Ebd. 292. – Jahrzehnte später wird Moltmann sagen: „Die Privatisierung der Religion hat ihre Entpolitisierung zur Voraussetzung und ihre *Vermarktung* zur Folge" (Moltmann, Theologie für Kirche, 223).
41 Moltmann, Theologie der Hoffnung, 311.
42 Ebd. 312.
43 Sölle, Politische Theologie, 40.

(1929–2003) auf den grundlegend gesellschaftlichen und ideologiekritischen Charakter christlicher Theologie aufmerksam.[44] In gesellschafts- und kirchenkritischen Analysen, vor allem aber durch eine treffende und zeitnahe Form theologischer Lyrik kämpfte sie gegen die Tendenzen zu einer Trennung von Glaube und Politik, Kirche und Gesellschaft an.[45]

Johann Baptist Metz (1928–2019), Hauptvertreter der „(neuen) Politischen Theologie" katholischer Prägung, verstand mit Moltmann und Sölle „das Politische" christlicher Glaubensverantwortung „als kritisches Korrektiv gegenüber einer extremen Privatisierungstendenz gegenwärtiger Theologie"[46]. Die „Entprivatisierung"[47], die Metz als programmatischen Auftrag „Politischer Theologie" hervorhob, meint dabei nicht die Rückkehr zu einem vormodernen Machtanspruch des Christentums über die Gesellschaft, sondern die selbstkritische Besinnung der Theologie auf den Weltbezug des christlichen Glaubens, der eben nicht bloß individueller Trost ist, sondern „eine Praxis in Geschichte und Gesellschaft, die sich versteht als solidarische Hoffnung auf den Gott Jesu als den Gott der Lebenden und der Toten, der alle ins Subjektsein vor seinem Angesicht ruft"[48]. Mit dieser Bestimmung christlichen Glaubens als einer solidarischen Praxis kritisiert Metz ausdrücklich eine Gestalt des Christentums, die er als „bürgerliche Religion" bezeichnet. Gemeint ist damit eine „Servicekirche", die als Dienstleisterin für die „privaten Lebensrahmungsbedürfnisse"[49] sorgt, aber die Frage nach dem gesellschaftlichen Standort von Theologie und Kirche ausblendet – was aber nicht bedeutet, dass eine solche Form von Religion „politisch unschuldig"

---

44 „Es ist eine gefährliche Einbildung, zu meinen, theologische Sätze seien zunächst ‚rein' theologisch zu verstehen und hätten keine politischen Voraussetzungen, Gehalte und Konsequenzen. In einer solchen Vorstellung wird die dualistische Zerspaltung der Wirklichkeit in zwei hierarchisch geordnete Bereiche – oben der Glaube, unten die Politik – gefördert. Zugleich wird übersehen, wie in scheinbar apolitischen Sätzen und Begriffen politisch erwünschte Haltungen verklärt und eingeübt werden" (ebd. 41).
45 Mit Blick auf die Anfänge des Christentums betonte Sölle: „Diese Arbeitsteilung – hier Religion, dort Politik; hier Innerlichkeit, dort der Versuch, den Willen Gottes zu tun – hat damals für zwei religiöse Gruppen nicht geklappt: das waren die Juden und die ersten Christen" (Sölle, Gegenwind, 236).
46 Metz, Das Problem einer „Politischen Theologie", 9. – „Die eschatologischen Verheißungen der biblischen Traditionen – Freiheit, Friede, Gerechtigkeit, Versöhnung – lassen sich nicht privatisieren" (ebd. 14), so Metz.
47 Ebd. 11.
48 Metz, Glaube in Geschichte und Gesellschaft, 70.
49 Metz, Memoria passionis, 187.

wäre.[50] „Bürgerliche Religion" unterbricht die gesellschaftlichen Plausibilitäten nicht, sondern „wird zur Sicherheitsideologie, zur Komplizin einer Gesellschaft, die sich nicht wandeln will"[51].

Demgegenüber arbeitet die „neue Politische Theologie" einen Aspekt von Religion heraus, der an sich zum Kernbestand biblischer Überlieferung gehört, aber im Rahmen „bürgerlicher Religion" nahezu verlorengegangen ist: das „Eingedenken fremden Leids"[52]. Während in der Geschichte der christlichen Religion oft das Interesse an der *Sünde* der anderen dominierte, eröffnet die biblische Tradition von Anfang an einen Blick für das *Leid* der anderen. Diese „Leidempfindlichkeit"[53] theologischen Denkens meint kein anlassbezogenes Mitleid, sondern einen Grundzug christlicher Theologie überhaupt „in der Gestalt des öffentlichen und in den öffentlichen Vernunftgebrauch prägend eingehenden Eingedenkens fremden Leids"[54]. Metz spricht hier von einer „anamnetischen[55] Vernunft", also von einer Haltung des Denkens, die sich vom Leid anderer Menschen betreffen und herausfordern lässt. Dieses Leid „verjährt" nicht; die Opfer der Geschichte werden nicht vergessen, sondern erinnert: „Der Logos der Theologie ist von einem geschichtlichen Eingedenken geprägt."[56] Darin besteht das „Politische" der anamnetischen Theologie: dass sie in den gesellschaftlichen Diskurs die „Frage nach Gerechtigkeit für die ungerecht Leidenden, für die ungesühnten Opfer und Besiegten der Geschichte als eine gefährliche Erinnerung"[57] einbringt; dass sie „Sensibilität für fremdes Leid"[58] schafft und „Kirche als öffentliche Tradentin eines gefährlichen Gedächtnisses in den Systemen des gesellschaftlichen Lebens"[59] zur Geltung bringt.

Mit dem Ansatz einer „anamnetischen Theologie", die das kritische Potential „gefährlicher Erinnerung" sowie das solidarische Potential an „Compassion"[60]

---

50 „Bürgerliche Religion gibt sich bewusst unpolitisch, damit sie um so unangefochtener wie die heimliche Staatsreligion unserer bürgerlichen Gesellschaft wirken kann" (Metz, Religion und Politik in einer Zeit des Umbruchs, 89).
51 Ebd. 90. – Demgegenüber vertrat Metz schon früh die Überzeugung: „Kürzeste Definition von Religion: Unterbrechung" (Metz, Glaube in Geschichte und Gesellschaft, 150).
52 Metz, Im Eingedenken fremden Leids, 11.
53 Metz, Memoria passionis, 123.
54 Ebd. 218.
55 Von griech. *anámnesis*: Erinnerung.
56 Metz, Für eine neue hermeneutische Kultur, 126.
57 Metz, Memoria passionis, 89.
58 Ebd. 138.
59 Metz, Glaube in Geschichte und Gesellschaft, 161.
60 Vgl. Metz, Memoria passionis, 166–172; Haker, Compassion für Gerechtigkeit.

aus der jüdisch-christlichen Glaubensgeschichte in ihr Denken aufnahm, formulierte Metz tatsächlich eine völlig andere Gestalt „Politischer Theologie", als dies Carl Schmitt intendierte; christliche Religion ist Metz zufolge weder eine bloße Feiertagsveranstaltung noch eine Stütze konservativer Politik, sondern gelebte Orientierung von Menschen, die sich von der „gefährlichen Erinnerung" an die Erfahrung von Befreiung einerseits sowie an das Leid vieler Opfer von Unrecht und Gewalt andererseits zu einer neuen Praxis der Solidarität, der Emanzipation und der Option für die Armen[61] inspirieren lassen. „Politische Theologie" in diesem Sinn wäre sowohl Konsequenz und Reflexion dieser befreienden Praxis als auch kritische Intervention mit Blick auf Kirche und Gesellschaft.

3 Das Politische der Theologie: Thesen und Anstöße

Theologie, so wurde einleitend herausgearbeitet, hat als intellektuelle Verantwortung einer „neuen Lebenspraxis", die sich im konkreten Raum einer Gesellschaft abspielt, von vornherein einen „politischen" Bezug, insofern sie „Glaube" im Zusammenhang sozialer Realitäten, gesellschaftlicher Entwicklungen, ökonomischer Bedingungen und politischer Machtverhältnisse reflektiert. Die explizite Auseinandersetzung mit diesen Bedingungen, die den theologischen Diskurs unweigerlich prägen, ist eine wichtige Konsequenz aus den Lernprozessen des 20. Jahrhunderts, die der Theologie so etwas wie eine gesellschaftspolitische Selbstreflexivität vermittelten.[62] Eine Theologie, die sich „neutral" oder „unpolitisch" gibt, ist weitaus anfälliger für politischen Zeitgeist oder ökonomische Abhängigkeiten als theologische Ansätze, die den konkreten sozialen und politischen Standort kirchlichen Handelns und theologischer Theorie bewusst in den Blick nehmen.

---

61 Mit dem Begriff „Option für die Armen" ist eine weitere Form „Politischer Theologie" angesprochen: die (vor allem lateinamerikanisch geprägte) „Theologie der Befreiung", die parallel zur europäischen „(neuen) Politischen Theologie" ab den späten 1960er Jahren zu einem der einflussreichsten Ansätze christlicher Theologie im 20. Jahrhundert wurde.

62 Hier ist vor allem an das Problembewusstsein befreiungstheologischer Ansätze in den Ländern des globalen Südens zu denken, die sich (selbst-)kritisch mit den (post-)kolonialen Strukturen von Theologie und Kirche befassten. So betonte etwa die Gründungskonferenz von EATWOT (Ecumenical Association of Third World Theologians) 1976 in Daressalam, dass sich die Theolog*innen im globalen Süden „mehr und mehr des Einflusses von politischen, sozialen, ökonomischen, kulturellen, rassischen und religiösen Bedingungen auf die Theologie bewusst sind" (Schlusserklärung der Konferenz von Daressalam 1976, 33).

Der spezielle Ansatz der „neuen Politischen Theologie", wie ihn Johann Baptist Metz vertrat, versucht zum einen, die impliziten politischen Bindungen theologischen Denkens zu beleuchten, und zum anderen, durch ein kritisch-anamnetisches Denken – das Metz als Geschenk der jüdischen Glaubenstradition an das Christentum, ja an die ganze Welt ansah[63] – die „gefährliche Erinnerung" universaler Gerechtigkeit und das Eingedenken fremden Leids in die gesellschaftliche Auseinandersetzung einzubringen. In diesem Sinn leistet „Politische Theologie" einen Beitrag dazu, „das Politische" der Wissenschaft insgesamt bewusst zu machen; sieben Thesen sollen diesen Anstoß nochmals auf den Punkt bringen.

- Erstens besteht „das Politische" der Theologie, wie bereits ausgeführt, darin, *die sozialen Bedingungen des Diskurses über den christlichen Glauben bewusst zu machen*. Die Art und Weise, wie Theologie getrieben wird, welche Themen fokussiert werden, welche Fragen ausgeblendet werden und wer über die Relevanz von Inhalten und Methoden entscheidet, hängt immer auch von sozialen Bedingungen und Machtverhältnissen ab. Es macht einen Unterschied, ob eine theologische Tagung von Vertreter*innen des gesellschaftlichen Establishments oder von Basisbewegungen veranstaltet wird; ob Menschen in prekären Lebensverhältnissen Objekt oder Subjekt theologischer Auseinandersetzung sind; ob Theologie Rücksicht auf Geldgeber oder politische Akteure nehmen muss oder ob sie ihre Aufgabe der intellektuellen Glaubensverantwortung in größtmöglicher Freiheit und kritischer Unabhängigkeit erfüllen kann.
- Zweitens geht es einer politisch sensiblen Theologie nicht darum, ihr eigenes normatives Selbstverständnis zu verschweigen, sondern bewusst zu deklarieren. Theologie ist intellektuelle Verantwortung einer neuen Lebenspraxis („Glaube"), die sich einem transformativen Impuls („Reich Gottes") verdankt und in einer Lebenshaltung der Offenheit für Neues und Kommendes („Hoffnung") zum Ausdruck kommt. „Politisch" ist die Theologie genau dann, wenn sie zu diesem *transformativen Potential* und dessen *gesellschaftsverändernder Dynamik* steht – aber nicht in einem fundamentalistischen Sinn als Aufoktroyieren religiöser Normen, sondern in einem anamnetischen Sinn als Sensibilität für Leid und Ungerechtigkeit sowie als Diskurs einer unbedingten Hoffnung für alle Menschen.
- Drittens konkretisiert sich „das Politische" für die Theologie methodisch, insofern diese einen *sozial-analytischen Zugang* wählt, d. h. sie begreift die

---

63 Vgl. Metz, Memoria passionis, 41 f, 64.

sozialwissenschaftlich-empirische Analyse erkenntnistheologisch als ersten Schritt zum Verstehen einer gesellschaftlichen Realität, auf den dann der zweite Schritt einer spezifisch theologischen Auseinandersetzung (biblische Tradition, kirchlicher Lebenskontext, Lehramt usw.) folgt. „Politische Theologie" folgt damit dem traditionellen Schema der katholischen Soziallehre „Sehen – Urteilen – Handeln" und ordnet die sozialwissenschaftliche Methodologie und Herangehensweise dem ersten Schritt des „Sehens" zu. Clodovis Boff, ein wichtiger Theoretiker der lateinamerikanischen Befreiungstheologie, sieht diesen Schritt der „sozioanalytischen Vermittlung" als notwendige Voraussetzung für eine theologisch adäquate Erfassung der gesellschaftlichen Realität an; der christliche Glaube, so argumentiert er, muss „offene Augen für die geschichtliche Wirklichkeit haben", weshalb „die Kenntnis der realen Welt des Unterdrückten einen (materialen) Teil des globalen theologischen Prozesses"[64] bilde.

– Viertens ist dieser Einbezug der Sozialwissenschaften eine Konkretisierung des besonderen Interesses, einen Dialog mit verschiedenen Wissenschaften zu führen. „Politische Theologie" ist von *Interdisziplinarität* geprägt. Will Theologie die Praxis des christlichen Glaubens im Raum gesellschaftlicher Dynamiken bedenken, muss sie einen konstruktiven Bezug zu unterschiedlichen wissenschaftlichen Ansätzen zur Analyse gesellschaftlicher Prozesse aufweisen, vor allem zu den Sozialwissenschaften. Durch diese Haltung der Interdisziplinarität wird die spezifisch theologische Perspektive nicht verdrängt, sondern ins Gespräch mit anderen wissenschaftlichen Zugängen gebracht. Nicht immer wurde dieser enge Bezug „Politischer Theologie" zu Forschungsergebnissen der politischen Philosophie, der Soziologie, der Entwicklungsforschung sowie der Wirtschafts- und Politikwissenschaften geschätzt; es wurden Schlagwörter wie „Soziologismus" verwendet, um verschiedenen Ansätzen einer gesellschaftspolitisch sensiblen Theologie vorzuwerfen, Glaube und Kirche rein „empirisch" erklären zu wollen und Theologie auf einen sozialkritischen Diskurs zu reduzieren.[65] Wer allerdings das genuine Anliegen der „neuen Politischen Theologie" von Metz ernst nimmt,[66] wird

---

64 Boff, Wissenschaftstheorie, 85.
65 In diesem Zusammenhang ist vor allem an die Auseinandersetzung zwischen Joseph Ratzinger und Vertretern der Politischen Theologie bzw. der Befreiungstheologie zu denken; vgl. Wiedenhofer, Politische Utopie.
66 „Die Politische Theologie ist der Versuch, die eschatologische Botschaft des Christentums in den Verhältnissen der Neuzeit als Gestalt kritisch-praktischer Vernunft auszudrücken" (Metz, „Politische Theologie" als fundamentale Theologie der Welt, 77).

genau das Gegenteil feststellen: Theologie, Kirche und Gesellschaft sollen vor unreflektierten Allianzen und als „selbstverständlich" vorausgesetzten Verbindungen mit bestimmten politischen Überzeugungen bewahrt werden.
- Fünftens weist „Politische Theologie" einen besonderen Bezug zur *gesellschaftlichen Öffentlichkeit* auf, und dies nicht im Sinn eines Anspruchs, auf gesellschaftlichen Foren präsent zu sein, sondern als Selbstverpflichtung, aus der bequemen Nische selbstbezüglicher Religiosität bzw. der einem bestimmten Milieu verpflichteten Mentalität herauszutreten und sich unterschiedlichsten Anfragen zu stellen. Aus diesem Anliegen heraus hat sich vor geraumer Zeit der Ansatz einer „Öffentlichen Theologie" gebildet, der – nicht zuletzt in Anknüpfung an Jürgen Habermas' Theorie postsäkularer Gesellschaft – für einen intensiven Dialog zwischen Kirche und Gesellschaft, Theologie und Universität, Religion und Säkularität eintritt und kirchlichen Rückzugstendenzen sowie theologischem Integralismus[67] eine entschiedene Absage erteilt.[68] Es wäre manchen Vertreter*innen von Theologie und Kirche durchaus Recht, die eigene religiöse Praxis und Überzeugung nicht einem öffentlichen Diskurs in der kritischen Öffentlichkeit von Gesellschaft und Universität aussetzen zu müssen, sondern ungestört das eigene politische und intellektuelle „Süppchen" kochen zu können; demgegenüber sucht „Politische Theologie" den öffentlichen Raum der argumentativen Auseinandersetzung: „Der Horizont der theologischen Arbeit und Reflexion ist nicht die *Kirche* als eigener Raum – real oder ideal –, sondern die *Welt* aller."[69] Diese Ausrichtung an einer kritischen Öffentlichkeit, die auch eine Präsenz der Theologie an einer öffentlichen Universität impliziert, bedeutet allerdings kein Privileg, sondern eine enorme Herausforderung und Verpflichtung.[70]
- Sechstens sieht sich „Politische Theologie" einer *globalen Perspektive* verpflichtet, die in besonderer Weise den *Ländern des globalen Südens* gilt. Wie die kritische Globalisierungs- und Entwicklungsforschung betont, meint eine „globale Perspektive" weder eine paternalistische Vereinnahmung anderer Gesellschaften von Europa aus noch eine neokoloniale Form von Globalisierung (die sich letztlich nur als Expansions- und Überwältigungsstrategie entpuppt),[71] sondern eine Haltung der Offenheit und (selbst-)kritischen

---

67 Mit „Integralismus" ist die Haltung gemeint, alle Fragen der Gesellschaft, Kultur und Politik aus theologischen Quellen „erklären" zu können.
68 Vgl. Sinner, Öffentliche Theologie.
69 Gisel, Die Theologie in der Kultur der Moderne, 72.
70 Vgl. Moltmann, Theologie für Kirche.
71 Vgl. Faschingeder/Ornig (Hg.), Globalisierung ent-wickeln; Strecker, Kritische Theorie der Globalisierung.

Aufmerksamkeit für globale Wechselwirkungen, die den eigenen gesellschaftlichen und politischen Kontext herausfordern und auch in Frage stellen. Metz nennt diese Haltung eine „[l]eidempfindliche Weltverantwortung"[72], die von „Compassion als Weltprogramm des Christentums"[73] geprägt ist. „Politische Theologie" hat in diesem Sinn stets Ansätze und Haltungen eines „Euro-Provinzialismus"[74] kritisiert und ihr politisches Potential nicht zuletzt darin gesehen, globale Zusammenhänge und Bedingungen einer ungerechten Weltwirtschaftsordnung aufzuzeigen, die Aufmerksamkeit für die Lebenssituation von Menschen im globalen Süden zu fördern und für internationale Solidarität einzutreten.[75]

– Siebtens vertritt „Politische Theologie" eine *intellektuelle Option für die Armen*.[76] Diese These bringt die bisherigen politischen und wissenschaftlichen Aspekte auf den Punkt und artikuliert ein Anliegen, das eine politisch sensibilisierte Theologie an der Universität vertritt: Wissenschaft nicht im Sinn einer rein ökonomisch orientierten Wettbewerbs- und Anwendungslogik zu betreiben, sondern mit Blick auf gesellschaftliche Fragen und soziale Herausforderungen,[77] wie dies vor allem die lateinamerikanische Befreiungstheologie einforderte. Damit ist keine unmittelbar politische Verzweckung von Wissenschaft und Universität gemeint, sondern die Ausrichtung wissenschaftlicher Arbeit am politischen Projekt einer gerechten und solidarischen

---

72 Metz, Memoria passionis, 163.
73 Ebd. 166.
74 Ebd. 210.
75 Die Synode der katholischen Bistümer in der Bundesrepublik Deutschland, die von 1971 bis 1975 tagte, stellte diese globale Perspektive im Vierten Teil ihres Abschlussdokuments, dessen Grundtext von Johann Baptist Metz verfasst worden war, in den Mittelpunkt; so heißt es etwa: „Die eine Weltkirche darf schließlich nicht in sich selbst noch einmal die sozialen Gegensätze unserer Welt einfach widerspiegeln" (Unsere Hoffnung, 41). Die Kirche müsse „Kräfte mobilisieren im Interesse lebenswerten Lebens für die wirtschaftlich und sozial benachteiligten Völker und gegen einen rücksichtslosen Wirtschaftskolonialismus der stärkeren Gesellschaften, im Interesse der Bewohnbarkeit der Erde für die Kommenden und gegen eine egoistische Beraubung der Zukunft durch die gegenwärtig Lebenden" (ebd. 42 f.).
76 Mit dem Begriff „vorrangige Option für die Armen" ist ein konstitutives Prinzip der lateinamerikanischen Befreiungstheologie angesprochen.
77 Vgl. den Appell von Eva Geiblinger, Mitglied des Vorstands von Transparency International: „Nicht die Universitäten sollen der Wirtschaft dienen, sondern die Wirtschaft den Universitäten" (Breit, Drittmittel an Hochschulen, K 14).

Gesellschaft, zumal – wie Ignacio Ellacuría[78] betonte – wissenschaftliche Erkenntnis als solche und im Besonderen auch Theologie eine soziale Dimension aufweist.[79] Wissenschaft findet immer im Kontext sozialer Verhältnisse, politischer Interessen und ökonomischer Macht statt; diese Bedingungen zu erhellen und aus der normativen Perspektive eines an Freiheit, Gerechtigkeit und Humanität orientierten Impulses der Transformation zu reflektieren, ist ein spezifischer Beitrag „Politischer Theologie", nicht zuletzt auch an der Universität.

Was also ist „das Politische der Wissenschaft"? Es sind aus der Sicht „Politischer Theologie" sowohl die konkreten Herausforderungen einer Gesellschaft, die Lösungen erfordern, als auch jenes transformative Potential, das die „Leidenschaftlichkeit" wissenschaftlicher Forschung in all ihren Disziplinen begründet. Die theologische Arbeit sieht dieses Potential in jenem Impuls, der eine neue Lebenspraxis und eine Haltung der Hoffnung begründet; diesen gesellschaftskritischen und -verändernden Impuls (in der biblischen Tradition als „kommendes Reich Gottes" bezeichnet) versucht die Theologie im Glaubensraum der kirchlichen Gemeinschaft, im politischen Raum der gesellschaftlichen Öffentlichkeit und im Diskursraum der Universität zu verantworten. In dieser – von Lernprozessen, Konflikten und möglichen Transformationen geprägten – Auseinandersetzung besteht „das Politische" der Theologie.

---

78 Der Philosoph Ignacio Ellacuría SJ kann als Symbolfigur gesellschaftspolitisch engagierter Wissenschaft angesehen werden; als Rektor der UCA (Universidad Centroamericana) in San Salvador (El Salvador) – einer kirchlichen Hochschule, die sich in besonderer Weise für die kritische Bewusstseinsbildung der ärmeren Schichten El Salvadors einsetzte, wurde er gemeinsam mit fünf Kollegen seines Ordens und zwei Hausangestellten in der Nacht des 15./16.11.1989 von Todesschwadronen der salvadorianischen Armee ermordet. In einem seiner Texte zum Verhältnis von Universität und Politik betont er: „In dem extremen, für El Salvador und viele andere Länder der Dritten Welt typischen Fall […] etablierter Unordnung (theoretischer Faktor) und struktureller Ungerechtigkeit (ethischer Faktor) […] wird die theoretische und praktische Dimension universitären Wissens ihrem universitären Charakter nur dann gerecht, wenn die Universität nicht nur als eine soziale Kraft, sondern auch als eine politische Kraft […] auftritt" (zitiert nach: Pittl, Alma mater pauperum, 557).

79 „Das Erkennen ist selbst Praxis und wesentliches Moment jeder möglichen Praxis" (Ellacuría, Zur Begründung der lateinamerikanischen theologischen Methode, 66). Und weiters: „Die theologische Tätigkeit hat einen strikt sozialen Charakter, muss diesen aber kritisch aufnehmen und verarbeiten […]" (ebd. 68).

Literatur

Albert, Hans, Traktat über kritische Vernunft (UTB 1609), Tübingen ⁵1991 (¹1968).

Boff, Clodovis, Wissenschaftstheorie und Methode der Theologie der Befreiung, in: Ellacuría, Ignacio/Sobrino, Jon (Hg.), Mysterium liberationis. Grundbegriffe der Theologie der Befreiung, Band 1, Luzern 1995, 63–97.

Breit, Lisa, Drittmittel an Hochschulen: Wo das Geld herkommt, in: Der Standard (30.09./01.10.2017) K 14.

Dalferth, Ingolf U., Die Wirklichkeit des Möglichen. Hermeneutische Religionsphilosophie, Tübingen 2003.

Dürnberger, Martin, Basics Systematischer Theologie. Eine Anleitung zum Nachdenken über den Glauben, Regensburg 2020.

Ellacuría, Ignacio, Zur Begründung der lateinamerikanischen theologischen Methode, in: ders., Eine Kirche der Armen. Für ein prophetisches Christentum (Theologie der Dritten Welt 40), Freiburg im Breisgau 2011, 44–73.

Faschingeder, Gerald/Ornig, Nikola (Hg.), Globalisierung ent-wickeln. Eine Reflexion über Entwicklung, Globalisierung und Repolitisierung. Dokumentation des entwicklungspolitischen Reflexionsvorganges 2002–2004 und der Zweiten Gesamtösterreichischen Entwicklungstagung im Dezember 2003 in Graz (Gesellschaft – Entwicklung – Politik 4), Wien 2005.

Figl, Johann, Der Begriff der Religion im Spannungsfeld zwischen Religionswissenschaft und Religionsphilosophie, in: Müller, Tobias/Schmidt, Thomas M. (Hg.), Was ist Religion? Beiträge zur aktuellen Debatte um den Religionsbegriff, Paderborn 2013, 99–123.

Fischer, Hermann, Protestantische Theologie im 20. Jahrhundert, Stuttgart 2002.

Garhammer, Erich, Pastoraltheologie – ein Fach mit Beziehungen, in: ders., Theologie, wohin? Blicke von außen und von innen (Würzburger Theologie 6), Würzburg 2011, 275–292.

Gibellini, Rosino, Handbuch der Theologie im 20. Jahrhundert, Regensburg 1995.

Gisel, Pierre, Die Theologie in der Kultur der Moderne. Die öffentliche Aufgabe der Theologie: Welche Verantwortung? Welche Möglichkeiten? Welche Legitimität? in: Arens, Edmund/Hoping, Helmut (Hg.), Wieviel Theologie verträgt die Öffentlichkeit? (Quaestiones disputatae 183), Freiburg im Breisgau 2000, 72–81.

Habermas, Jürgen, Religion in der Öffentlichkeit. Kognitive Voraussetzungen für den „öffentlichen Vernunftgebrauch" religiöser und säkularer Bürger, in: ders., Zwischen Naturalismus und Religion. Philosophische Aufsätze, Frankfurt am Main 2005, 119–154.

Haker, Hille, Compassion für Gerechtigkeit, in: Concilium. Internationale Zeitschrift für Theologie 53 (2017) 4, 414–423.

Hanisch, Ernst, Der Politische Katholizismus als ideologischer Träger des „Austrofaschismus", in: Tálos, Emmerich/Neugebauer, Wolfgang (Hg.), Austrofaschismus. Politik – Ökonomie – Kultur 1933–1938 (Politik und Zeitgeschichte 1), Wien/Berlin 2012, 68–86.

Höhn, Hans-Joachim, Gott – Offenbarung – Heilswege. Fundamentaltheologie, Würzburg 2011.

Kern, Bruno, „Es rettet uns kein höh'res Wesen"? Zur Religionskritik von Karl Marx – ein solidarisches Streitgespräch, Ostfildern 2017.

Kessler, Rainer, Theologie an Hochschulen, in: Hildebrandt, Cornelia u. a. (Hg.), Die Linke und die Religion. Geschichte, Konflikte und Konturen, Hamburg 2019.

Kölski, Samael, Theologen raus aus den Unis! In: UNI-Press. Studierendenzeitung der ÖH Salzburg (Juni 2016), 36.

Krieger, Gerhard (Hg.), Zur Zukunft der Theologie in Kirche, Universität und Gesellschaft (Quaestiones disputatae 283), Freiburg im Breisgau 2017.

Metz, Johann Baptist, Glaube in Geschichte und Gesellschaft. Studien zu einer praktischen Fundamentaltheologie, Mainz 1977.

Metz, Johann Baptist, Im Eingedenken fremden Leids. Zu einer Basiskategorie christlicher Gottesrede, in: Metz, Johann Baptist/Reikerstorfer, Johann/Werbick, Jürgen, Gottesrede (Religion – Geschichte – Gesellschaft. Fundamentaltheologische Studien 1), Münster 1996, 3–20.

Metz, Johann Baptist, Das Problem einer „Politischen Theologie" (1967), in: ders., Zum Begriff der neuen Politischen Theologie 1967–1997, Mainz 1997, 9–22.

Metz, Johann Baptist, Was will die „Politische Theologie" (1970), in: ebd. 62–74.

Metz, Johann Baptist, „Politische Theologie" als fundamentale Theologie der Welt (1972/1974), in: ebd. 75–84.

Metz, Johann Baptist, Religion und Politik in einer Zeit des Umbruchs (1981), in: ebd. 87–94.

Metz, Johann Baptist, Für eine neue hermeneutische Kultur (1991), in: ebd. 123–128.

Metz, Johann Baptist, Appendix. Lexikonartikel „Politische Theologie" (1992), in: ebd. 163–166.

Metz, Johann Baptist, Memoria Passionis. Ein provozierendes Gedächtnis in pluralistischer Gesellschaft, Freiburg im Breisgau 2006.

Metz, Johann Baptist, Mystik der offenen Augen. Wenn Spiritualität aufbricht, Freiburg im Breisgau 2011.

Moltmann, Jürgen, Theologie der Hoffnung. Untersuchungen zur Begründung und zu den Konsequenzen einer christlichen Eschatologie (Beiträge zur evangelischen Theologie, Theologische Abhandlungen 38), München 1964.

Moltmann, Jürgen, Theologie für Kirche und Reich Gottes in der modernen Universität, in: ders., Gott im Projekt der modernen Welt. Beiträge zur öffentlichen Relevanz der Theologie, Gütersloh 1997, 219–230.

Pittl, Sebastian, Alma mater pauperum? Ein fiktives Gespräch zwischen Berlin und San Salvador zur gesellschaftlichen Verantwortung sowie zu einer möglichen Option für die Armen an der Universität heute, in: Gmainer-Pranzl, Franz/Lassak, Sandra/Weiler, Birgit (Hg.), Theologie der Befreiung heute. Herausforderungen – Transformationen – Impulse (Salzburger Theologische Studien 57, interkulturell 18), Innsbruck 2017, 547–570.

Ricken, Friedo, Sind Sätze über Gott sinnlos? Theologie und religiöse Sprache in der analytischen Philosophie, in: Stimmen der Zeit 193 (1975) 435–452.

Schaeffler, Richard, Das Gebet und das Argument. Zwei Weisen des Sprechens von Gott. Eine Einführung in die Theorie der religiösen Sprache, Düsseldorf 1989.

Schmidinger, Heinrich, Hat Theologie Zukunft? Ein Plädoyer für ihre Notwendigkeit (Topos plus Taschenbücher 362), Innsbruck/Wien 2000.

Schmitt, Carl, Politische Theologie. Vier Kapitel zur Lehre von der Souveränität, Berlin ^{10}2015 [^{1}1922].

Schmitt, Carl, Politische Theologie II. Die Legende von der Erledigung jeder Politischen Theologie, Berlin ^{6}2017 [^{1}1970].

Schöllgen, Georg, Alte Kirchengeschichte und Theologie der frühen Kirche, in: Wohlmuth, Josef (Hg.), Katholische Theologie heute. Eine Einführung in das Studium, Würzburg ^{2}1995, 204–215.

Schröter, Jens (Hg.), Die Rolle der Theologie in Universität, Gesellschaft und Kirche (Veröffentlichungen der Wissenschaftlichen Gesellschaft für Theologie 36), Leipzig 2012.

Schwinges, Rainer Christoph (Hg.), Universität, Religion und Kirchen (Veröffentlichungen der Gesellschaft für Universitäts- und Wissenschaftsgeschichte 11), Basel 2011.

Seckler, Max, Fundamentaltheologie: Aufgaben und Aufbau, Begriff und Namen, in: Kern, Walter/Pottmeyer, Hermann J./Seckler, Max (Hg.), Handbuch der Fundamentaltheologie, Band 4: Trakt Theologische Erkenntnislehre mit Schlussteil Reflexion auf Fundamentaltheologie (UTB 8173), Tübingen/Basel ^{2}2000, 331–402.

Sinner, Rudolf von, Öffentliche Theologie: Neue Ansätze in globaler Perspektive, in: Evangelische Theologie 71 (2011) 5, 324–340.

Sölle, Dorothee, Politische Theologie, Stuttgart 1982 (^{1}1971).

Sölle, Dorothee, Gegenwind. Erinnerungen (Serie Piper 2688), München ^{3}2000.

Strecker, David, Kritische Theorie der Globalisierung, in: Niederberger, Andreas/ Schink, Philipp (Hg.), Globalisierung. Ein interdisziplinäres Handbuch, Stuttgart 2011, 368–374.

Waldenfels, Hans, Kontextuelle Fundamentaltheologie (UTB 8025), Paderborn u. a. ^{3}2000.

Wendel, Saskia, Philosophie: Grenzgängerin zwischen Glaube und Vernunft. Oder: Warum es nicht reicht, Gott dadurch zu beweisen, dass er in der Bibel geredet habe (I. Kant), in: Leinhäupl-Wilke, Andreas/Striet, Magnus (Hg.), Katholische Theologie studieren: Themenfelder und Disziplinen (Münsteraner Einführungen Theologie 1), Münster 2000, 120–134.

Werbick, Jürgen, Den Glauben verantworten. Eine Fundamentaltheologie, Freiburg im Breisgau ^{3}2005.

Werbick, Jürgen, Einführung in die theologische Wissenschaftslehre, Freiburg im Breisgau 2010.

Wiedenhofer, Siegfried, Politische Utopie und christliche Vollendungshoffnung. Joseph Ratzingers Auseinandersetzung mit Politischer Theologie und Befreiungstheologie, in: Nachtwei, Gerhard (Hg.), Hoffnung auf Vollendung. Zur Eschatologie von Joseph Ratzinger (Ratzinger-Studien 8), Regensburg 2015, 187–245.

Willoweit, Dietmar, Religion und Wissenschaft, in: Garhammer, Erich (Hg.), Theologie, wohin? Blicke von außen und von innen (Würzburger Theologie 6), Würzburg 2011, 35–56.

Schlusserklärung der Konferenz von Daressalam 1976, in: Von Gott reden im Kontext der Armut. Dokumente der Ökumenischen Vereinigung von Dritte-Welt-Theologinnen und -Theologen 1976–1996 (Theologie der Dritten Welt 26), Freiburg im Breisgau 1999, 33–46.

Unsere Hoffnung. Ein Beschluss der Gemeinsamen Synode der Bistümer in der Bundesrepublik Deutschland (Synodenbeschlüsse 18), Bonn o. J.

Stefanie Hürtgen

Gegen neoliberale Externalisierung und Sachzwang: „Wirtschaft" als gesellschaftliche Angelegenheit am Beispiel der Corona-Krise

Abstract: The political aspect of science becomes evident in a special way when the economy is the topic under discussion. This contribution starts from the assertion that the Covid crisis, viewed as an external danger, could be a threat to the economy, and demonstrates that, in fact, Covid has brought to light a fundamental crisis in globally prevailing production methods and economic forms. Nature is a reality that is not divorced from social life; rather, it is intertwined with society at the deepest level. Consequently, the pandemic can be understood entirely as a product of society, and not as an "external occurrence". Here "Care" is introduced as an important new category: as a caring practice representing an empathetic and cohesive understanding of economy and society.

Keywords: critique of capitalism, Covid crisis, social ecology, feminist economy, ethics of care

Was ist eigentlich Wirtschaft? Von nicht wenigen Studierenden der Geographie bzw. des Lehrfachs Geographie und Wirtschaft wird „Wirtschaft" oft erst einmal nicht besonders gemocht. Es scheint ihnen eine abstrakte Angelegenheit zu sein, bei der es um wenig anschauliche Preis- und Steuerungsmechanismen geht und mit komplizierten Formeln gerechnet wird.

Was ist eigentlich die Corona-Krise? Diese Frage mag verblüffen und mit der ersten Frage nichts zu tun zu haben. Die Corona-Krise ist eine Virenpandemie; sie ist mit ziemlicher Sicherheit in Wuhan ausgebrochen und hält die Gesellschaften seither in ungleicher und dynamischer Weise in Atem. Zum aktuellen Zeitpunkt (Sommer 2021) sind offiziell mehr als vier Millionen Tote zu beklagen, nach der Europa-Fußballmeisterschaft mit offenbar vielen Ansteckungen steht einmal mehr Großbritannien im Zentrum der Aufmerksamkeit (zumindest im Globalen Norden), die Zahlen steigen, die Warnungen vor der Delta-Variante verbinden sich mit sorgenvollen Blicken auf den Herbst.

Im vorliegenden Aufsatz diskutiere ich, dass und wie beide Fragen – die nach der Wirtschaft und die nach der Corona-Krise – zusammenhängen. Ich argumentiere in der Perspektive der Konzeption bzw. des Debattenfeldes der *gesellschaftlichen Naturverhältnisse*,[1] dass Corona – anders als im ökonomischen Mainstream und in der öffentlich-medialen Debatte behauptet – kein von außen, auf ein ansonsten gut funktionierendes Räderwerk „der Wirtschaft" hereinbrechendes Ereignis darstellt. Vielmehr ist die Pandemie Ausdruck und weiterer Höhepunkt einer fundamentalen Krise der herrschenden Produktions- und Lebensweise, das heißt unserer von vornherein und immer auch ökologisch zu denkenden ökonomischen und sozialen Vergesellschaftungsformen. Statt einer raschen Rückkehr zu wirtschaftlicher Normalität geht es um deren fundamentale Veränderung, was nur möglich ist, wenn die sozialökologisch zerstörerischen Vergesellschaftungslogiken nicht länger verdrängt, in einen fernen Kontinent oder gleich ganz in ein vorgesellschaftliches Außen abgespalten werden, von wo aus sie uns dann als vermeintlich externe Gefahr, als äußerlich gegebener Sachzwang gegenübertreten.[2]

1 Ökonomie als geschlossenes System

Die Vorstellung von Corona als externem Schock ist das Herzstück der gegenwärtigen (diskurs-)politischen Bearbeitungen der Pandemie. Sie durchzieht Regierungserklärungen und die Tagespresse ebenso wie ökonomietheoretische Analysen des *Mainstreams*. Um diese Denkfigur und ihre problematischen Implikationen kritisch zu diskutieren, ist es sinnvoll, zunächst einen Blick auf die ihr zugrundelegende Vorstellung von „Wirtschaft" zu werfen.

In der aktuell wissenschaftlich wie diskurspolitisch mit Abstand dominierenden, wesentlich neoklassisch[3] inspirierten Denkweise wird „Wirtschaft" als *geschlossenes System* vorgestellt. Dieser theoretischen Grundlegung zufolge besteht „Wirtschaft" in einem abgeschlossenen Marktkreislauf, in dem Akteure, die nach Haushalten und Unternehmen unterschieden werden, gemäß ihren Nutzenpräferenzen das, was sie auf dem Markt anzubieten haben, optimal tauschen. „Optimal" bezieht sich hier wesentlich auf die Preisgestaltung, die so

---

1 Vgl. Jahn/Wehling, Gesellschaftliche Naturverhältnisse; Görg, Gesellschaftliche Naturverhältnisse.
2 Vgl. Hürtgen, Das Virus kommt nicht von außen.
3 Das Paradigma der Neoklassik, das heute als ökonomischer *Mainstream* gilt, entstand im späten 19. Jahrhundert und fragt – anders als die klassische politische Ökonomie oder auch die kritische politische Ökonomie – nach der Funktionsweise von Preisen und Märkten. Über Mathematisierung wird Wertfreiheit und die Annäherung an Naturwissenschaften angestrebt; vgl. ausführlich Jäger/Springler, Ökonomie der internationalen Entwicklung.

(flexibel) gestaltet sein soll, dass keine Waren liegen und kein (kaufkräftiges) Bedürfnis unbefriedigt bleibt. Eine Art Grundschema für dieses Verständnis, das sich beispielsweise auch in so gut wie jedem Lehrbuch zur Einführung in die Volkswirtschaft findet, ist zeigt die folgende Abbildung:

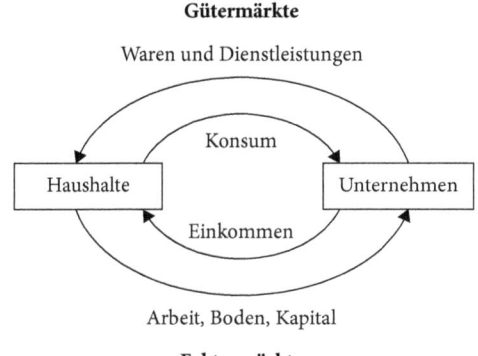

Abbildung 1: Vereinfachtes ökonomisches Kreislaufmodell[4]

Werner Rothengatter und Axel Schaffar erläutern hierzu:

> Kern des Kreislaufgedankens ist die Theorie, dass sich die Ökonomie als geschlossenes System darstellen lässt. Obwohl dieser Gedanke vor dem Hintergrund der extensiven Nutzung natürlicher Ressourcen immer wieder kritisiert wurde, eignen sich die Kreislaufmodelle sehr gut, um die grundlegenden Beziehungen einer Ökonomie abzubilden.[5]

Sie verweisen also bereits auf Kritik, halten aber explizit an einem Theoriemodell von „Wirtschaft" als geschlossenem System fest.

Aber warum eigentlich? Die Antwort führt zurück zu den eingangs zitierten Studierenden und hin zur mathematisch-abstrahierenden Konstruktion des Faches. Der „Kreislauf", von dem hier die Rede ist, meint den Warentausch. Er zielt keineswegs, wie man meinen könnte, auf (re-)produktive Praxen und Prozesse, zu denen beispielsweise auch Kinderversorgung oder das Wachstum von Tieren und Pflanzen gehören könnte. Was kreisen soll, das sind die Waren, und zwar möglichst so, dass der Markt *geräumt* wird, d. h. die jeweiligen

---

4 Vgl. Rothengatter/Schaffar, Makro kompakt, 32.
5 Ebd.

Preisvorstellungen von Anbietern und Nachfragen sich optimal treffen.[6] Wie eine möglichst weitgehende Annäherung an ein derartiges *Marktgleichgewicht* angesichts sich permanent ändernder Angebots- und Nachfragekonstellationen erlangt werden kann, ist grundlegender Gegenstand gegenwärtig-neoklassischer Wirtschaftstheorie, und diese Frage wird im Grundsatz *errechnet*. In der Tat ist das Fach „Wirtschaft" oder „Volkswirtschaftslehre" derzeit vor allem abstrakte Mathematik, und das „geschlossene System" ist die quantifizierte Modellistik, das bestimmte Parameter als Konstante setzt, um die entsprechenden Variabeln zu berechnen.

Die neoklassische Mathematisierung markiert dabei ein Grundverständnis von „Wirtschaft" als *Naturwissenschaft* – den Gesetzen der Physik, der Chemie usw. gleich, ist es hier die Mathematik, die die (unumstößlichen) Gesetze des Marktes zum Ausdruckt bringen soll.[7] Wirtschaft als geschlossenes System aufzufassen heißt also, sich Wirtschaft als Mathematik vorzustellen: als in sich kohärent-geschlossenes System von Gleichungen, in denen vorher zu identifizierende Faktorgrößen und Variablen in ein preislich-quantitatives Verhältnis zueinander gesetzt werden. Diese aktuell bei weitem dominierende Vorstellung von Wirtschaft ist dabei keineswegs pure Markttheorie, wie häufig angenommen wird. Vielmehr hat der Staat eine aktive Rolle im Sinne einer Ordnungspolitik. Er soll den politisch-juristischen Rahmen für optimal gelingende Tauschvorgänge setzen. Die ökologische Frage, d. h. der zerstörerische Ressourcenverbrauch, Klimawandel usw., wird innerhalb der neoklassischen Denkweise angegangen, indem den Naturressourcen selbst ein (staatlich-politischer) Preis zugesprochen, sie also in das System des preislich-getriebenen Tauschprozesses integriert werden. Bekannte Beispiele hierfür sind die Bepreisung von CO_2-Ausstoß oder die handelbaren ökologischen „Zertifikate", mit denen Umweltzerstörung gegengerechnet werden kann.[8]

Der *externe Schock* ist die Kehrseite eines derart als geschlossen aufgefassten Marktsystems. Externe Schocks sind in diesem Verständnis keine singulären,

---

6   Tausch ist hiernach immer Nutzenmaximierung (denn man erhält ein begehrtes Gut) und also Wohlfahrtssteigerung

7   Dazu werden allerdings auch scheinbar naturhaft gegebene Grundannahmen formuliert. So ist das sogenannte „Knappheitstheorem" Grundlage aller weiteren Berechnungen, d. h. die Annahme, dass jeglicher Konsumwunsch unbegrenzt, die Kaufkraft allerdings begrenzt ist, so dass Individuen (bzw. Haushalte und Unternehmen) beständig entscheiden müssen, was sie zu welchem Preis konsumieren (d. h. kaufen) wollen; vgl. Jäger/Springler, Ökonomie der internationalen Entwicklung, 109 ff.

8   Vgl. ausführlich und kritisch dazu Peukert, Klimaneutralität jetzt!

aber doch „unerwartete" Ereignisse. Als eine weitere Metapher für ein solches „völlig unvorhersehbares", alle überraschendes Ereignis etablierte sich in den letzten Jahren auch die Metapher vom „schwarzen Schwan".[9] Der Krieg gilt als ein Paradebeispiel für den externen Schock, aber auch Naturkatastrophen, soziale Revolten oder auch Marktturbulenzen, Ölpreis-„Schocks" oder platzende Spekulationsblasen gehören dazu. Diese Aufzählung zeigt, dass das „Unerwartete" und das „Externe" sich an dem eben skizzierten spezifischen Standpunkt festmachen: einem als „geschlossen" aufgefassten und zudem an sich als reibungslos kalkulierten Verwertungs- und Tauschsystem.

2 Corona als externer Schock?

In der medialen und (wirtschafts-)politischen Debatte ist die Figur des externen Schocks die dominierende Form der (diskurs-)politischen Krisenbearbeitung.[10] Das Virus kommt hier von außen, plötzlich und unvorhersehbar – und es bewirkt, verursacht jene Störungen und Schwierigkeiten, die uns seither begleiten: „Das Coronavirus hat unser Leben verändert. Es traf die Menschheit global, und es traf sie unvorbereitet. [...] Die Situation fiel eindeutig in die Kategorie Schwarzer Schwan"[11], so zum Beispiel Susanne Erbe vom Leibnitz Informationszentrum Wirtschaft. Politiker*innen wie Ursula von der Leyen nutzten die Metapher vom externen Schock ebenso wie Wirtschafts- und Nachrichtendienste, Fachgutachter*innen und Analysten. Wirtschaftstheoretisch wird dabei betont, dass – in deutlichem Unterschied beispielsweise zur sogenannten „Finanzkrise" ab 2008, in der es auch „hausgemachte Fehler" wie das Verstecken von schlechten Fondspaketen im Handel gegeben habe – diesmal die Wirtschaft völlig intakt gewesen sei:

> Die Corona-Krise ist ein sogenannter externer Schock – ihre Ursache hat mit dem eigentlichen Wirtschaftsgang nichts zu tun. Anders gesagt: Es ist nicht so, dass die Wirtschaft letztes Jahr überhitzte und sich dieses Jahr deshalb abkühlen muss. Es ist auch nicht so, dass sich ein Ungleichgewicht aufgebaut hätte, etwa auf dem Immobilien- oder dem Finanzmarkt, das nun bereinigt werden muss.[12]

---

9 Vgl. Taleb, Der Schwarze Schwan. – Die Bezeichnung zielt direkt auf die Kapitalmärkte und deren „plötzliche" Störung und verweist auf die Kolonialgeschichte der Briten, die vor der Eroberung Australiens meinten, dass alle Schwäne weiß seien.
10 Vgl. Hürtgen, Das Virus kommt nicht von außen.
11 Erbe, Lehren aus der Corona-Krise, 902.
12 Schmid, Die Jahrhundertkrise.

Vielmehr sei der Schock für die Wirtschaft dieses Mal „wirklich exogen"[13]. Wirtschaft als ein eigentlich gut funktionierendes (geschlossenes) System wird also von außen gestört, mehr noch: angegriffen. Corona „infiziert unsere Wirtschaft" war eine häufige mediale Formulierung,[14] und als Steigerung wird Corona nicht nur in der Tagespresse verbreitet zum „Feind".[15] Corona ist hier nicht nur der zentrale Agent, der eigentliche Aktant, auf den Wirtschaft und Gesellschaft „*re*agieren" müssen,[16] sondern zudem ein von außen kommender, daher heimtückischer Angreifer und Aggressor.

Betrachten wir diese (diskurs-)politische und wirtschaftstheoretische Konstitution von Corona als externem Schock nochmals genauer, sind drei damit zusammenhängende Dimensionen der Diskussion maßgeblich:

Erstens: Das Verständnis von Corona als externem Schock beinhaltet nicht allein ein abstraktes, ortloses Außen, sondern geht mit einer spezifisch-geographischen Externalisierung einher. Nicht nur Donald Trump bezeichnete Corona als „chinesisches Virus", und in der medialen Öffentlichkeit stand vor allem zu Beginn der Krise ein orientalisierend-exotischer Blick auf Lebend- und Wildtiermärkte in Wuhan im Vordergrund. Befremdliche kulturelle Essgewohnheiten, so die Message, verbunden mit den (dortigen) mangelnden Hygienestandards (untermalt mit Bildern, die Fliegen auf den Tierkörpern zeigen) haben uns das Virus eingebrockt. Doch auch in der wissenschaftlichen Diskussion wurde, wie Aymo Brunetti kritisch mit Bezug auf seine Wissenschaftskollegen feststellt, sowohl das Corona-Virus wie seine Vorgänger-Pandemien (SARS, HNV usw.) typischerweise als „asiatisches" oder als „chinesisches" Phänomen abgetan.[17]

Zweitens: Ein Verständnis der „unsere Wirtschaft" bedrohenden externen Gefahr zielt *politisch* auf eine sozialtechnologische Gefahrenkontrolle, die zugleich „die Wirtschaft" möglichst wenig einschränkt, ihr vielmehr den Rücken stärkt. Schon früh hatten liberale Wirtschaftsvertreter gegen Lockdowns mobilisiert, und wirtschaftsnahe Medien forcierten eine Debatte darüber, dass „Menschenleben" nicht per se über das „Wirtschaftsleben" gestellt werden könnten.[18] Mittlerweile hat sich eine stark auf „Eigenverantwortung" abzielende Bearbeitungsform der Pandemie durchgesetzt, die weitgehende „Normalität" im Produktions- und Arbeitsalltag mit weitreichender digitaler Erfassung der

---

13 Brunetti, Wirtschaftspolitische Antworten, 2.
14 Vgl. etwa Beiträge des Wirtschaftsmagazins „Eco" des Schweizer Rundfunks im Jahr 2020 zum Thema „Coronavirus infiziert Wirtschaft".
15 Vgl. Quaas/Quaas, Corona – Der unsichtbare Feind.
16 So der Untertitel von Quaas/Quaas, Corona – Der unsichtbare Feind.
17 Vgl. Brunetti, Wirtschaftspolitische Antworten auf die Corona-Krise.
18 Vgl. Löhr, Geld oder Leben?

Bevölkerung[19] und einem darauf aufbauenden bevölkerungspolitischen Gefahrenmanagement (z. B. kurzfristig-flexible kleinräumige Einschließungen und Quarantäne-Maßnahmen) verbindet. Diese (digitalisierte) Kontroll- und Steuerungspolitik ist dabei sozial hochgradig selektiv,[20] und sie hat einen transnationalen Klassencharakter, wie die zwischenzeitlichen kritischen Diskussionen zu den unverändert ungeschützten Heimunterbringungen von (osteuropäischen) Arbeiter*innen in der Fleischindustrie und der Landwirtschaft in Deutschland zeigen, oder auch die Tatsache, dass die (Lohn-)Arbeit vor allem in den sogenannten unqualifizierten Arbeitsbereichen weitgehend ungeschützt fortdauerte.[21]

Drittens und hieran anschließend zielt die *wirtschaftliche* Perspektive auf eine möglichst rasche Wiederherstellung eben jener „Normalität", die durch den (vermeintlich) äußeren Angriff in Turbulenzen geriet. In der breiten medialen und politischen Öffentlichkeit wird diese Normalität als eine des freudvollen Konsumierens beschworen. Wir alle wurden in einem fort daran erinnert, wie froh wir sind bzw. sein werden, wenn die Geschäfte endlich wieder öffnen, wir wieder ins Kaffeehaus und endlich wieder in den Urlaub fliegen können. Die Rückkehr zur Normalität als triumphale Rückkehr in die Shopping-Malls konstruiert dabei jenes ökonomisch-nutzenmaximierend kaufende Menschenbild, das sich komplementär zum Verständnis von Ökonomie als Tausch- und Marktgeschehen verhält und dabei „sonstige" Sozialbeziehungen und (Arbeits-)Praxen weitgehend ausblendet.

3 Ungewissheit, Ungestaltbarkeit und Resilienz

Allerdings: die propagierte Rückkehr zur Normalität ist zwieschlächtig. Denn der externe Schock ist zwar, wie skizziert, ein (vermeintlich) *unvorhersehbares*, aber eben kein *singuläres* Ereignis. In der Tat wird die propagierte Rückkehr zur Normalität bei aller betonten Dringlichkeit als eine vorläufige, eine fragile gezeichnet. Sie ist zugleich *neue Normalität*, in die kommende „überraschende" Schocks bereits eingespeist sind. Profitlogik und Konsum-Normalität sind dann

---

19 Vgl. CCC, Luca App. – Die österreichische Regierungskoalition aus ÖVP und Grünen hatte darüber hinaus vor, im epidemiologischen Meldesystem die Daten zu meldepflichtigen Krankheiten mit Angaben zu Erwerbsbiographie, Einkommenssituation, Bildungsstand, Reha-Aufenthalte u. a. zentral zusammenzuführen und die Zugriffsrechte auf eine Vielzahl von Behörden auszuweiten. Das Gesetzesvorhaben ist schließlich entschärft worden, zeigt aber die Ambitionen (vgl. Bachmann, Daten-Sammelwut beim Impfen; Der Standard, Gesetzesvorlage steht).
20 Vgl. Lessenich, Leben machen und sterben lassen.
21 Vgl. Youtube, Daphne Weber spricht mit Nicole Mayer-Ahuja; Taylor, Covid-19 und Call; Birke, Fleischindustrie und Coronakrise; Hürtgen, Arbeit im Kapitalismus.

durchaus keine Rückkehr zu prinzipiellem sozioökonomischen Schutz und Stabilität. „Risiko", so beispielsweise Michael Hüther, könne zwar bestmöglich „gemanaged", aber niemals ausgeschlossen werden. „Das von der Politik während der Corona-Pandemie insinuierte Versprechen des umfassenden Lebensschutzes wird sich nicht durchhalten lassen."[22] Die grundsätzliche Verletzlichkeit menschlichen Lebens, die Gefährdung des Menschen als Naturwesen, seine Leiblichkeit, Vergänglichkeit und Bedürftigkeit scheinen hier thematisch auf, aber gewissermaßen ex negativo: als Hinweis darauf, sie nicht zu sehr zur Leitplanke gesellschaftlicher Politik zu machen, sondern sie *hinzunehmen*, um das Wirtschaftsleben nicht zu gefährden.

Diese diskurspolitische Zwieschlächtigkeit von der Rückkehr zur schönen Normalität, die aber dann doch gefahrenvoll bleibt, ist alles andere als harmlos. Denn sie verweist darauf, dass sich mit der Krise der fordistischen Wohlfahrtsgesellschaften auch die staatlich-paternalistischen Fortschrittsversprechungen weitgehend verabschiedet haben. An ihre Stelle tritt eine eng an den österreichischen Neoliberalen Friedrich August von Hayek angelehnte politische Ökonomie der radikalen Nichtgestaltbarkeit unseres sozioökonomischen Zusammenlebens.[23] Wirtschaft ist demnach nicht nur von (wiederkehrenden) externen Schocks bedroht, sondern sieht sich *prinzipiell* einer gefahrenvollen Umwelt gegenüber, in der und gegen die sie sich behaupten muss. Das unhintergehbare Prinzip der Konkurrenz (Hayek nennt es Wettbewerb) sichert hiernach als sozialevolutionäres Prinzip die dauerhafte *Anpassung* an sich fortwährend verändernde Um-Weltbedingungen. Dabei gebe es notwendigerweise Verlierer*innen (weniger geschickte oder für die jeweilige Anforderung unglücklich ausgestattete Akteure), aber für die hohe Effizienz- und Handlungskapazität des Gesamtsystems sei dies in Kauf zu nehmen.[24]

In dieser neoliberalen Perspektive ist also das bedrohliche Außen nicht länger eine normabweichende Besonderheit, sondern bekommt einen ökonomie- und gesellschaftstheoretisch konstitutiven Stellenwert.[25] Diese Sichtweise spiegelt

---

22 Hüther, Es gibt keinen absoluten Lebensschutz.
23 Vgl. Hayek, Recht, Gesetz und Freiheit.
24 Ausführlicher und in kritischer Perspektive dazu vgl. Ptak, Grundlagen des Neoliberalismus. – Dennoch haben sich Individuen und Organisationen diesem „Wettbewerbs"-Prinzip zu stellen, denn in dessen Offenheit und Unvorhersehbarkeit sei es das eigentlich gerechte, da aus Verlierer*innen heute, wenn sie sich unter wiederum veränderten Bedingungen geschickt aufstellen, Gewinner*innen von morgen werden könnten.
25 Neoliberalismus als gesellschaftspolitisches Projekt und die vorher referierte neoklassisch-mathematisierte Wirtschaftstheorie fallen nicht in eines. Neoliberale

sich schon länger in den wirtschafts- und gesellschaftspolitischen Debatten. Selbsterhaltendes Handeln unter Bedingungen von unaufhebbarer Unsicherheit und (ökonomischer) Bedrohung ist beispielsweise das zentrale Thema der Management- und Unternehmensliteratur, wenn es in einem fort darum geht, sich in zunehmend turbulenten, (konkurrenziell-)feindlichen und riskanten (globalen) Marktverhältnissen zu behaupten.[26] Aber längstens stehen auch das tagtägliche Arbeiten und die allgemeine Lebensführung in diesem Fokus. Auch die Individuen sind hier (als einzelne oder als Angehörige von Belegschaften, Produktionsstandorten usw.) seit Jahrzehnten und in Permanenz gefordert, ihre Flexibilität, Qualifizierungs- und Anpassungsbereitschaft und insgesamt ihre Wettbewerbsfähigkeit zu steigern, um die je eigenen Durchsetzungschancen in einer als gesetzt konkurrenziell-gefahrenvoll strukturierten Umwelt zu erhöhen. Sicherheiten gibt es dabei allerdings nicht mehr; auch jüngste Modernisierungen schützen nicht vor Produktionsverlagerung, auch beste Kompetenzen und Weiberbildungen nicht vor Entlassung, auch die vermeintlich sicher angelegte Rente kann verlustig gehen usw.[27] Parallel zu den permanenten Anpassungs- und Steigerungsanstrengungen muss also immer auch von Rückschlägen, Verletzungen und Verlusten ausgegangen werden.

Diese *doppelte* Anforderung, *sowohl* höchstmögliche (ökonomisch-konkurrenzielle) Durchsetzungsfähigkeit *wie auch* die Fähigkeit des Umgangs mit und der Bewältigung von Niederlagen zu entwickeln, spiegelt sich in der in den letzten Jahren zu beobachtenden steilen Karriere des Begriffs der *Resilienz*. Die Aufforderung, Resilienz zu entwickeln und zu steigern, durchzieht mittlerweile nahezu alle gesellschaftlichen Bereiche und wird auf allen sozialräumlichen *Scales* formuliert: für das Individuum-Subjekt ebenso wie für Unternehmen, Städte, Regionen, ganze Staaten und auch die europäische Ebene.[28] Resilienz ist der Gegenbegriff zu Vulnerabilität; sie zielt auf höchstmögliche Kraft und Widerstandsfähigkeit unter Bedingungen von Ungewissheit und Gefahr. Es gibt

---

Denker*innen beziehen sich allerdings stark auf die Neoklassik, der sie wiederum politische Naivität vorwerfen, weswegen – anders als häufig vermutet – ein starker Staat gefordert wird, der im Zweifel das Prinzip der Teilnahme am Wettbewerb gegen unwillige Individuen oder auch soziale Kartelle (allen voran Gewerkschaften) durchsetzt.

26 Vgl. Gleißner, Strategisches Management unter Unsicherheit.
27 Vgl. Hürtgen/Voswinkel, Nichtnormale Normalität; Hürtgen, Glokale Produktion und Dauerkrise in der Arbeitswelt.
28 Vgl. in kritischer Perspektive Walker/Cooper, Genealogies of Resilience; Graefe, Resilienz im Krisenkapitalismus.

kaum einen gesellschaftlichen Bereich, in dem nicht die Aufforderung zur Stärkung von Resilienz thematisiert wird.[29] Gesellschaftliche Existenz wird so, vom Individuum bis zur europäischen Ebene, zur *Formierung*, zum Kampf in einem auf Dauer gestellten Bedrohungsszenario. Statt dieser Gefahr gegenüber passiv ausgeliefert zu sein, gilt es hiernach, sich ihr mit höchstmöglicher innerer Stärke zu stellen – wobei allerdings die Bedrohungen selbst gerade nicht als veränderbar, sondern vielmehr als naturhaft gegebener, d. h. *externer, vorgesellschaftlich* gesetzter Sachzwang behandelt werden. Insbesondere die (globale) politische Ökonomie wird so in Gestalt einer insgesamt als turbulent, (konkurrenziell-) feindlich und unkalkulierbar gefährlich aufgefassten Umwelt nun selbst zu „Natur", d. h. zu einer vorgesellschaftlich-äußerlichen, immer auch bedrohlichen Anforderung, nach der wir unsere soziale Existenz, unsere Gesellschaften auszurichten haben.

Die Diskussion zur Corona-Pandemie macht dabei gut sichtbar, wie sich im Diskurs die Bedrohung durch (z. B. pandemische oder auch klimabedingte) „Naturgefahren" mit der (naturalisierten) ökonomischen Gefahr nachlassenden Wachstums und nachlassender Konkurrenzfähigkeit verbinden. In den Corona-Diskursen geht es *sowohl* um die Aufforderung zur Stärkung der persönlichen physischen und psychologischen Fitness, um individuelle Techniken zur Bewältigung des erhöhten Stresslevels zum Beispiel bei Kinderbetreuung im Homeoffice, Verlust von Angehörigen, Arbeitslosigkeit, Zukunftssorgen usw.[30] *wie auch* um Forderungen nach Stärkung „der Wirtschaft" zur Bewältigung nicht nur aktueller, sondern vor allem auch künftiger Herausforderungen (z. B. durch Steuersenkungen und weitere staatliche Zuwendungen für Unternehmen, Ausbau der Digitalisierung). „Corona-Krise gemeinsam bewältigen, Resilienz und Wachstum stärken" lautet der Titel des wirtschaftswissenschaftlichen Sachverständigengutachtens für die Bundesrepublik Deutschland 2020/21,[31] und die europäischen Darlehen zur Bewältigung der Corona-Krise werden

---

29 Wir sehen hier den imperialen Charakter neoliberalen Denkens, d. h. die Tendenz, (affirmativ aufgefasste) ökonomisch-konkurrenzielle und nutzenmaximierende Funktionslogiken auf weitere gesellschaftliche Bereiche auszudehnen und zu übertragen.
30 So notiert Stefanie Graefe: „Seit Beginn der Pandemie klären therapeutische Expert*innen […] das ratsuchende Publikum in Netz, Funk und Fernsehen darüber auf, wie sich die ganz persönliche Resilienz trotz Lockdown, Home-Schooling und Zukunftssorgen steigern lässt – etwa indem man sich auf ‚eigene Stärken und frühere Erfolgserlebnisse' besinnt oder sich fragt, ob es eine*r ‚nicht noch vergleichsweise gut geht'" (Graefe, Corona).
31 Vgl. Sachverständigenrat zur Begutachtung der gesamtwirtschaftlichen Entwicklung, Corona-Krise gemeinsam bewältigen.

entlang nationaler Aufbau- und Resilienzpläne vergeben mit dem übergreifenden Ziel, „gestärkt aus der Pandemie hervorzugehen" und Europa „krisenfester" zu machen.[32] Welche Art von Krise uns dann jeweils erwartet, ist für dieses Verständnis *grundsätzlicher* ökonomischer, sozialer, ökologischer usw. Krisenhaftigkeit – die aber als solche nicht abänderbar ist – nachrangig. Ein *insgesamt* als unkalkulierbar konstruiertes ökonomisches wie außerökonomisches Außen wird zur dauerhaften und generalisierten Existenzbedingung; die externen *Schocks* stellen darin dann jeweils nur einen zwischenzeitlichen Höhepunkt dar.

Die demokratiepolitische Dimension dieses Verständnisses von „Wirtschaft", in dem neoklassische in neoliberale Prämissen übergehen, kann hier nur angedeutet werden. In der Tat begründet ein Verständnis von Ökonomie und Gesellschaft, das sich in Permanenz gegen ein (konstruiertes) Außen formieren und behaupten muss, den fundamental *autoritären* Charakter des Neoliberalismus – gegen dessen vielfache Behauptung von der Prämisse (individueller) Freiheit.[33] Ökonomische und andere Gefahren und externe „Feinde" abzuwehren ist die Maßgabe dieser Art von Demokratieverständnis, das sich entsprechend vorrangig an Effizienz, Kurzfristigkeit und (militärischer) Wehrhaftigkeit auszurichten hat.[34] Der Übergang von einer formierten Gesellschaft zu einer mobilisierten ist dabei fließend: „Wir sind im Krieg", propagierte die französische Regierung, als sie der Bevölkerung Ausgangssperren, Sondergesetze, Wirtschaftshilfen und die Mobilisierung des Militärs mitteilte. „Dieser Krieg muss alle französischen Bürger mobilisieren. In diesem Krieg trägt jeder Verantwortung"[35] – eine nationale Einheit der Bürgerverantwortung, die zugleich durch massiv aufgestockte Polizeieinheiten überwacht wird. Insgesamt sind Mobilisierung des Militärs, die Sondergesetze und ein nun zeitlich durchaus normalisierter Ausnahmezustand die gesellschaftspolitischen Umgangsweisen „im Kampf" mit dem Virus, während umfassende gesellschaftliche Debatten oder gar eigenmächtige demokratische Beteiligung und Entscheidung der Bürger*innen hinderlich erscheinen. Der Feind, der bedrohliche Angreifer eines an sich funktionierenden „geschlossenen Systems" muss vielmehr – im Zweifel autoritär geeint – zurückgeschlagen werden.

---

32 Vgl. Europäische Union, Europäischer Aufbauplan.
33 Vgl. Wöhl, Die politische Rationalität des Neoliberalismus; Bruff, The Rise of Authoritarian Neoliberalism.
34 Ausführlich dazu vgl. Ptak, Grundlagen des Neoliberalismus.
35 Zitiert nach Sandberg, „Wir sind im Krieg".

4 Zum Debattenfeld „gesellschaftliche Naturverhältnisse"

Ich habe bis hierher gezeigt, dass ein Verständnis von Ökonomie als geschlossenem (Preis- und Markt-)System und von Corona als einem externen Schock nicht nur als solches problematisch ist, sondern dieses seine Brisanz darüber hinaus als ökonomietheoretischer Bestandteil einer gesellschaftspolitisch-neoliberalen Krisenbearbeitung erhält. Wie aber können „Wirtschaft" und „Corona" substanziell anders aufgefasst werden?

Mein Vorschlag lautet, Corona in der Perspektive der *gesellschaftlichen Naturverhältnisse* zu betrachten. *„Gesellschaftliche Naturverhältnisse"* speist sich als Konzept bzw. Debattenfeld aus unterschiedlichen kapitalismuskritischen ökonomie- und gesellschaftstheoretischen Strängen, und es liefert aktuell äußerst instruktive und wichtige Beiträge für ein ganz anders geartetes, weiterführendes Verständnis der Pandemie. Der basale Ausgangspunkt ist hier, nicht nur Corona, sondern auch ökonomische Strukturlogiken wie globale Marktkonkurrenz nicht als extern anzusehen, sondern diese Externalisierung vielmehr selbst als Bestandteil gesellschaftlich produzierter Herrschaftslogiken zu identifizieren.

Der Begriff der gesellschaftlichen Naturverhältnisse ist ursprünglich am Frankfurter Institut für sozial-ökologische Forschung entwickelt worden.[36] Sowohl gegen eine nicht nur in der Ökonomie, sondern auch in den Sozialwissenschaften tradierte Abgrenzung und Abspaltung von allem „Natürlichen" wie auch gegen eine Klima- und Umweltforschung, die „Natur" als außer-soziales Phänomen betrachtet, betont dieser Ansatz das unaufhebbare *Relationsgeflecht* von Natur und Gesellschaft. Gesellschaft sei kein von Natur unabhängiger Substanzbegriff, vielmehr erfolge die Konstitution von Vergesellschaftungszusammenhängen grundsätzlich *sozialökologisch*. Drei Prämissen sind dabei als grundlegend herausgearbeitet worden. *Erstens*: Natur und Gesellschaft existieren nicht getrennt, sind keine separaten Entitäten. „Natur kann nicht ‚an sich', d. h. unabhängig von den jeweiligen Formen ihrer gesellschaftlichen Bearbeitung, Wahrnehmung und Symbolisierung erfahren und erkannt werden."[37] *Zweitens*: Natur und Gesellschaft sind zugleich von ihrer *Nichtidentität* gekennzeichnet, das heißt soziale Praktiken und Naturprozesse fallen in ihrer Reproduktionslogik nicht in eines, sind vielmehr als eigenständige, aber untrennbar aufeinander bezogene Pole einer Differenz zu begreifen. *Drittens* gilt es entsprechend, den je konkret historischen *Vermittlungszusammenhang* von Gesellschaft

---

36 Vgl. Jahn/Wehling, Gesellschaftliche Naturverhältnisse; Görg, Gesellschaftliche Naturverhältnisse; Becker, Soziale Ökologie.
37 Jahn/Wehling, Gesellschaftliche Naturverhältnisse, 82.

und Natur in den Blick zu nehmen, und das bedeutet aktuell: nach kapitalistisch und damit auch rassistisch und sexistisch verfassten Herrschaftsstrukturen als immer auch ungleich verfassten *sozialökologischen* zu fragen.

Nehmen wir die drei Prämissen des Konzepts zur gedanklichen Grundlage, dann wird ersichtlich, dass wir über die ursprüngliche Konzeptbegründung hinaus von einem breiten *Debattenfeld gesellschaftlicher Naturverhältnisse* sprechen können. Zu diesem zählen beispielsweise die feministische und Umweltsoziologie,[38] die kritische und feministische politische Ökonomie,[39] die soziale und politische Ökologie inklusive der Stadt- und Landschaftsökologie[40] und nicht zuletzt die in hohem Maße englischsprachig geprägte kritische (Wirtschafts-)Geographie.[41] Alle hier noch nicht einmal vollständig genannten Debattenstränge fokussieren auf die grundlegende Frage nach dem Vermittlungszusammenhang von Natur und strukturell ungleich verfasster (Welt-)Vergesellschaftung. Über durchaus schwerwiegende inhaltliche Differenzen hinweg lautet die gemeinsame Diagnose dieses Feldes, dass wir es mit einer tiefen *Krise der gesellschaftlichen Naturverhältnisse* zu tun haben, mit einem gestörten sozialökologischen Mensch-Natur-„Stoffwechsel", wie es in Anlehnung an eine ursprünglich von Karl Marx stammende Formulierung heißt. Die Ursache dieser Krise liegt in der Verfasstheit unserer gegenwärtigen Produktions- und Lebensweise selbst, also in der gesellschaftlichen Gestaltung unseres Naturverhältnisses.

Ökonomisch steht hierbei eine strukturelle Rücksichtslosigkeit im Zentrum der Kritik, die in einem Modell von Ökonomie als (geschlossenem) Marktkreislauf nicht zu fassen ist. Statt kapitalistische Produktionsweise vorrangig als Tauschbeziehung zwischen nutzenmaximierenden Individuen bzw. Haushalten und Unternehmen zu theoretisieren, steht hier ihre Ausrichtung auf Verwertung, das heißt auf Profitsteigerung im Zentrum. Diese kapitalistische Profitlogik stellt sozialökologisch ein strukturelles Gewaltverhältnis gegenüber Mensch und Natur dar, weil sie in ihrer rein *quantitativ-abstrakten* Form von

---

38 Vgl. Krausmann/Fischer-Kowalski, Gesellschaftliche Naturverhältnisse; Becker-Schmidt, Pendelbewegungen; Neckel u. a., Die Gesellschaft der Nachhaltigkeit.
39 Vgl. Altvater, Ökologische und ökonomische Modalitäten; Burkett/Foster, Stoffwechsel; Biesecker/Hofmeister, Zur Produktivität der „Reproduktion"; Dietz, Researching Inequalities; Brand/Wissen, Imperiale Lebensweise; Fraser, Incinerating Nature.
40 Vgl. Bauriedl, Politische Ökologie; Rosol/Béal/Mössner, Greenest Cities; Miller/Mössner, Urban sustainability;
41 Vgl. Smith, Uneven Development; O'Connor, Natural Causes; Harvey, The Nature of Environment; Swyngedouw, Dispossesing H_2O; Castree, Neoliberalising Nature; Moore, Cheap Food and Bad Climate.

Reichtumsproduktion – dem Geld – von jeglicher Sozialität, Leiblichkeit und (natürlicher) Stofflichkeit abstrahiert. Geld kann man nicht essen, nicht anpflanzen, und man kann auf ihm auch nicht in die Karibik segeln. Und doch ist seine Mehrung der springende Punkt kapitalistischer Produktionsweise, in der es um *Kapital*, also um die Mehrung von vorgeschossenem Geld in letztlich egal welchen konkreten (Waren-)Produktionsprozessen und Finanzanlagen geht. Die jeweils konkreten sozialökologischen Bedingungen, die „lebendige", immer schon sozial-kooperative menschliche Arbeit und die ökologischen Naturvoraussetzungen sind jeweils nur Mittel zum Zweck, möglichst rasch wieder als vermehrtes Geld (Profit) zum Kapitaleigner und für eine neuerliche profitable Anlage seines Kapitals zurückzukehren.[42] Die (Über-)Ausbeutung und rücksichtslose Vernutzung von menschlicher, selbst an seine leibliche Natur gebundene (Arbeits-)Kraft, Kreativität und Sozialität ist insofern zusammen mit der Zerstörung „äußerer" Natur wie Boden, Flüsse, Wälder, die Atmosphäre usw. Strukturmerkmal kapitalistischer Produktionsweise.

Diese kapitalistische Produktionsweise existiert allerdings nicht als „die Wirtschaft", als ökonomischer Selbstlauf, sondern sie ist immer und zugleich auch *politische Ökonomie*. Sie ist auch in dieser Hinsicht gerade kein geschlossenes System, auf das dann externe Störungen treffen, sondern die profitlogische Rücksichtslosigkeit ist a priori als politisch-gesellschaftlich ermöglichte und verfasste zu verstehen. Hier stehen im Debattenfeld „gesellschaftliche Naturverhältnisse" nicht nur Institutionen wie Welthandelsregimes, (neo-)liberale Strukturprogramme oder auch Stadt- und Infrastrukturpolitiken im kritischen Fokus, sondern auch grundsätzliche Muster der gesellschafts- und diskurspolitischen Abspaltung und Externalisierung von Natur als dem Fremden, Fernen, Bedrohlichen, das es für eine „moderne", effizienz- und profitorientierte orientierte Zweckrationalität zu beherrschen gilt. Vor allem in der feministischen Tradition sowie in Anlehnung an die Kritische Theorie der Frankfurter Schule wird betont, dass die Imagination von „Natur" als etwas Äußerlichem, Vor-gesellschaftlichen, das mit unserer Ökonomie und Gesellschaft nichts zu tun habe, vielmehr im Zweifel als Bedrohung beherrscht und kontrolliert werden müsse, umschlägt in eine gefahrenvolle, in der Tat ökologisch bedrohte gesellschaftliche Existenzweise.[43] Kurz: Gegen Vorstellungen von Wirtschaft als geschlossenem System ist

---

42 Vgl. ausführlich Hürtgen, Ökologie als Klassenkampf.
43 Vgl. Horkheimer/Adorno, Dialektik der Aufklärung; Altvater, Ökologische und ökonomische Modalitäten; Görg, Gesellschaftliche Naturverhältnisse; Biesecker/Hofmeister, Zur Produktivität des „Reproduktiven"; Becker-Schmidt, Pendelbewegungen.

die kapitalistische Produktionsweise im Debattenfeld gesellschaftliche Naturverhältnisse eine „class-racial-gender order",[44] die im Gesamt wiederum immer auch eine *Erdformation* darstellt,[45] eine Weltökologie, die nur relational, das heißt in den nah- und fernräumlichen, ihrerseits ungleichen und herrschaftsförmigen Struktur- und Handlungszusammenhängen zu erfassen ist.

5 Die Pandemie als gesellschaftliches Produkt

Wie oben erwähnt ist das Debattenfeld „gesellschaftliche Naturverhältnisse" zentral auch mit Blick auf die Corona-Pandemie, wobei nun insbesondere auch die Analysen kritischer Epedimolog*innen als sein Bestandteil weithin sichtbar sind.[46] Generell ist die Pandemie hier gerade kein („überraschender") externer Schock, sondern umgekehrt *gesellschaftlich hervorgebracht*.

„Kapitalistische Ökonomie produziert Epidemien"[47] und rekurrieren dabei auf die strukturell rücksichtslose Profitorientierung, die alles Sozialökologische zum vernutzbaren Material degradiert. Bezogen auf Corona steht hier vor allem das transnationale Agrobusiness im Fokus. Die Artenvielfalt wird aufgrund der Entwaldung und (großindustriellen) Naturzerstörung zur Errichtung von Plantagen oder zur Gewinnung von Weideland dramatisch reduziert. Aber gerade die Vielfalt der lokalen Spezies wirkte lange Zeit als Schutz- und „Brandmauer" gegen die Ausbreitung von Viren und damit auch gegen Zoonosen (den Übergang vom Tier auf den Menschen). Die Rechnung ist ganz einfach: je mehr abgeholzte Wälder, desto größer die Gefahr der Zoonose. Demgegenüber stellt die Massentierhaltung mit ihren zusammengepferchten und typischerweise geschwächten, gestressten und misshandelten Tieren geradezu einen Brandbeschleuniger dar. Es sei noch keine Epidemie aus einem Hinterhof entstanden, so Rob Wallace,[48] aber Massentierhaltung ist ein idealer Virenverbreitungs- und Mutationsherd, wie die seit Jahrzehnten immer wiederkehrenden Pandemien wie Schweinegrippe, Vogelgrippe, das Dengue-Fieber und viele weitere zeigen.[49] In der Tat hat auch die chinesische Region Wuhan in den letzten Jahren tiefgreifende Umwälzungen agrar-industrieller Massenproduktion, insbesondere

---

44 Vgl. Barca/Leonardi, Working-class Ecology.
45 Vgl. Altvater, Kapitalozän.
46 Vgl. Shah, Woher kommt das Coronavirus; Wallace, Was COVID-19 mit der ökologischen Krise.
47 Wallace u. a., COVID-19 and Circuits of Capital, 2.
48 Vgl. Wallace, Was COVID-19 mit der ökologischen Krise.
49 Vgl. Wallace, Breeding Influenza.

der Fleischerzeugung, erlebt, die mit umfassender *deforestation* und Naturzerstörung einherging. Chinesische Konglomerate gehören mittlerweile zu den wichtigsten Global Players des Agro-Business, beispielsweise der chinesische Schweinefleischproduzent *WH-Group*, der nicht nur in China (darunter in der Region Wuhan), sondern weltweit Produktionsstätten betreibt. Hinzu kommt, dass sich seit einiger Zeit die Kommodifizierung von Wildtieren zu einem lukrativen weltweiten Geschäftsfeld der Agrarindustrie entwickelt hat. Bezeichnenderweise beteiligen sich nun vor allem jene ehemaligen Bauern und Landarbeiter der Region an der Beschaffung von („exotischen") Wildtieren, die im Zuge der verwertungsorientierten *Landnahme* entweder eigentumslos wurden oder mit der traditionell-kleinteiligen agrarischen Ausrichtung nicht mehr überleben können.[50] Über das weitere Vordringen in die Urwälder werden nicht nur Spezien weiter dezimiert, sondern vormalige „natürliche" Grenzen zwischen Mensch und Tier überschritten und zerstört.

Wichtig ist festzustellen: Diese Prozesse und die Gefahr, die sie bedeuten, sind seit langem bekannt. Das Corona-Virus entwickelte sich gerade nicht überraschend, sondern es ist eine Katastrophe mit Ansage. So entwarf das deutsche Robert Koch Institut im Jahr 2012 ein auf eine Virus-Mutation von SARS abzielendes Pandemie-Szenario, das ohne politische Konsequenzen blieb; im gleichen Jahr führte die Weltgesundheitsorganisation die Kategorie „Pandemie X" ein und spielte ebenfalls Gefahrenszenarios durch, und schließlich gibt es eine ganze Reihe von Untersuchungen und von (kartographischem) Material, das die weltweiten Gefahrengebiete für Zoonosen identifiziert und ihre Gefährlichkeit benennt.[51] Bereits im Jahr 2004 erklärte Klaus Stöhr, ehemaliger Leiter des Global-Influenza-Programms der Weltgesundheitsorganisation (WHO): „Nach der Pandemie wird das schwierigste sein, der Öffentlichkeit zu erklären, warum wir nicht gehandelt haben, obwohl es genügend Warnungen gegeben hatte."[52] Für die Pandemie gilt insgesamt dasselbe wie für weitere Folgen drastischer sozialökologischer Zerstörung, insbesondere den Klimawandel: Der vermeintlich unvorhersehbare Schock ist alles andere als überraschend, und vor allem ist er nicht das Resultat mangelnden Wissens oder fehlender Aufklärung.[53] Stattdessen

---

50 Vgl. Poland/Ziolo, Environment and COVID-19.
51 Vgl. Wallace u. a., COVID-19 and Circuits of Capital, 1 f.
52 Zitiert nach: Becker, Eine absehbare Katastrophe.
53 „Angesichts der zahlreichen Diagnosen wird es auch immer schwieriger, die eigene Tatenlosigkeit durch Unwissenheit zu rechtfertigen. In der Klimatologie wie in der Virologie gibt es einen regen internationalen wissenschaftlichen Austausch; die Forschungsergebnisse sind allgemein zugänglich, und sie werden immer genauer. […]

wird die *Strukturlogik* kapitalistischer Rücksichtslosigkeit deutlich, die sich *trotz* aller Kenntnisse und Warnungen fortsetzt: Im Sinne noch stärker konzentrierter Finanz- und Kapitalressourcen für noch umfassendere Marktbeherrschung, noch aggressivere Kostenkalküle und noch größere ökonomische Schlagkraft, die es in der globalen Kapitalkonkurrenz einzusetzen gilt.

Das transnationale Agrobusiness ist dabei selbst wiederum *politische Ökonomie*. Als hochkonzentriertes und vermachtetes Corporate Food- und Agro-Regime steht es seit langem und weltweit in der Kritik nicht nur von Wissenschaftler*innen, sondern auch von NGOs und Aktivist*innen. In der Erzeugung und im Handel von Fleisch, Nahrungs- und Genussmitteln, Agrarprodukten oder Saat- und Düngemitteln dominieren jeweils eine Handvoll von weltweit aufgestellten Großkonzernen bis zu 70 % der globalen Produktions- und Vermarktungsaktivität, darunter mittlerweile chinesische Konglomerate. Diese enorme ökonomische Position ist notwendig eine politische, was sich nicht allein in machtvoller Lobby-Arbeit und direkter Politikbeeinflussung niederschlägt, sondern auch in weitreichend-kontrollierenden Besitzverhältnissen: „Die Konzerne besitzen Hochseeschiffe, Häfen, Eisenbahnen, Raffinerien, Silos, Ölmühlen und Fabriken."[54] Insgesamt steht das Agro-Business für seine – typischerweise staatlich-klientelistisch oder auch direkte gewaltförmige – Landaneignung zur Produktionsansiedlung in der Kritik, sowie aufgrund der ebenfalls immer auch politisch durchgesetzten, oft direkt ruinösen und autoritär verfassten Arbeitsbedingungen.

Bereits vor Jahren [wurde auch in Frankreich eindringlich] vor einer Pandemie gewarnt. Die unkontrollierte Verbreitung von gefährlichen Infektionskrankheiten ist eine der größten Herausforderungen des 21. Jahrhunderts. An alarmierenden Vorboten hat es nicht gefehlt, das zeigt die Verbreitung von Grippeviren wie H5N1 im Jahr 1997 oder H1N1 im Jahr 2009 und die Corona-Epidemien mit Sars (2003) und Mers (2012). Ähnliches gilt für den Klimawandel: 1979 beauftragte die US-Regierung ein Expertengremium unter der Leitung des Meteorologen Jule Gregory Charney mit der Untersuchung von zwei Klimamodellen. Der Charney-Bericht, der dem US-Senat anschließend vorgelegt wurde, warnte also schon vor mehr als 40 Jahren vor den möglichen klimatischen Folgen des zunehmenden Treibhausgasgehalts in der Atmosphäre. Und seit etwa 30 Jahren existieren mit dem Weltklimarat (Intergovernmental Panel on Climate Change, IPCC) und der Klimarahmenkonvention der Vereinten Nationen (UNFCCC) multilaterale Strukturen für den wissenschaftlichen Austausch und gemeinsames Handeln. Die Forscher scheuen keine Mühen, um die Politik und die Bevölkerung über die Gefahren einer beschleunigten Erderwärmung zu informieren" (Descamps/Lebel, Corona-Schock und Klimapolitik).

54 Herre, Fünf Agrarkonzerne.

Entsprechend falsch ist es auch *geographisch*, die Pandemie als externes Ereignis abzutun. Anstatt Corona als „chinesisches Virus" zu orientalisieren, d. h. seine Entstehung als Resultat fremder Kulturen und *dortiger* enger und schmutziger Wildtiermärkte abzuspalten, gilt es, die lokal-globale Verwobenheit der kapitalistischen Produktions- und Lebensweise in den Blick zu nehmen. Die Wildtierbeschaffung in Wuhan und den Nachbarregionen beispielsweise ist kein räumlich isoliertes Ereignis, sondern selbst Bestandteil der transnational aufgestellten Produktionsnetzwerke. Im Zuge des Aufbaus einer chinesisch-industriellen Massenproduktion verlieren lokale Kleinbäuer*innen ihre Produktions- und Vermarktungsmöglichkeiten, während die Nische Wildtiermarkt noch relativ einträglich ist. Wildtierfänger*innen und -produzent*innen in Wuhan arbeiten dann beispielsweise als „selbständige" Vertragsarbeiter*innen als integraler Bestandteil der weltweiten Produktionszusammenhänge und ihren oft direkt autoritär verfassten, sozialräumlich vielfach fragmentierten Arbeitsbedingungen.[55] Diese Produktions- und Beschaffungsmethoden selbst wiederum sind ihrerseits in die globalen Finanzströme eingebunden. Auch in dieser Hinsicht ist also der (geographische) Fingerzeig auf Wuhan falsch und irreführend. Betrachtet man nämlich die globalen Finanzströme zur Kapitalanlage, dann stellen sich ganz andere Orte als die eigentlichen Hotspots der Corona-Pandemie heraus:[56] Hong Kong als zentraler Börsenplatz sowie London und New York. Von hier aus investieren globale Finanz- und Vermögensfonds, allen voran der amerikanische Gigant Black Rock, seit Jahren bevorzugt auch in die von hohen Wachstumsraten gekennzeichnete chinesische Agrarindustrie im Allgemeinen und in die Fleischindustrie im Besonderen. Der bereits erwähnte aktuell größte weltweite Fleischproduzent, die chinesische WH-Group, expandierte unter anderem aufgrund von Investments und zeitweise Übernahmen durch Goldman Sachs; die neuen Massenschlachtereien in der Nähe Wuhans wurden mit dem Kapital auch dieses Anlegers, aber auch der Deutschen Bank u. a. errichtet.

> Nationalistic finger pointing, from Trump racist ‚China virus' and across the liberal continuum, obscures the interlocking global directorates of state and capital.[57]

Hinzu kommt schließlich: Die Corona-Pandemie wäre undenkbar ohne eine spezifische transnationale Lebensweise; kapitalistische politische Ökonomie ist immer auch eine alltagspolitische, tagtäglich reproduzierte.[58] Hier ist der

---

55 Vgl. Poland/Ziolo, Environment and COVID-19.
56 Vgl. Wallace u. a., COVID-19 and Circuits of Capital.
57 Ebd.
58 Vgl. Brand/Wissen, Imperiale Lebensweise.

mittlerweile weltweit durchgesetzte diversifiziert-industrielle Nahrungsmittelkonsumkonsum inklusive der globale Wachstumsmarkt distinktiver Exotic-Food-Märkte zu nennen. Vor allem aber hat die rasante Ausbreitung des Virus verdeutlicht, wie mobil und transnational unsere Arbeits- und Lebenszusammenhänge mittlerweile verfasst sind. Ca. 450 Millionen US-Bürger reisen jährlich nach Übersee; im Jahr 2019 wurden knapp 200 Millionen Dienstreisen von in Deutschland ansässigen Unternehmen angegeben, ca. die Hälfte davon gehen ins Ausland.[59] Der Reise- und Touristikmarkt gilt als zentraler Wachstumsmarkt, in Österreich machte die Ski-Tourismusdestination Bad Ischgl Schlagzeilen, von wo aus um die 11.000 Erkrankungen in ganz Europa, darunter einige mit Todesfolge, ausgegangen sein sollen.[60]

Um es zusammenzufassen: in der Perspektive der gesellschaftlichen Naturverhältnisse ist Corona kein externer Schock, sondern Produkt einer historisch-konkreten kapitalistischen und damit global-lokal ausbeuterischen Produktions- und Lebensweise. „Wirtschaft" als geschlossenes System gibt es nicht, vielmehr ist jegliche Ökonomie immer auch politische und Sozio-Ökonomie, also gesellschaftspolitisch verfasst – und sie ist unauflöslich auch Naturverhältnis, *Erdformation*.[61] Das diskurs- und gesellschaftspolitische *Framing* von Corona als Feind und Aggressor stellt in dieser Perspektiven selbst eine Abspaltung und Verleugnung der sozialökologisch zutiefst destruktiven Konkurrenz- und Profitlogiken als basaler Funktionsweise kapitalistischer Arbeit, Produktion und Ökonomie dar – und verweigert so deren kritische Diskussion und Infragestellung. Der im starken Sinne des Wortes ideologische Charakter dieser Abspaltung zeigt sich in der Pandemie selbst, die in Reaktion auf rücksichtslos verwertungslogische Naturaneignung und eine diese reproduzierende Lebensweise nun tatsächlich (wie andere Pandemien vor ihr) als lebensbedrohliche Gefahr in das vermeintlich geschlossene Sozial- und Wirtschaftssystem zurückkehrt. Für eine Abkehr von Corona als externem Schock und äußerem Feind ist dagegen eine auf die multiskalaren geographischen Zusammenhänge abzielende Betrachtung nötig, die gegen die auch räumliche Externalisierung, Orientalisierung und Exotisierung des Virus auf die global-lokale Relationalität unserer Weltvergesellschaftung verweist. Nur in einer solchen glokalen Perspektive kann auch die neue neoliberale Normalität eines auch ökonomischen permanenten Kampfes gegen feindliche globale Konkurrenzzwänge durchbrochen

---

59 Vgl. Graefe, Anzahl der Geschäftsreisen.
60 Vgl. Dahlkamp u. a., Die Akte Ischgl.
61 Vgl. Altvater, Kapitalozän.

werden. Die globale polit- und sozioökonomische Vergesellschaftung ist gerade kein *out-there phenomenon,* kein nun seinerseits zur Natur der Dinge erklärter *Sachzwang,* sondern gehört solidarisch, demokratisch sozialökologisch neu ausgestaltet.

6 Care als sozialökologische Vergesellschaftungspraxis

Wo sind hierfür Ansatzpunkte zu denken? Auch hier ist es sinnvoll, das Debattenfeld gesellschaftliche Naturverhältnisse zum Ansatzpunkt zu nehmen. Denn im Zusammenhang mit Corona ist auch die Natur des Menschen selbst, seine Leiblichkeit, Verletzlichkeit und Bedürftigkeit in neuer Weise ins Zentrum der Diskussionen gerückt. Ökonomisch standen für einen Moment die (wesentlich „weiblichen") Versorge- und Pflegearbeiten im Fokus und damit der eklatante Widerspruch zwischen ihrer nun allgemein sichtbaren „Systemrelevanz" und ihrem andererseits gesellschaftlich wenig anerkannten Stellenwert.[62] Angesprochen ist hier in anderen Worten die feministische Care-Debatte, die in den letzten Jahren selbst eine entscheidende Weiterentwicklung erfahren hat: In Anschluss vor allem an die kanadische Politikwissenschaftlerin und Ethikerin Joan Tronto wird *Care* nicht länger nur als bereichs- und sphärenbezogene Arbeitstätigkeit in Haushalt- und Pflegeberufen angesehen, sondern darüber hinaus als Schlüsseldimension jeglichen sozialintegrativen gesellschaftlichen Zusammenlebens und -arbeitens *überhaupt* verallgemeinert:

> Auf der allgemeinen Ebene ist Fürsorge eine Gattungstätigkeit, die alles umfasst, was wir tun, um unsere Welt so zu erhalten, fortdauern zu lassen und wiederherzustellen, dass wir so gut wie möglich in ihr leben können.[63]

Ökonomisch ist Care in dieser erweiterten Perspektive als normative Orientierung für die Gesamtheit eines erneuerten und kritisch erweiterten Verständnisses von Arbeit und Ökonomie aufzufassen. Care ist – losgelöst von sphärenbezogener Tätigkeit – dann *fürsorgliche Praxis,* d. h. es ist ein anteilnehmend-sorgendes *Weltverhältnis* und stellt als solches (wie wir in der Corona-Pandemie gut beobachten konnten) bereits jetzt die – wenngleich sexistisch und verwertungslogisch beständig verdrängte – Grundlegung des Ökonomischen und der Organisation

---

62 Vgl. The Foundational Economy Collective (Hg.), Die Leistungsträgerinnen des Alltagslebens; Neely/Lopez, Care in the Time of Covid-19; Villa, Corona-Krise Meets Care-Krise; Hürtgen, Held*innen oder Arbeiter*innen?
63 Fisher/Tronto, Toward a Feminist Theory of Caring, 40.

gesellschaftlicher Arbeit überhaupt dar.[64] Entsprechend geht es auch darum, Auffassungen von allgemein-gesellschaftlichem Wohl neu zu konzipieren und als notwendig an den Dimensionen sozialökologischer (Re-)Produktivität und Fürsorglichkeit auszurichten. Theoretische Grundlage ist die unhintergehbare Zeitlichkeit und soziale Relationalität menschlicher Existenz, die immer auch als leibliche und also a priori im Zusammenhang mit „Natur", d. h. sozialökologisch zu verstehen ist. Schließlich, während Care als fürsorgliche Praxis darauf insistiert, „die Gesellschaft von den Erfordernissen des Sorgens und der sozialen Reproduktion her zu denken"[65], bedeutet „Demokratie als fürsorgliche Praxis"[66] die institutionalisierte Ermöglichung eines derart sorgend-anteilnehmenden Verhältnisses zur Welt seitens der (Alltags-)Subjekte, seine strukturelle Verallgemeinerung in der politisch-rechtlichen Ausgestaltung der Gesellschaft.

Das unterscheidet sich grundlegend von der (bei aller darin integrierten „Achtsamkeit" trotzdem maskulinistischen) Konzeption eines unausweichlichen, permanenten Kampfes gegen äußere ökonomische, pandemische, klimabezogene Bedrohung. Der Krieg, den Macron so schneidig auf den Lippen führte, ist das Gegenteil einer sozialökologisch dringenden Umgestaltung von Ökonomie und Gesellschaft. Kurz: gegen die Externalisierung und Abspaltung von „Natur", die als Naturgefahren zurückkehren, und von Ökonomie, die als Sachzwang zurückkehrt, geht es um eine radikale Relationalität.

Literatur

Altvater, Elmar, Ökologische und ökonomische Modalitäten von Zeit und Raum, in: PROKLA. Zeitschrift für Kritische Sozialwissenschaft 17 (1987) 67, 35–54.

Altvater, Elmar, Kapitalozän. Der Kapitalismus schreibt Erdgeschichte, in: LuXemburg. Gesellschaftsanalyse und linke Praxis 2–3/2017: https://www.zeitschrift-luxemburg.de/kapitalozaen/ (18.08.2021).

Aulenbacher, Brigitte, Auf neuer Stufe vergesellschaftet: Care und soziale Reproduktion im Gegenwartskapitalismus, in: Becker, Karina/Binner, Kristina/Décieux, Fabienne (Hg.), Gespannte Arbeits- und Geschlechterverhältnisse im Marktkapitalismus, Wiesbaden 2020, 125–147.

---

64 Vgl. Plonz, Mehrwert und menschliches Maß; Biesecker/Hofmeister, Zur Produktivität des „Reproduktiven"; Sayer, Zugewandte Unterstützung; Knobloch, Ökonomie des Versorgens.
65 Aulenbacher, Auf neuer Stufe vergesellschaftet, 138.
66 Vgl. Tronto, Demokratie als fürsorgliche Praxis.

Bachmann, Andreas, Sammelwut beim Impfen: „Vielleicht will der Innenminister dann auch noch Einblick nehmen". Interview mit Thomas Lohninger (21.05.2021): https://www.moment.at/impfen-datenschutz-gefahren (21.07.2021):

Barca, Stefania/Leonardi, Emanuele, Working-class Ecology and Union Politics: A Conceptual Topology, in: Globalizations 15 (2018) 4, 487–503.

Bauriedl, Sybille, Politische Ökologie: nicht-deterministische, globale und materielle Dimensionen von Natur/Gesellschaft-Verhältnissen in: Geographica Helvetica 71 (2016) 341–351.

Becker, Egon, Soziale Ökologie. Grundzüge einer Wissenschaft von den gesellschaftlichen Naturverhältnissen, Frankfurt am Main 2006.

Becker, Matthias Martin, Eine absehbare Katastrophe, in: Der Freitag (29.07.2021): https://www.freitag.de/produkt-der-woche/buch/was-covid-19-mit-der-oekologischen-krise-dem-raubbau-an-der-natur-und-dem-agrobusiness-zu-tun-hat/unausweichliches-schicksal (20.07.2021).

Becker-Schmidt, Regina, Pendelbewegungen. Annäherungen an eine feministische Gesellschafts- und Subjekttheorie. Aufsätze aus den Jahren 1991 bis 2015, Opladen 2017.

Biesecker, Adelheid/Hofmeister, Sabine, Zur Produktivität des „Reproduktiven". Fürsorgliche Praxis als Element einer Ökonomie der Vorsorge, in: Feministische Studien 31 (2013) 2, 240–252.

Birke, Peter, Die Fleischindustrie in der Coronakrise. Eine Studie zu Migration, Arbeit und multipler Prekarität, in: Sozial.Geschichte Online 29 (2021) 41–87: https://duepublico2.uni-due.de/receive/duepublico_mods_00074351 (24.07.2021).

Brand, Ulrich/Wissen, Markus, Imperiale Lebensweise. Zur Ausbeutung von Mensch und Natur im globalen Kapitalismus, München 2017.

Bruff, Ian, The Rise of Authoritarian Neoliberalism, in: Rethinking Marxism 26 (2014) 1: https://www.tandfonline.com/doi/abs/10.1080/08935696.2013.843250 (18.08.2021).

Brunetti, Amyo, Wirtschaftspolitische Antworten auf die Corona-Krise. Eine Roadmap für die kurze, mittlere und lange Frist (Universität Bern, Policy Paper, August 2020): http://staff.vwi.unibe.ch/brunetti/downloads/202008_WirtschaftspolitischeAntwortenaufdieCorona_Krise_Roadmap_V6.pdf (16.07.2021).

Burkett, Paul/Foster, John Bellamy, Stoffwechsel, Energie und Entropie in Marx' Kritik der Politischen Ökonomie: Jenseits des Podolinsky-Mythos (Teil 1), in: PROKLA. Zeitschrift für Kritische Sozialwissenschaft 40 (2010) 159, 217–240.

Castree, Noel, Neoliberalising Nature. The logics of deregulation and reregulation. Environment and Planning A: Economy and Space 40 (2008) 1, 131–152.

CCC [Chaos Computer Club], Luca App: CCC fordert Bundesnotbremse (13.04.2021): https://www.ccc.de/de/updates/2021/luca-app-ccc-fordert-bundesnotbremse (08.07.2021).

Dahlkamp, Jürgen u. a., Die Akte Ischgl (25.06.2020), in: SPIEGEL Ausland https://www.spiegel.de/ausland/corona-in-ischgl-wer-versagte-wer-wegschaute-und-wer-dafuer-bezahlen-muss-a-20be2617-768f-40f5-8af0-df8b591aa6b1 (18.08.2021).

Descamps, Phillipe/Lebel, Thierry, Corona-Schock und Klimapolitik, in: Le monde diplomatique (07.05.2020): https://monde-diplomatique.de/artikel/!5662503 (25.07.2021).

Der Standard, Gesetzesvorlage steht: Koalition und SPÖ einig über grünen Pass (25.05.2021): https://www.derstandard.at/story/2000126916596/gesetzesvorlage-steht-koalition-und-spoe-einig-ueber-gruenen-pass?ref=rss (21.07.2021).

Dietz, Kristina, Researching Inequalities from a Socio-ecological Perspective (desiguALdades.net, Working Paper 74), Berlin 2014.

Erbe, Susanne, Lehren aus der Corona-Krise, Wirtschaftsdienst. Zeitschrift für Wirtschaftspolitik 100 (2020) 12, 902–903: https://www.wirtschaftsdienst.eu/inhalt/jahr/2020/heft/12/beitrag/lehren-aus-der-corona-krise.html (19.08.2021).

Europäische Union, Europäischer Aufbauplan: https://ec.europa.eu/info/strategy/recovery-plan-europe_de (21.07.2021).

Fisher, Berenice/Tronto, Joan, Toward a Feminist Theory of Caring, in: Abel, Emily K./Nelson, Margaret K. (Hg.), Circles of Care: Work and Identity in Women's Lives, Albany 1990, 36–54.

Fraser, Nancy, Incinerating Nature. Why global warming is baked into capitalist society. Antrittsvorlesung für das Visiting Professorshiop der Karl Polanyi Society (04.05.2021): http://www.karlpolanyisociety.com/polanyi-guest-professorship/nancy-fraser/incinerating-nature/ (02.08.2021).

Gleißner, Werner, Strategisches Management unter Unsicherheit: Das robuste Unternehmen, in: Rethinking Finance 3 (2021) 1, 33–41.

Görg, Christoph, Gesellschaftliche Naturverhältnisse, Münster 1999.

Graefe, Lena, Anzahl der Geschäftsreisen von deutschen Unternehmen in den Jahren 2004 bis 2019 (28.09.2020): https://de.statista.com/statistik/daten/studie/72112/umfrage/anzahl-der-geschaeftsreisen-seit-2004/A (22.07.2021).

Graefe, Stefanie, Resilienz im Krisenkapitalismus. Wider das Lob der Anpassungsfähigkeit, Bielefeld 2019.

Graefe, Stefanie, Corona: Schlägt die Stunde der Resilienz? In: LuXemburg. Gesellschaftsanalyse und linke Praxis (August 2020): https://www.zeitschrift-luxemburg.de/corona-schlaegt-die-stunde-der-resilienz/ (21.07.2021).

Harvey, David, The Nature of Environment, in: Miliband Ralph/Panitch Leo (Hg.), Socialist Register 1993, London 1993, 256–277.

Hayek, Friedrich A. von, Recht, Gesetz und Freiheit, Tübingen 2003.

Herre, Roman, Fünf Agrarkonzerne beherrschen den Weltmarkt (10.01.2017): https://www.boell.de/de/2017/01/10/fuenf-agrarkonzerne-beherrschen-den-weltmarkt (22.07.2021).

Horkheimer, Max/Adorno, Theodor W., Dialektik der Aufklärung, Frankfurt am Main 1969.

Hürtgen, Stefanie/Voswinkel, Stephan, Nichtnormale Normalität) Anspruchslogiken aus der Arbeitnehmermitte, Berlin 2014.

Hürtgen, Stefanie, Beitrag zur Podiumsdiskussion: Arbeit im Kapitalismus – Corona als Beschleuniger der Transformation? Mit den Organisator*innen Carolin Mauritz und Prof. Dr. Werner Nienhüser sowie den Referent*innen Dr. Stefanie Hürtgen und PD Dr. Ronald Hartz (19.07.2020): https://www.attac.de/bildungsangebot/online-seminare/videos/news/arbeit-im-kapitalismus-corona-als-transformationsbeschleuniger (24.07.2021).

Hürtgen, Stefanie, Das Virus kommt nicht von außen, in: Jacobin (2020): https://jacobin.de/artikel/corona-kapitalismus-agrarindustrie/ (19.08.2021).

Hürtgen, Stefanie, Ökologie als Klassenkampf? Arbeit, Subjekt und Politiken der Erschöpfung, in: Bruschi, Valeria/Zeiler, Moritz (Hg.), Kapitalismus und Klimakrise, Berlin 2021 (im Erscheinen).

Hürtgen, Stefanie, Glokale Produktion und Dauerkrise in der Arbeitswelt, in: Demirovic, Alex u. a., Das Chaos verstehen. Welche Zukunft in Zeiten von Zivilisationskrise und Corona? Hamburg 2021, 117–132.

Hürtgen, Stefanie, Held*innen oder Arbeiter*innen? Systemrelevanz und die Perspektive gesellschaftlicher Arbeit, in: Feministische Geo-Rundmail. Informationen rund um feministische Geografie Nr. 86 (Juli 2021) 13–16: https://ak-feministische-geographien.org/rundmail/ (25.07.2021).

Hüther, Michael, Es gibt keinen absoluten Lebensschutz, in: Cicero. Magazin für politische Kultur (13.01.2021): https://www.cicero.de/wirtschaft/corona-lockdown-lockerung-lebensschutz-insolvenzen-michael-huether (19.08.2021).

Jäger, Johannes/Springler, Elisabeth (Hg.), Ökonomie der internationalen Entwicklung. Eine kritische Einführung in die Volkswirtschaftslehre (Gesellschaft – Entwicklung – Politik 14), Wien 2012.

Jahn, Thomas/Wehling, Peter, Gesellschaftliche Naturverhältnisse. Konturen eines theoretischen Konzepts, in: Brand, Karl-Werner (Hg.), Soziologie und Natur, Wiesbaden 1998, 75–96.

Knobloch, Ulrike (Hg.), Ökonomie des Versorgens. Feministisch-kritische Wirtschaftstheorien im deutschsprachigen Raum, Weinheim/Basel 2019.

Krausmann, Fridolin/Fischer-Kowalski, Marina, Gesellschaftliche Naturverhältnisse: Energiequellen und die globale Transformation des gesellschaftlichen Stoffwechsels (Social Ecology Working Paper 117), Wien 2010.

Lessenich, Stephan, Leben machen und sterben lassen, in: WSI-Mitteilungen 73 (2020) 6, 454–461.

Löhr, Julia, Geld oder Leben? Das Virus kostet Menschenleben – eine Rezession birgt aber auch große Gefahren. Was wiegt schwerer, und was folgt daraus? In: Frankfurter Allgemeine Zeitung (26.03.2020): https://www.faz.net/aktuell/wirtschaft/unternehmen/warum-eine-rezession-schlimmer-sein-kann-als-das-coronavirus-16696572.html (14.07.2021).

Miller, Byron/Mössner, Samuel, Urban sustainability and counter-sustainability: Spatial contradictions and conflicts in policy and governance in the Freiburg and Calgary metropolitan regions, in: Urban Studies 57 (2020) 11, 2241–2262.

Moore, Jamie, Cheap Food and Bad Climate, in: Critical Historical Studies 2 (2015) 10, 1–43.

Neckel, Sighard u. a., Die Gesellschaft der Nachhaltigkeit. Umrisse eines Forschungsprogramms, Bielefeld 2018.

Neely, Abigail H./Lopez, Patricia J., Care in the Time of Covid 19, in: Antipode Online (04.04.2020): https://antipodeonline.org/2020/04/04/care-in-the-time-of-covid-19/ (25.07.2021).

O'Connor, James. Natural Causes. Essays in Ecological Marxism, New York 1988.

Peukert, Helge, Klimaneutralität jetzt! Politiken der Klimaneutralität auf dem Prüfstand, Marburg 2021.

Plonz, Sabine, Mehrwert und menschliches Maß. Zur ethischen Bedeutung der feministisch-ökonomischen Care-Debatte, in: Das Argument 53 (2011) 3, Nr. 292, 365–380.

Poland, Blake/Ziolo, Mira, Environment and Covid 19: Unpacking the Links, in: Andrews, Gavin J. u. a. (Hg.), Covid 19 and Similar Futures. Pandemic Geographies, Cham 2020, 213–225.

Ptak, Ralf, Grundlagen des Neoliberalismus, in: Butterwegge, Christoph/Lösch, Bettina/Ptak, Ralf (Hg.), Kritik des Neoliberalismus, Wiesbaden ²2017, 13–78.

Quaas, Friedun/Quaas, Georg, Corona – Der unsichtbare Feind. Wie Wissenschaft und Gesellschaft reagieren, Marburg 2021.

Rosol, Marit/Béa, Vincent/Mössner, Samuel, Greenest Cities? The (post-)politics of new urban environmental regimes, in: Environment and Planning A: Economy and Space 49 (2017) 8, 1710–1718.

Rothengatter, Werner/Schaffar, Axel, Makro kompakt. Grundzüge der Makroökonomik, Heidelberg 2008.

Sachverständigenrat zur Begutachtung der gesamtwirtschaftlichen Entwicklung, Corona-Krise gemeinsam bewältigen, Resilienz und Wachstum stärken. Jahresgutachten 2021, Wiesbaden 2020: https://www.sachverstaendigenrat-wirtschaft.de/fileadmin/dateiablage/gutachten/jg202021/JG202021_Gesamtausgabe.pdf (19.08.2021).

Sandberg, Britta, „Wir sind im Krieg", in: Spiegel Ausland (16.03.2020): https://www.spiegel.de/ausland/coronavirus-in-frankreich-wir-sind-im-krieg-a-50b0dce2-6f7e-4cba-bda1-87fe05bfc7ca (09.09.2021).

Sayer, Andrew, Zugewandte Unterstützung und anteilnehmende Sorge als Weltverhältnis, in: Conradi, Elisabeth/Vosman, Franz (Hg.), Praxis der Achtsamkeit. Schlüsselbegriffe der Care-Ethik, Frankfurt am Main/New York 2016, 351–368.

Schmid, Simon, Die Jahrhundertkrise. Stehen wir gerade am Anfang einer Wirtschaftskrise, wie sie nur alle zwei oder drei Generationen vorkommt? Wie schlimm wird es – und wie lange dauert es? (Serie „Pandenomics", Teil 1) (02.06.2020): https://www.republik.ch/2020/06/02/die-jahrhundert-krise (14.07.2021).

Shah, Sonia, Woher kommt das Coronavirus? In: Le Monde diplomatique (12.03.2020): https://monde-diplomatique.de/artikel/!5668094 (25.07.2021).

Smith, Neil, Uneven Development. Nature, Capital and the Production of Space, Oxford 1984.

Swyngedouw, Eric, Dispossessing H_2O. The contested terrain of water privatization, in: Capitalism Nature Socialism 16 (2005) 1, 81–98.

Taleb, Nassim Nicholas, Der Schwarze Schwan. Die Macht höchst unwahrscheinlicher Ereignisse, München 2008.

Taylor, Phil, Covid-19 and Call/Contact Centre Workers: Intermediate Report, Glasgow 2020: https://strathprints.strath.ac.uk/72602/1/Taylor_2020_Covid_19_and_call_contact_centre_workers_intermediate_report.pdf (21.07.2021).

The Foundational Economy Collective (Hg.), Die Leistungsträgerinnen des Alltagslebens. Covid-19 als Brennglas für die notwendige Neubewertung von Wirtschaft, Arbeit und Leistung, Wien 2020: https://publik.tuwien.ac.at/files/publik_291036.pdf (28.05.2021).

Tronto, Joan, Demokratie als fürsorgliche Praxis, in: Feministische Studien 18 (2000) 1, 25–42.

Villa, Paula-Irene, Corona-Krise Meets Care-Krise – Ist das systemrelevant? In: Leviathan 48 (2000) 3, 433–450.

Walker, Jeremy/Cooper, Melinda, Genealogies of Resilience. From Systems Ecology to the Political Economy of Crisis Adaption, in: Security Dialogue 42 (2011) 2, 143–160.

Wallace, Robert, Breeding Influenza: The Political Virology of Offshore Farming, in: Antipode 41 (2009) 5, 916–951.

Wallace, Rob, Was COVID-19 mit der ökologischen Krise, dem Raubbau an Natur und dem Agrobusiness zu tun hat, Köln 2020.

Wallace, Rob u. a., COVID-19 and Circuits of Capital, in: Monthly Review 72 (2020) 1: https://monthlyreview.org/2020/05/01/covid-19-and-circuits-of-capital/ (19.08.2021).

Wöhl, Stefanie, Die politische Rationalität des Neoliberalismus – eine demokratietheoretische Betrachtung im Anschluss an Wendy Brown, in: Österreichische Zeitschrift für Politikwissenschaft 40 (2011) 1, 37–48.

Youtube, Daphne Weber spricht mit Nicole Mayer-Ahuja: Corona und die Arbeitswelt (06.04.2021): https://www.youtube.com/watch?v=xLrczVUa-KY (21.07.2021).

Andrea Schmidt

Spannungsfelder in der angewandten Sozialforschung und Sozioökonomie

Abstract: The field of socio-economics takes into account social relationships in economic analyses, and builds on the reflective potential of the stakeholders dealt with in socio-economic research. From a pragmatic standpoint however, the normative attitude of the sponsors has an effect on the specific socio-economic questions being dealt with. With reference to the EU research funding programme, Horizon 2000, this contribution illustrates the resulting interface: Which stakeholders devise a research funding programme? Who evaluates it? Which economic interests play a role? With this in mind, the mandatory cooperation between public research institutions and the private sector in the context of EU research funding applications, for instance, is to be considered as critical. It is to be hoped that in future there will be a sensitive reorientation of such applications towards a macrosocial perspective.

Keywords: social economy, EU, sponsored research, scientific theory, conflicts of interest

1 Einleitung

Der Beitrag thematisiert die Verbindung von Politik und Wissenschaft in der Disziplin der Sozioökonomie und ist wie folgt aufgebaut: nach einer kurzen Darstellung der wissenschaftstheoretischen Grundlagen des Fachs Sozioökonomie (1) wird Forschungsförderung und -finanzierung im Bereich der Sozioökonomie anhand des Bereichs der Forschungsförderung im Rahmen des EU-Förderprogramms Horizon 2020 als Spannungsfeld von Wissenschaft, Politik und Praxis veranschaulicht (2). Die Synthese der beiden vorangegangenen Kapitel bildet den Abschluss (3).

1.1 Wahrheit und Wissenschaft in der Sozioökonomie

Bei der Disziplin Sozioökonomie handelt es sich um ein relativ junges (Forschungs-)Feld: Sie lässt im Gegensatz zur neoklassischen Ökonomie komplexe soziale Zusammenhänge in ökonomische Analysen mit einfließen. Im Rahmen der Sozioökonomie werden komplexe Kausalitäten in Wirtschafts- und Sozialsystemen vorausgesetzt, in denen „multimotivische, kreative und eigensinnige Akteure" und Akteurinnen[1] agieren. Ein Politikbezug ist nach Ansicht Hedtkes

---

1 Vgl. Hedtke, Was ist und wozu Sozioökonomie, 51.

in der Sozioökonomie (immer) gegeben, als zeitliche und räumliche Konstellationen jedenfalls berücksichtigt werden. Vielfach tritt die Sozioökonomie nach außen aber nicht als kritische, sondern als funktionale Wissenschaft auf, in der Lösungsansätze gesucht werden, jedoch keine offensichtliche normative Beurteilung stattfindet.²

Um die Wissensproduktion in der Disziplin der Sozioökonomie zu verstehen, sind einige Worte zu den historischen Wurzeln der Produktion von Wissen bzw. Wissenschaft im Allgemeinen zu sagen. Historisch gesehen fand erstmals im 19. Jahrhundert mit dem Zeitalter der ‚funktionalen Differenzierung' auch in der Wissensproduktion eine Entwicklung der Professionalisierung statt. Davor waren es vielfach Amateurinnen und Amateure gewesen, die sich der Erforschung der Welt und ihrer Interpretation widmeten, sei es im öffentlichen Diskurs oder im Rahmen privater Initiativen wie ‚Salons' oder ‚Akademien'. Mit der Industrialisierung entstand ein funktional differenziertes Subsystem der Wissensproduktion und -verwaltung. Danach wurde die Amateurin bzw. der Amateur abgelöst vom ‚Profi', bzw. von der Expertin oder vom Experten.³ Tatsächlich entwarf Wilhelm von Humboldt (1767–1835) das Modell der neuzeitlichen Universität als Gemeinschaft der Forschenden, basierend auf der Einheit von Forschung und Lehre bzw. der Einheit von Wissen und Bildung. Gleichzeitig verloren die Fächer, die lange Zeit die wichtigsten waren (Religion, Philosophie), ihre Vorherrschaft. Naturwissenschaftliche Fächer erlebten einen beispiellosen Aufschwung. Empirische Forscher und Theoretiker wurden zum neuen ‚Bildungsideal'. Es folgt die Zeit des Positivismus: Es sollte primär gelten, was in Messwerten dokumentiert werden konnte.⁴

1.2 Konnotative Theorien und Politiknähe

Die beschriebene Entwicklung ist auch vor dem Hintergrund dessen von Bedeutung, wie Wissen (im Fach der Sozioökonomie) bewertet und reflektiert wird. Zwei Typen bzw. Logiken von Realitäten werden im wissenschaftstheoretischen Diskurs im Allgemeinen unterschieden (wobei in der Realität nur Mischformen gegeben sind): Erstens wird die *nomologische* Realität beschrieben, welche innerhalb bestimmter Grenzen unveränderlich gegeben ist und überall auf die gleiche Weise funktioniert (z. B. Naturgesetze). Bei dieser Form der Realität ist eine methodische (kontextunabhängige) Fixierung möglich, etwa in Form von

---

2 Vgl. ebd. 48.
3 Schülein/Reitze, Wissenschaftstheorie für Einsteiger, 59 f.
4 Vgl. ebd. 105 ff.

Metrik, formaler Logik oder algorithmischer Reduktion. Nomologische Realitäten erlauben daher so genannte ‚denotative Theorien' – diese sind eindeutig abgrenzend, zuordnend und festlegend, wie etwa in der Mathematik.[5]

Für das Feld der Sozioökonomie bedeutender ist die zweite Form – die *autopoietische* Realität. Sie ist im Gegensatz zur nomologischen Realität veränderlich, entwickelt sich selbst, steuert und interagiert mit der Umwelt, ist multikausal. Autopoietische Realität erfordert ‚konnotative Theorien': Eine methodologische Fixierung ist nur begrenzt möglich und abhängig von der jeweiligen Perspektive. Schülein und Reitze schreiben dazu: „Praktische Konsequenzen aus konnotativen Theorien sind immer politisch."[6] Konnotative Theorien, wie sie auch in der Sozioökonomie häufig sind, verändern somit das Reflexionspotenzial der Akteurinnen und Akteure, die Wirkung ist nicht oder wenig kontrollierbar.

Im Fach der Ökonomie im Allgemeinen wird hingegen vielfach suggeriert, es bestehe eine Art Naturgesetz, eine nomologische Realität also, was insbesondere den neoklassischen Diskurs verstärkt. Institutionelle und strukturelle Mechanismen, die das rationale Verhalten des homo oeconomicus in Frage stellen, werden nicht als Teil der theoretischen Erklärungsmodelle gesehen und somit faktisch ignoriert.[7] Verstärkt wird die Dominanz der neoklassischen Theorie dadurch, dass auch der Großteil der akademischen Fachzeitschriften dem neoklassischen Diskurs folgt: Will eine Ökonomin oder ein Ökonom auf der akademischen Laufbahn erfolgreich sein, so wird sie bzw. er fast nicht darum herumkommen, auch innerhalb des neoklassischen Diskurses zu publizieren, etwa um eine Professur an einer Universität zu erhalten. Hier zeigt sich bereits, wie stark institutionelle Vorgaben den Diskurs prägen mögen.

Wie wir aus der oben angeführten Definition des Fachs Sozioökonomie gesehen haben, ist politische Nähe aufgrund der Natur der Disziplin Sozioökonomie vielfach unvermeidbar gegeben – das Reflexionspotenzial der Umwelt wird durch Forschungsergebnisse angeregt. Daher liegt die Frage nah, inwiefern auch der Anstoß zur Forschung selbst in manchen Bereichen politisch sein mag und was dies für das Fach der Sozioökonomie bedeuten könnte. Anders als bei naturwissenschaftlichen Fächern (denotative Theorien) könnten unterschiedliche Akteurinnen und Akteure auch ein jeweils anders gelagertes Interesse an bestimmten Fragestellungen, den Forschungsergebnissen und den dadurch angeregten Reflexionsprozessen – oder sogar diskursiven Veränderungen – haben.

---

5 Vgl. Schülein/Reitze, Wissenschaftstheorie für Einsteiger, 207.
6 Ebd. 215.
7 Vgl. Kapeller, ‚Model-Platonism' in Economics, 205.

2 Forschungsförderung und -finanzierung: Sozioökonomie als Spannungsfeld von Wissenschaft, Politik und Praxis

Mit dem Voranschreiten der Industrialisierung und den eingangs erwähnten Veränderungen in der Wissensproduktion kam es in der zweiten Hälfte des 19. Jahrhunderts auch zunehmend zu einer Verquickung von Wissenschaft, Wirtschaft und Politik. In Produktion und Distribution wurde auf wissenschaftlich begründete Verfahren und Techniken umgestellt, Universitäten bildeten zunehmend ‚Fachleute' aus.[8]

Heutzutage nehmen hingegen – insbesondere in den Sozialwissenschaften – vor allem öffentliche Stellen eine tragende Rolle im Zusammenhang mit Forschungsförderungsprogrammen ein. Förderung geschieht einerseits über die öffentliche Finanzierung von Universitäten und außeruniversitären Forschungseinrichtungen und andererseits über spezifische nationale und international Forschungsförderungsprogramme, die (oft) in einem bestimmten Zeitraum und zu klar vorgegebenen Kriterien an Forscherinnen und Forscher vergeben werden. Vollständigkeitshalber sei darauf hingewiesen, dass mitunter auch private Stiftungen, Mäzene und Unternehmen Forschungsförderprogramme ausschreiben.

2.1 Das EU-Forschungsförderungsprogramm Horizon 2020 aus kritischer Perspektive

Eines der bekanntesten dieser Forschungsförderungsprogramme auf europäischer Ebene ist das EU-Programm Horizon 2020 (H2020). Im bisher größten Rahmenprogramm für Forschung und Innovation wurden auf EU-Ebene fast 80 Mrd. Euro für sieben Jahre (2014–2020) gefördert.

Bereits in der Beschreibung des Programms wird eine starke Ausrichtung an wirtschaftlichen (und damit verbundenen politischen) Interessen deutlich:

> [Horizon 2020] promises more breakthroughs, discoveries and world-firsts by taking great ideas from the lab to the market. Horizon 2020 is the financial instrument implementing the Innovation Union, a Europe 2020 flagship initiative aimed at securing Europe's global competitiveness. Seen as a means to drive economic growth and create jobs, Horizon 2020 has the political backing of Europe's leaders and the Members of the European Parliament. They agreed that research is an investment in our future and so put it at the heart of the EU's blueprint for smart, sustainable and inclusive growth and jobs.[9]

---

8 Vgl. Schülein/Reitze, Wissenschaftstheorie für Einsteiger, 180.
9 Europäische Kommission, What is Horizon 2020.

Das Hauptaugenmerk liegt darauf, Arbeitsplätze als Folge der Forschungsförderung zu schaffen und die Wirtschaft in der EU anzukurbeln. Zugleich wird im Untertitel des Förderprogramms für „Gesundheit, demographischen Wandel und Wohlbefinden" (SC1) innerhalb von H2020 darauf hingewiesen, dass es um „Investitionen in bessere Gesundheit für alle" gehe. Von den insgesamt 80 Milliarden Euro im Programm H2020 gehen rund 10 Milliarden an diesen Teilbereich, was etwa 50 Mio. Euro pro Jahr pro Land (aufgeteilt auf – damals noch – 28 Mitgliedsstaaten) entspricht. Auf Österreich umgelegt entspricht das EU-Budget für den Bereich SC1 etwa einer Verdoppelung des österreichischen Budgets des Wissenschaftsfonds FWF und der Forschungsförderungsgesellschaft FFG im Bereich der Sozialwissenschaften.

Eine doch beachtliche Summe an Forschungsinvestitionen bedarf aus Sicht der EU-Kommission jedoch scheinbar auch einer Rechtfertigung. In einer eigenen Publikation werden die ökonomischen Argumente für öffentliche Investitionen in Forschung und Innovation (R&I) behandelt. Als Hauptmotive gelten der Kommission das Bestehen eines Marktversagens, positive Spillover-Effekte und die Notwendigkeit, schneller Innovationsmärkte zu schaffen:[10]

> To sum up, the economic impacts of public R&I funding are large and significant. Public R&I policy is justified by market failures resulting from positive spill-overs and negative externalities. These impacts are directly affected by: (1) Adequate investments from fundamental research to market-creating innovation, (2) Improved framework conditions in support of innovation, and (3) Responsive public R&I policy that adapts to the changing landscape of innovation creation and diffusion through the necessary reforms.[11]

Für Antragstellerinnen und Antragsteller bei H2020 wird zudem explizit die Beteiligung privater Unternehmen (vorzugsweise klein- und mittelständische Unternehmen/KMUs) als wünschenswert erachtet. Im Bereich der Sozialwissenschaften sind insbesondere so genannte ‚*Research & Innovation actions*' von Interesse, da diese im Gegensatz zu anderen Programmarten zu 100 % finanziert werden. In der Beschreibung wird angeführt, dass es primär darum geht, neues Wissen zu generieren und/oder die Machbarkeit einer neuen oder verbesserten Technologie, eines Produkts, Prozesses, einer Leistung oder Lösung zu erforschen.[12]

Auch für die Evaluierung des öffentlichen EU-Förderprogramms wurden Expertinnen und Experten aus privatwirtschaftlichen Unternehmen

---

10 Vgl. Europäische Kommission, The economic Rationale for public R&I Funding, 2.
11 Ebd.
12 Europäische Kommission, What you need to know about Horizon 2020 Calls.

herangezogen. In Folge einer öffentlichen Ausschreibung im Jahr 2016 wurden zwölf Personen als Mitglieder der „High Level Group on maximising the impact of EU research and innovation programmes" ausgewählt, um eine (Zwischen-) Evaluierung der H2020-Strategie für die zukünftige Ausrichtung der europäischen Forschungsagenda mitzuentwickeln bzw. Empfehlungen abzugeben. Ins Auge sticht: Darunter war auch der Vorstandsvorsitzende des börsennotierten Chemiekonzerns BASF SE. Angesichts der (kleinen) Größe und des (verantwortungsvollen) Mandats der Gruppe ist dies einigermaßen überraschend.

Die Zwischenevaluierung des Programms H2020 (veröffentlicht im Jahr 2017) zeigt, dass vier von zehn der Förderungen im Rahmen von H2020 an so genannte ‚Newcomer' gehen (43 %), also Institutionen, die noch nie vorher eine Förderung aus dem Programm erhalten haben. 40 %dieser Newcomer sind größere profitorientierte Unternehmen. Von 2014–2016 erhielten profitorientierte Unternehmen (inkl. KMUs) aus EU-Forschungstöpfen 6,7 Milliarden Euro, außeruniversitäre Forschungseinrichtungen erhielten rund 6,5 Milliarden Euro. Rund ein Fünftel (17 %) der Evaluatorinnen und Evaluatoren kommt aus der Privatwirtschaft (profitorientierte Unternehmen inkl. KMUs).[13] Die finanzierten größeren privaten Unternehmen kommen vorwiegend aus einer kleinen Anzahl (west-)europäischer Staaten (im EU-Programm FP7, dem Vorläufer von H2020, vor allem Deutschland, Frankreich, Italien und Spanien), haben deutlich höhere Stundensätze und kommen insbesondere aus dem Bereich der Informations- und Kommunikationstechnologien.[14]

2.2 Analyse des H2020-Programms „Gesundheit, demographischer Wandel und Wohlbefinden"

Thematisch lässt sich im Rahmen des Programms „Gesundheit, demographischer Wandel und Wohlbefinden" (SC1) eine Ausrichtung an digitalen sowie an individualisierten (anstatt gesamtgesellschaftlichen) Lösungen festmachen. Zwar sind rund vier von zehn Projekten im Rahmen dieses Programmteils der (sehr breiten) Kategorie „Treating and managing disease" zugeordnet. Immerhin weitere 13,5 % sind aber in der Kategorie „Active ageing and self-management of health" zu finden, während nur rund ein Fünftel der Projekte einen klaren gesamtgesellschaftlichen Zugang anzuwenden scheint: in Bezug auf Gesundheits- bzw. Krankheitsverständnis (10,5 %), Prävention (9,5 %) und (integrierte) Versorgung (3,5 %). Eine weitere Kategorie in SC1 bezieht sich auf Projekte im

---

13 Vgl. Europäische Kommission, Horizon 2020 in Full Swing, 42.
14 Vgl. Europäische Kommission, Horizon 2020: First Results, 19.

Bereich „Methoden und Daten" (7 %).[15] Im Rahmen der Zwischenevaluierung von H2020 wurden auch die Antworten aus einer repräsentativen Stichprobe von Projektkoordinatorinnen und -koordinatoren ausgewertet, die angaben, dass das eigene Forschungsprojekt einen Zusammenhang oder eine Wirkung im Bereich SC1 aufweist. Auch hier zeigt sich eine Tendenz in Richtung digitale Lösungen: Etwas mehr als die Hälfte der Befragten gab an, dass diese Wirkung im Zusammenhang mit E-health und dem Sammeln größerer Datenmengen besteht (53 %). Rund 40 % hielten fest, die Wirkung des eigenen Projekts im Bereich des Umgangs mit globalen Bedrohungen (z. B. Pandemien) zu sehen. Die übrigen Projekte aus der Kategorie SC1 sehen Wirkungen beim Thema antimikrobielle Resistenzen (16 %), oder in einer Restkategorie.[16]

3 Zusammenfassung

Insbesondere in den Sozialwissenschaften sind politische Botschaften vielfach unvermeidbar, bedingt durch die wissenschaftstheoretische Grundlage, auf der beispielsweise die Sozioökonomie basiert. Sozioökonomie zielt u. a. darauf ab, das Reflexionspotenzial der durch die Forschung angesprochenen Akteurinnen und Akteuren zu verändern. Umgekehrt wirkt die normative Haltung der Auftraggeberin bzw. des Auftraggebers auf die (mitunter politisch beeinflusste) Fragestellung, welche durch die Sozioökonomie behandelt wird. Es ist Aufgabe der öffentlichen Fördergeberinnen und Fördergeber, diese politische Beeinflussung so weit wie möglich zu unterbinden. Anhand des europäischen Forschungsförderprogramms Horizon 2020 wurde gezeigt, dass Achtsamkeit möglicherweise bereits vor der Zusage von Forschungsgeldern angebracht wäre. Beeinflussung könnte etwa dazu führen, dass bestimmte Forschungsthemen für besonders finanzierungswürdig erklärt werden, während dies bei anderen Aspekten nicht der Fall ist. Einflussnahme kann beispielsweise durch private, profitorientierte Unternehmen geschehen, etwa indem diese Teil von elitären Gruppen an Expertinnen und Experten auf EU-Ebene werden oder indem privatwirtschaftliche Interessen in Peer Reviews von Forschungsförderanträgen Beachtung finden. Die verpflichtende Zusammenarbeit von öffentlichen Forschungseinrichtungen mit dem privatwirtschaftlichen Sektor im Rahmen von EU-Forschungsförderanträgen ist in diesem Zusammenhang ebenfalls kritisch zu betrachten. Am Beispiel des Bereichs der Gesundheitsforschung ist eine Tendenz

---

15 Vgl. Europäische Kommission, Interim Evaluation of Horizon 2020, 164 f.
16 Vgl. ebd.

hin zu Forschung zu individualisierten, digitalen Lösungen zu erkennen, während gesamtgesellschaftliche Fragestellungen in den Forschungsprogrammen auf EU-Ebene nur geringe Beachtung finden. Es obliegt derzeit mitunter auch den Forscherinnen und Forschern selbst, das in den Forschungsprojekten generierte Wissen kritisch zu interpretieren und zu analysieren und die Einflussnahme von profitorientierten Akteurinnen und Akteuren so gering wie möglich zu halten. Eine sensible Neuausrichtung von EU-Forschungsförderprogrammen hin zu einem gesamtgesellschaftlichen Blickwinkel ist für die Zukunft wünschenswert, um den Blick für Fragen der Ungleichheit und ungleichen Verteilung zu schärfen. Dies gilt insbesondere auch im Zusammenhang mit der COVID-19-Krise, welche uns die wichtige Bedeutung von öffentlichen Gesundheitssystemen bzw. von Gesundheitssystemforschung abseits profitbezogener Interessen stärker als je zuvor vor Augen führt.

Literatur

Europäische Kommission, Horizon 2020 in full Swing. Three Years on (2014–2016), Brüssel 2017.

Europäische Kommission, Horizon 2020: First Results, Brüssel 2015.

Europäische Kommission, Interim Evaluation of Horizon 2020 (Commission Staff Working Document), Brüssel 2017.

Hedtke, Reinhold, Was ist und wozu Sozioökonomie, Wiesbaden 2015.

Europäische Kommission, What you need to know about Horizon 2020 Calls: https://ec.europa.eu/research/participants/docs/h2020-funding-guide/grants/applying-for-funding/find-a-call/what-you-need-to-know_en.htm (10.02.2020).

Europäische Kommission, What is Horizon 2020: https://ec.europa.eu/programmes/horizon2020/en/what-horizon-2020 (01.05.2018).

Europäische Kommission, The economic Rationale for public R&IF and its Impact (Policy Brief Series), Brüssel 2017.

Kapeller, Jakob, ‚Model-Platonism' in Economics: on a classical epistemological Critique, in: Journal of Institutional Economics 9 (2013) 2, 199–221.

Schülein, Johann August/Reitze, Simon, Wissenschaftstheorie für Einsteiger, Wien ³2002.

Otto Lagodny

Das Politische an der Rechtswissenschaft

Abstract: Law and politics are intertwined and cannot be separated. This is due to human nature as shown by the theory of communication. Just as Watzlawick points out that it is impossible not to communicate, so it is equally impossible not to act politically as a lawyer. Even though the legal reasoning might be as formal or as "remote from politics" as possible, every lawyer acts according to his or her values. This being so, it is of utmost importance to present to others one's own "preconception" (Vorverständnis) of what a judge, a civil servant, a researcher or any other lawyer includes in what he or she is saying, writing or deciding. The controversial Austrian lawyer Hans Kelsen did not perceive these implications when seeking to apply empirical scientific standards to law.

Keywords: Pure Theory of Law, Kelsen, methodology of law, preconception, hermeneutics

Wenn es zwei juristische Berufe gibt, welche man mit Politikferne, mit politischer Enthaltsamkeit oder Neutralität verbindet, so ist es derjenige der Rechtsprofessorin bzw. des Rechtsprofessors und der Richterin bzw. des Richters. Ich will darzulegen versuchen, dass diese Vorstellung nicht zutrifft. Vielmehr handeln jeder Rechtsprofessor und jede Richterin auch politisch. Das lässt sich gar nicht vermeiden, muss aber offengelegt werden. Diskussionsfähig ist nämlich nur der *Grad* dessen, in welchem Maße die Rechtswissenschaft politisch ist, also das *„wie"*, nicht das *„ob"*. Das ist meine These.

Bevor ich diese begründe, möchte ich Sie mit einigen Beispielen sensibilisieren (1) und notwendige Klarstellungen dazu vornehmen, wie ich den Begriff „politisch" hier verwende (2). Dann werde ich erklären, warum die in Österreich vielleicht noch bedeutsame Konzeption von Hans Kelsen für meine Zwecke nicht relevant ist (3) und die mir sehr einleuchtende Grundlage der juristischen Hermeneutik ansprechen (4), um daraus dann meine persönlichen Antworten zu folgern (5).

1 Beispielsfälle

Ich möchte Ihnen drei Beispielfälle geben, um das Verhältnis von Recht und Politik zu beleuchten. Die ersten beiden sind fiktive Abwandlungen des Falles Puigdemont, des in Deutschland festgenommenen, aber letztlich nicht ausgelieferten ehemaligen katalanischen Regionalpräsidenten. Er wird in Spanien strafrechtlich wegen des Delikts der „Rebellion" verfolgt, weil er die Abspaltung Kataloniens betrieben habe.

1.1 Puigdemont-Fall 1 (vor 50 Jahren)

Stellen wir uns erstens vor, dieser Fall wäre vor 50 Jahren gewesen, und Herr Puigdemont wäre damals in Österreich verhaftet worden. Wahrscheinlich wäre seine Auslieferung nach Art. 3 des Europäischen Auslieferungsübereinkommens von 1957 verweigert worden, weil es sich bei der Rebellion um ein „politisches Delikt" handelt. Darüber hätte zunächst das Oberlandesgericht entschieden. Hätte es die Ausnahme abgelehnt und die Auslieferung für zulässig erklärt, hätte immer noch die Exekutive, das Justizministerium, die Auslieferung ablehnen können. Die Krux dabei wäre gewesen: Was ein „politisches Delikt" ist und was nicht, konnte in der langen Zeit seiner Existenz seit 1833 – also seit fast 200 Jahren – nicht geklärt werden, auch nicht von den Gerichten. Kurz und knapp: niemand kann diese Ausnahme definieren.[1]

1.2 Puigdemont Fall 2 (heute)

Würde dieser Fall aber heute in Österreich spielen, so gäbe es im Verhältnis zu Spanien die Auslieferungsausnahme bei politischen Delikten nicht mehr. Der Europäische Haftbefehl von 2002 hat sie abgeschafft. Es würde in Österreich allein ein Gericht entscheiden. In Österreich ist das exekutivische Bewilligungsverfahren wegen der Umsetzung des Europäischen Haftbefehls nämlich abgeschafft. Es kommt jetzt „nur" auf die Fragen an, ob der spanische Sachverhalt in Österreich das Delikt des Hochverrats (§ 242 StGB), der „schweren gemeinschaftlichen Gewalt" (§ 274 StGB) oder ein anderes Delikt des Strafrechts erfüllt. Dafür sind ganz und gar normale Rechtsfragen zu beantworten, über die ein Gericht entscheidet. Ist diese Entscheidung eines Gerichts also eine politikfreie Entscheidung?

1.3 Leibesfrucht-Fall

Stellen wir uns drittens vor, dass es in einem Strafverfahren auf die Rechtsfrage ankomme, ob die ungeborene und deshalb noch im Mutterleib befindliche Leibesfrucht ein „anderer" im Sinne des Morddelikts nach § 75 StGB sei. Dieses setzt voraus, dass ein „anderer" – also ein Mensch – getötet wird. Ob eine Leibesfrucht ein „anderer" im Sinne von § 75 StGB ist oder nicht, wird ein

---

1 Vgl. Stein, Die Auslieferungsausnahme bei politischen Delikten.

Höchstrichter bzw. eine Höchstrichterin verschieden angehen, je nachdem ob er oder sie eine Abtreibungsgegnerin oder ein Abtreibungsbefürworter ist.

2 Begriffsklärung

2.1 „Politisch" als abzustufender Begriff

Was ist politisch? Ähnlich wie der Begriff des eingangs erwähnten „politischen Delikts" ist der Begriff des „Politischen" nur sehr schwer definierbar. An Stelle einer allgemeinverbindlichen, weil allseits akzeptierten Definition möchte ich hier nur offenlegen, von welchem Verständnis ich im Folgenden ausgehe.

Als „Politik"' versteht man z. B. in den Politikwissenschaften nach Manfred G. Schmidt, einem Heidelberger Politologen,[2] das öffentliche Leben der Bürger und Bürgerinnen, Handlungen und Bestrebungen zur Führung des Gemeinwesens nach innen und außen sowie die Willensbildung und Entscheidungsfindung über Angelegenheiten des Gemeinwesens. Ich möchte jetzt nicht darüber streiten, ob dies zutreffend ist. Jedenfalls lassen sich aus meiner Sicht zwei Extreme bilden, zwischen denen „der" oder „ein" Politikbegriff anzusiedeln ist:

- „Politisch" im *engeren* Sinne meint: *bewusst politisch wirken*, also zielgerichtet eine bestimmte Position formulieren und diese in dem Gemeinwesen, dem man angehört, durchsetzen. Dann spannt sich der Bogen „nur" von einer parteipolitisch geprägten Stellungnahme, wie etwa der Teilnahme an einer politischen Diskussion als interessierte Bürgerin bzw. interessierter Bürger, die bzw. der für eine bestimmte Partei eintritt, bis hin zu einer machtpolitisch motivierten Agitation und Infiltration, die durch brutale Maßnahmen diktatorisch umgesetzt wird;
- oder man versteht „politisch" im *weiteren und faktischen Sinn* von „politisch sein". Es kommt hier darauf an, dass man faktisch auf andere einwirkt und ihr Handeln oder Unterlassen beeinflusst, nicht aber darauf, ob man das explizit will.

Als Strafrechtler fällt mir dazu nur ein, dass man Körperverletzungsvorsatz nicht dadurch verneinen kann, dass man etwas *nicht will*, um dessen Eintritt man *sicher weiß*. Wer also den Baseballschläger auf einen Menschen richtet, dann schlägt und den Menschen am Kopf verletzt, kann nicht sagen: Ich wollte aber nicht, dass der Schlag den Menschen am Kopf verletzt.

---

2 Vgl. Schmidt, Politik.

Dieses hier allein interessierende „politisch Sein" beeinflusst den anderen freilich deutlich weniger als das zuvor beschriebene „politisch (be)wirken Wollen", aber es ist unvermeidbar mit jedem menschlichen Handeln verbunden. Denn: kein Mensch kann unpolitisch sein. Das ist seit Aristoteles anerkannt. Der Mensch ist ein politisches Wesen. Damit ist gemeint: Ohne den anderen geht es nicht. Und wenn der Mensch sich Regeln gibt, die er gerade *deshalb* braucht, weil er ein *zoon politikon* ist, dann kann die Wissenschaft von allgemein verbindlichen und auch von der Rechtsordnung oder vom Staat durchsetzbaren Regeln, also die Wissenschaft vom Recht, nicht unpolitisch sein.

Politisch bzw. unpolitisch im weiteren Sinne sein richtet sich also nicht danach, ob man zum Beispiel parteipolitisch aktiv ist, auf politische Versammlungen geht oder als Rechtswissenschaftler oder Rechtswissenschaftlerin für eine bestimmte Partei schreibt usw. Das wäre „politisch sein" im oben beschriebenen *engeren* Sinne. Denn gerade auch dann, wenn jeder oder jede sich nicht in diesem engeren Sinne politisch verhielte, wären er oder sie gleichwohl politisch im Sinne des hier gebrauchten Begriffs. Das ist zurzeit höchst aktuell: Auch und gerade Nichtwähler und Nichtwählerinnen sind höchst politisch.

Mit den beiden Extrempositionen des „ausdrücklich politisch bewirken Wollens" und des bloßen „politisch Seins" ist eine durchgehende Linie vom einen zum anderen Extrem abgesteckt. Fast immer wird sich ein bestimmtes Verhalten „irgendwo" auf dieser fiktiven Linie verorten lassen. Mit diesem Vergleich haben wir auch die Möglichkeit, über die Intensität des Politischen nachzudenken.

Auf diese Weise wird die Entscheidung, ob man ein bestimmtes Verhalten als „politisch" einstuft oder nicht, keine bloße „Ja"/„Nein"-Frage, sondern eine Frage, die nur mit „Je mehr desto"-Relationen beantwortet werden kann. Das ist deshalb besonders wichtig, weil man auf diesem Weg viele Faktoren berücksichtigen kann. Diese Unterscheidung von „Ja"/„Nein"-Fragen und „Je mehr desto"-Fragen orientiert sich an Robert Alexys Unterscheidung in der Rechtstheorie zwischen Konditional- und Programmnormen.[3] Das werde ich im Folgenden zugrunde legen.

Ein Rechtswissenschaftler oder eine Richterin also, der oder die sich jeder (rechts-)politischen Wirkung enthalten will, kann dieses Ziel nicht erreichen.

---

3 Diese Unterscheidung meint: *Konditionalnormen* sind Normen mit fixer Rechtsfolge, wenn die Voraussetzungen dieser Norm erfüllt sind. Sie enthalten also eine „Bedingung" nach dem Muster „wenn/dann". *Programmnormen* sind Normen nur ein „Programm", etwa für den Normgeber, aufstellen nach dem Muster von „je/desto"-Relationen. Ein Beispiel: Je schwerer ein Grundrechtseingriff ist, um so bedeutender müssen die Belange für den Gesetzgeber sein, damit er verhältnismäßig handelt.

Daran ändert sich auch nichts, wenn man die rechtspolitische Enthaltsamkeit wie eine Monstranz vor sich hertragen sollte. Auf dieses Grundproblem werde ich noch zurückkommen. Wir müssen also damit leben, dass wir bei jeder juristischen wie menschlichen Tätigkeit politisch wirken. Es kann also nur darum gehen, *in welchem Maße* wir als Juristinnen und Juristen politisch wirken wollen. Es geht wie schon betont nicht um das *ob*, sondern nur um das *wieviel*.

Das gilt auch und gerade für Richterinnen und Richter. Und zwar nicht erst dann, wenn ein Richter ein Verfahren mit großer medialer Aufmerksamkeit leitet (Stichwort: Kaprun, Salzburger Spekulationsgeschäfte usw.), sondern auch im justiziellen Alltag, wenn eine Richterin in einem Alltagsverfahren ein bestimmtes Bild vom Staatswesen vermittelt. Dies beginnt mit den äußeren Umständen: Wie und in welcher Kleidung, in welchem Habitus, mit welchen Kommunikationsgepflogenheiten tritt eine Richterin auf?[4] Das ist freilich weit entfernt vom engen Verständnis des „politisch wirken Wollens", aber es ist und bleibt politische Wirkung. Freilich ist auch bei einem Richter die Entwicklung hin zum engen Politikbegriff nicht auszuschließen. Das ist nicht erst beim Nazi-Richter der Fall. Die politische Wirkung wird bei Richtern und Richterinnen auch durch verfahrensimmanente Kontrollmechanismen eingeschränkt: Erinnert sei an die Vorschriften über den gesetzlichen Richter und an die Befangenheitsregelungen, um nur diese prägnanten Beispiele zu nennen.

So bleibt die auch bei der Richterin oder beim Richter vorhandene politische Wirkung in je verschiedenem Ausmaß. Es ist von höchster politischer Brisanz, wenn der OGH-Präsident eine bestimmte Auslegung als „rechtsrichtig"[5] bezeichnet. Noch deutlicher ist dies, wenn derselbe OGH-Präsident die Entscheidungen einzelner OGH-Senate in einer juristischen Fachzeitschrift kommentiert.[6] Hier wird auf jeden Fall der öffentliche Eindruck erweckt, sogar die obersten Richter und Richterinnen müssten sich anpassen. Das hat direkte Auswirkungen auf die Einstellung der Bevölkerung zur richterlichen Unabhängigkeit. Besonders

---

4 Vgl. die Verordnung des Bundesministeriums für Justiz vom 9. Mai 1962 über die Beschaffenheit, das Tragen und die Tragdauer des Amtskleides der Richter, öBGBl. 1962/133.
5 Vgl. zuletzt etwa Ratz, Richtig ist nur eine Rechtsmeinung, 380.
6 Eckart Ratz unternimmt es als OGH-Präsident auch, die Entscheidungen der OGH-Senate zu kommentieren und zu erläutern, zum Beispiel im „Hinweis" zur Entscheidung des OGH vom 16.02.2017 (vgl. Ratz, Gesetzestext geht GMat vor, 627). Das ist sehr befremdlich; vgl. auch Schmoller, Der OGH in Strafsachen. Ob das mit richterlicher Kollegialität zu vereinbaren ist, sei dahingestellt. Ein Problem der Unabhängigkeit der betroffenen OGH-Richter ist es allemal.

befremdlich und höchst politisch ist es, wenn durch *in-sich-Zitate* noch der Eindruck erweckt wird, *die Lehre* schließe sich „der Rechtsprechung" an, obwohl der vom Höchstgericht zitierte Repräsentant der Lehre kein anderer als eine Richterin oder ein Richter genau dieses Höchstgerichts ist.[7]

2.2 Grundlage: Notwendigkeit zwischenmenschlicher Kommunikation

Was ist die Grundlage dieser Überlegungen zum weiten Politikbegriff? Er beruht auf der Notwendigkeit zwischenmenschlicher Kommunikation. Denn die oben beschriebenen politischen Wirkungen sind immer zugleich Akte der Kommunikation. Dies gilt unabhängig davon, ob man einen engen oder weiten Begriff des Politischen zugrunde legt. Es findet zwingend zwischenmenschliche Kommunikation statt. Insoweit hat Paul Watzlawick die Erkenntnis geprägt: „Man kann nicht nicht kommunizieren."[8]

Das bedeutet vor allem: Auch wenn man schweigt, kommuniziert man. Eben durch Schweigen. Dies gilt unabhängig davon, ob man einen engen oder weiten Begriff des Politischen zugrunde legt. Kombiniert man diesen Gedanken mit der Frage, wann der Mensch politisch ist, so kann man formulieren: „Man kann nicht nicht politisch sein." Kurz gefasst. Wenn und weil Kommunikation unvermeidbar ist, ist auch politisches Handeln unvermeidbar.

3 Die Unerheblichkeit von Kelsen für die Fragestellung dieses Beitrags

3.1 Zur Bedeutung von Kelsen in Österreich heute

Der Rechtswissenschaftler Hans Kelsen (1881–1973) und seine Auffassung von Recht und Rechtstheorie spielen heute jedenfalls noch, wie Otto Pfersmann im Jahr 2009 ausführte, eine „vielfältige Rolle"[9]. Für manche Rechtswissenschaftlerinnen und Rechtswissenschaftler ist er das Maß aller Dinge; für manche das Gegenteil. Ich werde jetzt aber nicht abzählen, wer heute noch ein ausdrücklicher Anhänger oder eine Gegnerin[10] Kelsens ist. Er ist jedenfalls auch heute

---

7 Vgl. Schmoller, Die „in der Lehre geteilte" Rechtsauffassung des OGH.
8 Watzlawick/Beavin/Jackson, Menschliche Kommunikation, 53.
9 Pfersmann, Hans Kelsens Rolle in der gegenwärtigen Rechtsgesellschaft, 368.
10 Eine durchaus interessante Frage, die sich mir durch das „Gendern" gestellt hat, auf die ich hier aber keine Antwort zu geben vermag: Wie viele Rechtswissenschaftlerinnen vertreten heute im österreichischen öffentlichen Recht die Ansicht von Kelsen?

Das Politische an der Rechtswissenschaft 217

noch im gesamten Bereich des österreichischen öffentlichen Rechts bedeutsam, nicht aber im bürgerlichen Recht.[11] Allein die Tatsache, dass die Republik Österreich ihm im Jahr 1971 ein Institut gewidmet hat[12] und dieses im Jahr 2009 eine drei Tage dauernde wissenschaftliche Veranstaltung zum Thema „Hans Kelsen: Leben – Werk – Wirksamkeit" durchgeführt hat,[13] zeigt mir, dass man ihn jedenfalls nicht ignorieren kann. Zudem wirkt er gleichsam „unter der Oberfläche" der ausdrücklichen akademischen Auseinandersetzung noch sehr stark in den Köpfen von akademischen Lehrerinnen und Schülern.

Wie sah also Hans Helsen das Verhältnis von Recht und Politik? Die Rechtswissenschaft hat sich nach Kelsen politischer Stellungnahmen zu enthalten. Rechtswissenschaft darf keine Rechtspolitik betreiben. Es geht im zentral um die Trennung der Rechtswissenschaft von der Politik.[14] Das ist für ihn „Reinheit". Die Rechtslehre müsse sich „ausschließlich und allein" mit ihrem „Gegenstand"[15], dem *Recht*, befassen. Die Rechtslehre versuche die Frage zu beantworten, „was und wie das Recht *ist*, nicht aber die Frage, wie es sein oder gemacht werden soll"[16]. Das ist eine ausdrückliche Absage an jede Form der Rechtspolitik als Gegenstand der Rechtswissenschaft.

Er geht noch weiter: Die Rechtswissenschaft dürfe beispielsweise auch nur aufzeigen, wie man die Antwort auf eine Rechtsfrage begründen kann, dürfe aber keine der möglichen Antworten bevorzugen. Kelsen schreibt dazu: „Die Frage, welche der im Rahmen einer Norm gegebenen Möglichkeiten die ‚richtige' ist, ist – voraussetzungsgemäß – keine Frage der auf das positive Recht gerichteten Erkenntnis, sondern ein rechtspolitisches Problem."[17] Mit anderen Worten: Die Wissenschaftlerin oder der Wissenschaftler hat sich einer Antwort auf das Rechtsproblem zu enthalten und nur die verschiedenen Argumentationswege aufzuzeigen.

Die Antwort auf die Frage meines Beitrags wäre also auf der Grundlage der Denkweise von Kelsen eindeutig und schnell zu liefern: Die Rechtswissenschaft hat sich jeder politischen Einflussnahme zu enthalten. Zentral damit hängt auch Kelsens weitere Forderung zusammen, dass sich die Rechtswissenschaft auf sich

---

11 Vgl. Lagodny, Zwei Strafrechtswelten, 121–134.
12 Vgl. Bundesstiftung Hans Kelsen-Institut: www.kelseninstitut.at (26.10.2018).
13 Vgl. Walter/Ogris/Olechowski (Hg.), Hans Kelsen.
14 Vgl. Kelsen, Reine Rechtslehre, 5.
15 Ebd. 15.
16 Ebd.
17 Ebd. 107.

selbst beschränken und nicht auf benachbarte Disziplinen zurückgreifen solle. Er schrieb 1934:

> Ein Blick auf die traditionelle Rechtswissenschaft, so wie sie sich im Laufe des 19. und 20. Jahrhunderts entwickelt hat, zeigt deutlich, wie weit diese davon entfernt ist, der Forderung der Reinheit zu entsprechen. In völlig kritikloser Weise hat sich die Jurisprudenz mit Psychologie und Biologie, mit Ethik und Theologie vermengt. Es gibt heute keine Spezialwissenschaft mehr, in deren Gehege einzudringen der Rechtsgelehrte sich für unzuständig hielte.[18]

Mit diesem Verständnis von „Reinheit" solle die Rechtswissenschaft – so der Kelsen-Kenner Matthias Jestaedt – „von *sachfremden, d. h. politischen* Übergriffen ebenso freigehalten werden wie von disziplinfremden, etwa soziologischen oder ethischen Einflüssen"[19]. Kelsens Hauptanliegen sei es deshalb nach Jestaedt, „eine modernen Wissenschaftsansprüchen genügende, d. h. insonderheit antimetaphysische, ideologiekritische und skeptisch-rationale Jurisprudenz zu formulieren"[20].

Wenn wir uns jetzt die beiden verschiedenen Konzepte von „politisch sein" vor Augen halten, die ich eingangs vorgestellt habe, also den engen, gleichsam agitatorischen Begriff und den weiten, deskriptiv-faktischen Begriff, könnte man fragen, welchen Begriff Kelsen seiner Theorie zugrunde gelegt hat. Auf diese Frage kommt es jedoch aus folgenden Gründen nicht an:

– Geht er vom *weiten* Politikbegriff aus, so kann seine Theorie per se die Erkenntnisse des weiten Politikbegriffs nicht in Frage stellen: Kein Mensch kann unpolitisch sein – auch Kelsen nicht, mag man ergänzen.
– Geht er vom *engen agitatorischen* Politikbegriff aus (was wahrscheinlich ist), so käme es heute nicht mehr auf seine „Reine Rechtslehre" an, denn: sachfremde politische Übergriffe verhindert man juristisch heute grundsätzlich durch Grund- und Menschenrechte, institutionelle Abhängigkeiten (Justiz, Wissenschaft), Gewaltenteilung, Medienfreiheit usw.

Das sind Kontrollmechanismen, die es zur Zeit des Wirkens von Kelsen noch gar nicht in der heutigen Form gab. Auch sei zugestanden, dass die ur-liberale Botschaft von Kelsen auch heute noch wichtig ist.[21] Aber das ist nicht umkehrbar: Solche Kontrollmechanismen sind sehr wohl auch ohne die Theorie von

---

18 Ebd. 15 f.
19 Jestaedt, Hans Kelsens Reine Rechtslehre, XXXIV [Hervorhebungen OL].
20 Ebd.
21 Vgl. Kley/Tophinke, Hans Kelsen und die Reine Rechtslehre, 169, 173.

Kelsen denk- und umsetzbar. Sie haben sich erstens international entwickelt, zweitens auch und gerade ohne die Theorien von Kelsen und drittens in je unterschiedlichen Ausprägungen in den einzelnen Rechtsordnungen.

Meine Vermutung ist immer noch, dass Kelsen zwar einerseits wissenschaftstheoretische Denkmodelle des Wiener Kreises auf die Rechtswissenschaften übertragen wollte, andererseits aber auch die Rechtswissenschaften gegen ideologische Vereinnahmungen vor allem durch nationalsozialistische Vertreter[22] (– Stichwort: Carl Schmitt) schützen wollte. Man darf bei der Kelsen-Rezeption nicht unberücksichtigt lassen, dass er ein Jahr vor Erscheinen der ersten Auflage der *Reinen Rechtslehre* (1934), also im Jahr 1933, von den Nationalsozialisten auf der Grundlage des „Gesetzes zur Wiederherstellung des Berufsbeamtentums" vom 7. April 1933 als Jude von seinem Amt als Hochschullehre an der Universität Köln – wie es so scheinbar korrekt heißt – „beurlaubt" wurde, 1936 in die Tschechoslowakei und schließlich 1940 in die USA emigrierte.[23] Vor diesem Hintergrund wird deutlich, dass er nicht nur – um es neudeutsch auszudrücken – „frustriert" gewesen sein muss, sondern von einer ideologischen Vereinnahmung existentiell betroffen war.

Wenn ich mir heute vorstelle, dass ich wegen meiner Veröffentlichungen und wegen meiner Religionszugehörigkeit ein Berufsverbot erhalten würde, dann wäre auch ich – in welcher Form auch immer – betroffen und dadurch zu einer auf politische Enthaltsamkeit pochenden Rechtslehre motiviert. Damit will ich – das sei zur Vermeidung von Missverständnissen gesagt – nicht die ganze Lehre von Kelsen erklären, sondern allein seine Politik-Abstinenz. Was bei ihm aus heutiger Sicht viel zu kurz kommt, ist die zukunftsgerichtete Funktion der Rechtswissenschaft und damit die Rechtspolitik im Rahmen eines Rechtsstaates. Es geht nicht nur darum, das Bestehende zu erklären und zu analysieren. Es geht auch darum, Ideen und Konzepte zu entwickeln, wie das Recht in Zukunft besser ausgestaltet sein kann. Das ist eine ureigene Aufgabe von Rechtswissenschaft.

Vielleicht war ich zu lange am Max-Planck-Institut für ausländisches und internationales Strafrecht in Freiburg. Dort steht genau diese Aufgabe im Vordergrund, und zwar zunehmend im Verbund des Strafrechts mit der Kriminologie. Das ist eine Verbindung, die nach der Kelsen'schen Konzeption nicht

---

22 Auch hier wird einem bei der Frage des „Genderns" bewusst: Es gab in der NS-Zeit weder in Deutschland noch in Österreich Frauen in der Rechtswissenschaft. Jedenfalls sind mir keine bekannt. Frauen bekamen nach NS-Ideologie vielmehr den „Mutterorden". Jedenfalls wäre die Folgefrage spannend, ob der Holocaust überhaupt von Frauen begangen worden wäre.

23 Vgl. Jestaedt, Hans Kelsens Reine Rechtslehre, LXV.

möglich oder sinnvoll ist. Unzählige rechtsvergleichende und kriminologische Untersuchungen zu aktuellen Gesetzgebungsvorhaben hat das Max-Planck-Institut aber bislang erarbeitet. Ich habe während meiner Tätigkeit dort in den Jahren 1985–1995 oft Jeschecks treffende Charakterisierung gehört: „Strafrecht ohne Kriminologie ist blind, Kriminologie ohne Strafrecht hingegen uferlos." Aus Kelsens Sicht ist das undenkbar. Vielleicht ist das ein Grund, weshalb die Kriminologie in Österreich keinen hohen Stellenwert hat.

Es lassen sich aber zahlreiche strafrechtliche Grundlagenprojekte des Max-Planck-Instituts anführen, die nur deshalb Grundlagenforschung geworden sind, weil die Strafrechtswissenschaft mit den empirischen Wissenschaften zusammengearbeitet hat. Folgende Beispiele zu seit 1984 durchgeführten Gemeinschaftsprojekten seien erwähnt:

– Grenzen des Rechtsgüterschutzes bei der Strafbarkeit des Inzests,
– rechtsvergleichende und kriminologische Untersuchungen zum Schwangerschaftsabbruch,
– Umweltschutz durch Strafrecht? National und transnational.

Dies sind, wie gesagt, Beispiele für Gemeinschaftsprojekte der strafrechtlichen und kriminologischen Forschungsgruppe seit 1984. Sie wurden mehrfach und immer positiv befürwortet vom Fachbeirat des Instituts, einer Evaluations-Institution der Max-Planck-Gesellschaft mit renommierten Kolleginnen und Kollegen.

Auch außerhalb des Strafrechts und der Kriminologie hat sich in den letzten Jahren durchgesetzt, dass man Recht nicht ohne empirische Forschung betreiben kann. Stellvertretend für diese Entwicklung sei auf „Law and Economics", auf die juristische Institutionenökonomik[24] oder eine „quantitative Rechtswissenschaft"[25] verwiesen. Man müsste jetzt aus der Sicht der „Reinen Rechtslehre" sagen, dass dies eben keine wirkliche Strafrechtswissenschaft ist. Dann wären diese Projekte wohl nicht in der Form möglich gewesen. Diese Konsequenz schockiert mich. Gleichzeitig macht mir diese Überlegung klar, wie künstlich und im Grund engstirnig der Ansatz von Kelsen wäre.

---

24 Vgl. Hamann, Tagungsbericht, 291.
25 Vgl. Coupette/Fleckner, Quantitative Rechtswissenschaft.

3.2 Zusammenfassend: Zentrale weitere Fragen

Lassen Sie mich aus dieser Diskussion über Kelsen und seine heutige Bedeutung aber jedenfalls folgende Fragen mitnehmen, mit denen die Rechtswissenschaft auf jeden Fall konfrontiert ist:

- *Wer* entscheidet gesellschaftlich verbindlich zum Beispiel über eine Rechtsfrage? – Diese Frage muss sich jede Rechtsordnung stellen. Sie ist keinesfalls spezifisch für den Ansatz von Kelsen. *Jede* Rechtsordnung braucht letztentscheidende Instanzen. Und *jede* Rechtsordnung benötigt zum Beispiel eine Normenhierarchie. Auch das ist eine Frage, die völlig unabhängig von Kelsens Theorie ist.
- Dürfen *andere* bei der Entscheidung dieser Rechtsfrage mitkommunizieren? – Das ist die Folgefrage, die von Kelsen offensichtlich verneint wird. Mir erschließt sich der Sinn dieser Antwort nicht. Ich halte es gar nicht für möglich, dass man etwa bei der Analyse eines Rechtsproblems *nicht* zu erkennen gibt, welche Auslegung man befürwortet. Wenn das so ist, dann ist es aber ein Gebot der Redlichkeit, dies auch klar und ausdrücklich zu tun.

4 Mein Ausgangspunkt: Menschlich unvermeidbares Vorverständnis

Wichtig ist es deshalb, meine eigenen Prämissen offenzulegen: Eine wichtige Erkenntnis der juristischen Grundlagenforschung besteht nämlich darin, dass vor allem auch Rechtsanwendung – und damit auch und besonders der Richter oder die Richterin – immer und notwendig verbunden ist mit dem Vorverständnis dieser einen Person. Und dies gilt auch für die Rechtswissenschaft.

- Dieses Vorverständnis wird erstens geprägt durch die *allgemeine Sozialisation*. Sehr vereinfachend: Wer in Salzburg-Lehen in einem Mehrfamilienhaus aufwächst, denkt und agiert später juristisch in der Regel anders als jemand, der seine Kindheit und Jugend in Anif in einer Villa verbringt.
- Zweitens wird das Vorverständnis geprägt durch die *juristische Sozialisation*: Wer in Salzburg geboren wird, aufwächst, zur Schule geht, Jus studiert und nie woanders studiert hat, denkt juristisch in der Regel anders als jemand, der jedenfalls in einer anderen Stadt Jus studiert, dort dann auch wohnt und vielleicht auch zeitweilig ins Ausland geht.
- Drittens haben diese Erkenntnisse ihre Grundlage in der Wissenschaft der *Hermeneutik*. Diese Erkenntnisse möchte ich hier nicht diskutieren, sondern als gegeben voraussetzen.

Vielleicht ist damit auch eine begrenzte Annäherung an Kelsen möglich. Es ging ihm vor allem auch darum, die zu seiner Zeit besonders gefährliche Metaphysik aus den Rechtswissenschaften möglichst zu beseitigen. Hierzu hat mein Kollege Josef Franz Lindner bedenkenswerte Überlegungen angestellt. Er plädiert auf Grundlage eines Diskursmodells dafür, die oft unausgesprochenen eigenen metaphysischen und außerrechtlichen Vorstellungen offen zu legen. Das korrespondiert mit den Ansätzen der juristischen Hermeneutik.[26] Lindner konstatiert ein Metaphysik-Problem der Rechtswissenschaften, weil zum Beispiel Norminterpreten und Norminterpretinnen auf verschiedenen Wegen eigene metaphysische oder generell außerrechtliche Vorstellungen einfließen lassen. Dies lasse sich zwar nicht vermeiden, aber sehr wohl mit Hilfe des von Alexy geprägten Diskursmodells offenlegen.[27] Es gehe nicht darum, diese „Einflußpfade"[28] zu beseitigen, sondern sie erkennbar und transparent zu machen.[29] Beeindruckend ist die analytische und rhetorische Schärfe, mit der Lindner zum Beispiel die Bildung von neuen Begriffe, die inhaltsleer und bedeutungsoffen sind, als „Selbstermächtigungsbegriffe" oder „metaphysische ‚Wünsch Dir Was'-Begriffe"[30] geißelt, weil man diese mit beliebigen Inhalten füllen kann. Insoweit gehe es auch um Rechtswissenschaft als „Machtwissenschaft"[31], und der Rechtsbegriff sei bereits ein „Metaphysikspeicher"[32]. Dies alles finde zum Beispiel in rechtswissenschaftsinternen „Reputationsritualen"[33] statt.

5 Meine persönlichen Antworten

5.1 Recht ist geronnene Politik. Deshalb kann auch die Wissenschaft vom Recht nicht unpolitisch sein

Recht ist geronnene Politik, weil die Menschen das Recht nicht im luftleeren Raum, in der Studierstube oder im Laboratorium schaffen, sondern in politischen Arenen mit dem Parlament als Zentrum, das mehr oder weniger intensiv von Ministerien, Lobbyisten und Medien – vor allem auch und gerade in Form der sozialen Medien – umkreist wird. Das ist aber nur ein Teil des politischen

---

26 Vgl. Esser, Vorverständnis und Methodenwahl in der Rechtsfindung.
27 Vgl. Lindner, Rechtswissenschaft als Metaphysik, 38–50.
28 Ebd. 146.
29 Ebd. 152.
30 Ebd. 66.
31 Vgl. ebd. 62–66.
32 Ebd. 74.
33 Ebd. 121.

Prozesses, wenn auch ein zentraler. Der Rest ist eben der *nicht zu unterschätzende* Rest.

Wenn und weil das Recht geronnene Politik ist, bedeutet das nicht Beliebigkeit. Die Rechtswissenschaft ist heute ständig gefordert, der Politik Grenzen zu setzen. Freilich kann man die Aufgabe der Rechtswissenschaft auch darin sehen, das bestehende System zu unterstützen oder zu untermauern, also politisch stabilisierend zu wirken.

5.2 Das notwendig politische Agieren der Justiz

Eingangs habe ich betont, dass es nicht um das *ob* des Politischen der Rechtswissenschaften, sondern nur um das *wie* und das *wieviel* geht. Wenden wir uns speziell der Justiz zu, die eng mit der Rechtswissenschaft zusammenwirkt. Gerade die österreichische Justiz legt sehr viel Wert darauf, politisch nicht eingebunden zu sein und irgendwelche politischen Ziele zu verfolgen. Doch das ist der enge und subjektive Politikbegriff, um den es mir hier gar nicht geht. Und das objektive politische Wirken kann man so nicht wegdiskutieren. Auch und gerade bei der Justiz geht es nämlich um eine Frage des *wieviel* an politischem Wirken, nicht aber um das *ob*. Richterinnen und Richter unterliegen denselben Gesetzmäßigkeiten politischen Handelns wie alle anderen Menschen. Je mehr aber die vorgebliche Politikferne der Justiz betont wird, umso mehr bekomme ich den Eindruck, dass Grundlegendes verschleiert werden soll.

Man muss vielmehr von Folgendem ausgehen: Der Grad des „politisch wirken Wollens" ist bei der österreichischen Justiz in der Tat eher gering. Der Grad des „politisch Seins" hingegen kann auch bei der österreichischen Justiz sehr hoch sein. Vergleichbares gilt auch für die Wissenschaft. Es geht also nur um die Bestimmung des *wieviel* und dessen Offenlegung: Nur wenn andere davon wissen, wo ich zum Beispiel wirtschaftlich herkomme, können die anderen einschätzen, warum ich so handle, wie ich handle. Von diesen Parametern meines Handelns kann ich mich gar nicht lösen. Ich kann nur diese Parameter offenlegen. Mehr nicht. Josef Franz Lindner hat insoweit uneingeschränkt Recht.

5.3 Hermeneutik fordert Offenlegung von Vorverständnissen

Das Zusammenspiel von Recht und Politik kann man sich mit Hilfe der Hermeneutik erklären:

– *Vorurteile* in Form von Vor-Beurteilungen und Vorverständnissen sind *unvermeidbar*; es geht allein darum, diese zu benennen und damit offenzulegen.

- Die *Macht des besseren Arguments als Ideal* ist das eine. Darum zu kämpfen und dafür einzutreten, darf die Rechtswissenschaft nie aufhören. Dazu gehört auch die politische Bewertung einer rechtlichen Lösung.
- Die *Macht zur Durchsetzung des besseren Arguments* ist das andere. Diese darf die Rechtswissenschaft nie haben. Das wäre die Diktatur der Rechtswissenschaft. Nur als Randbemerkung sei insoweit auf die deutsche Strafrechtsdiskussion über „das Rechtsgut" hingewiesen. Sie geht – grob vereinfachend – davon aus, dass die Rechtswissenschaft dem Gesetzgeber bindend vorgeben kann, welches Rechtsgut durch Kriminalstrafrecht geschützt werden darf. So wird zu begründen versucht, dass zum Beispiel der Tierschutz nicht über das Kriminalstrafrecht abgesichert werden dürfe, weil nur *ein dem Menschen dienendes* Rechtsgut strafrechtstauglich sei.[34]
- Die *Macht zur Durchsetzung des eigenen Arguments* muss allein bei den nach der Rechtsordnung Berufenen liegen. Das ist nach der österreichischen Verfassung der Gesetzgeber.

Es geht letztlich auch darum, Regeln für eine redliche Auseinandersetzung in der Wissenschaft zu entwickeln und diese auch anzuwenden.[35]

5.4 Wer trifft Letztentscheidungen?

Wenn die Offenlegung gesichert ist, kann man deutlicher machen, wie die Letztentscheidungsfrage entschieden werden sollte. Letztentscheidungen, die für alle verbindlich sind, muss es in jedem Gemeinwesen geben. Die Fragen sind aber, wie oben herausgearbeitet:

- Wer trifft diese Letztentscheidungen?
- Sind andere von dieser Entscheidungsfindung generell oder zeitweilig ausgeschlossen?

5.4.1 Gesetzgeber

Es geht zum einen um Entscheidungen über abstrakt-generelle Sachverhalte. Diese werden nach verallgemeinerbaren Regeln für eine Vielzahl von Fällen aufgestellt. Ein häufiges und klares Beispiel sind Gesetze. Es gibt in Österreich ein institutionalisiertes Verfahren, in dem die Rechtswissenschaft aktiv aufgefordert

---

34 Vgl. Lagodny, Das Strafrecht vor den Schranken der Grundrechte, 156–187.
35 Vgl. Bülte, Lässt die Wissenschaft die Justiz allein, 77, 86 (unter Rekurs auf den wissenschaftstheoretischen Ansatz von Karl Popper).

wird, zu Gesetzgebungsvorhaben Stellung zu nehmen. Das ist das sogenannte „Begutachtungsverfahren"; dieses führt in nicht wenigen Fällen zu einer Modifikation eines Gesetzgebungsvorschlags. In Deutschland gibt es ein solches nicht. Natürlich werden aber auch dort Gesetzesinitiativen von der Rechtswissenschaft kritisch kommentiert. Auch dies führt zu Korrekturen. Warum hier die Rechtswissenschaften außerhalb von formell eröffneten Begutachtungsverfahren ausgeschlossen sein oder sich dessen zumindest enthalten sollte, wie man in Österreich wohl denkt, erschließt sich mir nicht. Wenn man es im Sinn von Josef Franz Lindner offenlegt, steht dem nichts entgegen.

5.4.2 Gerichte

Zum anderen müssen Entscheidungen in konkret-individuellen Fällen getroffen werden. Ein Musterbeispiel sind richterliche Urteile. Die Frage nach dem „Wer" ist hier und heute in Österreich und auch sonst wo im europäischen und wohl auch im amerikanischen Bereich klar: Über Gesetze entscheidet das Parlament, über Urteile ein zuständiges Gericht. Richterinnen und Richter dürfen keine „Politik" machen. Gibt es aber deshalb nur unpolitische Richter? Nein. Jeder Richter und jede Richterin ist politisch im eingangs beschriebenen Sinn.

5.4.3 Rechtswissenschaft

Die Rolle der Rechtswissenschaft bei der Gesetzgebung oder der Rechtsprechung muss man gesondert untersuchen, weil sie speziell von den verfassungsrechtlichen Vorgaben abhängt. So ist das erwähnte „Begutachtungsverfahren" in Österreich bestens etabliert. Darin wird die Wissenschaft bei (fast jedem) Gesetzgebungsverfahren direkt eingebunden. In Deutschland hingegen fehlt es an einer solchen Praxis.[36] Bisweilen hängt es dort vom Zufall ab, ob die Rechtswissenschaft von einem Gesetzgebungsverfahren erfährt oder nicht.

Warum, so ließe sich fragen, soll ein Rechtswissenschaftler oder eine Rechtswissenschaftlerin aber eine höhere Legitimation in einem politischen Prozess haben als jeder andere, als jeder „Nichtrechtswissenschaftler"? Wie ich vorhin schon angedeutet habe: Wenn wir Rechtswissenschaftler und Rechtswissenschaftlerinnen diese höheren Weihen hätten, dann wären wir sehr nahe am Philosophen-Staat von Platon. Danach sind die Philosophen die einzigen (oder jedenfalls die am besten) zur Herrschaft legitimierten. Das Modell von Platon

---

36 Vgl. Kubiciel, Kriminalpolitik und Strafrechtswissenschaft, der diesbezüglich in Deutschland eine Neuorientierung fordert.

entspricht gottseidank nicht der Realität – auch wenn manche Kollegen das am liebsten hätten.

Wenn wir das Recht aber wissenschaftlich betrachten, geht es vielmehr darum, gegebene Begründungen kritisch zu hinterfragen und – je nach Ergebnis – neue oder bessere Begründungen für die geschaffenen Regeln zu geben. Letzteres ist für mich wichtig, sonst erschöpft sich Wissenschaft in Kritik. Das ist wenig sinnvoll.

5.4.4 Die restliche Öffentlichkeit?

Schon die Frage zu stellen, erscheint heute geradezu frevelhaft: Darf die restliche Öffentlichkeit über die herkömmlichen Medien bzw. über die neuen sozialen Medien auf die Gesetzgebung bzw. die Rechtsprechung einwirken? Natürlich darf sie das. Im Rahmen der geltenden Gesetze, versteht sich.

5.5 Politische Schweigepflicht für die Rechtswissenschaft?

Um nochmals auf Kelsen zurückzukommen: Wenn man seine Forderung ernst nimmt, muss der Rechtswissenschaftler oder die Rechtswissenschaftlerin sich *jeglicher* politischer Stellungnahme im Rahmen seines oder ihrer Tätigkeit und Amtes enthalten. Ansonsten sei er oder sie kein Wissenschaftler bzw. keine Wissenschaftlerin mehr. Das bedeutet nicht mehr und nicht weniger als eine Schweigepflicht. Das kann nicht sein.

6 Schlusswort

Zwei Schlussbemerkungen: Lassen Sie mich enden mit der Abwandlung eines Aphorismus, den ich als von Arthur Schopenhauer stammend erinnere: „Kein Mensch ist unsachlicher, als wenn er vorgibt, sachlich zu sein."

Wendet man diesen Satz auf unser Thema an, so gilt für mich: „Kein Rechtswissenschaftler und keine Justizjuristin ist oder agiert politischer, als wenn er oder sie vorgibt, unpolitisch zu sein."[37]

---

37 Abschließend möchte ich selbstverständlich betonen, dass ich hier nur und ausschließlich meine eigene Auffassung dargelegt habe. Manche an meiner Fakultät mögen die Fragen gänzlich anders sehen. Aber das fördert einen Dialog allemal.

Literatur

Bülte, Jens, Lässt die Wissenschaft die Justiz allein? In: Goltdammers Archiv für Strafrecht 165 (2018) 2, 77–90.

Coupette, Corinna/Fleckner, Andreas M., Quantitative Rechtswissenschaft – Sammlung, Analyse und Kommunikation juristischer Daten, in: JuristenZeitung 73 (2018) 8, 379–389.

Esser, Josef, Vorverständnis und Methodenwahl in der Rechtsfindung. Rationalitätsgrundlagen richterlicher Entscheidungspraxis, Königstein 1972.

Harmann, Hanjo, Tagungsbericht über die 35. Jahrestagung für juristische Institutionenökonomik vom 7.–10. Juni 2017 in Siracusa (Italien), in: JuristenZeitung 73 (2018) 6, 291–293.

Jestaedt, Matthias, Hans Kelsens Reine Rechtslehre. Eine Einführung, in: ders. (Hg.), Hans Kelsens Reine Rechtslehre. Studienausgabe der 1. Auflage 1934, Tübingen 2008, XI–LXVI.

Kelsen, Hans, Reine Rechtslehre. Einleitung in die rechtswissenschaftliche Problematik, Leipzig/Wien 1934 (Nachdruck, Tübingen 2008).

Kley, Andreas/Tophinke, Esther, Hans Kelsen und die Reine Rechtslehre, in: Juristische Ausbildung (2001) 2, 169–174.

Kubiciel, Michael, Kriminalpolitik und Strafrechtswissenschaft, in: JuristenZeitung 73 (2018) 4, 171–179.

Lagodny, Otto, Das Strafrecht vor den Schranken der Grundrechte, Tübingen 1996.

Lagodny, Otto, Zwei Strafrechtswelten. Rechtsvergleichende Betrachtungen und Erfahrungen aus deutscher Sicht in Österreich, Baden-Baden 2021.

Lindner, Franz Josef, Rechtswissenschaft als Metaphysik. Das Münchhausenproblem einer Selbstermächtigungswissenschaft, Tübingen 2017.

Pfersmann, Otto, Hans Kelsens Rolle in der gegenwärtigen Rechtswissenschaft, in: Walter, Robert/Ogris, Werner/Olechowski, Thomas (Hg.), Hans Kelsen: Leben – Werk – Wirksamkeit. Ergebnisse einer internationalen Tagung, veranstaltet von der Kommission für Rechtsgeschichte Österreichs und dem Hans Kelsen-Institut (19.–21. April 2009) (Schriftenreihe des Hans Kelsen-Instituts 32), Wien 2009, 367–387.

Ratz, Eckart, Gesetzestext geht GMat vor. Glosse zu OGH 16.2.2017, 15 Ns 4/17g, EvBl-LS 2017/13, in: Österreichische Juristen-Zeitung (2017) 13, 627.

Ratz, Eckart, Richtig ist nur eine Rechtsmeinung. Glosse zu OGH 16.11.2017, 12 Os 85/17, EvBl-LS 2018/63, in: Österreichische Juristen-Zeitung (2018) 8, 380.

Schmidt, Manfred G., Politik, in: ders. (Hg.), Wörterbuch zur Politik, Stuttgart ²2004, 538–539.

Schmoller, Kurt, Der OGH in Strafsachen: „Wahrer einheitlicher Rechtsauslegung" oder „Schulmeister der Anwälte"? in: Giese, Karim/Holzinger, Gerhart/Jabloner, Clemens (Hg.), Verwaltung im demokratischen Rechtsstaat. Festschrift für Harald Stolzlechner zum 65. Geburtstag, Wien 2013, 607–626.

Schmoller, Kurt, die „in der Lehre geteilte" Rechtsauffassung des OGH. Kurze Nachbemerkungen zu OGH 29.08.2013, 13 Os 54/13k = JBl 2014, 125, in: Juristische Blätter136 (2014) 2, 135–136.

Stein, Torsten, Die Auslieferungsausnahme bei politischen Delikten. Normative Grenzen, Anwendung in der Praxis und Versuch einer Neuformulierung (Beiträge zum ausländischen öffentlichen Recht und Völkerrecht 82), Berlin u. a. 1983.

Walter, Robert/Ogris, Werner/Olechowski, Thomas (Hg.), Hans Kelsen: Leben – Werk – Wirksamkeit. Ergebnisse einer internationalen Tagung, veranstaltet von der Kommission für Rechtsgeschichte Österreichs und dem Hans Kelsen-Institut (19.–21. April 2009) (Schriftenreihe des Hans Kelsen-Instituts 32), Wien 2009.

Watzlawick, Paul/Beavin, Janet H./Jackson, Don D., Menschliche Kommunikation, Bern/Stuttgart/Wien 1969.

Dominik Gruber

Das Politische der Wissenschaft nach Adorno

Abstract: It is widely accepted that sociology, as a scientific discipline, is a strictly "objective" and "neutral" undertaking. Even Max Weber, who acknowledged that science itself should be understood as a cultural achievement in which values play an important role, insisted nonetheless on the possibility of separating values from facts. Theodore W. Adorno, on the other hand, supported an explicitly critical and thus "value-laden" science. Its vanishing point is the idea of a "liberated society". Values and facts cannot and should not be divorced from each other. Criticism ought to name the suffering of this world as well as preserving the potential for something better. A science that proceeds on a predominantly "positivistic" basis, failing to reflect upon itself and the extent to which it is "embraced" within the existing power relationships, is subjected by Adorno to radical criticism. In the light of current scientific practice, which is by and large subservient to the rules of "functional" and "economic rationality", a return to Adorno's conception of and critique of science would seem expedient.

Keywords: Theodor W. Adorno, Critical Theory, Frankfurt School, scientific criticism, positivism dispute

1 Einleitung

Sozialwissenschaft wird von vielen als ein in weiten Teilen „nüchternes" Unterfangen betrachtet. Wirft man einen Blick in soziologische Einführungswerke sowie in Bücher zur sozialwissenschaftlichen Methodenlehre, bekommt man den Eindruck, dass sich Soziologie weitgehend in der Beschreibung und Erklärung[1] sozialer Phänomene erschöpft. Wissenschaft – so lautet ein häufig

---

1   Soziologische Erklärungen können – je nach Paradigma – sehr unterschiedlich „verfasst" sein. Nach der klassischen Definition Max Webers definiert sich Soziologie als „eine Wissenschaft, welche soziales Handeln deutend verstehen und dadurch in seinem Ablauf und seinen Wirkungen ursächlich erklären will" (Weber, Soziologische Grundbegriffe, 5). Neben stark sinnbezogenen und hermeneutisch orientierten Ansätzen argumentiert die Soziologie heute häufig kausaltheoretisch und mechanistisch (vgl. z. B. Maurer/Schmid, Erklärende Soziologie). Der Aspekt der Erklärungsform ist aber nur eine mögliche Dimension der Unterscheidung soziologischer Ansätze. Eine gängige Differenzierung stellt z. B. die zwischen akteurszentrierten und funktionalistischen/systemtheoretischen Theorien dar. Für einen Überblick zur soziologischen Paradigmenstruktur vgl. Gabriel/Gratzl/Gruber, Zwischen akteurszentrierter und systemtheoretischer Soziologie.

vorgebrachtes Standardargument – ist ausschließlich der Wahrheit – und keinen anderen Werten oder politischen Zielen – verpflichtet; ihre Erklärungen müssen dem Kriterium der Objektivität entsprechen; das heißt, der Erkenntnisprozess sollte neutral, also unbeeinflusst, von statten gehen.

Aber wie neutral ist Wissenschaft tatsächlich? In den Sozialwissenschaften wird diese Frage bereits seit längerem diskutiert. Ein wichtiger Referenzpunkt stellt hierfür der sogenannte Werturteilsstreit zu Beginn des 20. Jahrhunderts zwischen Max Weber, Werner Sombart und Gustav Schmoller dar.[2] Max Weber, dessen Position heute weite Verbreitung findet, betrachtet die Soziologie als eine „Wirklichkeitswissenschaft"[3]. Sie hat werturteilsfrei zu verfahren und kann keine „bindende Normen und Ideale [...] ermitteln"[4]. Weber ist jedoch bewusst, dass Wissenschaft selbst eine Kulturleistung ist und daher vor einem Werthintergrund entstanden ist, und dass auch alle WissenschafterInnen selbst Werte und Haltungen besitzen. Diese können etwa bei der Wahl des Forschungsthemas oder der Forschungsfrage eine Rolle spielen; dies ist bereits dann der Fall, wenn der oder die WissenschafterIn eine „interessante" oder für die Gesellschaft „wertvolle" Erkenntnis hervorbringen will.[5] Daher ist es für Weber umso wichtiger, dass zwischen Werten und wissenschaftlichen Fakten strikt getrennt wird,[6] Wertvorstellungen offen gelegt werden sowie das methodische Vorgehen, das im Anschluss an die Wahl und Definition der Forschungsfrage erfolgt, intersubjektiv überprüfbaren methodischen Standards folgt.[7]

Diese Verhältnisbestimmung Webers zwischen Werturteilen und Wissenschaft ist jedoch nicht alternativlos. Betrachtet man die Philosophie- und Soziologiegeschichte, wird deutlich, dass es auch Positionen gibt, die die Wissenschaft mit dem Politischen enger verzahnen bzw. enger verzahnt sehen wollen. Als prominentes Beispiel gilt die kritische Theorie Theodor W. Adornos, die im Zentrum dieses Beitrags stehen soll. In weiterer Folge soll zum einen Adornos Ansatz einer kritischen Wissenschaft in Teilen rekonstruiert werden (Kapitel 2); zum anderen wird Adornos Kritik an der heute als „Mainstream" geltenden positivistisch orientierten (Sozial-)Wissenschaft dargestellt (Kapitel 3). Der Beitrag

---

2 Vgl. zusammenfassend Albert, Der Werturteilsstreit.
3 Weber, Die „Objektivität" sozialwissenschaftlicher und sozialpolitischer Erkenntnisse, 170.
4 Ebd. 149.
5 Vgl. Weber, Der Sinn der „Wertfreiheit", 499.
6 Vgl. Weber, Die „Objektivität" sozialwissenschaftlicher und sozialpolitischer Erkenntnisse, 157.
7 Vgl. Hillmann, Wertfreiheit, 691, mit Bezugnahme auf Weber.

folgt insgesamt der Annahme, dass die Überlegungen Adornos – trotz mancher Bekundungen seiner KritikerInnen – alles andere als obsolet sind. In Anbetracht des heute vorherrschenden instrumentellen Charakters (sozial-)wissenschaftlicher Forschung erscheint eine erneute Beschäftigung mit den kritischen Argumenten der frühen Frankfurter Schule wohl mehr als notwendig (Kapitel 4).

2 Adornos Konzeption einer kritischen Wissenschaft

Adorno war – dies dürfte hinlänglich bekannt sein – nicht nur Philosoph und Musiktheoretiker sondern auch Soziologe, der sich – vor allem in der Zeit seines amerikanischen Exils – an einzelnen empirischen Projekten beteiligte bzw. diese leitete. Im folgenden Abschnitt soll das Verhältnis zwischen Wissenschaft und Philosophie, so wie es sich Adorno vorstellt, skizziert werden. Des Weiteren werden sein emphatisches Wahrheitsverständnis rekonstruiert sowie einige Aspekte seines ideologiekritischen Denkens dargestellt.

2.1 Zum Verhältnis von Philosophie und empirischer Forschung

Adorno wirkte an einigen soziologischen Studien mit bzw. leitete er diese teilweise auch an. Besonders bekannt wurde er für seine Studien bzw. Beiträge zur Erforschung des „autoritätsgebundenen Charakters".[8] Die meisten empirischen Projekte des Instituts für Sozialforschung (IfS) entstanden in den 1930er und 1940er Jahren, also in der Zeit der Emigration in den USA. Nach seiner Rückkehr nach Deutschland wirkte Adorno am sogenannten „Gruppenexperiment" mit. Diese Studie untersuchte u. a. die antisemitischen Vorurteile und Ressentiments in der deutschen Nachkriegsgesellschaft, und zwar anhand von Gruppendiskussionen.[9] Später legte Adorno wieder mehr Gewicht auf seine theoretische

---

8   Vgl. vor allem Adorno, Studien zum autoritären Charakter; für eine Zusammenfassung einzelner Ergebnisse vgl. Horkheimer/Adorno, Vorurteil und Charakter. Die im Band *Studien zum autoritären Charakter* versammelten Beiträge stellen eine Zusammenstellung einzelner von Adorno verfasster bzw. mitverantworteter Teilstudien, die alle in den USA durchgeführt wurden, dar. Diese waren Teil eines umfangreicheren Projektes, das den Titel „Studies in Prejudice" trug und mehrere Bände umfasste. Als Herausgeber fungierte Max Horkheimer.
9   Für eine Diskussion einzelner Ergebnisse dieser Studie durch vgl. Adorno, Schuld und Abwehr. Das „Gruppenexperiment" schloss an den Themenkomplex, der in den USA erforscht wurde, an. Es sei darauf hingewiesen, dass Adorno auch zu anderen Themen empirisch forschte. Zu einem früheren Zeitpunkt, direkt nach seiner Emigration, arbeitete Adorno bei Paul Lazarsfeld in New York an Projekten im Bereich „radio research" (vgl. Wiggershaus, Die Frankfurter Schule, 266 ff.; Düver, Theodor W. Adorno, 24 ff.).

und philosophische Arbeit, ohne jedoch sein grundsätzliches Interesse gegenüber soziologischer Forschung zu verlieren. Dementsprechend schreibt Adorno 1969, im Jahr seines Todes: „Nie jedoch haben bedeutende Theoretiker der Gesellschaft empirische Untersuchungen verschmäht."[10]
Aber in welchem Verhältnis stehen Theorie bzw. Philosophie und empirische Forschung in den Augen Adornos genau? Soziologie hat laut Adorno die Aufgabe, sozialphilosophische Überlegungen empirisch zu unterlegen. Durch empirische Sozialforschung alleine kann die Gesellschaft nicht eingeholt werden.[11] Sie kann Wirklichkeit nur in „schmale[n] Sektoren"[12] erfassen. Hier enthält die Forschung unweigerlich ein „spekulatives Moment", da Theorien niemals in ihrer Vollständigkeit empirisch überprüft werden können.[13] Gleichzeitig darf sich Theoretisches nicht völlig von empirischen Fakten entfernen, sodass Spekulative nicht haltlos wird. Theorie – so drückt es Adorno aus – „bedarf der Korrektur durch [...] fact finding"[14]. Das heißt, empirische Wissenschaft weist für Adorno ein „Differenzierungs- und Modifizierungspotential"[15] auf.

Diese Forschungstätigkeit empfand Adorno jedoch als wenig ergiebig. Laut Düver (vgl. ebd. 27) muss dieses Projekt sogar als gescheitert angesehen werden.
Des Weiteren ist darauf hinzuweisen, dass es Adorno nach seiner Rückkehr aus den USA ein großes Anliegen war, die deutsche Soziologie an „den internationalen Standard [...] heranzuführen, den sie aufgrund ihrer Isolierung während des nationalsozialistischen Herrschaft verloren hatte, obwohl auch während der Jahre der Nazidiktatur Umfrageforschung betrieben wurde" (Müller-Doohm, Die Soziologie Theodor W. Adornos, 141). Dafür war es für Adorno notwendig, dass sich die WissenschafterInnen in Deutschland mit den modernen quantitativen und qualitativen Methoden vertraut machten. Denn vor allem im Nachkriegsdeutschland war es wichtig, auf der Grundlage geeigneter Daten den Wiederaufbau voranzutreiben, z. B. durch exakte Daten zur sozialen Lage der Bevölkerung und bestimmter Bevölkerungsgruppen (vgl. ebd. 142).

10 Adorno, Gesellschaftstheorie und empirische Forschung, 540.
11 Vgl. Adorno, Zur Logik der Sozialwissenschaften, 548 f. – „Theoretische Gedanken über Gesellschaft sind nicht bruchlos durch empirische Befunde einzulösen" (Adorno, Soziologie und empirische Forschung, 82).
12 Adorno u. a., Empirische Sozialforschung, 358.
13 Denn es ist die Theorie, weiß Adorno, die benennen will, „was insgeheim das Getriebe zusammenhält" (Adorno, Soziologie und empirische Forschung, 81). Empirische Daten alleine können hinter den Schein nicht blicken. Gleichzeitig schützt Empirie vor „falschen Generalisierungen" und einem „Sich-zu-weit-Vorwagen der Spekulation" (Adorno, Theorie der Halbbildung, 101).
14 Adorno, Einleitung (Positivismusstreit), 35.
15 Düver, Theodor W. Adorno, 24.

Ein Grund, warum Soziales mit empirischen Mitteln nicht vollständig bzw. nur ausschnittweise erfasst werden kann, ist zum einen die Tatsache, dass Gesellschaftliches einem ständigen Wandel unterworfen ist. Zum anderen begreift Adorno jedes soziale Phänomen als ein „Vermitteltes". Das heißt, jedes gesellschaftliche Element ist „kein Letztes sondern [selbst stets] ein Bedingtes"[16]. Gesellschaft – ein zentraler theoretischer Begriff Adornos – wird demgemäß als Gesamtzusammenhang, als „Totalität" begriffen, in der sich die einzelnen sozialen Elemente durch ihren gesellschaftlichen Zusammenhang erst konstituieren. Dieses soziale Gefüge muss stets vor dem Hintergrund theoretischer Annahmen analysiert und interpretiert werden; denn dieses ist mit empirischen Mitteln allein nicht einholbar. Sozialphilosophischer Theoriebildung kommt die Aufgabe zu, eine integrale und umfassende Interpretation der gesellschaftlichen Gesamtverhältnisse anzustellen; dadurch soll auch verhindert werden, dass die Betrachtung der Gesellschaft in verschiedene Einzeldisziplinen und einzelne Perspektiven zerfällt.

Die bisherigen Verweise auf die Funktion empirischer Wissenschaft in Adornos Denken darf jedoch nicht darüber hinwegtäuschen, dass das IfS zur Zeit Horkheimers und Adornos in seiner Arbeit und Ausrichtung vorwiegend theoretisch-philosophisch orientiert war. Es war insbesondere Adorno, der der Philosophie ein unbedingtes Primat zuerkannte. Es war die überblickende und vor allem geschichtsphilosophisch inspirierte Deutung des Weltlaufes, wie sie in der *Dialektik der Aufklärung* dargelegt wurde, die maßgeblich für die Interpretation empirischer Daten wurde.[17] Empirische Forschung verharrte seither – trotz ihrer Relevanz – im Status einer „Hilfsdisziplin".[18] Des Weiteren steht empirische Forschung – und darauf wird im Zuge dieses Textes noch zurückzukommen sein – in der Regel unter „Ideologieverdacht".[19]

2.2 „Versöhnung" und „Wahrheit" als Ankerpunkte kritischer Theorie

Adorno richtet seine Philosophie explizit auf das Ziel einer „versöhnten Gesellschaft" aus. Darunter versteht er den „verwirklichten Frieden sowohl zwischen den Menschen wie zwischen ihnen und ihrem Anderen. Friede ist der Stand eines Unterschiedenen ohne Herrschaft, in dem das Unterschiedene teilhat

---

16 Adorno, Soziologie und empirische Forschung, 99.
17 Vgl. Honneth, Kritik der Macht, 74 f.
18 Vgl. etwa Müller-Doohm, Die Soziologie Theodor W. Adornos, 142 f.
19 Vgl. Honneth, Kritik der Macht, 74.

aneinander."[20] Diese Utopie – die bei Adorno stets eine negative bleibt, von ihm also nicht „ausgemalt" wird – bildet sozusagen den Maßstab und den Ankerpunkt für die Deutung und die Kritik der bestehenden gesellschaftlichen Zustände. In seinem Werk *Minima Moralia* konstatiert Adorno daher: Philosophie und Erkenntnis sind „der Versuch, alle Dinge so zu betrachten, wie sie vom Standpunkt der Erlösung aus sich darstellten. Erkenntnis hat kein Licht, als das von der Erlösung her auf die Welt scheint: alles andere erschöpft sich in der Nachkonstruktion und bleibt ein Stück Technik."[21] Der „versöhnte Zustand" stellt eine „regulative Idee" dar; sie „bestimmt die Argumentation Adornos in jeder seiner Schriften. Sie macht den Fluchtpunkt der Gesellschaftskritik aus, den Nagel sozusagen, an dem sie aufgehängt ist."[22] Erkennen und Begreifen vollführt sich daher stets im Spannungsfeld zwischen Möglichem und Wirklichem.

Dieser normative und politische Anspruch von Philosophie und Wissenschaft kann auch anhand des Wahrheitsbegriffs der Kritischen Theorie verdeutlicht werden. Ihr Begriff von Wahrheit geht über die Abbildung von Bestehendem hinaus. So konstatierte Horkheimer bereits in einer Vorlesung in den 1930er Jahren: „Der Sinn für Tatsachen ist eine notwendige, nicht schon die hinreichende Bedingung für Wahrheit."[23] Philosophie erschöpft sich nicht in der Beschreibung der Welt, sondern hegt Ansprüche, z. B. die der Emanzipation von Herrschaft.[24] Wahrheit, in diesem emphatischen Sinne, ist jedoch stets eine negative; das bedeutet, das Mögliche, die Utopie, wird nicht konkretisiert, sondern ergibt sich stets durch die Negation des bestehenden Falschen, Unwahren.[25] Das Utopische in der Philosophie Adornos verweist daher auf keine positiv gesetzte Zukunft,

---

20 Adorno, Zu Subjekt und Objekt, 153.
21 Adorno, Minima Moralia, 283. Dem Begriff der „Erlösung" haftet etwas „Theologisches" an. Die Frage, welche Rolle theologische Motive in der Kritischen Theorie einnehmen, wird seit langem diskutiert. Während sich Max Horkheimer sowie Walter Benjamin häufig auf religiöse Motive beziehen, ist das Verhältnis zum Theologischen bei Adorno weniger eindeutig (vgl. Brumlik, Theologie und Messianismus, 296). Die Frage, ob und inwieweit die Kritische Theorie in ihren Überlegungen theologisch geprägt war, kann hier nicht weiterverfolgt werden.
22 Weyand, Adornos kritische Theorie des Subjekts, 57.
23 Horkheimer, Aus Vorlesungen über Autorität und Gesellschaft, 58,
24 Vgl. auch Grigat, Fetisch und Freiheit, 145.
25 Dementsprechend bleiben die Verweise auf das Utopische bei Adorno unkonkret.

sondern ist vielmehr mit der Negation der Leid verursachenden Verhältnisse gleichzusetzen.[26]

Nun ist jedoch die Geschichte der Menschheit – so legen es Horkheimer und Adorno in ihrer *Dialektik der Aufklärung* dar – eine verhängnisvolle. Es ist das seit der Urzeit und durch Angst getriebene Verlangen nach Naturbeherrschung, das die Menschen immer weiter in den „Naturzwang"[27] hineinführt. Denn jeder Versuch, das „Aus- und Inwendige" des Menschen zu kontrollieren, bedarf der „instrumentellen Vernunft" und damit der „Verdinglichung" und der Herrschaft. Dieses Verhängnis reicht bis in die Möglichkeit der Erkenntnis und damit auch in die Erkenntnistheorie Adornos hinein. Bereits jede Begriffsbildung hat etwas Herrschafts- und Gewaltförmiges. Jeder Begriff lässt zwangläufig etwas aus; er schneidet dasjenige, das durch den Begriffsinhalt nicht erfasst wird, das „Nichtidentische", notwendigerweise ab.[28] Der Prozess der Aufklärung bedarf daher einer Korrektur; und zwar muss sich die Aufklärung und mit ihr die menschliche Zivilisation ihres instrumentellen Verhältnisses zur Natur gewahr werden und dieses reflektieren.

Aus erkenntnistheoretischer Perspektive sieht Adorno die Möglichkeit der „Mimesis". Um der instrumentellen Vernunft ein Stück weit zu entkommen, bedarf es eines „anschmiegenden" Verhältnisses zur Welt, das Adorno in seinem Ansatz „konstellativen Denkens" zu erblicken glaubt. Darunter versteht Adorno ein begriffliches „Einkreisen" eines Phänomens; indem ein Objekt „umstellt" und dadurch aus verschiedenen Perspektiven betrachtet wird, kann man sich Objekten und damit der Welt in vorsichtiger Weise annähern. Konstellatives Denken kann verschiedene Aspekte eines Phänomens beleuchten und unterschiedlich Bezüge herstellen, zumal Begriffe in ihrer Bedeutung stets auf

---

26 „Im emphatischen Begriff von Wahrheit ist die richtige Einrichtung der Gesellschaft mitgedacht, so wenig sie auch als Zukunftsbild auszupinseln ist" (Adorno, Zur Logik der Sozialwissenschaften, 565).

27 Z. B. Horkheimer/Adorno, Dialektik der Aufklärung, 19.

28 Identitätsdenken muss daher zwangsläufig in einen Widerspruch führen. „Der Widerspruch ist das Nichtidentische unter dem Aspekt der Identität" (Adorno, Negative Dialektik, 17). Des Weiteren ist ein Erkenntnissystem, das Wahrheit beansprucht, stets herrschaftlich, da dieses nichts neben sich dulden kann. Die Annahme eines geschlossenen Systems wäre das Ende der Philosophie. Adorno fordert daher konsequent die „Offenheit" von Philosophie. Es ist geboten, dass „diese selbst in gewissem Sinn unendlich werde – nämlich nicht länger fixierbar in einem Corpus zählbarer Theoreme, […] sondern grundsätzlich offen. Und damit komme ich zu der Forderung eines *offenen* Philosophierens im Gegensatz zu dem systematischen Philosophieren" (Adorno, Vorlesung über Negative Dialektik, 120).

andere verweisen.[29] Hierin ist auch ein Moment von Wahrheit aufgehoben. Das heißt, die Möglichkeit von Wahrheit verschwindet trotz des herrschaftlichen Zugriffs der Menschen auf die Welt nicht vollständig. Wir können – trotz der Tatsache, dass wir die Welt niemals vollumfänglich einholen können – Gegebenes erfassen. „Wahrheit verschwindet demnach nicht im Wirbel ihrer möglichen Interpretationen und Hintersinne."[30] Wahrheit kann vielmehr „selbst als Konstellation konzipiert werden, allerdings […] nicht als eine fixe und unveränderbare Konstellation, sondern als werdende."[31] Durch den Wandel der Welt und auch des erkennenden Subjekts ist Wahrheit nichts Stabiles und dem Wandel unterworfen. Wahrheit drückt somit nichts endgültig „Fixes" oder „Fixierbares" aus, sondern weist einen „Zeitkern"[32] auf.

2.3 (Ideologie-)Kritik als Methode

Um das „Unwahre" zurückzudrängen und Emanzipation zu ermöglichen, bedarf es der Kritik, und zwar – und hier bemüht Adorno Worte Marxens – in Form einer „rücksichtslosen Kritik alles Bestehenden"[33]. Der Zivilisation im Allgemeinen und der bürgerlich-kapitalistischen Gesellschaft im Besonderen wohnen – wie in der *Dialektik der Aufklärung* skizziert – Tendenzen der Barbarei inne. Daher bedarf es in weiten Teilen auch radikaler Kritik; Horkheimer fasst die kritische Theorie Frankfurter Provenienz daher folgerichtig als „ein einziges entfaltetes Existenzialurteil"[34]. Kritik verweist – wie angemerkt – jedoch stets auf den Zustand der Versöhnung; sie strebt zum Besseren.[35] Dieser Drang begründet sich in den alltäglichen, also vorwissenschaftlichen und leidvollen Erfahrungen der Menschen, die durch die bestehenden gesellschaftlichen Verhältnisse erzeugt werden. Das „Falsche", die leiderzeugenden Umstände, provozieren

---

29 Metaphorisch drückt dies Adorno wie folgt aus: „Als Konstellation umkreist der theoretische Gedanke den Begriff, den er öffnen möchte, hoffend, daß er aufspringe etwa wie die Schlösser wohlverwahrter Kassenschränke: nicht nur durch einen Einzelschlüssel oder eine Einzelnummer, sondern eine Nummernkombination" (Adorno, Negative Dialektik, 166).
30 Rath, Zur Nietzsche-Rezeption, 22.
31 Schütz, Negative Dialektik als positive Philosophie, 168.
32 Z. B. Horkheimer/Adorno, Dialektik der Aufklärung, IX; Adorno, Wozu noch Philosophie, 15.
33 Adorno, Kritik, 787.
34 Horkheimer, Traditionelle und kritische Theorie, 244.
35 Adorno schreibt explizit, „daß das Falsche, einmal bestimmt erkannt und präzisiert, bereits Index des Richtigen, Besseren ist" (Adorno, Kritik, 793).

einen Impuls zur Kritik.³⁶ Dieser bildet den Beginn gesellschaftlicher Analyse. Das heißt, gesellschaftliche Widersprüche „sind kein beliebiger Ausgangspunkt, sondern das Motiv, das die Möglichkeit von Soziologie überhaupt erst konstituiert"³⁷. Eine kritische Soziologie hat demnach „aufklärerische [...] Funktion"³⁸, und zwar im Sinne des fortschrittlichen Moments.

Im Sinne der Frankfurter Schule ist Kritik maßgeblich Ideologiekritik. Ideologien sind laut Kritischer Theorie keine „freischwebenden" geistigen Vorstellungswelten, sondern Produkt gesellschaftlicher Verhältnisse, also „notwendig falsches Bewusstsein".³⁹ In Anlehnung an die Überlegungen von Marx und Engels in *Die Deutsche Ideologie* bedeutet Ideologiekritik das Aufdecken der Herkunft von für die soziale Praxis relevanten Gedankengebäuden, die die bestehenden Verhältnisse verschleiern oder bestätigen; sie sind demnach herrschaftsstabilisierend.⁴⁰ Ein ideologiekritisches Vorgehen zeichnet sich durch eine enge Verzahnung von Analyse und Kritik aus; dabei wird den zu kritisierenden Verhältnissen nicht einfach ein externer Maßstab entgegengesetzt; Ideologiekritik „konfrontiert" vielmehr das zu analysierende und kritisierte Phänomen mit seinen „*inneren Widersprüchen* oder Selbstwidersprüchen, den internen Inkonsistenzen"⁴¹, mit dem Ziel, die soziale Wirklichkeit letztendlich in etwas Neues zu

---

36 Dieser Impuls ist laut Adorno etwas „Drängendes": „Kritik am Verhältnis wissenschaftlicher Sätze zu dem, worauf sie gehen, wird jedoch unaufhaltsam zur Kritik der Sache gedrängt" (Adorno, Einleitung [Positivismusstreit], 33). Hier stellt sich des Weiteren die Frage, warum Adorno glaubt, dass wir das „Falsche" erkennen können. Stefan Müller-Doohm drückt Adornos Antwort wie folgt aus: „Erkennen läßt sich das Falsche, weil es spürbar Leiden erzeugt" (Müller-Doohm, Die Soziologie Theodor W. Adornos, 155).
37 Adorno, Zur Logik der Sozialwissenschaften, 564.
38 Adorno u. a., Empirische Sozialforschung, 359. – Eine Wissenschaft, die nur Selbstkritik und nicht Kritik an der Gesellschaft üben würde, ist für Adorno wenig fortschrittlich; er schreibt: „Kritische Gesinnung jedoch, welche vor der Realität haltmacht und sich bei der Arbeit an sich selbst bescheidet, wäre als Aufklärung demgegenüber schwerlich fortgeschritten" (Adorno, Zur Logik der Sozialwissenschaften, 557).
39 Eines der bekanntesten und theoretisch einflussreichsten Beispiele für diese Form von Ideologiebegriff bilden die Überlegungen von Karl Marx zum Fetischcharakter der Ware, des Geldes und des Kapitals.
40 Vgl. Jaeggi, Was ist Ideologiekritik, 268 f.; Düver, Theodor W. Adorno, 56.
41 Jaeggi, Was ist Ideologiekritik, 170. – So kann etwa der bürgerlich verstandene Begriff von Freiheit als ideologisch entlarvt werden, indem aufgezeigt wird, dass sein Anspruch innerhalb der bestehenden Verhältnisse stets untergraben wird (vgl. Jaeggi, Was ist Ideologiekritik, 273 ff.).

transformieren.⁴² Ideologiekritik ist – um einen zentralen Begriff der Kritischen Theorie zu verwenden – „immanente Kritik", die Fortschritt, eine Bewegung hin zum Besseren impliziert und garantieren soll. Nach Adorno stellt Ideologiekritik oder „immanente Kritik" den Kern soziologischer Arbeit dar. Im bereits skizzierten Wissenschaftsverständnis Adornos ist Soziologie demnach

> die Einsicht […] in das Wesentliche der Gesellschaft, […] aber in einem solchen Sinn, daß diese Einsicht kritisch ist, indem sie das, was gesellschaftlich ‚der Fall ist', […] an dem mißt, was es selbst zu sein beansprucht, um in diesem Widerspruch zugleich die Potentiale, die Möglichkeiten einer Veränderung der gesellschaftlichen Gesamtverfassung aufzuspüren.⁴³

Die bereits dargestellte Idee der Versöhnung stellt in diesem Prozess den latenten Maßstab, die „regulative Idee", dar.⁴⁴

3 Adornos Kritik am positivistischen „Mainstream"

Adornos Kritik an einer positivistisch orientierten Wissenschaft lässt sich nur vor dem Hintergrund seiner geschichtsphilosophischen Überlegungen adäquat verstehen. Daher geht der folgende Abschnitt nochmals auf ausgewählte Inhalte der *Dialektik der Aufklärung* ein. Danach werden Aspekte von Adornos Wissenschaftskritik, so wie er sie in seinem Beitrag *Der Positivismusstreit in der*

---

42 Vgl. ebd. 187. Dieser Prozess der Transformation kann auch mit dem Hegelschen Begriff der „bestimmten Negation" zusammengefasst werden, die dem Dreischritt „Vernichten, Bewahren und Erhöhen" (ebd. 289) folgt.

43 Adorno, Einleitung in die Soziologie, 31. – In der bürgerlichen Gesellschaft ist es aber nicht nur der eigene Anspruch, der als Maßstab von „immanenter Kritik" dienen kann; auch die fortgeschrittenen materiellen Verhältnisse, z. B. die hohe Produktivität, verweisen auf einen immanenten Widerspruch. Denn gemessen an den produktiven Möglichkeiten könnte ein Großteil bestehenden Leides, etwa der Hunger, bereits heute vermieden werden. Hier erhält die Kritik ihren Maßstab „aus der Diskrepanz […], die zwischen dem realen sozialen Unglück und seiner möglichen Beseitigung besteht" (Müller-Doohm, Die Soziologie Theodor W. Adornos, 155).

44 Trotz der Tatsache, dass das Verfahren der „immanenten Kritik" das zu analysierende Phänomen an seinen eigenen Ansprüchen misst, bedarf es – so die Überzeugung des Autors dieses Beitrags – dennoch einer „äußerlichen" Leitidee, die den Impuls oder den Beginn der Kritik und somit auch seine grundsätzliche „Richtung" legitimiert (dies scheint etwa Jaeggi, Was ist Ideologiekritik, etwas anders zu sehen); demgemäß schreibt Adorno: „Die Gesellschaft, auf deren Erkenntnis Soziologie schließlich abzielt, wenn sie mehr sein will als eine bloße Technik, kristallisiert sich überhaupt nur um eine Konzeption von richtiger Gesellschaft" (Adorno, Zur Logik der Sozialwissenschaften, 561).

deutschen Soziologie darlegte, dargestellt. Insgesamt fassen die hier skizzierten Punkte einige zentrale Probleme, die Adorno am soziologischen „Mainstream" zu entdecken glaubte, in aller Kürze zusammen.

3.1 „Dialektik der Aufklärung" und Wissenschaft

Unter dem Eindruck der Gräueltaten und Verwerfungen des 20. Jahrhunderts, insbesondere jener unter dem Nationalsozialismus, gehen Horkheimer und Adorno in ihrer *Dialektik der Aufklärung* der Frage nach, „warum die Menschheit, anstatt in einem wahrhaft menschlichen Zustand einzutreten, in eine neue Art von Barbarei versinkt"[45]. Dabei interpretieren sie die Menschheitsgeschichte, und zwar als eine Geschichte einer sich ausdehnenden Herrschaft über die Natur und der daraus resultierenden Herrschaft von Menschen über Menschen. Die beiden Theoretiker versuchen zu zeigen, dass der zivilisatorische Fortschritt, zu dem Technik und Wissenschaft maßgeblich beitragen, einer Dialektik unterliegt. Bei allen Innovationen ist dieser Entwicklung das Barbarische inhärent. Der Prozess der Aufklärung, zu verstehen als fortlaufende Entmythologisierung der Welt, wird selbst zu etwas Mythischem.[46] Der Versuch, den Bann der Natur zu brechen und damit die Selbsterhaltung der Gattung zu garantieren, wurde und wird im Prozess der Zivilisation immer weiter vertieft und zum Selbstzweck erhoben. Unter dem Imperativ des „instrumentellen Denkens" droht alles zur Sache, alles zum Objekt von Herrschaft zu werden. Vernunft ist „instrumentell", zu einem bloßen Instrument geronnen, (effiziente) Mittel auf bereits feststehende Zwecke anzuwenden.[47] Heute wird – vermittelt über Zwang, sowohl über

---

45 Horkheimer/Adorno, Dialektik der Aufklärung, 1.
46 Hier ist von einem „breiten" Begriff von Aufklärung auszugehen. Dieser Begriff erschöpft sich im Rahmen der *Dialektik der Aufklärung* nicht nur in der so genannten historischen Epoche, die um das Jahr 1700 einsetzte, sondern umfasst den gesamten historischen Prozess der Entmythologisierung, der spätestens seit der Antike einsetzte. Das heißt, auch das Mythische betrachten Horkheimer und Adorno bereits als Aufklärung; dies wird deutlich, wenn sie schreiben: „Wie die Mythen schon Aufklärung vollziehen, so verstrickt Aufklärung mit jedem ihrer Schritte tiefer sich in Mythologie" (ebd. 18).
47 Eine Vernunft, die ihrem Namen gerecht werden würde, wäre umfassender zu konzipieren; dementsprechend schreibt Horkheimer: „Als die Idee der Vernunft konzipiert wurde, sollte sie mehr zustande bringen als bloß das Verhältnis von Mittel und Zwecken zu regeln; sie wurde als das Instrument betrachtet, die Zwecke zu verstehen, *sie zu bestimmen*" (Horkheimer, Zur Kritik der instrumentellen Vernunft, 31).

die „äußere" Natur als auch das Innenleben des Menschen[48] – nahezu alles den Herrschaftsimperativen unterworfen. „Denn Aufklärung ist totalitär wie nur irgendein System."[49]

Wie bereits angedeutet, spielte und spielt die Wissenschaft in diesem Prozess der Entmythologisierung und gleichzeitiger Mystifizierung eine tragende Rolle. Angesichts der historischen Verwerfungen, die im „Zeitalter" der Aufklärung möglich wurden, ist – so schreiben Horkheimer und Adorno – „nicht bloß der Betrieb [sic!] sondern [auch] der Sinn von Wissenschaft fraglich geworden"[50]. Die Kritische Theorie postuliert jedoch keinen notwendigen Zusammenhang zwischen Aufklärung, Vernunft sowie Wissenschaft auf der einen und Herrschaft sowie Barbarei auf der anderen Seite.[51] Aufklärung sowie Vernunft – und damit auch die Wissenschaft – sollen vielmehr vor ihrer regressiven Tendenz bewahrt werden, indem sie sich ihres Hangs zum Instrumentellen und Totalitären bewusst

---

48 Im Zuge des Zivilisationsprozesses musste das Subjekt mehr und mehr lernen, sich selbst zu disziplinieren, zum Beispiel die eigenen Emotionen und Triebe zu unterdrücken; dies beginnt bereits in der Kindheit. Des Weiteren ist es vor allem das männliche Subjekt, das sich selbst und andere beherrscht: „Furchtbares hat die Menschheit sich antun müssen, bis das Selbst, der identische, zweckgerichtete, männliche Charakter des Menschen geschaffen war, und etwas davon wird noch in jeder Kindheit wiederholt" (Horkheimer/Adorno, Dialektik der Aufklärung, 40).
49 Ebd. 31.
50 Ebd. 1.
51 Wie dieser Zusammenhang bzw. seine Notwendigkeit tatsächlich zu lesen ist, ist umstritten. So lassen einige Textstellen die Interpretation zu, dass der Prozess der Aufklärung zwangläufig in Herrschaft mündet; Herrschaft und instrumentelle Vernunft sind demnach anthropologisch angelegte Phänomene. In dieser Interpretation gebe es aus der „Dialektik der Aufklärung" kein Entrinnen; Vernunft wäre immer schon auf eine negative Folgen zeitigende „instrumentelle Vernunft" festgelegt; „Versöhnung" wäre unmöglich (vgl. z. B. Habermas, Theorie des kommunikativen Handelns, Band 1, 511 ff.; Honneth, Kritik der Macht, 43–111; für eine Diskussion verschiedener Interpretationen vgl. Weyand, Adornos kritische Theorie des Subjekts, 31 ff.). Eine andere – aus Sicht des Autors plausiblere – Interpretation geht davon aus, dass Vernunft im Zuge des Zivilisationsprozesses auf „instrumentelle Vernunft" reduziert wurde, sodass diese umfängliche Dominanz genießt. Im Rahmen dieser Deutung bleibt „die Kritik an der formalisierten Vernunft [...] ‚rückgekoppelt' [...] an die Kritik der politischen Ökonomie" (Düver, Theodor W. Adorno, 36) bzw. an das „Zusammenspiel [...] [s]owohl ökonomische[r] als auch nichtökonomische[r] Formen von Herrschaft" (ebd. 38). „Versöhnung" verbleibt hier zumindest als eine Möglichkeit (auch wenn sie in Anbetracht der Einschätzung der gesellschaftlichen Entwicklungen Adorno zufolge unwahrscheinlich bleibt).

wird und darüber reflektiert. Denn „[n]immt Aufklärung die Reflexion auf dieses rückläufige Moment nicht in sich auf, so besiegelt sie ihr eigenes Schicksal"[52]. Die mittlerweile alles durchziehende „instrumentelle Vernunft" bedarf einer Korrektur,[53] einer „objektiven Vernunft", die das Instrumentelle, die „subjektive Vernunft" korrigiert und diese auf einen untergeordneten Platz verweist.[54] Nur unter diesen Bedingungen kann das fortschrittliche Moment von Wissenschaft und Technik „aufgehoben" und entfaltet werden.[55]

Es ist diese „Dialektik der Aufklärung", die – so kann angenommen werden – auch den theoretischen Hintergrund für die Kritik am Weltverhältnis des Positivismus sowie für die Position Adornos (und Habermas') im „Positivismusstreit" gegen Popper (und Albert) bildet.[56] Um die Kritik an positivistisch orientierter Wissenschaft zu verdeutlichen, sollen in weiterer Folge einige Argumentationslinien Adornos etwas konkreter dargestellt werden.

3.2 Positivismus als „verdoppelnde" und „blinde" Wissenschaft

Wissenschaft und Philosophie, wie zum Beispiel die Erkenntnistheorie des kritischen Rationalismus' Poppers,[57] Adornos Gegner im Positivismusstreit, oder auch jene des Wiener Kreises, deren Theorien auf eine bloße Beschreibung der Wirklichkeit hinauslaufen, bezeichnet Adorno als „positivistisch".[58] Für die

---

52 Horkheimer/Adorno, Dialektik der Aufklärung, 3.
53 Vgl. Düver, Theodor W. Adorno, 33.
54 Vgl. Horkheimer, Kritik der instrumentellen Vernunft.
55 Das heißt, „subjektive Vernunft" kann und soll nicht vollständig getilgt werden; zum einen, da dadurch die „objektive Vernunft" Überhand bekommen würde; zum anderen bedarf es des Instrumentellen zur Gestaltung und Veränderung der Welt durchaus. Dies wird zum Beispiel bei Adorno daran deutlich, dass er Technik nicht einfach verteufelt; so schreibt Adorno etwa: „Nicht die Technik ist das Verhängnis, sondern ihre Verfilzung mit den gesellschaftlichen Verhältnissen, von denen sie umklammert wird" (Adorno, Spätkapitalismus oder Industriegesellschaft, 362) Auch wenn Technik bzw. nicht alle Technik als „unschuldig" betrachtet werden kann, ist ihr doch auch ein emanzipatorisches Potential inhärent; letzteres wird u. a. durch den wiederholten Hinweis Adornos offenbar, dass die Entwicklung und der Stand der Produktivkräfte es heute schon „erlauben würde, den Mangel in der Welt prinzipiell zu beseitigen" (Adorno, Zur Lehre von der Geschichte und von der Freiheit, 251).
56 Vgl. Adorno, Der Positivismusstreit in der deutschen Soziologie.
57 Vgl. Popper, Die Logik der Sozialwissenschaften.
58 Adorno wird häufig vorgeworfen, dass er einen zu weiten Begriff von „Positivismus" verwendet hat, zumal sich Popper selbst vom (Neo-)Positivismus des „Wiener Kreises" abgrenzt (für Popper gehen PositivistInnen in ihren Schlussfolgerungen induktiv vor;

Kritische Theorie ist eine solche Wissenschaft „Tatsachenempirie", bloße „Verdoppelung"[59] von Wirklichkeit. Zum einen wird im Zuge solcher Forschung häufig Subjektives einfach reproduziert und kategorisiert, ohne es theoretisch zu interpretieren und in Zusammenhang mit den gesellschaftlichen Strukturen zu bringen; zum anderen wird das Gegebene meist keiner oder – wenn überhaupt – nur oberflächlicher Kritik unterzogen. Eine solche Wissenschaft hat – so würde Adorno wohl schlussfolgern – auf Kritik sowie auf die Hoffnung einer Aufhebung gesellschaftlicher Widersprüche, das heißt auf die Realisierung einer „versöhnten Gesellschaft", verzichtet (bzw. hat sie eine solche Kritik oder Hoffnung meist niemals formuliert). Darin spiegelt sich auch ein Moment herrschender Totalität wider; denn eine solche „Sozialwissenschaft ist der Medusenspiegel einer zugleich atomisierten und nach abstrakten Klassifikationsbegriffen, denen der Verwaltung, eingerichteten Gesellschaft"[60]. Das bedeutet: Eine Analyse von Gesellschaft, sprich Gesellschaftstheorie, kann sich nicht auf feststellende Methodik beschränken. Wissenschaft als ein Sammeln bloßer Feststellungen wäre für Adorno „halbierte Vernunft", oder – aufgrund ihres (potentiell) instrumentellen Charakters – sogar „Unvernunft".

Eine positivistisch verfasste Wissenschaft versucht häufig das Normative sowie Politische in ihrem Tun auszuklammern. Sie wähnt sich in der Regel als weltanschaulich neutral und damit in diesem Sinne als objektiv. Gegen diesen Mythos wendet Adorno ein, dass Wissenschaft niemals etwas der Gesellschaft

---

er selbst versteht Wissenschaft als vorwiegend deduktive Methode). Generell wird der Frankfurter Schule von Seiten des Kritischen Rationalismus vorgeworfen, ihren Gegnern Positionen zuzuschreiben, die sie nicht oder nicht mehr vertreten. Hans Albert konstatiert etwa, dass Adorno den Positivismusbegriff mit dem Ziel verwendet, um „unter diese Kategorie jeweils das zu subsumieren, was ihm [Adorno, DG] kritikwürdig erscheint" (Albert, Kleines, verwundertes Nachwort, 336). Dem ist entgegenzuhalten, dass sich Poppers Ansatz etwa von dem Carnaps in einem, für Adorno zentralen Punkt eben nicht unterscheidet: beide weisen ein technisches und damit kein emanzipatorisches Erkenntnisinteresse auf (vgl. Düver, Theodor W. Adorno, 48 f.).

59 Z. B. Adorno, Soziologie und empirische Forschung, 89.
60 Ebd. 88. Außerdem kritisiert Adorno die „harmonistische Tendenz" positivistischer Wissenschaft, „welche die Antagonismen der Wirklichkeit durch ihre methodische Aufbereitung verschwinden läßt"; die Ursache dieser Tendenz „liegt in der klassifikatorischen Methode, ohne alle Absicht derjenigen, die ihrer sich bedienen" (Adorno, Einleitung [Positivismusstreit], 24). Als Paradebeispiel dafür gilt Adorno die Soziologie Talcott Parsons'. Einen ähnlichen Effekt hat das Streben nach einer Einheitswissenschaft: „[…] die Einheit der Wissenschaft verdrängt die Widersprüchlichkeit ihres Objekts" (ebd.).

Äußerliches sein kann. Sie ist und war schon immer Teil der Gesellschaft und darum in und mit ihr „verstrickt". Der wissenschaftliche Erkenntnisprozess kann vom „realen Lebensprozeß"[61] nicht abgekoppelt werden.[62] Das Soziale und Gesellschaftliche ragen in die Wissenschaft und in ihre Institutionen und Prozeduren hinein. Für Adorno ist Wissenschaft – wie bereits zu Beginn des Beitrags erwähnt – Trägerin von Ideologie. Wird diese Tatsache nicht zur Kenntnis genommen oder gar verleugnet, droht Wissenschaft „blind" zu werden; sie kann Einflüsse oder Versuche der Instrumentalisierung schlechter erkennen und reflektieren. Damit fehlt ihr auch das Rüstzeug, sich über sich selbst und ihre Voraussetzungen und Einflüsse „aufzuklären" bzw. sich gegen sie zu wehren. Dadurch spielt Wissenschaft häufig bestehenden Herrschaftsverhältnissen, sprich der herrschenden „Totalität", in die Hände; das heißt, sie stellt sich in den „Dienst des Bestehenden"[63]. Wissenschaft wird in diesem Moment zur bloßen Technik. Damit droht ein „Umschlag[] von Aufklärung in Positivismus"[64]; „werden [...] bloß [...] Fakten reproduziert, so ist solche Reproduktion zugleich die Verfälschung der Fakten zur Ideologie"[65]. Oder anders ausgedrückt: „So wie eine strikt apolitische Haltung im politischen Kräftespiel [...] zur Kapitulation vor der Macht wird, so ordnet generell Wertneutralität unreflektiert dem sich unter, was den Positivisten geltende Wertsysteme heißt"[66].

---

61 Adorno, ebd. 10.
62 Max Horkheimer drückt dies in seinem Aufsatz „Traditionelle und Kritische Theorie" aus dem Jahr 1937 verschiedentlich aus; u. a. schreibt er: „Der Gelehrte und seine Wissenschaft sind in den gesellschaftlichen Apparat eingespannt, ihre Leistung ist ein Moment der Selbsterhaltung, der fortwährenden Reproduktion des Bestehenden, gleichviel, was sie sich selbst für einen Reim darauf machen" (Horkheimer, Traditionelle und Kritische Theorie, 213).
63 Adorno, Zur Logik der Sozialwissenschaften, 565.
64 Horkheimer/Adorno, Dialektik der Aufklärung, X.
65 Adorno, Soziologie und empirische Forschung, 101.
66 Adorno, Einleitung (Positivismusstreit), 71 f. In „Reflexionen zur Klassentheorie" schreibt Adorno: „Die soziologische Neutralität wiederholt die soziale Gewalttat, und die blinden Fakten, hinter die sie sich verschanzt, sind die Trümmer, in welche die Welt von der Ordnung geschlagen ward, mit der die Soziologen sich vertragen." (Adorno, Reflexion zur Klassentheorie, 383). In seiner Einleitung zum Band über den Positivismusstreit schreibt er außerdem: „Wissenschaft, welche die vorwissenschaftlichen Impulse nicht verwandelnd in sich aufnimmt, verurteilt sich nicht weniger zur Gleichgültigkeit als die amateurhafte Unverbindlichkeit" (Adorno, Einleitung [Positivismusstreit], 27); und weiter: „[I]ndem sie [die Wissenschaft, Anm. DG] ihre Verflochtenheit in die faits sociaux verkennt und sich als Absolutes, sich selbst Genügendes aufwirft, so befriedigt sie sich mit Illusionen, die sich in dem beeinträchtigten,

Hier wird der Konnex zur *Dialektik der Aufklärung* deutlich. Positivistisch orientierte Wissenschaft wird zum bloßen Mittel und fügt sich vorgegebenen Zwecken, wie z. B. jenem der kapitalistischen Verwertung; sie wird „Handlanger" und Teil des „stummen Zwangs der Verhältnisse" (Marx), die es nicht mehr wagt, über die aufoktroyierten Bestimmungen zu reflektieren;[67] demgemäß schreibt Adorno: „Was Wertproblem genannt wird, konstituiert sich überhaupt erst in einer Phase, in der Mittel und Zwecke um reibungsloser Naturbeherrschung willen auseinandergerissen wurden; in der Rationalität der Mittel fortschreitet bei ungeminderter oder womöglich anwachsender Irrationalität der Zwecke."[68]

3.3 Kritik der Wertfreiheit und des identifizierenden Denkens

Der Vorwurf der Kritischen Theorie an weite Teile der Soziologie, dass sie das Bestehende erstens „verdoppelt" und zweitens affirmiert („doppelter Positivismus"), wurde von vielen Seiten kritisiert und zurückgewiesen. Hans-Joachim Dahms[69] weist etwa darauf hin, dass dieser Schluss bzw. Zusammenhang nicht zwingend ist; denn die bestehenden Verhältnisse können auch wissenschaftlich beschrieben werden, ohne dass sie für „gut" empfunden werden. Das heißt, Positivismus und Kritik schließen sich nicht zwingend aus. Dem ist mit Einschränkungen Recht zu geben. (a) Zum einen muss beachtet werden, dass Wissenschaft häufig keine Hoheit in Bezug auf die Interpretation, Verwendung und Verwertung ihrer Erkenntnisse hat und sie daher gut beraten ist, bereits in der Wahl der Themen, Fragestellungen sowie Methoden Position zu beziehen und ihrer Tätigkeit – wie beschrieben – einen emphatischen und umfassenden Wahrheitsbegriff zugrunde zu legen. Wie eingangs dargelegt, war dies auch Max Weber bewusst. Das heißt, im Entdeckungs- und Verwertungszusammenhang können Werthaltungen und damit auch das Politische nicht vermieden, sondern nur reflektiert werden. (b) Zum anderen ist es aber nicht nur der Entdeckungs- und der Verwertungszusammenhang, in denen Werte und Haltungen

---

was sie vermöchte. […] Ihre Verabsolutierung und ihre Instrumentalisierung, beides Produkte subjektiver Vernunft, ergänzen sich." (ebd.)

67 An dieser Kritik Adornos ist auch Kritik geübt worden; so ist sie etwa für Axel Honneth zu verallgemeinernd; er führt dies u. a. auf die überbordende Grundthese in der „Dialektik der Aufklärung", dass jedes Weltverhältnis in ein instrumentelles münde, und die von Adorno gesetzte Dominanz philosophischen Denkens zurück (vgl. Honneth, Kritik der Macht, 73).

68 Adorno, Zur Logik der Sozialwissenschaften, 560.

69 Vgl. Dahms, Der Positivismusstreit der 60er Jahre, 139 ff.

eine Rolle spielen. Wie dargelegt, kann man laut Kritischer Theorie Wissenschaft und Nicht-Wissenschaft nicht „mit der Sonde [...] scheiden"[70]. Vielmehr ist – so Adorno – davon auszugehen, dass vermeintlich Außerwissenschaftliches bis in den wissenschaftlichen Forschungsprozess, also bis in den Begründungszusammenhang „hineinragt". Gesellschaftliche Verhältnisse, Werte und Normen beeinflussen weite Teile wissenschaftlichen Arbeitens. Ritsert spricht hier von der „starken Vermittlungsthese", da selbst wissenschaftliche Inhalte und Schlussfolgerungen mit gesellschaftlicher Totalität in vermittelndem Zusammenhang stehen.[71] Nimmt man diese These ernst, so kann die von Max Weber[72] und Karl Popper gepriesene strikte Trennung zwischen Tatsachen- und Werturteilen und deren Postulat nicht aufrechterhalten werden.[73] Damit wäre der Ideologieverdacht gegenüber positivistischer Forschung – trotz der Möglichkeit, Ergebnisse im Anschluss an den Forschungsprozess politisch zu wenden – nicht gänzlich vom Tisch zu wischen.

Punkt (b) soll in weiterer Folge noch etwas genauer erläutert werden: Horkheimer geht bereits in den 1930er Jahren davon aus, dass der Forschungsprozess nicht allein von logischen Regeln, sondern auch von Gesellschaftlichem geprägt ist; er schreibt: „Und wie der Einfluß des Materials auf die Theorie so ist auch die Anwendung der Theorie auf das Material nicht nur ein innerszientivischer, sondern zugleich ein gesellschaftlicher Vorgang."[74] Als konkretes Beispiel nennt Horkheimer den Vorgang von Begriffsdefinitionen, die ebenfalls von außerwissenschaftlichen Aspekten beeinflusst werden:

> Ob und wie neue Definitionen zweckmäßig aufgestellt werden, hängt in Wahrheit nicht bloß von der Einfachheit und Folgerichtigkeit des Systems, sondern unter anderem auch von Richtung und Zielen der Forschung ab, die aus ihr selbst weder zu erklären noch gar letztlich einsichtig zu machen sind.[75]

---

70 Adorno, Einleitung (Positivismusstreit), 26.
71 Vgl. Ritsert, Der Positivismusstreit, 118; ders., Ideologie, 210 f.
72 Inwieweit Adornos Kritik an Webers Postulat der „Werturteilsfreiheit" berechtigt ist, wurde des Öfteren diskutiert (vgl. z. B. Düver, Theodor W. Adorno, 50 ff.); darauf kann jedoch hier nicht weiter eingegangen werden.
73 Darauf verweist Adorno immer wieder: „Wert und Wertfreiheit sind nicht getrennt, sondern ineinander"; oder: „[D]ie absolute Trennung von Wert und Erkenntnis [ist] untriftig" (Adorno, Einleitung [Positivismusstreit], 73).
74 Horkheimer, Traditionelle und kritische Theorie, 213.
75 Ebd. 212. In vielen Fällen – so ist anzunehmen – ist dieser Einfluss subtil oder verdeckt. In manchen Fällen ist er aber nahezu offensichtlich; hierzu ein Beispiel: Der Begriff des „Rechtsextremismus" wird in der Forschung zum Teil sehr unterschiedlich definiert. Je nach politischem Standpunkt werden dabei bestimmte Definitionen bevorzugt.

Aber auch die Wahl und Konstruktion von zugrundeliegenden Theorien, die zur Interpretation empirischer Daten notwendig sind, ist nicht als neutral zu betrachten. Die Interpretation von empirischen Daten enthält unweigerlich ein „spekulatives Moment", da Theorien niemals in ihrer Vollständigkeit empirisch überprüft werden können. Die Wahl und Bildung einer Theorie sind nicht vollständig festgelegt und unterliegen in vielen Fällen außerwissenschaftlichen Einflüssen. Adorno begreift Theorien und Begriffe als „Koordinatensysteme"[76], die – je nach Wahl – unterschiedliche, auch politische Implikationen aufweisen. Adorno führt u. a. folgendes Beispiel an:

> Wie wenig gleichgültig die Wahl der vermeintlichen Koordinatensysteme ist, läßt an der Alternative sich exemplifizieren, gewisse soziale Phänomene unter Begriffe wie Prestige und Status zu bringen, oder sie aus objektiven Herrschaftsverhältnissen abzuleiten. Der letzteren Auffassung zufolge unterliegen Status und Prestige der Dynamik des Klassenverhältnisses und können prinzipiell als abschaffbar vorgestellt werden; ihre klassifikatorische Subsumption dagegen nimmt tendenziell jene Kategorien als schlechthin Gegebenes und virtuell Unveränderliches hin.[77]

Das heißt, die Wahl und Konstruktion von Theorien unterliegt nicht bloßer Methode, sondern ist auch Produkt von außerwissenschaftlichen Faktoren wie z. B. der jeweiligen ideellen oder auch politischen „Großwetterlage".[78]

Mit Adorno kann des Weiteren angenommen werden, dass auch die sozialwissenschaftliche Methodologie, die sich heute mehr denn je an den Naturwissenschaften orientiert, nicht „unschuldig" ist. Das heißt, ein Großteil wissenschaftlicher Methodik spiegelt – durchwegs in subtiler Weise – ein bestimmtes, interessengeleitetes Weltverhältnis wider. So kann der gegenwärtige

---

So gibt es etwa eine inhaltlich ausgerichtete Definition, die „Rechtsextremismus" als eigenständiges ideologisches „Syndrom" auffasst (vgl. Holzer, Rechtsextremismus, 11 ff.; Schiedel, „National und liberal verträgt sich nicht", 116 f.). Der Begriff setzt sich aus verschiedenen inhaltlichen Dimensionen zusammen, wie z. B. Nationalismus, Antipluralismus, völkisches Verständnis von Gemeinschaft etc. Diese Definition steht einer anderen Begriffsexplikation gegenüber, die u. a. in Deutschland weit verbreitet ist. In diesem Fall wird „Rechtsextremismus" formal, in seiner Gegnerschaft zur freiheitlich-demokratischen Rechtsordnung definiert. Die Entscheidung für eine dieser Definitionen/Theorien schlägt sich auch in der Operationalisierung des Begriffs und schlussendlich in den Forschungsergebnissen nieder.

76 Adorno, Einleitung (Positivismusstreit), 14.
77 Ebd.
78 Für weitere und subtilere Beispiele außerwissenschaftlicher Einflüsse auf die Form und den Inhalt von wissenschaftlichen Theorien vgl. Ritsert, Ideologie, 214 ff.

Hang der Wissenschaft zu Abstraktion, Quantifizierung und identifizierendem Denken als eine „verdinglichende Praxis" angesehen werden, die das „Besondere", das „nicht Identische" vernachlässigt oder gar auszuschalten versucht, mit dem hintergründigen und meist nicht ausgesprochenen Ziel, die materielle und soziale Umwelt manipulieren und beherrschen zu können.[79] Dementsprechend versucht auch hier Adorno korrigierend zu „intervenieren". Um dem „Besonderen" gerecht zu werden, plädiert er – wie bereits dargestellt wurde – für „konstellatives Denken", für ein Erkennen „durch die Versammlung von Begriffen"[80]. Im Gegensatz zum „subsumtionslogischen Denken" des Positivismus belichtet eine Konstellation „das Spezifische des Gegenstands, das dem klassifikatorischen Verfahren gleichgültig ist oder zur Last"[81] fällt. Auch wenn Adorno wohl bewusst ist, dass auch empirische Forschung – und das sieht man auch in den Studien, an denen er selbst beteiligt war – nicht gänzlich ohne Abstraktion und identifizierendem Denken auskommt, versucht er auch hier die Dominanz des „Allgemeinen" und des bloß Klassifizierenden in seine Schranken zu weisen. Adorno warnt u. a. vor einer „Verabsolutierung" und „Suprematie der Quantifizierung"[82]. Abstraktion durch Quantifizierung kann Teil wissenschaftlicher Methodik sein, jedoch sollten quantitative Verfahren so angewendet werden, dass ihr Bezug zum Qualitativen nicht verloren geht bzw. dieser immer wieder eingeholt wird; denn „[d]as Erkenntnisziel selbst von Statistik ist qualitativ, Quantifizierung einzig ihr Mittel"[83]. Denn in Adornos Philosophie – so sollte deutlich geworden sein – geht Erkenntnis stets „aufs Besondere, nicht aufs Allgemeine"[84].

4 Abschließende Bemerkungen

Adornos Überlegungen zu Wissenschaft und Erkenntnis lassen sich als Kritik oder – im Rahmen einer milderen Interpretation – als warnende Korrekturen in Bezug auf den praktizierten Forschungsbetrieb lesen. Im Gegensatz zu manchen

---

79 So schreibt Adorno etwa, dass „das wissenschaftliche Instrumentarium, das den Kanon dessen liefert, was wissenschaftlich sei, [...] auf eine Weise instrumentell [ist], von der die instrumentelle Vernunft nichts sich träumen läßt" (Adorno, Einleitung [Positivismusstreit], 26). Horkheimer und Adorno betonen: „Der Mann der Wissenschaft kennt die Dinge, insofern er sie machen kann" (Horkheimer/Adorno, Dialektik der Aufklärung, 15).
80 Adorno, Negative Dialektik, 168.
81 Ebd. 164.
82 Ebd. 54.
83 Ebd.
84 Ebd. 322.

Vorhaltungen[85] war es nicht die Intention Adornos, die Fundamente der Logik, wie etwa den Satz vom ausgeschlossenen Dritten oder die Notwendigkeit von identifizierendem Denken, einfach zu verwerfen.[86] Ein zentraler Aspekt seines Denkens war es, das Ideologische gegenwärtiger wissenschaftlicher Praxis aufzudecken und es einer Kritik zu unterziehen; und zwar mit dem Ziel, jene Elemente der Wissenschaft, die Herrschaft ausüben oder stützen, zumindest bändigen zu können. Nur so können die Gefahren, die dem Instrumentellen der Wissenschaft innewohnen, bewusst gemacht, reflektiert und „verflüssigt" werden, ohne jedoch das Mittel der Vernunft aufgeben zu müssen. Wissenschaft bedarf der Selbstreflexion. Sie muss sich selbst kontextualisieren, indem sie sich selbst als Teil eines gesellschaftlichen Gesamtzusammenhangs begreift; sie ist selbst gesellschaftliche Praxis und damit potentielles Herrschaftsinstrument. Diese Gefahr veranlasste Adorno jedoch nicht nur dazu, Kritik an positivistisch orientierten Ansätzen zu üben; er selbst formulierte – u. a. auf der Grundlage eines emphatischen Wahrheitsbegriffs – ein explizit politisches Wissenschaftsverständnis, das Adorno auch an die Ideen der Emanzipation und Versöhnung zurückband.[87]

Adorno machte sich jedoch keine Illusionen darüber, dass sich die Gesellschaft und damit auch die Wissenschaft in eine unliebsame Richtung entwickeln. In wohl etwas zu überbetonter Weise wird dies durch die These der *Dialektik der Aufklärung* deutlich. Das gesamte soziale Geschehen – so nimmt Adorno an – wird zunehmend „integriert", das heißt der herrschenden „Totalität" untergeordnet und den Prinzipien der Abstraktion und Verdinglichung, z. B. in Form

---

85 Hans Albert kritisiert etwa die Polemik Adornos gegen die logische Widerspruchsfreiheit und gibt zu bedenken, dass die Existenz gesellschaftlicher Antagonismen, entgegen Adornos Annahme, mit der Forderung widerspruchsfreier Theorien durchaus vereinbar ist. In diesem Zusammenhang wirft Albert Adorno eine „Tendenz zum Irrationalismus" (Albert, Kleines, verwundertes Nachwort, 339) vor. Lothar Düver verweist darauf, dass der Dialektik der Kritischen Theorie von manchen als eine der Logik widersprechende Konzeption dialektischen Denkens verworfen wird (vgl. Düver, Theodor W. Adorno, 71).

86 Vielmehr – so ist anzunehmen – sind solche Annahmen im Rahmen dialektischen Denkens kritisch „aufzuheben".

87 Es waren die nationalsozialistischen Gräueltaten, die Adornos Philosophie maßgeblich beeinflussten und ihn dazu veranlassten, die gesellschaftlichen Verhältnisse in radikaler Weise zu kritisieren; denn Adorno sah, dass es die Konstituierung der bürgerlich-kapitalistischen Gesellschaft war, die den Boden dafür bereitete. Die Gefahr ist noch nicht gebannt; denn „Barbarei besteht fort, solange die Bedingungen, die jenen Rückfall zeitigten, wesentlich fortdauern" (Adorno, Erziehung nach Auschwitz, 88).

von Tausch und ökonomischer Verwertung, unterworfen. Gleichzeitig wird der durch die Totalität vermittelte Zwang zu einer Selbstverständlichkeit. Das Diktat der Naturbeherrschung, des Ökonomischen und die damit einhergehenden Irrationalitäten werden schlichtweg akzeptiert.[88] Angesichts der gegenwärtigen Dominanz instrumenteller und affirmativer Forschung, der zunehmenden „Ökonomisierung" des Wissenschaftsbetriebs[89] sowie eines um sich greifenden „akademischen Kapitalismus"[90] erscheint eine Rückbesinnung sowie Wiederbelebung des Wissenschaftsverständnisses Adornos geboten.

Literatur

Adorno, Theodor W. u. a., Empirische Sozialforschung, in: ders., Soziologische Schriften II.2, Frankfurt am Main 1954 [2017], 327–359.

Adorno, Theodor W. u. a., Der Positivismusstreit in der deutschen Soziologie, Darmstadt 1988.

Adorno, Theodor W., Einleitung in die Soziologie, Frankfurt am Main 1968 [2015].

Adorno, Theodor W., Einleitung, in: ders. u. a., Der Positivismusstreit in der deutschen Soziologie, Darmstadt 1969 [1988], 7–79.

Adorno, Theodor W., Erziehung nach Auschwitz, in: ders., Erziehung zur Mündigkeit. Vorträge und Gespräche mit Helmuth Becker 1959–1969, Frankfurt am Main 1966 [2015], 88–104.

Adorno, Theodor W., Gesellschaftstheorie und empirische Forschung, in: ders., Soziologische Schriften I, Frankfurt am Main 1969 [2003], 538–546.

Adorno, Theodor W., Kritik. in: ders., Kulturkritik und Gesellschaft II. Eingriffe Stichworte, Frankfurt am Main 1969 [2016], 785–793.

---

88 Adorno schreibt etwa: „Alles ist Eins. Die Totalität der Vermittlungsprozesse, in Wahrheit des Tauschprinzips, produziert […] trügerische Unmittelbarkeit. Sie erlaubt es, womöglich das Trennende und Antagonistische wider den eigenen Augenschein zu vergessen oder aus dem Bewußtsein zu verdrängen. […] Der Schein wäre auf die Formel zu bringen, daß alles gesellschaftlich Daseiende heute so vollständig in sich vermittelt ist, daß eben das Moment der Vermittlung durch seine Totalität verstellt wird. Kein Standort außerhalb des Getriebes lässt sich mehr beziehen, von dem aus der Spuk mit Namen zu nennen wäre" (Adorno, Spätkapitalismus oder Industriegesellschaft, 369).
89 Vgl. z. B. Kieser, Unternehmen Wissenschaft?
90 Münch, Akademischer Kapitalismus.

Adorno, Theodor W., Minima Moralia. Reflexionen aus dem beschädigten Leben, Frankfurt am Main 1951 [2016].

Adorno, Theodor W., Negative Dialektik. Jargon der Eigentlichkeit, Frankfurt am Main 1970 [2015].

Adorno, Theodor W., Reflexion zur Klassentheorie, in: ders., Soziologische Schriften I, Frankfurt am Main 1942 [2003], 373–391.

Adorno, Theodor W., Schuld und Abwehr, in: ders., Soziologische Schriften II.2, Frankfurt am Main 1954 [2017], 121–324.

Adorno, Theodor W., Soziologie und empirische Forschung, in: ders. u. a., Der Positivismusstreit in der deutschen Soziologie, Darmstadt 1957 [1988], 81–101.

Adorno, Theodor W., Spätkapitalismus oder Industriegesellschaft? Einleitungsvortrag zum 16. Deutschen Soziologentag, in: ders., Soziologische Schriften I, Frankfurt am Main 1968 [2003], 354–370.

Adorno, Theodor W., Studien zum autoritären Charakter, Frankfurt am Main 1950 [2017].

Adorno, Theodor W., Theorie der Halbbildung, in: ders., Soziologische Schriften I, Frankfurt am Main 1959 [2003], 91–121.

Adorno, Theodor W., Vorlesung über Negative Dialektik. Fragmente zur Vorlesung 1965/66, Frankfurt am Main 1965/66 [2014].

Adorno, Theodor W., Wozu noch Philosophie, in: ders., Eingriffe. Neue kritische Modelle. Frankfurt am Main 1963, 11–28.

Adorno, Theodor W., Zu Subjekt und Objekt, in: ders., Stichworte. Kritische Modelle 2, Frankfurt am Main 1969, 151–168.

Adorno, Theodor W., Zur Lehre von der Geschichte und von der Freiheit, Frankfurt am Main 1964/65 [2016].

Adorno, Theodor W., Zur Logik der Sozialwissenschaften, in: ders., Soziologische Schriften I, Frankfurt am Main 1962 [2003], 547–565.

Albert, Gert, Der Werturteilsstreit, in: Kneer, Georg/Moebius, Stephan (Hg.), Soziologische Kontroversen. Beiträge einer anderen Geschichte der Wissenschaft vom Sozialen, Frankfurt am Main 2010, 14–45.

Albert, Hans, Kleines, verwundertes Nachwort zu einer großen Einleitung, in: Adorno, Theodor W. u. a., Der Positivismusstreit in der deutschen Soziologie, Darmstadt 1969 [1988], 335–339.

Brumlik, Micha, Theologie und Messianismus, in: Klein, Richard/Kreuzer, Johann/Müller-Doohm, Stefan (Hg.), Adorno Handbuch. Leben – Werk – Wirkung, Stuttgart 2011, 295–309.

Dahms, Hans-Joachim, Der Positivismusstreit der 60er Jahre: eine merkwürdige Neuauflage, in: Klingemann, Carsten u. a. (Hg.), Jahrbuch für Soziologiegeschichte 1991, Opladen 1992, 119–182.

Düver, Lothar, Theodor W. Adorno. Der Wissenschaftsbegriff der Kritischen Theorie in seinem Werk, Bonn 1978.

Gabriel, Manfred/Gratzl, Norbert/Gruber, Dominik, Zwischen akteurszentrierter und systemtheoretischer Soziologie. Eine Klassifikation der soziologischen Paradigmenstruktur, in: Kornmesser, Stephan/Schurz, Gerhard (Hg.), Die multiparadigmatische Struktur der Wissenschaften, Wiesbaden 2013, 305–335.

Grigat, Stephan, Fetisch und Freiheit. Über die Rezeption der Marxschen Fetischkritik, die Emanzipation von Staat und Kapital und die Kritik des Antisemitismus, Freiburg 2007.

Habermas, Jürgen, Theorie des kommunikativen Handelns, 2 Bände, Frankfurt am Main 1981 [2016].

Hillmann, Karl-Heinz, Wertfreiheit (Werturteilsproblem), in: Endruweit, Günter/Trommsdorff, Gisela (Hg.), Wörterbuch der Soziologie, Stuttgart 2002, 691–694.

Holzer, Willibald I., Rechtsextremismus. Konturen, Definitionsmerkmale und Erklärungsansätze, in: DÖW Dokumentationsarchiv des österreichischen Widerstands (Hg.), Handbuch des österreichischen Rechtsextremismus, Wien 1993, 11–96.

Honneth, Axel, Kritik der Macht. Reflexionsstufen einer kritischen Gesellschaftstheorie, Frankfurt am Main 1989 [2014].

Horkheimer, Max/Adorno, Theodor W., Dialektik der Aufklärung. Philosophische Fragmente, Frankfurt am Main 1969 [2006].

Horkheimer, Max/Adorno, Theodor W., Vorurteil und Charakter, in: Adorno, Theodor W., Soziologische Schriften II.2., Frankfurt am Main 1952 [2017], 360–373.

Horkheimer, Max, Aus Vorlesungen über Autorität und Gesellschaft, in: ders., Gesammelte Schriften, Band 12: Nachgelassene Schriften 1931–1949, Frankfurt am Main 1936/37 [1985], 39–68.

Horkheimer, Max, Gesammelte Schriften, Band 6: Zur Kritik der instrumentellen Vernunft und Notizen 1949–1969, Frankfurt am Main 1967 [2008].

Horkheimer, Max, Traditionelle und kritische Theorie, in: ders., Traditionelle und kritische Theorie. Fünf Aufsätze, Frankfurt am Main 1937 [2011], 205–269.

Jaeggi, Rahel, Was ist Ideologiekritik? in: Jaeggi, Rahel/Wesche, Tilo (Hg.), Was ist Kritik? Frankfurt am Main 2009, 266–295.

Kieser, Alfred, Unternehmen Wissenschaft? in: Leviathan 38 (2010) 3, 347–367.

Maurer, Andrea/Schmid, Michael, Erklärende Soziologie. Grundlagen, Vertreter und Anwendungsfelder eines soziologischen Forschungsprogramms, Wiesbaden 2010.

Müller-Doohm, Stefan, Die Soziologie Theodor W. Adornos. Eine Einführung, Frankfurt am Main 2001.

Münch, Richard, Akademischer Kapitalismus. Über die politische Ökonomie der Hochschulreform, Frankfurt am Main 2011.

Popper, Karl R., Die Logik der Sozialwissenschaften, in: Adorno, Theodor W. u. a., Der Positivismusstreit in der deutschen Soziologie, Darmstadt 1962 [1988], 103–123.

Rath, Norbert, Zur Nietzsche-Rezeption Horkheimers und Adornos, in: Kritiknetz – Zeitschrift für Kritische Theorie der Gesellschaft, Werther 2016: https://www.kritiknetz.de/kritischetheorie/1363-zur-nietzsche-rezeption-horkheimers-und-adornos (02.10.2019).

Ritsert, Jürgen, Der Positivismusstreit, in: Kneer, Georg/Moebius, Stephan (Hg.), Soziologische Kontroversen. Beiträge zu einer anderen Geschichte der Wissenschaft vom Sozialen, Frankfurt am Main 2010, 102–130.

Ritsert, Jürgen, Ideologie. Theoreme und Probleme der Wissenssoziologie, Münster 2002.

Schiedel, Heribert, „National und liberal verträgt sich nicht". Zum rechtsextremen Charakter der FPÖ, in: FIPU Forschungsgruppe Ideologien und Politiken der Ungleichheit (Hg.), Rechtsextremismus, Band 1: Entwicklung und Analysen, Wien 2014, 113–144.

Schütz, Rosalvo, Negative Dialektik als positive Philosophie. Wahlverwandtschaften zwischen Schelling und Adorno, in: Zeitschrift für kritische Theorie 22 (2016) 42/43, 149–175.

Weber, Max, Soziologische Grundbegriffe, Tübingen 1960.

Weber, Max, Die „Objektivität" sozialwissenschaftlicher und sozialpolitischer Erkenntnisse, in: ders., Gesammelte Schriften zur Wissenschaftslehre, Tübingen 1904 [1985], 146–214.

Weber, Max, Der Sinn der „Wertfreiheit" der soziologischen und ökonomischen Wissenschaften, in: ders., Gesammelte Schriften zur Wissenschaftslehre, Tübingen 1918 [1985], 489–540.

Weyand, Jan, Adornos kritische Theorie des Subjekts, Lüneburg 2001.

Wiggershaus, Rolf, Die Frankfurter Schule, Geschichte – Theoretische Entwicklung – Politische Bedeutung, München/Wien 1991.

Manfred Oberlechner-Duval

Kritische akademische Lehrerinnen- und Lehrerausbildung als „Eingedenken in die Natur der Aufklärung"

Abstract: Educational institutions are not outside society, social structures and public debate. Hence they cannot constitute an "apolitical realm". Accordingly, educational institutions are regarded as places of ideological reproduction and social change. In its social and political criticism, therefore, Critical Theory measures these educational institutions against the value systems which the latter claim for themselves: freedom, reason, tolerance, enlightenment and justice for the whole of society.

Keywords: education, teacher training, Critical Theory, Critique of Reason, historical dispute

> *„Die Feindschaft gegen das Theoretische überhaupt, die heute im öffentlichen Leben grassiert, richtet sich in Wahrheit gegen die verändernde Aktivität, die mit dem kritischen Denken verbunden ist."*[1]

1 Einleitung

Der Druck der Enttäuschungen: das Ausbleiben der proletarischen Revolution in den westlich-industriellen Staaten, die Unterwerfung der Arbeiterparteien unter den expandierenden Faschismus, die manipulativen Konzepte von „Massenkultur" im Westen, der Stalinismus im Osten und die sich aus all dem ergebenden Frustrationen führen bei der Kritischen Theorie in den 1940er Jahren zu einer *negativen Geschichtsphilosophie* ohne die Hoffnung auf eine unmittelbare Umgestaltung der Gesellschaft.[2] „Das Hauptproblem einer produktiven Kritik", meint nunmehr Max Horkheimer (1895–1973), „scheint mir in der Gegenwart zu sein, daß die Dynamik der Gesellschaft dem einzelnen gegenüber so überwältigend geworden ist, daß sie eigentlich kaum noch durch irgendwelche Kritik

---

1 Horkheimer, Traditionelle und kritische Theorie, 48.
2 Vgl. Van Reijen/Schmid Noerr, Vierzig Jahre Flaschenpost, 434; Dubiel, Kritische Theorie der Gesellschaft, 22; Van Reijen/Bransen, Das Verschwinden der Klassengeschichte in der „Dialektik der Aufklärung", 453.

abgeändert werden kann"[3]. Herausragender Denker dieser adaptierten Konzeption von Kritischer Theorie ist Max Horkheimer. In Kooperation mit seinem Freund Theodor W. Adorno (1903–1969) entstehen die Schriften *Dialektik der Aufklärung* (Erstausgabe 1944) und *Zur Kritik der instrumentellen Vernunft*[4] (erstmals 1947 unter dem Titel *Eclipse of Reason*). In beiden Schlüsseltexten geht es um das Aufspüren der im historischen Prozess wirksamen Kräfte der Vernunft, ausgedrückt auf dem Weg einer fortschrittsskeptischen Vernunftkritik.[5] Weniger aus dem konflikträchtigen Antagonismus zwischen Produktionsverhältnissen und Produktivkräften, sondern aus der der menschlichen Bewusstseinsbildung inhärenten Dynamik soll Erkenntnis darüber erlangt werden, „warum die Menschheit, anstatt in einen wahrhaft menschlichen Zustand einzutreten, in eine neue Art von Barbarei [des Nationalsozialismus, M. O.] versinkt"[6].

Später, in den 1950er und 1960er Jahren, wird die auch „Frankfurter Schule" genannte Kritische Theorie Symbol der „Kulturopposition" in Deutschland: Herbert Marcuse (1898–1979), Theodor W. Adorno und Max Horkheimer liefern entscheidende Gedankenanstöße für die Studierendenrevolten von 1968.

Heute, Jahrzehnte nach dem Tod Horkheimers, sieht sich die Kritische Theorie wieder in einem (leichten) Aufwärtstrend oder mit anderen Worten: Sie unterliegt zwar dem herrschenden Zeitgeist, ist aber nicht überholt, im Gegenteil: Die Kritische Theorie reinitiiert brisante Analysen im wissenschaftsimmanenten Diskurs von heute.[7] Hat sich auch ihre Nachfolgegeneration zwar weitgehend von ihr gelöst, wie das Beispiel Jürgen Habermas zeigt, hält ihr die empirisch-analytisch ausgerichtete Wissenschaft immer noch vor, dass es sich um „spekulatives Denken" handle, das abgehoben von „harten Tatsachen" sei (obwohl der Standpunkt unhaltbar ist, wenn man bedenkt, dass die Kritische Theorie als Sozialphilosophie konzipiert ist, die in ständiger Verbindung mit empirischer Sozialforschung steht). Die Kritische Theorie zeigt in Bezug auf aktuelle soziokulturelle und gesellschaftspolitische Krisen von heute daher noch stets ihre besondere seismographische Wirkung, mit ihrer Hilfe lassen sich noch immer gesellschaftspolitische und wissenschaftsimmanente Phänomene gesellschaftstheoretisch erfassen, analysieren

---

3   Horkheimer, Vorträge und Aufzeichnungen, 324.
4   Hier zeichnet Horkheimer als Autor. Zum Inhalt des Buches meint er: „It would be difficult to say which of the ideas originated in his mind (Adornos, M. O.) and which in my own; our philosophy is one" (zitiert nach Wiggershaus, Die Frankfurter Schule, 384).
5   Vgl. Honneth, Kritische Theorie, 601; Wiggershaus, Die Frankfurter Schule, 384.
6   Horkheimer/Adorno, Dialektik der Aufklärung, 17.
7   Einige der Belege dazu sind Winter/Zima, Kritische Theorie heute; Schwandt, Kritische Theorie; Schmidt/Altwinkler, Max Horkheimer heute; Böhme, Eingedenken der Natur.

und interpretieren. Sie liefert für die unmittelbare Gegenwart wertvolle Gedankenanstöße, soziale Phänomene *kritisch* zu hinterfragen, und ihre Schlüsseltexte *Dialektik der Aufklärung* und *Zur Kritik der instrumentellen Vernunft* lesen sich daher an vielen Stellen als aktuelle Diagnosen, obwohl ihre Erstausgaben nun schon Jahrzehnte zurückliegen.

Der seit den 1990er Jahren zu beobachtende Aufstieg neuer Populismen im Herzen westlicher Demokratien fordert nicht nur die etablierten herkömmlichen politischen Parteien und kulturellen und wirtschaftlichen Eliten heraus, die sich hierbei selbst in Frage gestellt sehen, sondern ebenso die Sphäre von Schulen, pädagogischen Hochschulen und Universitäten, die sich ihrerseits veranlasst sehen, sowohl die jeweils eigene historisch-philosophische Perspektive auf „Populismus" als eine populäre Entrüstungs- und Protestbewegung innerhalb eines demokratischen Systems (aus dem er selbst stammt, jedoch seine Fundamente bekämpft) als auch ihre deontologische Haltung gegenüber politischen Bewegungen, die sie immer öfter und heftiger in Bezug auf deren humanistische, pluralistische und diversitätsfreundliche Bildungsideale attackieren,[8] zu überdenken. Angesichts der demokratischen Dringlichkeit dieses politischen Phänomens, das sowohl die wesentlichen demokratischen Bausteine als Produkte der westlichen Nachkriegsordnung und damit auch die Trägerprinzipien des modernen öffentlichen Schul- und Hochschulwesens unmittelbar bedroht, welches auf die soziale Emanzipation des Bürger-Individuums via Wissensaneignung und Ausbildung eines kritisch-reflektierenden Geistes sowie auf den offenen Austausch mit anderen ausgerichtet ist (und das unabhängig von deren Herkunft bzw. Lebensbedingungen), gewinnen die kultur- und gesellschaftskritischen Diagnosen Theodor W. Adornos und Max Horkheimers zusätzlich dringende Aktualität: Kann der pädagogische Imperativ einer „Erziehung nach Auschwitz"[9] dem modernen Schul- und Hochschulwesen, das seine Wurzeln in der historischen Aufklärung und Modernität hat, beistehen, um derartigen Bewegungen standzuhalten, die selbst das eindimensional-simplifizierende Denken, die antidemokratische und diskriminierende Einmütigkeit sowie den nationalistischen Rückzug zelebrieren? „Unter den Einsichten von Freud [...] scheint mir eine der tiefsten die, daß die Zivilisation ihrerseits das Antizivilisatorische hervorbringt und es zunehmend verstärkt. [...] Erziehung wäre sinnvoll überhaupt nur als eine zu kritischer Selbstreflexion [...]."[10] Können also Bildung

---

8 Vgl. Oberlechner/Heinisch/Duval, Nationalpopulismus bildet?
9 Vgl. Adorno, Erziehung nach Auschwitz.
10 Ebd. 674–676.

und Erziehung als „Organe der praktischen Aufklärung" Ausgrenzung, Diskriminierung und Rassismus, letztlich einen wiederholten „Rückfall in das Barbarische" verhindern? Bedarf es einer „radikalen Selbstaufklärung" von angehenden Pädagoginnen und Pädagogen über die „Tabus", die über ihren Beruf bestehen und sie die „blinde Reproduktion" des Bestehenden fortschreiben lassen?[11]

Dass Pädagogische Hochschulen in Österreich beispielsweise in dieser kritischen Reflexionsarbeit nicht im Selbstverständnis „nachgeordneter Dienststellen" verharren, sondern Autonomie in Forschung und Lehre und nicht zuletzt das Politische der Wissenschaft konkret wahrnehmen, ist aus dieser Sicht dringend notwendig, denn die zunehmende Hierarchisierung nach dem Modell eines ministeriell oder rektoratszentralisiert verwalteten Hochschulbetriebs (ohne ausreichende Partizipationsmöglichkeiten von Lehrenden, Forschenden und Studierenden) stellt das Credo von wissenschaftlicher Mündigkeit und Freiheit der Wissenschaft in Forschung und Lehre in der Lehrerinnen- und Lehrerbildung erheblich *unter Druck*.

Dies verlangt dann vielmehr den Auftrag an Pädagogische Hochschulen, beispielsweise Grundlagenforschung nicht an Universitäten *auszulagern* und selbst nur einer berufsfeldbezogenen Forschung das Wort zu reden, die nur zulässt, „was in der Praxis beim Kind direkt ankommt". Dieser Zwang zur unmittelbaren Wirkungsmessung bedeutete eine ungerechtfertigte Einschränkung. Denn kritisches Sinnieren und grundlagenorientiertes Theoretisieren müssen *nicht* unmittelbar in praktisch-pädagogische Lösungsvorschläge münden. Es braucht die intensive Auseinandersetzung mit grundlagenorientierten theoretischen Texten, um *überhaupt* politisch denken zu *können*. Es geht dabei um ein politisches Bildungswissen, das ein kritisches Bewusstsein für die Lehrendenausbildung *ermöglicht*, um der politischen Dimension des eigenen Handelns als Lehrende oder Lehrender im gesamtgesellschaftlichen Kontext gewahr zu werden; um politisch gebildet zu sein und dann demokratiepolitisch (aus-)bilden zu können. Ein damit einhergehender Bildungsauftrag an Pädagogischen Hochschulen setzt bei den Eigenschaften der Lehrenden, den Merkmalen der Bildungsinstitutionen, den dort praktizierten Lehrformen und Lehrinhalten und den Haltungen der Studierenden an. Der Anspruch der kritischen Theorie als kritische Gesellschaftstheorie steigt und fällt demnach mit der erworbenen theoretisch-reflexiven Kompetenz von Lehrenden gemäß den Curricula der Lehramtsausbildung.

---

11 Vgl. Adorno, Tabus über dem Lehrberuf; Gruschka, Kritische Pädagogik nach Adorno, 135.

2 Kritische Vernunfttypologie

In ihrer gattungsgeschichtlich-typologisch angelegten Kritik von Vernunft und Aufklärung zeigen die kritischen Theoretiker,[12] wie die auf instrumentelles Rationalisieren regredierte Vernunft sich mit Naturbeherrschung und sozialer Herrschaft zu einem quasi-mythischen Bann zusammenschließt: Die Abhandlung *Zur Kritik der instrumentellen Vernunft* schildert diesen historischen Prozess als Zurückdrängung einer als „objektiv" aufgefassten wert- und sinnkonstituierenden Vernunft durch eine „subjektive", „instrumentelle" und „formalistische" Vernunftauffassung, die, bloß auf Effektivität ausgerichtet, der modernen Gesellschaft zugrunde liegt. Ihr subjektiv-formalistisches Gesicht zeigt sie im Überbetonen logisch-konsequenten Denkens im Sinn des Klassifizierens, Schließens und Deduzierens, ohne auf die dabei gedachten Inhalte einzugehen. Was ihr allein zählt: logisch-kalkulatorisches, nutzenmaximierendes Handeln.[13]

Beide, der „subjektive" sowie der „objektive" Vernunftbegriff, sind aber nicht völlig gegensätzlich, sondern aufeinander bezogen: „Historisch hat es beide Aspekte der Vernunft, den subjektiven und den objektiven, seit Anbeginn gegeben, und das Vorherrschen jenes über diesen kam im Verlauf eines langen Prozesses zustande"[14], der die Aufklärungsbewegung als Ausdruck ethischer, moralischer oder religiöser Haltungen liquidiert: Diesen Grundgedanken spiegelt vor allem die *Dialektik der Aufklärung* deutlich wider.[15]

---

12 Max Horkheimer ist *Spiritus rector* jener Gruppe von Sozialforschern, die als Köpfe der Kritischen Theorie gelten können: Theodor W. Adorno, Leo Löwenthal, Friedrich Pollock, Erich Fromm und Herbert Marcuse. Neben diesen Mitgliedern des „Horkheimer-Kreises" gibt es folgende Mitarbeiter: Walter Benjamin, Karl A. Wittfogel, Franz Neumann, Otto Kirchheimer, Henryk Grossmann, Andries Sternheim und Paul L. Landsberg. Das „Frankfurter Institut für Sozialforschung" (1923–1933) knüpft an die Forschungstätigkeit des „Instituts für Marxismus" und des „Instituts für Forschungen über die Geschichte des Sozialismus und der Arbeiterbewegung" an. 1931 übernimmt Max Horkheimer die Direktion. Ihr Organ, die *Zeitschrift für Sozialforschung* (1932–1941) erscheint zuerst in Frankfurt am Main, ab 1934 in Paris, schließlich 1940–1941 unter dem Titel *Studies in Philosophy and Social Science* in New York. Nach dem US-amerikanischen Exil erfolgt die Wiedererrichtung des Instituts in Frankfurt am Main im Jahr 1951; vgl. Wiggershaus, Die Frankfurter Schule; Van Reijen/Schmid Noerr, Vierzig Jahre Flaschenpost.
13 Vgl. Horkheimer, Mittel und Zwecke, 16 f.
14 Ebd. 18.
15 Vgl. Horkheimer/Adorno, Dialektik der Aufklärung, 49.

Von diesem Blickwinkel her betrachtet wird die der Vernunft inhärente Tendenz deutlich, ihre eigenen Inhalte und Zwecke aufzulösen: „Subjektivistisch", „formalistisch", „instrumentell" verengt hat sie die Fähigkeit verloren, die Vernünftigkeit und Sinnhaftigkeit von Zwecken zu beurteilen und nicht nur Effektivität der Mittel: „Ihr operativer Wert, ihre Rolle bei der Beherrschung der Menschen und der Natur, ist zum einzigen Kriterium gemacht worden."[16] Wenn *Operationalisierung* zum primären Charakterzug von Denken wird, wenn Vernunft sich ausschließlich der Instrumentalisierung preisgibt, erblindet sie jedoch, da sie als Denk-„Maschine" ihren „Piloten" selbst abgeworfen hat und nun „blind in den Raum rast"; und diese Diagnose von Horkheimer und Adorno mündet in die Grundthese der *Dialektik der Aufklärung*: Schon der Mythos ist Aufklärung, und: Aufklärung schlägt in Mythologie zurück. Ihre gegenseitige Verschlungenheit resultiert aus dem von Horkheimer und Adorno *dialektisch* aufgefassten Mythos- und Aufklärungsbegriff – Mythos ist die „falsche Klarheit", weil „dunkel und einleuchtend" zugleich.[17]

Horkheimer und Adorno gehen noch weiter und sehen gar in den Mythen den Beginn aufklärerischen Denkens – eben nicht als europäisch-geistesgeschichtliche Epoche verstanden, sondern als Programm einer „Entzauberung von Welt"[18]. Denn schon der Mythos will „berichten", „nennen", „den Ursprung sagen", gleichzeitig „darstellen", „festhalten", „erklären". Der Mythos stellt daher eine Art von Aufklärung dar, steht selbst schon im Zeichen von Disziplin und Macht und ist gleichzeitig gekennzeichnet vom Prinzip der schicksalhaften Notwendigkeit, dem unentrinnbaren Kreislauf, dem Naturgesetz und der Macht der Wiederholung übers Dasein.[19] Wesentlich für den Mythos ist nach Horkheimer und Adorno – und für das Vernunft- und Aufklärungsdenken – seine „Naturverfallenheit", und Handeln findet nur noch im Bann „abstrakter Mächte und Wesenheiten"[20] statt.

Aus diesem Grund überwiegt die die kritische Theorie charakterisierende *pejorative* Mythosauffassung, und die strukturelle Verwandtschaft zwischen Mythos und Aufklärung macht es notwendig, dass sich aufklärerisches Denken seiner eigenen Fähigkeit zur Reflexion bedient, um nicht der Tendenz, zu

---

16 Horkheimer, Mittel und Zwecke, 30.
17 In der Kritischen Theorie findet man keine *positive* Definition des Dialektikbegriffs. Im Aufsatz „Zum Problem der Wahrheit" liefert Horkheimer einen Katalog von Eigentümlichkeiten dialektischen Denkens; vgl. Horkheimer, Zum Problem der Wahrheit, 310.
18 Vgl. Horkheimer/Adorno, Dialektik der Aufklärung, 25.
19 Vgl. ebd. 34.
20 Ebd. 35.

verdunkeln, anstatt aufzuklären, nachzugeben. Wenn Aufklärung die Reflexion auf dieses rückläufige, mythologisierende Moment aber nicht selbst in sich aufnimmt, besiegelt sie ihr Schicksal: Sie endet in purer Gewaltherrschaft, wie sie sich in der Barbarei des Nationalsozialismus zeigt. Somit ist die Ursache dieses Rückfalls von Aufklärung in Barbarei bei der „in Furcht vor der Wahrheit erstarrten Aufklärung selbst"[21] zu suchen.

3 Die selbstreflexive Theorie

Die Kritische Theorie will *antipositivistisch* sein.[22] Sie geht davon aus, dass Denken sich in die Realität einlassen und darin eingebettet sein *muss;* und sie meint gleichzeitig, dass Distanz dazu nötig ist, die es dem Denken ermöglicht, *selbstkritisch* zu sein und auf Dauer zu bleiben. Zur Kritik gehört demnach nicht nur das negative, skeptische Moment, sondern auch die innere Unabhängigkeit, um dem Zeitgeist zu widerstehen: Das kritisch aufgeklärte Subjekt hebt gesellschaftlich vermittelte Widersprüche dialektisch auf (1) im Sinn ihrer diagnostischen Feststellung, um diese zu vertiefen und zu bewahren, (2) um sie auf ein neues Niveau zu heben, das neue Sehweisen zulässt, um (3) diese ihrer praktischen Lösung zuzuführen; anders ausgedrückt: Den kognitiven Gehalt der geschichtlichen Praxis aufzudecken, um zu begreifen, dass real – und nicht nur gedanklich – der Dualismus von Denken und Sein, Verstand und Wahrnehmung aufgehoben wird, ist Ziel kritischen Denkens.

---

21 Horkheimer/Adorno, Dialektik der Aufklärung, 19; vgl. auch Horkheimer, Die Revolte der Natur, 94.

22 Auf Grund der prinzipiell erkenntnistheoretisch-methodologischen Gemeinsamkeit der jeweiligen, zum Teil unterschiedlich verpackten, positivistischen Richtungen – Klassischer Positivismus, Immanenz-Positivismus, Empiriokritizismus, Logischer Positivismus oder Logischer Empirismus und Neopositivismus – sieht sich Horkheimer in der Lage, diese zu generalisieren. Der Logische Positivismus, der im Wien der ersten Jahrzehnte des 20. Jahrhunderts entstanden ist, stellt nach Horkheimer eine extreme Form von Empirismus dar: Theorien sind nicht nur ausschließlich durch den Grad an Verifizierbarkeit durch aus Beobachtung gewonnenen Tatsachen legitimiert, sondern haben nur dann Relevanz, wenn sie auf diese Weise hergeleitet werden können. Gegenüber dem Positivismus findet Horkheimer auch anerkennende Worte: „Das Großartige am Positivismus ist […] dies, daß als wissenschaftliche Erkenntnis nur das gelten soll, was grundsätzlich jeder Mensch einsehen kann. Die Wahrheit ist kein Privileg, sie ist grundsätzlich jedem zugänglich" (Horkheimer, Kritik des Positivismus, 381).

In der Kritischen Theorie findet man daher Hegelsches Gedankengut und Marx'sche Thesen kombiniert.[23] „Aufheben" bedeutet die Überwindung einer alten Qualitätsstufe, um in eine neue einzutreten, gleichzeitig die Erhaltung der in der alten Qualitätsstufe erkannten Wahrheitsmomente in der neuen. Nicht das Widerspruchslose zu schaffen, indem man es begreift, ist Sache kritischen Denkens, sondern vielmehr real Widersprüchliches zu erkennen und zu begreifen, um es praktisch verändern zu können: Um den Entwurf harmonisch-verklärter Ganzheitsbilder geht es also nicht.[24]

So gesehen ist kritisches Denken eine Reflexion über Widersprüche: Der gesellschaftlich vermittelte Objekt-Subjekt- bzw. Natur-Mensch-Antagonismus soll zu individuellem und gesellschaftlichem Bewusstsein gelangen und dann auch *überwunden* werden. Kritisch Denkende sollen sich aus diesem Grund um ein angemessenes Gesellschaftsbild bemühen, um nicht der „affirmativen Propaganda" anheimzufallen, die den Wahrheitsgehalt von Kritik zu okkupieren droht. Mit anderen Worten: Den *oppositionellen* Gedanken aus seinem kritischen Kontext nicht zu lösen, schützt ihn vor Instrumentalisierung. An die kritische Spiegelung der gesellschaftlichen Verhältnisse ist somit die Autonomie der Reflexion *notwendig* geknüpft.

Vom direkten politischen Einsatz ist kritisch-theoretisches Denken frei zu halten, um es vor Ideologisierung zu schützen – und mehr noch: die Kritische Theorie *muss* ihre eigene gesellschaftliche Bedingtheit stets reflektieren: Erst so wird sie befreit von der *unbedingten* Abhängigkeit gegenüber dem Faktischen, indem sie ihre eigene praktische Unfreiheit stets selbst reflektiert.[25]

Die Kritischen Theoretiker gehen noch weiter: Es geht nicht nur darum, kritisch über Tatsachen zu denken, sondern auch *gegen sie: Kontrafaktorisch* nennen sie das, was man „gegen" die Realität denkt und erschafft. Sie richten sich beispielsweise gegen den Positivismus, der sich unzulässig nur noch auf Tatsachenfeststellungen und -systematisierungen spezialisiert und daher als ideologisch-affirmativer Wissenschaftstyp Gesellschaftsverhältnisse unkritisch konservieren hilft.

Dagegen ist die Kritische Theorie der Idee einer künftigen Gesellschaft als „Gemeinschaft freier Menschen" stets verbunden: Sie denkt dies in bewusster

---

23 Die Kritische Theorie ist grundlegend von Marx'schen Thesen inspiriert, hebt sich jedoch ab von einer mechanistisch-schematischen Marx-Interpretation, wie man sie in der Sowjetorthodoxie findet; vgl. Leser, Die Odyssee des Marxismus.
24 Vgl. Horkheimer, Traditionelle und kritische Theorie, 58.
25 Vgl. Horkheimer, Wert und Objektivität, 25 f.

Abgrenzung zur „traditionellen Theorie", welche die Tatsachen in dieser Art und Weise nicht befragt und als vorgegeben hinnimmt. Als kritische Instanz soll die Kritische Theorie Menschen vielmehr als Produzierende ihrer gesamten Lebenssituation die Möglichkeiten bewusst machen, „zu denen die geschichtliche Situation selbst herangereift ist"[26], wobei die „Assoziation freier Menschen", bei der alle die gleiche Möglichkeit haben, sich zu entfalten und letztlich sich zu *versöhnen,* Vorbild ist: „Von abstrakter Utopie unterscheidet sich diese Idee durch den Nachweis ihrer realen Möglichkeit beim heutigen Stand der menschlichen Produktivkräfte."[27]

4 Positivismuskritik

In den Schlüsseltexten *Dialektik der Aufklärung* und *Zur Kritik der instrumentellen Vernunft* diagnostizieren und kritisieren Horkheimer und Adorno speziell die sich in der „Sackgasse" befindende Vernunft, hervorgerufen durch ihr eigenes einseitig-reduktionistisches und positivistisches Naturbild. Deren *kausalmechanistisches* Weltbild und Naturverständnis, verbunden mit der prometheischen Überzeugung, die gesamte Natur planvoll zurecht machen, *beherrschen* zu können, um „Besseres" zu erzielen, ist ja der selbstgewählte *Idealtypus* naturwissenschaftlichen Forschungshandelns. Die dialektische Konsequenz, die sich zwangsläufig aus dieser damit verbundenen „Ausbeutung und Vergewaltigung von Natur" ergibt, bringt Horkheimer auf den Punkt, wenn er diagnostiziert: *je mehr Apparate zur Naturbeherrschung erfunden werden, desto mehr müsse ihnen gedient werden.*[28]

Das wissenschaftstheoretische Credo dieser von Horkheimer und Adorno bezeichneten „traditionellen Theorie", das in ihren Augen vor allem von René Descartes (1596–1650) und Francis Bacon (1561–1650) konstituiert wird, prolongiert später der Positivismus, wobei Horkheimer einen eigenen Positivismusbegriff zur Kennzeichnung einer erkenntnistheoretischen Tradition anwendet, als deren Initiatoren er David Hume (1711–1776) und später vor allem Auguste Comte (1798–1857) sieht; und gleichzeitig verwendet er den Positivismusbegriff für den geschichtsphilosophisch bedeutsamen Prozess einer „Entzauberung der Welt von metaphysischem Denken"[29]. Als Wurzel des Positivismus führt Horkheimer außerdem den mittelalterlichen Nominalismus an, innerhalb

---

26 Horkheimer, Traditionelle und kritische Theorie, 27.
27 Ebd. 38.
28 Vgl. Horkheimer/Adorno, Dialektik der Aufklärung, 25.
29 Horkheimer, Kritik des Positivismus, 347.

der französischen Aufklärungsphilosophie insbesondere Henri de Saint-Simon (1760–1825); im neueren Logischen Empirismus (besonders des „Wiener Kreises") dominiert nach Horkheimer schon die „Entleerung des Denkens"[30] von philosophischen Inhalten.

Die wissenschaftliche Erkenntniskumulation ist jedoch, und das betonen Horkheimer und Adorno ausdrücklich, kein solch autonom-innerszientistischer Vorgang, sondern konstant an die soziale Alltagswelt *gebunden*: Jede philosophische Richtung kann daher nur in dem Zusammenhang reflektiert werden, in dem sie entstanden ist. Ein Herausreißen aus dem jeweiligen Entstehungszusammenhang bringt nur die Abspaltung von Realität, die sie reflektiert. Comte wie Saint-Simon setzen demnach einen naturwissenschaftlichen Tatsachenbegriff voraus, der zu untersuchende Gegenstände atomistisch zerlegt mit dem Ziel, Herrschaft über sie zu gewinnen. *Nützlichkeit im Einzelnen als Kriterium verdrängt hierbei das Bestreben nach Erkenntnis von Sinnhaftigkeit des gesellschaftlichen Ganzen* – was die enge Verflechtung zwischen Positivismus und Pragmatismus widerspiegelt: Nur die Tatsachen werden bestimmt, die unmittelbaren Nutzen versprechen. Der Logische Positivismus stellt aus diesem Grund für die Kritischen Theoretiker somit eine Extremform von Empirismus dar: Theorien werden nicht nur ausschließlich durch den Grad an Verifizierbarkeit durch aus Beobachtung gewonnenen Tatsachen legitimiert, sondern haben auch nur dann Relevanz, wenn sie auf diese Weise hergeleitet werden können.

Auf Grund dieser positivistischen Maxime, gesichertes Wissen ausschließlich aus Beobachtung und Erfahrung zu induzieren – unter Ausblendung all derjenigen sozialen Phänomene, die sich diesem Erkenntnisweg entziehen – findet aus Sicht der Kritischen Theorie eine starre Hinwendung zum faktisch Gegebenen, *Positiven*, statt: Der dafür benützte paradigmatisch vorgegebene, positivistisch reduzierte Begriffsapparat beschränkt sich nur auf die durch ihn begreifbaren Tatsachen; alle so nicht empirisch überprüfbaren, nicht evidenzbasierten, nicht operationalisierbaren Sinn- und Existenzfragen werden gleichzeitig tendenziell ausgeschlossen. Mit diesem Postulat und Paradigma verstrickt sich der Positivismus allerdings – sowie generell das positivistisch ausgerichtete Aufklärungsdenken – nach Horkheimer in einen folgenschweren Widerspruch:

> In der menschlichen Vernunft finden sich einige unausrottbare Ideen wie Freiheit, Gerechtigkeit, Menschlichkeit. Die Aufgabe dieser Ideen käme der menschlichen Vernunft gleich. […] Halten wir als Hauptschwierigkeit der Aufklärung dieses fest, daß sie

---

30 Ebd. 377.

sich einerseits auf positivistische Beobachtungen stützt, zum anderen aber an bestimmten Leitbildern festhält, wofür keine Tatsachen auszumachen sind.[31]
Die positivistische Auffassung von Wahrheit ist reduziert auf ein methodologisches Prüfverfahren, in dem „Richtigkeit" gleichzeitig „Wahrheit" einer Einzelaussage bedeutet. Den Sinn einer Einzelbehauptung entscheidet das strenge Verifikationsprinzip. Jeweilige Begriffe sind aus dem empirischen Datenmaterial gewonnen auf Grund der Bezeichnung von Ähnlichkeitsbeziehungen zwischen Einzelphänomenen. Verschiedene Ähnlichkeiten werden unterschiedlichen Begriffen subsumiert. Der Gefahr, identische Begriffe mit unterschiedlichen Bedeutungsinhalten zu erhalten, begegnet der Positivismus mit einer am mathematischen Ideal ausgerichteten Formelsprache. Festgestellte Wiederholungen werden in Form von Gesetzmäßigkeiten und statistischen Wahrscheinlichkeiten ausgedrückt: „Ausgehend vom Eindruck a gelange ich unter der Voraussetzung P zu dem Erlebnis p. Habe ich den Gegenstand a, setze voraus, daß ich ihn verkaufen will (R), so bekomme ich etwas dafür (r)."[32] Begriffe werden auf diesem Weg substituiert durch naturwissenschaftliche Formeln, die, zahlenmäßig einmal erfasst, als mythisch anmutender, „ewiger Logos" einer einheitlich systematisierten Wissenschaft gelten. In diesem Sinn ist der Positivismus nach Horkheimer und Adorno – und das gilt für die „traditionelle Theorie" generell – als eine ideologisch-affirmative Wissenschaft zu verstehen, die sich auf bloße Deskription und Wiederholung von vorgefundener Realität selbst beschränkt hat.[33]

Diese Angst des Positivismus, von Tatsachen *abzugehen*, präpariert gleichzeitig den „verdorrenden Boden für die gierige Aufnahme von Scharlatanerie und Aberglauben"[34]. Wissenschaftliche Erkenntnis in Form möglichst perfekt durchkomponierter, geschlossener Theoriensysteme degeneriert zu einem beliebig verwertbaren Rezeptwissen, das jeglicher Art von Ideologisierung offensteht.

Horkheimer und Adorno fordern aus diesem Grund die ständige Durchdringung von Philosophie und konkreter Einzelforschung. Verschlungen in einer eigenständigen Reflexionsform kann so diese wissenschaftsgeschichtlich entstandene Kluft zwischen bloßer Tatsachenforschung und Sozialphilosophie auch überwunden werden. Denn in dieser Funktion wird Sozialphilosophie zum „Eingedenken der Menschheit", um sie davor zu bewahren, „der sinnlosen Runde des Anstaltsinsassen während seiner Erholungsstunde ähnlich zu

---

31 Ebd. 357.
32 Ebd. 375.
33 Vgl. Horkheimer, Traditionelle und kritische Theorie, 21.
34 Horkheimer/Adorno, Dialektik der Aufklärung, 18.

werden"[35]. Denn enttäuscht von der Hegelschen Philosophie[36] fordern Horkheimer und Adorno die *bewusste* Akzentuierung des erkenntnisleitenden Interesses von Wissenschaftlern und Wissenschaftlerinnen – und besonders auch von Lehrerinnen und Lehrern: Erkenntnis *bedarf* ihres Interesses und ihrer Sehnsucht nach Aufhebung sozialer Entfremdungsprozesse, von sozialem Leid und Elend, durch die das Individuum seine persönliche Identität zu verlieren droht.

Die Kritische Theorie formuliert hierfür kein fertiges Lösungsrezept. Denn im Gegensatz zu Hegel ist ihr *das Ganze nicht das Wahre,* sondern vielmehr das *Unwahre*.[37] Dem kritischen Denken geht es nicht darum, nur formalkonsequent zu denken, sondern stets inhaltlich die dynamische Offenheit beizubehalten, die es dann auch immer ermöglicht, Widersprüchlichkeiten miteinzubeziehen. Im *Negativen* steckt also die Bejahung des anderen – mittelbar Positiven –, ohne direkt darstellbar zu sein.[38] Das Projekt dieser *negativen Dialektik* setzt sich demgemäß für die selbstständige Rolle von Kritik und Widerspruch ein: Eine durch Vernunftkritik zur Geltung kommende Negation trägt den Wahrheitsschimmer einer vernünftigen Gesellschaft bereits *in sich*. Die Kritische Theorie, die es also ablehnt, über das Absolute ein bestimmendes Urteil zu fällen oder es positiv darzustellen, ist im Grunde von der *Sehnsucht* danach bestimmt: Sie bezeichnet im

---

35 Horkheimer, Zum Begriff der Philosophie, 173.
36 Der klassische deutsche Idealismus sei beherrscht von der Vorstellung, dass Vernunft aus sich heraus absolute Erkenntnis gewinnen könne. Diese Vorstellung ist nach Horkheimer „das Geheimnis der Metaphysik überhaupt" (Horkheimer, Materialismus und Metaphysik, 87). Metaphysik beanspruche, „das Sein zu erfassen, die Totalität zu denken, einen vom Menschen unabhängigen Sinn der Welt zu entdecken" (Horkheimer, Der neueste Angriff auf die Metaphysik, 108).
37 Georg Wilhelm Friedrich Hegel (1770–1831) nimmt die Widersprüche unterschiedlicher Erscheinungsformen als eigentlich *nicht* widersprüchlich an: Das Widerspruchslose sei zu schaffen, indem man das scheinbar Widersprüchliche begreift.
38 Dieses „Bildverbot" leitet sich von der jüdischen Tabuisierung der Gottesfigur her. Es verbietet, Gott abzubilden (um keine falschen Vorstellungen von ihm zu bekommen). Das Wahre, das „gänzlich andere", ist von der Kritischen Theorie nicht darstellbar, wohl aber kann sie dasjenige bezeichnen, „worunter wir leiden". Wenn das Negative durch Kritik klar zum Ausdruck gelangt, stecke die Bejahung eines „anderen", mittelbar Positiven, ja schon in ihr: „Die Welt kritisch darstellen, wie sie ist, so daß durchleuchtet, wie sie nicht sein soll, und damit eine Ahnung aufgeben, wie sie sein sollte. Wir können nicht sagen, was das Wahre ist, sondern nur bezeichnen, was unwahr ist" (Horkheimer, Späne, 418).

Gedanken an ein Anderes die von Leid und Elend *erlöste, versöhnte Gesellschaft* in ihrer Gesellschaftskritik.[39]

5 Wissenschaft als Eingedenken in die Natur der Aufklärung: der Historikerstreit

Der Aufklärungsbegriff der Kritischen Theorie kann wie ihre Kritik an der Aufklärung in zwei Bereiche unterteilt werden: a) was die Aufklärung für die Wissenschaft im engeren Sinn bedeutet (d. h. Erkenntnistheorie, Sinn der Wissenschaft, Methodik, Positivismus, Naturbeherrschung, Anti-Dogmatismus etc.); und b) was die Aufklärung für Gesellschaft und Politik bedeutet (Freiheit, Gerechtigkeit, Herrschaftskritik, Partizipation, Befreiung des Individuums etc.). Entsprechend kann gefragt werden: Was werfen Horkheimer und Adorno der Aufklärung in Bezug auf a) und b) konkret vor? Es sind dies der Vorwurf des *Irrationalismus* in Wissenschaft, Gesellschaft und Politik, der blinden Herrschaft, Beherrschung, der Vorwurf der beschränkten, instrumentellen Rationalität in der Wissenschaft, der Entfremdung und Mythologisierung, der Vorwurf der Selbstreflexionslosigkeit, Naturwüchsigkeit, Verdrängung und Angst sowie schließlich des Rückfalls in Barbarei. Diese Vorwürfe überschneiden sich, sind aber nicht identisch. Durch die Beschreibung dessen, wie sich die Aufklärung selbst verraten hat, wovor sie Angst hatte, haben Horkheimer und Adorno angedeutet, was nicht sein soll und auch, was sein soll – als *bestimmte Negation* einer misslungenen Aufklärung. Die Trennung in „gute" und „böse" Aufklärung ist also nicht zu halten, da die Aufklärung in letzter Konsequenz gegen den Gottesgedanken ankämpft und den weltlichen und religiösen Mythos vernichten will. Daher macht sie vor nichts Halt. Wenn man aber keine Instanz *außerhalb* des Menschen und *außerhalb* seiner Vernunft als objektiven Maßstab anerkennt, verliert humanistisches oder liberales Denken, auf das sich die Aufklärung selbst beruft und stützt, seine eigene Grundlage. Der Wert von Moral, Nächstenliebe, Rücksicht, Freundschaft, Liebe, Freiheit und Gerechtigkeit lässt sich *nicht* durch Vernunftdenken *beweisen*. Aus diesem Grund heißt es am Ende des „Zweiten Exkurses" in der *Dialektik der Aufklärung*: „Die dunklen Schriftsteller des Bürgertums haben nicht wie seine Apologeten die Konsequenzen der Aufklärung durch harmonistische Doktrinen abzubiegen getrachtet", sondern sprachen „rücksichtslos die schockierende Wahrheit aus"[40], dass man eben Moral

---

39 Das Absolute positiv darzustellen, ist für die Kritischen Theoretiker eine Art Götzendienst; vgl. Horkheimer, Zum Tode Adornos, 287.
40 Horkheimer/Adorno, Dialektik der Aufklärung, 141.

nicht durch dieses reduktionistisch-subjektivistische Vernunftdenken *letztlich* begründen kann. Auch die „Vorrede" zur *Dialektik der Aufklärung* enthält viel zum Begriff der „bestimmten Negation", sie kommt hier einem „Bildverbot" gleich und besteht darin, dass man das Schlechte, Unwahre nicht bloß ablehnt, sondern es in einer differenzierten, engagierten Auseinandersetzung mit dem darin als falsch Erkannten ausdrückt, um es zu *überwinden*; doch nicht abstrakt zu überwinden, sondern konkret, nicht bloß gedanklich, *sondern konkret historisch in der realen Welt.*

Die Kritischen Theoretiker betrachten daher aus dieser Perspektive den Nationalsozialismus auch nicht als einen „Betriebsunfall", sondern als notwendige Konsequenz eines Denk- und Handlungsprozesses, in dem Aufklärung – historisch-gattungsgeschichtlich wie systematisch-typologisch verstanden (siehe oben) – sich selbst verdunkelt und blind gemacht hat. Einseitig auf ihr subjektiv-nutzenmaximierendes Vernunftdenken ohne objektive Wertebezüge wie Toleranz und Humanismus *regrediert, musste* dieses Denken in die Katastrophe des Nationalsozialismus führen. *Zur Kritik der instrumentellen Vernunft* und *Dialektik der Aufklärung* zeigen diesen Selbstreduktionsprozess der abendländischen Vernunft als fatale Dialektik von Beherrschung äußerer und innerer Natur des Menschen und Gesellschaft; diese Reduktion wird wie erwähnt als Weg von einer als „objektiv" begriffenen sinn- und wertkonstituierenden Vernunft hin zur rein instrumentellen gezeichnet, wobei letztere dann völlig gleichgültig bleibt gegenüber besonderen Inhalten, auf die sie sich jeweils bezieht. *Alles* wird ihr zum Instrument – die Natur ebenso wie der Mensch. Sie dient *allen* als Werkzeug, das zur Verfertigung beliebiger Werkzeuge taugt. Sie selbst ist starr, zweckgerichtet, *verhängnisvoll*. Sie hat sich selbst verstümmelt. Der Mensch, der Bestandteil von Natur ist, hat sich selbst zu einem Ding und Instrument gemacht: auf diesem Grundgedanken baut die *Dialektik der Aufklärung* auf.

Eine für die Kritische Theorie problematisches Phänomen einer gesellschaftlichen Perspektive auf den Nationalsozialismus *muss* daher das Bestreben sein, dem Prozess der Aufarbeitung der Vergangenheit als „unnötig" oder „irrelevant" zu deklarieren, gar diesem „ein Ende setzen" oder „einen Schlussstrich ziehen" zu *wollen*. Die *Dialektik der Aufklärung* will daher den gesellschaftlichen Bodensatz in seiner Tiefe und in all seinen Widersprüchen ergründen, aus dem der Holocaust entstehen *musste*. Erst diese Bewusstmachung als Gewahrwerdung dieser historischen Genese lässt hoffen, eine Barbarei wie den Nationalsozialismus durch Aufklärung und Bildung nicht noch einmal erleben zu *müssen*. Der „Historikerstreit" der 1980er-Jahre und die Reaktion der Kritischen Theorie in Gestalt von Jürgen Habermas[41] machen dies deutlich: Das Bestreben, einen „argumentativen Schlussstrich" unter die NS-Zeit ziehen zu wollen oder „Auschwitz zu relativieren" und damit nach und nach dem Vergessen preis zu geben, wird im sogenannten Historikerstreit mit den Stimmen derjenigen zum Ausdruck gebracht, die 40 Jahre nach dem Ende des Zweiten Weltkrieges Deutschland bzw. die BRD nicht mehr länger in der Position des „Sich-Schämens" für die Schuld des Holocaust sehen wollen.[42] Zwei zentrale Beiträge diesbezüglich sind Ernst Noltes Artikel „Vergangenheit, die nicht vergehen will", der am 6. Juni 1986 in der *Frankfurter Allgemeinen Zeitung* (FAZ), und Jürgen Habermas Text „Eine Art Schadensabwicklung", der in *Die Zeit* am 11. Juli 1986 erschien.[43]

Gegen eine „neokonservative" Historiographie schreibt Jürgen Habermas in den von ihm 1979 herausgegebenen *Stichworten zur „Geistigen Situation der Zeit"* aufs Schärfste an und kritisiert, diese „Neuen Rechten" „erklären ihr Interesse an der Besetzung von Wortfeldern, an Benennungsstrategien, an der Rückeroberung von Definitionsgewalten, kurz, an Ideologieplanung mit Mitteln der Sprachpolitik"[44]. Was in der Retrospektive als „Historikerstreit" bezeichnet wird, spielt sich dann im Kern im Sommer und Herbst des Jahres 1986 ab – ein zunehmend erbittert und polemisch ausgetragener Kampf um eine publizistische Deutungshoheit in der BRD mit wechselseitigen Unterstellungen in den Feuilletons und Leserbriefspalten der großen Tages- und Wochenzeitungen

---

41 Habermas Stellung innerhalb der Kritischen Theorie wird im Vergleich zu den Hauptvertretern Horkheimer und Adorno gelegentlich als die „jüngere Kritische Theorie" bezeichnet. Seit Mitte der 1960er Jahre wird die Kritische Theorie entscheidend von Habermas geprägt. Habermas führt die Kritische Theorie in dieser Debatte aber nie explizit an; vgl. Figal, Kritische Theorie, 314; Gmainer-Pranzl, „Kritische Theorie", 125.
42 Vgl. Dworok, „Historikerstreit" und Nationswerdung, 16; Große Kracht, Die zankende Zunft.
43 Vgl. Dworok, „Historikerstreit" und Nationswerdung, 11.
44 Habermas, Stichworte, 21; vgl. Große Kracht, Die zankende Zunft, 92. Mit der Übernahme der Regierungsverantwortung durch den christdemokratischen Bundeskanzler Helmut Kohl 1982 scheint sich diese „neokonservative geistig-moralische Trendwende" politisch zu realisieren: Kohls missverständlicher Ausspruch von der „Gnade der späten Geburt" lässt die Befürchtung aufkommen, es soll ein „Schlussstrich" unter das NS-Kapitel der deutschen Geschichte gezogen werden. Diese Vermutung bekräftigt Kohls „Versöhnungsgeste" mit dem US-amerikanischen Präsidenten Ronald Reagan 1985 auf dem rheinland-pfälzischen Soldatenfriedhof in Bitburg, wo neben Wehrmachtssoldaten Angehörige der Waffen-SS bestattet sind; vgl. Große Kracht, Die zankende Zunft, 96; zur Vorgeschichte des „Historikerstreits" vgl. Maier, Die Gegenwart der Vergangenheit; Böhmer, Der Historikerstreit.

des Landes,[45] die zunächst der Artikel „Vergangenheit, die nicht vergehen will" in der *FAZ* des Zeithistorikers Ernst Nolte[46] mit Wucht lostritt, indem er den Holocaust als Reaktion auf den „bolschewistischen Terror" und das sowjetische Gulag-System bezeichnet – und mehr noch: Mit seiner Argumentation relativiert er den NS-Genozid an den Jüdinnen und Juden und tritt damit eine Welle medialer Empörung aus. Die „sogenannte Judenvernichtung des Dritten Reiches" begründe zwar „Singularität", so Nolte, sei aber „eine Reaktion oder verzerrte Kopie und nicht ein erster Akt oder das Original"[47]. Das revisionistische Geschichtsbild nicht nur von Nolte, sondern auch anderer führender Neuzeithistoriker in der BRD,[48] welches ein deutsches Nationalbewusstsein in der Entsorgung einer „entnormalisierten Vergangenheit" erneuern soll, kritisiert Jürgen Habermas in seiner Reaktion darauf scharf als eine Nivellierung der beispiellosen Verbrechen des Nationalsozialismus[49]. Habermas wirft diesen „Neuen Rechten" apologetisch-neokonservative Tendenzen in ihrem Verhältnis zum Holocaust vor, speziell gegen Nolte erhebt er den Vorwurf, dieser *relativiere* die deutschen NS-Verbrechen.[50]

Der Begriff „Relativierung" sollte (so Nolte in seiner Replik auf Habermas) dann doch „treffender" mit „Relationierung" ersetzt werden, doch gelingt es Nolte damit nicht, den gegen ihn gerichteten Vorwurf der „moralischen Relativierung" zu entkräften, es sei denn um den Preis „einer Leugnung jeglicher Verantwortung für den von einem deutschen Staat durchgeführten Völkermord

---

45 Vgl. Große Kracht, Debatte. Das wissenschaftliche Verteidiger-Lager Noltes (u. a. Michael Stürmer, Joachim Fest, Andreas Hillgruber, Klaus Hildebrand) veröffentlichte vorwiegend in der *FAZ*, das seiner Kritikerinnen und Kritiker (u.a. Jürgen Habermas, Micha Brumlik, Hans Mommsen, Eberhard Jäckel, Rudolf Augstein) primär in *Die Zeit, Der Spiegel* oder in der *Tageszeitung*).
46 Vgl. Nolte, Vergangenheit, die nicht vergehen will.
47 Nolte, Die negative Lebendigkeit. Drei Postulate seien demgemäß maßgeblich: „1.) Das Dritte Reich solle aus einer historischen Isolierung herausgenommen werden. Auch ein Strukturvergleich genüge nicht und es sei erforderlich, neben einer ‚geschichtlich-genetischen' Untersuchung das NS-System auf die Russische Revolution als die wichtigste Vorbedingung zu beziehen. 2.) Das Dritte Reich dürfe nicht weiter von politischen Gruppierungen instrumentalisiert werden. 3.) Eine Dämonisierung des NS-Systems sei nicht zu akzeptieren. Die menschliche Gesellschaft vereine Gut und Böse" (Peter, Der Historikerstreit, 100).
48 Auch Michael Stürmer, Andreas Hillgruber und Klaus Hildebrand werden von Habermas als Vertreter eines „revisionistischen" Geschichtsbildes attackiert.
49 Vgl. Habermas, Eine Art Schadensabwicklung.
50 Zur Kritik an Jürgen Habermas Argumentation vgl. Flaig, Die Habermas-Methode.

[...], einer Entlastung der eigenen nationalen Geschichte"[51]. Die Schuldfrage kann aus Sicht der Kritischen Theorie nie dergestalt relativiert werden, dass „die Deutschen" im Grunde nichts anderes taten als andere Nationen zuvor und danach – denn solches Denken würde dem Grundgedanken ihrer *Dialektik der Aufklärung* vehement *widersprechen*.

6 Fazit für die wissenschaftliche Ausbildung von Lehrerinnen und Lehrern

Bildungsinstitutionen stehen nicht außerhalb von Gesellschaft, sozialen Strukturen und öffentlichen Diskursen. Sie können aus diesem Grund kein apolitischer Raum sein. Folgerichtig werden Bildungsinstitutionen als Orte ideologischer Reproduktion und sozialen Wandels angesehen. In ihrer Gesellschafts- und Politikkritik misst die Kritische Theorie daher genau diese Bildungsinstitutionen an den Werthaltungen, die diese selbst für sich in Anspruch nehmen: *Freiheit, Vernunft, Toleranz, Aufklärung und Gerechtigkeit für die gesamte Gesellschaft*. Der Idee einer „künftigen Gesellschaft als der Gemeinschaft freier Menschen"[52] sollen sich Bildungsinstitutionen der Lehramtsausbildung somit in Forschung und Lehre *historisch* (und nicht nur denkend) treu verbunden zeigen in ihrem politischen, auf die *polis* bezogenen und für diese relevanten Bildungsanspruch. Denn Horkheimer und Adorno gehen grundlegend davon aus, dass die Aufklärung inhaltlich Wertvolles und damit Rettungs- und Erhaltungswürdiges gebracht hat. Sie hegen selbst keinen Zweifel daran, dass die Freiheit in der Gesellschaft und für eine offene Gesellschaft vom aufklärerischen Denken untrennbar ist. Es gibt daher keine wertfreie Wissenschaft und Forschung in der Lehramtsausbildung. Vorrangiges Ziel der Kritischen Theorie und ihr besonderer Anspruch an akademische (Aus)Bildung ist die Aufhebung individuellen und gesellschaftlichen Leidens sowie sozialen Unrechts, um Auschwitz nie wieder zu ermöglichen.[53]

Durch die Kritik an den nationalsozialistischen Gräueltaten unter dem Fokus der instrumentellen Vernunftentwicklung in der Geschichte eröffnet die Kritische Theorie den Lehrenden und Lernenden den Blick in eine bessere, zu Vernunft gekommene, *versöhnte* Gesellschaft. Ihr ist das Interesse der Vernunft an Freiheit und an Befreiung von allen nicht in der Natur, sondern in der gesellschaftlichen Wirklichkeit liegenden Zwängen stets richtungsweisend.

---

51 Peter, Der Historikerstreit, 216.
52 Horkheimer, Traditionelle und kritische Theorie, 36.
53 Vgl. Adorno, Erziehung nach Auschwitz, 674.

Das *Politische der Wissenschaft* und von Bildung und Ausbildung in der Lehramtsausbildung ergibt sich aus ihrem sozialphilosophischen Ansatz, der *unausweichlich* gesellschaftstheoretisch *und* politisch ist: „Der Verzicht […] auf eine kritische Theorie der Gesellschaft ist resignativ: man wagt das Ganze nicht mehr zu denken, weil man daran verzweifeln muss, es zu verändern."[54]

Besonders für Bildungsinstitutionen kann dieses Emanzipationsinteresse als globaler Bildungsanspruch gelten, der die Veränderung des Ganzen zum Ziel hat: „Die wahre gesellschaftliche Bedeutung der Philosophie liegt in der Kritik des Bestehenden."[55] Kritische Theorie in der Lehramtsausbildung richtet sich an das *zoon politicon*, den Menschen in der politischen Gesellschaft, selbst gesellschaftsphilosophisch und politisch zu sein, um seine Mündigkeit selbst zu erlangen.

Fragen nach der individuellen gesellschaftlichen Verantwortung und dem gesellschaftlichen kritischen Potential von Bildung und Erziehung, das sich in Bildungsinstitutionen realisiert, werden dann nicht in den Hintergrund gedrängt, auch wenn heute universitäre Studien zusehends unter Druck geraten, ökonomisch verwertbar zu sein. Eine sich selbst entfremdete, positivistische, pragmatisch-*ent*intellektualisierte Lehramtsausbildung aber wird *entpolitisiert*: Was nur mehr zählt, sind beispielsweise „messbare Daten" seitens der Bildungsforschung, während Fragen nach Werten und Normen, sozialer Gerechtigkeit, gesellschaftlicher Verantwortung und Humanität tendenziell als „nichtwissenschaftliche Angelegenheiten" betrachtet werden. Eine besondere Rolle spielt in diesem Kontext daher die Lehramtsausbildung, zumal diese in ihrer „heimlichen" Funktion als „ideologischer Multiplikator" für die Reproduktion von gesellschaftlichen Herrschaftsverhältnissen, so wie sie sind, anfällig ist. Es verwundert daher nicht, dass in den Curricula zur Lehramtsausbildung normative Vorstellungen zur Reproduktion vorherrschender gesellschaftlicher Verhältnisse – implizit oder explizit – „mitschwingen": 2013 wird das „Bundesrahmengesetz zur Einführung einer neuen Ausbildung für Pädagoginnen und Pädagogen" im österreichischen Nationalrat beschlossen und damit die gesetzliche Basis zum bildungspolitischen Projekt „PädagogInnenbildung NEU" geschaffen.[56] Am 1. Oktober 2015 startete österreichweit die neue Ausbildung für den Bereich der Primarstufe, am 1. Oktober 2016 folgte die flächendeckende Umsetzung

---

54 Siehe Adorno, Zur Logik der Sozialwissenschaften, 142.
55 Siehe Horkheimer, Die gesellschaftliche Funktion der Philosophie, 688.
56 Vgl. Bundesministerium Bildung, Wissenschaft und Forschung, PädagogInnenbildung NEU.

der Lehramtsstudien für die Sekundarstufe. Im Rahmen dieser österreichischen „PädagogInnenbildung Neu" wird zwar von einem „reflexiven Lehrer- und Lehrerinnenhabitus" gesprochen – ohne jedoch diesen Begriff näher zu bestimmen. Genau hierfür braucht es als Grundlage zentrale sozialphilosophische und gesellschaftstheoretische Gedanken Horkheimers und Adornos – insbesondere aus der *Dialektik der Aufklärung, Zur Kritik der Instrumentellen Vernunft* und *Negativen Dialektik*, um theoretisch tiefgehend und präzisierend zu reflektieren, was unter einer „kritisch-reflexiven Haltung von Lehrenden" in Theorie *und* Praxis der Lehramtsausbildung verstanden werden kann. Des Weiteren wird dann dringend notwendig, dass die österreichische Lehramtsausbildung, die sich selbst ja die Vermittlung eines „kritischen Lehrer- und Lehrerinnenhabitus" zum Ziel setzt, auch die damit zusammenhängende implizite und explizite politische Auswirkung selbstständig reflektiert und dabei ihrer gesellschaftspolitischen Funktionen gewahr werden *muss*. Denn kritisches Denken und Handeln beruht gerade darauf, die von Bildungsinstitutionen selbst vertretenen Werte mit der gesellschaftlichen Wirklichkeit zu konfrontieren, um auf deren Einlösung zu pochen.

Konfliktreiches und Widersprüchliches sind dann der Verantwortung des Denkens nicht entzogen, sondern darin *aufgehoben*. „Eingedenken der Natur im Subjekt" besagt ja weniger eine ursprüngliche, nicht entfremdete Einheit von Mensch und Natur zu unterstellen und denkend rekonstruieren zu wollen, sondern vielmehr enthüllt es unter der Perspektive des voll entfalteten menschlichen Machbarkeitsstrebens die Gleichgültigkeit gegenüber dem Elend des Einzelwesens. Dieses „Eingedenken" kann Gewalt und Leiden im Rahmen von Bildungsinstitutionen zwar nicht rückgängig machen oder gar abschaffen, jedoch dort stets erinnernd und dagegen protestierend aufbewahren und so die instrumentalistische Verhärtung des Subjekts in seinem Umgang mit seiner inneren und äußeren Natur und mit anderen Subjekten bekämpfen, zumindest mildern.[57] Denn die Entwicklung der Menschheitsgeschichte ist für die Kritische Theorie so lange *naturwüchsig, blind und fremdbestimmt*, wie der Mensch das Bewusstsein seiner eigenen Naturhaftigkeit, seiner eigenen Teilhabe an diesem Naturzusammenhang *verdrängt*. Die Durchdringung von Sozialphilosophie, Gesellschaftstheorie und konkreter empirischer Bildungsforschung ist somit *notwendig*: Verschmolzen in eigenständigen Reflexionsformen im Rahmen der Lehramtsausbildung kann so die Kluft zwischen positivistisch-empirischer Bildungstatsachenforschung und Sozialphilosophie *überwunden* werden: „Eingedenken der Natur im Subjekt" im

---

[57] Vgl. Böhme, Eingedenken der Natur im Subjekt, 106.

Rahmen der Lehramtsausbildung, nämlich im individuellen Bewusstsein der Lehrerin und des Lehrers, ist *Versöhnung* durch Reflexion aus der Perspektive von Aufklärung, eine Versöhnung von äußerer und innerer Natur und damit die Einsicht in die strikte cartesianisch-dualistische *Entzweiung* von äußerer Natur und menschlicher Vernunft. Es ist daher das wissenschaftliche Ideal des autonomen Subjekts, das obsolet geworden ist. Es ist die einseitig instrumentell verkürzte Einengung von Bildung auf evidenzbasierte Kompetenzorientierung, welche die Sicht auf objektive Ziele von Bildung zu verstellen droht und diese mit zunehmender Blindheit schlägt. Es ist das politische Subjekt, das erkennt, dass es nicht Frau und Herr im eigenen Haus ist, es ist das politische Subjekt, zu dem das Erleiden ebenso gehört wie das Handeln. Es sind politisch denkende und handelnde Lehrerinnen und Lehrer, denen das Eingedenken im Subjekt nicht bloße Reflexion bleibt, sondern zur alltäglich geübten Praxis wird.[58] Gibt es nun doch ein wahres Leben im falschen Bildungsbetrieb? Selbstverständlich, denn alles andere würde die Hoffnung im Keim ersticken.

Literatur

Adorno, Theodor W., Theorie der Halbbildung, in: Tiedemann, Rolf (Hg.), Soziologische Schriften I (Gesammelte Schriften, Band 8), Darmstadt 1998, 93–121.

Adorno, Theodor W., Erziehung nach Auschwitz, in: Tiedemann, Rolf (Hg.), Kulturkritik und Gesellschaft (Gesammelte Schriften, Band 10/2), Frankfurt am Main 1997, 674–690.

Adorno, Theodor W., Tabus über dem Lehrberuf, in: Tiedemann, Rolf (Hg.), Kulturkritik und Gesellschaft (Gesammelte Schriften, Band 10/2), Frankfurt am Main 1997, 656–673.

Adorno, Theodor W., Zur Logik der Sozialwissenschaften, in: ders. u. a., Der Positivismusstreit in der deutschen Soziologie, Darmstadt 1979, 125–143.

Adorno, Theodor W., Negative Dialektik, Frankfurt am Main 1966.

Augstein, Rudolf u. a., „Historikerstreit". Die Dokumentation der Kontroverse um die Einzigartigkeit der nationalsozialistischen Judenvernichtung, München u. a. 1991.

Benhabib, Seyla, Von Horkheimer zu Habermas und in die Neue Welt. Der ethisch-politische Horizont der Kritischen Theorie, in: Blätter für deutsche und internationale Politik 59 (2014) 8, 97–109.

---

58 Vgl. ebd. 107.

Böhme, Gernot, Eingedenken der Natur im Subjekt oder: die Geburt des Subjekts aus dem Schmerz, in: Gruschka, Andreas/Oevermann, Ulrich (Hg.), Die Lebendigkeit der kritischen Gesellschaftstheorie: Dokumentation der Arbeitstagung aus Anlass des 100. Geburtstages von Theodor W. Adorno; 4.–6. Juli 2003 an der Johann Wolfgang Goethe-Universität, Frankfurt am Main/Wetzlar 2004, 97–108.

Böhmer, Jochen, Der Historikerstreit (27.07.2007): https://www.zukunft-braucht-erinnerung.de/der-historikerstreit/ (16.04.2021).

Brodkorb, Mathias (Hg.), Ernst Nolte, Jürgen Habermas und 25 Jahre „Historikerstreit", Banzkow 2011.

Broszat, Martin, Plädoyer für eine Historisierung des Nationalsozialismus, in: Merkur 39 (1985) 435, 373–385.

Bundesministerium Bildung, Wissenschaft und Forschung, PädagogInnenbildung NEU: https://www.bmbwf.gv.at/Themen/schule/fpp/ausb/pbneu.html (16.04.2021).

Diner, Dan, Zwischen Aporie und Apologie. Über Grenzen der Historisierbarkeit des Nationalsozialismus, in: ders. (Hg.), Ist der Nationalsozialismus Geschichte? Zu Historisierung und Historikerstreit, Frankfurt am Main 1987, 62–73.

Dubiel, Helmut, Kritische Theorie der Gesellschaft. Eine einführende Rekonstruktion von den Anfängen im Horkheimer-Kreis bis Habermas, Weinheim u. a. 1992.

Dworok, Gerrit, „Historikerstreit" und Nationswerdung. Ursprünge und Deutung eines bundesrepublikanischen Konflikts, Köln u. a. 2015.

Fend, Helmut, Theorie der Schule, München u. a. 1980.

Figal, Günter, Kritische Theorie: Die Philosophien der Frankfurter Schule und ihr Umkreis, in: Hügli, Anton/Lübcke, Paul (Hg.), Philosophie im 20. Jahrhundert, Band 1, Reinbek 1992, 311–391.

Flaig, Egon, Die Habermas-Methode, in: Frankfurter Allgemeine Zeitung vom 17.07.2011: https://www.faz.net/aktuell/feuilleton/debatten/historikerstreit-die-habermas-methode-13568.html (16.04.2021).

Gandler, Stefan, Frankfurter Fragmente: Essays zur kritischen Theorie, Frankfurt am Main 2013.

Gmainer-Pranzl, Franz, „Kritische Theorie"? Philosophie als Gesellschaftskritik, in: Salzburger Jahrbuch für Philosophie 61 (2016), 115–135.

Große Kracht, Klaus, Debatte: Der Historikerstreit. Docupedia-Zeitgeschichte (11.01.2010): https://docupedia.de/zg/Historikerstreit (16.04.2021).

Große Kracht, Klaus, Die zankende Zunft. Historische Kontroversen in Deutschland nach 1945, Göttingen 2005.

Gruschka, Andreas, Bildungsstandards oder das Versprechen, Bildungstheorie in empirischer Bildungsforschung aufzuheben, in: Pädagogische Korrespondenz 19 (2016) 35, 5–22.

Gruschka, Andreas, Kritische Pädagogik nach Adorno, in: Gruschka, Andreas/Oevermann, Ulrich (Hg.), Die Lebendigkeit der kritischen Gesellschaftstheorie: Dokumentation der Arbeitstagung aus Anlass des 100. Geburtstages von Theodor W. Adorno; 4.–6. Juli 2003 an der Johann Wolfgang-Goethe-Universität, Frankfurt am Main/Wetzlar 2004, 135–160.

Gruschka, Andreas, Vortrag: „Die Lebendigkeit kritischer Gesellschaftstheorie" im Rahmen einer Arbeitstagung aus Anlass des 100. Geburtstages von Theodor W. Adorno am 4.–6. Juli 2003 an der Johann Wolfgang-Goethe-Universität, Frankfurt am Main 2003: http://publikationen.ub.uni-frankfurt.de/frontdoor/index/index/docId/4557 (16.04.2021).

Habermas, Jürgen, Eine Art Schadensabwicklung. Die apologetischen Tendenzen in der deutschen Zeitgeschichtsschreibung, in: Die Zeit vom 11.07.1986: https://www.zeit.de/1986/29/eine-art-schadensabwicklung (03.04.2021).

Habermas, Jürgen (Hg.), Stichworte zur „Geistigen Situation der Zeit", 1. Band: Nation und Republik, Frankfurt am Main 1980.

Honneth, Axel, Kritische Theorie, in: Fetscher, Iring/Münkler, Herfried (Hg.), Pipers Handbuch der politischen Ideen, München 1987, 601–611.

Horkheimer, Max, Mittel und Zwecke, in: ders., Zur Kritik der instrumentellen Vernunft, Frankfurt am Main 1992, 15–62.

Horkheimer, Max, Die Revolte der Natur, in: ders., Zur Kritik der instrumentellen Vernunft, Frankfurt am Main 1992, 93–123.

Horkheimer, Max, Zum Begriff der Philosophie, in: ders., Zur Kritik der instrumentellen Vernunft, Frankfurt am Main 1992, 153–174.

Horkheimer, Max, Materialismus und Metaphysik, in: ders., Gesammelte Schriften, Band 3, Frankfurt am Main 1988, 70–105.

Horkheimer, Max, Zum Problem der Wahrheit, in: ders., Gesammelte Schriften, Band 3, Frankfurt am Main 1988, 277–325.

Horkheimer, Max, Der neueste Angriff auf die Metaphysik, in: ders., Gesammelte Schriften, Band 4, Frankfurt am Main 1988, 108–161.

Horkheimer, Max, Traditionelle und kritische Theorie, in: ders., Gesammelte Schriften, Band 4, Frankfurt am Main 1988, 162–225.

Horkheimer, Max/Adorno, Theodor W., Dialektik der Aufklärung, in: dies., Gesammelte Schriften, Band 5, Frankfurt am Main 1987, 11—290.

Horkheimer, Max, Zum Tode Adornos, in: ders., Gesammelte Schriften, Band 7, Frankfurt am Main 1985, 284–288.

Horkheimer, Max, Gesammelte Schriften: Vorträge und Aufzeichnungen 1949–1973, Band 8, Frankfurt am Main 1985.

Horkheimer, Max, Wert und Objektivität in der sozialwissenschaftlichen Erkenntnis, in: ders., Gesammelte Schriften, Band 13, Frankfurt am Main 1989, 25–29.

Horkheimer, Max, Kritik des Positivismus, in: ders., Gesammelte Schriften, Band 13, Frankfurt am Main 1989, 347–396.

Horkheimer, Max, Späne: Notizen über Gespräche mit Max Horkheimer in unverbindlicher Formulierung aufgeschrieben von Friedrich Pollock (1950–1970), in: Horkheimer, Max, Gesammelte Schriften, Band 14, Frankfurt am Main 1988, 172–547.

Horkheimer, Max, Die gesellschaftliche Funktion der Philosophie, in: Schmidt, Alfred (Hg.), Max Horkheimer: Kritische Theorie: Eine Dokumentation, Frankfurt am Main 1977, 676–696.

Horkheimer, Max, Traditionelle und kritische Theorie: Vier Aufsätze, Frankfurt am Main 1973.

Kailitz, Steffen, Die politische Deutungskultur im Spiegel des „Historikerstreits". What's right? What's left? Wiesbaden 2001.

Institut für Sozialforschung (Hg.), Rechtsextremismus und Fremdenfeindlichkeit: Studien zur aktuellen Entwicklung, Frankfurt am Main u. a. 1994.

Institut für Sozialforschung (Hg.), Forschungsarbeiten 1950–1990, Frankfurt am Main 1990.

Leser, Norbert, Die Odyssee des Marxismus: Auf dem Weg zum Sozialismus, Wien u. a. 1971.

Maier, Charles S., Die Gegenwart der Vergangenheit. Geschichte und nationale Identität der Deutschen, Frankfurt am Main 1992.

Nolte, Ernst, Vergangenheit, die nicht vergehen will, in: Frankfurter Allgemeine Zeitung vom 06.06.1986: https://www.1000dokumente.de/index.html?c=dokument_de&dokument=0080_nol&l=de (16.04.2021).

Nolte, Ernst, Die negative Lebendigkeit des Dritten Reiches. Eine Frage aus dem Blickwinkel des Jahres 1980, in: Frankfurter Allgemeine Zeitung, 24.07.1980.

Oberlechner, Manfred/Heinisch, Reinhard/Duval, Patrick (Hg.), Nationalpopulismus bildet? Lehren für Unterricht und Bildung. The New European National Populism: Lessons for School Education. Le nouveau national-populisme européen: quelles leçons pour l'école?, Frankfurt am Main 2020.

Oberlechner, Manfred, Die gelungene Aufklärung? Multikulturalismus in den Niederlanden, Salzburg 2000.

Peter, Jürgen, Der Historikerstreit und die Suche nach einer nationalen Identität der achtziger Jahre, Frankfurt am Main 1995.

Schmidt, Alfred/Altwinkler, Norbert (Hg.), Max Horkheimer heute: Werk und Wirkung. Frankfurt am Main 1986.

Schwandt, Michael, Kritische Theorie. Eine Einführung, Stuttgart 2010.

Van Reijen, Willem/Bransen, Jan, Das Verschwinden der Klassengeschichte in der „Dialektik der Aufklärung": Ein Kommentar zu den Textvarianten der Buchausgabe von 1947 gegenüber der Erstveröffentlichung von 1944, in: Horkheimer, Max, Gesammelte Schriften, Band 5, Frankfurt am Main 1987, 453–457.

Van Reijen, Willem/Schmid Noerr, Gunzelin (Hg.), Vierzig Jahre Flaschenpost: „Dialektik der Aufklärung" 1947–1987, Frankfurt am Main 1987.

Walter-Busch, Emil, Geschichte der Frankfurter Schule: kritische Theorie und Politik, München 2010.

Wiggershaus, Rolf, Die Frankfurter Schule: Geschichte, theoretische Entwicklung, politische Bedeutung, München u. a. 1987.

Winter, Rainer/Zima, Peter (Hg.), Kritische Theorie heute, Bielefeld 2007.

Zinnecker, Jürgen (Hg.), Der heimliche Lehrplan: Untersuchungen zum Schulunterricht, Weinheim u. a. 1975.

Manfred Gabriel

Wissenschaft als Beruf(ung)
Eine kritische Skizze in zwölf Teilen

Abstract: Based on Max Weber's dictum, "Academic life is a gamble", this article outlines the effects of the reform-resistant German higher education system on the working conditions of scientists. It highlights the precarious life and work situation of scientists, especially young scientists, in twelve theses, including the compulsion to mobility, fixed-term appointments, financial pressures and difficult working conditions. In addition, the contribution criticises economisation in the field of science, as well as the quantification of academic achievements by ranking and citation databases. Without a secure way of life for scientists, science cannot be a vocational profession.

Keywords: science, university, economisation, academic precariousness, next academic generation

1 Der Vortrag

Am 7.11.1917 hielt Max Weber einen Vortrag vor dem Freistudentischen Bund (Landesverband Bayern) mit dem Titel: „Wissenschaft als Beruf". Dieser Vortrag sollte einerseits eine Zeitdiagnose sein, andererseits die professionelle Ethik der Wissenschaft durchleuchten und letztendlich die Frage beantworten, wie denn die Persönlichkeit eines Wissenschaftlers[1] gestaltet sein muss: Welche Persönlichkeitstypen sind für diesen Beruf überhaupt geeignet?

2 „Das akademische Leben ist also ein wilder Hasard"[2]

Das Frappierende an Webers Vortrag ist, dass sich vieles, was er darin beschreibt, kaum geändert zu haben scheint. Er vergleicht die typischen Karriereverläufe in Deutschland und den USA. In Deutschland kommt man über die Abfassung einer Dissertation und eine Habilitation zum Status des Privatdozenten. Der Status ist prekär, er ist an kein festes Gehalt geknüpft, die einzige Möglichkeit,

---

1 Die Stellen, die Webers Argumentation umfassen wurden mit Absicht nicht gegendert. Zu seinen Zeiten gab es kaum Studentinnen, geschweige denn Professorinnen. Er denkt daher Frauen keinesfalls mit.
2 Weber, Wissenschaft als Beruf, 588.

über diese Tätigkeit Einkommen zu generieren, ist das Kolleggeld. Man kann sich über die Forschung für eine Professur empfehlen. Die Lehre spielt dabei eine untergeordnete Rolle. Nicht jeder, der sich habilitiert, bekommt auch eine Professur. Das wird letztlich durch Angebot und Nachfrage entschieden. Der übriggebliebene Rest ist zum Dasein als akademisches Proletariat verdammt.

Webers These ist unzeitgemäß aktuell. Franz Eulenberg hat im Jahr 1908 eine Untersuchung publiziert. 1907 wurden etwa 42 % der Vorlesungsstunden an deutschen und österreichischen Universitäten von Privatdozenten und Extraordinarien erbracht. der Universitätsunterricht baut sich zum wesentlichen Teil auf der Arbeit der informellen Universität auf. Kreckel erhob 2014, dass die akademische Lehre in Deutschland zu 35,5 % von Professoren, zu 45,5 % vom sogenannten Mittelbau und zu 19,9 % von Nebenerwerbslehrenden angeboten wurde.[3]

Waren es 1907 Habilitierte, so sind es heute überwiegend PostDocs und Dissertant:innen, die als Mittelbau bzw. als akademischer Nachwuchs firmieren.

Weber vergleicht die deutsche Situation mit jener in den USA. Der Assistant Professor empfängt ein sicheres Gehalt, gilt aber bis zum Erreichen der *tenure* als kündbar. Der PhD reicht als Qualifikation, die Habilitation gilt als entbehrlich. Der Assistant Professor ist mit Lehre überlastet, worunter die Forschung leidet. Aber er muss nicht damit rechnen, in das akademische Prekariat abzurutschen. Allenfalls muss er sich eine Stelle an einer schlechteren Universität oder einem Community College suchen.

Weber gibt keinerlei Empfehlung ab, welches System besser ist, rechnet aber damit, dass sich das deutsche System amerikanisieren wird.

3 Das deutschsprachige Hochschulsystem erweist sich als extrem reformresistent

Tatsächlich hat sich das deutsche System niemals internationalisiert. Wesentliche Merkmale sind seit über hundert Jahren unverändert. Nach wie vor gibt es ein Lehrstuhlprinzip, die Habilitation als wesentliches Kriterium für eine Berufung, ein Hausberufungsverbot und das Konstrukt einer Qualifikationsstelle.

Das deutsche System zeichnet sich durch eine extrem lange Nachwuchsphase aus. Während in Frankreich, in den USA und Großbritannien Dissertant:innen zu den Studierenden gezählt werden und deshalb nicht oder nur teilweise zum

---

3 Vgl. Kreckel, Akademischer Nachwuchs, 55.

regulären Universitätspersonal gerechnet werden, werden sie in Deutschland und Österreich zu regulären Mitgliedern des sogenannten Mittelbaus.

Zudem endet die Phase des wissenschaftlichen Nachwuchses im deutschen Sprachraum aber auch deutlich später. Während man in den USA, Frankreich und Großbritannien nach der Promotion in eine reguläre Stelle mit vollen Mitgliederrechten gelangen kann, gibt es im deutschsprachigen System keine durchgängig gültigen Karrieremuster. Man bleibt im deutschen System auch im fortgeschrittenen Alter weisungsgebunden. Wer es nicht innerhalb von 12 Jahren auf eine Professur oder eine der wenigen Funktionsstellen schafft, wird aus dem System wieder ausgeschieden. Die mittlerweile als „Kreckel-Graphik" firmierende Darstellung verdeutlicht das:

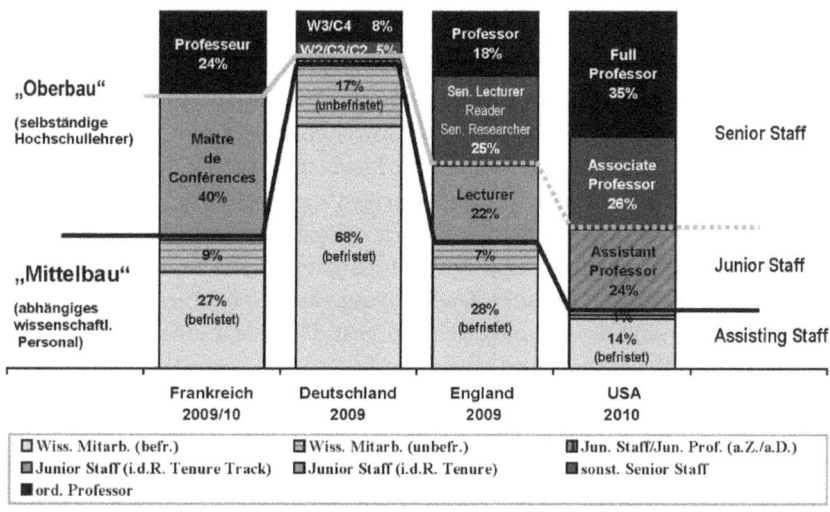

Abbildung 1: Hauptberufliches wissenschaftliches Personal an Universitäten (Vollzeit bzw. VZÄ): Frankreich, England und USA im Vergleich zu Deutschland[4]

4 Macht und Distinktion

Viele der deutschen Eigenheiten sind schlicht und einfach Distinktionskriterien, deren einziger Zweck es ist, starre Hierarchien aufrecht zu erhalten. Die Habilitation wird als Konsekrationsinstanz eingezogen. Das Hausberufungsverbot, das

---

4 Quelle: Kreckel, Akademischer Nachwuchs als Beruf, 58.

natürlich auch gegen Nepotismus wirken soll, führt zu einem Mobilitätszwang, der auch in späten Jahren einer Biographie noch wirksam ist.

Am deutlichsten wird die machterhaltende Funktion des deutschsprachigen Hochschulsystems angesichts des Lehrstuhlprinzips. Jeder Lehrstuhl hat eine „Ausstattung": finanziell und operativ, aber auch in Form von Mitarbeiter:innen. In der Sprache des deutschsprachigen Hochschulsystems sind Menschen nicht mehr nur *Human Resources*, sie werden von Subjekten zu Objekten, sie werden verdinglicht zur Ausstattung. Man hat daher im deutschsprachigen Hochschulsystem auch keinerlei Interesse an dauerhaften Mittelbaustellen.

5 Befristung und die Legende von der permanenten Innovation

Dank gesetzlicher Sonderregelungen und der starken Ausrichtung auf kurzfristige Projektgelder gibt es an deutschen Universitäten kaum noch unbefristet angestelltes wissenschaftliches Personal – mit Ausnahme der auf Lebenszeit verbeamteten W2- und W3-Professuren, die inzwischen aber nur noch 13 % aller wissenschaftlich Beschäftigten ausmachen. Insgesamt liegt die Befristungsquote mittlerweile bei 78 %, bei den unter 45-Jährigen sogar bei 92 %.[5]

Legitimiert wird dies mit dem Argument, so gäbe es ein permanentes *turnover* von Köpfen und Ideen, eine Rotation frischer Ideen. Interessant ist aber, dass dies nur bis zum Zeitpunkt der Berufung zählt. Sobald jemand auf einer festen Professur sitzt, ist das offensichtlich egal. Hier steht eine Festanstellung der Kreativität offenbar nicht im Weg.

Auch das Schreckgespenst der Verstopfung von Stellen wird gerne an die Wand gemalt. Eine Verstetigung des Mittelbaus würde nachfolgenden Generation die Chance auf Stellen rauben. Tatsächlich muss aber nur eine Generation einer anderen Generation Platz machen, die wiederum in Unsicherheit und Zwangsteilzeit ihr Dasein fristet.

Letztendlich geht es um die Erhaltung von Verschubmaterial für künftige Berufungsverhandlungen. Euphemistisch werden diese Stellen dann als Qualifikationsstellen bezeichnet, um dieser Praxis zusätzliche Legitimität zu verleihen.

---

5 Vgl. Konsortium Bundesbericht Wissenschaftlicher Nachwuchs (Hg.), Bundesbericht Wissenschaftlicher Nachwuchs 2021, 111.

6 Prekariat und akademisches Nomadentum

Diese Befristungspraxis ist auch ein Phänomen von Klassismus, weil sie die Teilhabe am Wissenschaftssystem nur jenen ermöglicht, die sich prekäre Arbeitsbedingungen leisten können. Personen, die Einkommenseinbußen durch Teilzeitstellen und Vertragslücken nicht durch eigene Rücklagen überbrücken können oder deren Aufenthaltsgenehmigung vom Arbeitsvertrag abhängt, werden systematisch benachteiligt und sind entsprechend in der deutschen Wissenschaft eindeutig unterrepräsentiert.

Das in Deutschland geltende Arbeitsrecht wird durch das Wissenschaftszeitvertragsgesetz (WissZeitVG) ausgehebelt: Die Befristungszeit kann auf beliebig viele Verträge mit teilweise absurd kurzen Laufzeiten aufgeteilt werden. Das führt zu extremer beruflicher und finanzieller Unsicherheit. Eine wissenschaftliche Karriere birgt so das ständige Risiko, nach Ablauf der jeweiligen Vertragslaufzeit vor dem Nichts zu stehen. Diese Karrieren enden meist im Alter um die 45 Jahre. Nur etwa ein Drittel jener, die formal für eine Professur geeignet wären, erhalten auch eine. Der Anteil jener, die nach der Promotion eine wissenschaftliche Karriere beginnen und sie irgendwann abbrechen, liegt zwischen 80 und 86 %.[6]

Bis Mitte 40 ist das Leben von Wissenschaftler:innen überwiegend von Umzügen, Pendeln und Phasen zwischenzeitlicher Arbeitslosigkeit geprägt. Familiengründungen sind eigentlich unmöglich. Vor allem Frauen werden vor die Alternative gestellt, die Wissenschaft zu verlassen oder gegebenenfalls ungewollt kinderlos zu bleiben. Personen mit gesundheitlichen Einschränkungen oder familiären Verpflichtungen, für die ständige Umzüge nicht zumutbar sind, werden so aus dem Wissenschaftssystem exkludiert.[7]

Die Befristungspraxis führt zu einem akademischen Nomadentum. Man hat entweder keinen festen Lebensmittelpunkt oder pendelt mehrere hundert Kilometer zwischen Wohn- und Arbeitsort. Das belastet natürlich auch die privaten Finanzen.

7 Mythos Qualifikationsstelle

Welcher Euphemismus hinter der Bezeichnung „Qualifikationsstelle" steckt, kann man gut beurteilen, wenn man sich die Komplexität von Aufgaben, die Wissenschaftler:innen durchzuführen haben, vor Augen führt. Es geht dabei

---

6 Vgl. Bunia, Von Häuptlingen und anderen Forschern.
7 Vgl. Bahr/Eichhorn/Kubon, #IchBinHanna.

längst nicht mehr um Forschen und Lehren, auch Verwaltung, Leitungsfunktionen, Management und Drittmitteleinwerbung gehören mittlerweile zu den standardmäßigen Aufgaben.

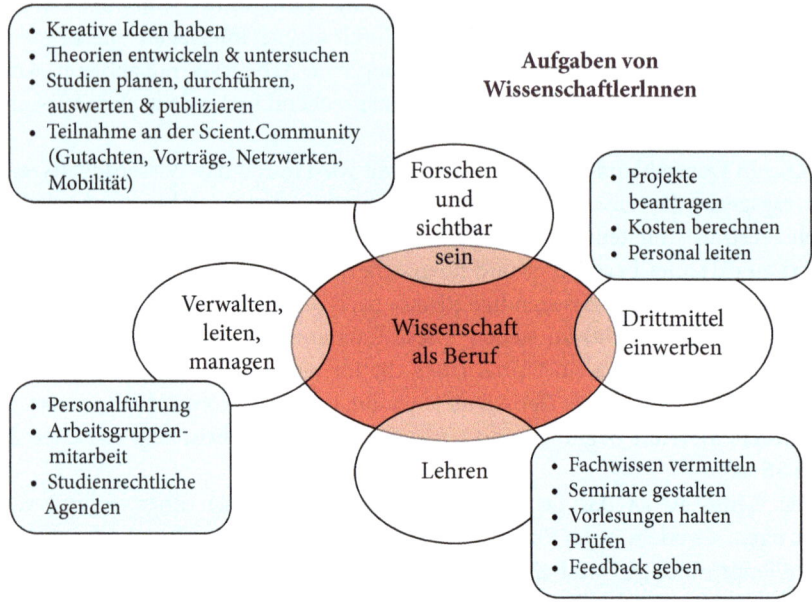

Abbildung 2: Aufgaben von Wissenschaftler(inne)n im Überblick[8]

Forschen bedeutet nicht nur, kreative Ideen zu haben, Theorien zu entwickeln, Studien zu planen und durchzuführen, man muss diese auch sichtbar machen. Die Teilnahme an der Scientific Community mittels Konferenzteilnahmen ist unabdingbar. Man kann sich nur begrenzt der eigenen Forschung widmen. Das Schreiben von Bewerbungen steht im Vordergrund. Das fortlaufende Bemühen um eine Vertragsverlängerung führt zu einer Anpassung an den Mainstream. Riskante Forschungsstrategien werden vermieden, eine Anpassung an Vorstellungen von Vorgesetzten ist mitunter dienlicher.

Die Einwerbung von Drittmitteln ist nun auch ein wesentlicher Bestandteil der Forschung. Das bedeutet: Projekte beantragen, umfassende Anträge schreiben, Kosten berechnen und Personal leiten.

---

8 Quelle: Schober, Erziehung und Bildung für Wissenschaft, 47.

Die Lehre ist ebenfalls zu einem sehr anspruchsvollen Tätigkeitsfeld des wissenschaftlichen Berufs geworden, wenngleich sie für die Beurteilung des beruflichen Erfolgs, trotz vielfacher anderslautender Beteuerungen, eine untergeordnete Rolle spielt. Für Berufungen sind Kriterien wie Lehre kaum ausschlaggebend.

Andererseits steigen die Anforderungen: Um Fachwissen zu vermitteln, Seminare zu gestalten, Vorlesungen zu halten, werden von Wissenschaftler:innen umfassende Kenntnisse der Hochschuldidaktik vorausgesetzt. Viele Universitäten tragen dem Rechnung, indem sie eigene hochschuldidaktische Zentren unterhalten. Ein weiterer Punkt, der ausgesprochen belastend wirken kann, ist – vor allem in größeren Studienrichtungen – die Prüfungstätigkeit und die Notwendigkeit, Studierenden ein Feedback zu geben bzw. über Notengebung zu diskutieren. In einer vom Zwang zur Selbstoptimierung gekennzeichneten Gesellschaft sind auch die Studierenden von Ergebnisorientierung nicht frei.

In Universitäten, die im Wettbewerb um gute Plätze in den Universitätsrankings stehen, ist die Lehre nur mehr lästiges Beiwerk. Vieles in der Lehre wird auf den prekarisierten Mittelbau abgewälzt. Dazu kommen letztendlich auch noch administrative Aufgaben, etwa in studienrechtlichen Angelegenheiten, im Management von Organisationseinheiten, in der Personalführung und vor allem auch die Arbeit in Gremien der akademischen Selbstverwaltung.

8 Tyrannei der Metrik

All diese Tätigkeitsfelder sind von der sogenannten „Tyrannei der Metrik"[9] betroffen. Die Quantifizierung des Sozialen ist mittlerweile zu einer gesamtgesellschaftlichen Erscheinung geworden. Wir kennen unter anderem Ratingagenturen, *credit scoring*, *health scoring* sowie zahlreiche Rankings von Bildungseinrichtungen. Auf universitärer Ebene sind es vor allem die Universitätsrankings und die individuellen Statusmarker, die für die Wissenschaft als Beruf von Bedeutung sind.

Universitätsrankings betreffen Mitarbeiter:innen meist nur indirekt. Solche Rankings sind seit etwa 15 Jahren in nahezu inflationärem Gebrauch. 2003 kam das Shanghai Ranking auf den Markt, dem bald zahlreiche andere folgten. Vergleiche von Universitäten innerhalb eines Landes gibt es allerdings schon länger. Vor allem in den USA ist die Etablierung einer hierarchischen Ordnung der Universitäten schon gut hundert Jahre alt. Mittlerweile hat sich eine wahre Ranking-Industrie in der Hand kommerzieller Organisationen entwickelt. Universitäten befinden sich dadurch in einem globalen Wettbewerb, dessen Referenz allerdings

---

9 Vgl. Muller, The Tyranny of Metrics; Mau, Das metrische Wir.

eine Forschungsuniversität angelsächsischer Prägung ist. Rankings sind als Reputationskapital mittlerweile zu einem wichtigen Bestandteil von Universitätspolitik geworden.[10]

Auf individueller Ebene existieren ebenfalls Statusmarker oder Reputationscores. Sie sind mittlerweile die Leitwährung im universitären Wettbewerb zwischen Individuen um Posten und Ressourcen. Man muss nun nicht mehr nur interessante Forschung betreiben und diese auch publizieren, man muss auch dafür sorgen, dass diese sichtbar ist.

Diese Sichtbarkeit wird aber nicht mehr qualitativ festgestellt, etwa durch lobende Erwähnung von kompetenten Fachkolleg:innen, sondern durch einen messbaren Impact. Der wichtigste Indikator für den wissenschaftlichen Erfolg ist die Zitation. Ein bibliometrisches Instrument, das sich seit 2005 rasch durchgesetzt hat, ist der sogenannte H-Index. Dieser wurde von Jorge E. Hirsch entwickelt. Der H-Index bezieht sich auf die Anzahl der Publikationen, die mit einer bestimmten Häufigkeit in anderen Publikationen zitiert werden.

Umstritten ist dabei allerdings die Frage, welche Zitationen man in die Zählung miteinbezieht. Puristen beharren darauf, in die Zählung nur Artikel aufzunehmen, die in etablierten Zitationsdatenbanken erfasst sind (etwa dem Science Citation Index) und die vor allem *peer-reviewed* sind, also vor einer Veröffentlichung anonym begutachtet wurden. Der H-Index hat weite Gebiete der Wissenschaften erobert. Einzig Teile der Geistes- und Kulturwissenschaften, Jurisprudenz, Sozialwissenschaften und Theologie widersetzen sich und ignorieren dessen Existenz.

Es ist wohl keine allzu gewagte These, dass der Erfolg dieser metrischen Erfassung von Forschungsleistungen auch damit zu tun hat, dass man ohne großen Aufwand Wissenschaftler:innen effizient beurteilen kann. Die Zitationswerte verhelfen zur schnellen Einordnung von Forscher:innen und ersetzen die eigene Lektüre. Sie ersparen das Lesen und das Nachdenken über Veröffentlichtes bei der Beurteilung wissenschaftlicher Leistungen, man braucht sich keine eigenen Gedanken mehr machen, man hat ja bereits einen Index. Die Globalisierung von Wissenschaft ist wohl ein weiterer Grund, warum sich der H-Index durchgesetzt hat. Er ist quasi universell kommunizierbar und ermöglicht eine umfassende Vergleichbarkeit.

---

10 Vgl. Mau, Das metrische Wir

9 Die Veränderung der Publikationskultur

Jede standardisierte Form der Evaluation hat strukturelle Auswirkungen. Die Professionalisierung der Wissenschaft führt auch dazu, dass Arbeiten nur deswegen entstehen, weil etwas geschrieben werden muss. Etwas vorlegen zu müssen, war zwar immer schon wichtiger Bestandteil universitärer Wissenschaft, es ist aber wohl kaum übertrieben zu behaupten, dass die Produktion schriftlicher Arbeiten und damit die Produktion von Wissen noch nie so streng geregelt war. Richard Münch hat in seinem Buch *Akademischer Kapitalismus*[11] zahlreiches Material zusammengetragen, mit dem er die Transformation akademischer Qualitätssicherung zu managerialem Controlling belegt.

Für die Wissensproduktion in der gegenwärtigen Wissenschaft sind das bereits beschriebene *peer-review* System und die Bibliometrie zur wichtigsten ordnungsstiftenden Instanz geworden. Will man Foucault bemühen, kann man es als Disziplinierungsmittel für Nachwuchswissenschaftler:innen begreifen.

Evaluationsverfahren haben aber Auswirkungen auf jene, die evaluiert werden: Der Ökonom Bruno Frey[12] hat die Verzerrungen, die sich durch die Anwendung von Evaluationsverfahren ergeben, analysiert:

- Was nicht gemessen wird, zählt nicht mehr, das heißt, die Multidimensionalität wird verfehlt.
- Intrinsische Motivation wird geschwächt und durch extrinsische ersetzt. Dies geht zu Lasten der Kreativität.
- Leistungen werden im Hinblick auf Kennziffern bis hin zum Betrug manipuliert.

Das führt zu Spielchen, die wir alle kennen: Salamitaktik, Zitationskartelle usw. Publiziert wird in sogenannten LPUs (*Least publishable unit*). Das heißt: Was vordergründig als Qualitätssicherung durch Standardisierung daherkommt, hat für die Entwicklung des Wissens einer Disziplin mitunter verheerende Folgen. Ist die standardisierte Seite der Wissensproduktion stark ausgeprägt, stagniert das Wissen. Überraschendes und Sperriges wird aussortiert, das, was als Mainstream anerkannt wird, gewinnt die Oberhand.

An deutschsprachigen Universitäten wurde der intrinsischen Motivation nicht mehr vertraut, die extrinsische bürokratisch verankerte Belohnung oder Bestrafung hat sich dagegen durchgesetzt. Akademische Manager:innen der Gegenwart müssen sich vor allem selbst vermarkten. Das aber heißt, sich an den

---

11 Vgl. Münch, Akademischer Kapitalismus.
12 Vgl. Frey, Evaluitis – eine neue Krankheit.

Kriterien der Evaluation zu orientieren. Hat sich also das Schreiben von *peer-review*-Artikeln als erfolgversprechende Karrierestrategie einmal durchgesetzt, wird die Produktion anderer Textsorten zweitrangig.

Gerade in den Kultur- und Sozialwissenschaften ist eine Teilung in *book people* und *journal people* beobachtbar. Da Bücher aber nicht in den Zitationsdatenbanken aufgenommen werden, kann dies zur Unsichtbarkeit dieser Leistungen führen. Es rivalisieren also zwei Systeme von Reputationserzeugung nebeneinander. Dort, wo die bibliometrische Bewertung von *peer-reviews* eine hegemoniale Stellung erobert, gerät das Bücherschreiben mehr und mehr in den Hintergrund. Freilich gibt es nach wie vor – allerdings nicht in Zitationsdatenbanken, sondern eher in Feuilletons – vielzitierte Buchschreiber:innen.

Mit dem Reputationsverlust des Bücherschreibens gehen natürlich auch andere Textsorten verloren: Lexikonartikel, Lehrbücher, Beiträge in Sammelbänden usw. bleiben unbelohnt.

In diesem Zusammenhang besonders paradox: Auch die Begutachtungstätigkeit ist eigentlich fast immer eine Fleißaufgabe. So auch die von eingereichten Artikeln für *peer-review*-journals. Sollte sich diese Erkenntnis einmal durchgesetzt haben, implodiert das *peer-review*-system.

10 Inszenierter Wettbewerb

Die einzige Funktion der Produktion von Wissens ist die Förderung wissenschaftlicher Karrieren. Wissen, das produziert wird, dient nur mehr dem Selbstmanagement. Ob dieser Wettbewerb tatsächlich dazu geeignet ist, die geeigneten Köpfe für die jeweiligen Positionen zu finden, ist mehr als fraglich. Wer sich in einem Wettbewerb bewährt, hat gezeigt, dass er/sie wettbewerbstauglich ist. Keinesfalls ist damit allerdings erwiesen, dass er/sie auch eine gute Besetzung für die Position ist. Viele der Eigenschaften, die für die Position wichtig sind, können in den jeweiligen Verfahren gar nicht ermittelt werden. Das ist der Politik nicht unähnlich, wo gute Wahlkämpfer:innen nicht unbedingt gute Regierende sind.

Freilich hat der metrisierte und inszenierte Wettbewerb nicht die neofeudalen Strukturen komplett ersetzt, er wird vielmehr darin eingebettet. Netzwerke, Lobbying in eigener Sache muss weiter betrieben werden. Bei der Zusammensetzung von Kommissionen, der Bestellung von Gutachter:innen usw. werden diese Faktoren wieder relevant.

11 Ritualismus und Rückzug

Laut Mertons Anomietheorie führt die Unerreichbarkeit von Zielen zu Ritualismus oder Rückzug.

Tabelle 1: Typologie der Modi individueller Anpassung[13]

Modi der Anpassung	Kulturelle Ziele	Institutionalisierte Mittel
I. Konformität	+	+
II. Innovation	+	−
III. Ritualismus	−	+
IV. Rückzug	−	−
V. Rebellion	+/−	+/−

Im ersten Fall wird das Ziel ignoriert, die Handlungen, die dazu dienen, das Ziel zu erreichen, werden aber fortgeführt. Im zweiten Fall, wenn das Individuum die Ziele verinnerlicht hat, aber keine Mittel sieht, um sie zu erreichen, folgt Flucht und Resignation. Innovation ist kaum mehr möglich, weil die Mittel zur Erreichung der Ziele – wie gezeigt – stark standardisiert sind. Rebellion kann in Einzelfällen beobachtet werden.

12 Wissenschaft als Berufung. Die Universität als gierige Institution

Universitäten kann man als *greedy institutions*[14] bezeichnen. Damit ist gemeint, dass die formale Mitgliedschaft in einer Organisation zahlreiche informale Erwartungen oder sogar Verpflichtungen nach sich zieht. Man muss sich mit den Werten und Zielen der Organisation identifizieren.

Die Opferbereitschaft, die die gierige Institution Universität verlangt, ist viel profaner. So wird auf Teilzeitstellen selbstverständlich Ganztagsanwesenheit verlangt. Reisen zu Konferenzen müssen ganz oder teilweise aus eigener Tasche bezahlt werden. Urlaube werden dazu benutzt, um schriftliche Arbeiten fertig zu stellen. Universitäten können ihren Arbeitnehmer:innen keine Motivationsinstrumente wie andere Arbeitgeber anbieten. Daher wird ein Mythos geschaffen: Wissenschaft als Berufung. Die Opfer, die man bringt, sind in Wirklichkeit Wohltaten, die man erfährt. Dazu gehört auch das Narrativ von der permanenten Qualifikation, die man erwerben kann.

---

13 Quelle: Merton: Soziologische Theorie und soziale Struktur, 135.
14 Vgl. Coser, Gierige Institutionen.

In Wirklichkeit verlangt eine Universität aber zu großen Teilen einfach routinisierte Arbeit. Arbeit, die mit zunehmender Routine auch besser wird. In der Lehre, in der Verwaltung und auch in der Forschung. Nachhaltige Forschung (Grundlagenforschung) entsteht nur durch kontinuierliche langsame Arbeit an Wissenszuwachs. Tatsächlich aber sind die Universitäten nur an kurzfristigen Reputationsgewinnen interessiert.

Auf die Opferbereitschaft hat auch schon Max Weber – durchaus affirmativ – hingewiesen. Auch er betont die Notwendigkeit von Leidenschaft und Askese, Demut angesichts von Obsoleszenz, Dienst an der Sache und nüchterner Klarheit. Der Sinn von Wissenschaft ist die Beherrschung des Lebens durch Technik, die Verfeinerung der Methoden des Denkens und die Klarheit über die Zweck-Mittel-Relation, letztendlich die Entzauberung der Welt.

> Ohne diesen seltsamen, von jedem Draußenstehenden belächelten Rausch, diese Leidenschaft, dieses: ‚Jahrtausende mußten vergehen, ehe du ins Leben tratest, und andere Jahrtausende warten schweigend': – darauf, ob dir diese Konjektur gelingt, hat einer den Beruf zur Wissenschaft nicht und tue etwas anderes. Denn nichts ist für den Menschen als Menschen etwas wert, was er nicht mit Leidenschaft tun kann.[15]

> Die zunehmende Intellektualisierung und Rationalisierung bedeutet also nicht eine zunehmende allgemeine Kenntnis der Lebensbedingungen, unter denen man steht. Sondern sie bedeutet etwas anderes: das Wissen davon oder den Glauben daran: daß man, wenn man nur wollte, es jederzeit erfahren könnte, daß es also prinzipiell keine geheimnisvollen unberechenbaren Mächte gebe, die da hineinspielen, daß man vielmehr alle Dinge – im Prinzip – durch Berechnen beherrschen könne. Das aber bedeutet: die Entzauberung der Welt. Nicht mehr, wie der Wilde, für den es solche Mächte gab, muß man zu magischen Mitteln greifen, um die Geister zu beherrschen oder zu erbitten. Sondern technische Mittel und Berechnung leisten das. Dies vor allem bedeutet die Intellektualisierung als solche.[16]

Die Geistesaristokratie, die Weber hier anstrebt, ist jedoch nicht möglich, weil den Wissenschaftler:innen eines fehlt: Existenzsicherung und Autonomie. Künstler:innen konnten (mussten) ihre Autonomie vielfach mit dem Preis des Prekariats erkaufen. Wissenschaftler:innen leben mittlerweile ziemlich oft im Prekariat, ohne im Gegenzug Autonomie generieren zu können.

Wer aber möchte, dass Wissenschaft als Berufung gelebt werden kann, muss zuerst dafür sorgen, dass sie auch als Beruf gelebt werden kann.

---

15 Weber, Wissenschaft als Beruf, 589.
16 Ebd. 594.

Literatur

Bahr, Amrei/Eichhorn, Kristin/Kubon, Sebastian: #IchBinHanna: Promoviert, habilitiert, perspektivlos, in: Blätter für deutsche und internationale Politik 66 (2021) 8, 21–24: https://www.blaetter.de/ausgabe/2021/august/ichbinhanna-promoviert-habilitiert-perspektivlos (25.08.2021).

Bunia, Remigius, Von Häuptlingen und anderen Forschern, in: Merkur 69 (2015) 6, 17–30.

Coser, Lewis, Gierige Institutionen: soziologische Studien über totales Engagement (stw 2119), Frankfurt am Main 2015 (Original: Greedy Institutions. Patterns of Undivided Commitment, New York 1974).

Frey, Bruno S., Evaluitis – Eine neue Krankheit (University of Zurich, Institute for Empirical Research, Working Paper 293), Zürich 2006.

Konsortium Bundesbericht Wissenschaftlicher Nachwuchs (Hg.), Bundesbericht Wissenschaftlicher Nachwuchs 2021. Statistische Daten und Forschungsbefunde zu Promovierenden und Promovierten in Deutschland, Bielefeld 2021: https://www.buwin.de/ (25.08.2021).

Kreckel, Reinhard: Akademischer Nachwuchs als Beruf? Zur unzeitgemäßen Aktualität Max Webers, in: Haller, Max (Hg.), Wissenschaft als Beruf. Bestandsaufnahme – Diagnosen – Empfehlungen (ÖAW; Forschung und Gesellschaft 5), Wien 2013, 54–67.

Mau, Steffen, Das metrische Wir. Über die Quantifizierung des Sozialen, Berlin 2017.

Merton, Robert: Soziologische Theorie und Soziale Struktur, Berlin/New York 1995 (Original Merton, Robert K., Social Theory and Social Structure, New York 1968 [^{1}1949]).

Münch, Richard, Akademischer Kapitalismus. Über die politische Ökonomie der Hochschulreform (es 2633), Berlin 2011.

Muller, Jerry Z., The Tyranny of Metrics, Princeton 2018.

Schober, Barbara, Erziehung und Bildung für Wissenschaft aus bildungspsychologischer Perspektive, in: Haller, Max (Hg.), Bestandsaufnahme – Diagnosen – Empfehlungen (ÖAW, Forschung Gesellschaft 5), Wien 2013, 44–53.

Weber, Max, Wissenschaft als Beruf (1919), in: ders., Gesammelte Ausätze zur Wissenschaftslehre. Hg. Johannes Winckelmann, Johannes (UTB 1492), Tübingen ^{7}1988, 582–613.

Weitere Beiträge

Katharina Kreissl/Angelika Striedinger

Institutionelle Logiken in der reformierten Hochschule:
Wie unterschiedliche Konzeptionen der Universität organisationale Gleichstellungsarbeit (de)legitimieren

Abstract: This study analyses different bases for motivating and legitimating equality work at universities. Drawing on the theoretical perspective of sociological institutionalism, these bases are described as forms of institutional logic which result, in practice, in different perceptions of what universities ought to be and achieve. Using case studies of Austrian higher education institutions, four institutional university logics are identified and placed in context with the corresponding approaches to university equality initiatives. The aim of the study is to contribute to a clearer understanding of universities' equality policies and to act as an orientation aid for the development of appropriate feminist strategies for institutional change within organisations.

Keywords: equality, institutional logics, entrepreneurial university, New Public Management, social responsibility

Warum fördert eine Dekanin an einer Universität Mentoring-Programme für junge Akademikerinnen? Weil sie es als Aufgabe der Universität sieht, Geschlechterungleichheiten entgegenzuwirken? Weil sie es für wichtig hält, die vorhandenen Humanressourcen optimal zu nutzen? Oder weil sie möchte, dass ihre Fakultät bei der Erreichung eines bestimmten Gleichstellungsindikators gut abschneidet? In dieser Studie untersuchen wir verschiedene Grundlagen für Gleichstellungsarbeit an Universitäten und beschreiben den komplexen und heterogenen institutionellen Kontext, in dem diese Maßnahmen angesiedelt sind. Der hohe Grad an Komplexität und Heterogenität resultiert daraus, dass die Universitätslandschaft von unterschiedlichen Vorstellungen darüber geprägt ist, was Universitäten sein und leisten sollen. Aus diesen, teilweise widersprüchlichen, Konzeptionen entwickeln sich wiederum eine Vielzahl an Legitimations- und Delegitimierungsstrategien für die Umsetzung von Gleichstellungsregelungen und -programmen.[1]

---

1 Vgl. Ely/Meyerson, Theories of Gender in Organizsations; Nentwich, Changing Gender.

In der bestehenden Forschung zu Gleichstellungsarbeit an Universitäten wird meist der zunehmende Grad an Managerialisierung als relevanter organisatorischer Kontext für die Entwicklung von Gleichstellungsansätzen und -aktivitäten betont[2] und entweder auf Gelegenheitsfenster für die Verankerung von Geschlechtergleichstellung in diesen Steuerungsstrukturen verwiesen oder kritisch festgestellt, dass feministisches Denken und Organisieren verdrängt wird. Aufbauend auf dieser Forschung, insbesondere auf Analysen des ambivalenten Zusammenhangs zwischen Gleichstellungsarbeit und Managerialisierung, betrachten wir nicht ausschließlich den Aufstieg des Managerialismus in Universitäten, sondern nehmen stattdessen die anhaltende Vielfalt unterschiedlicher Konzeptionen von Universität in den Blick. Dabei analysieren wir, wie Gleichstellungsarbeit in diesen Vorstellungen verankert ist, und tragen damit zu einem besseren Verständnis der Entwicklung von Gleichstellungsarbeit sowie der Bedingungen für Erfolg und Scheitern bei: Wie und warum werden bestimmte Gleichstellungsansätze problemlos in Selbstverständnis und Selbstdarstellung der Universität aufgenommen, während andere an den Rand gedrängt werden? Unser Ziel ist, eine Orientierungshilfe für die Entwicklung geeigneter feministischer Strategien für institutionelle Veränderungen innerhalb dieser Organisationen zu bieten.

Um uns dem komplexen und heterogenen Kontext von Gleichstellungsarbeit an Universitäten anzunähern, verwenden wir das theoretische Instrumentarium des soziologischen Institutionalismus.[3] Vorstellungen darüber, was eine Universität sein und tun sollte, werden dabei als institutionelle Logiken[4] verstanden, die wiederum Bezugsrahmen für die Legitimation und Delegitimation von Gleichstellungszielen und -aktivitäten innerhalb von Universitäten liefern. Unsere empirische Studie[5] nimmt die österreichische Universitätslandschaft in den Blick, die im Zuge von Hochschulreformen in den 1990er und vor allem in den 2000er Jahren tiefgreifende Veränderungen in Richtung einer Managerialisierung erfahren hat. Gleichzeitig nahm in diesem Zeitraum die Bedeutung, Regulierung und Sichtbarkeit von Gleichstellungsarbeit zu, getrieben sowohl

---

2 Vgl. Barry/Chandler/Berg, Women's Movements and New Public Management.
3 Vgl. Greenwood u. a., The SAGE Handbook of Organizational Institutionalism.
4 Vgl. Friedland/Alford, Bringing Society Back In; Thornton/Ocasio/Lounsbury, The Institutional Logics Perspective.
5 Diese Arbeit basiert auf dem Projekt „Gender in Academia" (GENiA), das von einem Team von Forscher_innen (Johanna Hofbauer, Katharina Kreissl, Birgit Sauer und Angelika Striedinger) der Universität Wien und der Wirtschaftsuniversität Wien durchgeführt wurde.

von gesetzlichen Maßnahmen wie auch von Initiativen an einzelnen Universitäten. Mittels Fallstudien an österreichischen Hochschulen identifizieren wir vier institutionelle Logiken der Universität und stellen diese in Zusammenhang mit entsprechenden Ansätzen für universitäre Gleichstellungsarbeit.

Im Folgenden erläutern wir in einem ersten Schritt den Kontext unserer Analyse, nämlich die tiefgreifenden Reformen der österreichischen Hochschullandschaft, mit einem speziellen Fokus auf universitäre Gleichstellungspolitik. Im Anschluss beschreiben wir unser Forschungsdesign und schildern die theoretischen sowie methodischen Analysewerkzeuge. Es folgt eine Darstellung der Ergebnisse unserer Untersuchung, indem vier verschiedene Vorstellungen von Universität skizziert und die Entwicklung von Gleichstellungsarbeit in den Kontext dieser Vorstellungen gestellt werden. In den Schlussfolgerungen kommentieren wir, welche Ableitungen sich daraus für die Entwicklung von Gleichstellungsarbeit an Universitäten ergeben können.

1 Kontext: Tiefgreifende Transformation der österreichischen Universitäten

Veränderungen in der Hochschullandschaft sind nicht nur an österreichischen Universitäten zu beobachten, sondern seit den 1990er Jahren europaweit. Die Situation in Österreich ist jedoch insofern besonders, als dass die Universitätslandschaft nach einer langen Periode der Stagnation sehr schnell und sehr tiefgreifend reformiert wurde und so zu einem Vorzeigebeispiel für managerialisierte Hochschulsteuerung in Europa avancierte. Das Kernstück der österreichischen Hochschulreform ist das Universitätsgesetz (UG) 2002, das universitäre Steuerungsmechanismen nach den Prinzipien des New Public Management (NPM) neu strukturierte. Erste Schritte zu dieser Veränderung wurden bereits fast ein Jahrzehnt zuvor, im Zuge der Universitätsreform 1993 (Universitätsorganisationsgesetz, UOG), unternommen. Ein erster Reformvorschlag aus den frühen 1990er Jahren, der stark von Ideen des New Public Management geprägt war, wurde dabei im Zuge politischer Verhandlungen und Kompromissfindung zwischen einer sozialdemokratisch-konservativen Regierungskoalition, den Oppositionsparteien und den universitären Interessensgruppen abgeschwächt.[6] Unter einer konservativ-rechtsgerichteten Regierungskoalition in den 2000er Jahren wurden viele Elemente dieses ursprünglichen Vorschlags schließlich

---

6 Vgl. Titscher u. a., Universitäten im Wettbewerb.

zehn Jahre später umgesetzt, gegen den lauten Proteste von Opposition, universitären Akteur_innen und Studierenden.

Im Jahr 2002 wurden die Universitäten zu vollwertigen juristischen Personen, die ihre eigenen Budget- und Personalentscheidungen mit weitgehender Autonomie von staatlichen Institutionen treffen. Auch wurden weitreichende Entscheidungskompetenzen von den akademischen Selbstverwaltungsorganen an zentralisierte universitäre Managementstrukturen übertragen. Die Finanzierung der Universitäten wandelte sich durch Leistungsvereinbarungen mit dem Ministerium von einem input- zu einem output-basierten Modell. Diese Leistungsvereinbarungen sollten innerhalb der Universitäten kaskadenförmig an Fakultäten, Abteilungen und einzelne Professor_innen übertragen werden.

In der Forschung wurden diese Hochschulreformen eingehend aufgearbeitet. Die Analysen befassen sich einerseits sehr kritisch mit den neuen Steuerungsmechanismen, ausgedrückt in Schlagwörtern wie „akademischer Kapitalismus"[7] oder „McUniversity".[8] Kritisiert wird dabei vor allem die Zunahme managerieller Macht an Universitäten auf Kosten der Freiheit von Forschung und Lehre sowie eine stärkere Relevanz von Marketing-Überlegungen und wirtschaftlichen Motiven. Die Transformationen würden zu einem Eingriff des Profitmotivs in die Wissenschaft[9] führen. Ein positiveres Licht auf diese Reformen werfen dagegen die Ausführungen von Burton Clark über die „unternehmerische Universität"[10]: Die Beziehung zwischen Staat und Universität wird vom Mikromanagement zum Kontextmanagement umformuliert; die Studierenden nehmen die Rolle von Kund_innen ein, die die ihnen angebotene Bildungsleistung bewerten; insgesamt gewinnen Ideen von Kommodifizierung und Rationalisierung für die akademische Tätigkeit an Bedeutung. Anstatt auf mögliche nachteilige Effekte dieser Re-Orientierung von Universitäten hinzuweisen, verwendet Clark den Begriff „unternehmerisch" in einem ermächtigenden Sinne und streicht den innovativen und aktivierenden organisationalen Charakter der universitären Transformationen hervor. Seine Beschreibung der „unternehmerischen Universität" ist zu einem Bezugspunkt für eine Reihe von Studien und Diskussionen im Bereich der Hochschulforschung geworden.[11]

---

7   Vgl. Slaughter/Leslie, Academic Capitalism.
8   Vgl. Parker/Jary, The McUniversity.
9   Vgl. Slaughter/Leslie, Academic Capitalism, 9.
10 Vgl. Clark, Creating Entrepreneurial Universities.
11 Vgl. z. B. Barry/Berg/Chandler, Academic Shape Shifting; Brink/Benschop, Gender Practices in the Construction of Academic Excellence; Münch, Der Mono-

Parallel zu den umrissenen Hochschulreformen wurden an den österreichischen Universitäten auch Maßnahmen zur Gleichstellung der Geschlechter eingeführt. Den zentralen rechtlichen Rahmen bildet das 1993 in Kraft getretene Bundes-Gleichbehandlungsgesetz, dessen Hauptziel darin besteht, den Frauenanteil in allen Personalkategorien auf 40 % zu erhöhen. Zu Beginn der 1990er Jahre wurden erste Förderprogramme für Frauen geschaffen, seit 1992 überwachen universitäre Arbeitskreise für Gleichbehandlung die Einstellungsverfahren mit dem Ziel, geschlechtsspezifische Diskriminierung auf allen akademischen Ebenen abzuschaffen. Seit dem UG 2002 ist Gender Mainstreaming Teil der Aufgaben der Universitätsleitung. Mit einer Novellierung des UG im Jahr 2009 wurde eine Geschlechterquote von 40 % im Rektorat, im Universitätsrat und in allen Kollegialorganen, einschließlich der Berufungskommissionen für Professuren, eingeführt.

Studien zu den Effekten von New Public Management für universitäre Gleichstellungsarbeit kommen zu ambivalenten Schlussfolgerungen,[12] die vor allem den organisationalen Kontext betonen: Unter bestimmten Bedingungen können die Reformen für Gleichstellungsanliegen vorteilhaft sein; dazu gehört zum einen die Positionierung innerhalb der universitären Machtverhältnisse, zum anderen die konkrete Ausgestaltung managerieller Abläufe. Für Gleichstellungsarbeit ist Managerialismus ein zweischneidiges Schwert: Einerseits ermöglicht er durch höhere Transparenz, quantitative Indikatoren und Evaluierungsinstrumente eine breitere Grundlage für Beschwerden und Interventionen bei offensichtlichen und anhaltenden Geschlechterasymmetrien; andererseits können quantifizierte Bewertungsprozesse als „Feigenblatt" dienen, um genau diese Asymmetrien zu rechtfertigen, indem auf die – scheinbare – Geschlechtsneutralität dieser Prozesse verwiesen wird.

2 Forschungsdesign: Theoretischer Hintergrund und methodische Herangehensweise

Soziologischer Institutionalismus versteht Organisationen als Strukturen, die umfassende gesellschaftliche Rationalitäten widerspiegeln, und definiert diese Rationalitäten nicht in einem instrumentellen Sinne, sondern als „rationalized

---

polmechanismus in der Wissenschaft; Philpott u. a., The Entrepreneurial University; Whitley/Gläser, The Impact of Institutional Reforms.
12 Vgl. Flicker/Hofbauer/Sauer, Reforming University; Kreissl u. a., Will Gender Equality ever fit in; Hofbauer u. a., Akademischer Kapitalismus; Striedinger u. a., Feministische Gleichstellungsarbeit an unternehmerischen Hochschulen.

myths [...] that identify various social purposes as technical ones and specify in a rulelike way the appropriate means to pursue these technical purposes rationally"[13]. Diese Herangehensweise ermöglicht es, über eine eindimensionale instrumentelle Perspektive auf organisationale Verfahren und Praktiken in Universitäten hinauszugehen, bei der diese Verfahren und Praktiken als bewusste Schritte zur Erreichung definierter Ziele verstanden werden. Vielmehr gelten organisationale Abläufe im soziologischen Institutionalismus als Ausdruck sozial konstruierter Überzeugungen über die Beschaffenheit der Welt und Annahmen von richtigem und angemessenem Verhalten. In der gegenwärtigen institutionellen Theoriebildung findet sich dieses Verständnis von Rationalität am deutlichsten im Konzept der institutionellen Logiken wieder, die definiert werden als „socially constructed, historical patterns of cultural symbols and material practices [...] by which individuals and organizations provide meaning to their daily activity, organize time and space, and reproduce their lives and experiences"[14]. Ein Nebeneinander unterschiedlicher und potenziell widersprüchlicher institutioneller Logiken, die den Alltag einer Organisation bestimmen, wird dabei nicht als Ausnahmesituation betrachtet, sondern ist ein integraler Bestandteil des analytischen Ansatzes. Dieser theoretische Blick ermöglicht es, die Gleichzeitigkeit unterschiedlicher Rationalisierungen von Gleichstellung innerhalb ein und desselben organisationalen Kontexts zu erfassen.

Mithilfe dieses theoretischen Instrumentariums wurden Fallstudien[15] an vier österreichischen Universitäten durchgeführt, denen eine Analyse des politischen Diskurses rund um die Reformen anhand von Parlamentsdebatten, Stellungnahmen und Reformprogrammen vorangegangen ist. Im Rahmen dieses Artikels greifen wir hauptsächlich auf eine Dokumentenanalyse der wichtigsten Planungs- und Strategiedokumente zurück, nämlich Entwicklungspläne sowie Leistungsvereinbarungen zwischen den Universitäten und dem Ministerium (Stand 2017). Im Entwicklungsplan beschreiben Universitäten ihre Ziele und Aktivitäten und schildern ihr spezifisches Profil; die Leistungsvereinbarungen werden in einem Drei-Jahres-Zyklus zwischen den Universitäten und dem Ministerium ausgehandelt und umreißen die geplanten Leistungen der Organisation, deren Erfüllung Einfluss auf die universitären Budgets ausübt. In beiden Dokumenten finden sich auch Kapitel zu Gleichstellung, in denen die Universitäten ihre Perspektive auf Geschlechterasymmetrien darlegen und ihre jeweiligen Ziele

---

13 Meyer/Rowan, Institutionalized Organizations, 343–344.
14 Thornton/Ocasio/Lounsbury, The Institutional Logics Perspective, 2.
15 Vgl. Yin, Case Study Research.

und Vorhaben für Gleichstellung formulieren. Diese Dokumente sind auf den Webseiten der Universitäten öffentlich zugänglich. Mithilfe des Instruments der Textreduktion,[16] einer Methode der qualitativen Inhaltsanalyse zur Entwicklung von Kategorien, wurden relevante institutionelle Logiken der Fallstudien-Universitäten identifiziert und Gleichstellungsarbeit darin kontextualisiert.

3 Ergebnisse: Institutionelle Logiken in der reformierten Universität

Aus der Analyse ergeben sich vier institutionelle Logiken, denen unterschiedliche Konzeptionen von Zweck und Gestalt einer Universität zugrunde liegen. Diese institutionellen Logiken decken sich auch mit Befunden aus der Literatur zur Entwicklung des Hochschulwesens in Österreich.[17] Erstens die institutionelle Logik des „akademischen Professionalismus", auf der das traditionelle österreichische Lehrstuhlsystem der Universität basierte; zweitens die Logik der „sozial verantwortlichen Universität", die durch die Universitätsreform von 1975 vorangetrieben wurde; drittens die institutionelle Logik der „unternehmerischen Universität", die der Marktlogik des akademischen Kapitalismus entspricht und die als wichtige Leitidee für Teile des Hochschuldiskurses seit den 1990er Jahren dient; und viertens die Logik der „manageriellen Universität", die den Kern der einschneidenden Hochschulreform von 2002 darstellt und die Hochschulstrukturen entlang der Ideale des NPM neu gestaltet hat.

Tabelle 1: Die institutionellen Logiken der reformierten Universität

Institutionelle Logik	*Kernaussage*
Akademischer Professionalismus	Freiheit von Forschung und Lehre, wissenschaftliche Qualität und Exzellenz, akademische Selbstverwaltung
Sozial verantwortliche Universität	Gesellschaftliche Verantwortung durch Produktion von Wissen und Bildung, demokratisch gestaltete Universität
Unternehmerische Universität	International wettbewerbsfähige Organisation mit vermarktbaren akademischen Produkten
Managerielle Universität	Steuerung über NPM, standardisierten Leistungsindikatoren und prekären Beschäftigungsverhältnissen

---

16 Vgl. Mayring, Qualitative Inhaltsanalyse.
17 Vgl. Pellert, Die Universität als Organisation; Pernick, Professur oder (r)aus; Kreissl u. a., Will Gender Equality ever fit in?

Diese vier Logiken jedoch lösen sich nicht gegenseitig ab, sondern jede dieser Logiken prägt auch heute noch das Verständnis von Universitäten. Obwohl durch die Reformen die Business Perspektive der „unternehmerischen" und „manageriellen Universität" den Diskurs dominiert, besteht die Logik der „sozial verantwortlichen Universität" und deren Betonung der Bedeutung von Universitäten für die Lösung gesellschaftlicher Probleme fort; gleichzeitig ist, der Logik des „akademischen Professionalismus" folgend, die Freiheit von Forschung und Lehre, unbehelligt von wirtschaftlichen Zwängen, weiterhin ein zentrales Element des Selbstverständnisses universitärer Akteur_innen.

Darüber hinaus interagieren die unterschiedlichen Logiken auch miteinander, sie können in Widerspruch stehen, aber einander auch ergänzen und bestärken. In den frühen 1990er Jahren zum Beispiel vermischen sich im Hochschuldiskurs die institutionellen Logiken der „sozial verantwortlichen Universität" und der „unternehmerischen Universität": Einerseits wird im Sinne sozialer Verantwortung auf die wechselseitigen Verpflichtungen zwischen dem Staat als Repräsentant der Gesellschaft und den Universitäten als Orten der Innovation und Wissensproduktion verwiesen. Andererseits wird im Sinne eines unternehmerischen Geistes genau dieses Argument als Grundlage für die Forderung nach einem höheren Grad an Effizienz und Rechenschaftspflicht der Universitäten herangezogen. In den 2000er Jahren zeigt sich ein weiteres Beispiel für das komplexe Zusammenspiel von institutionellen Logiken, diesmal zwischen der „unternehmerischen Universität", dem „akademischen Professionalismus" und der „sozial verantwortlichen Universität". Ein wirkmächtiger Leitgedanke in den Diskussionen ist die Wettbewerbsfähigkeit von Universitäten, ein zentrales Element der institutionellen Logik der „unternehmerischen Universität". Um diesem Gedanken mehr Legitimität und Kraft zu verleihen, beziehen sich die Proponent_innen in ihren Argumenten dabei allerdings sowohl auf die professionelle Logik – die Universitäten müssen im Sinne wissenschaftlicher Exzellenz die „besten Köpfe" anziehen und fördern –, als auch auf die Logik sozialer Verantwortung – Wettbewerbsfähigkeit sei die Grundlage für Wirtschaftswachstum und somit für die Schaffung von Arbeitsplätzen und die Aufrechterhaltung des Wohlfahrtsstaates.

4 Ansätze für Gleichstellungsarbeit

Diese institutionellen Logiken und ihr Zusammenspiel wirken auch weiter in Diskussionen über Gleichstellungsaktivitäten an Universitäten. Ein Blick darauf, wie Geschlechterfragen innerhalb dieser Konstellationen aufgeworfen werden, weist unter anderem auf die drei folgenden Entwicklungen hin:

- Erstens wurden Geschlechterfragen in der Hochschuldebatte der 1990er Jahre hauptsächlich mit Bezugnahme auf das Recht auf Gleichbehandlung diskutiert, also dass Frauen gegenüber ihren männlichen Kollegen nicht diskriminiert werden sollten. Die Universitäten waren im Sinne ihrer sozialen Verantwortung dafür zuständig, dieses Recht zu realisieren. Dieses Verständnis ist zwar nach wie vor relevant, wurde aber zunehmend von einer Argumentation überschattet, die Frauen als Humanressourcen darstellt, die von unternehmerischen Universitäten genutzt werden müssen. Wenn also etwa gefordert wird, männliche Netzwerke für Frauen zu öffnen und homosoziales Verhalten zu durchbrechen, so basiert diese Forderung ursprünglich – und auch weiterhin – auf dem gesellschaftlichen Ziel der Gleichbehandlung, das auch Universitäten verfolgen sollen. Zunehmend wurde und wird diese Forderung allerdings auch damit argumentiert, dass eine optimierte Nutzung des Humankapitals nur dann erreicht werden kann, wenn die Wissenschaft das Potenzial der Frauen nicht länger vernachlässigt. Hinter diesem Argument können dann sowohl Befürworter_innen universitärer Wettbewerbsfähigkeit, als auch Verfechter_innen von Geschlechtergleichstellung stehen.
- Zweitens verändert sich das Verständnis von Geschlecht. Der individualisierte Ansatz, demzufolge Gleichstellungsarbeit darauf abzielt, einzelne Frauen für den Wettbewerb mit ihren männlichen Kollegen zu rüsten, wird von einem eher relationalen Verständnis von Geschlecht abgelöst, das die strukturellen Bedingungen für die (Re-)Produktion von Ungleichheiten in den Blick nimmt. Anfang der 1990er Jahre wurde Gleichstellung in der Regel noch als reines „Frauenanliegen" betrachtet. Die Zielgruppe beschränkte sich auf Frauen; ihre Karrieren sollten durch Förderprogramme wie Stipendien, Beratung und Veranstaltungen gefördert werden. Als Hauptursachen für ungleiche Geschlechterverhältnisse wurden familiäre Verpflichtungen und hartnäckige Geschlechterstereotypen identifiziert, also Formen von Diskriminierung, die außerhalb der Universität selbst lagen. Im Laufe der 1990er Jahre rückte der relationale Aspekt von Geschlechterfragen in den Mittelpunkt der Aufmerksamkeit im universitären Kontext, was zu Forderungen nach strukturellen Veränderungen führte: Frauenförderung wurde ausgeweitet und durch Gleichstellungspolitik und Gleichbehandlung ergänzt, Anfang der 2000er Jahre wurde Gender Mainstreaming an den Universitäten relevant, später auch in Form von Gender Budgeting.
- Ein eher relationales Verständnis von Geschlecht lässt sich einerseits auf Entwicklungen im akademischen Gender- und Gleichstellungsdiskurs zurückführen, bezieht sich aber auch stark auf die Idee der „managieriellen Universität", weil sie eine Verlagerung von Gleichstellungsagenden aus der

"Frauenecke" in den Kern des organisationalen Managements darstellt. Dies ist die dritte Entwicklung, die sich aus einer Kombination der ersten beiden Veränderungen ergibt: eine Verschiebung von einer auf Rechten basierenden, aber peripheren Herangehensweise zur Gleichstellung der Geschlechter hin zu einem eher funktionalistischen und zentralen Ansatz für Gleichstellungspolitiken und -programme. Anstatt ein "Frauenthema" zu sein, wird Gleichstellungspolitik zu einem Teil der Agenda der Universitätsleitung.

5 Schlussfolgerungen

Im Rahmen dieser Arbeit konnten wir vier unterschiedliche, teils konträre und teils kompatible institutionelle Logiken identifizieren, die die österreichische Universitätslandschaft prägen: eine akademisch-professionelle Logik, eine Logik der sozialen Verantwortung von Universitäten, eine Marktlogik des akademischen Kapitalismus und eine akademische Steuerungslogik. Die letzteren beiden ermöglichen die Rationalisierung unterschiedlicher Aspekte der Business-Perspektive auf Gleichstellungsarbeit, die Logik der sozialen Verantwortung stellt das Fundament für die normative Perspektive auf Geschlechtergerechtigkeit an Universitäten dar.[18] Werden Gleichstellungsanliegen in mehrere institutionelle Logiken eingebettet, kann dies zwei gegensätzliche Effekte haben.

Einerseits kann Gleichstellung im Zuge dieser Prozesse an Wirkungskraft verlieren, weil dabei Gedanken von Gleichheit und Gerechtigkeit zunehmend aus dem Blick geraten. Das zeigt sich etwa darin, dass einige Elemente eines breiteren feministischen- und Gleichstellungsdiskurses in den Managementdokumenten der Universitäten völlig fehlen. Dies betrifft vor allem jene Elemente feministischer Kritik, die die Legitimität bedeutender institutioneller Logiken an Universitäten gefährden könnte. Solche Perspektiven hinterfragen etwa Konzepte wie Leistung, Exzellenz oder Qualität darauf, wie sehr diese auf der Referenz eines idealen Wissenschaftlers als männlich, weiß und frei von Pflege- und Hausarbeit basieren und dieses Bild somit reproduzieren. Eine solche Perspektive macht die soziale Konstruiertheit dieser Konzepte – Leistung, Exzellenz, Qualität – sichtbar und gefährdet somit die Legitimität von Kernelementen des "akademischen Professionalismus" und der "unternehmerischen" sowie

---

18 Für Analysen dieser Neuordnungen in Zusammenhang mit organisationalen Machtverhältnissen, bei denen sich Akteur_innen strategisch auf ausgewählte Aspekte von Geschlechtergleichstellung beziehen, vgl. Striedinger, Anpassung als Strategie der Veränderung.

"manageriellen Universität". Derartige gleichstellungspolitische Argumente sind nicht kompatibel mit diesen drei wichtigen institutionellen Logiken der Universität und werden folglich im hochschulpolitischen und inneruniversitären Diskurs marginalisiert.

Andererseits kann das Ziel der Geschlechtergerechtigkeit durch die Einbettung in unterschiedliche institutionelle Logiken auch gestärkt werden. Wenn Mittel oder Ziele der Geschlechtergleichstellung in einem breiten Spektrum jener institutionellen Logiken verankert sind, die in der Organisation vorhanden und relevant sind, kann das eine starke Grundlage für eine umfassende Umsetzung von Aktivitäten, Prozessen und Mechanismen bieten. Zwar dient dabei die Gleichstellungsdebatte einer Stärkung der Logiken der „unternehmerischen" und der „manageriellen Universität"; diese Logiken liefern aber wiederum eine solide Argumentationsbasis für Gleichstellungspolitiken und können dementsprechend für Geschlechtergerechtigkeit mobilisiert werden. Daher können gleichstellungspolitische Strategien, die Überschneidungen und gemeinsamen Interessen mit mehreren unterschiedlichen institutionellen Logiken gezielt für die eigenen Anliegen einsetzen, eine solide Grundlage für die Erreichung von mehr Geschlechtergerechtigkeit an Universitäten bieten.

Literatur

Barry, Jim/Chandler, John/Berg, Elisabeth, Women's Movements and New Public Management: Higher Education in Sweden and England, in: Public Administration 85 (2007) 1, 103–122.

Barry, Jim/Berg, Elisabeth/Chandler, John, Academic Shape Shifting: Gender, Management and Identities in Sweden and England, in: Organization 13 (2006) 2, 275–298.

Brink, Marieke van den/Benschop, Yvonne, Gender Practices in the Construction of Academic Excellence: Sheep with Five Legs, in: Organization 19 (2012) 4, 507–524.

Brink, Marieke van den/Benschop, Yvonne/Jansen, Willy, Transparency in Academic Recruitment: A Problematic Tool for Gender Equality?, in: Organization Studies 31 (2010) 11, 1459–1483.

Clark, Burton R., Creating Entrepreneurial Universities: Organizational Pathways of Transformation, New York 1998.

Ely, Robin J./Meyerson, Debra E., Theories of Gender in Organizations: A New Approach to Organizational Analysis and Change, in: Research in Organizational Behavior 22 (2000) 103–151.

Flicker, Eva/Hofbauer, Johanna/Sauer, Birgit, Reforming University, Re-gendering Careers. Informal barriers to Women Academics in Austria, in: Riegraf, Birgit u. a. (Hg.), GenderChange in Academia. Wiesbaden 2010, 123–136.

Friedland, Roger/Alford, Robert, Bringing Society Back In: Symbols, Practices, and Institutional Contradictions, in: Powell, Walter W./DiMaggio, Paul J. (Hg.), The New Institutionalism in Organizational Analysis, Chicago 1991, 232–263.

Greenwood, Royston u. a., The SAGE Handbook of Organizational Institutionalism, Los Angeles 2008.

Hofbauer, Johanna u. a., Akademischer Kapitalismus. Gleichstellung, Wettbewerb, Wissenschaftskarrieren, in: Dahmen, Jennifer/Thaler, Anita (Hg.), Soziale Geschlechtergerechtigkeit in Wissenschaft und Forschung, Opladen 2017, 211–228.

Kreissl, Katharina u. a., Subjektivierungen in vermessenen Räumen. Wissenschaftsnachwuchs zwischen Fremd- und Selbstführung, in: Hofbauer, Johanna/Hark, Sabine (Hg.), Vermessene Räume, gespannte Beziehungen. Unternehmerische Universität und Geschlechterdynamiken, Frankfurt am Main 2018, 128–213.

Kreissl, Katharina u. a., Will Gender Equality ever fit in? Contested Discursive Spaces of University Reform, in: Gender and Education 7 (2015) 3, 221–238.

Mayring, Philipp, Qualitative Inhaltsanalyse: Grundlagen und Techniken, Weinheim 2010.

Meyer, John W./Rowan, Brian, Institutionalized Organizations: Formal Structure as Myth and Ceremony, in: American Journal of Sociology 83 (1977) 2, 340–363.

Münch, Richard, Der Monopolmechanismus in der Wissenschaft. Auf den Schultern von Robert K. Merton, in: Berliner Journal für Soziologie 20 (2010) 341–370.

Nentwich, Julia, Changing gender: The Discursive Construction of Equal Opportunities, in: Gender, Work & Organization 13 (2006) 6, 499–521.

Parker, Martin/Jary, David, The McUniversity: Organization, Management and Academic Subjectivity, in: Organization 2 (1995) 2, 319–338.

Pellert, Ada, Die Universität als Organisation: die Kunst, Experten zu managen, Wien 1999.

Pernicka, Susanne, Professur oder (r)aus? Widersprüche der Personalpolitik an Universitäten, in: Unilex – Informationen zu universitätsrechtlicher Theorie und Praxis (2010) 1–2, 20–25.

Philpott, Kevin u. a., The Entrepreneurial University: Examining the Underlying Academic Tensions, in: Technovation 31 (2011) 161–170.

Slaughter, Sheila/Leslie, Larry, Academic Capitalism: Politics, Policies, and the Entrepreneurial University, Baltimore 1997.

Striedinger, Angelika, Anpassung als Strategie der Veränderung oder als Weg zur Kooptation? Eine Untersuchung institutioneller Gleichstellungsarbeit an österreichischen Universitäten (Dissertation), Wien 2016.

Striedinger, Angelika u. a., Feministische Gleichstellungsarbeit an unternehmerischen Hochschulen: Fallstricke und Gelegenheitsfenster, in: Feministische Studien (2016) 1, 9–22.

Thornton, Patricia H./Ocasio, William/Lounsbury, Michael, The Institutional Logics Perspective: A New Approach to Culture, Structure, and Process, Oxford 2012.

Titscher, Stefan u. a., Universitäten im Wettbewerb. Zur Neustrukturierung österreichischer Universitäten, München/Mering 2000.

Whitley, Richard/Gläser, Jochen, The Impact of Institutional Reforms on the Nature of Universities as Organisations, in: Research in the Sociology of Organizations 42 (2014) 19–49.

Yin, Robert K., Case Study Research: Design and Methods, Thousand Oaks 2003.

Flora Löffelmann

Wie wir zu forschenden Individuen werden
Mit Bernard Stiegler gegen das Denken einer „disembodied rationality" in der Wissenschaft

Abstract: Scientific findings, given that they are observable in the world and accessible in theoretical thinking, possess a certain materiality. Yet how does this materiality arise? This question is answered by Bernard Stiegler, drawing on Michel Foucault, with reference to the grammatisation which results in the materialisation of discourse as, among other things, institutions such as science. This opens up an apparent contradiction of the popular image of a "disembodied rationality" which is determinative for science, and which spurns the idea that any material or human factors might influence scientific processes. Standpoint Theory and Contextual Empiricism, two streams within the feminist critique of science, can be of help here: both insist on the importance of the plurality of viewpoints for scientific processes and challenge the supremacy of classical epistemology. This text maps out the points of connection between Stiegler's theory that the transindividuation of knowledge can lead to social transformation, and these significant feminist streams of thought. It becomes clear that the materiality of scientific findings is already present in their origins and that a more exact evaluation of these processes, from a perspective incorporating both Stiegler's approach and the feminist critique of science, is philosophically worthwhile.

Keywords: social epistemology, political epistemology, materiality, standpoint theory, contextual empiricism

„*As long as she thinks of a man, nobody objects to a woman thinking.*"[1]

Wissenschaftliche Erkenntnisse zeichnen sich dadurch aus, dass sie überall und jederzeit exakt nachvollzogen werden können. Sie sind, oft unter Erforderung einer gehörigen Portion Geduld und des richtigen Instrumentariums, in der Welt beobachtbar oder in theoretischen Überlegungen greifbar. Man könnte also davon sprechen, dass sie eine gewisse Materialität aufweisen, sich auf die eine oder andere Art manifestieren und so „greifbar" sind. Doch wie geht die Genese dieser Materialität vonstatten? Und wie kann sich die Antwort, die Bernard Stiegler in der Grammatisierung und ihrer Pharmakologie begründen würde,

---

1   Woolf, Orlando, 160.

im Kontext der strikten Bedingungen der Wissenschaft behaupten? Und kann hier, wenn es zu Problemen kommt, vielleicht die feministische Wissenschaftskritik, die auf eine Vielfalt an Beobachtungsstandpunkten pocht und damit die hegemoniale Vormachtstellung der klassischen Erkenntnislehre anficht, eine Hilfe darstellen?

Der erste Teil dieses Textes widmet sich zuallererst der Frage danach, welche Kriterien feministische Wissenschaftsforschung erfüllen muss und welche Ziele sie verfolgt. Anhand von zwei philosophischen Richtungen, namentlich der *Feminist Standpoint Theory* und dem *Contextual Empiricism*, wird dann in weiterer Folge gezeigt, welche spezifischen Fragestellungen und Forderungen aus einem feministischen Blickwinkel an die traditionelle Epistemologie, die sich ihrer Unabhängigkeit von menschlichen Faktoren und Beeinflussungen rühmt, herangetragen werden. Die Forscherinnen, die in diesem Kapitel zu Wort kommen werden, sind Louise Antony, Sandra Harding, Helen Longino, Laura Ruetsche, Kristina Rolin und Miriam Solomon. Am Ende dieses Teils wird rekapituliert, welche Perspektiven die feministische Wissenschaftsforschung eröffnet.

Der zweite Teil widmet sich einer Lektüre von Bernard Stieglers Text „Disziplinen und Pharmakologie des Wissens", dem dritten Kapitel seines 2008 erschienen Buches *Von der Biopolitik zur Psychomacht*. In diesem Kapitel werden die Begriffe Grammatisierung, Disziplin, und seine Konzeption des in einer Auseinandersetzung mit Michel Foucault dynamisch gedachten Archivs vorgestellt. Stiegler sieht die Entwicklung des Menschen von Anfang an mit der Entwicklung der Technik verbunden und will eine „philosophy of technology, which is inevitably an anthropology"[2], schreiben. In diesem Kapitel weist er auf die auf Aufzeichnungen beruhende Möglichkeit der Transindividuation von Wissen hin und wie diese in weiterer Folge die Basis sozialer Transformation bilden kann, indem sie durch Bildung mündige Subjekte hervorbringt.

Im abschließenden Teil wird dann der Versuch gewagt, die Stiegler'sche These der Transindividuation von Wissen mit den Zielen der feministischen Wissenschaftskritik in Verbindung zu setzen. Wo lassen sich hier Anschlusspunkte finden? Und kann möglicherweise eine Theorie dabei helfen, die andere genauer zu erklären?[3]

---

2 Kouppanou, „…Einstein's Most Rational Dimensions", 241.
3 Dieser Beitrag geht auf einen Gastvortrag am 10.01.2019 an der Universität Salzburg im Rahmen der Lehrveranstaltung „Wissenschaft: Kritik, Theorie, Praxis" (WS 2018/19) zurück.

1 Feministische Wissenschaftskritik

1.1 Wieso gibt es feministische Wissenschaftskritik?

Die Art und Weise, wie Feminismus in diesem Text verstanden werden soll, ist jene, die Laura Ruetsche in ihrem Text „Virtue and Contingent History: Possibilities for Feminist Epistemology"[4] vorschlägt, nämlich „a commitment to establish and cultivate basic social structures not inimical to women"[5]. Ziel einer feministischen Kritik ist es, die Grundstrukturen der Gesellschaft auf eine Art und Weise zu verändern, welche die Chancenungleichheit zwischen Frauen, Männern und sich außerhalb dieser Dichotomie identifizierenden Menschen der Vergangenheit angehören lässt. Eine Kritik ist nur dann eine feministische Kritik, wenn sie sich voll und ganz diesem Ziel verschreibt.

Ein prominentes Beispiel dafür, wieso feministische Wissenschaftskritik notwendig ist, bildet die sogenannte *Food for Thought*-Theorie, die 1882 von einer Miss M. A. Hardaker vorgebracht wurde. Sie schreibt, dass dann, wenn beide Geschlechter intellektuell vollkommen gleich wären, die „menschliche Rasse" aussterben würde. Die ihrer These zu Grunde liegende Annahme ist, dass die Kalorien, welche Menschen zu sich nehmen, direkt in geistige Kapazität umgewandelt werden. „For if all food were converted into thought in both men and women, no food whatever could be appropriated to the reproduction of the species."[6] Die Menge an Kalorien, die Frauen weniger zu sich nehmen, wird immer für die nächste Generation bestimmt sein und garantiert ihr Überleben. Hardakers Conclusion: „It follows, therefore, that men will always think more than women."[7]

Aus der Popularität dieses wissenschaftlichen Irrtums lässt sich ablesen, dass die soziale und politische Rolle von autorisierter Meinung in ihrer Wirkmächtigkeit nicht unterschätz werden darf. Oft arbeitet sie im „interest of wealthy and powerful [and] sexist and racist views [are] often authorized by science"[8]. Hierbei muss bedacht werden, dass epistemische Normen aus Gemeinschaften kommen, die über sie einig sind und daher oft zum Vorteil jener ausgelegt sind, die in diesen Gemeinschaften mächtige Positionen innehaben. Gilt es also zum Beispiel in einer patriarchal organisierten Gesellschaft als normal, dass Frauen

---

4 Vgl. Ruetsche, Virtue and Contingent History.
5 Ebd. 81.
6 Hardaker, Science and the Woman Question, zitiert nach: Newman, Men's Ideas/ Women's Realities, 40.
7 Ebd.
8 Antony, Sisters, 65.

keine geistige Arbeit verrichten, sondern sich um die häusliche Sphäre kümmern, wird dies wohl auch eher von wissenschaftlichen Erkenntnissen unterstützt werden. Ziel einer feministischen Wissenschaftskritik soll demnach sein, zwischen Normen, die akzeptiert werden, und solchen, die akzeptiert werden sollten, zu unterscheiden. Allein die Tatsache, dass eine wissenschaftliche Norm von der Gesellschaft unterstützt wird, heißt noch nicht, dass sie richtig ist.

> Androcentric, economically advantaged, racist, Eurocentric, and heterosexist conceptual frameworks [ensure] systematic ignorance and error about not only the lives of the oppressed, but also about the lives of their oppressors and thus about how nature and social relations in general [work].[9]

In dieser Analyse von Sandra Harding zeigt sich, dass beide Seiten – also sowohl jene, die die Wissenschaft betreiben, als auch diejenigen Umstände oder Subjekte, die untersucht werden sollen – von verschiedenen Umständen immer schon beeinflusst sind. Demnach soll es ein weiteres Ziel der feministischen Wissenschaftsforschung sein, zu überprüfen, inwiefern auch im Entdeckungszusammenhang gewisse Bedingungen wirkmächtig sind oder sein können.

Gerade weil Forscher_innen lange Zeit von der traditionellen Epistemologie als „rational automata without personal history"[10] angesehen und Forschungsergebnisse „available to human beings by virtue of their concrete and situated diversity"[11] als irrelevant abgetan wurden, schlägt zum Beispiel Laura Ruetsche vor, in einer Synthese von aristotelischer Tugendethik und den Bedingungen, die in der Forschung gelten, neue Wege zur Evaluation wissenschaftlicher Tauglichkeit zu bestimmen.

Aristoteles schreibt, dass Menschen die Fähigkeit zum Erkennen moralisch richtigen Verhaltens nicht angeboren, sondern anerzogen ist. „Virtue is not encoded in general rules, transparent to our inherent first nature, but rather a capacity born of contingent histories, inculcated second natures."[12] Der Grad an Tugendhaftigkeit, den ein Mensch an den Tag legt, ist also abhängig von dem Kontext, in dem sie oder er sozialisiert wurde.

Ruetsche legt dies auf die wissenschaftliche Forschung um und argumentiert, dass unter diesem Gesichtspunkt auch sogenanntes „second nature epistemic achievement"[13] für die Wissenschaft wichtig sein kann. Ähnlich wie die

---

9   Harding, The Feminist Standpoint Theory Reader, 5.
10 Ruetsche, Virtue and Contingent History, 89.
11 Ebd.
12 Ebd. 84.
13 Ebd. 86.

Tugenden, die erlernt werden, sind dies epistemische Fähigkeiten, die Menschen auf Grund der (wissenschaftlichen) Sozialisation in einem spezifischen Kontext erwerben.[14] In der traditionellen Epistemologie werden diese Kriterien nicht beachtet, da sie kontextabhängig sind. Ein Beispiel für solch ein „second nature epistemic achievement", das angelernt ist, wäre, wie zum Beispiel Ian Hacking argumentiert, die Fähigkeit, ein wissenschaftliches Instrumentarium daraufhin zu überprüfen, ob es funktioniert.[15]

Hätte zum Beispiel die im obigen Absatz genannte Miss Hardaker zu einer anderen Zeit oder in einem wissenschaftlichen Umfeld mit einer niedrigeren Toleranz für Sexismus geforscht, so wären ihre Schlussfolgerungen vermutlich anders ausgefallen. Hardakers Aussagen stammen aus einer Zeitperiode, als die Industrialisierung, die ab etwa 1865 in den USA in vollem Gang war, das Leben und Arbeiten der Menschen nachhaltig veränderte. Diese machte, gemeinsam mit ihren Auswirkungen auf die industrielle Entwicklung, den ersten Hauptsatz der Thermodynamik populär. Dieser besagt, dass die Energie innerhalb eines abgeschlossenen Systems immer unverändert bleibt und Energie weder aus dem Nichts erzeugt noch vernichtet werden kann, Energien aber ineinander umwandelbar sind.[16]

Hardaker legte, so scheint es, diese These auf den menschlichen Energiehaushalt um, betrachtete also den Menschen als Art Maschine, deren geistiger Output und kalorischer Input direkt voneinander abhängig sind. Aus der Beobachtung, dass Frauen im Durchschnitt weniger zu sich nehmen als Männer, schloss sie, wenn man die Prämisse der Mensch-Maschine-Analogie akzeptiert, logisch völlig richtig, dass der geistige Output von Frauen geringer sein müsse als jener von Männern. Trotzdem erscheint es heute – im Anschluss an die Entwicklung der Psychologie als eigener Disziplin, die Möglichkeit der Sichtbarmachung der komplexen Abläufe im menschlichen Gehirn[17] und die zumindest relativ wissenschaftlich mögliche Messung von Intelligenz – unsinnig, eine solche Schlussfolgerung anzustellen.

Dies legt eine Kritik der traditionellen Epistemologie nahe, die dazu auffordert, wissenschaftliche Tätigkeit als die eines „unsituated intellect"[18] zu betrachten. So

---

14 Ruetsche weist darauf hin, dass auch schon Cartwright, Hacking und Galison an diesem Thema gearbeitet haben.
15 Vgl. Hacking, ‚Style' for historians and philosophers.
16 Zum ersten Hauptsatz der Thermodynamik vgl. zum Beispiel die Erläuterungen in: https://www.uni-ulm.de/fileadmin/website_uni_ulm/nawi.inst.251/Didactics/thermodynamik/INHALT/HS1.HTM (04.01.2021).
17 Mögen sie auch noch immer nicht vollständig durchschaut sein.
18 Ruetsche, Virtue and Contingent History, 89.

schreibt Ruetsche: „Traditional epistemology [...] perpetuates an image of scientific enquiry as the exercise of a disembodied rationality."[19] Die sogenannten „second nature epistemic capacities" sind, wenn man Ruetsches Analogie mit der aristotelischen Tugendethik folgt, immer situiert und durch ein spezifisches Umfeld kultiviert und sollten ob ihrer Fähigkeit der Förderung gültiger Schlüsse auch legitimes Objekt epistemologischer Fragestellungen sein. Der Kontext wird also tragend, und mit ihm die Person, die die Forschung durchführt, wenn sie als sein Produkt verstanden wird. „This position insists that science happens in a context, and conjectures that this context affects (though it may not determine) what hypotheses the scientific community considers and what ways it devises to test them."[20]

Dieser Abschnitt hat gezeigt, welche Kriterien für die feministische Wissenschaftskritik wichtig sind. Feministische Wissenschaftskritik muss sich erstens voll und ganz dem Ziel verschreiben, die Chancengleichheit innerhalb der Gesellschaft zu fördern. Zweitens soll sie dazu beitragen, zwischen den Normen, die akzeptiert werden, und jenen, die akzeptiert werden sollten, zu unterscheiden. Drittens soll sie untersuchen, welche Umstände, auch sozialer Natur, im Entdeckungszusammenhang wirkmächtig sind. In den folgenden zwei Abschnitten wird auf zwei Beispiele genauer eingegangen, anhand derer sich noch weitere Ziele feministischer Wissenschaftsforschung auftun.

1.2 Standpoint Theory

Als erstes Beispiel soll die *Feminist Standpoint Theory* näher betrachtet werden. Anfangs wird hierzu Sandra Harding zu Wort kommen, die, wie Miriam Solomon in ihrem Text „Standpoint and Creativity"[21] schreibt, aus „marxist epistemology"[22] gemeinsam mit anderen Denkerinnen, namentlich Dorothy Smith, Hilary Rose und Nancy Hartsock, die *Feminist Standpoint Theory*[23] entwickelt hat. Diese Denkrichtung, die in den 1970ern und 1980ern entstand, hat als Grundprinzip: „[T]hose who are politically disadvantaged are in a position to

---

19 Ebd.
20 Ebd. 91.
21 Vgl. Solomon, Standpoint and Creativity.
22 Ebd. 232. Vgl. auch Harding, Introduction, 3: „[F]eminist standpoint theory revives, improves, and disseminates an important Marxian project and does so at an otherwise inauspicious moment for such an achievement."
23 Eigentlich müsste man, so Harding, von Feminist Standpoint Theories sprechen, da sich im Laufe der Jahre viele weitere Theorien entwickelt haben, die auf dem Grundgedanken des Standpoint als Grund epistemischer Vorteile aufbauen.

know more."²⁴ Sie haben also, wegen ihrer spezifischen Position im Leben, sei es durch Geschlecht, Rasse, Klasse, sexuelle Orientierung, ihre Positionierung im globalen Norden oder Süden oder ihren Status als „Subalterne", epistemische Vorteile gegenüber jenen, die anders positioniert sind.

Standpoint Theory ist, so Harding, eine „theory of method to guide future feminist research"²⁵. Als solche ist sie „both explanatory and normative"²⁶, weil sie es zum Ziel hat, die in der Wissenschaft häufig vertretene Annahme, dass „politics can only obstruct and damage the production of scientific knowledge"²⁷, mit den Mitteln normativer Sozialtheorie anzugreifen. Dabei ist Standpoint in diesem Zusammenhang nicht nur als eine spezifisch physische oder soziale Position zu verstehen, es ist vielmehr „something that knowers do rather than have"²⁸. Dieses Tun bezieht sich direkt auf den Status von Standpoint Theory als eine „feminist critical theory about relations between the production of knowledge and practices of power"²⁹. Wer einen Standpunkt „ausübt" ist sich, so Solomon, politischer Verhältnisse sowie Machtverhältnisse, die die eigene Position betreffen, bewusst und ist auch politisch aktiv, um diese Machtverhältnisse aufzulösen. Insofern kann Standpoint als ein „achievement"³⁰ verstanden werden, dass es den Menschen, die ihn einnehmen, ermöglicht, sich gegenüber den gängigen Machtstrukturen auf eine bestimmte Art und Weise zu verhalten.

Die Machtverhältnisse, die anzufechten sind, um einen Standpoint zu erhalten, haben eine spezifische Form, wie Kristina Rolin in ihrem Text „Standpoint Theory as a Methodology for the Study of Power Relations"³¹ schreibt. Sie bezeichnen „the ability of an individual or a group to constrain the choices available to another individual or group"³².

Standpoint Theory stützt sich nach Harding auf zwei Ansprüche: „Knowledge is always socially situated"³³ und „[s]tandpoint theories map how a social and political disadvantage can be turned into an epistemological, scientific, and political advantage"³⁴. Durch diesen Ansatz lassen sich, so Harding, Unterschiede

---

24 Solomon, Standpoint and Creativity, 232.
25 Harding, Introduction, 1.
26 Ebd.
27 Ebd.
28 Solomon, Standpoint and Creativity, 232.
29 Harding, Introduction, 1.
30 Solomon, Standpoint and Creativity, 232.
31 Vgl. Rolin, Standpoint Theory.
32 Ebd. 219.
33 Harding, Introduction, 7.
34 Ebd. 7 f.

von Unterdrückung zu wissenschaftlichen Ressourcen machen. Weiters soll die Standpoint Theory dabei helfen, „oppressed peoples as collective ‚subjects' of research [zu schaffen] rather than only as objects of others' observation, naming and management"[35].

Diese Forderung nach einer Wandlung vom passiven Forschungs-Objekt hin zu einem eigenständigen Subjekt ist eine eindeutige Kritik am androzentrischen Wissenschaftsbetrieb,[36] den auch Louise Antony in ihrem Text „Sisters, Please, I'd Rather Do It Myself"[37] vehement äußert:

> Why is it that major philosophers have consistently classified women as cognitively deficient, relative to men? And why are those epistemic processes and forms of knowledge that tend to be associated with the feminine (intuition, practical knowledge) always downgraded relative to those associated with the masculine (reason, theoretical knowledge)?[38]

Antony macht den in der Wissenschaft herrschenden Individualismus-Gedanken als Grund für die Unzulänglichkeit der traditionellen Epistemologie aus. Methodologisch werde durch ihn immer der Fokus auf den „knower" und „seinen"[39] kognitiven Prozess gesetzt, während die sozialen Dimensionen von Wissen vernachlässigt würden. Wie auch Laura Ruetsche, auf deren Ansatz ich später näher eingehen werde, anmerkt, gilt in der traditionellen Epistemologie folgende Prämisse: „Rarefied warrant is invariant under changes in social (or historical or natural or…) context."[40]

Im klassischen wissenschaftlichen Individualismus, wie ihn Antony beschreibt, wird der „knower" als „featureless and unlocated"[41] charakterisiert, und es wird angenommen, dass Modalitäten und Normen von Wissen nicht vom Charakter der Wissenden oder dem Kontext, in dem sie sich befinden, abhängig sind. Der „generic knower"[42], wie sie ihn nennt, „reflects the distorted and

---

35 Ebd. 3.
36 „[…] around the year 1900 scientist inferred from laws of thermodynamics that women would only follow their ‚nature' and give birth to healthy children, if they avoided intellectual work and did not waste their energy by working as professors in academia" (Götschel, The Entanglement of Gender and Physics, 73).
37 Vgl. Antony, Sisters.
38 Ebd. 59.
39 Da sich Antony hier spezifisch auf den als männlich angenommenen Wissenschaftler bezieht, soll im Zuge der Erläuterung des Individualismus-Ansatzes die männliche Form beibehalten werden.
40 Ruetsche, Virtue and Contingent History, 77.
41 Antony, Sisters, 61.
42 Ebd. 62.

possibly pathological perspective of privileged individuals, who too readily see themselves as typical or normal"[43]. Soziale oder situative Faktoren, die in der Standpoint Theorie den Hintergrund ausmachen, vor dem eine Aussage getätigt werden können, werden in diesem klassischen Bild vollkommen vernachlässigt.

Von dieser Beobachtung geht jene Kritik an den Mainstream-Epistemologien aus, die besagt, dass die Normen von „valid warrant" selbst der Grund für Geschlechtervorurteile in der Wissenschaft sind. Laura Ruetsche, die in ihrem Text „Virtue and Contingent History: Possibilities for Feminist Epistemology"[44] dem Ansatz der Standpoint Theory zwar nicht uneingeschränkt positiv gegenübersteht und ihn als radikal – zu radikal für ihren Geschmack – bezeichnet,[45] bringt selbst Beispiele, wie sexuelle Doppelstandards jahrzehnte-, wenn nicht sogar jahrhundertelang mit einer Analogie zwischen den agilen Spermien und den promiskuitiven Männern und jener zwischen den immobilen weiblichen Eierstöcken ergo den häuslichen Frauen untermauert wurden. Auch Sandra Harding schreibt, so Ruetsche, darüber: „Invidious theories persist in apparent credibility [...] because their social freight (and in order to be invidious, they must carry social freight in some form) functions as evidence for them."[46]

1.3 Contextual Empiricism

Einen anderen Ansatz wählt Helen Longino, wenn auch in ähnlich kritischer Art und Weise. In ihrem Text „Essential Tensions-Phase two: Feminism, Philosophical and Social Studies of Knowledge"[47] fragt sie danach, „whether it is possible to have a theory of inquiry that reveals the ideological dimension of knowledge construction while at the same time offering criteria for the comparative evaluation of scientific theories and research programs"[48]. Ihr Vorschlag ist der eines „Contextual Empiricism", der, wie sie angibt, im Geiste sehr postmodern ist. In ihren Augen entsteht Wissen durch die „interaction of opposed styles and/or points of view"[49]. Die daraus resultierenden Ergebnisse können jedoch niemals erschöpfend und vollständig sein, sondern bleiben immer fragmentarisch.

---

43 Ebd.
44 Vgl. Ruetsche, Virtue and Contingent History, 73–101.
45 Sie stellt im Text die Frage, unter welchen Bedingungen die als traditionell qualifizierte Epistemologie die feministische Kritik zulassen müsste.
46 Ruetsche, Virtue and Contingent History, 78.
47 Vgl. Longino, Essential Tensions.
48 Ebd. 94.
49 Ebd.

Für sie gliedert sich die feministische Wissenschaftsforschung durch zwei Zielgebiete. Einerseits sollen die professionellen Strukturen analysiert werden, die der wissenschaftlichen Forschung zugrunde liegen, etwa, wie die Verständigung zwischen verschiedenen Forscher_innen abläuft und welche Machtstrukturen sich in diesen Verhältnissen zeigen. Andererseits will sie den Inhalt der Forschung analysieren, etwa, wie weit Androzentrismus und gegenderte Metaphern vorhanden und verbreitet sind. Für sie besteht die Forschungsrealität aus „complex interaction and mutual influence among the various factors involved in natural processes, including, for some, the researcher"[50]. Das bedeutet, dass sie, im Gegensatz zur traditionellen Epistemologie und im Gleichklang mit anderen feministischen Wissenschaftsforscher_innen, der forschenden Person als Subjekt einen Stellenwert in der Betrachtung von wissenschaftlichen Ergebnissen zugesteht.

Analog zu diesen zwei Zielsetzungen der feministischen Epistemologie ergeben sich für sie auch zwei unterschiedliche Vorgänge. Der kritische Vorgang hat die Identifikation und Elimination von maskulinistischen Idealen in Inhalten oder Methoden zum Ziel. Der konstruktive Vorgang hingegen wendet sich der Identifikation und Realisierung von befreiendem oder emanzipatorischem Potential der Wissenschaften zu. Feministische Wissenschaftsforschung hat für sie also die Macht, negative genderspezifische Aspekte aufzuzeigen sowie auf positive Art und Weise Veränderung herbeizuführen.

Longino analysiert zwei Ansätze aus der Gender und Science Literatur dahingehend, ob sie für dieses Projekt hilfreich sein könnten. Der positivistische Empirismus mit seinem „defense of internalist accounts of knowledge or belief formation"[51], der Wertfreiheit als Standard setzt, scheint ihr dafür ebenso untauglich wie der Kuhn'sche Holismus, der „in defense of externalist ones"[52] argumentiert. Sie bemängelt, dass in beiden Ansätzen an einer Dichotomie zwischen dem Sozialen und dem Kognitiven festgehalten wird und es keinen Raum für den Faktor des Sozialen im Prozess des Akzeptierens einer Überzeugung gibt. Was sie als Alternative vorschlägt „is [a] contextualism that understands the cognitive processes of scientific inquiry not as opposed to the social but as themselves social"[53]. Wissen soll als Produkt von Gemeinschaften und Interaktion gedacht werden, als ein sozialer kognitiver Prozess.

---

50 Ebd. 95.
51 Ebd.
52 Ebd.
53 Ebd. 96.

Um ihre Konzeption des Contextual Empiricism zu verfestigen, widmet sich Longino auch dem vor allem in der feministischen Tradition heiß diskutierten und kritisierten Begriff der Objektivität. Vielerorts wird, so Longino, die Ansicht vertreten, „objectivity is a mistaken ideal reflecting masculinist preoccupation"[54]. Longino will die „mysteriöse Box" öffnen, zu der dieser Begriff geworden ist und die alle Disziplinen zwischen sich hin und her werfen, ohne nachzusehen, was darin ist. Zwei Kriterien kristallisieren sich dabei für sie heraus: „veridical representation of the entities and processes to be found in the world and their relations with each other"[55] sowie „reliance on nonarbitrary and nonsubjective (or nonidiosyncratic) criteria for accepting and rejecting hypotheses"[56]. Weiters will sie einen Empirismus finden, der für die feministische Agenda nützlich ist und der sowohl eine normative als auch eine deskriptive Funktion erfüllt.

Im empiristischen Prinzip sind „experimental or observational data [...] the only legitimate bases of theory and hypotheses validation"[57], allerdings wird darin, wie Longino kritisiert, nicht in Betracht gezogen, wie wissenschaftliche Praxis und logische Strukturen mit den geistigen Fähigkeiten des Menschen zusammenwirken. Die Phänomene allerdings, die angetroffen werden, sind komplex und können auf viele verschiedene Arten beschrieben (und damit einhergehend auch immer schon interpretiert) werden. So werden manche Aspekte von Beobachtungen hervorgehoben und andere nicht – je nachdem, wer die Beobachtungen anstellt. „Data are never naive but come into contact with theories already selected, structured and organized."[58] Longino zeigt auf, dass es einen „logical gap"[59] gibt, wenn wir nicht danach fragen, wer diese Prozesse durchführt. In diesem Abstand stecken auch Hintergrundannahmen. Diese sind soziale Werte und Ideologie, die auf eine subtile Art und Weise in die Theorien eingeschrieben sind.

Es kristallisieren sich also zwei Ziele des kontextuellen Empirismus heraus. Einerseits will Longino eine hinreichend bescheidene Spielart des Empirismus finden, andererseits will sie die Rolle, die Hintergrundannahmen spielen, erkennen. Wenn immer nur das Individuum verantwortlich gemacht wird, sind Ideale

---

54 Ebd. 97. – Manche meinen auch, dass die Trennung in Subjekt und Objekt, die durch die philosophische Idee der Objektivität generiert wird, die sexuelle Objektifizierung von Frauen untermauert.
55 Longino, Essential Tensions.
56 Ebd.
57 Ebd. 98. – Longino bezieht sich hierbei auf Naturwissenschaften.
58 Ebd. 99.
59 Ebd.

wie Normativität und Objektivität nur eine Illusion, und so lautet Longinos Konklusion „not that scientific inquiry is not objective but that the practices of inquiry are not individual but social"[60]. Was sie vorschlägt ist eine umfassendere Vorstellung von Objektivität, die auch eine Analyse auf sozialer Ebene mit einschließt.

1.4 Das Subjekt und das Soziale

An den zwei nun behandelten Ansätzen zeigen sich zwei weitere Spezifika der feministischen Wissenschaftsforschung. Die *Feminist Standpoint Theory* macht es möglich, über das wissenschaftlich arbeitende Subjekt nachzudenken, indem sie seiner spezifischen Positionierung innerhalb sozialer oder gesellschaftlicher Zusammenhänge epistemischen Wert zuschreibt. Die Wichtigkeit der Positionierung innerhalb eines Machtverhältnisses bringt die Dimension Macht in den Blick. Das hat zur Folge, dass nicht alle Forscher_innen als absolut gleich wahrgenommen werde dürfen und das Subjekt nicht, wie es in der traditionellen Epistemologie der Fall ist, zum Verschwinden gebracht werden kann. „Like an attitude [to have a standpoint] […] means behaving in a specific way in a situation"[61], und somit eröffnet sich auch eine performative Perspektive, die Forscher_innen einnehmen können, wenn sie die ihrem Standpoint innewohnenden epistemischen Vorteile nutzen, um zum Beispiel auf Dinge oder Missstände hinzuweisen, die nur aus ihrer Position sichtbar sind.

Der Contextual Empiricism hingegen verschreibt sich einer Analyse jener Prozesse, die ablaufen, wenn es zu wissenschaftlicher Entscheidungsfindung kommt. Er fragt danach, wie innerhalb wissenschaftlicher Communities Forschungsergebnisse erlangt werden und welche sozialen Faktoren dabei eine Rolle spielen. Es ist hier also nicht der Standpunkt eines einzelnen Subjekts, das im Zentrum der Beobachtung steht, sondern wie sich aus den sozialen Interaktionen verschiedener Individuen Entscheidungen ergeben. Weiters fragt der Contextual Empiricism danach, welche Hintergrundannahmen sich dadurch, dass sie in eine spezifische wissenschaftliche Gemeinschaft eingeschrieben sind, in den Forschungsergebnissen niederschlagen können, und macht es so möglich, Vorurteile zu hinterfragen.

Das folgende Kapitel soll sich nun Bernard Stieglers Theorie der Transindividuation widmen, damit in einem abschließenden Kapitel die Vorteile, welche

---

60 Ebd.
61 Solomon, Standpoint and Creativity, 233.

eine Kombination Feministischer Wissenschaftskritik und Stieglers Konzeption des dynamischen Archivs mit sich bringt, herausgearbeitet werden können.

2 Stieglers Konzeption des Archivs

Bernard Stiegler legt die Grundzüge seiner Theorie der Transindividuation im dritten Kapitel seines Buches *Von der Biopolitik zur Psychomacht* dar. In diesem Kapitel, das er mit „Disziplinen und Pharmakologien des Wissens" betitelt, arbeitet er sich am Text „Über sich selbst schreiben" und dem Buch *Archäologie des Wissens*, beide von Michel Foucault, ab. Im Folgenden soll geklärt werden, wie die Prozesse der Transindividuation, vermittelt über die durch die Grammatisierung bedingte Materialität des Diskurses, ablaufen, und welche Pharmakologie sich hierbei auftut.

Stieglers Frage, die er zu Anfang des Kapitels stellt, ist, wie sich die Genese der Materialität, aus der sich diskursive und nicht diskursive Praktiken speisen, gestaltet. Der Ausgangspunkt für Foucault, sich mit der Archäologie zu befassen, ist, dass er in diesem Buch zwar die Materialität eines Archives behandelt, aber nicht die Genese dieser Materialität. Stiegler sieht die Materialität durch die Grammatisierung begründet.

2.1 Über die Grammatisierung

Da Stieglers Konzept der Grammatisierung über den üblichen Sprachgebrauch im Sinne der Einführung einer Grammatik hinausgeht, soll kurz darauf eingegangen werden, was er darunter versteht. Für Sylvain Auroux, auf den sich Stiegler bezieht, wird eine nationale sprachliche Norm im Prozess der Grammatisierung „durch entsprechende Grammatiken, Wörterbücher, Orthographien und weitere schriftlich fixierte Regelwerke"[62] kodifiziert. Mit diesem Prozess geht „eine Diskretisierung des Kontinuums menschlicher Zeichenemission einher"[63], also Wörter, Sprache und dergleichen. Die zentrale Phase der Grammatisierung beginnt für Stiegler mit der „Entstehung der linguistischen Technologien infolge der Erfindung des Buchdrucks und ihre[n] Folgen für das Denken über die Sprache und für die Praxis des Sprechens"[64]. Das entscheidende Merkmal der Grammatisierung ist ihre materielle Komponente. Schrift ist demnach

---

62 Haßler, Normierung, 711.
63 Stiegler, Hypomnesis and Grammatisation.
64 Stiegler, Von der Biopolitik zur Psychomacht, 87.

die Grammatisierung der Sprache, Notensysteme sind die Grammatisierung von Musik, und Maschinen stellen die Grammatisierung der Gesten der Arbeit dar.

Der Prozess der Grammatisierung schafft einerseits die Möglichkeit von Reproduzierbarkeit – zum Beispiel durch Aufzeichnungen – und bestimmt andererseits ihre Bedingungen durch die spezifische Materialität dieser Aufzeichnungen. Der Prozess beeinflusst einerseits materielle Regime und ist andererseits verantwortlich dafür, ob eine Materialität Bestand hat, weil sie so etwas ist wie die „räumliche Materialisation der Zeitlichkeit des Diskurses"[65]. Dies ist, in der Terminologie von Stiegler, der Prozess der Trans-Individuation, der sich wiederum auf Materialitäten als „Vorrat tertiärer Retentionen"[66] stützt. Für Stiegler steht dies eng in Zusammenhang mit seiner Theorie der Technologisierung, weil er sich darauf beruft, dass Technisierung zuallererst die Geschichte der Exteriorisierung des menschlichen Gedächtnisses bedeutet. Schrift kann demnach als erste Technologie gesehen werden.

Die Grammatisierung ist die „Materialisierung des Diskurses […] und seine wesentliche Umsetzung in Institutionen"[67]. Und weil Michel Foucault, so Stiegler, einen so engen Blick auf das, was die Materialität ist, hat, bekommt er die Mehrdimensionalität der Institutionen, die durch sie geschaffen werden, nicht in den Blick, also ihre positiven, negativen sowie ambivalenten Auswirkungen und Bedeutungen für die Gesellschaft. Gerade diese Mehrdimensionalität verdeutlicht Stiegler am „materielle[n] und institutionelle[n] Dispositiv Schule"[68] zu verdeutlichen. In dieser zeigen sich die drei Bedeutungen von Disziplin. Dieser dreifache Sinn ist nach Stieglers These auch die Realität der Entstehung von Wissen.

2.2 Die drei Möglichkeiten der Disziplin

Einerseits sieht Stiegler die Disziplin als ein System der Sorge. In ihm werden Beziehungen zu sich selbst, zu den Anderen und zwischen den Generationen reguliert und aufgebaut. Die sogenannten Techniken des Selbst, die Foucault in seinem Text „Über sich selbst schreiben" beschreibt, also zum Beispiel das Niederschreiben von Gedanken und spätere Nachdenken darüber, welche eine Konstituierung des Selbst darstellt, ist auch unter diesem Punkt zusammengefasst. Bei diesen Aufzeichnungen, den hypomnenata, geht es darum, „sich selbst als

---

65 Ebd. 89.
66 Ebd. 89.
67 Ebd. 90.
68 Ebd. 91.

Subjekt rationalen Handelns zu konstituieren, und zwar durch die Aneignung, Vereinheitlichung und Subjektivierung ausgesuchter Fragmente von bereits Gesagtem"[69]. Schreiben fördert die Autonomie und ist ein Zeichen der Sorge um sich selbst.

Weiters ist die Disziplin, so Stiegler, die Transindividuation eines Wissens. Wissen wird in ihr und durch sie an Bürger_innen vermittelt, wobei durch Co-Individuation Raum für Trans-Individuation geöffnet wird, der verschiedene Subjekte verbindet. Indem also verschiedene Individuen mit demselben Wissen in Berührung kommen, haben sie alle Bezug zueinander, und zwar über die ihnen vermittelten Inhalte. „In dieser Hinsicht hat der Lehrer die Aufgabe, eine Form der Disziplin auszubilden, die nichts mit Überwachung zu tun hat, sondern bei der es vielmehr darum geht, die Schüler in jene Kreisläufe der Transindividuation zu integrieren, die durch Ideen reguliert werden und nicht durch Gesetze."[70] Der Prozess der Transindividuation bleibt also nicht beim individuierten „Ich" oder beim inter-individuierten „Wir" stehen, sondern bezeichnet den Prozess einer Co-Individuation innerhalb eines schon individuierten Milieus, in welchem sowohl das „Ich" als auch das „Wir" transformiert werden. Als solcher Prozess ist die Transindividuation die Basis jeglicher sozialer Transformation, weil sie die Entwicklung einer „mündigen Aufmerksamkeit"[71] zugänglich macht.

Als drittes Charakteristikum beschreibt Stiegler die Disziplin als Dispositiv der Überwachung und Kontrolle und in weiterer Folge der Desindividuierung. „Desindividuierung" ist ein Begriff, den Stiegler aus der Sozialpsychologie entlehnt, wobei in diesem Kontext oft die Form „Deindividuierung" benutzt wird, die eine Auflösung der Subjektivität, also der Einzigartigkeit, bedeutet. Oft wird der Begriff Desindividuierung im Zusammenhang mit einer Technologiekritik gebraucht, weil angemerkt wird, dass beim Aufgehen im großen Ganzen, das zum Beispiel das Internet möglich macht, das Ich sich nicht mehr klar fassen lässt.

Stiegler kritisiert, dass Michel Foucault in der *Archäologie des Wissens* und in *Überwachen und Strafen* wegen seinem engen Blick nur den dritten Aspekt der Disziplin, nämlich den negativen, sehen kann. Erst relativ spät widmet er sich in „Über sich selbst schreiben" dem ersten Aspekt. Man könnte an dieser Stelle fragen, ob sich Foucault dem zweiten Aspekt wirklich nie widmet, aber diese Frage soll einem anderen Text überlassen bleiben.

---

69 Foucault, Über sich selbst schreiben, 521.
70 Stiegler, Von der Biopolitik zur Psychomacht, 32.
71 Ebd.

2.3 Die Pharmakologie der Grammatisierung

Die Biomacht, die Michel Foucault als Sorge „im Zusammenhang mit der [...] Verwaltung der Menschen und des Lebens, die sich bereits im 16. Jahrhundert andeutet, sich jedoch erst im bürgerlichen Zeitalter als Biomacht konkretisiert"[72], bezeichnet, wird möglich, weil die Grammatisierung als Prozess der Materialisierung nach und nach „alle anderen Prozesse erfasst und überdeterminiert"[73]. Später werden die Apparate der Grammatisierung, z. B. Maschinen, die einzelne Handgriffe aufzeichnen, in den Dienst der Psychotechnologien gestellt. Die Psychotechnologien als Techniken des Selbst sind bei Michel Foucault als tertiäre Retentionen zwar Inhalt des Archivs, er bedenkt aber die pharmakologische Seite nicht, auf die Stiegler hinweist. In den Prozessen der Transindividuation sind diese psychotechnologischen Tendenzen jene, die auf der einen Seite den kritischen Raum und die kritische Zeit öffnen, es also Subjekten erlauben, politisch zu werden, und auf der anderen Seite zu Disziplin und Kontrolle führen.

Die Grammatisierung ist, so Stiegler, der für das Abendland charakteristische Prozess der Individuation, weil er die Relationen zwischen dem Diskursiven und dem nicht-Diskursiven sowie auch ihrer Vorbedingungen und Regime konditioniert. Damit umfasst der Prozess der Grammatisierung sowohl psychische Individuation als auch kollektive, technische und wissenschaftliche Individuation, durch deren Einfluss der psychische Apparat selbst „bedroht"[74] wird, indem seine Bewusstseinsabläufe verändert werden. Foucault bekommt dies, so Stiegler, mit seiner Archäologie zwar nicht in den Blick, aber seine Überlegungen sind trotzdem von Relevanz, weil er eine Materialität begreift, durch die Objekte (z. B. Aussagen) produziert werden, die keine Dinge sind.

2.4 Die Pharmakologie des Archivs

Stiegler schreibt, dass man das, was Foucault Épisteme nennt, „materialisieren"[75] müsse. Der Begriff Épisteme bedeutet, wörtlich aus dem Altgriechischen übernommen, Wissen. Für Foucault hat er allerdings noch eine zusätzliche Dimension. Épisteme ist vielmehr eine anonyme Ordnung und Strukturierung des Wissens, eine Art von Geltungsrahmen, innerhalb dessen sich Diskurse formieren. Werden all diese Bedingungen und Strukturen materialisiert, so ergibt sich

---

72 Ebd. 25.
73 Ebd. 92.
74 Ebd. 96.
75 Ebd. 98

daraus das Archiv. „Was Foucault ein Archiv nennt, ist ganz allgemein das, was es erlaubt, ein materielles Dispositiv der Retentionen zu formieren, durch die sich ein Diskurs entspinnt."[76] Und weil Foucault sich in der Archäologie der „systematische[n] Beschreibung eines Diskurses als Objekt"[77] verschrieben hat, kann er – und mit ihm auch Stiegler – Aufmerksamkeit, die durch das Archiv in Form von Diskursen ermöglicht oder verunmöglicht wird, als ein Objekt denken, das sich vor allem auf die tertiären Retentionen stützt.

Damit ist das Archiv das allgemeine System der Transindividuation, weil diese sich auf eben jene Retentionen stützt. Es wird durch den Prozess der Grammatisierung ermöglicht, weil es dadurch zur Einprägung von Aussagen kommt. Das Archiv ist also ein Produkt der Technologisierung, worüber Foucault, so Stiegler, kein Wort verliert. Nach und nach nimmt diese Technologisierung zu, wodurch die industrielle Geschichte sich eigentlich als Geschichte der Grammatisierung herauskristallisiert. Somit ist die Grammatisierung wieder Voraussetzung für Biomacht und Psychomacht.

Grammatisierung ist der Ursprung der abendländischen Rationalität und eröffnet ein Feld der kritischen Rationalität als höchster Form der Sorge, ist aber immanent pharmakologisch, weil sich die Spielart der Disziplin als System der Sorge jederzeit in eine Disziplin der Kontrolle umwandeln kann. Die also zuvor durch die Transindividuation als Objekt erzeugte Aufmerksamkeit kann entweder mündig sein oder kontrolliert werden, im Zeichen einer Revolution stehen oder angepasst bleiben.

2.5 Das dynamische Archiv

Was Stiegler an Foucault kritisiert, ist, dass dadurch, dass jener die Grammatisierung und die mit ihr einhergehende Pharmakologie nicht mitbedenkt, das Archiv einen starren Charakter hat. Foucault denkt, wie Wissen erscheint und sich die Begriffe verändern, Stiegler fragt allerdings danach, wie sich die Begriffe verändern und das Archiv dynamisch wird. Stieglers These ist, dass diese Veränderungen über die verschiedenen Formen der Individuation ablaufen und die Grammatisierung, die das Archiv pharmakologisch hervorbringt, entweder von theoretischen (mündigen) oder von technischen Tendenzen begleitet wird. Darin zeigen sich die positiven und negativen Auswirkungen der Grammatisierung.

---

76 Ebd.
77 Foucault, Archäologie des Wissens, 200.

Der Prozess der Grammatisierung ist, so Stiegler, in der heutigen Zeit so weit fortgeschritten, dass nicht nur analytische Diskurse und das Wissenschaftliche ermöglicht werden, sondern es auch zu einer Partikularisierung der Aufmerksamkeit kommt. Foucault sieht das nicht, weil er sich zwar mit Individualität beschäftigt, sein Denken jedoch den Blick auf den technologischen Aspekt des Archivs und die daraus resultierende Dynamik der Kämpfe um diesen wichtigen Aspekt nicht freigibt. Es entwickeln sich, so Stiegler, neue Polaritäten, weil Kapital und Arbeit nicht mehr das dominierende Gegensatzpaar darstellen. Vielmehr stehen sich heutzutage die „Aufmerksamkeit für das Langfristige und die im Kurzfristigen verlorene Unaufmerksamkeit"[78] gegenüber. Damit stehen sich auch die Fahrlässigkeit auf der einen Seite und die Sorge auf der anderen Seite gegenüber.

Die Dynamik dieser Kämpfe wird durch den Druck technischer Entwicklungen vorangetrieben, indem sie immer wieder Pharmaka produzieren, die ihrerseits die Wirkungen anderer Pharmaka zu kompensieren versuchen. Die Generationenfrage stellt sich somit auch innerhalb der Technologisierung, weil der Druck der Technik zur Entstehung immer neuer hypomnetischer Techniken führt, die wiederum den Prozess der Grammatisierung in Gang setzen.

Die hypomnemata sind durchaus Objekt der Analyse des späten Foucault in „Über sich selbst schreiben". Stiegler gibt diesem Text jedoch noch einmal eine andere Wendung, indem er die Transindividuation mitdenkt. Foucault sieht in der Technik des Selbst die hypomnetische Internalisierung von Diskursen, die durch einen Lehrer im Mittelpunkt der Erziehung steht. Foucault bezeichnet diesen Prozess als Subjektivierung, nämlich dass aus einem Objekt im Zuge der Internalisierung ein Subjekt wird.

Stieglers Argumentation geht in diesem Punkt über jene von Foucault hinaus: er beschreibt anhand der Theorie von Donald Winnicott, wie die Individutation des Ichs, in der „prä-individuelle Inhalte individuiert"[79] werden, letztlich ein Wir hervorbringt, das trans-individuell ist, die einzelnen Individuen also gleichzeitig übersteigt und vereint. Diese Individuierung setzt die Existenz eines „assoziierten techno-symbolische[n] Milieu[s] [...], innerhalb dessen man ,Lesen und Schreiben nicht trennen' darf"[80], voraus. Wie Foucault schreibt, ist diese Individuation eine Praxis, das Zerstreute zu vereinen. Stiegler sagt, dass

---

78 Stiegler, Von der Biopolitik zur Psychomacht, 105.
79 Ebd. 108.
80 Ebd. 109.

dies nun auch zur Trans-Individuation führt in dem Sinne, dass es eine generationenübergreifende Beziehung ist.

Das Archiv bildet mit den hypomnemata Kreise der Trans-Individuation aus. Diese werden zur Grundlage einer generationenübergreifenden Genealogie. Das, was hier geschieht, ist eine Grammatisierung der Psyche, die im Dienste der Individuation der Psyche steht. An der Konstituierung des Selbst sind von Anfang an die Anderen beteiligt – und sei es nur durch tertiäre Retentionen. Subjektivierung ist aber nicht nur Internalisierung, sondern immer zugleich auch eine Externalisierung, weil jede/r, die oder der sich etwas aneignet dadurch, dass Lesen und Schreiben nicht zu trennen sind, etwas enteignet. Das heißt, es handelt sich um ein Ent-an-eignen, das heißt, sich entwerfen, und damit um ein Trans-Individuieren.

3 Zusammendenken von Stiegler und feministischer Wissenschaftskritik – Möglichkeiten, Parallelen, Anknüpfungspunkte

Im folgenden Teil soll nun ein Zusammendenken wichtiger Thesen aus der feministischen Wissenschaftskritik und der Konzeption, die Stiegler vom dynamischen Archiv hat, getätigt werden. Sicherlich ließen sich in einer umfassenderen Analyse sowohl von Stieglers Werk als auch von anderen Denker_innen der feministischen Wissenschaftsforschung und -kritik noch weitere Punkte herausarbeiten. Die hier vorliegenden Überlegungen sollen einen Anstoß dazu darstellen.

Da dem Feminismus in der Form, wie er in diesem Text stark gemacht wurde, der Wunsch zugrunde liegt, die Grundstrukturen der Gesellschaft auf Chancengleichheit hin zu verändern, lässt sich hier eine Bewegung ausmachen, die sich vielleicht mit Stieglers These, dass die Transindividuation einen kritischen Raum und eine kritische Zeit öffnen kann, explizieren lässt. Die in der Wissenschaft vonstattengehenden Transindividuationsprozesse stützen sich auf das Archiv der Aussagen, die in diesem Feld gemacht werden können. Wenn diese zum Beispiel in Verbindung mit den emanzipatorischen Forderungen der Standpoint Theory gedacht werden, können Disziplin und Kontrolle, etwa in der Form der Vernachlässigung der Interessen marginalisierter Gruppen, wichtige Argumente entgegengehalten werden. Die feministische Wissenschaftsforschung hebt heraus, dass die soziale und politische Wirkmächtigkeit wissenschaftlicher Aussagen nicht aus den Augen gelassen werden darf und affirmiert so, wohl ohne es zu wissen, den kritischen Charakter jeder sich aus einem Archiv speisenden Trans-Individuation.

Weiters rufen die hier diskutierten Forscher_innen dazu auf, eine kritische Unterscheidung zwischen Normen, die akzeptiert werden, und solchen, die im Sinne einer feministischen Vorgehensweise akzeptiert werden sollten, zu betreiben. Bernard Stiegler kann dabei hilfreich sein, zu überlegen, wie diese Normen zustande kommen – und wie sie verändert werden können. Bei dieser Überlegung zeigt sich auch, dass ein dynamisch gedachtes Archiv gegenüber der Archiv-Konzeption von Michel Foucault gewisse Vorzüge aufweist. Indem er die Pharmakologie, die jeder Disziplin innewohnt, herausstreicht, können Normen, die einen kontrollierenden Charakter haben, entdeckt, und solche, die im Sinne einer kritischen Raumöffnung stehen, indem sie die Transindividuation fördern, auseinandergehalten werden. Eine Norm etwa, die die enge Zusammenarbeit einer Gruppe von Menschen einfordern würde, wäre wohl, im Sinne Stieglers und auch der feministischen Wissenschaftskritik,[81] jener vorzuziehen, die eine klassische, strikte Objektivität und Einzelarbeit einer Person erfordern würde.[82]

Diverse Vertreter_innen der feministischen Wissenschaftskritik verweisen immer wieder vehement auf den Umstand, dass im herrschenden wissenschaftlichen Paradigma die Standpunkte und Probleme marginalisierter und/oder unterprivilegierter Personen und Gruppen im Allgemeinen vernachlässigt werden und oft nur eine Wissenschaft betrieben wird, die die Vorurteile (Bias) und Erwartungen bestimmter privilegierter Gruppen bestärkt. Hierzu schreibt zum Beispiel Helen Longino: „Objectivity is a mistaken ideal reflecting masculinist preoccupation."[83] Fahrlässigkeit und Sorge, die Stiegler als „Aufmerksamkeit für das Langfristige und die im Kurzfristigen verlorene Unaufmerksamkeit"[84] gegenüberstellt, schlagen sich auch in wissenschaftlichen Erkenntnissen nieder. Wie die feministischen Wissenschaftskritik anmerken würde, spielen im wissenschaftlichen Betrieb Faktoren wie der Kontext, in dem die Forschung geschieht, dass dieser Kontext beeinflusst wird, welche Hypothesen in Betracht gezogen werden und auf welche Arten diese überprüft werden[85] – also, mit Stieglers Worten, die „Kurzfristigkeit" – nur eine geringe Rolle.

---

81 Oder zumindest einiger ihrer Vertreter_innen.
82 Stiegler legt das auch als Norm an seine eigene Forschungsarbeit an: „I wanted to have computer scientists, geographers and economists come, not simply philosophers or people doing literary studies, in order to create a group that is experimental and at the same time theoretical, in order to try to build a global theory of transindividuation in the digital age" (Stiegler u. a., A Rational Theory of Miracles, 174).
83 Longino, Essential Tensions, 97.
84 Ebd. 105.
85 Vgl. Ruetsche, Virtue and Contingent History, 91.

Hinzu kommt als spannender Aspekt, ähnlich zu Stieglers Figur, dass die Individuation des Ichs durch Trans-Individuation ein Wir hervorbringt, auch wissenschaftliche Communities ein Produkt von „complex interaction and mutual influence among the various factors involved in natural processes, including, for some, the researcher"[86] sind. Gerade der Contextual Empiricism bemüht sich darum, die Wichtigkeit sozialer Faktoren in der Forschung in den Blick zu bekommen.

Die Vertreter_innen der Standpoint Theory weisen darauf hin, dass die spezifische Positionierung eines Subjektes diesem einen epistemischen Vorteil verschaffen kann, wenn es sich mit anderen vernetzt und gegen unterdrückende Machtverhältnisse aktiv wird. Dies ließe sich, mit Stiegler, daraus erklären, dass bestimmte Subjekte anders in Kreise der Trans-Individuation eingebunden sind als andere. Wenn Lesen und Schreiben als Prozesse der Ent-an-eignung verstanden werden, dann haben jene, die sich von einem anderen Punkt her in das System einschreiben, also auch an einem anderen Punkt aus ihm lesen, die Möglichkeit, Dinge festzustellen oder herauszules-schreiben, an die andere Subjekte nicht herankommen können. Geben sie ihr Wissen darüber weiter und schaffen also neue Kreise der Transindividuation, so können sie es in weiterer Folge schaffen, dass immer mehr Menschen, die sich in Beziehung zu diesem Wissen begeben, von ihrem Standpoint Gebrauch machen.

Vielleicht sollte man aber auch einfach Stieglers Forderung danach, das Archiv dynamischer zu denken, einen Schritt weiter mitnehmen und auch die Konzeption von Wissenschaft dynamischer werden lassen, indem zum Beispiel Vertreter_innen vielfältiger, unterschiedlicher Standpoints zu Wort kommen dürfen und auch gehört werden, sie aktiv in die Transindividuationsprozesse integriert werden und diese dadurch von ihnen auch beeinflusst werden würden.

Stiegler schreibt, dass an der Konstituierung des Selbst von Anfang an die Anderen beteiligt sind – und sei es nur durch tertiäre Retentionen. Subjektivierung ist aber nicht nur Internalisierung, sondern immer zugleich auch eine Externalisierung, weil jede_r, die_der sich etwas aneignet dadurch, dass Lesen und Schreiben nicht zu trennen sind, etwas enteignet. Das heißt, es handelt sich um ein Ent-an-eignen, das heißt, sich entwerfen, und damit um ein Trans-Individuieren. Feministische Wissenschaftskritiker_innen fordern dazu auf, die Umstände sozialer Natur, die im Entdeckungszusammenhang wichtig sind, nicht als für die Forschung irrelevant zu vernachlässigen. Versteht man Transindividuation als sozialen Prozess, dann wäre es vielleicht an der Zeit, im Sinne einer

---

86 Longino, Essential Tensions, 95.

feministischen Wissenschaftsforschung eine umfassende Studie der spezifisch im wissenschaftlichen Kontext vor sich gehenden Transindividuationsprozesse anzugehen. Dies würde zeigen, dass wissenschaftliche Erkenntnisse, allein schon auf Grund ihrer Genese, über eine Materialität verfügen, die nicht so unabhängig von „embodied rationality" ist, wie es klassischer Weise oft postuliert wird.

Literatur

Antony, Louise, Sisters, Please, I'd Rather Do it Myself: A Defense of Individualism in Feminist Epistemology, in: Philosophical Topics 23 (1995) 2, 59–94.

Foucault, Michel, Über sich selbst schreiben, in: ders., Schriften in vier Bänden. Dits et Ecrits, Frankfurt am Main 2005, 503–521.

Foucault, Michel, Archäologie des Wissens, Frankfurt am Main 1981.

Götschel, Helene, The Entanglement of Gender and Physics: Human Actors, Work place Cultures, and Knowledge Production, in: Science Studies 24 (2011) 1, 66–80.

Hacking, Ian, ‚Style' for Historians and Philosophers, in: Studies in the History and Philosophy of Science 23 (1992) 1–20.

Harding, Sandra, Introduction: Standpoint Theory as a Site of Political, Philosophic, and Scientific Debate, in: dies. (Hg.), The Feminist Standpoint Theory Reader. Intellectual and Political Controversies, New York/London 2004, 1–15.

Haßler, Gerda, Normierung, in: dies./Neis, Cordula (Hg.), Lexikon sprachtheoretischer Grundbegriffe des 17. und 18. Jahrhunderts, Berlin 2009, 675–719.

Kouppanou, Anna, ‚…Einstein's Most Rational Dimension of Noetic Life and the Teddy Bear…' An Interview with Bernard Stiegler on Childhood, Education and the Digital, in: Studies in Philosophy and Education 35 (2016) 241–249.

Longino, Helen, Essential Tensions – Phase Two: Feminism, Philosophical, and Social Studies of Science, in: Antony, Louise/ Witt, Charlotte (Hg.), A Mind of One's Own. Feminist Essays on Reason and Objectivity, Boulder 2002, 93–109.

Newman, Louise Michele, Men's Ideas/Women's Realities: Popular Science, 1870–1915, Oxford 1985.

Rolin, Kristina, Standpoint Theory as a Methodology for the Study of Power Relations, in: Hypatia 24 (2009) 4, 218–226.

Ruetsche, Laura, Virtue and Contingent History: Possibilities for Feminist Epistemology, in: Hypatia, 19 (2004) 1, 73–101.

Solomon, Miriam, Standpoint and Creativity, Hypatia 24 (2009) 4, 226–237.

Stiegler, Bernard, Hypomesis and Grammatisation. Vortrag am 31.01.2008 an der Ruhr-Universität Bochum (Bochumer Kolloquium Medienwissenschaft): https://mediarep.org/handle/doc/14801 (09.01.2021).

Stiegler, Bernard, Von der Biopolitik zur Psychomacht. Die Logik der Sorge 1.2 (es 2575), Frankfurt am Main 2009.

Stiegler, Bernard u. a., Bernard Stiegler: A Rational Theory of Miracles: On Pharmacology and Transindividuation, in: New Formations 77 (2012) 1, 164–184.

Woolf, Virginia, Orlando. A Biography, New York 2002.

Sonja Riegler

Wissen im Widerspruch, Wissen als Widerspruch
Umriss einer ambivalenten Beziehung

Abstract: This contribution examines two different ways of interpreting the notion of "epistemic resistance". It draws attention to both the productive liberatory and the oppressive potential of epistemic resistance. A critical society that is committed to social justice and equality exerts epistemic resistance by unmasking fake news and by contributing to the promotion and safeguarding of fact-based knowledge. At the same time, my paper argues that "epistemic resistance" can also be understood as an opprepressive, discriminatory practice. Think of instances in which people, e.g. scientists or members of marginalized groups, are discredited and sound scientific facts are obscured for strategic political and economic reasons. In this regard, the article focuses particularly on theories of epistemic injustice. In doing so, I also consider the extent to which science itself perpetuates forms of epistemic injustice.

Keywords: epistemic resistance, epistemic injustice, epistemology of ignorance, science scepticism, resistant knowledge

1 Einleitung

Vorliegender Forschungsbeitrag erkundet das Verhältnis zwischen Widerstand, Widerspruch und Wissen. Die Art des Widerspruches, die im Fokus der Untersuchung steht, ist „epistemischer Widerspruch" und konzentriert sich demnach dezidiert auf jene Form des Widerspruches, die mit „Wissen" korreliert. In diesem Zusammenhang soll vor allem auf die Ambivalenz des Begriffes „Widerspruch" hingewiesen werden.

Aktiver Widerspruch ist in Zeiten kursierender Falschmeldungen, repressiver Sprach-Konstrukte und degradierender, toxischer Diskurse unentbehrliches Mittel politischen Widerstandes. Eine kritische, um soziale Gerechtigkeit und Gleichheit bemühte Gesellschaft sollte es voranstellen, epistemischen Widerstand zu leisten, indem sie Falschmeldungen sowie verzerrende Äußerungen demaskiert und somit zur Beförderung und Bewahrung von faktenbasiertem und wissenschaftlich validiertem Wissen beiträgt. In einer Typologie des epistemischen Widerstandes wäre diese Art des Widerspruchs als produktiver, aktiver

Widerstand zu fassen, da soziale Akteur*innen darum bemüht sein sollten, sich repressiven, demokratiezersetzenden Kräften zu widersetzen.

Epistemischer Widerspruch kann jedoch auch zu einem repressiven Mittel werden, wenn Realitätsverzerrung, Ignoranz und Verleumdung von wissenschaftlichem und faktisch fundiertem Wissen dazu verwendet werden, ökonomische sowie politische Interessen einer bestimmten Gruppe voranzutreiben und tradierte Machtpositionen zu markieren. Denken wir beispielsweise an aktuelle klimapolitische Diskurse, ist es alarmierend, dass gewisse wissenschaftliche Evidenzen immer noch in Zweifel gestellt und geleugnet werden beziehungsweise diesen mit mangelhaften politischen Maßnahmen begegnet wird.

Verzerrende sowie diffamierende Darstellungen von Realität werden aber auch dazu verwendet, marginalisierte Gruppen auf eine Weise zu repräsentieren, die die Unterdrückung, Stigmatisierung und Mystifizierung dieser Gruppen zu legitimieren sucht. Diese Herabwürdigung sozialer Identitäten operiert vor allem anhand negativer Stereotype und Zuschreibungen. Vorurteile perpetuieren vorherrschende Hierarchien, indem sie gewissen sozialen Gruppen Merkmale zuschreiben, die diese Gruppen in weiterer Folge herabwürdigen, benachteiligen und diskriminieren sowie in ihrer Würde und Kredibilität verletzen.

Ziel des Beitrages ist es aufzuzeigen, dass dieser Art der Diskriminierung vor allem auch eine epistemische Dimension innewohnt. In einem sozialen Gefüge sind Menschen oft auf andere Personen angewiesen, um Informationen zu erhalten, Wissen zu akquirieren und zu verbreiten.[1] Jedoch kommt nicht allen Menschen in einer Gemeinschaft das gleiche Maß an Macht, Legitimität und Kredibilität zu. Stereotype Zuschreibungen sind in diesem Zusammenhang Katalysator für epistemische Ausgrenzung, da gewissen Personen nicht zugestanden wird, Wissen zu produzieren und weitergeben zu können. In der Philosophie spricht man hierbei von „epistemischer Ungerechtigkeit" („*epistemic injustice*"), einem Begriff, der in den letzten Jahren vor allem von der englischen Philosophin Miranda Fricker geprägt wurde.[2]

Der Beitrag möchte aufzeigen, dass epistemische Diskriminierungen eine Form des repressiven epistemischen Widerspruches darstellen. Zentrale Fragen, die in diesem Zusammenhang besprochen werden, sind folgende: Auf welchen Mechanismen basiert die Verteilung und Ökonomie der Kredibilität diverser Sprecherpersonen? Kommt es auch in der Wissenschaft zu epistemischen Diskriminierungen? Wem wird Glauben geschenkt, und wie kann repressiven

---

1 Vgl. Reider, Social Epistemology and Epistemic Agency, ix.
2 Vgl. Fricker, Epistemic Injustice, 1–3.

Widerspruchsbewegungen begegnet werden? Im Sinne einer philosophischen Charakterisierung wird vorliegende Untersuchung Tendenzen epistemischen Widerspruches auf ihre negativen und positiven Ausformungen befragen. Negative, repressive Spielweisen epistemischen Widerspruches stehen hierbei jedoch im Vordergrund und werden unter dem Sammelbegriff der „Ignoranz" gefasst.

Die Analyse basiert vor allem auf philosophischen Überlegungen, die der Sozialepistemologie, der feministischen Epistemologie und der politischen Philosophie entlehnt sind. In einem ersten Schritt wird erläutert, wie das Phänomen der Ignoranz aus einer philosophischen Perspektive charakterisiert werden kann. Linda Alcoffs Analyse von Ignoranz folgend, werden drei Autor*innen herangezogen, die sich eingehend mit der Genese und den Konsequenzen von Ignoranz auseinandergesetzt haben. Mit Lorraine Code wird untersucht, inwiefern Ignoranz ein Phänomen ist, das vor allem auf die soziale Position des Individuums rückzuführen ist. Sandra Harding wird herangezogen, um zu erläutern, inwieweit Ignoranz an eine bestimmte Gruppenidentität gekoppelt ist. Mit Charles Mills wird schließlich die strukturelle und historische Genese der Ignoranz erörtert, die er anhand des Phänomens „*white ignorance*", also „weißer Ignoranz", in den USA identifiziert. Alle drei Autor*innen wählen verschiedene Zugänge, um sich dem Phänomen der epistemischen Ignoranz auf theoretischer Ebene zu nähern. Es soll jedoch erörtert werden, dass diese drei Ansätze inhaltliche und strukturelle Parallelen aufweisen und vor allem in Relation zueinander aufzeigen, inwiefern Ignoranz als ein strukturelles Phänomen gefasst werden kann.[3] Des Weiteren wird auf das Phänomen der epistemischen Ungerechtigkeit eingegangen und erläutert, dass auch die Wissenschaft vor dieser spezifischen Art der Ungerechtigkeit nicht gefeit ist. Dies soll vor allem anhand eines Artikels von Heidi Grasswick demonstriert werden. In einem letzten Schritt will der Beitrag in kurzen Zügen andenken, welche Wege aus der Ignoranz führen könnten.

2 Ignoranz als epistemisch repressives Mittel

Wenn die Epistemologie als jene philosophische Strömung definiert wird, die festzulegen versucht, was es heißt, über Wissen zu verfügen, dann soll eine „Philosophie der Ignoranz" in einer Negativdefinition klassifizieren, was es heißt, sich auf bewusste oder unbewusste Weise Wissen zu verschließen, Wissen zu verleugnen und potentielle Wissenspersonen abzuwerten. In Strukturen von Unterdrückung geraten epistemische Ideale, Tugenden und Normen ins Wanken. Soziale

---

3 Vgl. Alcoff, Epistemologies of Ignorance, 40.

Ungleichheit und sexistische oder rassistische Ideologien gefährden den freien Wissensaustausch sowie die Selbst- und Außenwahrnehmung epistemischer Akteur*innen. Solche Entwicklungen führen zu einem Phänomen, das in diesem Beitrag unter dem Begriff der „epistemischen Ignoranz" gefasst werden soll.

Ignoranz wird oftmals als Wissenslücke oder als ein unbeabsichtigtes Übersehen oder Fehlinterpretieren von Tatsachen abgetan.[4] Es kann nicht bestritten werden, dass diese Auffassung von Ignoranz Berechtigung hat. Fehleinschätzung und verzerrte Wahrnehmungen sind oftmals Produkt eines mangelnden Zugangs zu Informationen, lückenhafter Auseinandersetzung oder Beeinflussung durch (implizite) Vorurteile. Zudem ist nicht zu leugnen, dass es schier unmöglich ist, immerzu eingehend über *alles* informiert zu sein. Es gilt demnach in einer Typologie der Ignoranz festzulegen, welche Formen der Ignoranz als schuldhaft bezeichnet werden können und welche Form der Ignoranz das Individuum betrifft, ohne dass der oder die epistemische Akteur*in in Verantwortung gezogen werden muss.

2.1 Entstehung und Wirkungsweise von Ignoranz

Was wir wissen, lässt sich nicht nur deskriptiv beschreiben, sondern muss auch aus einer normativen Perspektive betrachtet werden: Was sollten wir wissen? Ignoranz stellt eine Verletzung unserer epistemischen Verantwortung dar und ist oftmals Produkt einer nachlässigen epistemischen Praktik. Jüngste politische Entwicklungen und Diskurse legen jedoch nahe, dass Ignoranz nicht nur als nachlässige epistemische Praktik zu verstehen ist, sondern dass sie auch eine bewusst gewählte epistemische Methode darstellen kann.[5] Linda Alcoff hierzu:

> Even in mainstream epistemology, the topic of ignorance as a species of bad epistemic practice is not new, but what is new is the idea of explaining ignorance not as a feature of *neglectful* epistemic practice but as a *substantive* epistemic practice in itself. [...] such substantive practices of ignorance – willful ignorance – are structural. This is to say that there are identities and social locations and modes of belief formation, [...] that are in some cases epistemically disadvantaged or defective.[6]

Das Phänomen der Ignoranz kann demnach als ein strukturelles gefasst werden. Diese Annahme gründet in der Tatsache, dass epistemische Akteur*innen von ihren Erfahrungen und ihren sozialen Positionen beeinflusst sind, wenn es darum geht, Urteile zu fällen und Meinungen zu bilden. Dies ist eine Tatsache,

---

4 Vgl. Sullivan/Tuana, Introduction, 3.
5 Vgl. Alcoff, Epistemologies of Ignorance, 39.
6 Ebd. 39 f.

die epistemische Ignoranz zwar potentiell befördert, aber keineswegs zu ihrer notwendigen Schuldhaftigkeit führt. Lorraine Codes Ausführungen zu Beweggründen und Wirkungsweisen epistemischer Ignoranz veranschaulichen dies. Als eine der Ersten thematisierte Code die Rolle, welche die soziale Verankerung des Wissenssubjektes („*knower*") in Bezug auf die Formation von Wissen und Überzeugung spielt. Ihre Ausführungen richten sich vor allem gegen klassische „S knows that p"-Epistemologien.[7] Codes Kritik betrifft die gängige Annahme, dass alle S, also alle Wissenssubjekte, auf die gleiche Weise zu Wissen gelangen können und demnach als austauschbar aufgefasst werden. Dies wird vor allem bei der Analyse von komplexeren Sachverhalten veranschaulicht. Eine Aussage wie „Ich weiß, dass die Sonne scheint" ist relativ einfach zu tätigen, wenn ich aus dem Fenster blicke und sehe, dass der Himmel wolkenlos ist und die Bäume und Häuser Schatten am Asphalt werfen. „Die Kandidatin ist für die Stelle geeignet" ist jedoch eine Aussage, die ein anderes Maß an Urteilsbildung bedarf, das auf einschlägiger Erfahrung beruht. Diese Aussage kann nur qualifiziert getätigt werden, wenn die Sprecherperson sich eingehend mit der Expertise der Kandidatin beschäftigt hat und weiß, welche Anforderungen die zu besetzende Stelle mit sich bringt. Das Wissenssubjekt S muss also gewisse Erfahrungen haben, die wiederum von ihrer sozialen Position abhängig sind.[8] Codes Argument lässt sich anhand folgender zweier Annahmen zusammenfassen. (1) Wissenspersonen sind nicht austauschbar. (2) Individuen können kraft ihrer epistemischen Positionierung bevor- beziehungsweise benachteiligt sein, wenn es darum geht, Wissen zu akquirieren.[9] „[…] knowers are at once limited and enabled by the specifities of their locations."[10] In Hinblick auf Ignoranz im Sinne einer epistemischen Widerspruchsbewegung, lässt sich mit Code zusammenfassen, dass die Ignoranz eines Individuums in Abhängigkeit zu seiner oder ihrer spezifischen sozialen Positionierung beurteilt werden muss. Was kann von mir als Wissensperson erwartet werden und worüber sollte ich zu welchem Maße im Verhältnis zu meiner sozialen Position informiert sein?

Auch Sandra Harding stellt den Grad und die Schuldhaftigkeit der Ignoranz, die einer Person zukommt, in ein relatives Verhältnis zu sozialen und strukturellen Faktoren. Sie konzentriert ihre Analyse jedoch weniger auf eine allgemeine soziale Positionierung, sondern auf spezifische Gruppenzugehörigkeiten. Die

---

7 Vgl. ebd. 42.
8 Vgl. Code, Taking Subjectivity into Account, 44.
9 Vgl. ebd. 42.
10 Ebd.

Grundannahme ist hierbei dieselbe wie bei Code. Epistemische Akteur*innen sind sozial verankert und müssen in ihrer Rolle als Wissenspersonen in Relation zu dieser sozialen Positionierung beurteilt werden. Harding geht jedoch weiter, indem sie sagt, dass diese soziale Position direkt mit Gruppenidentität einhergeht. Als eine der wichtigsten Vertreterinnen der feministischen Standpunkt-Theorie, argumentiert Harding, dass genderspezifische Erfahrung eine wichtige Instanz bei kognitiven Prozessen und Urteilsgründung ist. Frauen und Männer machen divergierende Erfahrungen in einer sozialen Gemeinschaft. Da die weibliche Perspektive nach wie vor eine weniger privilegierte ist als die männliche, ist es Frauen möglich, einen spezifischen Standpunkt zu entwickeln, der neue, aufrührerische und kritische Einsichten und Fragestellungen hervorbringt, die aus männlicher Perspektive nicht hätten entstehen können. Die männliche Perspektive ist somit in gewisser Weise *ignorant*, da Männer zu einem geringeren Grade imstande sind, bestehende Herrschaftsstrukturen zu hinterfragen, da sie in den meisten Fällen selbst Profiteure dieser Strukturen sind.[11] Diese Einsicht lässt sich auch auf andere unterdrückte Gruppen anwenden. Minder privilegierte und sozial benachteiligte Personen neigen weniger dazu, die Dinge, wie sie sind, zu verklären, und haben größeres Interesse an Aufklärung und kritischer Hinterfragung. Dies ist besonders interessant für den letzten Abschnitt dieser Analyse, der sich mit produktiven epistemischen Widerspruchsbewegungen auseinandersetzt. Harding legt nahe, dass eine ursprünglich weniger privilegierte Identität positives Potential birgt, um neuartiges, kritisches Wissen zu generieren, das direkt mit der unterdrückten Erfahrung korreliert. Ähnlich wie Code argumentiert Harding für ein relatives Verhältnis zwischen Wissen, Nicht-Wissen und sozialer Positionierung. Harding spezifiziert diese Einsicht jedoch, indem sie Wissen und Ignoranz nicht nur von sozialer Positionierung, sondern auch von Gruppenidentität abhängig macht.[12]

Überlegungen zu gruppenspezifischer Ignoranz werden auch im Werk von Charles Mills behandelt. Mills' Fokus liegt in erster Linie auf den Strukturen und Wirkweisen repressiver Systeme. Insbesondere konzentriert Mills sich auf das Phänomen der „*white ignorance*", der „weißen Ignoranz" in den USA. „*Whiteness*" wird hierbei jedoch nicht einzig als ethnische Kategorie gefasst, sondern bezeichnet ein politisches Konstrukt, das eine dominante Klasse betrifft.[13] In seinem Buch *The Racial Contract*, dem, wie der Titel bereits andeutet, der Gedanke

---

11 Vgl. ebd. 43–46.
12 Vgl. Harding, Whose Science?
13 Vgl. Mills, White Ignorance, 5.

der Vertragstheorie zugrunde liegt, erörtert Mills, dass die westliche politische Landschaft auf einem impliziten Gesellschaftsvertrag fußt, deren Akteur*innen nicht alle Subjekte umfassen, sondern nur jene, die der dominanten, „weißen" Klasse angehören.[14] Dieser Vertrag, *„the racial contract"*, wie Mills ihn bezeichnet, hat eine politische, moralische und epistemologische Dimension. Blicken wir für die Zwecke unserer Analyse genauer auf die epistemologische Dimension, lässt sich ein klarer Unterschied zu den ersten beiden Theoretisierungen von Ignoranz bei Code und Harding erkennen. Während bei Harding beispielsweise Männer noch in eine epistemologisch und hermeneutisch schwächere Position verortet werden, wenn es darum geht, spezifische Einsichten einer weiblichen Perspektive zu erlangen, wird dieser epistemologische Nachteil bei Mills zur strategischen Ignoranz. Mills präzisiert, dass dominante Gruppen nicht nur aus Nachlässigkeit oder aus mangelndem Einblick in gewisse Sachverhalte ignorant sein können, sondern dass sie in vielen Fällen ein positives Interesse daran haben, diese Ignoranz zu befördern. Dies wirkt sich auf ihre Interpretation von Welt und Faktenlagen aus.[15] Wieder Alcoff:

> [...] the structural argument argues that whites have a *positive* interest in „seeing the world wrongly". [...] Here ignorance is not understood as a *lack* – a lack of motivation or experience as the result of social location – but as a substantive epistemic practice.[16]

Mills spricht in diesem Zusammenhang auch von defizitärer epistemischer Praxis. Zudem wird die diffamierende, verkehrte Herrschaftslogik der dominanten Klasse zu einem solchen Grad internalisiert, dass viele privilegierte Menschen falsche Urteile fällen, selbst wenn sie das gar nicht beabsichtigen.[17] Studien aus der Sozialpsychologie, beispielsweise aus der Implicit-Bias-Forschung bestätigen dies.[18] *„White ignorance"* führt also dazu, dass es manchen Menschen nicht mehr möglich ist, die rassistischen und repressiven Strukturen zu decodieren, die sie einst selbst kreiert und internalisiert haben.

Besonders gefährlich wird eine solche defizitäre Realitätswahrnehmung, die Fakten falsch interpretiert und repräsentiert, wenn sie ein hohes Maß an Reichweite hat. Beispielhaft hierfür ist die mediale Reaktion und Interpretation des Verhaltens vieler Menschen während und nach der Zeit des Hurrikans „Katrina" in New Orleans. Aus Verzweiflung und Nahrungsmangel ging die Bevölkerung

---

14 Vgl. Mills, The Racial Contract, 5.
15 Vgl. ebd.
16 Alcoff, Epistemologies of Ignorance, 47.
17 Vgl. Mills, White Ignorance, 5 f.
18 Vgl. Saul/Brownstein, Implicit Bias and Philosophy, 1 f.

von New Orleans, schwarze und weiße Personen, dazu über, verlassene Lebensmittelgeschäfte auszuräumen. Hierbei ging es jedoch nicht um persönlichen Profit, sondern schlichtweg darum, sich in einer Zeit der Krise zu ernähren. Schwarzen Personen wurde jedoch nachher vorgeworfen, sie hätten geplündert, während die Medien von weißen Personen berichteten, die Lebensmittel „gefunden" hätten. Elizabeth Anderson hierzu:

> News media described stranded blacks as „looting" grocery stores for necessities such as milk and bread, abstracting from the desperate circumstances brought on by the storm, and the fact that the flood would have otherwise destroyed these groceries. The „looting" frame fit their actions into the narratives of inner-city riots, invoking the stigma of inherent black criminality. By contrast, stranded whites hauling groceries from stores were generously inferred to have merely „found" them by innocent luck.[19]

Ignoranz ist also nicht nur Produkt sozialer Positionierung, sondern, wie bereits erörtert, eine bewusste oder internalisierte Art und Weise, die Welt zu interpretieren und zu repräsentieren. *„White ignorance"* basiert laut Mills auf einer kognitiven Dysfunktion, da Menschen nicht mehr imstande sind, die Dinge so zu sehen, wie sie wirklich sind.[20] Zudem kann mit José Medina von einer Form der „Meta-Ignoranz" gesprochen werden, da die betroffenen Subjekte keine Einsicht in die Tragweite ihrer eigenen Ignoranz mehr haben.[21] Anders als in den ersten beiden theoretischen Annäherungen von Code und Harding, in denen Ignoranz vor allem an die sozialen, identitäts- und gruppenspezifischen Erfahrungen und Positionen eines Individuums gekoppelt wird, entwirft Mills ein Modell, das es zulässt, die strategische, repressive Dimension von Ignoranz zu erfassen. Epistemischer Widerspruch ist demnach nicht nur als eine Praktik zu verstehen, die durch soziale Positionierung, Gruppenzugehörigkeit und Mangel an einschlägiger Erfahrung zu verstehen ist. Um den repressiven Charakter von Ignoranz und epistemischem Widerspruch greifbar zu machen, müssen diese auch als bewusst kultivierte und internalisierte epistemische Praktiken theoretisiert werden.

Wie bereits erwähnt, befördert Ignoranz diffamierende Repräsentationen sozial unterdrückter Gruppen. Sie kann somit als Mittel politischer und epistemischer Unterdrückung bezeichnet werden. Wie sich diese epistemische Ausgrenzung konkret verhält, wird in einem nächsten Schritt vorgestellt. Des Weiteren wird nahegelegt, dass auch die Wissenschaft epistemische Diskriminierungen hervorbringen beziehungsweise reproduzieren kann.

---

19 Anderson, The Imperative of Integration. 47.
20 Vgl. Mills, The Racial Contract, 18.
21 Vgl. Medina, The Epistemology of Resistance, 75.

2.2 Ignoranz und epistemischer Widerspruch als epistemische Ungerechtigkeit

Das Phänomen der Ignoranz, sowie es mit Code, Harding und Mills beschrieben wurde, stellt eine implizite und explizite Art der Diskriminierung dar, indem marginalisierte Lebensrealitäten verzerrt, verschleiert und herabgewürdigt werden. Neben der problematischen moralischen Tragweite von Ignoranz, die Menschen misrepräsentiert und in ihrer Würde verletzt, befördert das Phänomen der Ignoranz aber auch eine dezidiert epistemische Ungerechtigkeit.

Gruppen, die Opfer systematischer Ausgrenzung sind, werden oftmals nicht in ihrer Kapazität als Wissensträger*innen anerkannt. Stereotype Zuschreibungen stellen Angehörige dieser Gruppen beispielsweise als intellektuell unterlegen dar und hinterfragen deren kognitive Kapazitäten. Dies wirkt sich negativ auf die Bewertung von Erkenntnissen und Aussagen aus, die von Mitgliedern solcher stigmatisierten Gruppen getätigt werden. In der philosophischen Theorie Frickers wird diese Form der Herabwürdigung als „Zeugnis-Ungerechtigkeit" bezeichnet.[22] In diesem Kontext ist es wichtig darauf hinzuweisen, dass eine zentrale Einsicht aus der Sozialepistemologie besagt, dass wir auf andere epistemische Akteur*innen angewiesen sind, um Wissen zu erlangen.[23] Die gängigste Form des Wissensaustauschs in einer sozialen Gemeinschaft ist Zeugenschaft, sprich der Umstand, dass ich Wissen durch die Aussagen und Erklärungen anderer Leute akquiriere. In Fällen von Zeugnis-Ungerechtigkeit wird Wissen von marginalisierten Gruppen nicht geglaubt beziehungsweise nicht in den Diskurs aufgenommen.

Fricker identifiziert zudem eine zweite Art der epistemischen Ungerechtigkeit, die sie hermeneutische Ungerechtigkeit („*hermeneutical injustice*") nennt. Hermeneutische Ungerechtigkeit bezeichnet laut Fricker jene Art der Diskriminierung, die entsteht, wenn es einer bestimmten gesellschaftlichen Gruppe an interpretatorischen Ressourcen fehlt, um ihre sozialen Erfahrungen zu entschlüsseln und einzuordnen.[24] Wesentliches Merkmal hermeneutischer Ungerechtigkeit ist es, dass eine soziale Gruppe aufgrund einer interpretatorischen Lücke nicht imstande ist, ein Phänomen zu decodieren, dessen genaue Kenntnis essentiell für die eigene Lebensrealität wäre.[25]

---

22 Vgl. Fricker, Epistemic Injustice, 1.
23 Vgl. Goldberg, A Proposed Research Program for Social Epistemology, 10 f.
24 Vgl. Fricker, Epistemic Injustice, 147.
25 Vgl. ebd. 7.

2.3 Epistemische Ungerechtigkeiten in der Wissenschaft

Auch die Wissenschaft ist nicht vor der Reproduktion ethischer und epistemischer Ungerechtigkeiten gefeit. Wie vielerlei andere gesellschaftliche Institutionen sind auch wissenschaftliche Praktiken und Erkenntnisse implizit oder explizit beeinflusst von sexistischen und/oder rassistischen Annahmen ihrer jeweiligen Zeit. Die Vorherrschaft eines androzentrischen Weltbildes, das auch die Wissenschaft prägt, führte beispielsweise dazu, dass über Jahrzehnte hinweg in der medizinischen Forschung rund um Herzerkrankungen männliche Körper als die Norm angesehen wurden, was zu verfälschten Ergebnissen und Fehldiagnosen bei Frauen führte.[26] Als eine der wirksamsten und nachhaltigsten epistemischen Institutionen der Wissensproduktion sollte die Wissenschaft deshalb regelmäßig sicherstellen, dass ihre Inhalte und Methoden nicht von ebensolchen diffamierenden und diskriminierenden Praktiken und Annahmen beeinflusst werden. Um dies zu gewährleisten, ist es hilfreich, sich vor Augen zu führen, auf welche Weise die Wissenschaft epistemische Ungerechtigkeiten perpetuieren kann, um sie in weiterer Folge zu korrigieren. Frickers Modelle der Zeugnis-Ungerechtigkeit und der hermeneutischen Ungerechtigkeit können hier Klarheit schaffen. Wenn wir uns erneut das Feld der medizinischen Forschung vor Augen führen, ist es beispielsweise eine Zeugnis-Ungerechtigkeit, wenn weibliche Patientinnen als zu emotionale und unzuverlässige Beobachterinnen von selbst erlebten Symptomen konzeptualisiert werden, da sie somit in ihrer Funktion als informierte und zuverlässige Wissensquellen herabgewürdigt werden. Männliche Normen in der wissenschaftlichen Forschung führen zudem zu hermeneutischen Ungerechtigkeiten, da Frauen oftmals mit Forschungsergebnissen konfrontiert sind, die nicht mit ihren eigenen Lebensrealitäten korrelieren und es ihnen deshalb erschwert wird, Erfahrungen und Situationen zu decodieren.[27]

In ihrem Aufsatz „Epistemic Injustice in Science" identifiziert Heidi Grasswick zudem zwei weitere Formen epistemischer Ungerechtigkeiten in der Wissenschaft: *„participatory epistemic injustice"* und *„epistemic trust injustices"*. Erstere Fälle von epistemischer Ungerechtigkeit in der Wissenschaft betreffen Situationen, in denen bestimmten Personen die Teilnahme an wissenschaftlichem Arbeiten und die Aufnahme in wissenschaftliche Betriebe verwehrt bleibt beziehungsweise ihre Erkenntnisse und Erfahrungen keinen Eingang in wissenschaftliche Forschung finden.[28] Oftmals sind diese *„participatory epistemic*

---

26 Vgl. Grasswick, Epistemic Injustice in Science, 314.
27 Vgl. ebd. 315 f.
28 Vgl. ebd. 316

injustices" ebenfalls Fälle von Zeugnis-Ungerechtigkeit, da marginalisierte Personen aufgrund von impliziten und expliziten Stereotypen nicht als Personen anerkannt werden, die über Wissen verfügen. Teilnahme-Ungerechtigkeiten auf epistemischer Ebene passieren aber nicht nur in wissenschaftlichen und universitären Betrieben, sondern nehmen oftmals viel früher ihren Anfang, beispielsweise durch erschwerten Zugang zu schulischer Bildung. Anderson hierzu: „[...] in societies that systematically deprive disadvantaged social groups of access to a decent education, the use of such markers in assessing credibility will tend to exclude those groups from further participation in inquiry."[29]

„*Epistemic trust injustice*" wiederum bezeichnen laut Grasswick Fälle, in denen Personen wissenschaftlichen Expert*innen und deren Forschungsergebnissen nicht trauen können, da sie sich von diesen nicht oder nur unzureichend repräsentiert fühlen. Beispielhaft hierfür ist die lange androzentrische Tradition in der weiblichen Sexualmedizin, die Erfahrungen von Frauen, den eigentlichen Subjekten dieses Forschungsfeldes, nicht in Betracht gezogen haben und durch stereotype Bilder von weiblicher Sexualität fehlerhafte Untersuchungsergebnisse hervorgebracht haben.

Wie aufgezeigt wurde, können repressive epistemische Praktiken in Form von bewusstem politischem Kalkül, das der Aufrechterhaltung von bestehenden Herrschaftsstrukturen dient, vor allem in politischen Diskursen ausfindig gemacht werden. Diese Art der Ignoranz operiert vor allem anhand der Verleumdung belegter Fakten und mittels Diskreditierung von um Aufklärung, Fortschritt und Inklusion bemühten epistemischen Akteur*innen. Aber auch innerhalb des wissenschaftlichen Betriebes kann es durch die Infragestellung und Abwertung der Kredibilität marginalisierter Sprecherpersonen und der Exklusion derselben zu Situationen der Perpetuierung und Aufrechterhaltung von Ignoranz kommen. Angesichts der zentralen Rolle und der Dominanz, die wissenschaftliche Forschung in Bezug auf Wissensproduktion und deren Vermittlung einnimmt, sollten demnach vor allem wissenschaftliche Praktiken sicherstellen, nicht von impliziten oder expliziten diffamierenden Bildern und Annahmen beeinflusst zu sein. Um sich konsequent gegen Anfeindungen und Diffamierungen von außen zu wehren, müssen auch mögliche epistemische Ungerechtigkeiten innerhalb der Wissenschaft ausgemacht und beseitigt werden.

---

29 Anderson, Epistemic Justice as a Virtue of Social Institutions, 169.

3 Widerständiges Wissen

Welche Wege führen aus repressiven epistemischen Praktiken? Wie können herabwürdigende, politisch motivierte Widersprüche entlarvt und widerständiges Wissen befördert werden? Welche Maßnahmen müssen der Wissenschaftsbetrieb und andere epistemische Institutionen setzen, um nicht selbst epistemische Ungerechtigkeiten zu reproduzieren? In einem letzten Schritt skizziert dieser Forschungsbeitrag einige bereits beschrittene beziehungsweise noch zu beschreitende Wege aus der Ignoranz und hin zu einer produktiven Auslegung des Begriffes „epistemischer Widerspruch".

Die wissenschaftliche Auseinandersetzung mit dem Thema epistemischer Widerstand gegen Ignoranz und *„systematic silencing"* erhielt in den letzten Jahren immer mehr philosophische Aufmerksamkeit. Feministische Epistemologien beispielsweise leisteten in den vergangenen Jahrzehnten wesentliche Arbeit in Bezug auf die Einsicht, dass „Wissen" als politische Kategorie verstanden werden muss und der Erkenntnistheorie demnach auch eine ethische Dimension anheimfällt.[30] Ihre Kritik, dass es kein neutrales Wissenssubjekt gibt, sondern Wissen immer in Relation zu der jeweiligen sozialen Positionierung des Subjektes bewertet werden muss, stellt im Kontext dieses Forschungsbeitrages eine wesentliche Einsicht dar. Vor allem Vertreterinnen der feministischen Standpunkt-Theorie, wie beispielsweise Nancy Hartsock, Patricia Hill Collins oder Sandra Harding, versuchten aufzuzeigen, dass die angewandten Methoden in der Erkenntnistheorie und der Wissenschaftsphilosophie nicht als neutral beschrieben werden können, sondern von Androzentrismus, Heteronormativität und Eurozentrismus durchdrungen sind. Harding hierzu:

> Androcentric, economically advantaged, racist, Eurocentric, and heterosexist conceptual frameworks ensured systematic ignorance and errors about not only the lives of the oppressed, but also the lives of their oppressors and thus about how nature and social relations in general worked.[31]

Feministische Epistemologien deckten jedoch nicht nur auf, inwiefern die Erkenntnistheorie und Wissenschaftsphilosophie fälschlicherweise von einem neutralen Wissenssubjekt ausging, das in Wirklichkeit männlich, weiß und privilegiert ist. Sie demonstrierten auch, inwiefern eine ursprünglich weniger privilegierte soziale epistemische Position zu neuen und aufrührerischen Erkenntnissen führen kann. Standpunkt-Theoretikerinnen wie Patricia Hill

---

30 Vgl. Code, Ignorance, Injustice and the Politics of Knowledge, 149.
31 Harding, Introduction, 5.

Collins oder Alison Wylie argumentieren beispielsweise, dass unterdrückte kognitive Perspektiven Wissen hervorbringen können, welches privilegierte Subjekte nicht hätten erlangen können.[32] Eine ursprünglich unterdrückte gesellschaftliche Position kann also strategisch genützt werden, um ignorantes, diskriminierendes Verhalten aufzudecken und neue Einsichten zu erlangen, die einer privilegierten Perspektive verschleiert bleiben. Theoretiker*innen wie die Wissenschaftshistorikerin Londa Schiebinger propagieren zudem ein Modell, das sie „*gendered innovations*" nennen. Dieses besagt, dass die Integration einer gegenderten (weiblichen) Perspektive produktive Entwicklungen in der Wissenschaft, beispielsweise in der Primaten- oder Stammzellenforschung bewirken können.[33]

Ein weiteres Konzept produktiven epistemischen Widerstandes stammt von José Medina. In seinem Buch The *Epistemology of Resistance* schlägt er das Prinzip der „*epistemic friction*", sprich der „epistemischen Reibung" vor. Medinas Idee der *epistemic friction* beruht auf zwei Grundprinzipien: Epistemische Anerkennung („*epistemic acknowledgement*") und epistemisches Gleichgewicht („*epistemic equilibrium*").[34] Kurz umrissen geht es Medina darum, dass epistemische Akteur*innen aufgeschlossen sein sollen gegenüber divergierenden Standpunkten. Vor allem jedoch sollen sie sich diesen Standpunkten aussetzen und es vermeiden, sich ausschließlich mit Meinungen, Lebensrealitäten und Anschauungen zu umgeben, die ihnen ohnehin schon vertraut sind. Nancy Tuana fasst dieses Konzept folgendermaßen zusammen:

> Medina underscores the importance of challenging epistemic silencing through respectful exchanges between dominant and marginalized groups, enabling mutual resistance and beneficial friction and not a mere overpowering of one perspective over the other (which would simply reproduce internally the relation of subordination and cognitive domination that characterizes oppression).[35]

Was Medina anstrebt, ist eine Form der sozialen Durchmischung, die auf epistemischer Ebene stattfindet und im Idealfall ein Umdenken bewirkt. So möchte er jener Art der Ignoranz entgegenwirken, die entsteht, wenn man ausschließlich von Personen umgeben ist, die ähnliche Lebensrealitäten, Chancen und Privilegien teilen.[36]

---

32 Vgl, Medina, The Epistemology of Resistance, 190 f.
33 Vgl. Schiebinger, Gendered Innovations in Science and Engineering.
34 Vgl. Medina, The Epistemology of Resistance, 50 f.
35 Tuana, Feminist Epistemology, 134.
36 Vgl. Medina, The Epistemology of Resistance, 50 f.

Um widerständiges Wissen zu gewährleisten, gilt es also nicht nur, widerständig zu sprechen und falsche Aussagen aufzudecken. Ebenso wichtig ist es, widerständig zuzuhören und sich nicht von Vorurteilen, Demagogie und Populismus korrumpieren zu lassen. Mit Fricker kann hier abschließend von der Tugend der Zeugnis-Gerechtigkeit gesprochen werden.[37] Als Hörerpersonen sollten wir uns bewusst sein, dass auch unsere eigenen Urteile und Meinungen eventuell *ignorant sind* gegenüber gewissen marginalisierten Perspektiven.

4 Schlussbetrachtungen

Dieser Forschungsbeitrag beleuchtete die epistemische Ambivalenz des Begriffes „Widerspruch". Hierbei wurde aufgezeigt, dass repressiver epistemischer Widerspruch sich in Ignoranz gegenüber gewissen, meist progressiven und um Aufklärung bemühten Perspektiven äußert. In manchen Fällen kann zudem von struktureller Ignoranz gesprochen werden, da diese im Sinne einer Form des politischen Kalküls anstrebt, Tatsachen zu verschleiern sowie gewisse Stimmen ungehört zu lassen. Zudem wurde das Phänomen der epistemischen Ignoranz in Relation mit Frickers Theorie der epistemischen Ungerechtigkeit gesetzt und gezeigt, dass es selbst in der Wissenschaft zu epistemischen Ungerechtigkeiten kommen kann.

In seiner positiven Variante muss epistemischer Widerspruch demnach als notwendiges politisches Mittel verstanden werden, das fehlerhafte Repräsentationen und Vorurteile bereinigt und Falschmeldungen desavouiert. Wir leben in einer Welt, in der die Berufung auf Fakten und wissenschaftlichen Erkenntnissen sich immer öfter mit Anfeindungen und Verleumdungen konfrontiert sieht. Klimawandel-Skepsis ist hierbei nur ein Beispiel von vielen. Es muss demnach angestrebt werden, politisch motivierte und diffamierende Anfeindungen von Fakten und Personen aufzudecken sowie epistemische Standards beizubehalten, die die Berufung auf belegbare und gerechtfertigte Überzeugungen an erste Stelle rückt. Vorbehalte gegenüber Sprecher*innen, welche auf die Gruppenzugehörigkeit und die marginalisierte soziale Position dieser Personen rückzuführen sind, beeinträchtigen zudem die Art und Weise, wie das Wissen dieser Personen evaluiert wird. Umso wichtiger ist es, auf die Relevanz epistemischer Tugenden wie „Aufgeschlossenheit", „Neugier" und „Sorgfalt" im Umgang mit Zeugenschaft („*testimony*") aufmerksam zu machen, vor allem wenn sie von Leuten stammt, denen wir ein solches Wissen auf den ersten Blick nicht zutrauen würden. Auch

---

37 Vgl. Fricker, Epistemic Injustice, 65.

die Wissenschaft sollte von diesen Tugenden Gebrauch machen, um nicht selbst in die Falle der epistemischen Ungerechtigkeit zu tappen. Als epistemische Akteur*innen müssen wir unsere Hör- und Sprechgewohnheiten hinterfragen und uns bewusstmachen, dass auch wir selbst eventuell nicht davor gefeit sind, epistemische Ungerechtigkeiten zu begehen und ignorant zu sein gegenüber Perspektiven, die uns (noch) nicht vertraut sind. Produktiver epistemischer Widerspruch sollte also nicht nur den anderen gelten. Manchmal kann es auch hilfreich sein, sich selbst zu widersprechen.

Literatur

Alcoff Martin, Linda, Epistemologies of Ignorance, in: Sullivan, Tuana (Hg.), Race and Epistemologies of Ignorance, Albany 2014, 39–59.

Anderson, Elizabeth, The Imperative of Integration, Princeton 2010.

Anderson, Elizabeth, Epistemic Justice as a Virtue of Social Institutions, in: Social Epistemology 26 (2012) 2, 163–173.

Code, Lorraine, Taking Subjectivity into Account, in: Alcoff, Potter (Hg.), Feminist Epistemologies, New York 1993, 15–48.

Code, Lorraine, Doubt and Denialism. Epistemic Responsibility Meets Climate Change Skepticism, in: Onati Socio-Legal Series 3 (2013) 5, 838–853.

Code, Lorraine, Ignorance, Injustice and the Politics of Knowledge, in: Australian Feminist Studies 29 (2014) 80, 148–160.

Fricker, Miranda, Epistemic Injustice. Power and the Ethics of Knowing, Oxford 2007.

Goldberg, Sanford C., A Proposed Research Program for Social Epistemology, in: Reider, Patrick J. (Hg.), Social Epistemology and Epistemic Agency, London 2016, 3–20.

Grasswick, Heidi, Epistemic Injustice in Science, in: Kidd, Ian James/Medina, José/Pohlhaus, Gaile (Hg.), The Routledge Handbook of Epistemic Injustice, New York 2017, 313–323.

Harding, Sandra, Whose Science? Whose Knowledge? Thinking from Women's Lives, Ithaca 1991.

Harding, Sandra, Introduction: Standpoint Theory as Site of Political, Philosophic, and Scientific Debate, in: dies. (Hg.), The Feminist Standpoint Theory Reader. Intellectual and Political Controversies, New York 2004, 1–15.

Medina, José, The Epistemology of Resistance, New York, 2013.

Mills, Charles, The Racial Contract, Ithaca 1997.

Mills, Charles, White Ignorance, in: Sullivan, Tuana (Hg.), Race and Epistemologies of Resistance, Albany 2007, 11–38.

Oreskes, Naomi/Conway, Erik M., Merchants of Doubt. How a Handful of Scientists Obscured the Truth on Issues from Tobacco Smoke to Global Warming, London 2010.

Reider, Patrick, Social Epistemology and Epistemic Agency, London 2016.

Saul, Jennifer/Brownstein, Michael, Implicit Bias and Philosophy. Metaphysics and Epistemology, Volume 1, Oxford 2016.

Schiebinger, Londa, Gendered Innovations in Science and Engineering, Stanford 2008.

Sullivan, Shannon/Tuana, Nancy (Hg.), Race and Epistemologies of Ignorance, Albany 2007.

Sullivan, Shannon/Tuana, Nancy, Introduction, in: ebd. 1–10.

Tuana, Nancy, Feminist Epistemology. The Subject of Knowledge, in: Kidd, Ian James/Medina, José/Pohlhaus, Gaile (Hg.), The Routledge Handbook of Epistemic Injustice, New York 2017, 125–139.

Nikolaus Dimmel

Rechtswissenschaft als politisches Handlungsinstrument

Abstract: This contribution looks at the question as to how the economisation and capitalisation of social relationships, and simultaneously the transmutation of law into an economically perceived instrument of control in the locational competition is reflected within legal science – both in the training of lawyers and in jurisprudential discourses as well. It explores three areas of the economisation of law: discourse, training and the social context in which it is used. The core argument of the contribution is that jurisprudence no longer serves predominantly as an instrument of Fordist modernisation; rather, it perceives the law primarily as a response to alleged economic constraints, the interests of the valorisation of capital and the maximisation of profit, a view which is reflected in the composition and weighting of the curriculum.

Keywords: jurisprudence, legal policy, economisation, valorisation of capital, sociology of law

1 Recht – Legitimation – Politik

Recht ist auf kategoriale Weise politisch.[1] Recht, Rechtswissenschaft und (Rechts)Politik sind wechselseitig verflochten. Während Recht als „geronnene Politik"[2], als Übersetzung von Macht in Herrschaft und damit als Mittel der Legitimation und Beschränkung von Macht verstanden werden muss,[3] strukturiert die Rechtswissenschaft die Form der legislativen Herrschaftsausübung sowie die judizielle Rechtsanwendung. Zugleich können alle drei Funktionsbestandteile staatlich verfasster Klassenherrschaft einer Soziologie von Staat und Recht nicht entraten. Die politische Dimension der Rechtswissenschaften liegt dabei in ihrer Steuerungs-, Legitimations- und Beratungsfunktion.[4] Rechtswissenschaft erzeugt (mehr oder weniger kohärente) in ihrer „herrschenden Lehre" bzw. „herrschenden Meinung" dogmatische Begründungsfiguren, auf welche sich Gesetzgebung und Justiz ein- und verlassen. So wird Prestige in den Rechtswissenschaften dadurch erzeugt, entweder begründend in gerichtlichen

---

1 Vgl. Ehs u. a., Politik und Recht.
2 Grimm, Recht und Politik, 502.
3 Vgl. Benz, Selbstbindung des Souveräns.
4 Vgl. Görlitz/Voigt, Rechtspolitologie.

Erkenntnissen und Urteilen angeführt zu werden oder gesetzgeberische Prozesse bzw. Mitglieder der politischen Dienstklasse beratend zu begleiten. Insofern reduziert die Rechtswissenschaft mittels ihrer dogmatischen Diskurse, Kommentierungs- und Beratungstätigkeit, aber auch ihrer Rechtsgutachten die Komplexität des politischen Willensbildungs- und Entscheidungsprozesses.

Die politische Dienstklasse entscheidet nicht nur über die *Polity* (Verfasstheit), *Policies* (Politikinhalte) und *Politics* (politische Prozesse), sondern auch über den Modus der Rechtspolitik (Einbindung von Akteuren in legislative Prozesse) sowie die Rechtsanwendung in Justiz und Verwaltung. Zugleich erzeugt die politische Dienstklasse auch die Rahmen-, Diskurs- und Legitimationsbedingungen jener Rechtswissenschaft, die als eingriffsrelevant wahrgenommen wird. So produziert die Politik zum einen jenes Recht, welches im Weiteren Gegenstand der rechtswissenschaftlichen Auseinandersetzung wird. Zum anderen legt die Politik in Form der Wissenschafts-, Bildungs-, Förderungs- und Marktordnungspolitik, vor allem aber der Universitätspolitik fest, auf welche Weise Rechtswissenschaften betrieben werden. Dies betrifft etwa die Standortsicherung rechtswissenschaftlicher Fakultäten, die Steuerung der Universitäten durch politisch besetzte Universitätsräte oder die Bedingungen der Besetzung von Professuren.

Als Teil eines relativ selbständigen ideologischen Überbaus, welcher die abstrakte Vergesellschaftung der Marktakteure und StaatsbürgerInnen als TrägerInnen von Rechten sowie EigentümerInnen von Waren und allgemeinen Äquivalenten (Geld) bewerkstelligt,[5] generieren die Rechtswissenschaften eine „herrschende Lehre". Diese fungiert als sozialdisziplinierende Mehrheitsmeinung unter JuristInnen, die damit zugleich auch inneruniversitäre Macht- und Herrschaftsverhältnisse und nicht bloß eine Mehrheitsmeinung oder das jeweils bessere Argument widerspiegelt. Diese herrschende Lehre ist sowohl Ausdruck eines strukturellen Konservativismus der Juristerei[6] als auch der Ökonomisierung der Bildungsproduktion als Ausbildungsproduktion.[7] Dies findet im Korsett einer unternehmerischen Universität[8] statt, die sich in ihrer Generalstrategie nur noch in Form von Drittmitteln, Publikationen in ‚*rated journals*' und internationalen Forschungsnetzen definieren kann.

---

5   Vgl. Tuschling, Rechtsform und Produktionsverhältnisse.
6   Vgl. Hammans, Das politische Denken der neueren Staatslehre in der BRD.
7   Vgl. Graßl, Ökonomisierung der Bildungsproduktion.
8   Vgl. Dörre/Neis, Das Dilemma der unternehmerischen Universität.

Selbst unter diesen Vorzeichen kommt es kaum zu Spannungsverhältnissen zwischen Judikaturlinien und den in der akademischen Debatte vertretenen Auffassungen. Obwohl die herrschende Meinung, wissenschaftlich betrachtet, als Argument unbrauchbar ist,[9] referenzieren RichterInnen auf diese Meinung als wissenschaftliche Autorität.[10] Vielfach wird die Referenz auf eine herrschende Meinung als Indikator für den Niedergang der Rechtskultur bzw. die Erstarrung des Rechts gesehen.[11] Ihr Geltungsanspruch bleibt davon unberührt.

Alle Juristerei ist dadurch bestimmt, dass die Rechtswissenschaft mithilfe ihrer Bildungs- und Funktionstitel ein juristisches Milieu als Teil des „juste milieu" bürgerlicher Eliten herauspräpariert. Wie das Recht selbst eine Ideologie verkörpert so muss auch das Gefüge jeweils hegemonialer Schulen und Doktrinen in der Rechtswissenschaft als gesellschaftliche Institution zur Produktion einer juristischen Weltanschauung[12] begriffen werden. Überhaupt lässt sich die Einübung in das juristische Falldenken, also die Subsumtion komplexer Sachverhalte unter formalisierte Tatbestände sowie der prozedurale Regelkanon der Rechtsdogmatik, als Einübung in ein formal-abstraktes Denken verstehen.[13] Dieses Denken abstrahiert von den konkreten sozialökonomischen Lebenslagen der Rechtsunterworfenen als Vertragspartner, Angeklagte oder Beschuldigte. Es bleibt auf die Form des Konsensualvertrags fokussiert, ohne die ökonomischen, sozialen oder kulturellen Macht- und Herrschaftsbeziehungen in den Blick zu bekommen, welche die Thematisierung und Mobilisierung von Recht[14] letztlich determinieren.

Zugleich bleibt diese Abstraktionsleistung des Rechts ambivalent. Sie ist Ausdruck und Instrument sozialer Herrschaft. Doch sie beschränkt selbige zugleich. Max Weber hat hierzu auf die Verfahrensförmigkeit (Legitimation durch Verfahren, Befristung, Regelbindung) verwiesen.[15] Folgerichtig kann man mit Hermann Klenner[16] den Wert des Rechts auch in seiner Normativität erkennen, die das Verhältnis von Macht und Recht steuert. Eben hier hat die Rechtswissenschaft

---

9 Vgl. Pilniok, „h.M." ist kein Argument.
10 Vgl. Reinelt, Richterliche Unabhängigkeit und Vertrauensschutz; Djeffal, Die herrschende Meinung als Argument.
11 Vgl. Schnur, Der Begriff der „herrschenden Meinung"; Tuschak, Die herrschende Meinung als Indikator europäischer Rechtskultur.
12 Vgl. Stein, Die juristische Weltanschauung.
13 Vgl. Larenz, Die Begriffsbildung und das System der Rechtswissenschaft.
14 Vgl. Blankenburg, Mobilisierung des Rechts.
15 Vgl. Neuenhaus, Max Weber.
16 Vgl. Klenner, Recht und Unrecht; ders., Recht, Rechtsstaat und Gerechtigkeit.

ihren Ort, nämlich Grenzen der Machtausübung formalisiert zu bestimmen. Allerdings ist die Rechtswissenschaft selbst ein ideologischer und repressiver Staatsapparat[17] und als solcher Bestandteil eines umstrittenen Feldes, auf dem Ideologieproduktion und Ideologiekritik verhandelt werden. Nur der Staat selbst steht über dem Recht, weshalb er weder als privat noch als öffentlich zu bezeichnen ist. Er ist vielmehr die Bedingung jeder rechtlichen Unterscheidung zwischen dem Öffentlichen und dem Privaten. Die Rechtswissenschaft selbst ist also ein Bestandteil der ideologischen Staatsapparate, Teil des Staates als einer Verdichtung von Kräfteverhältnissen. Dieser Staat und auch sein Recht sind relativ autonom.[18] Daher kann das Recht auch nicht bloß aus den Interessen eines hegemonialen Blocks an der Macht oder aus der Zirkulationssphäre der Waren abgeleitet werden, also aus der Garantie von formeller Gleichheit, Vertragsfreiheit, Sicherheit des Privateigentums oder Äquivalententausch. Vielmehr muss das Recht sowohl im Hinblick auf seine Form als auch auf seinen Inhalt über die umstrittene Reproduktion der Produktionsbedingungen verstanden werden.[19] Die durch die Rechtswissenschaft fabrizierte Ideologie (Wahlrecht, Menschenrecht, Vertragsfreiheit) bindet als Regulationsweise das Akkumulationsregime an einen Regelkanon, der einerseits das politische System sowie den Markt in seinem Aktionsradius beschränkt, andererseits die Funktionsweise des Staates als eines ideellen[20] Gesamtkapitalisten sicherstellt. Eine Ideologiekritik der Rechtswissenschaft(en) kann daher selbige ebenso wie das Recht nicht schematisch als Ausdruck der Macht und Reflex von Interessen begreifen. Sie muss

---

17 Vgl. Althusser, Ideologie und ideologische Staatsapparate.
18 Vgl. Poulantzas, Staatstheorie.
19 Vgl. Jessop, Nicos Poulantzas.
20 Im Kontext der politischen Ökonomie und Wirtschaftssoziologie bezeichnet der Begriff „ideell" eine Funktion des Staates. Als ideeller Gesamtkapitalist übernimmt der Staat die Pflicht zur Vorhaltung und Erbringung jener Infrastrukturen und Dienstleistungen, welche die Einzelkapitalisten nicht erbringen, da sie dazu nicht in der Lage sind oder aufgrund sozioökonomischer Macht- und politischer Herrschaftsverhältnisse nicht wahrnehmen und daher dem Staat bzw. der Finanzierung durch die Gesellschaft überantworten. Dazu gehört nicht nur die rechtliche Organisation und Absicherung der Produktionssphäre (Arbeitsrecht, Unternehmensrecht, Wettbewerbsrecht) sowie der Zirkulationssphäre (allgemeines Zivilrecht, Konsumentenschutzrecht, Mietrecht, Strafrecht), sondern auch die Produktion (Familienrecht) und Reproduktion (Sozial- und Gesundheitsrecht) der Arbeitskraft, die Organisation des politischen Prozesses in ‚Polity', ‚Politics' (Wahlrecht, Recht der Parteien), die Organisation der Administration (Verwaltungsverfahrensrecht, besonderes Verwaltungsrecht) staatlicher Aufgaben sowie die Durchsetzung des staatlichen Gewaltmonopols (Strafrecht).

selbiges vielmehr als relativ selbständiges, in pfadabhängigen Institutionen verstetigtes Phänomen verstehen, welches Art, Form und (Aus)Maß der Ausübung von Macht und Herrschaft ko-determiniert.[21] In der Tat begründet die Dialektik von Recht und Macht[22] eine intrikate Position der Rechtswissenschaften: einerseits ist das Recht Widerspiegelung sozioökonomischer Verhältnisse, andererseits Ideologie[23] und Handlungsinstrument.

Die Rechtswissenschaften selbst sind demnach ein sowohl substantiell determiniertes und relativ autonomes als auch in beiden Dimensionen umstrittenes Terrain.[24] Denn das gesatzte, gelebte, exekutierte und gesprochene Recht ist nicht nur Widerspiegelung von Konflikten, sondern auch Ergebnis von Interessenkonflikten, vermittelt durch die Staatsapparate, in denen Normen wie Pflöcke in den Boden von Verteilungs-, Zugangs- und Ordnungskonflikten gerammt werden.[25] Auch wenn die Rechtswissenschaft etwa von „guter Gesetzgebung"[26] spricht und rügt, dass das Recht als Spielball der Politik[27] genutzt wird: Recht ist eine Waffenstillstandslinie.[28] In rechtspolitischen Konflikten wird immer um Problemwahrnehmungen, materielle Positionen, die Organisation von Erkenntnisprozessen, ideelle Konstruktionen und Lösungsmodelle gerungen. Es ist dabei von wesentlicher Bedeutung, ob und wie die Rechtswissenschaften rechtliche Regulierungserfordernisse auf ihren inneren Bildschirmen abbilden.

Webers Konzept ‚materialer Rationalität' wurde zwischenzeitig von der Figur der prozeduralen Rationalität und einer damit verknüpften Verabschiedung eines rechtlich ausbuchstabierten Staatsinterventionismus verdrängt.[29] Damit ging auch eine fundamentale Entgesellschaftlichung der Rechtswissenschaften einher. So ist die Verbannung einer gesellschaftstheoretisch orientierten Rechtssoziologie aus der Rechtswissenschaft (und ihrem Curriculum) nicht nur Ausdruck einer Delegitimation eines leistenden und gestaltenden Sozial und Wohlfahrtsstaates, sondern auch Ausdruck der Immunisierung der Rechtswissenschaft gegenüber gesellschaftlichen Herausforderungen systemischer Integration und sozialer Inklusion.

---

21 Vgl. Wagner, Recht als Widerspiegelung und Handlungsinstrument.
22 Vgl. Beyer, Freibeuter in Hegelschen Gefilden.
23 Vgl. Klenner, Juristen-Sozialismus, juristische Weltanschauung.
24 Vgl. Sutton, Law/Society.
25 Vgl. Gessner, Recht und Konflikt.
26 Vgl. Fliedner, Gute Gesetzgebung.
27 Vgl. Voigt, Recht – Spielball der Politik.
28 Vgl. Gessner/Plett, Die Verflechtung von Staat und Wirtschaft.
29 Vgl. Zdjelar, Trade / Labour.

Durchaus folgerichtig ist, geht es um Gesetzgebungsfragen, stärker vom „richtigen Recht" und dem Handwerk der Rechtssetzungstechnik die Rede als davon, wessen Interessen hier eigentlich bedient werden. Rechtstheoretisch wurde mit der Systemtheorie ein ‚Tool' gefunden, um die Imprägnierung der Rechtswissenschaften gegenüber gesellschaftlichen Inklusionsanforderungen zu legitimieren, versteht die Systemtheorie das Recht doch in kategorialer Weise als ein von jeder sozialen Handlungstheorie befreites, kognitiv offenes, aber operativ geschlossenes Instrument,[30] welches den Handlungsspielraum der Politik unausweichlich beschränkt, da sich Subsysteme (Markt, Finanzwesen, Familie) nur beschränkt steuern lassen.

Diese Form juristischer Imprägnierung und Projektion von Gesellschaftslosigkeit spiegelt sich auch in den Agenturen der Rechtsanwendung. Insbesondere die (Selbst)Beschreibung des VfGH als eines politisch neutralen, der abstrakten Prüfung der Verfassungsmäßigkeit von einfachen Gesetzen verpflichteten Gerichtes macht die ideologische Zwecksetzung dieser Immunisierung deutlich. Tatsächlich ist die Judikatur des VfGH nicht nur von Theorien, Grenzziehungen, Doktrinen, Dogmatiken und Judikaturlinien des Verfassungsrechts, sondern auch von der Realität der politischen Selektion von VerfassungsrichterInnen, der Bedeutung politischer Einstellungen und Werthaltungen von RichterInnen, ihrer Klassenlage und ihren ökonomischen Interessen, von Gruppendynamik und öffentlichem Erwartungsdruck bestimmt.[31]

1.1 Freiheit – Gleichheit – Äquivalententausch

Rechtswissenschaft ist Steuerungswissenschaft (Handlungsinstrument) und Widerspiegelung eines gesellschaftlichen Machtverhältnisses zugleich. Sie ist, was ihre Denkfiguren, Dogmatik, Weltanschauung, Theorie und Philosophie betrifft, an das Recht gleichsam zurückgebunden. Dieses Recht nimmt im Rechtsstaat die Form rational-legaler Herrschaft an. Jener Rechtsstaat wiederum benötigt einen ideologischen Überbau in Form der Rechtswissenschaft. Angel des Rechtsstaats ist das Privateigentum.[32] Daher sichert die Rechtswissenschaft zuvorderst Eigentum, Vertrag, Freiheit, Gleichheit und formalen Äquivalententausch, daneben aber auch Macht- und Herrschaftsbeziehungen im öffentlichen Recht[33] sowie die Sozialdisziplinierung der Delinquenten im Strafrecht.[34]

---

30 Vgl. Weber, Subjektlos.
31 Vgl. Roelleck, Verfassungsgerichtsbarkeit zwischen Recht und Politik; Ehs, Der VfGH als politischer Akteur.
32 Vgl. Römer, Entstehung, Rechtsform und Funktion des kapitalistischen Privateigentums.
33 Vgl. Scherr, Macht, Herrschaft und Gewalt.
34 Vgl. Sack, Strafrechtliche Kontrolle und Sozialdisziplinierung.

Alle Gesellschaft ist rechtlich strukturiert. Nicht nur in staatlichen Agenturen und Warenproduktion, auch in der Sphäre der Zirkulation bzw. des Warenaustausches, innerhalb deren Schranken der Kauf und Verkauf der Arbeitskraft sich bewegt, herrscht das Recht. Der Staat agiert durch Recht, wie Art 18 B-VG lehrt. In der Produktion regelt das Recht die Ökonomie von Arbeitszeit und Mehrwertabschöpfung. Käufer und Verkäufer einer Ware wie der Arbeitskraft sind, wie Marx im Kapital ausführt, nur durch ihre Rechtspersönlichkeit, ihr Verfügungsrecht über Ware und allgemeines Äquivalent sowie ihren freien Willen bestimmt: „Sie kontrahieren als freie, rechtlich ebenbürtige Personen. Der Kontrakt ist das Endresultat, worin sich ihre Willen einen gemeinsamen Rechtsausdruck geben. Gleichheit! Denn sie beziehen sich nur als Warenbesitzer aufeinander und tauschen Äquivalent für Äquivalent. Eigentum! Denn jeder verfügt nur über das Seine."[35]

Die Macht, welche die Menschen ins Verhältnis bringt, ist Eigennutz und privater Sondervorteil. Die Form, innerhalb derer diese Trennung und Steigerung des Eigennutzes prozessiert wird, ist das Recht. Persönliche Freiheit bedeutet insofern eine negative, als Freiheit der Verselbständigung und Abgrenzung dient, um Freiräume der Nutzung und Übertragung von Privateigentum offen zu halten. Im Recht nimmt die Charaktermaske des Trägers der Ware ihre äußere Form an. Rechtspersonen existieren füreinander nur als Eigentümer/Besitzer/Repräsentanten von Waren. Es sind dies ökonomische Charaktermasken, Personifikationen ökonomischer Tausch- und Aneignungsverhältnisse. Deren äußere Form wird über das Recht herauspräpariert.

Charaktermasken verbergen das bürgerliche Subjekt also nicht, sie konstituieren es.[36] Der Grund liegt auf der Hand: Waren können sich nicht selbst zu Markte tragen und sich nicht selbst austauschen. Um Dinge als Waren in Form von Konsensualkontrakten aufeinander zu beziehen, müssen sich die Hüter der Waren zueinander als Rechtspersonen und Privateigentümer verhalten. Erst die wechselseitige Anerkennung des Privateigentums ermöglicht den Kontrakt, also Verpflichtungs- und Übereignungsgeschäft. Im abstrakten Rechts- und Willensverhältnis spiegelt sich das ökonomische und soziale Machtverhältnis nicht mehr.[37] Es erscheint vielmehr als Ausdruck freien Willens.

Diese Freiheit konstituiert die Charaktermaske als isolierte Monade, die mit anderen nur durch den ökonomischen Akt interagiert: Das bürgerliche

---

35 Marx, Das Kapital, 190.
36 Vgl. Elbe, Thesen zum Begriff der Charaktermaske.
37 Vgl. Tuschling, Rechtsform und Produktionsverhältnisse.

„Menschenrecht der Freiheit basiert nicht auf der Verbindung des Menschen mit dem Menschen, sondern vielmehr auf der Absonderung des Menschen von dem Menschen"[38]. Die bürgerliche Gesellschaft, so Marx, setzt eigennützige Bedürfnisse an die Stelle dieser Gattungsbande, löst Gesellschaft in eine Welt atomisierter, sich feindlich gegenüberstehender Individuen auf. Diese Feindlichkeit als negative Freiheit nimmt den Ausdruck der freien Konkurrenz an und hebt damit auf paradoxe Weise die Freiheit auf. Markt, Konkurrenz, Wettbewerb und Lohnarbeit treten letztlich unverstellt als strukturelle Gewalt hervor. Diese Konkurrenz hebt jedes individuelle Freiheitsbestreben auf, unterwirft jede Individualität den sachlichen Zwängen der Kapitalverwertung.

Soziologisch gründet sich darauf das juristische Milieu, eine immunisierte juristische Denkweise und Weltanschauung,[39] welche die Sphäre des Rechts strictu sensu getrennt von der Sphäre des Gesellschaftlichen, aber auch des Ökonomischen her denken. Kelsens prominente Unterscheidung zwischen Sein (Faktisches) und Sollen (Normatives), sein Dualismus von Recht und Moral blieb folgenlos. Innerhalb der Jurisprudenz wird das gesellschaftliche Primat des Rechts als Identität von „Sein" und „Sollen" in das Gestein der Lehrbücher gemeißelt. Das Recht trieft vor Moral.[40] So gilt der sozialen Arbeit das Sozialrecht als Verhaltensleitlinie, Vertretungsgrundlage und Instrument zur Herstellung sozialer Gerechtigkeit.[41] Der sich daraus entwickelnde rechtspositivistische Zuschnitt denkt sich ein *„de lege lata"* (nach geltendem Recht) und ein *„de lege ferenda"* (nach erst zu setzendem Recht), niemals aber einen Widerspruch zwischen *„law in the books"* (Recht als Rechtstext in den Gesetzen) und *„law in action"* (Recht in seiner Anwendung durch Exekutive und Judikative).

1.2 Vermittlungen zwischen Politik und Recht

Was nun das Verhältnis von Recht, Rechtswissenschaft und Politik anbelangt, so sind alle drei daran zurückgebunden, dass die Legitimation des Rechts von seiner gesellschaftlichen Akzeptanz (Effektivität, Rechtsbefolgung), jene der Politik indes von der Kapazität zur Lösung gesellschaftlicher Probleme abhängig ist. Alle drei müssen zur Kenntnis nehmen, dass sich gesellschaftliche Probleme (etwa: Lärm, Armut, Delinquenz, gesundheitliche Benachteiligungen, räumliche Marginalisierung, Knappheit leistbaren Wohnraums) nicht ausschließlich durch

---

38 Marx, Zur Judenfrage, 364.
39 Vgl. Stein, Die juristische Weltanschauung.
40 Vgl. Dimmel, Drohen – Betteln – Verhandeln.
41 Vgl. Pfeiffer-Schaupp/Schwendemann, Sozialarbeit und Diskursethik, 127 ff.

die Setzung von Recht bewältigen lassen. Es bedarf hierzu vielmehr einer politisch bewerkstelligten Verknüpfung nicht nur der systemischen Medien ‚Recht' und ‚Geld', sondern auch einer Verknüpfung von Infrastruktur-, Geld-, Sach- und Dienstleistungen, einer Steuerung und Moderation der Gouvernementalität, von Werthaltungen, Einstellungen und Verhaltensweisen.

Zugleich gilt, dass Politik zwar Recht setzen kann, um konsentierte Ziele zu erreichen. Dessen Implementation aber bleibt von intrikaten Dynamiken der Bürokratisierung und Judizialisierung,[42] vom Agieren der vierten (Medien) und fünften (Lobbying) Gewalt, von zivilgesellschaftlichen Organisationen und Praktiken sowie von der Rechtsbefolgungsbereitschaft der Rechtsnormadressaten abhängig.[43] All dies ist mit sozioökonomischen Produktions-, Verteilungs- und Reproduktionsbedingungen, von Akkumulationsregimes und Regulationsweisen verflochten. Kurz: bloß weil Politik intentional Recht setzt, bedeutet dies noch lange nicht, dass diese Intentionen damit umstandslos realisiert werden. Die politische Ingebrauchnahme von Recht ist also voraussetzungsvoll. Zugleich hat Rüdiger Voigt pointiert darauf verwiesen, dass die Setzung von Recht vielfach nicht ernst gemeint ist,[44] worauf Experimentierklauseln, Akte der Ankündigungs- und symbolischen Gesetzgebung deuten, die vielfach nur als Provokation eines Verfassungsgerichts gedeutet werden können.

Während die erste Verklammerung (Recht und Politik) aufgrund der Proliferation (Hans Zacher) und politischen Instrumentalisierung des Rechts etwa in Form symbolischer Gesetzgebung oder Anlassgesetzgebung stärker denn je die Dogmatik sowie die rechtsstaatliche Funktionalität des Rechts bedroht, hat sich die zweite Verklammerung (Politik und Rechtswissenschaft) faktisch aufgelöst.

Nicht nur das Recht, auch die Rechtswissenschaft befindet sich in einer tiefen Legitimationskrise. Auf der einen Seite hat sich die Vorstellung einer rechtsstaatlich-verfassten, demokratisch legitimierten, dem Legalitätsprinzip verpflichteten und als Stufenbau ausgestalteten ‚Einheit der Rechtsordnung' aufgelöst. Was stattdessen dominiert, ist ein fraktales Bild auseinandergefallener Teilgebiete. Zudem hat das Recht die Ära der Kodifikationen längst verlassen und ist in den Modus einer in disparate Rechtsgebiete, Doktrinen und Dogmatiken zergliederten autopoietischen ‚Reform der Reform' übergewechselt,[45] geprägt von fortlaufender Ausdifferenzierung und Komplexitätssteigerung, Verrechtlichung

---

42 Vgl. Voigt, Verrechtlichung.
43 Vgl. Leif/Speth (Hg.), Die stille Macht.
44 Vgl. Voigt, Mythen, Rituale und Symbole der Politik.
45 Vgl. Luhmann, Ausdifferenzierung des Rechts.

und Entrechtlichung.[46] Auf der anderen Seite tritt uns die Rechtswissenschaft zunehmend gerade auch als Produzent einer Rechtspolitik mit wissenschaftlichem Anspruch,[47] als Dienstleister der Politik und über ihre Verflechtung mit dem ideologischen Kanon der Betriebswirtschaftslehre als Dressuranstalt für die Einübung in Markt- und Wettbewerbsdoktrinen entgegen.

Doch rettet dies die Rechtswissenschaft nicht. Zum einen ist die Krise von Recht und Rechtswissenschaft durch die rasch anwachsende Quantität und rückläufige Qualität des Rechtsstoffs, durch die Ausdifferenzierung unterschiedlicher Rechtsdogmatiken, durch die sukzessive Judizialisierung der Rechtsgeltung, worin erst Gerichte Gesetzesrecht hinreichend konkretisieren, durch die inflationäre Handhabung von Generalklauseln, unbestimmten Rechts- und Ermessensbegriffen sowie „Blankettnormen"[48] beschrieben. Zum anderen, und dies ist der springende Punkt, sinkt die Regulierungskapazität des Rechts selbst. Dies hat zum ersten mit der Verschiebung sozioökonomischer Konfliktlinien zu tun, in deren Konsequenz potente ökonomische Akteure außerhalb nationaler rechtsstaatlicher Ligaturen agieren und demokratisch unkontrollierbar werden. Damit wird der Rechtsrahmen der Volkssouveränität beschädigt.[49] Dies hat zum zweiten aber auch damit zu tun, dass etwa 70 % der Bevölkerung bedingt durch Kostenhürden keinen Zugang zum Recht (mehr) haben.[50] In den USA sind es 80 %.[51] Ob es nun Gerichte, Rechtsanwälte und rechtswissenschaftliche Aufsätze gibt, die Rechtsdienstleistungen anbieten und deren innere Architektur aufbereiten, ist für drei Viertel der Bevölkerung egal. Die Legitimationsdecke des Rechts ist also dünn.

Zugleich wird das Recht selbst zunehmend transhumanistisch digitalisiert. Die Legal-Tech-Technologien zeigen, dass Maschinen nicht nur in Case-Law-Systemen weitaus effizienter rechtlich argumentieren, als dies JuristInnen tun. Rechtsdienstleistungen werden teilweise oder vollständig automatisiert.[52] Nicht nur wird die Effizienz juristischer Begründungsarbeit erhöht und die Fehleranfälligkeit des juristischen Arbeitens minimiert; absehbar wird auch der Bedarf nach JuristInnen massiv zurückgehen. Dies verändert die juristische

---

46 Vgl. Voigt, Gegentendenzen zur Verrechtlichung.
47 Vgl. Pichler (Hg.), Was kann eine wissenschaftliche Rechtspolitik leisten?
48 Vgl. Volkmann, Qualifizierte Blankettnormen; Ernst, Blankettstrafgesetze und ihre verfassungsrechtlichen Grenzen.
49 Vgl. Grimm, Souveränität.
50 Vgl. Biene, Five Lessons Learned in Customer-Facing Legal Tech.
51 Vgl. Commission on the Future of Legal Services, Report.
52 Vgl. Veith u. a., How Legal Technology Will Change the Business of Law.

Ausbildung,[53] aber auch die Architektur der juristischen Arbeitsplätze sowie den Inhalt der juristischen Arbeit, die sich auf Spezialfälle konzentriert,[54] während juristische Standardleistungen industrialisiert werden.[55]

Im Ergebnis hat sich die Ligatur zwischen Recht und Gesellschaft selektiv aufgelöst. Nach 40 Jahren einer Dynamik der konzeptionellen „Ent-Gesellschaftlichung" des Rechtsdiskurses, die von der rechtstheoretischen Deutungshegemonie der 1980er Jahre durch die Systemtheorie über die ökonomische Analyse des Rechts sowie die Applikation des ‚rational choice'-Modells auf die Thematisierung und Mobilisierung von Recht bis hin zum marktfundamentalistischen Verständnis von Recht als Standortvorteil im globalisierten Wettbewerb reicht, haben das Recht und mit ihm die Rechtswissenschaft eine ganze Reihe von gesellschaftlichen Regulierungsfeldern geräumt.[56] An die Stelle der materialen Rationalität eines staatsinterventionistischen Rechts treten zunehmend Marktordnung (Unternehmensrecht, Vergaberecht, Urheberrecht usw.) sowie negative Grenzziehungen liberaler (Grund)Rechte.

Der selbstregulierende und selbstorganisierende Markt der ‚Großen Gesellschaft' (Hayek) benötigt den Staat nur, um diejenigen Regeln für sein Funktionieren sicherzustellen, die Moralität und Unterwerfung nicht gewährleisten können, nämlich Rechtsgrundsätze der formalen Rechtsgleichheit, des Privateigentums und des Grundsatzes der Vertragsvollstreckung oder Vertragsfreiheit.[57] Abgesehen vom Arbeitsrecht spielen essentielle Fragen der sozialen Reproduktion (etwa: Wohnrecht/Mietrecht; Konsumentenschutz; Sozialrecht; Verbraucherverschuldung) sowohl in den Rechtswissenschaften als auch im universitären Curriculum der Rechtswissenschaften nur (noch) eine marginale Rolle. Von sozialen Grundrechten ist seit Jahrzehnten nicht (mehr) die Rede.

Während sich die Rechtswissenschaften also weniger denn je als Gesellschaftswissenschaft versteht, wie dies vordem die hierzulande zwischenzeitig in einem Begräbnis dritter Klasse an den rechtswissenschaftlichen Fakultäten entsorgte Rechtssoziologie,[58] aber auch die Rechtstheorie[59] proponiert haben,

---

53 Vgl. Schneider, Mehr Computer auf den Campus.
54 Vgl. Susskind, Tomorrow's lawyers.
55 Vgl. Wagner, Legal Tech und Legal Robots.
56 Vgl. Siems, Die Idee des Neoliberalen im Deutschen Recht.
57 Vgl. Schui/Blankenburg, Neoliberalismus, 107.
58 Vgl. Naucke/Trappe, Rechtssoziologie und Rechtspraxis; Lautmann, Soziologie vor den Toren der Jurisprudenz; Naucke, Über die juristische Relevanz der Sozialwissenschaften; Rottleuthner, Rechtswissenschaft als Sozialwissenschaft; ders., Richterliches Handeln; Grimm, Rechtswissenschaft und Nachbarwissenschaften.
59 Vgl. Winkler, Die Rechtswissenschaft als empirische Sozialwissenschaft.

erweist sich die Realverflechtung zwischen Recht, Politik und Gesellschaft so konfliktbehaftet wie noch nie zuvor. Die Dauerreform der rechtswissenschaftlichen Ausbildung lässt große Teile des Rechts zwischenzeitig als ökonomisch-buchhalterische Disziplin erscheinen,[60] was nichts weniger und mehr als ein Reflex auf die Durchökonomisierung, Vermarktlichung und Verwettbewerblichung der Gesellschaft ist.[61] Gleichgerichtet internationalisiert sich die JuristInnen-Ausbildung, dies aufgrund der zunehmenden Bedeutung des supranationalen und Völkerrechts, aber auch aufgrund der Zunahme transnationaler ökonomischer Verflechtungen.[62] Hinzu treten noch intervenierende Variablen:

- Zum einen nutzt die politische Dienstklasse Rechtssetzung als Mechanismus der Selbstlegitimation.[63] Unausweichlich hat daher das Recht die Erscheinungsform einer Reform-Baustelle, einer auf Permanenz gestellten Reform der Reform angenommen. Im Zirkus der Politik, also der Zurschaustellung fiktiver regulatorischer Potenz durch medial als solche inszenierte Führungs-Kräfte, gilt Recht als Arbeitsnachweis und zugleich Daseinsberechtigung.
- Zum zweiten sind nicht nur die Geltungsdiskurse im Recht, sondern auch deren Thematisierung und Mobilisierung unmittelbar an immer schiefer ausgestaltete Machtverhältnisse weder an das Gewicht des besseren Arguments[64] noch an abstrakte Rechtsschutzpositionen zurückgebunden. Recht muss man sich leisten können. Dies gilt für Rechtsvertretung, Verfahrenskosten und Risiken des Verfahrensausgangs. Die Chancen der Rechtsdurchsetzung hängen schlicht von der Zahl reputierlicher Anwälte ab, die man zukaufen kann. Wer sich das Risiko eines Rechtsstreits mit einer obstruierenden Behörde nicht leisten kann, beruft auch nicht gegen den gegenständlichen Bescheid. Daher besteht zwischen ‚Recht haben' und ‚Recht kriegen' ein kategorialer Unterschied,[65] und die Realität der Anwendung des Sozialrechts etwa bleibt eine Gemengelage aus Drohen, Betteln und Verhandeln.[66]

Das hierbei zu Tage tretende Spannungsverhältnis zwischen Recht, Politik und Gesellschaft lässt sich an der Roscoe Poundschen Figur des „*Law in the Books & Law in Action*" gut herauspräparieren. In der Tat korrespondiert den

---

60 Vgl. Huber, Zwischen Konsolidierung und Dauerreform.
61 Vgl. Fisahn, Die neoliberale Umformung des Umweltrechts.
62 Vgl. Jamin/van Caenegem, The Internationalisation of Legal Education.
63 Vgl. Schulze-Fielitz, Gesetzgebungslehre als Soziologie der Gesetzgebung.
64 Vgl. Habermas, Faktizität und Geltung.
65 Vgl. Dimmel, Recht haben und Recht kriegen.
66 Vgl. Dimmel, Drohen – Betteln – Verhandeln.

elaborierten Methoden, Doktrinen und Denkfiguren der Rechtswissenschaft keine Rechtspraxis. Das Recht spricht von Gleichheit, die materielle Realität zeugt von drastischer sozialer Ungleichheit. Das Recht unterstellt die Kenntnis des Rechts, die Realität weist 20 % der Rechtsunterworfenen als Primär- und Sekundäranalphabeten aus. Das Recht beschreibt sich als Ordnung der Freiheit, der real vorhandene Zugang zum Recht zeugt von der Unfreiheit der prekarisierten Subalternen. Das Strafrecht kriminalisiert delinquentes Verhalten auf generalisierte Weise; in der Labelling Approach-Perspektive aber werden überwiegend untere soziale Schichten und Milieus kriminalisiert.

Das hat nicht nur mit ungleichen sozialen Statuspositionen, sondern auch mit der Soziologie des Rechtsstabs zu tun.[67] So hat etwa die Verfahrens- und Richtersoziologie[68] nachdrücklich gezeigt, dass die soziale Konfiguration der Klassenjustiz,[69] der zufolge sich die Klassenposition von RichterInnen in ihrer Rechtsprechung widerspiegelt,[70] nach wie vor Erklärungskraft besitzt, auch wenn diese Modellierung durch professions- und bürokratiesoziologische Aspekte zu ergänzen ist. Es macht zugleich deutlich, dass eine mechanische Perspektive, wonach alles Recht und damit auch die Rechtspraxis auf die Macht der Privateigentümer zurückzuführen ist, zu kurz greift. Im Marxschen Basis-Überbau-Modell ist die Justiz zwar Teil des gesellschaftlichen ‚Überbaus', der sich aus der ökonomischen Basis erhebt, weshalb das Recht nicht grundsätzlich weiter entwickelt sein kann als die ökonomischen Beziehungen der Gesellschaft; zugleich aber referenzieren auch die Bewusstseinsformen der RechtsanwenderInnen auf diese ökonomischen Sachgrundlagen (Eigentum, Produktion, Verteilung). Daher erkennt die juristische Weltanschauung als legalistische Illusion und mit ihr die Rechtswissenschaften die Produktionsverhältnisse als Produkt des Gesetzes oder der Judikatur durch einen „Richterkönig" und nicht umgekehrt das Gesetz oder auch ein Urteil als Produkt der materiellen Produktionsverhältnisse.[71]

Deshalb verdeckt das Strafrecht, dass die Strafrechtsjudikatur zuvorderst die zwischen den Klassen bestehenden, sozioökonomisch, politisch und kulturell vermittelten Herrschaftsverhältnisse widerspiegelt. Es verdeckt, dass die Verteilung von Verurteilungs- und Inhaftierungswahrscheinlichkeiten die jeweilige

---

67 Vgl. Bryde, Juristensoziologie.
68 Vgl. Wassermann, Der politische Richter.
69 Vgl. Rasehorn, Recht und Klassen.
70 Vgl. Esser, Grundsatz und Norm in der richterlichen Fortbildung des Privatrechts; ders., Vorverständnis und Methodenwahl in der Rechtsfindung.
71 Vgl. Marx, Zur Kritik der politischen Ökonomie, 8 ff.

Klassenlage abbildet. Seit Beginn einer empirischen Kriminalsoziologie wird nachgezeichnet, dass ‚untere Klassen' häufiger und länger inhaftiert werden als Angehörige 'höherer Klassen'.[72] So verhängten Strafrichter der Weimarer Republik bei Straftaten von politisch als linksextrem Eingestuften wesentlich höhere Strafen als bei gleichartigen Straftaten von Rechtsextremen, weil die in ihren Ämtern nach Ende des Kaiserreiches verbliebenen Richter (aber auch die Beamtenschaft) mehrheitlich konservativen politischen Positionen nahestanden.[73] Der radikale Labelling-Approach hat ebenso wie die Critical-Legal-Studies-Bewegung dargetan, dass die Setzung von Straftatbeständen Macht- und Kräfteverhältnisse zwischen dominanten und subalternen sozialen Gruppen spiegeln.[74] In der Strafrechtspolitik spiegeln sich also nicht nur ökonomische, sondern auch Kontroll-Interessen jener sozialen Gruppen wider,[75] welche die kriminalpolitische Agenda setzen können. Das drückt sich etwa in der Kriminalisierung der Religionskritik, des Konsums weicher Drogen oder von Ladendiebstählen aus. Dies findet seinen Ausdruck ebenso in der sozialen Kontrolle der Armutspopulation durch das Sozialrecht.[76]

1.3 Spannungsverhältnisse zwischen Politik und Recht

Im vorläufigen Ergebnis spiegelt das Recht zwar die ökonomischen Machtverhältnisse, doch kann Politik Recht nicht beliebig wirksam (effektiv) setzen, aber auch die Rechtswissenschaft nicht beliebig instrumentalisieren. Zum einen unterliegt das Policy-Making („Politics") in einem Rechtsstaat einem verfassungsrechtlichen und einfachgesetzlichen Rahmen. Dies gilt selbst unter Prozessbedingungen eines neoliberalen Antietatismus, welcher den Staat als Unternehmen begreift, legal vorgeordnetes administratives Handeln durch Praktiken der kommissarischen Verwaltung verdrängt, Rechtsansprüche durch disponibles staatliches Handelns (Kannleistungen) ersetzt und im Recht selbst materiale durch Formen der prozeduralen Rationalität überlagert. Zum anderen wird das Recht selbst pfadabhängig und rechtskulturell politisiert, worauf Maßnahmengesetze, der Einbau von Verfassungsbestimmungen, um politische Gestaltungszielsetzungen dem Prüfzugriff des VfGH zu entziehen, grundsätzlich aber auch das enorme Rechtsetzungs- und Änderungstempo hindeuten.[77]

---

72 Vgl. Rusche/Kirchheimer, Punishment and Social Structure.
73 Vgl. Jasper, Justiz und Politik in der Weimarer Republik.
74 Vgl. Unger, The Critical Legal Studies Movement.
75 Vgl. Foucault, Überwachen und Strafen.
76 Vgl. Wacquant, Punishing the Poor.
77 Vgl. Hoffmann-Riem, Innovation und Recht, 213.

Ein zunehmender Teil politischer Entscheidungen findet in rechtsfreien Räumen statt. Zwar ist Recht formal in repräsentativen Demokratien Resultat politischer Entscheidungsprozesse. Doch sind diese Prozesse längst außerhalb des Parlaments vorgeordnet, werden Entscheidungen von der vierten (Medien) und fünften (Lobbying) Gewalt faktisch produziert.

Das Recht folgt politischen Intentionen allerdings nicht nur, was den Rechtstext betrifft. Augenfällig folgt auch die Rechtsanwendung politischen Erwägungen. Ob und wie Recht angewendet wird hängt von der Sach- und Personalausstattung der Institutionen des Rechtstabs, föderalen Machtkämpfen, Interventionen durch Anwaltschaften, Gewerkschaften, Kammern oder ‚Seilschaften' ab, mitunter auch von Schmiergeldzahlungen und funktional äquivalenten Begünstigungen. Im Ergebnis kümmert sich das „Law in Action" nur selten um das „Law in the Books". Überdies legen Rechtsanwender, auch wenn sie eine sekundäre Sozialisation im Sinn der Institutionentheorie Mary Douglas' durchlaufen, ihren Entscheidungen eigene politische Anschauungen zugrunde. So werden etwa im Sozialrechtsvollzug von Entscheidern vielfach moralisch-politische Erwägungsgründe begründend herangezogen.[78] Es gibt keine wert-, moral- bzw. politikfreien, also un-ideologischen Entscheidungen, weder in Verwaltung noch Justiz. Johann Josef Hagen hat in seiner Entscheidungssoziologie[79] vor Augen geführt, dass rechtliche Entscheidungen aus einer Gemengelage rechtsferner Erwägungen getroffen und erst ex post juristisch formalisiert werden. Die Justizsoziologie wiederum hat die Figur des Richters als „Subsumtionsautomat" gründlich widerlegt.[80] Auch Richter entscheiden vor dem Hintergrund ihrer eigenen Klassenlage (Schicht, Milieu).[81] Sie folgen Judikaturlinien ebenso wie dem ‚Common Sense' der KollegInnenschaft; vor allem aber ihren eigenen politischen Präferenz.[82] Die Rechtspraxis hat also nur vermittelt mit Rechtstext und der politisch gesatzte Rechtstext selbst auch nur bedingt mit Rechtswissenschaft zu tun, wie die Emsigkeit des Verfassungshofs zeigt, Schritt zu halten mit der Notwendigkeit der Aufhebung von verfassungswidrigen Regelungen in einfachen Gesetzen.

Politik und Rechtsordnung sind also wechselseitig verflochten, nicht aber reziprok. Die Politisierung der Justiz bezieht sich ausschließlich auf die politische

---

78 Vgl. Dimmel, Social Law's Stories.
79 Vgl. Hagen, Rationales Entscheiden.
80 Vgl. Ogorek, Richterkönig oder Subsumtionsautomat?
81 Vgl. Rottleuthner, Perspektiven der Justizforschung.
82 Vgl. Kirchheimer, Politische Justiz; Dimmel, Juristokratie?

Ernennung von Richtern. Die Rechtsordnung wiederum beschränkt politische Ordnungsvorhaben, während politische Handlungen direkt/indirekt das rechtliche Normengefüge ausgestalten. Im wissenschaftlichen Diskurs werden diese beiden staatlichen Konfliktszenarien prägnant auch als „Politisierung der Justiz" einerseits und „Juridifizierung der Politik" andererseits zusammengefasst. Insbesondere die Verfassungsgerichtsbarkeit versucht, mittels der Behebung von legislativen Gesetzesmängel eigenständige politische Gestaltungsvorstellungen durchzusetzen.[83]

2 Rechtswissenschaft und Rechtspolitik

Die Rechtswissenschaft (Jurisprudenz) beschreibt sich selbst als Methode und Dogmatik der systematischen Verfassung und Interpretation (Exegese) juristischer Texte. Dies schließt heute nur noch am Rande rechtshistorische, rechtsphilosophische, rechtstheoretische, rechtssoziologische oder rechtspolitische Aspekte mit ein. Sie begreift sich selbst als wesentlichen Teil der Rechtssetzung und Rechtsbildungsfaktor, da sie eine jeweils als herrschend anerkannte Lehre erzeugt. Allerdings unterliegt auch die Rechtswissenschaft, wie aufgezeigt, erheblichen Transformationsdynamiken. Denn die zunehmende Komplexität des Rechtsstoffes (13.000 Seiten Bundesgesetzblatt pro Jahr, mehr als 6.000 Gesetze und Verordnungen des Bundes, ergänzt durch jene der Bundesländer, eine nicht nur quantifizierende Anzahl von Verwaltungsrichtlinien bzw. Erlässen), der zunehmend hochgradig segmentierte, volatile Sachverhalte regelt und nur spezialisierten ExpertInnen verständlich ist, führt auch zu Segmentierungen innerhalb der rechtswissenschaftlichen Teildisziplinen, die wechselseitig kaum anschlussfähig sind.[84]

Zugleich tut sich die Rechtswissenschaft zunehmend schwerer mit der Rechtswirklichkeit. In grundsätzlicher Weise laufen viele der gesatzten Normen leer, sind totes Recht, verursachen unnötige Komplexitätssteigerungen in der Rechtsanwendung und blockieren zugleich sachadäquate Lösungen. So hat etwa das Vergaberecht, welches eigentlich als ideologisches Programm zu verstehen ist, welches Staatsapparaten strukturelle Korrumpierbarkeit unterstellt, an der Korruptionspraxis so gut wie nichts verändert, dafür aber die Vergabe für die öffentliche Hand enorm erschwert, kompliziert und verteuert, während kleine, flexible Unternehmen mit geringem Verwaltungsoverhead aufgrund zu geringer

---

83 Vgl. Dimmel, Zur Konflikt-Soziologie der Verfassungsgerichtsbarkeit.
84 Vgl. Lienhard u. a., Forschungsevaluation in der Rechtswissenschaft.

Economies of Scale, Umsätze und Personalkapazitäten erst gar nicht an Vergabeverfahren teilnehmen können.[85]

Dies aber wird im Wahrnehmungshorizont des Vergaberechts nicht abgebildet. Gleichartiges gilt für das Sozialrecht, welches durch ein hohes Maß an Nichtinanspruchnahme geprägt ist,[86] das Arbeitsrecht, wo Mobbing vielfach zur Beendigung des Arbeitsverhältnisses und nicht zur Durchsetzung von Rechtsschutzpositionen der Opfer führt, für das Reisevertragsrecht, das Versicherungsvertragsrecht oder das Bankwesenrecht, in dem *„repeat player"* mit potenten Rechtsdurchsetzungsagenturen *„one shotter"* durch Allgemeine Geschäftsbedingungen und ein Vielfaches an Prozesserfahrung ausmanövrieren können.[87]

Folgerichtig sind die Rechtswissenschaften sozial blind, vermögen nicht zu reflektieren, was sie gesellschaftlich anrichten, sind kaum in der Lage, die Aus- und Folgewirkungen erlassener Rechtsnormen in der Vollzugspraxis und Rechtsprechung zu erfassen, zumal auch keine Rechtstatsachenforschung betrieben wird, weder justiziell, behördlich noch an den Fakultäten des Recht.[88] Zwar existiert eine Justizstatistik, doch bleibt diese auf Fallzahlen beschränkt. Eine Statistik des behördlichen Vollzugs von Gesetzen und Verordnungen ist der wissenschaftlichen Öffentlichkeit unbekannt.

Daher bleibt in der rechtswissenschaftlichen Debatte die Dimension der Effektivität des Rechts völlig ausgeblendet. Ebenso unthematisiert bleibt der Umstand, dass nur ein vergleichsweise geringer Teil der alltäglichen, rechtlich thematisierbaren und mobilisierbaren Interessenkonflikte und Auseinandersetzungen vor Gericht ausgetragen wird. Der Großteil (rechtlich abstrakt betrachtet) relevanten menschlichen Verhaltens findet daher im Schlagschatten des Rechts statt. Ein anderer Teil wird aufgrund der ökonomischen Macht- und sozialer Ungleichheitsverhältnisse, die durch Dominanz, „Repeat-Player" und „One Shotter"-Beziehungen, Entthematisierung und Konfliktverzicht geprägt sind, überhaupt außergerichtlich geregelt. Ein dritter Teil findet sich im Feld der Wirtschaftskonflikte, welche erheblichenteils von staatlichen Gerichten ferngehalten und vor Schiedsgerichten ausgetragen werden, die weder Fälle, Verfahren noch Entscheidungen publik machen.

---

85 Vgl. Dimmel, Public Procurement Law and Social Services; Thiele 2015.
86 Vgl. Dimmel/Fuchs, Im toten Winkel des Wohlfahrtsstaates.
87 Vgl. Galanter, Why the Haves Come Out Ahead; Corley/Ward/Martinek, American Judicial Process; Vago, Law and Society.
88 Vgl. Dimmel/Noll (Hg.), Das Juristenbuch.

Im Ergebnis vermittelt die Analyse der Rechtsprechung, die als einziger Fühler der Rechtswissenschaften für die sich veränderte sozioökonomische Realität fungiert, nur einen kleinen Ausschnitt aus der Wirklichkeit des ‚Impact' rechtlicher Normen sowie der Thematisierung von Recht. So zeigt eine Analyse der Judikatur des Verwaltungsgerichtshofs sowie der Landesverwaltungsgerichte zu Fragen der Mindestsicherung und Sozialhilfe über Jahrzehnte hinweg ein äußerst geringes Maß an Judizialisierung, da der Großteil der Konflikte zwischen Hilfsbedürftigen und Sozialbürokratien niemals formalisiert wird. Dazu kommt, dass sowohl Akte der Rechtssetzung als auch Urteile, die rechtswissenschaftlich betrachtet ‚richtig' sind, kontraintentionale Folgen zeitigen können. Sie legalisieren vielfach nicht schutzwürdiges Verhalten, etwa obstruktives Verhalten von Aktionären in Nutzung des Auskunftsrechts. Diese strukturelle Blindheit der Rechtswissenschaften gegenüber den tatsächlichen gesellschaftlichen Folgen der Rechtssetzung und -anwendung sowie ihre weitreichende Ignoranz gegenüber den sozialen Anliegen der Rechtsunterworfenen führen dazu, dass die Rechtswissenschaft nur die Oberfläche der geltenden Rechtspraxis zu erkennen vermag.

3 Strukturwandel der Rechtswissenschaften

Die rechtstheoretischen und rechtsdogmatischen Paradigmenwechsel im Rechtsstaat[89] basierten bis zur neoliberalen Gegenreformation ab Beginn der 1980er Jahre substantiell auf dem Primat der (Rechts)Politik über die Ökonomie. Dies spiegelte sich in progressiven Ansätzen wie der Diskurstheorie des Rechts[90] oder der ‚Recht als Machtpraxis'-Kritik der Critical Legal Studies.[91]

Während der Rechtsstaat der konstitutionalistischen Bürgergesellschaft in Verbindung mit der Kodifikation des Zivilrechts gleichsam als Kathedrale der bürgerlichen Weltanschauung fungierte, nimmt das moderne, postfordistische Recht seit Einsetzen der neoliberalen Gegenreformation sowohl in seiner curricularen Ausgestaltung wie auch in seiner Fokussierung auf den Konnex von Recht und Wirtschaft zunehmend Inhalt und äußere Form einer Staatsbetriebswirtschaftslehre an. Seinen Niederschlag findet dies etwa in einem flexibelderegulierten Arbeitsrecht,[92] in der Bedeutungszunahme des Finanzrechts, in

---

89 Vgl. Walter, Die Rechtstheorie in Österreich; Brockmöller, Die Entstehung der Rechtstheorie.
90 Vgl. Habermas, Faktizität und Geltung; Alexy, Theorie der juristischen Argumentation.
91 Vgl. Frankenberg, Partisanen der Rechtskritik.
92 Vgl. Senghaas-Knobloch, Wohin driftet die Arbeitswelt?

einem den Staat als Leistungserbringer delegitimierenden Vergaberecht oder im Wirtschaftsverwaltungsrecht. Sukzessive orientiert sich die Rechtswissenschaft in ihrem Verhältnis zu Rechtspolitik und Rechtsordnung an der von Angela Merkel postulierten „marktkonformen Demokratie".

3.1 Recht(swissenschaft) als Instrument fordistischer Modernisierung

Noch während des Übergangs vom Rechtsstaat zum Verfassungsstaat der konstitutionellen Monarchie zersetzte die strukturelle und aktive Gewalt der kapitalistischen Aneignungsverhältnisse die Illusionen des formal-rationalen Äquivalententauschs. Die Entwicklung des Sozialversicherungsstaates war eine institutionelle Antwort auf die soziale Frage der zweiten industriellen Revolution sowie die zunehmende Instabilität der Kapitalakkumulation. Nicht nur Privatrechtsinstitutionen,[93] sondern auch das Wirtschaftsverfasssungsrecht[94] oder das Arbeitsrecht, welches sich dem Wandel der Arbeitsformen anpasst, unterliegen einem steten Wandel. So ging die fordistische Periode mit einem verstärkten Einbau materialisierter sozialer Rechtsbestände einher: Arbeitsverfassungsrecht, materieller Arbeitsschutz, Sozialversicherungsrecht, Fürsorgerecht, Mietrecht, Konsumentenschutzrecht usw. wurden Bestandteil des materiellen Rechts. In der JuristInnen-Ausbildung spiegelte sich dies in einer Ausdifferenzierung eben jener Fächer, welche Konflikte um die Durchsetzung sozialer Reproduktionsinteressen behandeln. Der rechtsdogmatische Geschlossenheitsanspruch der Jurisprudenz begann zu wanken.

Konsequent kam es noch in den 1970er Jahren zum Einzug der Sozialwissenschaften als systemkritischer Steuerungswissenschaften in das rechtswissenschaftliche Studium. In Forschung, Lehre und Studium der Rechtswissenschaften wurden Rechtssoziologie, Rechtspolitologie, Rechtspsychologie, Rechtsanthropologie neben Rechtsgeschichte (inklusive dem Römischen Recht) und Rechtsphilosophie betrieben. Während in der Rechtssoziologie die „soziologische Jurisprudenz" die Wechselwirkungen zwischen gesellschaftlichen und rechtlichen Entwicklungen empirisch untersuchte, während die „Soziologie des Rechts" als Teil der speziellen Soziologie betrieben wurde, näherten sich die „socio-legal studies" dem Recht mit dem Erkenntnisinteresse der „cultural studies". Im anglo-amerikanischen Rechtsdenken entstand eine Law and Society-Bewegung, die letztlich auch die Rechtsdogmatik relativierte.

---

93 Vgl. Wiethölter, Privatrecht als Gesellschaftstheorie?
94 Vgl. Wiethölter, Thesen zum Wirtschaftsverfassungsrecht.

Allerdings hinkt(e) sowohl der Rechtsbestand wie auch seine Rechtsdogmatik und Rechtstheorie auf in sich widersprüchliche Weise in einem „cultural lag" den ökonomischen und sozialen Verhältnissen in einem Nachziehverfahren hinterher.[95] Während sich ökonomische Basis und rechtlicher Überbau fortwährend neu zueinander positionierten, erwuchsen daraus neue theoretische Modellierungen und legitimatorische Anforderungen an die Leistungsfähigkeit des Rechts. Eine Reaktion auf die von Rüdiger Voigt[96] (beschriebene Verrechtlichungs-Trias aus Vergesetzlichung, Bürokratisierung und Judizialisierung, auf „Normenflut" und Anlassgesetzgebung bestand in der Entwicklung des Modus eines rechtspolitischen *„piecemeal engeneering"*, wie er sich unter anderem im Sozial- und Wohlfahrtsstaat herauspräparierte.[97] Recht wurde hier wie auch im Bereich der Umwelt-, Medizin- und Technikfolgensteuerung zu einem Instrument kontingenter Sozialtechnologie. Derlei auf Permanenz gestellte Adaptionsleistungen im Recht lösten das Konzept der „Einheit der Rechtsordnung" auf, ersichtlich an der Evolution unterschiedlicher Rechtsdogmatiken, aber auch an den Dynamiken einer autonomisierten Bürokratisierung und Justitialisierung.

Dieser Wandel spiegelte sich auch in den Paradigmen bzw. der dominanten Rationalität des Rechts. Rechtstheorie und Rechtssoziologie thematisierten den Strukturwandel seit Weber als Übergang von formaler zu materialer Rationalität.[98] Seit den 1980er Jahren war verstärkt von prozeduraler[99] bzw. prozeduraler Legitimität[100] bzw. reflexiver Rationalität[101] die Rede. Zugleich wurde bereits freilich auch auf den sozialen Bias prozeduralen und reflexiven Rechts verwiesen, welcher den Zugang zum Recht entlang sozialer Statuspositionen ungleich verteilt.[102] Axel Görlitz und Rüdiger Voigt gaben zu bedenken, dass sich das Recht in ein komplexes Gefüge der gleichzeitigen Ungleichzeitigkeit von gegenläufiger Verrechtlichung und Entrechtlichung je nach Entwicklung der gesellschaftlichen Kräfteverhältnisse verwandelt.[103] Es wird als intrikates Instrument kontingenter politischer Steuerung genutzt, ist jederzeit formell und materiell änderbar und

---

95 Vgl. Kröning, Gesetzgebung und Maßstäbe.
96 Vgl. Voigt, Verrechtlichung.
97 Vgl. Zacher, Verrechtlichung im Beriech des Sozialrechts.
98 Vgl. Hartmann, Formale Rationalität und Wertfreiheit bei Max Weber.
99 Vgl. Callies, Prozedurales Recht.
100 Vgl. Eder, Prozedurale Legitimität.
101 Vgl. Teubner, Reflexives Recht.
102 Vgl. Maus, Perspektiven reflexiven Rechts im Kontext gegenwärtiger Deregulierungstendenzen.
103 Vgl. Görlitz/Voigt, Rechtspolitologie.

fungiert als Reflexionsleistung auf soziale Konflikte. In dieser Relativierung wird das Recht zu einem situativ verfügbaren gesellschaftlichen Instrument, was sich unausweichlich in Problemen sinkender Rechtsbefolgungsbereitschaft, Rechtskenntnis bzw. sozialer Geltung von Recht niederschlagen muss.

Die Systemtheorie des Rechts[104] samt ihrer autopoietischen Weiterentwicklung[105] sowie die ökonomische Analyse des Rechts[106] samt der Verhaltensökonomie des Rechts[107] bildeten den Argumentationsrahmen, innerhalb dessen das Primat einer an gesellschaftlichen Integrationsaufgaben orientierten (Rechts) Politik über die Ökonomie attackiert wurde. Regelhaft fielen die dabei vorgetragenen Krisenbefunde weit hinter die progressive Kritik zurück, der zufolge sich die zentrale Idee der bürgerlichen Rechtsordnung, nämlich das Freiheitsversprechen der Ligatur aus Eigentum, Vertrag, Markt und formaler Gleichheit, seit der ursprünglichen Akkumulation überall dort blamiert hatte, wo die strukturelle Gewalt des Marktes, die Expropriation durch fortgesetzte kapitalistische Landnahme und der Metabolismus durch Wertschöpfung nicht nur die körperliche, ökonomische und soziale Integrität der Warenbesitzer, sondern auch die Natur selbst zerstört(e). Doch auch hier war das rechtspopulistische ‚Framing' erfolgreich. Daher ist die Aufgabe der Rechtswissenschaften nicht mehr die Konzeption und Reflexion staatsinterventionistischer Korrekturen der Pathologien des Marktes durch Recht(spolitik),[108] sondern die kategoriale Setzung von Recht und Staatshandeln als Markt bzw. in den Figuren des Marktes. Der rechtswissenschaftliche Beitrag zur Lösung der Krise des Marktes bestand und besteht also in einer Totalisierung der Marktbeziehungen in den Figuren des Rechts.

3.2 Der Markt und sein(e) Recht(swissenschaft)

35 Jahre später haben sich die Rechtswissenschaften und ihre Fakultäten ganz dem fundamentalistischen Furor der Vermarktlichung verschrieben und in ein eigenartiges, den sozietalen Funktionen des Rechts weithin abgewandtes Terrain verwandelt. In grundsätzlicher Weise hat der Neoliberalismus, so Brigitte Kratzwald,[109] sich sukzessive des Konzeptes des Äquivalententausches entledigt. David Harvey hat trefflich dargetan, dass die Akkumulation des Kapitals nicht

---

104 Vgl. Luhmann, Das Recht der Gesellschaft.
105 Vgl. Teubner, Recht als autopoietisches System.
106 Vgl. Müller, Ökonomische Theorie des Rechts.
107 Vgl. Englerth, Verhaltensökonomie.
108 Vgl. Reich, Zum Verhältnis von Markt und Recht.
109 Vgl. Kratzwald, Postneoliberalismus.

mehr auf Praktiken der kontraktuellen Mehrwertabschöpfung, sondern auf gewaltbewehrter Enteignung basiert.[110] Das Recht wird zum Instrument permanenten kapitalistischen Landnahme.[111] Aus der relativen Selbständigkeit des Rechts wurde die relative Selbständigkeit der Ökonomie. Der Markt („There is one market under god"; Thomas Frank) sagt nun, was Recht ist. Konsequent ist das Soziale (und das meint: Gesellschaftliche) aus dem Recht und seinem Diskurs ausgewandert.

Das lässt sich anschaulich anhand der Verteilung und Denomination von Professuren, aber auch am Schwinden oder Dahinscheiden von Grundlagenfächern wie der Rechtssoziologie darstellen. In ganz Österreich gibt es kein/en Institut/Fachbereich für Rechtssoziologie mehr. Das einzige außeruniversitäre Institut für Rechtssoziologie wurde geschlossen. Lehrveranstaltungen zur Rechtspolitologie bzw. Rechtspolitik, Rechtsanthropologie oder Rechtsethnologie finden sich in den Vorlesungsverzeichnissen der Universitäten nicht mehr, an den Fachhochschulen ohnehin nicht. Neben einem Österreichischen Institut für Europäische Rechtspolitik, der Zeitschrift „Juridikum" und einem „Journal für Rechtspolitik" gibt es nicht einmal mehr eine Plattform, auf der sich Diskurse nachzeichnen lassen, welche den Faden der Dialektik von Recht und Gesellschaft weiterspinnen. Die einschlägige Publikationstätigkeit nähert sich, relativ betrachtet, dem Nullpunkt. Selbst Kriminalsoziologie wird nicht mehr betrieben, allenfalls noch Kriminologie. In ganz Österreich gibt es kein Institut für Mietrecht oder Konsumentenschutzrecht. Nur das Sozialrecht ist noch im Gehäuse des Arbeitsrechts vertreten, welches im Grunde genommen neben Segmenten des öffentlichen Rechts die letzte Bastion einer gesellschafts-zugewandten Rechtswissenschaft darstellt. Aber auch da spielen das Recht der Fürsorge, Armut und Prekarität eine marginale Rolle. Es dominiert das Recht der Kernbelegschaften. Soziale Reproduktionsinteressen sind so im Recht weithin nicht (mehr) abgebildet.

Dies widerspiegelnd, haben sich die Aufgabenfelder der JuristInnen verschoben. Die Rechtswissenschaften produzieren heute in Österreich 2.000 AbgängerInnen pro Studienjahr. Doch nur ein Bruchteil arbeitet in genuin juristischen Arbeitsfeldern. Langjährige Austeritätspolitik hat die Zugänge zur öffentlichen Verwaltung, sogar zum Banken- und Versicherungsbereich, jedenfalls aber zu Nichtregierungsorganisationen, Non-Profit-Organisationen und Social-Profit-Organisationen schrumpfen lassen. Alles drängt in die Privatwirtschaft größerer KMUs (kleiner und mittelbetrieblicher Unternehmen mit bis zu 250

---

110 Vgl. Harvey, Kleine Geschichte des Neoliberalismus.
111 Vgl. Goncalves, Kapitalistische Landnahme.

MitarbeiterInnen) und Industrieunternehmen. Dort kämpfen die AbsolventInnen der Studienrichtung „Wirtschaft und Recht" mit BWL- und VWL-AbsolventInnen. JuristInnen drängeln sich daneben in Wirtschaftskanzleien, Unternehmensberatungen und Consulting-Unternehmen/Wirtschaftstreuhändern, also den Rechts- und Wirtschaftsdiensten sowie den Symbolagenturen der Kapitalverwertung. Das hat auch damit zu tun, dass JuristInnen heute überwiegend AbsolventInnen des Bachelorstudiums „Wirtschaft und Recht" sind, die neben den Wirtschaftsdiensten bevorzugt in die Rechtsabteilungen großer Unternehmen, in Vorstandssekretariaten, Strategie- und Planungsabteilungen mittlerer Unternehmen sowie in Steuerberatungs- und Wirtschaftstreuhandkanzleien drängen.

Doch selbst die AbsolventInnen der ordentlichen Rechtswissenschaften zieht es bereits in die Privatwirtschaft, da Advokatur bzw. Anwaltei und Notariat ihre Sättigungsgrenze (beinahe) erreicht haben. Dort werden sie freilich nur eingestellt, wenn sie ausgewiesene wirtschaftsrechtliche (d. h. Finanz- und Bankenrecht, Steuer- und Urheberrecht), betriebswirtschaftliche und wirtschaftsnahe Zusatzqualifikationen nachweisen – geht es doch um Compliance (Konformität mit Gesetzen und Richtlinien, Strafenvermeidung, Steueroptimierung, Internationalisierung und „Regime Shopping") in einem internationalen Zuschnitt (Europarecht, Übergangs- und Harmonisierungsbestimmungen, Rechtsbestände anderer Staaten, je nationale Gesetzgebung und Rechtsauslegung in den neuen Mitgliedsländern der Europäischen Union).

Was die Juristerei im Ergebnis heute darstellt, hat sich im Gegenbild zu den 1980er Jahren gänzlich verschoben. Mehr als 43.000 Studierende sind heute an den Rechtswissenschaftlichen Fakultäten inskribiert, mehr als die Hälfte davon im Bakkalaureatsstudium „Wirtschaft und Recht". Derlei Wirtschaftsrechtsausbildung wird von BWL, Statistik, Mathematik, Controlling und Management dominiert. Der Großteil arbeitet nach Abschluss subaltern bei Steuerberatern und Wirtschaftsprüfern. Nur wer Anwalt, Richter, Staatsanwalt oder Notar werden will, also einen klassisch juristischen Beruf anstrebt, muss den Master of Laws (LL.M) der Rechtswissenschaften absolviert haben. Freilich werden auch hier zwischenzeitig Steuer-, Bilanz- und Finanzrecht als Pflichtfächer geprüft.

So sehen wir eine dreifache Ökonomisierung des Rechts, seines Diskurses, seiner Ausbildung und seines gesellschaftlichen Verwendungszusammenhangs. Die Marktorthodoxie der ökonomischen Analyse des Rechts hat die Rechtstheorie erobert. Bentham kehrt zurück im Transaktionskostenansatz und in den „rational-choice"-Theorien. Die „case-law"-Architektur des Europäischen Gemeinschaftsrechts und die extra-legalen Herrschaftspraktiken der politischen Ausschüsse der Plutokratie (Europäische Kommission, EZB, IMF) lösen alles

Recht in der Säure einer „marktfähigen Demokratie" auf. Die post-fordistischen Rechtsgeltungsdiskurse halten alle wirtschaftsrechtliche Regulation kontingent: es wird ebenso lange lobbyiert und/oder prozessiert, bis Gesetzgeber oder Justiz bei- und nachgeben. Das Änderungstempo des Rechts hat ein Schlagzahl-Stakkato erreicht, während die Fülle des Rechts (12.000 Seiten Bundesgesetzblatt pro Jahr) den klientelistischen Furor und die Legitimationsängste der politischen Dienstklasse unkaschiert erkennen lässt. Im Ergebnis werden gesetzwidrige Bestimmungen, allgemeine Geschäftsbedingungen oder verbotswidrige Kartellierungen unter dem Blickwinkel einer Kosten-Nutzen-Rechnung betrachtet.

4 Recht: eine Kampfzone

In der Rechtswissenschaft spiegelt sich, dass Recht zu dem wird, was man sich leisten kann. Unrecht leistet man sich, eingebettet in das Weltbild der ökonomischen Analyse des Rechts, wenn die Strafe niedriger als der illegale Profit ist. Deshalb ist die Ausbildung von JuristInnen, die eigentlich reflektieren sollten, was sie anrichten, auf das Niveau einer betriebswirtschaftlichen Installateur-Ausbildung heruntertransformiert worden. Folgerichtig lautet der Schlusseintrag auf der Tafel eines Seminars an einer Rechtswissenschaftlichen Fakultät: „Less cost, more profit." Selbstredend trägt auch die Entstaatlichung des tertiären Bildungssystems zur Anbindung der universitären Ausbildung an die unmittelbaren Erfordernisse der Wirtschaft bei, die sich weder um Gesellschaft, Ethik oder Systematik der Macht, sondern alleine um Gewinnmaximierung kümmert.

Der Neoliberalismus hat nach 30 Jahren Marktdressur der Köpfe sowohl das Bewusstsein von der strukturellen Gewalt wie auch von der historischen Kontingenz des Rechts zum völligen Verschwinden gebracht. Das Recht ist Ware auf einem Markt im Standortwettbewerb, auf dem die Bestbieter der Rechtsbeugung den Zuschlag erhalten. Jegliche Vorstellung, dass Recht nicht bloß ein Reflex auf behauptete ökonomische Zwänge, Kapitalverwertungs- und Profitmaximierungsinteressen ist, sondern auch ein Instrument gesellschaftspolitischen sozialen Wandels sein kann, um deliberative Spielräume auszuweiten und die Repressionsniveaus sozialer Kontrolle herunterzufahren, man entsinne sich der Familienrechts-, Strafrechts-, Universitäts- oder Konsumentenschutzreform der 1970er Jahre, ist im sinnentleerten Dauerreformgerede sogenannter politischer Entscheidungsträger über Entbürokratisierung, Standortsicherung und Wettbewerbsfähigkeit auf den Schirmen der medialen „Blödmaschinen" verschwunden. Hier spiegelt sich unverstellt der Primat der Ökonomie über die Politik.

Die politische Dienstklasse, Rechtswissenschaft und Richterrecht haben auf paradoxe Weise im politisch als Krisenlösung inszenierten Prozess einer marktradikalen Entstaatlichung, der zu einer unüberblickbaren Ausweitung des Rechtsstoffes geführt hat, so viel staatliches Recht produziert wie noch nie und haben dabei auch so viel normatives Krisenpotential produziert wie noch nie zuvor in der Geschichte des Rechtsstaates. Konsequent aber sind dazu alle Fundamente eines sozietal orientierten Rechtsgeltungsdiskurses geschleift worden.

Als Resultat entfaltet sich ein Szenario der Rechtspraxis, welches sich in Pasolinis Bild der „120 Tage von Sodom" einfügt: Die kleinen Schuldner gehen bestenfalls in die Privatinsolvenz oder lebenslang in den Repressionsschwitzkasten der Sozialhilfe; die großen Schuldner fahren, mit öffentlichen Subventionen gerettet, nach Davos; die kleinen Gauner gehen in den „Häfen", die großen mit Fußfessel in die Oper; die kleinen Streitteile vor Gericht setzen ihr Hab und Gut auf eine Karte, die großen sind „repeat player" ohne Risiken; die kleinen Steuerschuldner erhängen sich im Finanzstrafverfahren auf dem Dachboden, die großen golfen mit Lobbyisten mit „Ministerdraht" oder kaufen einen Wohnsitz in der Schweiz (wo sie dann legal als Schweizer auf ihr illegal verbrachtes Steuerfluchtgeld greifen); die kleinen EinkommensbezieherInnen werden zwangsbesteuert, die großen haben steuerlich weder Einkommen noch Ausgaben (das hat ihre Stiftung). Ab da hat das Recht erhebliche Teile seiner relativen Autonomie, seiner Funktion als Formalisierung und Beschränkung von Macht augenfällig eingebüßt, wenn nicht sogar als Institution abgedankt.

Tatsächlich befindet sich das Recht und mit ihm die Rechtswissenschaften an der Stelle des Übergangs hin zu einer Normalität des Terrors der Ökonomie. Verkürzte Verjährungsfristen für die Geltendmachung von Ansprüchen von düpierten KreditnehmerInnnen von Fremdwährungskrediten, explodierende Rechtsdurchsetzungskosten, die Liberalisierung des Mietrechts, die Auflösung des Arbeitsrechts in der Gig-Economy oder der Normalitätsanspruch des Vergaberechts, welches als Brechstange zur Erschließung der öffentlichen Daseinsvorsorge für das marodierende, nach Verwertungsmöglichkeiten suchende Finanzkapital dient, nachdem man den leistenden und gestaltenden Sozial- und Wohlfahrtsstaat ausgehungert hat, stehen hierfür pars pro toto. Der Unterwerfung des Rechts unter das ökonomische Kalkül korrespondiert die Beliebigkeit der Handhabung von Recht, etwa in Form des Einsatzes von Verfassungsbestimmungen in einfachen Gesetzen. Ein Teil der Rechtswissenschaft mag das beklagen, ändern kann er es nicht. Als Institution, repressiver Staatsapparat und Ensemble hegemonialer Projekte im gesellschaftlichen Überbau spiegelt das Recht Machtverhältnisse nunmehr unmittelbar und unvermittelt wider. Dem trägt die Rechtswissenschaft fügsam Rechnung. Die letzten nennenswerten rechtswissenschaftlichen Diskurse zur einer gesellschaftlich und nicht bloß ökonomisch orientierten Rechtspolitik[112] datieren aus den 1990er Jahren, sieht man von vereinzelten politikwissenschaftlichen Beiträgen[113] ab.

Man muss dem Recht als System sowie der Rechtswissenschaft also kein ökonomisches Kalkül mehr applizieren. Beide sind, einerseits durch die Etablierung eines „Regime Shopping" und einen pervasiven Standortwettbewerb um jeweils Anleger-, Investitions- und unternehmerfreundliche Rahmenbedingungen, andererseits durch die Rekonstruktion von Rechtsbeziehungen als Marktbeziehungen, begleitet durch die Vermarktlichung der Rechtswissenschaften, selbst zu einem dienenden Funktionsbestandteil des Akkumulationsregimes geworden. Die Rechtswissenschaft ist auf substantielle Weise der Politik im Interesse kapitalistischer Landnahme- und Verwertungsinteressen als Dienstleister verfügbar geworden.

Literatur

Alexy, Robert, Theorie der juristischen Argumentation. Die Theorie des rationalen Diskurses als Theorie der juristischen Begründung (stw 436), Frankfurt am Main 1996.

Althusser, Louis, Ideologie und ideologischer Staatsapparat, 1. Halbband, Hamburg 2019.

Benda, Ernst, Recht und Politik, in: Nohlen, Dieter/Schultze, Rainer-Olaf (Hg.), Lexikon der Politikwissenschaft, München 2010, 884–886.

Benz, Arthur, Selbstbindung des Souveräns. Der Staat als Rechtsordnung, in: Becker, Michael/Zimmerling, Ruth (Hg.), Politik und Recht (Politische Vierteljahresschrift, Sonderheft 36), Wiesbaden 2006, 143–163.

Beyer, Wilhelm Raimund, Freibeuter in Hegelschen Gefilden, Frankfurt am Main 1983.

Biene, Daniel, Five Lessons Learned in Customer-Facing Legal Tech (28.09.2016): https://www.law-school.de/news-artikel/five-lessons-learned-in-customer-facing-legal-tech/ (23.12.2020).

Blankenburg, Erhard, Mobilisierung des Rechts. Eine Einführung in die Rechtssoziologie, Wiesbaden 1995.

Brockmöller, Annette, Die Entstehung der Rechtstheorie im 19. Jahrhundert in Deutschland, Baden-Baden 1997.

---

112 Vgl. Noll, Sachlichkeit statt Gleichheit; ders. (Hg.), Die Verfassung der Republik.
113 Vgl. Ehs u. a., Politik und Recht.

Bryde, Brun-Otto, Juristensoziologie, in: Dreier, Horst (Hg.), Rechtssoziologie am Ende des 20. Jahrhunderts, Tübingen 2000, 137–155.

Calliess, Gralf-Peter, Prozedurales Recht, Baden-Baden 1999.

Commission on the Future of Legal Services. American Bar Association, Report on the Future of Legal Services in the United States, Washington 2016.

Corley, Pamela/Ward, Artemus/Martinek, Wendy L., American Judicial Process: Myth and Reality in Law and Courts, Ondon 2015.

Dimmel, Nikolaus, Drohen – Betteln – Verhandeln: Diskursive Praktiken, Verhandlungsmuster und politisch-administrative Entscheidungstechniken im wohlfahrtsstaatlichen Begründungs- und Leistungszusammenhang, Frankfurt am Main 2000.

Dimmel, Nikolaus, Social Law's Stories. Moralien im Gebrauch des Sozialhilferechts, in: Pilgram, Arno/Steinert, Heinz (Hg.), Sozialer Ausschluss – Begriffe, Praktiken und Gegenwehr (Jahrbuch für Rechts- und Kriminalsoziologie 2000), Baden-Baden 2000, 113–128.

Dimmel, Nikolaus, Recht haben und Recht kriegen. Arbeitsbuch Sozialhilfe und bedarfsorientierte Mindestsicherung, Innsbruck 2011.

Dimmel, Nikolaus, Public Procurement Law and Social Services. A Critical Perspective, in: Hessle, Sven (Hg.), Global Social Transformation and Social Action: The Role of Social Workers. Social Work – Social Development, Vol. III, Stockholm 2014, 31–42.

Dimmel, Nikolaus, Zur Konflikt-Soziologie der Verfassungsgerichtsbarkeit, in: Ehs, Tamara/Neisser, Heinrich (Hg.), Verfassungsgerichtsbarkeit und Demokratie, Wien 2017, 13–36.

Dimmel, Nikolaus, Juristokratie? – Eine justizsoziologische Aufklärung, in: Pokal, Béla/Téglási, András (Hg.), Die stufenweise Entstehung des juristokratischen Staates. The Gradual Emergence of the Juristocratic State, Budapest 2019, 47–70.

Dimmel, Nikolaus/Fuchs, Michael, Im toten Winkel des Wohlfahrtsstaates, in: Dimmel, Nikolaus/Schenk, Martin/Stelzer-Orthofer, Christine (Hg.), Handbuch Armut in Österreich, Innsbruck 2014, 406–424.

Dimmel, Nikolaus/Noll, Alfred-Johannes, Das Juristenbuch, Wien 1990.

Djeffal, Christian, Die herrschende Meinung als Argument. Ein didaktischer Beitrag in historischer und theoretischer Perspektive, in: Zeitschrift für das juristische Studium (2013) 5, 463–466.

Dörre, Klaus/Neis, Matthias, Das Dilemma der unternehmerischen Universität, Berlin 2010.

Eder, Klaus, Prozedurale Legitimität: moderne Rechtsentwicklung jenseits von formaler Rationalisierung, in: Zeitschrift für Rechtssoziologie 7 (1986), 1–30.

Ehs, Tamara, Politics & Law. So nah und doch so fern, in: Österreichische Zeitschrift für Politikwissenschaft 40 (2011) 2, 197–205.

Ehs, Tamara, Verfassungspolitologie? Zur Bedeutung des B-VG aus politikwissenschaftlicher Sicht, in: Journal für Rechtspolitik 19 (2011) 3, 3–14.

Ehs, Tamara u. a., Politik und Recht. Spannungsfelder der Gesellschaft, Wien 2012.

Ehs, Tamara, Der VfGH als politischer Akteur. Konsequenzen eines Judikaturwandels? In: Österreichische Zeitschrift für Politikwissenschaft 44 (2015) 2, 15–27.

Elbe, Ingo, Thesen zum Begriff der Charaktermaske (o. J.): http://www.rote-ruhr-uni.com/texte/elbe_charaktermaske.pdf (02.01.2021).

Engisch, Karl, Einführung in das juristische Denken, Stuttgart 2010.

Englerth, Markus, Verhaltensökonomie – eine Einführung mit strafrechtlichen Beispielen, in: Towfigh, Emmanuel/Petersen, Niels (Hg.), Ökonomische Methoden im Recht. Eine Einführung für Juristen, Tübingen 2010, 165–199.

Ernst, Guido, Blandettstrafgesetze und ihre verfassungsrechtlichen Grenzen, Wiesbaden 2018.

Esser, Josef, Grundsatz und Norm in der richterlichen Fortbildung des Privatrechts, Tübingen 1956.

Esser, Josef, Vorverständnis und Methodenwahl in der Rechtsfindung. Rationalitätsgrundlagen richterlicher Entscheidungspraxis, Frankfurt am Main 1972.

Fishan, Andreas, Die neoliberale Umformung des Umweltrechts, in: Butterwegge, Christoph/Lösch, Bettina/Ptak, Ralf (Hg.), Neoliberalismus: Analysen und Alternativen, Wiesbaden 2008, 164–180.

Fliedner, Ortlieb, Gute Gesetzgebung. Welche Möglichkeiten gibt es, bessere Gesetze zu machen? (Dezember 2001): https://library.fes.de/pdf-files/stabsabteilung/01147.pdf (02.01.2021).

Foucault, Michel, Überwachen und Strafen. Die Geburt des Gefängnisses, Frankfurt am Main 1976.

Frankenberg, Günther, Partisanen der Rechtskritik: Critical Legal Studies etc., in: Buckel, Sonja/Christensen, Ralph/Fischer-Lescarno, Andreas (Hg.), Neue Theorien des Rechts, Stuttgart 2006, 97–116.

Galanter, Marc, Why the Haves Come Out Ahead: The Classic Essay and New Observations, New York 2014.

Garland, David, Punishment and Modern Society. A Study in Social Theory, Chicago 1990.

Gessner, Volkmar, Recht und Konflikt. Eine soziologische Untersuchung privatrechtlicher Konflikte in Mexiko, Tübingen 1976.

Gessner, Volkmar/Plett, Konstanze, Die Verflechtung von Staat und Wirtschaft in der Entwicklung des Insolvenzrechts, in: Gessner, Volkmar/Winter, Gerd (Hg.), Rechtsformen der Verflechtung von Staat und Wirtschaft (Jahrbuch für Rechtssoziologie 8), Opladen 1982, 154–175.

Gonçalves, Guilherme L., Kapitalistische Landnahme: Eine Erweiterung der kritischen Rechtssoziologie (DFG-Kollegforscher_innengruppe Postwachstumsgesellschaften, Working Paper 4/2017), Jena 2017.

Görlitz, Axel/Voigt, Rüdiger, Rechtspolitologie. Eine Einführung, Opladen 1985.

Graßl, Hans, Ökonomisierung der Bildungsproduktion. Zu einer Theorie des konservativen Bildungsstaats (Studien zur Politischen Soziologie 1), Baden-Baden [2]2019.

Grimm, Dieter, Recht und Politik, in: Juristische Schulung 9 (1969) 501–510.

Grimm, Dieter (Hg.), Rechtswissenschaft und Nachbarwissenschaften, Band 1: Soziologie, Politik, Verwaltung, Wirtschaft, Psychologie, Kriminologie, Frankfurt am Main 1973.

Grimm, Dieter, Souveränität. Herkunft und Zukunft eines Schlüsselbegriffs, Berlin 2009.

Gschiegl, Stefan, Politik und Recht. Studienbuch, Wien 2013.

Habermas, Jürgen, Faktizität und Geltung. Beiträge zur Diskurstheorie des Rechts und des demokratischen Rechtsstaats, Frankfurt am Main 1992.

Hagen, Josef, Rationales Entscheiden (UTB 364), München 1982.

Hammans, Peter, Das politische Denken der neueren Staatslehre in der BRD. Eine Studie zum politischen Konservativismus juristischer Gesellschaftstheorie, Opladen 1987.

Hartmann, Michael, Formale Rationalität und Wertfreiheit bei Max Weber, in: Zeitschrift für Soziologie 17 (1988) 2, 102–116.

Harvey, David, Kleine Geschichte des Neoliberalismus, Zürich 2007.

Hoffmann-Riem, Wolfgang, Innovation und Recht – Recht und Innovation. Recht im Ensemble seiner Kontexte, Tübingen 2016.

Huber, Peter M., Zwischen Konsolidierung und Dauerreform. Das Drama der Juristenausbildung, in: Zeitschrift für Rechtspolitik 40 (2007) 6, 188–190.

Jamin, Christoph/Caenegem, William van, The Internationalisation of Legal Education: General Report for the Vienna Congress of the International Academy of Comparative Law, 20–26 July 2014, in: dies. (Hg.), The Internationalisation of Legal Education, Berlin 2016, 3–34.

Jasper, Gotthard, Justiz und Politik in der Weimarer Republik, in: Vierteljahreshefte für Zeitgeschichte 30 (1982) 2, 167–205.

Jessop, Bob, Nicos Poulantzas. Marxist Theory and Political Strategy, London 1985.

Kirchheimer, Otto, Politische Justiz. Verwendung juristischer Verfahrensmöglichkeiten zu politischen Zwecken, Neuwied 1965.

Klenner, Hermann, Recht und Unrecht, Bielefeld 2004.

Klenner, Hermann, Juristen-Sozialismus, juristische Weltanschauung (o. J.): http://inkrit.de/e_inkritpedia/e_maincode/doku.php?id=j:juristen-sozialismus_juristische_weltanschauung (03.01.2021).

Klenner, Hermann, Recht, Rechtsstaat und Gerechtigkeit. Eine Einführung (Neue Kleine Bibliothek 223), Köln 2016.

Kratzwald, Brigitte, Postneoliberalismus, Neo-Feudalisierung und die Wiederaneignung der Commons, in: Kurswechsel (2012) 2, 52–60.

Kröning, Volker, Gesetzgebung und Maßstäbe, in: Joerges, Christian/Zumbansen, Peer (Hg.), Politische Rechtstheorie Revisited. Rudolf Wiethölter zum 100. Semester (ZERP-Diskussionspapier 1/2013), Bremen 2013, 169–175.

Larenz, Karl, Die Begriffsbildung und das System der Rechtswissenschaft, in: ders., Methodenlehre der Rechtswissenschaft, Berlin ²1969, 412–490.

Lautmann, Rüdiger, Soziologie vor den Toren der Jurisprudenz – Zur Kooperation der beiden Disziplinen (Urban Taschenbücher Reihe 80, Band 821), Stuttgart 1971.

Leif, Thomas/Spetz, Rudolf (Hg.), Die stille Macht. Lobbyismus in Deutschland, Wiesbaden 2013.

Leisner, Walter, Das Juristenmonopol in der öffentlichen Verwaltung, in: Eisenmann, Peter/Rill, Bernd (Hg.), Jurist und Staatsbewußtsein. Beiträge der Tagung „Jurist und Staatsbewußtsein" der Akademie für Politik und Zeitgeschehen der Hanns-Seidel-Stiftung (Heidelberger Forum 46), Heidelberg 1987, 53–67.

Lienhard, Andreas u. a., Forschungsevaluation in der Rechtswissenschaft – Grundlagen und empirische Analyse in der Schweiz, Bern 2016.

Luhmann, Niklas, Das Recht der Gesellschaft (stw 1183), Frankfurt am Main 1995.

Luhmann, Niklas, Ausdifferenzierung des Rechts. Beiträge zur Rechtssoziologie und Rechtstheorie (stw 1418), Frankfurt am Main 1999.

Marx, Karl, Zur Judenfrage, in: Marx, Karl/Engels, Friedrich, Werke (MEW) 1, Berlin/DDR 1976, 347–377.

Marx, Karl, Zur Kritik der politischen Ökonomie, in: Marx, Karl/Engels, Friedrich, Werke (MEW) 13, Berlin/DDR 1971, 3–160.

Marx, Karl, Das Kapital, Band I, Zweiter Abschnitt, in: Marx, Karl/Engels, Friedrich, Werke (MEW) 23, Berlin/DDR 1968, 161–191.

Maus, Ingeborg, Perspektiven „reflexiven Rechts" im Kontext gegenwärtiger Deregulierungstendenzen: Zur Kritik herrschender Konzeptionen und faktischer Entwicklungen, in: Kritische Justiz 19 (1986) 4, 390–405.

Müller, Felix, Ökonomische Theorie des Rechts, in: Buckel, Sonja/Christensein, Ralph/Fischer-Lescano, Andreas (Hg.), Neue Theorien des Rechts, Stuttgart 2009, 351–371.

Naucke, Wolfgang, Über die juristische Relevanz der Sozialwissenschaften, Frankfurt am Main 1972.

Naucke, Wolfgang/Trappe, Paul, Rechtssoziologie und Rechtspraxis, Neuwied/Berlin 1970.

Neuenhaus, Petra, Max Weber: Amorphe Macht und Herrschaftsgehäuse, in: Imbusch, Peter (Hg.), Macht und Herrschaft. Sozialwissenschaftliche Konzeptionen und Theorien, Wiesbaden 1998, 77–93.

Noll, Alfred J., Sachlichkeit statt Gleichheit? Eine rechtspolitische Studie über Gesetz und Gleichheit vor dem österreichischen Verfassungsgerichtshof, Wien 1996.

Noll, Alfred J. (Hg.), Die Verfassung der Republik: Zentrale Fragen der Verfassung und des Verfassungslebens. 75 Jahre Bundesverfassung, Wien 1997.

Ogorek, Regina, Richterkönig oder Subsumtionsautomat? Zur Justiztheorie im 19. Jahrhundert, Frankfurt am Main 1986.

Pfeiffer-Schaupp, Ulrich/Schwendemann, Wilhelm, Sozialarbeit und Diskursethik. Kommunikation als Quelle ethischer Normen, in: Archiv für Wissenschaft und Praxis der Sozialen Arbeit 25 (1994) 2, 124–149.

Pichler, Johannes W. (Hg.), Was kann eine wissenschaftliche Rechtspolitik leisten? (Schriften zur Rechtspolitik 1), Wien 1998.

Pilniok, Arne, „h.M." ist kein Argument – Überlegungen zum rechtswissenschaftlichen Argumentieren für Studierende in den Anfangssemestern, in: Juristische Schulung (2009) 394–397.

Poulantzas, Nicos, Staatstheorie. Politischer Überbau. Politischer Überbau, Ideologie, Autoritärer Etatismus, Hamburg 1978.

Rasehorn, Theo, Recht und Klassen. Zur Klassenjustiz in der Bundesrepublik, München 1974.

Reich, Norbert, Zum Verhältnis von Markt und Recht als Gegenstand sozialökonomischer Theorienbildung, in: Archiv für Rechts- und Sozialphilosophie 63 (1977) 4, 485–513.

Reinelt, Ekkehart, Richterliche Unabhängigkeit und Vertrauensschutz, in: Zeitschrift für die Anwaltspraxis (2000) 969: https://www.bghanwalt.de/veroeffentlichungen/vo_r15_c.htm (03.01.2021).

Roelleck, Gerd, Verfassungsgerichtsbarkeit zwischen Recht und Politik in Spanien und der Bundesrepublik, in: Kritische Vierteljahresschrift für Gesetzgebung und Rechtswissenschaft 74 (1991) 1, 74–86.

Römer, Peter, Entstehung, Rechtsform und Funktion des kapitalistischen Privateigentums, Köln 1978.

Rottleuthner, Hubert, Rechtswissenschaft als Sozialwissenschaft, Frankfurt am Main 1973.

Rottleuthner, Hubert, Richterliches Handeln: zur Kritik der juristischen Dogmatik, Frankfurt am Main 1973.

Rottleuthner, Hubert, Perspektiven der Justizforschung, in: Heckmann, Friedrich/Winter, Peter (Hg.), 21. Deutscher Soziologentag 1982, Wiesbaden 1983, 212–216.

Rusche, Georg/Kirchheimer, Otto, Punishment and Social Structure, New York 1939.

Sack, Fritz, Strafrechtliche Kontrolle und Sozialdisziplinierung, in: Frehsee, Detlev/Löschper, Gabi/Schumann, Karl F. (Hg.), Strafrecht, soziale Kontrolle, soziale Disziplinierung (Jahrbuch für Rechtssoziologie und Rechtstheorie 15), Wiesbaden 1993, 16–45.

Scherr, Albert, Macht, Herrschaft und Gewalt, in: ders., Soziologische Basics. Eine Einführung für Pädagogen und Pädagoginnen, Wiesbaden 2006, 112–116.

Schneider, Marcel, Mehr Computer auf den Campus, in: Die neuen Juristen (Legal Tribune Online Sonderausgabe), Köln 2016, 36. 38.

Schnur, Roman, Der Begriff der „herrschenden Meinung" in der Rechtsdogmatik, in: Doehring, Karl (Hg.), Festgabe für Ernst Forsthoff zum 65. Geburtstag, München 1967, 43–64.

Schui, Herbert/Blankenburg, Stephanie, Neoliberalismus: Theorie, Gegner, Praxis, Hamburg 2002.

Schulze-Fielitz, Helmuth, Gesetzgebungslehre als Soziologie der Gesetzgebung, in: Dreier, Horst (Hg.), Rechtssoziologie am Ende des 20. Jahrhunderts, Tübingen 2000, 156–179.

Senghaas-Knobloch, Eva, Wohin driftet die Arbeitswelt? Wiesbaden 2008.

Siems, Mathias M., Die Idee des Neoliberalen im Deutschen Recht, in: Rechtstheorie 35 (2004) 1, 1–18.

Stein, Kilian, Die juristische Weltanschauung. Das rechtstheoretische Potenzial der Marxschen „Kritik", Hamburg 2010.

Susskind, Richard, Tomorrow's Lawyers. An Introduction to your Future, Oxford 2013.

Sutton, John R., Law/Society: Origins, Interactions, and Change, London 2001.

Teubner, Gunther, Reflexives Recht: Entwicklungsmodelle des Rechts in vergleichender Perspektive, in: Archiv für Rechts- und Sozialphilosophie 68 (1982) 1, 13–59.

Teubner, Gunther, Recht als autopoietisches System, Frankfurt am Main 1989.

Tuschak, Bernadette, Die herrschende Meinung als Indikator europäischer Rechtskultur: eine rechtsvergleichende Untersuchung der Bezugsquellen und Produzenten herrschender Meinung in England und Deutschland am Beispiel des Europarechts (Schriftenreihe zum internationalen Einheitsrecht und zur Rechtsvergleichung 8), Hamburg 2009.

Tuschling, Burkhard, Rechtsform und Produktionsverhältnisse. Zur materialistischen Theorie des Rechtsstaates, Frankfurt am Main 1976.

Tuschling, Burkhard, Die „offene" und die „abstrakte" Gesellschaft. Habermas und die Konzeption von Vergesellschaftung der klassisch-bürgerlichen Rechts- und Staatsphilosophie, Hamburg 1978.

Unger, Roberto Mangabeira, The Critical Legal Studies Movement: Another Time, A Greater Task, London 2015.

Vago, Steven/Barkan, Steven E., Law and Society, London 2015.

Veith, Christian u. a., How Legal Technology Will Change the Business of Law. Hamburg 2016.

Voigt, Rüdiger, Verrechtlichung: Analysen zur Funktion und Wirkung von Parlamentarisierung, Bürokratisierung und Justizialisierung sozialer, politischer und ökonomischer Prozesse, Königstein 1980.

Voigt, Rüdiger, Gegentendenzen zur Verrechtlichung, in: ders. (Hg.), Gegentendenzen zur Verrechtlichung (Jahrbuch für Rechtssoziologie und Rechtstheorie 9), Wiesbaden 1983, 17–41.

Voigt, Rüdiger, Mythen, Rituale und Symbole der Politik, in: ders. (Hg.), Symbole der Politik – Politik der Symbole, Opladen 1989, 9–37.

Voigt, Rüdiger, Recht – Spielball der Politik? Rechtspolitologie im Zeichen der Globalisierung, Baden-Baden 2000.

Volkmann, Uwe, Qualifizierte Blankettnormen: Zur Problematik einer legislativen Verweisungstechni, in: Zeitschrift für Rechtspolitik 28 (1995) 6, 220–226.

Wacquant, Loïc, Punishing the Poor: The Neoliberal Government of Social Insecurity, Durham 2009.

Wagner, Heinz, Recht als Widerspiegelung und Handlungsinstrument: Beitrag zu einer materialistischen Rechtstheorie, Köln 1976.

Wagner, Jens, Legal Tech und Legal Robots. Der Wandel im Rechtsmarkt durch neue Technologien und künstliche Intelligenz, Wiesbaden 2018.

Walter, Robert, Die Rechtstheorie in Österreich im XX. Jahrhundert, in: Archiv für Rechts- und Sozialphilosophie 63 (1977) 2, 187–202.

Wassermann, Rudolf, Der politische Richter, München 1972.

Weber, Andreas, Subjektlos. Zur Kritik der Systemtheorie, Konstanz 2005.

Wiethölter, Rudolf, Privatrecht als Gesellschaftstheorie? Bemerkungen zur Logik der ordnungspolitischen Rechtslehre, in: Baur, Fritz u. a. (Hg.), Funktionswandel der Privatrechtsinstitutionen. Festschrift für Ludwig Raiser zum 70. Geburtstag, Tübingen 1974, 645-695.

Wiethölter, Rudolf, Thesen zum Wirtschaftsverfassungsrecht, in: Römer, Peter (Hg.), Der Kampf um das Grundgesetz. Über die politische Bedeutung der Verfassungsinterpretation. Referate und Diskussionen eines Kolloquiums aus Anlass des 70. Geburtstags von Wolfgang Abendroth, Köln 1977, 158–170.

Winkler, Günther, Rechtswissenschaft und Politik. Die Freiheit des Menschen in der Ordnung des Rechts (Forschungen aus Staat und Recht 110), Wien 1998.

Winkler, Günther, Die Rechtswissenschaft als empirische Sozialwissenschaft. Biographische und methodologische Anmerkungen zur Staatsrechtslehre (Forschungen aus Staat und Recht 130), Wien 1999.

Zacher, Hans F., Verrechtlichung im Bereich des Sozialrechts, in: Kübler, Friedrich (Hg.), Verrechtlichung von Wirtschaft, Arbeit und sozialer Solidarität. Vergleichende Analysen, Baden-Baden 1984, 11–72.

Zdjelar, Jovan, Trade & Labour. Die Hypothek des Freihandels? Eine kritische Bestandsaufnahme am Beispiel des internationalen Arbeitsrechts, Marburg 2017.

Maia Loh

Questioning Science
Historische und kritische Analyse einer globalen und hegemonialen Wissensinstitution

Abstract: Starting from Europe, modern colonisation and globalisation processes have, with the aid of modern science, created an imperialist and hegemonic network that dominates global knowledge policy. In so doing, science has appropriated knowledge from all over the world, presenting it as its own discovery whilst ignoring the sources of this treasury of knowledge. This contribution focusses on the globalised term "science", together with the associated institutions and practices, from a critical, historical, cultural and socio-anthropological perspective. This is the starting point for a deconstruction of the frequently postulated, universalist claims of scientific knowledge. Science is, after all, inevitably imbued with its social, political and economic context. The text highlights the way in which a critical and reflective approach can be used to rethink the role of science in the context described. It clarifies how scientific knowledge is distinguished from suppressed forms of knowledge. In conclusion it introduces two practical projects which promote the decolonisation of science and allow for a multi-epistemic and dialogical perspective on the diverse knowledge heritage of our world.

Keywords: global knowledge policy, decolonisation of science, critical history of science, knowledge diversity, multi-epistemologies

1 Einleitung

Es gibt eine enorme Wissensvielfalt auf dieser Welt, genial oder komplex auf jede spezifische Art, neu geschaffen, entwickelt, durch Traditionen regelmäßig wiederbelebt, verloren gegangen und manches Mal im Laufe der Geschichte wiederentdeckt. Aber warum werden bestimmte Wissensarten, die ebenso wertvoll sind, von einer Gesellschaft weniger anerkannt als manch anderes spezifisches Wissen? Meine anfängliche Motivation zu dieser Arbeit ist durch die kritische Auseinandersetzung mit der Rolle der Wissenschaft in der globalen Wissenspolitik entstanden. Während meines Bachelor-Studiums der Kultur- und Sozialanthropologie habe ich begonnen, mich mit dieser Thematik zu beschäftigen. Daher basiert diese Arbeit auf meiner theoretischen Bachelorarbeit, und da sie definitiv politische Aspekte akademischen Wissens sowie der Wissenschaft als

Institution analysiert, bin ich sehr dankbar, dass dieser überarbeitete Text Teil dieses Sammelbands sein darf.

Zurück zur Wissenspolitik: Postkoloniale Debatten heben hervor, wie, ausgehend von Europa, neuzeitliche Kolonisierungs-[1] und Globalisierungsprozesse die moderne Wissenschaft[2] dazu bewegt haben, ein imperiales Netz über die Welt zu spannen. Dabei wirkten – und etablierten sich – wissenschaftliche Institutionen in den kolonisierten Gebieten und setzten sich mit ihrer vorgeblichen Autorität trotz der Anwesenheit lokaler Wissensinstitutionen und -traditionen gesellschaftlich durch.

Selbstverständlich ist die globalisierte Wissenschaft mittlerweile tief im Alltag modernisierter Orte unserer Erde – seien sie nun städtische, ländliche, mobile oder digitale – verwoben. Da die Leistungen der Wissenschaft so wesentlich für das Funktionieren allgemeiner gesellschaftlicher Prozesse sind, werden mächtigere gesellschaftliche Auswirkungen akademischer Institutionen und Agenden nicht in Frage gestellt. Diese unkritischen Haltungen werden vor allem durch den Mangel an Übersicht und Transparenz innerhalb akademischer Institutionen selbst, aber auch in der Gesellschaft, verursacht. Daher sind sowohl fundierte historische als auch kritische Analysen notwendig, um die hegemoniale Rolle der Wissenschaft aufzudecken.

---

1 Im weiteren Textverlauf beziehe ich mich bei der Benennung kolonialer Prozesse auf den neuzeitlichen europäischen Kolonialismus, der sich im 15. Jahrhundert durch die Suche nach neuen Handelsrouten (nach Indien) entwickelte.

2 Das Attribut „modern" bezieht sich hier auf das Mitwirken von Industrialisierungs- und/oder Globalisierungsprozessen und soll weniger mit dem Fortschrittsgedanken assoziiert werden. Mit moderner Wissenschaft meine ich somit jene Wissenschaft, die sich seit dem späten 16. Jahrhundert in Europa entwickelt hat. Dabei handelt es sich nicht um eine homogene Institution. Auch die Wissenschaft hat viele verschiedene Traditionen, und je nach Schule, Ort, Gesellschaft oder Sprache, in der sie situiert sind, unterscheiden sich die jeweiligen wissenschaftlichen Praktiken und die Organisation. Daher handelt es sich bei der Wissenschaft um eine plurale Institution. Dennoch verwende ich aus lesefreundlichen Gründen den Begriff „Wissenschaft" im Singular und nicht im Plural.

Darüber hinaus gibt es natürlich auch andere Wissenstraditionen, die als Wissenschaften bezeichnet werden, aber sich weitgehend unabhängig von der modernen Wissenschaft entwickelt haben, wie etwa frühe arabische, aztekische, chinesische oder indische Wissenschaften und Technologien. Da es sich bei der Anwendung des Wissenschaftsbegriffs hierbei oft um Fremdzuschreibungen handelt, distanziere ich mich von seinem Gebrauch in diesem Kontext.

Im Rahmen dieser Untersuchung lautet die zentrale Frage meines Artikels: *Wie hat sich die moderne Wissenschaft zu einer globalen hegemonialen Wissensinstitution entwickelt? Und welche Wissensarten sind dadurch beeinträchtigt worden?*

Die kommenden Kapitel gehen daher folgender Argumentationslinie zur Beantwortung dieser zentralen Frage nach: *Kapitel 2* wird sich kurz mit der Diskurstheorie befassen: Die Möglichkeit und Fähigkeit, sich öffentlich auszudrücken, eröffnet bereits ein politisches Feld, indem bestimmte Interessen in Debatten eingebracht und besonders durchgesetzt werden können. Wer sprechen, schreiben, handeln und vieles mehr kann, hat Macht: Die Tatsache, dass die Wissenschaft so viel Wissen generiert und bis zu einem gewissen Grad als ihr Eigentum beansprucht, zeigt sehr gut, wie viel Macht ihre Institutionen haben. *Kapitel 3* wird sich mit dem zentralen Thema dieser Arbeit befassen, nämlich der Wissenschaft selbst. Dabei wird sowohl eine historische als auch eine definitorische Analyse des englischen Begriffs „Science" notwendig sein. Parallel dazu werde ich erläutern, welche Rolle bestimmte Theorien und Methoden in der Entwicklung der Wissenschaft hatten, und wie sich akademische Institutionen in Europa unter den gegebenen sozio-historischen und wirtschaftlichen Bedingungen formiert haben. *Kapitel 4* beschäftigt sich mit der Etablierung der Sozialwissenschaften und der Entwicklung der Wissenschaftsforschung innerhalb ihrer zentralen beitragenden Disziplinen: Philosophie, Psychologie, Geschichte, Soziologie und Anthropologie.[3] In diesem Teil werden bedeutende Einsichten beleuchtet, zu welchen die Forschungstätigkeiten der genannten Disziplinen beigetragen haben. Soziale wie auch kognitive Eigenschaften der Wissenschaft werden behandelt, und Verknüpfungen mit politischen wie auch wirtschaftlichen Interessen werden vermittelt. Nach all diesen Erläuterungen wird sich *Kapitel 5* mit der Dekonstruktion der ethnozentrischen Darstellung befassen, die in der Wissenschaftsgeschichte vorherrscht. Dieses Kapitel wird sich insbesondere mit den Unterschieden und Gemeinsamkeiten zwischen wissenschaftlichem Wissen und weiteren vergleichbaren Wissensarten befassen und auf diese Weise deren kognitive und kontextuelle Basis beleuchten. Auf dieser Grundlage wird die hegemoniale Rolle der modernen Wissenschaft sichtbar gemacht. Abschließend

---

3   Eine weitere bedeutende Disziplin innerhalb der Wissenschaftsforschung ist die Wissenschafts- und Technikforschung, im Englischen *Science and Technology Studies* (STS). Erkenntnisse aus dieser interdisziplinären Forschungsrichtung fließen regelmäßig in meinen Artikel ein, dabei werde ich aber nicht näher auf die Disziplin selbst eingehen.

werden Erkenntnisse bedeutender Wissensarten und zwei besondere Projekte vorgestellt, die Anstoß für eine vielstimmige Wissenspolitik weltweit geben.

2 Über den Diskurs

Diskurs ist – in einem sehr grundlegenden Verständnis – „die Kommunikation von Bedeutung"[4]. Für den kulturwissenschaftlichen Diskursansatz sind dabei spezifische Anwendungsfelder von Sprache wesentlich:

- Kommunikationsakte (Sprechen, Schreiben etc.),
- ein Bestand an Wissensinhalten,
- eine Zusammensetzung von Umständen und Prozessen, die die Art und Weise ordnet, wie Menschen in geeigneter Weise kommunizieren und das genannte Wissen praktizieren können.

Diskursanalytische Untersuchungen auf diesen drei Ebenen zeigen auf hervorragende Weise, wie Kommunikation, Wissen und Macht miteinander verbunden sind.[5] Damit bietet die Diskursanalyse ideale Ansätze, um mächtige Organe und Institutionen des Wissens – wie die Wissenschaft in diesem Beitrag – zu hinterfragen. Als wichtiger und einflussreicher Denker, der in diesem Bereich intensiv gearbeitet hat, ist hier (natürlich) Michel Foucault (1926–1984) zu nennen. Im Kapitel „Die Einheiten des Diskurses" seines Buches *Die Archäologie des Wissens* betont er die Notwendigkeit, jene Einheiten bewusst in Frage zu stellen, die in ihrer Konstitution und Funktionsweise eine vermeintliche Vormacht innerhalb der Gesellschaft einnehmen. Zu solchen Einheiten zählen gesellschaftliche Felder wie Gesundheit, Wissenschaft, Wirtschaft, Justiz, Religion, Geschichte oder Literatur.[6] Foucault erklärt, wie diese Einheiten in die allgemeine kognitive wie soziale Ordnung eingreifen, dabei jedoch weitgehend ihre unbewussten oder bewussten Absichten verdecken.[7] Infolgedessen bleibt ein Netzwerk von Machtverhältnissen bestehen, das mit einer bestimmten Art und Weise des Weltverständnisses verflochten ist.[8] Der Zweck der Dekonstruktion und Infragestellung der genannten Einheiten – ein Akt, der in diesem Artikel weitgehend berücksichtigt wird – besteht darin, die dahinter liegenden Diskurse anzuerkennen. Eine zentrale Frage, die es daher in diesem Fall zu stellen gilt, lautet: Warum

---

4   Lindstrom, Discourse, 246 [eigene Übersetzung].
5   Vgl. ebd.
6   Vgl. Foucault, Archäologie des Wissens, 34 ff.
7   Vgl. ebd. 10 ff.
8   Vgl. Lindstrom, Discourse, 246.

sind bestimmte Aussagen, die von der Einheit „Wissenschaft" geäußert werden, durchsetzungsfähiger und präsenter als jene anderer Wissensarten?[9]

Ein Auszug aus Laura Naders[10] Einführung in den Sammelband *Naked Science - Anthropological Inquiry into Boundaries, Power, and Knowledge* eignet sich hervorragend, um eine Brücke zurück zum zentralen Thema dieses Textes zu schlagen:

„Während des größten Teils der Menschheitsgeschichte gab es verschiedene Wissensarten und eine enorme Bandbreite an Möglichkeiten, die Welt zu verstehen. Da die moderne westliche Vorstellung von Wissenschaft eine zeitgenössische Tatsache ist, sind der Prozess ihrer Abgrenzung, ihre Konstruktion, ihre Gestalt und die Art, wie sie einen Teil der Machtdynamiken ausmacht, entscheidend für ein kritisches Verständnis der Grundlage des modernen Wissens über die Welt. Denn Wissenschaft ist nicht nur ein Mittel zur Kategorisierung der Welt, sondern auch zur Kategorisierung der Wissenschaft selbst im Verhältnis zu anderen Wissenssystemen, die ausgeschlossen sind."[11]

3 Science – Geschichte der Definition und Institutionalisierung der Wissenschaft

3.1 Die Bedeutung der Definition und der Sprachauswahl

Da der Begriff „Science" und seine Konzepte sehr mächtige Instrumente innerhalb der beschriebenen Diskurse bilden, haben die Entwicklung eines vernünftigen Wortgebrauchs, eine sorgfältige Analyse seiner Definitionen sowie die Betrachtung der sozialen Realitäten, die das Wort geprägt haben, eine wesentliche Bedeutung in diesem Artikel. Ich beschränke mich hierbei auf den englischen Begriff „Science". Dabei bin ich mir bewusst, dass die Wissenschaft ein Hybrid aus vielen Institutionen mit einem breiten Wissensspektrum und einer langen Geschichte darstellt und dabei in einer Vielzahl von Sprachen praktiziert wird. Der englische Begriff „Science" sticht aber besonders hervor, da er von historischen und sozioökonomischen Prozessen geprägt worden ist, die mit der Kolonisierung vieler Teile der Welt verknüpft waren. In beinahe allen Ländern

---

9 Vgl. Foucault, Archäologie des Wissens, 43.
10 Laura Nader (* 1930) ist eine US-amerikanische Kultur- und Sozialanthropologin mit libanesischen Wurzeln. Sie ist emeritierte Professorin für Anthropologie an der Universität von Kalifornien (Berkley) und Spezialistin für die Bereiche Rechtsanthropologie und Anthropologie der Wissenschaft.
11 Nader, Naked Science, 3 [eigene Übersetzung].

der Welt kam es zu Forschungstätigkeiten und zur Bildung von wissenschaftlichen Einrichtungen nach westlichem Modell.[12] Auch wenn in der Zwischenzeit die Konkurrenz aus Ostasien wächst, behält die englische Sprache immer noch einen hegemonialen Status innerhalb der weltweiten wissenschaftlichen Aktivitäten, Publikationen und Bibliometrie.[13] Die folgende Darstellung wird einen Einblick geben, wie es nicht nur sprachlich, sondern weit darüber hinaus dazu gekommen ist.

3.2 Der Begriff „Science" und sein historischer Werdegang

In der anschließenden Diskussion über die definitorische Entwicklung des Begriffs „Science" werde ich mich insbesondere auf Raymond Williams'[14] umfangreiche Analyse und Arbeit zu *Keywords* stützen. Parallel dazu werde ich auf Edgar Zilsels[15] sehr hilfreiches Werk *The Social Origin of Modern Science*[16] verweisen, das die Wechselbeziehung zwischen einer Reihe von sozio-historischen Elementen beleuchtet, die die Institution der Wissenschaft geprägt haben.

Das Wort „science" wurde in England laut Raymond Williams im 14. Jahrhundert als Lehnwort aus dem Französischen („science") eingeführt, das seinerseits vom lateinischen Begriff „sciencia" abgeleitet wurde. Damals bezeichnete es Wissen in einem sehr generellen Sinne.[17] Bis ins frühe 19. Jahrhundert war

---

12 Dabei kamen unterschiedliche koloniale Sprachen und nicht ausschließlich Englisch zum Einsatz.
13 Vgl. The Royal Society, 17, 23; Pan/Gao, Crossing the Language Limitations, 1655; Larsen/Maye/von Ins, Scientific Output and Impact, 1; Larsen/von Ins, The Rate of Growth in Scientific Publication and the Decline, 596.
14 Raymond Williams (1921–1988) war ein englischer Literaturwissenschaftler (vgl. Cole, Raymond Williams and Education) und eine prägende Gestalt für die Cultural Studies und die Neue Linke; er arbeitete als Erwachsenenbildner, aber auch als Bühnenautor und Professor für Theaterwissenschaft (vgl. O'Brien, Williams, Raymond; Heath, Raymond Williams and Keywords).
15 Edgar Zilsel (1891–1944) war ein österreichischer Mathematiker, Physiker und Philosoph mit jüdischen Wurzeln. Neben seiner wissenschaftlichen Tätigkeit war er auch als Gymnasiallehrer in Österreich und nach seiner Flucht in den USA tätig (vgl. Krohn/Raven, Edgar Zilsel, XIX ff). Er kann durchaus als Vorreiter auf dem Gebiet der Wissenschaftsgeschichte und -soziologie angesehen werden (vgl. ebd.).
16 Die Übersetzung des Titels lautet: *Die sozialen Ursprünge der neuzeitlichen Wissenschaft*. Zilsel stellte seinen Artikel „Social Roots of Science" erstmals 1939 während des „5th Congress for the Unity of Science" in Cambridge, Massachusetts, öffentlich vor (vgl. Krohn/Raven, Edgar Zilsel, XXIII).
17 Vgl. Williams, Keywords, 276.

es üblich, dass „Science" für „Wissen und Lernen" stand, bezeichnete aber im Einzelnen auch einen „Lernzweig oder Lernstoff"[18]. Ab dem späten 14. und dem frühen 15. Jahrhundert wurde der Begriff „Science" in der Regel durch „Kunst" im Sinne eines bestimmten Wissensschatzes oder einer besonderen Fertigkeit[19] ersetzt.

Mit Blick auf die sozio-ökonomischen Rahmenbedingungen beschreibt Zilsel, wie zwischen dem 14. und 17. Jahrhundert in Europa drei Klassen von Intellektuellen unterschieden werden konnten: Universitätsgelehrte, Humanist*innen und Handwerkskünstler*innen.[20]

Sowohl Universitätsgelehrte als auch Humanist*innen hatten insbesondere Expertise in den Gebieten der Arithmetik, Astronomie, Geometrie, Grammatik, Logik, Musik und Rhetorik. Sie folgten rationalen Prinzipien, die allerdings methodisch eher berufsbezogen als wissenschaftlich begründet waren. Innerhalb dieser beiden intellektuellen Gruppen wurden die *artes liberales* (die freien Künste)[21] von den *artes mechanicae* (die praktischen Künste)[22] getrennt betrachtet. Vertreter*innen der *artes liberales* artikulierten sich in Latein.[23] Das Attribut „wissenschaftlich" bezeichnete auch „die freien Künste", die von den mechanischen Künsten abgegrenzt wurden.[24] Sowohl Humanist*innen als auch Universitätsgelehrte degradierten Handarbeit, experimentelle Versuche und Sektion. Folglich stand in den Augen dieser beiden Schichten die dritte Gruppe, die Handwerkskünstler*innen, in Opposition zu ihnen. Die Handwerkskünstler*innen führten (komplementär) die handwerkliche Arbeit aus, indem sie sezierten,

---

18 Vgl. ebd. 277.
19 Vgl. ebd.
20 Vgl. Zilsel, The Social Origin of Modern Science, 7. [Ich wende hier bei der Benennung bewusst Geschlechterdiversität an, da vielleicht sehr vereinzelt, aber durchaus auch Frauen unter den Intellektuellen wirkten]. – Besonders in Italien gab es ab dem Ende des 14. Jahrhunderts weibliche Humanist*innen (vgl. McCallum-Barry, Learned Women of the Renaissance). Beispiel für eine frühe Handwerkskünstlerin ist eine spanische Nonne und Illustratorin aus dem 10. Jahrhundert (vgl. González, Ende), oder eine Reihe an Maler*innen aus Italien und den Niederlanden ab dem 16. Jahrhundert (vgl. Hessel, These Women Artists Influenced the Renaissance and Baroque).
21 Im Mittelalter wurden an den Universitäten Europas sieben freie Künste praktiziert: Grammatik, Rhetorik, Logik, Geometrie, Arithmetik, Musik und Astronomie (vgl. Editors of Encyclopedia Britannica, Liberal arts).
22 Im europäischen Mittelalter übten Handwerker*innen und Handarbeiter*innen die praktischen Künste aus (vgl. Zilsel, The Social Origin of Modern Science, 7).
23 Vgl. ebd. 4.
24 Vgl. Williams, Keywords, 277.

operierten, Ingenieursarbeiten und Experimente verrichteten. Es waren die Handwerkskünstler*innen, die in dieser Zeit den Geist des Erfindens und Entdeckens verkörperten; ein populäres Beispiel ist Leonardo da Vinci (1452–1519). Im Gegensatz zu den beiden vorher genannten Gruppen sprachen und schrieben die Handwerkskünstler*innen gewöhnlich in der Landessprache, aber sie verrichteten ihre Arbeit meistens ohne formale intellektuelle Ausbildung.[25] Durch den Übergang von der feudalen zur kapitalistischen Ordnung verschmolz das fachliche Wissen von Handwerkskünstler*innen, Humanist*innen und Universitätsgelehrten, sodass sich die Wissenschaft in ihrer modernen Form entwickeln konnte.[26]

Eric R. Wolf (1923–1999)[27] ergänzt die geschilderten Entwicklungen vor dem Hintergrund globaler Prozesse: Während der letzten Periode der Reconquista im 15. Jahrhundert erhielten Portugal und Spanien nach und nach Zugang zu wichtigen Häfen und Meerengen der Iberischen Halbinsel, aber die entscheidenden mediterranen Handelsstraßen im Osten wurden durch venezianische und genuesische Händler, durch Byzanz und (später) das osmanische Reich blockiert. Von diesem Jahrhundert an nahmen die Herausforderungen innerhalb der Außenwirtschaft zu, sie stimulierten die Suche nach neuen Handelsstraßen und führten zu europäischen „Entdeckungen" und zur Kolonisierung vieler Gebiete der Erde (zunächst afrikanische Küstengebiete, Karibik, Amerikas etc.).[28]

Diese Prozesse veränderten das Weltbild, sie trieben die Entwicklung von Technologien, des quantitativen Denkens sowie der wirtschaftlichen Effizienz und der globalen Produktionsnetzwerke voran.[29] Treffend äußerte sich im folgenden Zitat der Wissenschaftshistoriker Pearce Williams zu diesen Ereignissen: „Die dramatische Expansion der bisher bekannten Welt diente auch dazu, das Studium der Mathematik zu fördern, denn Ruhm und Reichtum erwartete jene, die Navigation zu einer echten und vertrauenswürdigen Wissenschaft entwickeln konnten."[30] Dabei bildeten Rationalität und Naturgesetze immer mehr die Grundlage für breitere Überzeugungen in der Gesellschaft. Das bevorstehende Zeitalter der Aufklärung und die wissenschaftliche Revolution zerrütteten

---

25 Vgl. Zilsel, The Social Origin of Modern Science, 4–7; Williams, History of Science.
26 Vgl. Zilsel, The Social Origin of Modern Science, 3 und 7.
27 Ein Pionier der globalen, sozio-historischen Anthropologie, der in Wien geboren wurde und wegen des antijüdischen Regimes nach Großbritannien und in die USA emigrieren musste.
28 Vgl. Wolf, Europe and the People without History, 129.
29 Vgl. ebd. 265 ff; Zilsel, The Social Origin of Modern Science, 7.
30 Williams, History of Science, x [eigene Übersetzung].

das Fundament früherer Machthaber*innen wie das der Kirche oder der Monarchien. In der Folge verschwanden auch die Schranken zwischen den Berufen der Gelehrten und der Handwerkskünstler*innen. Eine beispielhafte Persönlichkeit aus dieser Zeit ist Galileo Galilei (1564–1642).[31] Aus terminologischer Sicht wurde das Wort „scientific" ab dem späten 16. Jahrhundert im Sinne von „stetigen sowie systematischen Beobachtungen und Vorschlägen" verwendet. Dabei wurde der Begriff viel mehr mit einer Form der Argumentation als mit einem bestimmten Fach assoziiert. In dieser Phase entwickelten sich allmählich die Begriffe und Praktiken im Sinne der modernen Wissenschaft.[32]

Während dieser Zeit veränderten sich die Vorstellungen über die Natur erheblich. Das allgemeine Verständnis der Welt stützte sich mehr und mehr auf rationale Gedanken und den damit verbundenen Entdeckungen von Naturgesetzen.[33] Das geozentrische Modell war nicht mehr haltbar. Die Natur, die Welt (u. a. durch neuzeitliche koloniale Erkundungen) und kosmische Phänomene wurden zunehmend beobachtbar, messbar und berechenbar. Die Begegnung und der Kontakt mit unbekannten Ländern und Gesellschaften sowie technische Errungenschaften wie u. a. das Mikroskop oder Teleskop führten zu neuen Entdeckungen, Erkenntnissen und zur regelmäßigen Verbreitung von geographischen, botanischen, zoologischen und vielen weiteren Daten und Fakten. Um all diese Informationen mit anderen zu teilen, um sie zu verbreiten und einen Umgang mit ihnen zu finden, benötigten sie Systematisierung, Überprüfung und Anerkennungsmechanismen. Anstelle der Verheimlichung von Entdeckungen, Praktiken oder Daten, was in früheren Traditionen durchaus üblich war, traten eine klare Sprache und nachvollziehbare Herangehensweisen hervor.[34] Kennzeichnend für diese Phase war, dass „sich die Bedingungen für die Entstehung von ‚science' als theoretischer und methodischer Untersuchung der Natur vervollständigt hatten"[35].

3.3 Standardisierung und Institutionalisierung der Wissenschaft

Ab dem 17. Jahrhundert wuchs das Experiment zu einer maßgeblichen Methode in der Wissenschaft und verschärfte das Abhängigkeitsverhältnis zwischen Forschung und wissenschaftlicher Gemeinschaft als Zeug*innen. Diese und weitere

---

31 Vgl. Zilsel, The Social Origin of Modern Science, 7.
32 Vgl. Williams, Keywords, 277 f.
33 Vgl. ebd. 223.
34 Vgl. Williams, History of Science.
35 Williams, Keywords, 278 [eigene Übersetzung].

gesellschaftliche Prozesse führten zur anerkannten Institutionalisierung der Wissenschaft, zur Entwicklung eines neuen Mediums, nämlich der Fachzeitschriften, und zur Etablierung des Berufes als Wissenschaftler*in („scientist").

Ein früher Befürworter und Verfechter der Empirie – und damit des Experiments –, aber zugleich auch Gegner des ausgrenzenden humanistischen und universitären Gelehrtenprogramms, war der Vordenker und Politiker Sir Francis Bacon, Baron Verulam (1561–1626). Er war keineswegs ein herausragender Naturwissenschaftler, aber revolutionär in seinen Gedanken und Visionen. Er erkannte die Bedeutung systematischer und nachvollziehbarer Forschung sowie die Notwendigkeit wissenschaftlicher Zusammenarbeit, um Fortschritte in der Gesellschaft zu erzielen.[36] Bacon und seine Mitstreitenden ließen die Vorstellung von der Macht des Menschen über die Natur zu einer paradigmatischen Idee heranwachsen, die sich bis in die Gegenwart weitgehend in modernisierten Gesellschaften gehalten hat.[37] Dabei wurde die Natur immer mehr vergegenständlicht, und der Mensch[38] wurde als von der Natur getrennt oder als über ihr stehend betrachtet. Die Wechselbeziehungen und Interdependenzen mit anderen natürlichen Wesen und Phänomenen wurden untergraben, um sie für menschliche Bedürfnisse oder Zwecke zu vereinnahmen, auszubeuten und zu kontrollieren.

Seit der Gründung der ersten gelehrten Gesellschaften arbeiten Wissenschaftler*innen über akademische Verbände, Organisationen und mit Blick auf wissenschaftliche Publikationen vermehrt zusammen.[39] Darüber hinaus ermöglichten einerseits die Standardisierung der Sprache und andererseits die Beschreibung von Verfahrensweisen die Verbreitung und den Austausch von methodischen Ansätzen.[40] So wurden ab der Mitte des 17. Jahrhunderts neben der Festlegung der methodischen wie theoretischen Grundlagen weitere entscheidende institutionalisierende Eckpfeiler für den Aufstieg der modernen Wissenschaften gelegt. Durch die Förderung des Experiments als wichtigste wissenschaftliche Methode wurden Disziplinen, in denen das Experiment keine zentrale Rolle in ihren theoretischen und systematischen Analyseformen hatte, als nicht-wissenschaftlich

---

36 Vgl. Zilsel, The Social Origin of Modern Science, 5 f.
37 Vgl. Felt, Einführung in die Wissenschaftsforschung I a, 14.
38 Als „richtige Menschen" sahen sich lange Zeit die herrschenden Klassen Europas an. Dem gegenüber waren sogenannte „Naturvölker" oder Indigene, die, in ihrer vorgeblichen Wildheit, der Natur näher standen. Dieser Ausgrenzungsmechanismus diente dazu, ihre Unterwerfung durch die Europäer*innen zu legitimieren.
39 Vgl. Zilsel, The Social Origin of Modern Science, 6.
40 Vgl. Williams, History of Science.

erachtet. Fachrichtungen oder -bereiche, die ein solches Schicksal erlitten, waren beispielsweise Metaphysik, Religion, Geschichte, Politik oder die Analyse von Emotionen. Diese Trennlinie zwischen den sogenannten harten und weichen Wissenschaften wurde von da an bis zur Mitte des 19. Jahrhunderts noch stärker gezogen.[41]

In der zweiten Hälfte des 18. Jahrhunderts, als die industrielle Revolution voll im Gange war, förderten große technische Fortschritte auch die Institutionalisierungsprozesse der modernen Wissenschaft.[42] Dementsprechend betont Pearce Williams:

> Als sich die Wissenschaft von der Alltagswelt hin zu den Welten der Atome und Moleküle, der elektrischen Ströme und Magnetfelder, der Mikroben und Viren sowie astronomischer Nebel und Galaxien wandte, lieferten Instrumente zunehmend den alleinigen Kontakt mit diesen Phänomenen. Ein großes, von einem komplizierten Uhrwerk angetriebenes Fernrohr zur Beobachtung von Nebeln war ebenso ein Produkt der Schwerindustrie des 19. Jahrhunderts wie die Dampflokomotive und das Dampfschiff.[43]

Die Vorstellung, dass die Wissenschaft Lösungen für industrielle Problemstellungen entwickeln könnte, führte zu verstärkter Unterstützung durch öffentliche Einrichtungen. Somit nahm die Verflechtung zwischen Technologie, Wirtschaft, Wissenschaft und Staat ständig zu.

Eine logische Konsequenz war die Errichtung technischer Hochschulen. Neben ihrer pädagogischen Funktion war es ihr Ziel, Staat und Wirtschaft mit wissenschaftlichen Erkenntnissen zu fördern.[44] Ab dem ersten Jahrzehnt des 19. Jahrhunderts genossen Universitäten wie auch Wissenschaftler*innen ein hohes Maß an Autonomie. Somit wurden die Universitäten zwar vom Staat finanziert, behielten aber ihre Forschungs- und Lehrfreiheit.[45] Im Geiste einer liberalen Reform wurden dem Staat nur begrenzte Eingriffsmöglichkeiten zugestanden, sodass das Studieren und Arbeiten innerhalb der Universität weitgehend im Namen der Wissenschaft und eines humanistischen Bildungskonzepts durchgeführt werden konnten.[46] Dies führte auch dazu, dass Forschungen und Labore an universitäre Standorte transferiert wurden und dadurch deren

---

41 Vgl. Williams, Keywords, 278.
42 Vgl. Wolf, Europe and the People without History, 267 ff; Williams, History of Science.
43 Williams, History of Science [eigene Übersetzung].
44 Vgl. ebd.
45 Vgl. Felt, Einführung in die Wissenschaftsforschung I b, 7; Humboldt-Universität zu Berlin, The Modern Classic of the Reform University.
46 Vgl. Felt, Einführung in die Wissenschaftsforschung I b, 7; Humboldt-Universität zu Berlin, Short History.

institutionelle Anerkennung und Sicherheit sowie jene der Wissenschaftler*innen gewährt wurden. Diese Prozesse formten die Universität zu einem Standort akademischer Bildung, Sozialisierung und Professionalisierung.[47]

Darüber hinaus kamen staatliche Gelder zum Einsatz, um bedeutsame Wissenschaftler*innen zu unterstützen, sie in akademische Positionen zu befördern, ihnen Preise sowie Ehrungen zu verleihen oder um Forschungszentren einzurichten. Es ist kein Wunder, dass die Entwicklung der Keimtheorie (in der zweiten Hälfte des 18. Jahrhunderts) u. a. durch Louis Pasteur (1822–1895) oder Robert Koch (1843–1910) zu einer biologischen und medizinischen Revolution führte.[48] Diese bahnbrechenden Erkenntnisse standen in wechselseitiger Abhängigkeit von Gesundheitssystemen und -agenden sowie von der Zivilgesellschaft, die diese wichtigen Forschungen förderten. Öffentliche Institutionen oder Unternehmen wandten sich zunehmend an Wissenschaftler*innen um Rat.[49] So entwickelte sich im 18. Jahrhundert der öffentlich anerkannte Beruf des Wissenschaftlers bzw. der Wissenschaftlerin.[50]

---

47 Vgl. Felt, Einführung in die Wissenschaftsforschung I b, 6; Gieryn, Science, 13694.
48 Vgl. Williams, History of Science.
49 Vgl. Felt, Einführung in die Wissenschaftsforschung I b, 6; Gieryn, Science, 13696 f; Deutsche Lepra- und Tuberkolosehilfe e.V., Robert Koch – Biografie.
50 Der Begriff „scientist" ist noch recht jung. Raymond Williams erklärt, dass das Wort seit dem späten 18. Jahrhundert in Gebrauch war (vgl. Williams, Keywords, 279). Der moderne Begriff wurde aber insbesondere 1833 vom berühmten Gelehrten William Whewell (1794–1866) eingeführt und geprägt. Whewell ist vor allem für seine Beiträge innerhalb der Wissenschaftsgeschichte bekannt. Dabei unterschied Whewell Wissenschaftler*innen (aus Bereichen wie Mathematik, Physik etc.) von Künstler*innen (die sich der Musik, Malerei, Poesie etc. widmeten); vgl. ebd.; O'Connor/Robertson, William Whewell. Diese hier angedeutete Unterscheidung zwischen weichen und harten Wissenschaften (*soft and hard sciences*) hat sich bedauerlicher Weise bis in die Gegenwart gehalten. Zu den harten Wissenschaften zählen die Naturwissenschaften. Als weiche gelten die Geistes- und Sozialwissenschaften wie auch künstlerische Disziplinen. Im Englischen werden in der etablierten Auffassung ausschließlich Naturwissenschaftler*innen als „scientists" erachtet. Hingegen werden Vertreter*innen der weichen Wissenschaften als „scholars" bezeichnet. Es gibt viel Kritik aus den eigenen Kreisen an dieser Unterscheidung, da weiche Wissenschaften dadurch minder bewertet werden. Sheila Jasanoff, eine bekannte indisch-amerikanische Wissenschaftsforscher*in, betont, dass die breitere Bedeutungsdimension des deutschen Wissenschaftsbegriff auch für „science" anzustreben wäre (vgl. Jasanoff, The Essential Parallel between Science and Democracy, 2); vgl. ebenso Williams, Keywords, 279.

3.4 Das Streben nach Objektivität und Wahrheit

Die weitere Entwicklung und Effizienz der Wissenschaft und Technologie (z. B. in den Bereichen Landwirtschaft, Kommunikationstechnologie, Energie, Gesundheitswesen, Transport usw.) „verbesserte" oder „erleichterte"[51] zunehmend das Leben der Menschen, so dass die zuvor erwähnte Baconsche Vorstellung von der Kontrolle des Menschen über die Natur wahr geworden zu sein schien. In der Tat hat dieses Paradigma seit dem 19. Jahrhundert das intellektuelle und moralische Klima im Westen geprägt.[52]

In dieser Atmosphäre wurden die Methoden der Naturwissenschaften weiterentwickelt, um vermeintlich völlig rationale oder wahre Ergebnisse zu erzielen. Die Kombination von theoretischen und methodischen Ansätzen war für wissenschaftliches Arbeiten im englischsprachigen Raum nicht mehr allein ausschlaggebend, sondern die objektive Eigenschaft des Forschungsgegenstandes und -ansatzes erwies sich als Erfolgsstrategie. In dieser Hinsicht verstand sich der*die Forscher*in als unvoreingenommene*r Beobachter*in gegenüber einem externen Untersuchungsgegenstand. Diese Herangehensweise wurde zum wissenschaftlichen Standard, um scheinbare Objektivität und Wahrheit auch jenseits der Naturwissenschaften zu erlangen. Das Aufzwingen dieses einseitigen Ansatzes führte in den geistes- und sozialwissenschaftlichen Disziplinen oder auch in der Psychologie zu Verzögerungen in der Entwicklung eigener Methoden.[53] Die hypothetisch-deduktive Methode, insbesondere auch unter dem Begriff „Falsifikationismus" bekannt, ist die bis in die Gegenwart führende wissenschaftliche Methode, die aus der genannten objektiven Strömung stammt.[54]

Kritiker*innen haben jedoch unterstrichen, dass es keine unvoreingenommene Beobachter*innen gegenüber Untersuchungsgegenständen gibt. Beispielsweise sind die untersuchten Variablen in einem Experiment oder die angewendeten Hypothesen stets mit ihrem, leider oft unbemerkt bleibenden, intellektuellen, sozialen wie auch materiellen, geografischen und klimatischen

---

51 Meines Erachtens kann eine philosophische Diskussion darüber geführt werden, ob die Wissenschaft und Technologien das menschliche Leben tatsächlich verbessern bzw. erleichtern. Auch wenn medizinische Errungenschaften tatsächlich zu einer extrem niedrigen Sterblichkeitsrate weltweit geführt haben, stellen ungerechte Arbeitsverhältnisse, Verstädterung, Motorisierung, Chemiekonzerne, Schwerindustrie, Atomkraftwerke sowie alle ihre Abfälle und durch sie erzeugte Umweltverschmutzung die positivistische Sichtweise in Frage.
52 Vgl. Williams, History of Science.
53 Vgl. Williams, Keywords, 279.
54 Vgl. Willermet, Philosophy of Science, 2062 ff.

Kontext und Netzwerk verknüpft. Letztere müssen jedoch der Duhem-Quine-These[55] zufolge berücksichtigt werden, um die Hypothesen richtig zu verstehen. Darüber hinaus ist es eine menschliche Gewohnheit, die Bausteine eines Projekts an dieses anzupassen, sei es in diesem Fall die Prognosen der Hypothesen oder ihren Bezug zu anderen Theorien.[56] Passend dazu äußert sich die Anthropologin Catherine M. Willermet mit sehr direktem Ton: „Auf diese Weise maximiert die Anpassung der Hypothese ihre Wahrscheinlichkeit, ‚wahr' zu sein."[57] Diese Kritikpunkte zeigen sehr gut, dass sich die Wissenschaft nicht von ihrem soziokulturellen Kontext und dem Interesse des*der jeweiligen Betreibenden bzw. Vorgesetzte*n trennen lassen.

Indem ich in diesem Kapitel dargestellt habe, wie der Begriff „science" und seine Praxis sozio-historisch entwickelt und institutionalisiert wurden, bin ich nun an den Punkt gelangt, an dem es notwendig ist, mich insbesondere den Erkenntnissen der Wissenschaftsforschung zuzuwenden. Besonders kritische Stellungnahmen aus der Wissenschaftsforschung haben dazu beigetragen, dominierende Annahmen der Wissenschaft zu relativieren; ein Schritt, der notwendig ist, um die hegemoniale Rolle der Wissenschaft in den breiteren Wissenslandschaften transparenter zu machen.

4 Erkenntnisse aus der Wissenschaftsforschung – zwei analytische Perspektiven

4.1 Die erkenntnistheoretische Perspektive

In einem frühen Artikel mit dem Titel „The Science of Science"[58] stellen die polnische Philosophin und Soziologin Maria Ossowska und ihr Ehemann,

---

55 Der französische Physiker und Wissenschaftstheoretiker Pierre Duhem (1861–1916) und der US-amerikanische Philosoph und Logiker Willard Van Orman Quine (1908–2000) stellten aufeinander aufbauend fest, dass eine Hypothese nicht isoliert von anderen überprüft werden kann. Quine betonte, dass Hypothesen stets in Netzwerken, bestehend aus Hintergrundannahmen (etwa über die Funktion von Messinstrumenten), Theorien, weiteren Hypothesen und unter anderem dem Forschungskontext, eingebettet sind und vor diesem Hintergrund getestet werden müssen (vgl. ebd. 2064):
56 Vgl. ebd.
57 Willermet, Philosophy of Science, 2064 [eigene Übersetzung].
58 Der Titel könnte ins Deutsche als „Die Wissenschaft der Wissenschaft" übersetzt werden. Ich stütze mich hier auf die englische Übersetzung des Werkes, das 1935 unter dem Titel „Nauka o Nauce" in der polnischen Zeitschrift *Nauka Polska* XX (3) erstmals in polnischer Sprache veröffentlicht wurde (vgl. Ossowska/Ossowski The Science of Science, 82).

der Soziologe und Kulturtheoretiker Stanisław Ossowski,[59] dar, wie sich zwei entscheidende Perspektiven für die Erforschung der Wissenschaft entwickelt haben: „Die erkenntnistheoretische Perspektive", die die Wissenschaft als ein Mittel zum Verständnis und zur Sammlung von Wissen über die Welt betrachtet; und „die anthropologische Perspektive", die sich auf die soziokulturellen Beschaffenheiten, Aspekte und Kontexte der Wissenschaft konzentriert. Eine wichtige Bemerkung vorweg: Die Unterscheidung dieser beiden Perspektiven soll nicht dazu führen, die jeweiligen Themenbereiche zu trennen, aber jede von ihnen zeigt sehr hilfreiche und gegenseitig bereichernde Ansätze, um die Wissenschaft gründlicher zu verstehen.[60]

Die Wissenschaftsphilosophie ist ein populäres Beispiel für ein spezifisches Fachgebiet innerhalb der erkenntnistheoretischen Perspektive. Entscheidende Konzepte der Wissenschaftsphilosophie lassen sich zumindest bis zu den antiken griechischen Denker*innen[61] und ihrem im Laufe der Geschichte ergänzten philosophischen Erbe zurückverfolgen.[62] So ist die philosophische Kritik an der rationalen Logik bereits eine lange Tradition, die bis in die Gegenwart reicht. Ich erwähne hier nur kurz den wissenschaftsphilosophischen Ansatz, da es sich bei diesem Artikel vorwiegend um eine sozial- und später kognitionswissenschaftliche Abhandlung handelt. Dennoch haben uns philosophische und erkenntnistheoretische Fragen den ganzen Weg begleitet und werden dies auch weiterhin tun.

Eine der jüngsten, aber sehr maßgeblichen Disziplinen in der Wissenschaftsforschung ist die Wissenschaftspsychologie. In Anlehnung an den Artikel von Maria und Stanislaw Ossowscy nimmt diese Fachrichtung sowohl eine anthropologische als auch eine erkenntnistheoretische Perspektive in ihren Untersuchungen ein.[63] Im Prinzip erforscht sie wissenschaftliches Denken und Verhalten, entweder in enger oder umfassender Betrachtung. Sie beschäftigt sich einerseits mit biologisch-neurologischen und kognitiven Prozessen, die mit wissenschaftlichem Denken und der wissenschaftlichen Praxis in Verbindung stehen, und andererseits auch mit charakteristischen Merkmalen von Akademiker*innen

---

59 Vgl. Walentynowicz, Notes About the Authors, 278.
60 Vgl. Ossowska/Ossowski, The Science of Science, 82 ff.
61 Zur Gender Perspektive: besonders aus dem vierten und fünften Jahrhundert n. Chr. gibt es Nachweise über einige berühmte, gelehrte Frauen der neuplatonischen Schule in Alexandria (Ägypten), so etwa Hypatia, Aedesia oder Theodora (vgl. Dzielska, Learned Women in the Alexandrian Scholarship and Society of Late Hellenism, 129 ff).
62 Vgl. Agassi/Jarvie, Rationality, 704.
63 Vgl. Ossowska/Ossowski, The Science of Science, 83.

oder dem Kontext, in dem der*die jeweilige Wissenschaftler*in sozialisiert wurde. In der engen Betrachtung – die Wissenschaft explizit definiert – liegt die Analyse auf den kognitiven Aktivitäten und Prozessen institutionalisierter Wissenschaftler*innen. Aus einer umfassenderen Sichtweise – die einen impliziten Charakter hat – wird jeder Person (ob in Geschichte oder Gegenwart, ob jung oder alt und wo auch immer auf dieser Welt) wissenschaftliches Denken und Verhalten zugeschrieben, die sich mit „Theoriebildung, dem Lernen wissenschaftlicher oder mathematischer Konzepte, Modellentwicklung, Testen von Hypothesen, der Bildung wissenschaftlicher Argumentationslinien, Problemfindung und -lösung oder dem Schaffen von bzw. der Arbeit an Technologien"[64] beschäftigt.

4.2 Die anthropologische Perspektive

Kurz zur Wiederholung: Der Forschungsschwerpunkt der anthropologischen Perspektive liegt auf den sozio-kulturellen Beschaffenheiten, Aspekten und Kontextualisierungen der Wissenschaft. Maria und Stanislaw Ossowscy zufolge waren es besonders historische, psychologische, sozialwissenschaftliche sowie pragmatische Forschungen, die für die Entwicklung dieser spezifischen Perspektive entscheidend waren.[65] Daher werde ich als nächstes darlegen, was die Disziplinen der Geschichts- und Sozialwissenschaften zu dieser Debatte beigetragen haben.

4.2.1 Wissenschaftsgeschichte

Historische Aufzeichnungen von jahrtausendealten bis hin zu gegenwärtig neu etablierten wissenschaftlichen Institutionen und Inhalten gehören zu einem weiteren alten Zweig der Wissenschaftsforschung. Dabei dient die fachspezifische Geschichtsschreibung oftmals unterschiedlichen Zielen: wie etwa um a) bislang bedeutende Werke zusammenzufassen, sich in diesen Werken zu verorten, ihre Legitimität und Bedeutung zu betonen und sie neuen Interessent*innen zugänglich zu machen, b) sie in einem größeren gesellschaftlichen Kontext zu stellen, c) Vorläufer*innen zu würdigen oder anzuklagen und Verbesserungen vorzuschlagen, d) ein Schema für anstehende Studien abzuleiten, ein besseres Verständnis über die Merkmale des spezifischen Wissens und die Umstände, unter welchen

---

64 Feist/Gorman, Introduction, 3 f [eigene Übersetzung].
65 Vgl. Ossowska/Ossowski, The Science of Science, 82 f.

sie gewachsen sind, zu generieren, und e) um die Verlässlichkeit der Theorien und Herangehensweisen ihres Faches wiederzufinden und zu überprüfen.[66]

Damit ist es beim Zurückverfolgen der Entwicklung eines umstrittenen Konzepts oder einer Hypothese möglich, dessen Status quo in Frage zu stellen, konzeptionelle Fehler zu finden und nach Möglichkeit zu verbessern. Auf diese Weise helfen historische Untersuchungen einerseits bei der Konstruktion großer Narrative und andererseits bei der kritischen Auseinandersetzung mit der Wissenschaft.

4.2.2 Sozialwissenschaftliche Wissenschaftsforschung

4.2.2.1 Die Herausbildung der Sozialwissenschaften

Als nächstes möchte ich auf die Entstehung der Sozialwissenschaften eingehen, die, wie es Maria und Stanislaw Ossowscy anmerken, eine weitere Grundlage für die anthropologische Perspektive der Wissenschaftsforschung darstellen. Ich habe bereits erwähnt, dass vor allem das methodische Paradigma der Naturwissenschaften als Leitmotiv für wissenschaftliches Arbeiten angesehen wurde, und dass es anderen theoretischen und methodischen Ansätzen erschwert wurde, wissenschaftliche Anerkennung zu erhalten und sich als Fachrichtung zu etablieren. Die Sozialwissenschaften sind ein perfektes Beispiel für Disziplinen, die solch ein Schicksal erleiden mussten. Erst durch massive strukturelle Veränderungen in der Gesellschaft und in ihrer Regierungsform konnten sozialwissenschaftliche Institutionen entstehen. Dies war eine Folge der kapitalistischen Wende, da in industrialisierten und urbanen Räumen große Spannungen zwischen dem Staat und den neu gebildeten sozialen Gruppen entstanden. Letztere bemühten sich dabei, ihre Rechte einzufordern. Diese Prozesse führten zu folgenden Fragen: „Wie kann soziale Ordnung wiederhergestellt bzw. erhalten werden? Und wie war gesellschaftliche Ordnung überhaupt möglich?"[67] Es waren im Grunde diese Fragen und Umstände, die die Denker*innen dieser Zeit stark beschäftigten. Und es waren ihre Beiträge im Kontext der lebhaften Debatten, die Mitte des 19. Jahrhunderts den Weg für die Entstehung der Sozialwissenschaften[68] ebneten.[69]

---

66 Vgl. Daston, History of Science, 6842.
67 Wolf, Europe and the People without History, 8 [eigene Übersetzung].
68 In dieser Zeit waren es die Fächer Wirtschaftswissenschaften, Politikwissenschaft, Soziologie und Anthropologie.
69 Vgl. Wolf, Europe and the People without History, 7 f.

In diesem Zusammenhang war es auch für die Wissenssoziologie und insbesondere für die soziale Analyse wissenschaftlichen Wissens möglich, sich als akademische Zweige, und später in bestimmten Fällen, als autonome Disziplinen zu entwickeln.[70] Die Erkenntnisse aus diesen Zweigen sind inzwischen überholt, aber die Institutionalisierung der Fächer förderte die Entwicklung ausgereifterer Ansätze.

4.2.2.2 Wissenschaftssoziologie

Es war vor allem der bekannte US-amerikanische Soziologe Robert K. Merton (1910–2003), der die Wissenssoziologie in seinen Werken weiterzuentwickeln versuchte. Merton gab diesem Forschungszweig mehr Substanz, indem er die Darstellungsform empirischer Themen präzisierte und Kognition einerseits differenzierter definierte und andererseits in Verknüpfung mit verschiedenen soziokulturellen, historischen und wirtschaftlichen Kontexten darstellte. Merton transformierte die eher vage und theoretische Wissenssoziologie in ein verständliches und empirisch analysierbares Feld.[71] Sein berühmtes Buch über *Wissenschaft, Technologie und Gesellschaft im England des 17. Jahrhunderts*, das 1938 auf Englisch erschien, kann als ein bedeutender Meilenstein in der konkreten Entwicklung der Wissenschaftssoziologie angesehen werden.[72] Eine der Schlüsselfragen des Werkes war, warum sich die moderne Wissenschaft im Großbritannien des 17. Jahrhunderts erfolgreich entwickelte. Darüber hinaus wurde Merton 1942 von Georges Gurvitch, einem bekannten Kollegen und Flüchtling des Naziregimes, angeregt, den Artikel „A Note on Science and Democracy" zu schreiben.[73] In diesem Artikel stellt Merton eine innovative Studie vor, die sich auf die Sozialforschung der Wissenschaft konzentriert; dazu kamen Untersuchungen über die soziale Organisation der Wissenschaft zum älteren Forschungsschwerpunkt über das Verhältnis von Gesellschaft und Wissenschaft.[74]

Als Pionier innerhalb der Wissenschaftsforschung ist weiters der in der k. u. k. Monarchie sozialisierte, polnisch-jüdische Mikrobiologe und Arzt Ludwik Fleck (1896–1961) zu nennen.[75] Er sah die Entwicklung dieses Forschungsgebietes

---

70 Vgl. Camic, Knowledge, 8143.
71 Vgl. ebd. 8145.
72 Vgl. Calhoun, Robert K. Merton Remembered.
73 Vgl. Merton, A Note on Science and Democracy; vgl. dazu Storer, Prefatory Note on Part 3, 226; Gieryn, Science, 13693.
74 Vgl. Gieryn, Sociology of Science, 13693.
75 Ludwik Fleck verlor aufgrund seiner jüdischen Herkunft nach der Annexion Lembergs durch das Dritte Reich im Jahr 1941 seine universitären und medizinischen Posten. Er und seine Familie wurden ghettoisiert und später in die Konzentrationslager

bereits in den 1930er Jahren voraus, blieb aber innerhalb dieser speziellen Disziplin über viele Jahrzehnte unbekannt. Sein zentrales und bahnbrechendes Buch ist die *Entstehung und Entwicklung einer wissenschaftlichen Tatsache: Einführung in die Lehre vom Denkstil und Denkkollektiv* (Basel 1935).[76] Er schildert darin die Anwendung der teilnehmenden Beobachtung im Rahmen seiner Forschung über die Diagnosemethode für Syphilis (Wasserman-Reaktion[77]). Diese sozialwissenschaftliche und empirische Analyse wissenschaftlicher Praktiken und Gedanken war wegweisend und visionär – erst in den späten 1980er Jahren wurden Labore zu einem klassischen Forschungsfeld innerhalb der Wissenschaftssoziologie. Fleck betonte in seiner Arbeit eine relativistische Perspektive auf Wirklichkeit und Wahrheit, und erklärte, wie Denkweisen die Art prägen, in welcher Menschengruppen (Laien und Fachleute) die Welt wahrnehmen und verstehen. 1962 veröffentlichte der Physiker und berühmte Wissenschaftshistoriker Thomas S. Kuhn (1922–1996) sein renommiertes Werk *The Structure of Scientific Revolutions*.[78] Darin werden einige Konzepte und Gedanken geschildert, die bereits Ludwik Fleck formuliert hatte; Kuhn verwendete jedoch andere Begriffe wie etwa „Paradigma" statt „Denkstil". Kuhn merkt in seinem Vorwort an, dass Flecks Werk bis ins letzte Viertel des 20. Jahrhunderts auf Grund der mit dem Kalten Krieg verursachten Stigmata[79] relativ unbekannt blieb.[80] Wenn auch Flecks Arbeit einen unschätzbaren Wert hat, war es vor allem Robert K. Merton in den USA, der eine angemessene Grundlage für die Wissenschaftssoziologie schuf und diese spezifische Teildisziplin verbreitete.

Abschließend stütze ich mich auf die Zusammenfassung des US-amerikanischen Wissenschaftssoziologen Thomas F. Gieryn zu den drei großen

---

Ausschwitz und Buchenwald deportiert. Im Lembergschen Ghetto und anschließend in den Konzentrationslagern arbeitete er an einem Impfstoff gegen das Fleckfieber; diese epidemische Krankheit plagte die deutsche Armee, aber auch Häftlinge in den Ghettos und in den Konzentrationslagern. Fleck und seine Familie überlebten den Zweiten Weltkrieg (vgl. Sady, Ludwik Fleck).

76 Die englische Übersetzung und Veröffentlichung von Flecks Buch mit dem Titel *Genesis and Development of a Scientific Fact: An Introduction to the Theory of Thought Style and Thought Collective* (Chicago) wurde erst 1979 von Fred Bradley und Thaddeus J. Trenn vorgenommen. Die Herausgeber waren Thaddeus J. Trenn und kein geringerer als Robert K. Merton; das Vorwort verfasste Thomas S. Kuhn (vgl. Sady, Ludwik Fleck).

77 Das in Ludwik Flecks analysierte Diagnoseverfahren für Syphilis wurde von August Paul von Wassermann gemeinsam mit Albert Neisser und Carl Bruck entwickelt.

78 Deutscher Titel: *Die Struktur wissenschaftlicher Revolutionen*, Frankfurt am Main 1973.

79 Vgl. Babich, From Fleck's Denkstil to Kuhn's Paradigm, 81 ff.; Gieryn, Science, 13692.

80 Vgl. Collins, Scientific Knowledge, 13742; Sady, Ludwik Fleck.

Forschungsschwerpunkten, die die Wissenschaftssoziologie seit ihrer Institutionalisierung geprägt haben:

(a) Die das Verhalten von Wissenschaftler*innen prägenden strukturellen Kontexte (1950er- bis 1970er Jahre): Untersucht wurden besonders Richtlinien, die wissenschaftliche Ambitionen sowohl auf der Wissensebene als auch auf der institutionellen Ebene beeinflussten.

(b) Die wissenschaftliche Kognition konstituierenden Praktiken (1980er Jahre): In dieser Phase wurden Praktiken analysiert, die von der Labor- und Feldforschungsarbeit bis hin zur Artikulation wissenschaftlicher Argumente reichen. Letztere kommen beispielsweise in Form von Reden, Schriften oder multimedialem Material zum Ausdruck.[81] Dabei unterstreicht Gieryn: „Alle diese Untersuchungen verweisen auf eine unausweichliche Schlussfolgerung: Es gibt nichts, das nicht-sozial in der Wissenschaft ist."[82] Darüber hinaus zeigten die Analysen, wie wissenschaftliche Praktiken und Ergebnisse untrennbar von ihrer spezifischen Verortung sind. Aufgrund dieser Prozesse verlagerte sich die Aufmerksamkeit der Forschung von der wissenschaftlichen Institution und Organisation hin zu den Ressourcen, Praktiken und Netzwerken, die für Wissenschaftler*innen bedeutend sind, um wissenschaftliche Fakten zu gewinnen.

Besonders der *Actor Network Theory* (Akteur-Netzwerk-Theorie) ist es zu verdanken, dass der Fokus sich vom Forschungsobjekt zum Forschungssubjekt verlegte. Dabei wurden die Grenzen zwischen Wissenschaft, Gesellschaft und Umwelt theoretisch aufgelöst. Die *Actor Network Theory* betont, dass in der Analyse wissenschaftlicher Prozesse nicht nur „Fakten, Theorien, Interessen, Rhetorik und Macht" zu berücksichtigen sind, sondern u. a. auch Umweltfaktoren, Objekte, Menschen, Gesetzgebung, „politische Organe, Protestbewegungen, Medien, Bilder, Geräte und Maschinen (aus den Experimenten)"[83] mit einbezogen werden sollen. Folglich kristallisieren sich aus diesen verschiedenen Elementen vielseitige Netzwerke heraus, und auf diese stützen sich die Wissenschaftler*innen, um ihre Ergebnisse zu generieren.[84]

(c) Die Einbettung der Wissenschaft in ihren breiteren Kontext (seit den 1990er Jahren): Seit den 1990er Jahren erforscht die Wissenschaftssoziologie die Verflechtung der Wissenschaft mit dem übergeordneten gesellschaftlichen

---

81 Vgl. Gieryn, Science, 13692.
82 Ebd. 13696 [eigene Übersetzung].
83 Ebd. 13696 [eigene Übersetzung].
84 Vgl. ebd. 13694 ff.

Umfeld, in das sie eingebettet ist. Dabei wurden wissenschaftliche Fachkräfte im gesellschaftlichen Kontext als Träger*innen intellektueller Autorität untersucht.[85] Ihnen wurde zugeschrieben, dass sie „die rechtmäßige Macht haben, um Fakten zu definieren und Wahrheitsansprüche zu erteilen"[86]. Diese Autorität ist nicht direkt im Gesamtpaket des Status „Wissenschaftler*in" enthalten; weder ist sie das Ziel der wissenschaftlichen Institution noch von wissenschaftlichen Ansätzen, sondern sie ist vielmehr ein erreichtes Mittel, das systematisch zur Verbreitung des Wissens dient sowie die Erhaltung und Ausdehnung seiner Wirkung, seiner Führungsrolle, seines Ansehens und seiner Unabhängigkeit bezweckt.

Aber aufgrund der äußerst kontroversen Effekte der chemischen Industrie und Waffentechnologie, wie sie insbesondere während des Vietnamkriegs zu verspüren waren, kam es zu kräftigen Protesten durch zivil-gesellschaftliche Bewegungen.[87] Öffentliche Aufrufe zur Egalisierung von Wissenschaft und Technologie führten (zumindest in den USA) zu landesweiten politischen Reformen und zur kritischen Überprüfung des Einflusses und der Macht von Spezialist*innen bzw. Wissenschaftler*innen.

Besonders heftige Diskussionen über die Glaubwürdigkeit und Anerkennung von Wissenschaftler*innen entstanden, als Menschen, die selbst Opfer zum Beispiel von ökologischen und/oder gesundheitlichen Gefahren wurden, mit ihrer Erfahrung und ihrem Wissen auf jenes von Expert*innen trafen. Ein hervorragendes Beispiel sind AIDS-Aktivist*innen. Es spielen sich dabei Verhandlungen, Interessenkonflikte und Kämpfe um Rechte und Anerkennung ab, die zwischen einerseits den beteiligten Personen, Interessengruppen, Unternehmen und Parteien und andererseits den staatlichen Behörden und dem Rechtssystem erfolgen. Eine zentrale Frage, die sich in diesen Verhandlungen stellt, lautet: Wessen Know-how und Ratschläge zählen für wen? In der Zeitgeschichte oder in der älteren Geschichte gab es viele Kontroversen über die Glaubwürdigkeit von wissenschaftlichen Spezialist*innen gegenüber jenen, die durch die spezifischen Herausforderungen, denen sie sich im Leben stellen mussten, zu Expert*innen wurden und sich für die Anerkennung und Stärkung ihrer Rechte und ihres Know-hows einsetzten.[88] Gieryn verweist dabei darauf, wie „die kulturellen Grenzlinien

---

85 Vgl. ebd. 13692.
86 Ebd. 13697 [eigene Übersetzung].
87 Intensiv beteiligt waren besonders Antikriegs-, Bürgerrechts-, feministische und ökologische Bewegungen; vgl. Edge, Reinventing the Wheel, 10.
88 Vgl. Gieryn, Science, 13697.

der Wissenschaft erneut gezeichnet werden, um die erkenntnistheoretische Autorität den Wissenschaftler*innen, Pseudowissenschaftler*innen, Bürger*innen, Gesetzgeber*innen, Jurist*innen und Journalist*innen zuzuschreiben (oder zu verweigern)"[89].

4.2.3 Kritische Wissenschaftsforschung

Durch alle diese Prozesse haben sich auch Veränderungen in der wissenschaftlichen Forschung vollzogen, sodass der frühere erkenntnistheoretische Schwerpunkt (die Art und Weise, wie Wissen produziert wird) weitgehend auf die Politik gerichtet wurde: Wessen Wissen wird geschätzt und wofür? Kritische Theorien wie jene von Marx bzw. feministische Ansätze oder postmoderne Theorien wurden mehr und mehr in die spezifischen Studien und Debatten einbezogen.

So haben feministische Studien darauf aufmerksam gemacht, dass nur eine bestimmte Wissensart von der Wissenschaft generiert wurde, während weitere mögliche Wissensarten nicht geschätzt und aufgenommen wurden (z. B. Geburtshilfe im 19. Jahrhundert). Feministische Perspektiven enthüllen daher unterworfenes Wissen. Darüber hinaus weisen feministische Studien darauf hin, dass wissenschaftliche Ansätze die Situiertheit und Eingeschränktheit ihres Wissens verbergen. Gerade in diesem Zusammenhang liefern die Gender Studies komplementäre Erkenntnistheorien zur Erweiterung des eigenen Verständnisses.[90]

Postmoderne Kritiker*innen widersprechen der Vorstellung einer objektiven Realität, die moderne Positivist*innen vertreten. Weiters verurteilen Postmodernist*innen die führende Rolle, die die Wissenschaft bei dieser einseitigen Wissensproduktion hat. Ähnlich wie die Konstruktivist*innen vertreten auch postmoderne Kritiker*innen die Ansicht, dass es tatsächlich nicht nur einen einzigen Weg gibt, um die vielen Aspekte der Welt oder des Universums zu verstehen, und daher sollte die Wissenschaft nicht die Vorherrschaft gegenüber den Erklärungen anderer Wissenstraditionen haben.[91] Obwohl kritische Kommentator*innen es schätzen, dass sich die Wissenschaft pluralistischen Perspektiven annähert, erachten sie es als kontrovers, wenn gemeinsame gültige Überzeugungen von Konstruktivist*innen auseinandergenommen und für unwahr erklärt werden. Sie betonen, dass wissenschaftliche Auseinandersetzungen keine egalitären Vorgänge sind.[92] In dieser Konstellation hatten äußerst hitzige Diskussionen,

---

89 Ebd. [eigene Übersetzung].
90 Vgl. ebd. 13698.
91 Vgl. Willermet, Philosophy of Science, 2064.
92 Vgl. ebd.

die als Wissenschaftskriege (*Science Wars*) bekannt wurden, zwischen hartnäckigen Verfechter*innen des Objektivismus und beharrlichen Vertreter*innen des Relativismus stattgefunden. Ein weiteres Eingehen auf die Details dieser Debatten ist an dieser Stelle nicht nötig, da Übereinstimmungen zwischen den Streitenden gefunden wurden.[93] Nichtsdestotrotz muss ich erwähnen, dass sich ab der zweiten Hälfte der 1990er Jahre viele Wissenschaftler*innen von der postmodernen Phase abgewendet haben, da sie die Notwendigkeit erkannt haben, kritisch-realistische Konzeptionen wiederzubeleben.[94]

Andrew Sayer[95] schreibt, dass der kritische Realismus, ausgehend von einer fallibilistischen Perspektive, die Weltansicht teilt, dass es eine Realität jenseits der menschlichen Wahrnehmung gibt. Diese Vorstellung wird gegenwärtig von vielen unterstützt, weil sich viele einig sind, dass es vor den Menschen und unabhängig von diesen viele andere Lebewesen auf der Erde gegeben hat und gibt. Weiters ist es eine Eigenschaft unserer Spezies, häufig Fehler zu machen.[96] Kritische Realist*innen sind sich also der Widerlegbarkeit jeder vom Menschen produzierten Theorie bewusst. Entlang des kritischen Realismus werden wissenschaftliche Erkenntnisse – oder Erkenntnisse, die von vergleichbaren Wissensarten hervorgehen – nicht nur als zufällige Annahmen betrachtet, wie extreme Konstruktivist*innen betont haben, sondern als vernünftige und geordnete Darstellungen realer Phänomene oder Prozesse.[97] Es sind Behauptungen, die „funktionieren" und nicht so leicht widerlegt werden können. Beispielsweise wäre es fatal, die Fortschritte innerhalb der medizinischen Versorgung oder Errungenschaften der Technik und des Ingenieurswesen in der Menschheitsgeschichte zu ignorieren.[98] Dennoch halten es die Befürworter*innen des kritischen Realismus für selbstverständlich, dass Wissen in Interaktion mit der Gesellschaft entsteht, durch Sprache, durch Diskurse geformt wird und somit kontextbezogen und fehlerhaft ist.[99] Unter Berücksichtigung dieser Aspekte hat der kritische Realismus einen Weg definiert, sich der Fehlerquellen bewusst zu werden und mit

---

93 Vgl. Ellen, From Ethno-Science to Science, 410.
94 Vgl. Cooke, Critical Realism, 599; Gingrich, Ethnologie, die an der Zeit ist.
95 Andrew Sayer ist Professor für Soziologie an der Lancaster University (UK). Er ist Geograf, Stadt- und Regionalforscher sowie kritischer Sozialforscher und prägte den Schlüsselbegriff „post-disziplinär" (*post-disciplinary*).
96 Vgl. Sayer, Realism and Social Science, 2.
97 Vgl. Cooke, Critical Realism, 599.
98 Vgl. Ellen, From Ethno-Science to Science, 410.
99 Vgl. Cooke, Critical Realism, 599; Sayer, Realism and Social Science, 2.

den überlieferten Einsichten, Diskursen und Krisen der Wissenschaft vernünftig weiter zu arbeiten.

Diese Entwicklungen in der sozialwissenschaftlichen Wissenschaftsforschung seit den 1990er Jahren zeigen, dass Wissenschaft und Politik in hohem Maße miteinander verflochten sind. Indem man auf die Situiertheit achtet und die Mängel der wissenschaftlichen Institution sowie der wissenschaftlichen Arbeiten aufdeckt, wird die vermeintliche Objektivität und Logik relativiert und vor allem kontextualisiert.

Insbesondere aufgrund des raschen globalen Wachstums und der rasanten Ausbreitung wissenschaftlicher Institutionen möchte ich auf eine weitere wichtige Anmerkung Thomas Gieryns hinweisen: Gerade durch den Einsatz von Atomwaffen und die heraufbeschworenen eugenischen Katastrophen durch die Gentechnologie wurden die Wissenschaftler*innen wachgerüttelt und betrachten wissenschaftliche Forschungen nicht nur als Lösungswege für Probleme, sondern auch als gefährliche Praktiken.[100] Es ist klar geworden, dass soziale und institutionelle Werte, unternehmerische und persönliche Interessen sowie Umweltbedingungen die Wissenschaft oder jede andere Wissensart stets beeinflussen. Dabei stellen sich grundlegende Fragen: Für wen arbeitet die Wissenschaft? Für sich selbst? Für die Welt? Für glokale Profite? Für Politiker*innen oder für die Armee? Für den Imperialismus? Oder für ihre Hegemonie?

Auf der Suche nach Antworten auf diese Fragen weist Gieryn darauf hin, dass die Fakten sehr deutlich zeigen, wo die Interessen liegen: Die Molekularbiologie und Biotechnologie möchten oftmals ihre wirtschaftlichen Interessen über Patente, Gewinne und Marktanteile realisieren. Die Agrarforschung setzt sich für die Grüne Revolution und – in Übereinstimmung mit letzterer – für globale Rohstoffmärkte ein. Dabei ist sie mit hegemonialen Bestrebungen verbunden, die indigene Methoden zu unterdrücken versuchen und „fortschrittliche" Technologien weniger „modernisierten" Gebieten der Welt aufzwingen.[101] So setzen sich viele Vertreter*innen der Wissenschaftsforschung für die Notwendigkeit ein, sich als Wissenschaftler*innen in den eigenen Aktivitäten und Texten politisch zu positionieren, vor allem, wenn es um die Beschäftigung mit den genannten Forschungsfragen geht. Wissenschaft und Gesellschaft können nicht als getrennt betrachtet werden, deshalb sind sich viele Wissenschaftler*innen ihrer gesellschaftlichen Verantwortung bewusst geworden.[102]

---

100 Vgl. Gieryn, Science, 13692.
101 Vgl. ebd. 13698.
102 Vgl. Edge, Reinventing the Wheel, 11; Gieryn, Science, 13697 f.

4.2.4 Anthropologie der Wissenschaft

Die anthropologische Disziplin selbst trägt auch zur sozialwissenschaftlichen Wissenschaftsforschung bei und berührt beide analytische Perspektiven: sowohl die erkenntnistheoretische wie auch die anthropologische. Dabei ist die Rolle des interkulturellen Vergleichs entscheidend. In den 1950er und 1960er Jahren brachten die Ethnosciences[103] wichtige Impulse für die weitere Entwicklung der anthropologischen Wissenschaftsforschung. Das allgemeine Ziel der Ethnosciences bestand damals darin, Ansätze für die Untersuchung indigener Klassifikationssysteme über Phänomene ihrer jeweiligen Lebenswelt zu entwickeln. Die Forschungen lehnten sich methodisch nicht mehr an die strukturelle Linguistik an, sondern folgten der generativen Grammatik, die von Noam Chomsky vorgeschlagen wurde. Dieser methodische Wandel wurde durch Einsichten aus kognitiv-psychologischen und neurologischen Studien angeregt. Darin wurde verdeutlicht, dass Menschen auf der ganzen Welt bestimmte kognitive Funktionen verwenden, um ihre Erkenntnisse über Phänomene und Prozesse zu analysieren, zu verstehen und anzuwenden. Deshalb ist es nicht nur kulturspezifisch, Probleme wissenschaftlich oder in vergleichbarer systematischer Weise anzugehen, sondern ein Merkmal unserer Spezies: Das heißt, es ist eine Eigenschaft, die jeder Mensch (wie auch andere ähnlich entwickelte Tiere) besitzt, unabhängig vom jeweiligen Lebenskontext, in dem ein Individuum eingebettet ist.[104]

Ein weiteres zentrales Feld für die anthropologische Wissenschaftsforschung ist der soziokulturelle Kontext der modernen Wissenschaft. So wurden Untersuchungen über wissenschaftliche Techniken und Konzepte, aber auch über wissenschaftliche Communities wie etwa in Laboren durchgeführt sowie über globale Dimensionen und Netzwerke der Wissenschaft. Vertreter*innen postkolonialer Theorien erweiterten die Debatten und Untersuchungen, indem sie die Aufmerksamkeit auf die hybriden und multikulturellen Kontexte lenken,

---

103 Der Begriff „Ethnoscience" erwies sich als ein Widerspruch in sich selbst. Der Begriff ignoriert, dass die Wissenschaft und vergleichbare Wissensarten die gleiche kognitive Grundlage haben (vgl. Barnard, Ethnoscience, 309). Gleichzeitig impliziert der Begriff aber auch ein „Othering" und steht damit in Opposition und Abgrenzung der modernen Wissenschaft zu und von diesen „anderen" Wissensarten. Die indigene Wissensdebatte ist ein perfektes Beispiel dafür (vgl. Ellen, From Ethno-Science to Science; Ellen/Harris, Introduction; Philip, Indigenous Knowledge). Deshalb vermeide ich diesen Begriff.

104 Vgl. Barnard, Ethnoscience, 309; Ellen, From Ethno-Science to Science, 422 ff.

welche die Wissenschaft maßgeblich geprägt haben[105]. Besondere Beachtung fanden dabei auch die politische, wirtschaftliche und ökologische Situiertheit und Beziehungen im untersuchten Feld.[106]

5 Wissenschaftliches Wissen und vergleichbare Wissensarten

Bis jetzt war mein Bericht ethnozentrisch. Die Darstellung über die Entwicklung der Wissenschaft wurde aus einer akademischen und westlichen Perspektive vorgenommen und ist daher eingeschränkt. Bis jetzt habe ich die fundierten Wissensarten in den Erläuterungen nicht berücksichtigt, die aber als Nährböden für die Wissenschaft fungierten. In weiterer Folge werde ich den Fokus auf sie richten. Der nächste Schritt besteht zuerst darin, in diesem Kapitel die fehlende Repräsentanz der unterworfenen Wissensarten zu kompensieren, denn es wurden genügend Argumente angeführt, um wissenschaftliche Praktiken und Institutionen zu kritisieren. Nun ist es möglich, Parallelen und Unterschiede zwischen der Wissenschaft und vergleichbaren Wissensarten zu ziehen. Dafür ist es notwendig den letzteren Begriff sowie die jeweiligen dazu gehörenden Phänomene genauer zu definieren. Für den Vergleich ist daher eine allgemeine Diskussionsgrundlage über das Wissen an sich notwendig.

5.1 Was ist wissenschaftsgemäße Kognition?

Im Folgenden erkläre ich die kognitiven Merkmale, die sowohl bei wissenschaftlichem Wissen als auch bei vergleichbaren Wissensarten zum Einsatz kommen. Die menschliche Spezies besitzt die Fähigkeit, durch ihre Kreativität und mithilfe systematischer Ansätze Lösungen für Probleme zu finden. Der Anthropologe Roy F. Ellen beschreibt bestimmte kognitive Merkmale wie etwa:

- die Fähigkeit, verschiedene Formen von Phänomenen in der Welt zu erkennen und zu systematisieren;
- eine besondere Art der kognitiven Ordnung bei der Erstellung generischer Klassifikationen;
- die Fähigkeit, in Bewegung befindliche Lebewesen oder Phänomene zu erkennen und darauf zu reagieren;

---

105 Beispiele für hybride Kontexte sind internationale Forschungsgruppen der Hochenergiephysik, die die Wissenschaftsforscherin Sharon Traweek in ihren Studien untersuchte (vgl. Nader, Naked Science, 6).
106 Vgl. Franklin, Science, 757.

- die Fähigkeit, bestimmte Verhaltensformen intuitiv zu erfassen oder vorherzusehen, die durch allgemeine Erfahrungen und Beobachtungen des eigenen Verhaltens und des Verhaltens anderer erreicht wurden;
- die Fähigkeit, das Verständnis und die Erkenntnisse über die Funktionsweise eines Organismus auf einen anderen Organismus zu übertragen; dasselbe kann auf andere Phänomene angewandt werden.[107]

Diese Merkmale, die vor allem klassifikatorisches und kausales Denken verbinden, helfen den Menschen dabei, sich in der eigenen Umgebung und in erlebten Situationen zu orientieren und zurechtzufinden. Somit sind diese Wissensanwendungen ein wesentliches Mittel, um zu überleben.

In Folge dessen haben Menschen auf der ganzen Welt im Laufe der Geschichte ihre kognitiven Fähigkeiten eingesetzt, um ihre Bedürfnisse zu erfüllen, Hindernisse zu überwinden oder in ihrem jeweiligen Lebensumfeld erfinderisch zu sein. Obwohl diese Fähigkeiten oftmals getrennt voneinander an verschiedenen Orten der Welt zum Einsatz kamen, wurden ähnliche Lösungen für vergleichbare Situationen gefunden. Zum Beispiel haben Menschen, die in der Landwirtschaft tätig waren, auf ähnliche Weise herausgefunden, wie das Zusammenwirken von Elementen agro-ökologischer Systeme funktioniert, zum Beispiel Futterpflanzen und Stickstofffixierung.[108] Solche Vorkommnisse sind in vielen verschiedenen Bereichen zu beobachten, etwa in der Architektur und Mathematik.[109]

In der neueren Menschheitsgeschichte haben sich die Formen des Wissens vervielfältigt, verschiedenste Expert*innen für diverse Bereiche haben sich herausgebildet, auf die sich die Gesellschaft stützt. Daher werde ich im nächsten Schritt spezialisierte Wissensarten näher beschreiben, die auch als traditionelles, ländliches, indigenes oder bäuerliches Wissen bezeichnet werden und zumeist keine wissenschaftliche Anerkennung genießen.

5.2 Unterworfene Wissensarten oder das Wissen der Leute

Roy Ellen fasst im Englischen unter dem Begriff „*folk knowledge*" jene Wissensarten zusammen, die mit wissenschaftlichem Wissen vergleichbar sind. „Folk knowledge" könnte ins Deutsche als „Wissen der Leute" übertragen werden. Da die Übersetzung etwas sperrig ist, beziehe ich mich folgend auf Michel Foucaults Ausdruck „Aufstand der unterworfenen Wissensarten". Unter diesen

---

107 Vgl. Ellen, From Ethno-Science to Science, 423 f.
108 Vgl. ebd.
109 Vgl. Williams, History of Science.

unterworfenen Wissensarten versteht Foucault „eine ganze Reihe von Wissensarten, die als nicht sachgerecht oder als unzureichend ausgearbeitet disqualifiziert wurden: naive, am unteren Ende der Hierarchie, unterhalb des erforderlichen […] Wissenschaftlichkeitsniveaus rangierende Wissensarten"[110]. Foucault betont dabei, dass er diese Wissensarten auch als das

> Wissen der Leute bezeichnen würde und die[se] nicht zu verwechseln sind mit Allgemeinwissen oder gesundem Menschenverstand, sondern im Gegenteil, ein besonderes, lokales, regionales Wissen, ein differentielles, von anderen Wissen stets unterschiedenes Wissen darstellen, das seine Stärke nur aus der Härte bezieht, mit der es sich allem widersetzt, was es umgibt[111].

Diese Wissensarten haben oft einen entweder laienhaften, experimentellen, unkodierten oder spontanen Charakter und werden häufig mündlich weitergegeben.[112] Bekannte Anwendungsfelder dieser Wissensarten sind nach Roy Ellen und Holly Harris beispielsweise der Gartenbau, die Tierzucht oder Imkerei.[113] Auch das Wissen von Menschen, die an einer seltenen oder neuen Krankheit leiden, kann dazu gezählt werden (z. B. AIDS-Aktivist*innen). Dieses Wissen der Leute hat auch in modernen Gesellschaften eine fortwährende Bedeutung. So fördern Stadtbewohner*innen in mehreren europäischen Regionen gezielt das Know-how, welches Landwirtschaftstreibende weitergeben. Beispiele für die geschätzte Expertise sind die Trüffelsuche, die Gänsezucht oder die Haltung seltener Schafarten. Zumindest seit den 1960er Jahren gewann bäuerliches oder ländliches Wissen immer mehr an Beliebtheit, wurde neu erfunden und kommerzialisiert, etwa in Freilichtmuseen oder Museen für lebendige Geschichte, auf Handwerksmessen und neuerdings auch durch die Aufwertung regionaler, ökologischer Produkte. Treffend äußern sich Roy Ellen und Holly Harris dazu: „Bäuerliches oder ländliches Wissen wird in diesem Kontext zum eigentümlichen Produkt von Europas eigenem inneren indigenen Anderen."[114]

In den genannten Beispielen hat dieses Wissen der Leute bestärkende gesellschaftliche Anerkennung erhalten; obwohl die Voraussetzungen ziemlich ähnlich sind, werden in vielen anderen Ländern sehr gegensätzliche Haltungen gegenüber den Repräsentant*innen solcher Wissensarten eingenommen. Wie kommt es zur Missachtung dieses wertvollen Wissens? Diese Frage bringt uns

---

110 Foucault, Historisches Wissen der Kämpfe und Macht, 59 f.
111 Ebd. 60 f.
112 Vgl. Ellen/Harris, Introduction, 6.
113 Vgl. ebd.
114 Ebd. [eigene Übersetzung].

zurück zu einer anderen zentralen Frage, die es zu stellen gilt: Was unterscheidet diese Wissensarten von wissenschaftlichem Wissen? Roy Ellen und Holly Harris haben grobe Charakteristika dieser Wissensarten zusammengefasst: Wissensarten

- sind kontextbezogen: jede*r Repräsentant*in der jeweiligen Wissensarten stammt von einem bestimmten Ort, ist von den dort lebenden Menschen und Verhältnissen geprägt und hat im Leben spezifische Erfahrungen gesammelt;
- werden durch eine mündliche Tradition, Nachahmung oder Demonstration vermittelt;
- sind ein Ergebnis der täglichen Routine in der praktischen Anwendung, die durch Erfahrungen und Fehler über Generationen hinweg kontinuierlich gestärkt wurde;
- sind eher empirisch und empirisch-hypothetisch als theoretisch: der geringe Einsatz von Lesen und Schreiben begrenzt die Generierung größerer abstrakter Theorien;
- werden durch regelmäßige, evaluierte Wiederholungen aufrechterhalten und gestärkt;
- sind in ständigem Fluss: obwohl fälschlicherweise oft als statisch angegeben, sind sie in der Praxis durch stetige Transformationen, Re/Produktion, Entdeckung oder durch Verlust beeinflusst
- sind vergleichsweise weiter verbreitet als das Wissen der modernen Wissenschaft; der Zugang zum Wissen ist jedoch asymmetrisch verteilt unter verschiedenen sozialen Kategorien einer Gesellschaft;
- werden getrennt bewahrt, womit verschiedene Individuen die Übermittler*innen des Wissens sind und das Wissen nicht als gesamtes bei einem einzigen Spezialist*en oder einer einzigen Expert*in zu finden ist. Es wird durch Ausübung und Interaktion weitergegeben und weniger von einer Person, die irgendeine*n andere*n lehrt;
- werden funktional und damit hinsichtlich ihrer praktischen Anwendung organisiert;
- und sind mit ihrer ganzen Komplexität in ihrer Gesellschaft integriert und treten somit in Verbindung mit anderen Praktiken und Rollen auf.[115]

Selbstverständlich teilen die verschiedenen existierenden Wissensarten nicht all diese Kennzeichen. Aber nichtsdestotrotz unterscheiden sie sich durch diese

---

115 Vgl. ebd. 4 f; Ellen, From Ethno-Science to Science, 413.

Merkmale deutlich vom wissenschaftlichen Wissen. Hier anschließend möchte ich nun die Abgrenzungsmerkmale des wissenschaftlichen Wissens umreißen.

5.3 Die Abgrenzungsmerkmale wissenschaftlichen Wissens

Grundlegend bei der Wissenschaft ist das Selbstverständnis für eine auf ganz bestimmte Weise organisierte Gemeinschaft, die öffentlich zugänglich ist. Diese Gemeinschaft verfolgt bestimmte Interessen und teilt spezielle gesellschaftliche Normen miteinander. Eine zusätzliche Besonderheit wissenschaftlicher Praktiken ist die gezielte Konstruktion und Erhaltung von Bedeutung. Roy Ellen beschreibt diese auch als Auslagerung des Gedächtnisses. Dieser Mechanismus verschafft wissenschaftlichen Ideen und Fakten eine Autonomie. Jede*r aus der wissenschaftlichen Gemeinschaft darf, sofern die Regeln beachtet werden, mit diesem Material arbeiten. Diese praktische Weiternutzung und Reproduktion von Ideen und Fakten führen dazu, dass ihre Bedeutung erhalten bleibt und wächst. Dies ist eine Stärke der Wissenschaft, die andere Wissensinstitutionen oder -traditionen oftmals nicht teilen.[116] Wenden wir uns nun den besonderen Mechanismen zu, die zur erwähnten Bedeutungserhaltung in der Wissenschaft beitragen:

- Ein bestimmter Sprachgebrauch, die Schrift und das Lesen sind in der gesamten Geschichte der Wissenschaft sehr bestimmend: die Definition von Fachterminologien, Notationen und Sprachregistern, die Anwendung von Metaphern, Akronymen und internationalen Regeln für wissenschaftliche Verfahrensweisen, methodologische Protokolle, Fachzeitschriften und weitere Formen von Publikationen;
- die Vermittlung von Autorität mithilfe von sozialen Identifikationsmerkmalen, die auch außerhalb der wissenschaftlichen Tätigkeit wirksam ist: Besondere Orte für die Arbeit, um die Ergebnisse der Gesellschaft zu präsentieren, wie etwa Labore, Museen, Akademien oder Universitäten;
- Rituale, wie etwa zur Erlangung eines akademischen Grades oder einer Professur oder zur Aufnahme in eine wissenschaftliche Gesellschaft; besondere Kleidung und die Repräsentation in den Medien.[117]

Wird nun ein Vergleich zwischen den besonderen Merkmalen der Wissenschaft und den Charakteristika der Wissensarten gezogen, so wird deutlich, dass die Wissenschaft viel mehr Differenzierungsmerkmale entwickelt hat und sich klarer

---

116 Vgl. Ellen, From Ethno-Science to Science, 432 f.
117 Vgl. ebd. 434.

nach außen abgrenzt, wie etwa über einen bestimmten Sprachgebrauch oder die Identifikationsmerkmale, die genannt wurden. Dennoch macht/e die Wissenschaft im Laufe ihrer Geschichte bis heute von externem Wissen Gebrauch und integriert es in seinen Korpus.

5.4 Die Hegemonie der modernen Wissenschaft

Die moderne Wissenschaft, wie sie sich seit der industriellen Revolution entwickelt hat, wuchs durch die neuzeitlichen Kolonialisierungsprozesse und die damit einhergehende Einverleibung von Wissen aus der ganzen Welt. Wissenschaftler*innen haben unhinterfragt Wissensinhalte übernommen, die ihnen nützlich und bereichernd erschienen. Zum Beispiel wurden im Mittelalter reiche Wissensbestände aus dem antiken Ägypten, Griechenland und aus Mesopotamien nicht in Europa aufbewahrt, sondern vor allem in den islamischen Königreichen und Staaten, die in Folge in die byzantinischen Regionen und nach Iberien eindrangen. Die islamischen Gelehrten hatten in ihrer Hochzeit die Erkenntnisse ihrer ägyptischen, griechischen und nahöstlichen Kolleg*innen weiterentwickelt und brachten sie nach Afrika, Asien und Europa. Vor allem durch dieses islamische Erbe war es in der Renaissance möglich, dass Gelehrte und Adelige in Europa das Erbe antiker Denker*innen wiederentdeckten.[118]

In der Kolonialzeit wurden Reisende, Missionierende und Handelnde damit beauftragt, indigenes Wissen zu beobachten und zu dokumentieren. Ein Ziel ab dem 16. Jahrhundert war die Erweiterung des europäischen medizinischen Wissens. So lieferten beispielsweise portugiesische oder niederländische Gelehrte umfangreiche Beschreibungen von Pflanzen aus Asien. Dabei holten sie sich das Wissen aus der Beobachtung medizinischer Behandlungen, indigenen Heilungskonzepten, medizinischen Klassifikationssystemen sowie Schriften. Aus diesen Sammlungen entstanden Bücher, die wiederum die Grundlage für die Literatur über Tropenmedizin bildeten – ein Wissensgebiet, das in Europa bis dahin unbekannt war.[119] Forschungen in äquatorialen Ländern trugen dazu bei, bahnbrechende Einsichten für die westliche Medizin zu liefern, insbesondere in der Immunologie und Epidemiologie.[120] Auch wenn sich die Gelehrten und Reisenden auf das Wissen der lokalen Bevölkerung Afrikas, Asiens, Amerikas und Ozeaniens verließen, haben sie die Urheber*innen so gut wie nie erwähnt. An Stelle der Spezialist*innen aus den erforschten Ländern wurden ausschließlich

---

118 Vgl. Harding, Is Science Multicultural, 305 f.
119 Vgl. Ellen/Harris, Introduction, 8.
120 Vgl. Deutsche Lepra- und Tuberkolosehilfe e. V., Robert Koch – Biografie.

europäische Gelehrte ins Rampenlicht gerückt. Obgleich in anderer Gestalt, haben sich diese Prozesse bis in die Gegenwart fortgesetzt – wie zum Beispiel durch die Biopiraterie.[121] Nichtsdestotrotz haben sich indigene Landwirtschaftstreibende oder postkoloniale Bewegungen seit mehreren Jahrzehnten verstärkt Gehör verschafft, um ihre Rechte und ihren Besitz einzufordern.

5.5 Der Wissensreichtum der Menschen aus einer dezentralen Perspektive

Es gibt weitere Gründe, die Dominanz der modernen Wissenschaft zu relativieren und die Pluralität der Geschichte neu darzustellen, wie die Philosophin Sandra G. Harding hervorhebt: Amerikanische Agrartechniken aus vorkolonialer Zeit wurden übernommen und führten zum Beispiel zur landwirtschaftlichen Nutzung der Kartoffel rund um die Welt. Diese Entwicklung hat somit einen erstaunlichen Einfluss auf die Ernährung vieler Bevölkerungen auf der ganzen Welt bis in die Gegenwart. Mathematische Errungenschaften aus Indien und der arabischen Welt lieferten viele Grundelemente für die Entwicklung der modernen Mathematik und weiterer Disziplinen. „Die Magnetnadel, das Ruder, Schießpulver und viele andere Technologien, die die Wissenschaft vorangebracht haben, wurden von China entlehnt."[122]

Noch einige weitere, eher unbekannte Beispiele für Wissen, das vor der entsprechenden europäischen Entdeckung bereits bekannt war, möchte ich hier nennen: Ein arabischer Gelehrter beschrieb den Blutkreislauf bereits vor William Harvey im 17. Jahrhundert. Ein Alchemist aus Kerala, der als Lehrer in Saudi-Arabien tätig war, definierte Salz bereits im 12. Jahrhundert als viertes Element, viel früher als Paracelsus dies im 16. Jahrhundert tat. Die Dogon aus Mali waren Jahrtausende lang wunderbare Astronom*innen; zum Beispiel war ihnen Sirius B, ein scheinbar unsichtbarer Begleiter des Sirius, viel früher bekannt, bevor ihn Alvin Clark 1862 mithilfe des damals am weitesten entwickelten Teleskops aufspüren konnte.[123] Beispiele wie diese sind zahllos, aber leider weitgehend unbekannt. Ich möchte mich nun zwei bemerkenswerten Projekten zuwenden, die sich mit der Dekolonialisierung der Wissenschaft und der Einbeziehung ausgegrenzter Wissensarten befassen bzw. befasst haben.

---

121 Oft betreiben Konzerne Biopiraterie, indem sie Pflanzen, Tiere oder Gene durch Patente privatisieren und Menschen, die von diesen Gütern üblicherweise Gebrauch machen, den Zugang erschweren.
122 Harding, Is Science Multicultural, 306 [eigene Übersetzung].
123 Vgl. ebd. 308; Van Sertima, Blacks in Science, 40 f.

5.6 Dekolonisierung der Wissenschaft – zwei Beispiele

5.6.1 The Meeting of Knowledges

„The Meeting of Knowledges" ist eine transdisziplinäre Initiative zur Dekolonisierung von Universitäten in Brasilien und Kolumbien. Anstoß dafür gab 1999 die Universität von Brasilia, die die Entwicklung eines Quotensystems förderte. Das Ziel dieser Initiative war, Afro-Brasilianer*innen, Indigenen und weiteren historisch sowie gegenwärtig unterdrückten Gruppen in Brasilien den Zugang zur Universität zu öffnen und zu erleichtern. An der Universität Brasilia wurde anschließend die weiterführende Entwicklung dieses Prozesses durch das Nationale Institut für Wissenschaft und Technologie zur Inklusion in der Hochschulbildung und Forschung gefördert. Dabei sollten der Zugang und die Teilnahme der genannten Gruppen nicht auf das Studium begrenzt bleiben, sondern auch auf die Lehre erweitert werden. Deshalb wurde ein universitärer Lehrplan namens „Meeting of Knowledges" entwickelt, um vielfältige, unterdrückte Wissensarten Lateinamerikas anzuerkennen. Spezialist*innen der verschiedenen Wissensarten – vorwiegend Analphabet*innen – hielten dabei als Gastprofessor*innen, in Zusammenarbeit mit Universitätsprofessor*innen aus ähnlichen Fachrichtungen, Lehrveranstaltungen. Diese Umsetzung des Wissenstreffens begann 2010 in Brasilien und 2012 in Kolumbien. „Schaman*innen, Kunsthandwerker*innen, traditionelle Architekt*innen, darstellende Künstler*innen, Pflanzenheilkundige und Spezialist*innen indigener Methoden der Wiederbewaldung"[124] gaben ihr Wissen an der Universität weiter.

Das Ziel des Wissenstreffens bestand darin, akademische Institutionen in Lateinamerika zu revolutionieren und dadurch zu verändern, indem bisher unterworfene Wissensarten anerkannt und einbezogen wurden. Durch die Überwindung der ethnozentrischen und diskriminierenden akademischen Praxis, sollte diese Initiative Platz für respektvolle multi-epistemische Perspektiven, Kommunikation und Wissensbestände schaffen.[125] Mit Blick auf dieses Beispiel möchte ich vier verschiedene Maßnahmen anführen, die zur Dekolonisierung der Universität beitragen:

- Eine Umgestaltung der erkenntnistheoretischen Zugänge, die die Vielfalt der lokalen Wissensarten grundlegend miteinbezieht. Dieser Prozess begrüßt multi-epistemische Perspektiven, die auf dialogische statt fusionierende Weise aufeinander eingehen;

---

124 De Carvalho/Flórez-Flórez, The Meeting of Knowledges, 128 f. [eigene Übersetzung].
125 Vgl. ebd. 137.

- die Infragestellung des modernen, eurozentrischen Wissens, insbesondere seines Anspruchs auf Universalität;[126]
- die Notwendigkeit institutioneller Transformationen: Neben den herausfordernden und bereichernden transdisziplinären Kooperationen müssen auch die Verhältnisse zwischen Universität und Gesellschaft überdacht werden, beispielsweise administrative Schritte zur Anerkennung und rechtmäßigen Anstellung und Vergütung von Spezialist*innen ohne akademischen Grad;
- eine Revolutionierung der pädagogischen Praxis an der Universität durch die Anwendung verschiedener kreativer und aufmunternder[127] Lernmethoden, die aus unterschiedlichen Wissensarten stammen.[128]

5.6.2 Multiversity

Eine weitere Initiative, die insbesondere zwischen 2002 und 2015 die Dekolonisierung akademischen Wissens sehr lebhaft gefördert hat, ist das Projekt und Netzwerk *Multiversity* – auf Deutsch: die Multiversität. Der Begriff stammt von Anwar Fazal, einem zivilgesellschaftlichen Aktivisten aus Malaysia, der beim Aufbau der Multiversity beteiligt war. Die Zusammenführung von Multi und Universität verweist auf die weltweite Förderung multipler, intellektueller Traditionen und verleitet zum Überdenken bisher bestehender Universitäten. Denn Fakt ist, dass aufgrund der kolonialen Hinterlassenschaften afrikanische, asiatische, australische, lateinamerikanische und ozeanische Akademiker*innen hauptsächlich entlang der westlichen Wissenschaftsgeschichte und -methodik lehren und forschen. Dabei drücken sie sich weitgehend in westlichen Sprachen aus. Anstatt sich gründlich auf ihr eigenes Wissenserbe zu berufen, haben diese betroffenen Regionen europäische Wissenssysteme mit ihrem umstrittenen Anspruch auf Universalität reproduziert. Diese Prozesse hindern die Gesellschaften daran, eigene dekolonialisierte Wissensinstitutionen zu generieren.

---

126 Vgl. ebd. 129.
127 Motivation, Neugier und die damit verknüpfte Lernfreude sind hier gemeint, die durch hierarchische und verschulte Bildungssystemen oft erstickt werden und somit das Lern- und Professionalisierungspotential der Studierenden hemmt.
128 Vgl. De Carvalho/Flórez-Flórez, The Meeting of Knowledges, 130. – Die sehr umstrittene brasilianische Regierung unter Präsident Jair Bolsonaro (seit 2019) hat u. a. auch Kürzungen im Hochschulbereich vorgenommen. Besonders Soziologie und Philosophie sowie akademische Disziplinen, die kritisches Denken fördern, sind von diesen Kürzungen explizit betroffen. Daher kann ich mir vorstellen, dass die derzeitige Fortsetzung der Initiative *Meeting of Knowledges* erschwert wird.

Ziel der Multiversität ist es, die Vielfalt des Wissens wiederherzustellen und die vielen Weltanschauungen, die es auf dieser Erde gibt, friedlich miteinander zu teilen. Aus diesem Grund fanden von 2002 bis 2015 sieben Multiversity-Konferenzen in Malaysia statt. Aktivistinn*en, Intellektuelle, Gelehrte und Wissenschaftler*innen aus der ganzen Welt nahmen an diesen Versammlungen teil, um eurozentrische Studien-, Lehr- und Forschungstraditionen in Frage zu stellen. Mehrere Akademiker*innen haben neue Lehrpläne erstellt, „um die Belange eurozentrischer Lehre zu transzendieren"[129]. Im Laufe dieser Bemühungen wurden viele Artikel, mehrere Bücher und eine Zeitschrift veröffentlicht, die sich mit den verschiedenen Ebenen und Schritten der umfangreichen Aufgaben dieses Projekts befassen. Darüber hinaus haben digitale Medien, wie eine Website mit einem Blog,[130] sowie weitere Online-Artikel und ein Online-Fernsehkanal diese Prozesse begleitet und dokumentiert. Obwohl am Rand einige nationalistische Tendenzen wahrnehmbar sind, ist das gesamte Projekt ein sehr kritischer und wichtiger Schritt, um die Anerkennung anderer wertvoller Expert*innentraditionen und Wissensarten sowie die Bereicherung durch diese voranzubringen.

Dieses Kapitel war dem Vergleich von wissenschaftlichem Wissen und ähnlichen, aber ausgegrenzten Wissensarten gewidmet. Die Darstellung hat gezeigt, dass die Wissenschaft zwar sehr effizient organisiert und betrieben wird, dass sie aber ein Verhältnis zu anderen Wissensarten entwickelt hat, welches letztere ausbeutet und marginalisiert und ihnen weitgehend respektlos gegenübersteht. Dieses Kapitel hatte das Ziel, verborgene Strukturen hinter der Wissenschaft aufzudecken, aber auch eine inklusivere Geschichte über die Vielfalt menschlichen Wissensreichtums zu unterstützen. Diese Erläuterungen sollen dazu beitragen, all die wertvollen Wissensarten auf gleiche Augenhöhe mit der Wissenschaft zu bringen.

6 Fazit

Das vorläufige Ziel dieses Textes war es, grundlegende Erkenntnisse darüber zu gewinnen, wie sich die Wissenschaft zu einer hegemonialen Institution entwickelt hat, die sich über andere wertvolle Wissensarten aus verschiedenen Teilen der Welt gestellt hat. Vor diesem Hintergrund mussten sich die einleitenden Teile dieses Artikels zunächst mit der Diskurstheorie befassen, die uns bewusst macht, dass jene Institutionen oder Personen, die die Möglichkeit haben, sich öffentlich

---

129 [Ohne Autor], Multiversity [eigene Übersetzung].
130 Vgl. ebd.

und breit zu äußern, auch Macht haben. In einem nächsten Schritt beschrieb ich die Geschichte des englischen Begriffs „Science" und den Kontext, durch den er zur modernen Institution der Wissenschaft heranwuchs. Dabei wurden zentrale Meilensteine der Institutionalisierung wie die Verschmelzung des Know-hows von Humanist*innen, Universitätsgelehrten und Handwerkskünstler*innen, die Etablierung des Experiments als anerkannte Methode, die Gründung wissenschaftlicher Gesellschaften und Fachzeitschriften sowie die Neugründungen von technischen Hochschulen und Universitäten erläutert. Aber auch die Entwicklung anerkannter theoretischer und methodischer Merkmale der Wissenschaft wurde aufgezeigt. Ich habe auch angemerkt, dass die Wissenschaft nicht frei von Ideologien ist und dass sie in sozio-historische Kontexte und die darin ablaufenden Prozesse verwickelt und von ihnen geprägt ist.

So beleuchtete der Artikel auch die Entwicklung der Sozialwissenschaften im Zuge gesellschaftlicher Umbrüche und der Beiträge, die sie neben den Disziplinen Philosophie, Geschichte und Psychologie zur Wissenschaftsforschung geleistet haben. Diese Überlegungen sagen viel über die Erkenntnisse aus, die durch die interne Kritik an der Wissenschaft gewonnen wurden. So wurde deutlich gezeigt, wie die Wissenschaft im Kern sozial determiniert ist. Weiters lenkten die Sozialwissenschaften die Aufmerksamkeit auf die Organisationsstrukturen, die Verbindung zu politischen und wirtschaftlichen Interessen sowie auf die Notwendigkeit der Übernahme gesellschaftlicher und ethischer Verantwortung bei wissenschaftlichen Praktiken. Obwohl sich die kritische Wissenschaftsforschung der Mängel der Wissenschaft bewusst ist und eine Verbesserung fordert, haben diese pluralen sowie kontextuellen Perspektiven auf die Wissenschaft den Mainstream noch nicht umfassend erreicht und stimuliert.

In der folgenden Argumentationslinie habe ich mithilfe einer kultur- und sozialanthropologischen Perspektive sowie anhand kognitionswissenschaftlicher Erkenntnisse die Grundlagen wissenschaftsförmigen Denkens und Handelns beleuchtet. Auf diese Weise konnte ich klarstellen, dass die kognitive Basis jener Wissensarten, die systematisch, klassifikatorisch, kausal und kreativ arbeiten, gleich ist. Der daran anschließende Vergleich zwischen den Merkmalen des wissenschaftlichen Wissens und vergleichbarer Wissensarten hat verdeutlicht, dass es eher die Abgrenzungsmechanismen der Wissenschaft sind, die die Unterschiede zu weiteren Wissensarten betonen und die Autorität über letztere aufrechterhalten.

Der neuzeitliche Kolonialismus und die politischen wie auch wirtschaftlichen Interessen dieser Zeit nutzten die Wissenschaft für hegemoniale Zwecke, indem sie vielfältiges und wertvolles Wissen aus den kolonialisierten bzw. erforschten Gebieten in ihre Wissensbestände einfließen ließen, gleichzeitig aber die

Urheber*innen unsichtbar machten. Dieser respektlose Umgang muss transparent gemacht und kritisch in Frage gestellt werden, damit diese hegemonialen Beziehungen nicht fortbestehen. Dabei soll die Wissenschaft nicht im Ganzen missbilligt werden; ihre Effizienz und die revolutionären Erkenntnisse, die erarbeitet wurden, sind von unschätzbarem Wert und großer Bedeutung für die Menschheit. Aber ich möchte eine kritisch-realistische Perspektive betonen, die sich auch der Mängel der Wissenschaft bewusst ist. Darüber hinaus wäre eine offenere, kommunikativere und wertschätzende Haltung zwischen den vielfältigen Wissensarten der Welt, den vielen Traditionen und innovativen Projekten weitaus bereichernder. Daher möchte ich mit den genannten praktischen Beispielen „*Meeting of Knowledges*" und „*Multiversity*" eine Revolution innerhalb der akademischen Wissensinstitutionen anregen, indem wir die Vielfalt der inspirierenden Wissensarten dieser Welt anerkennen und einbeziehen. Es ist sicherlich eine riesige, aber sehr bereichernde Herausforderung.

Literatur

Agassi, Joseph/Jarvie, Ian C., Rationality, in: Barnard, Alan/Spencer, Jonathan (Hg.), Encyclopedia of Social and Cultural Anthropology, London/New York 2002, 704–709.

Babich, Babette E., From Fleck's Denkstil to Kuhn's Paradigm: Conceptual Schemes and Incommensurability, in: International Studies in the Philosophy of Science 17 (2003) 1, 75–92.

Barnard, Alan, Ethnoscience, in: Barnard, Alan/Spencer, Jonathan (Hg.), Encyclopedia of Social and Cultural Anthropology, London/New York 2002, 309–310.

Calhoun, Craig, Robert K. Merton Remembered, in: Levine, Felice J. (Hg.), Newsletter of The American Sociological Association 31 (3) (2003) 3: https://www.asanet.org/sites/default/files/savvy/footnotes/mar03/indextwo.html (16.01.2021).

Camic, Charles, Knowledge, Sociology of, in: Baltes, Paul B./Smelser, Neil J. (Hg.), International Encyclopedia of Social and Behavioral Sciences, Amsterdam/New York 2001, 8143–8148.

Cole, Josh, Raymond Williams and Education – A Slow Reach Again for Control, in: The Encyclopedia of Informal Education: https://infed.org/mobi/raymond-williams-and-education-a-slow-reach-again-for-control/ (16.01.2021).

Collins, Harry M., Scientific Knowledge, Sociology of, in: Baltes, Paul B./Smelser, Neil J. (Hg.), International Encyclopedia of Social and Behavioral Sciences, Amsterdam/New York 2001, 13741–13746.

Cooke, Bill, Critical Realism, in: Birx, H. James (Hg.), Encyclopedia of Anthropology, London/New Delhi/Thousand Oaks 2005, 598–599.

Daston, Lorraine, History of Science, in: Baltes, Paul B./Smelser, Neil J. (Hg.), International Encyclopedia of Social and Behavioral Sciences, Amsterdam/New York 2001, 6842–6848.

De Carvalho, José Jorge/Flórez-Flórez, Juliana, The Meeting of Knowledges: A Project for the Decolonization of Universities in Latin America, in: Postcolonial Studies 17 (2014) 2, 122–139.

Deutsche Lepra- und Tuberkolosehilfe e. V., Robert Koch – Biografie: https://www.dahw.de/unsere-arbeit/presseportal/pressemeldungen/meldung/robert-koch-biografie-4061.html (16.01.2021).

Dzielska, Maria, Learned Women in the Alexandrian Scholarship and Society of Late Hellenism, in: El-Abbadi, Mostafa/Fathallah, Omnia Mounir (Hg.), What Happened to the Ancient Library of Alexandria? Leiden 2008, 129–147.

Edge, David, Reinventing the Wheel, in: Jasanoff, Sheila u. a. (Hg.), Handbook of Science and Technology Studies, Thousand Oaks/London/New Delhi 1994, 3–23.

Editors of Encyclopedia Britannica, Liberal arts: https://www.britannica.com/topic/liberal-arts (16.01.2021).

Ellen, Roy, From Ethno-Science to Science, or ‚What the Indigenous Knowledge Debate Tells Us about How Scientists Define Their Project', in: Journal of Cognition and Culture 4 (2004) 3/4, 409–450.

Ellen, Roy F./Harris, Holly, Introduction, in: Bicker, Alan/Ellen, Roy F./Parkes, Peter (Hg.), Indigenous Environmental Knowledge and Its Transformations – Critical Anthropological Perspectives, Amsterdam 2000, 1–31.

Feist, Gregory J./Gorman, Michael E., Introduction: Another Brick in the Wall, in: dies. (Hg.), Handbook of the Psychology of Science, New York 2013, 3–19.

Felt, Ulrike, Einführung in die Wissenschaftsforschung I a: Institutionen und soziale Strukturen der Wissenschaft (Power Point Präsentation, Einheit 1: Wann, wo und unter welchen Bedingungen entstand „neuzeitliche" Wissenschaft?), Hörsaal 32, Hauptgebäude der Universität Wien (06.10.2009).

Felt, Ulrike, Einführung in die Wissenschaftsforschung I b: Institutionen und soziale Strukturen der Wissenschaft (Power Point Präsentation, Einheit 4: Spezialisierung, Ausdifferenzierung, Disziplinierung: Über das Ziehen und Aufrechterhalten von Grenzen), Hörsaal 32, Hauptgebäude der Universität Wien (03.11.2009).

Foucault, Michel, Archäologie des Wissens (stw 356), Frankfurt am Main 1981.

Foucault, Michel, Historisches Wissen der Kämpfe und Macht. Vorlesung vom 7. Januar 1976, in: ders., Dispositive der Macht – Über Sexualität, Wissen und Wahrheit, Berlin 1978, 55–74.

Franklin, Sarah, Science, in: Barnard, Allen/Spencer, Jonathan (Hg.), Encyclopedia of Social and Cultural Anthropology, London/New York 2002, 756–758.

Gieryn, Thomas F., Science, Sociology of, in: Baltes, Paul B./Smelser, Neil J. (Hg.), International Encyclopedia of Social and Behavioral Sciences, Amsterdam/New York 2001, 13692–13698.

Gingrich, André, Ethnologie, die an der Zeit ist: Das Bestreben, Mythologien zu deuten (3). Radiobeitrag in der vierteiligen Sendung des *Radiokollegs*, gestaltet von Halmer, Nikolaus, Radio Österreich 1, ORF, Wien, 25.05.2011, 09:30 Uhr [Internetlink nicht mehr verfügbar].

González, Sandra, Ende: The Woman Who Illustrated the Apocalypse (18.10.2016): https://mujeresartistasfemaleartists.wordpress.com/2016/10/18/ende-the-woman-who-illustrated-the-apocalypse-english/ (11.10.2020).

Harding, Sandra G., Is Science Multicultural? Challenge, Resources, Opportunities, Uncertainties, in: Configurations 2 (1994) 301–330.

Heath, Stephen, Raymond Williams and Keywords: http://keywords.pitt.edu/williams_keywords.html (04.10.2020).

Hessel, Katy, These Women Artists Influenced the Renaissance and Baroque (20.12.2016): https://www.artsy.net/article/artsy-editorial-these-women-artists-influenced-the-renaissance-and-baroque (04.10.2020).

Humboldt-Universität zu Berlin, Short History: https://www.hu-berlin.de/en/about/history/huben_html (16.01.2021).

Humboldt-Universität zu Berlin, The modern classic of the Reform University: https://www.hu-berlin.de/en/about/history (16.01.2021).

Jasanoff, Sheila, The Essential Parallel Between Science and Democracy (17.02.2009): https://classes.matthewjbrown.net/teaching-files/svd-phd/4-democracy/Jasanoff%20-%20The%20Essential%20Parallel%20Between%20Science%20and%20Democracy%20%c2%a7%20SEEDMAGAZINE.COM.pdf (16.01.2021).

Krohn, Wolfgang/Raven, Diederick, Edgar Zilsel: His Life and Work (1891–1944), in: Zilsel, Edgar, The Social Origin of Modern Science, Dordrecht 2003, XIX–LIX.

Larsen, Peder Olesen/Maye, Isabelle/von Ins, Markus, Scientific Output and Impact: Relative Positions of China, Europe, India, Japan and the USA, in: Collnet Journal of Scientometrics and Information Management 2 (2008) 2, 1–10.

Larsen, Peder Olesen/von Ins, Markus, The Rate of Growth in Scientific Publication and the Decline in Coverage Provided by Science Citation Index, in: Scientometrics 84 (2010) 3, 575–603.

Lindstrom, Lamont, Discourse, in: Barnard, Alan/Spencer, Jonathan (Hg.), Encyclopedia of Social and Cultural Anthropology, London/New York 2002, 246–247.

McCallum-Barry, Carmel, Learned Women of the Renaissance and Early Modern Period in Italy and England, in: Wyles, Rosie/Hall, Edith (Hg.), Women Classical Scholars, Oxford 2016, 29–47.

Merton, Robert K., A Note on Science and Democracy, in: Journal of Legal and Political Science 1 (October 1942) 115–126. – Ich danke dem Paul F. Lazarsfeld-Archiv (Wien) sehr herzlich für den Hinweis auf diesen Beitrag.

[ohne Autor], Multiversity: https://multiversityindia.org/multiversity/ (16.05.2021).

Nader, Laura, Naked Science – Anthropological Inquiry into Boundaries, Power, and Knowledge, New York 1996.

O'Brien, Phil, Williams, Raymond, in: Di Leo, Jeffrey R. (Hg.), The Bloomsbury Handbook of Literary and Cultural Theory, London/New York 2019, 738–739.

O'Connor, John Joseph/Robertson, Edmund Frederick, William Whewell (2008): https://mathshistory.st-andrews.ac.uk/Biographies/Whewell/ (09.03.2021).

Ossowska, Maria/Ossowski, Stanislaw, The Science of Science, in Walentynowicz, Bohdan (Hg.), Polish Contributions to the Science of Science, Dordrecht/Boston/London 1982, 82–95.

Pan, Zhenglun/Gao, Jin, Crossing the Language Limitations (Correspondence), in: *PloS Medicine* 3 (2006) 6, 1655.

Philip, Kavita S., Indigenous Knowledge: Science and Technology Studies, in: Baltes, Paul B./Smelser, Neil J. (Hg.), International Encyclopedia of Social and Behavioral Sciences, Amsterdam/New York 2001, 7292–7297.

Sady, Wojciech, Ludwik Fleck, in: Zalta, Edward N. (Hg.), The Stanford Encyclopedia of Philosophy (2012): https://plato.stanford.edu/archives/sum2012/entries/fleck/ (16.01.2021).

Sayer, Andrew, Realism and Social Science, London/Thousand Oaks/New Delhi 2000.

Storer, Norman W., Prefatory Note on Part 3: The Normative Structure of Science, in: Merton, Robert K. (Hg.), The Sociology of Science – Theoretical and Empirical Investigations, Chicago/London 1973, 223–227.

The Royal Society, Knowledge, Networks and Nations – Global Scientific Collaboration in the 21st Century, London 2011.

Van Sertima, Ivan, Blacks in Science – Ancient and Modern, New Brunswick/London 1984.

Walentynowicz, Bohdan, Notes About the Authors, in: Walentynowicz, Bohdan (Hg.), Polish Contributions to the Science of Science, Dordrecht/Boston/London 1982, 276–280.

Willermet, Catherine M., Philosophy of Science, in: Birx, H. James (Hg.), Encyclopedia of Anthropology, London/New Delhi/Thousand Oaks 2005, 2062–2065.

Williams, L. Pearce, History of Science, in: Encyclopædia Britannica Online (2015): https://www.britannica.com/science/history-of-science/The-rise-of-modern-science (16.01.2021).

Williams, Raymond, Keywords – A Vocabulary of Culture and Society, New York 1985.

Wolf, Eric R., Europe and the People without History, Berkeley/London 2010.

Zilsel, Edgar, The Social Origin of Modern Science, Dordrecht 2003.

Übersetzung aus dem Englischen: Elena Haider

Maximilian Niesner

Wissenschaft – eine *diskursive Praxis*

Abstract: This essay addresses the connectivity between science and society as a discursive practice. It begins by giving a historic background to the European concept of science and a systematic overview of different scientific epistemological positions. The second section gives more detail on different and conflicting claims within the scientific epistemological discourse, including critical rationalism in its original form as found in Karl Popper, and in its revision and reform by Imre Lakatos. A discussion of critical rationalism undertakes a critical evaluation comparing Popper and Lakatos, and is followed by a consideration of the Critical Theory of the Frankfurt School as outlined by Max Horkheimer / Theodor W. Adorno and Jürgen Habermas. This section concludes with Jean-François Lyotard's diagnosis of postmodern society and its knowledge. The third section offers an outlook that seeks to understand science, in its diverse scientific cultures and forms, as a discursive practice that is an expression of human life against a social and a political backdrop.

Keywords: theory of science, Karl Popper, Jürgen Habermas, Jean-François Lyotard, dialogue

1 Annäherung und systematischer Überblick

Was ist Wissenschaft? Das Spektrum der Versuche einer angemessenen Antwort auf diese Frage könnte nicht breiter sein. Für die einen ist Wissenschaft die methodische Ableitung von wahren Sätzen aus wahren Sätzen qua Syllogismus – auf der Basis evidenter logischer Prinzipien wird Wissen bewiesen, δόξα (dóxa) wird zu ἐπιστήμη (epistéme). Spezifische Wissenschaften untersuchen dabei – empirisch und theoretisch – abgegrenzte, spezifische Subjektbereiche und stellen einander die erwiesenen Erkenntnisse zur Verfügung, sodass die Menge an wahren Aussagen über alles Wissbare stetig zunimmt.

Im europäischen Kontext beginnt diese Form wissenschaftlicher Tätigkeit in Ansätzen bei Platon, spätestens jedoch mit Aristoteles und wird über islamische und christliche Denker in die Universitäten des europäischen Mittelalters vermittelt, um von dort aus zum Fundament für die neuzeitliche Differenzierung der Einzelwissenschaften, die methodologischen Standards der Wissenschaftlichkeit und das Denken der europäischen Aufklärung zu werden. Bis heute sind das reproduzierbare empirische Experiment und der gültige theoretische Beweis die Methoden eines mittlerweile *kritischen* Rationalismus, einer steten, durch das Begründen und Testen von Hypothesen kontrollierten Erweiterung approximativ objektiven Wissens. Wissenschaft ist so eine methodisch klar bestimmte Tätigkeit, in einem spezifischen Untersuchungsbereich nachvollziehbares Wissen zu generieren.

Der kritische Rationalismus ist im logischen Empirismus untrennbar mit dem Werk Karl Poppers verbunden. In seiner Studie *Logik der Forschung* legt Popper den Grundstein für einen *Fallibilismus*. Den logischen Positivismus – *Verifikationismus* – des Wiener Kreises sowie andere totalisierende (philosophische) Ansprüche abgrenzend verbindet Popper die empirische Untersuchung der Wirklichkeit mit der logisch-deduktiven Kontrolle der Ergebnisse durch den steten Versuch der Falsifikation aufgestellter Hypothesen, wobei die Verlässlichkeit der Hypothesen mit der Zahl ernsthaft durchgeführter, fehlgeschlagener Widerlegungsversuche stetig steigt, sich tangential der Wahrheit nähert. Poppers Forschungsmethodik erscheint mit der Forderung, im Versuch die eigenen Hypothesen durch ein *experimentum crucis* zu widerlegen, oftmals kontraintuitiv, prägt jedoch im Kern das wissenschaftliche Geschehen bis heute. Imre Lakatos, Hans Albert u. a. übernahmen und verfeinerten die Methode stetig, die bis heute vor allem in der naturwissenschaftlichen Methodik Aktualität beweist.

Andere nun sind bei der Einschätzung des wissenschaftlichen Fortschritts weniger optimistisch und gestehen dem geteilten Wissensschatz, vor allem bei der Betrachtung der Wissenschaftsgeschichte, seine Gültigkeit lediglich innerhalb eines Rahmens konvergierender Theorien zu, dem *Paradigma*. Wissenschaft stellt so keine stete Wissensakkumulation dar, sondern eine Interpretation der Wirklichkeit innerhalb geteilter Plausibilitäten – es wechseln sich wissenschaftliche Normalphasen der Exploration eines Paradigmas mit revolutionären Phasen der Suche nach Antworten auf nicht zu integrierende Anomalien ab, die schließlich in der Etablierung eines neuen Paradigmas gipfeln. Die *epistemischen Brüche* zwischen den Paradigmen sind Teil eines dynamischen Prozesses, Paradigmenwechsel, die bestenfalls spiralförmigen Wissensfortschritt ermöglichen, ein „Mehr" an Erklärbarkeit – jedoch bei grundsätzlicher *Inkommensurabilität* der Paradigmen.

Jedes Wissen trägt so das Gepräge des Paradigmas, in dem es entstand – Objektivität im strengen Sinn ist daher nicht gegeben, ein interpretativ-konstruktives Element ist in jedem Wissen anwesend. Wissenschaft wird hier vor allem über ihre Erklärungsleistung verstanden; Wissen ist nicht objektiv wahr, sondern letztlich funktional – es erklärt die Wirklichkeit und ermöglicht, mit ihr „umzugehen", beschreibt sie aber nicht zwingend realistisch. Wissenschaft ist in ihrem generierten Wissen, aber auch in ihrer Methodik einem historischen Wandel unterworfen.

Heute wird diese Position vor allem mit dem amerikanischen Wissenschaftsjournalisten Thomas Kuhn in Verbindung gebracht, der in seinem bekanntesten Werk *The structure of scientific revolutions*[1] einen steten Paradigmenwechsel historisch nachwies und popularisierte. Frühe Vertreter eines solchen Diskontinuitätsansatzes der wissenschaftlichen Entwicklung finden sich im Frankreich der ersten Hälfte des 20. Jahrhunderts, darunter Léon Brunschvicg, Gaston Bachelard und dessen Schüler Georges Canguilhem – ein späterer wirkmächtiger Vertreter ist zudem Michel Foucault.[2]

Während die Idee von Paradigmenwechseln die *historische Diskontinuität* wissenschaftlicher Erkenntnis in generationenübergreifenden Zeiträumen untersucht, erweitert die Auffassung radikaler methodischer Pluralität das wissenschaftliche Geschehen in eine *methodisch bedingte Disparität*: in Abgrenzung zur „orthodoxen" Methodik des kritischen Rationalismus besitzt für den Wissenschaftstheoretiker Paul Feyerabend jede Methode, die dem Erkenntnissuchenden angemessen erscheint, ihre Gültigkeit und kann zu Erkenntnis führen, auch wenn dies die Inkommensurabilität mit anderen methodischen Zugängen bedeutet – „anything goes":

> „Anything goes" ist nicht das eine und einzige „Prinzip" einer neuen von mir empfohlenen Methodologie. Ich empfehle keine „Methodologie", ganz im Gegenteil, ich betone, daß die Erfindung, Überprüfung, Anwendung methodologischer Regeln und Maßstäbe die Sache der konkreten wissenschaftlichen Forschung und nicht des philosophischen Träumens ist. Philosophen haben in der Methodologie nichts zu suchen, außer sie nehmen an der wissenschaftlichen Forschung selbst teil. „Anything goes" ist die Weise, in der traditionelle Rationalisten, die an universelle Maßstäbe und Regeln der Vernunft glauben, meine Darstellung von Traditionen, ihrer Wechselwirkung und ihrer Änderung werden beschreiben müssen. Für sie ist das Bild der Wissenschaften, das aus der historischen Forschung hervorgeht und ihre „Rekonstruktionen" ersetzt, in der Tat ohne Regel, ohne Vernunft und alles, was sie angesichts dieses Bildes sagen können, ist: anything goes.[3]

Diese – oft als relativistisch bezeichnete – Extremposition, die besonders mit Feyerabend verbunden wird, verwischt die Grenze zwischen wissenschaftlicher Erkenntnis und dem Ergebnis pseudowissenschaftlicher Betätigung, die im kritischen Rationalismus durch das Kriterium der Falsifizierbarkeit, vermutlich zu eng, durchgesetzt werden sollte. Zugespitzt wäre Wissenschaft also als jede

---

[1] Deutschsprachige Ausgabe: Kuhn, Die Struktur wissenschaftlicher Revolutionen (stw 25).
[2] Vgl. Nickles, Scientific Revolutions, Art. 5.3.
[3] Feyerabend, Erkenntnis für freie Menschen, 97.

Tätigkeit zu verstehen, die einem Subjekt oder einer Gruppe Erkenntnis ermöglicht – wobei solche Erkenntnis von außen nicht auf ihre Wahrheit überprüft werden kann. In seinem Beitrag *Wider den Methodenzwang* entwickelte der selbst aus dem Kreis des kritischen Rationalismus stammende Feyerabend eine Sensibilität für die Grenzen der Methodik des logischen Empirismus, der nicht jedem Untersuchungsgegenstand gerecht wird, und trug seine Wissenschaftskritik überzeugt und provokativ vor – was durch die Fachwelt breit und sehr kritisch rezipiert wurde:

> Der vorliegende Essay wurde in der Überzeugung geschrieben, daß der *Anarchismus* vielleicht nicht gerade die anziehendste *politische* Philosophie ist, aber gewiß eine ausgezeichnete Arznei für die *Wissenschaften* und die *Philosophie*.[4]

Die „postmoderne" Kritik an der etablierten Wissenschaft wird häufig mit einer relativistischen Auffassung von Wissenschaftskulturen in Verbindung gebracht, positioniert sich jedoch differenzierter. Welsch unterscheidet einen „Pluralismus der Oberflächen-Buntheit", der sich in Beliebigkeit und letztlich pseudo-pluraler Uniformität erschöpft, von der echten Pluralität postmoderner Denker, die sich in Differenz und stetem Widerstreit ereignet:

> Pluralität ist der Schlüsselbegriff der Postmoderne. Sämtliche als postmodern bekannt gewordene Topoi – Ende der Meta-Erzählungen, Dispersion des Subjekts, Dezentrierung des Sinns, Gleichzeitigkeit des Ungleichzeitigen, Unsynthetisierbarkeit der vielfältigen Lebensformen und Rationalitätsmuster – werden im Licht der Pluralität verständlich. Pluralität bildet auch die Leitlinie aller fälligen Transformationen überkommener Vorstellungen und Konzepte. Diese postmoderne Pluralität ist jedoch nicht mit der geläufigen und gefälligen Oberflächen-Buntheit gleichzusetzen. Sie geht tiefer und greift in Basisdefinitionen ein. Sie ist anspruchsvoller und härter als der gängige „Pluralismus".[5]

Exemplarisch steht hierfür Jean-François Lyotard, der gerade die Einheit, die ein relativistisch behaupteter Zugang im *tertium comparationis* einnimmt, von dem unterschiedliche wissenschaftliche Zugänge ins Verhältnis gesetzt werden, zurückweist. Wissenschaft sei vielmehr mit einem Archipel von Inseln vergleichbar, auf denen verschiedene Wissenschaftskulturen verschiedene Wissensformen pflegen und der vom Wissenschaftstheoretiker stetig neu erkundet wird, der sich jedoch keiner der Inselkulturen endgültig anschließen dürfe.[6]

---

4 Feyerabend, Wider den Methodenzwang, 13.
5 Welsch, Unsere postmoderne Moderne, XVII.
6 Vgl. Lyotard, The Differend, 130 f.

In einer *dezidiert* kritischen Betrachtung der Wissenschaft schließlich wird die wissenschaftliche Praxis untersucht, jedoch im Horizont der Motivation der Handelnden in gesellschaftlicher Dimension. Ob dabei ein rekonstruiertes kommunikatives Ideal, ein gegenseitiges Verstehenwollen, die Rationalität der wissenschaftlichen Tätigkeit noch einmal intersubjektiv unterfängt, oder ein Machtanspruch des Menschen, ein Wille zur (Natur-)Beherrschung, implizit schon im wissenschaftlichen Instrumentarium angelegt – im (dialektischen) Gang des Denkens und im abstrakten bzw. reduzierenden Wesen des Begriffs –, sich in gesellschaftlichen Institutionen, auch in den wissenschaftlichen, manifestiert: die (wissenschaftliche) Vernunft wird als absolute Größe zurückgewiesen und in ihrer historischen und motivationalen Bedingung relativiert; eine strenge Wertneutralität wissenschaftlicher Erkenntnis, wie sie Max Weber noch für die Soziologie durch strenges Trennen von Sein und Sollen in Anspruch nahm, wird verneint.[7] Wissenschaft erscheint (auch) als ein Instrument, das zur Bedienung und Erhaltung diverser Interessen genutzt wird, ihr Wissen ist das Produkt von Pragmatik, von durch bewusstes oder unbewusstes Interesse geleitetem Handeln vergesellschafteter Subjekte.[8] So betrachtet ist Wissenschaftskritik eine Kritik der Motivationen der Wissenschaft betreibenden Subjekte, die wiederum in einem gesellschaftlichen Zusammenhang stehend, als zum Beispiel wissenschaftliche Agenten innerhalb der Institutionen der Wissenschaft, die Gesellschaft und damit sich selber hervorbringen und von ihr hervorgebracht werden – und somit *Gesellschaftskritik*.

Zusammenfassend können also (approximativ) realistische (vgl. den kritischen Rationalismus), interpretative bzw. anti-realistische (vgl. diverse Diskontinuitätsansätze), „relativistische" und postmoderne (vgl. Feyerabend und Lyotard) sowie gesellschaftskritische Ansätze (vgl. die Generationen der Frankfurter Schule) unterschieden werden, die einen je anderen Blick auf die wissenschaftliche Praxis eröffnen. Dieser Aufsatz möchte Vertreter einiger dieser Positionen nun als *Gesprächspartner auf Augenhöhe* betrachten.

---

7 Vgl. Weber, Die ‚Objektivität' sozialwissenschaftlicher und sozialpolitischer Erkenntnis, 23 ff.
8 Vgl. hierzu den zweiten Methodenstreit, auch „Positivismusstreit" um „die Logik der Sozialwissenschaften".

2 Kritischer Rationalismus, die Frankfurter Schule und postmodernes Denken

2.1 Die Gesprächsbasis

Erscheinen der kritische Rationalismus, die Frankfurter Schule und „die Postmoderne" in einem Satz, scheint der Konflikt immanent – liegen die Vertreter dieser Denkbewegungen doch mehr oder weniger offen im Streit: im „Positivismusstreit" stehen sich der kritische Rationalismus in Karl Popper und Hans Albert sowie die kritische Theorie der Frankfurter Schule in Theodor W. Adorno und Jürgen Habermas gegenüber. In seiner Auseinandersetzung mit der Moderne und Postmoderne[9] grenzt sich Jürgen Habermas von den Perspektiven postmoderner Denker ab, während Jean-François Lyotard seinerseits die habermassche Adorno-Preis-Rede „Die Moderne – ein unvollendetes Projekt" mit seiner Schrift „Beantwortung der Frage: Was ist postmodern?" – beide erschienen in Welschs Sammelband *Wege aus der Moderne* – zurückweist. Zwischen kritischem Rationalismus und postmodernen Denkern kommt das Gespräch kaum zustande, da Vertreter des Ersteren selbst das veritable postmoderne Denken als unwissenschaftlich zurückweisen, während Vertreter des Zweiteren in ihrer berechtigten Kritik der aufklärerischen Vernunft nicht selten über das Ziel konstruktiven Diskurses hinausschießen. Es gibt jedoch Vermittlungsversuche: zum Beispiel den Aufsatz der Erziehungswissenschaftler Guido Pollak und Helmut Heid „Kritischer Rationalismus — Moderne — Postmoderne. Grundfragen ihrer Wechselbeziehung und Probleme der Bestimmung ihrer Identität", der versucht, eine gemeinsame Diskussionsbasis zu finden.

Kommunikation basiert auf Verständigung und ist auf Konsens ausgerichtet, auch wenn letzterer nicht immer erreicht wird – aus der Sicht postmoderner Denker auch nicht erreicht werden *soll*. Jedoch *methodisch* – in Anlehnung an Habermas – einen gewaltfreien, fairen, auf Verständlichkeit, Wahrheit, Richtigkeit und Wahrhaftigkeit basierenden kommunikativen Rahmen anzunehmen, schafft einen gemeinsamen Horizont, in dem sich – wie diametral die Positionierungen auch ausfallen mögen – im zwanglosen Zwang des besseren Arguments *verständig begegnet* werden kann sowie *gegenseitige Lernprozesse* möglich werden. In diesem Sinne sprechen in den folgenden Kapiteln Vertreter des kritischen Rationalismus, der kritischen Theorie sowie des postmodernen Denkens durch ihre eigenen und einschlägigsten wissenschaftlichen Beiträge – ein

---

9 Vgl. Habermas, Der philosophische Diskurs der Moderne; ders., Die Einheit der Vernunft in der Vielheit ihrer Stimmen.

Gespräch, in dem Wissenschaft zugleich *inhaltlich-theoretisch* sowie *praktisch-performativ* sichtbar wird.

2.2 Kritischer Rationalismus – Karl Popper und Imre Lakatos

2.2.1 Poppers Falsifikationismus

Karl Popper verfolgte mit dem Falsifikationismus eine Form von Wissenschaft, die die *Induktionsproblematik im Bereich menschlicher Erkenntnis* – die Frage nach der Gültigkeit des Schließens von besonderen auf allgemeine Sätze, bereits markiert durch David Hume – sensibel aufgreift und zu überwinden sucht. In der Auseinandersetzung mit dem logischen Positivismus und Verifikationismus des Wiener Kreises konstruierte Popper eine wissenschaftliche Methodik, die vollständig auf induktive Schlüsse verzichtet und streng deduktiv verfährt, mit seinen eigenen Worten eine „deduktive [...] Methodik der Nachprüfung"[10] – ein Gedanke, der sich später auch bei Lakatos findet. Induktion wäre für Popper nur zu rechtfertigen, wenn sich ein Induktionsprinzip fände, das sich von deduktiven Schlüssen unterscheidet und nicht zu logischen Widersprüchen führt, was Popper jedoch nicht möglich erscheint: unter Weiterführung der Kritik Humes sieht Popper einen unendlichen Regress in der logischen Begründung eines Induktionsprinzips, ebenso weist er die Gültigkeit eines synthetischen Urteils a priori im Sinne Kants zurück.[11]

Die Entstehung von Hypothesen und Theoriesystemen (H/T) fällt im Popperschen Ansatz nicht unter die wissenschaftliche Methodik, vielmehr in den Bereich der *empirischen Psychologie*. Eine logische Rekonstruktion müsste die nicht-rationalen Momente der Genese integrieren, was Popper weder möglich noch zweckmäßig erscheint[12] – womit er sich von der Logik abduktiver Schlüsse distanziert, gleichzeitig aber eine Erklärungslücke schafft, an der Lakatos anknüpft.[13]

---

10 Popper, Logik der Forschung, 6.
11 Vgl. ebd. 4 f.
12 Vgl. ebd. 7 f.
13 Abduktive Schlüsse, das Finden von Hypothesen, ist ein kreativer Akt, der nicht konsequent formalisierbar ist, jedoch eine *Realität der menschlichen Lebenswelt* darstellt. Charles Sanders Peirce bietet einen Vorschlag: „Suppose I enter a room and there find a number of bags, containing different kinds of beans. On the table there is a handful of white beans; and, after some searching, I find one of the bags contains white beans only. I at once infer as a probability, or as a fair guess, that this handful was taken out of that bag. This sort of inference is called making a hypothesis. It is the inference of a case from a rule and a result" (Peirce, The Collected Papers, 2.623).

Das Geschäft des Wissenschaftlers besteht laut Popper vor allem darin, die bestehenden H/T zu überprüfen. Dies bedeutet, (1) durch logisch-deduktive Ableitung gewonnene Folgerungen auf deren Non-Kontradiktion zu testen, (2) die empirisch-wissenschaftliche Form einer Theorie und (3) deren potentiellen wissenschaftlichen Fortschritt festzustellen, sowie (4) die abgeleiteten Prognosen empirischer Anwendung zuzuführen, um deren Verifikation oder Falsifikation aufzuweisen.[14]

Mit (4) ist der Kern der Popperschen Methodik erreicht: den aus H/T deduzierten Prognosen werden intersubjektiv nachprüfbare Basissätze entgegengestellt.[15] Bei Vereinbarkeit der Sätze tritt eine Verifikation ein, die die H/T jedoch nur vorläufig, sprich bis zum nächsten Test, stützt – bei Unvereinbarkeit tritt die Falsifikation der H/T ein.[16] Je risikoreicher H/T prognostizieren, d. h. je mehr potentielle Falsifikatoren bestehen, desto besser sind die H/T und desto höher ist ihr empirischer Gehalt. Das Vermeiden der Falsifikation durch Hinzufügen (Ad-Hoc-Hypothesen) oder Adaption von Hilfshypothesen lehnt Popper ab, es sei denn, dies würde H/T stärker der Falsifikation aussetzen.[17]

Hieraus wird Poppers *Abgrenzungskriterium für Wissenschaftlichkeit* klar: *Falsifizierbarkeit*.[18] Ist die Menge der möglichen falsifizierenden Basissätze leer, sind H/T nicht falsifizierbar und damit als nicht wissenschaftlich anzusehen. Popper hat hier vor allem die marxistische Strömung im Österreich des frühen 20. Jahrhunderts, die Psychoanalyse Freuds und die Individualpsychologie Adlers vor Augen, denen er die einsteinsche Relativitätstheorie gegenüberstellt: während die einsteinsche Theorie sich durch Eddington aus der Sicht Poppers einem klaren Falsifikationsversuch unterzog und aus diesem „korroboriert" (gestärkt und bewährt) hervorging, entziehen sich die Theorien der Marxisten, Freuds und Adlers diesem Test oder ziehen aus falsifizierten Prognosen keine entscheidenden Konsequenzen.[19]

---

14 Vgl. Popper, Logik, der Forschung, 8 f.
15 Popper führt „Basissätze" ein, um subjektive Wahrnehmungserlebnisse von „Sätze[n], die als Obersätze einer empirischen Falsifikation auftreten können" (ebd. 20) abzugrenzen, denn „*Sätze [können] nur durch Sätze logisch begründet werden*" (ebd.).
16 Vgl. ebd. 9.
17 Vgl. ebd. 18 f. Popper wurde für diese Behauptung mit Verweis darauf, dass H/T immer gemeinsam mit Hilfshypothesen getestet werden (Bestätigungsholismus, vgl. die *Duhem-Quine-These*) kritisiert, ein Punkt, an dem auch Lakatos andere Wege geht; vgl. hierzu auch Fn. 38.
18 Vgl. Popper, Logik der Forschung, 16.
19 Vgl. Popper, Conjectures and Refutations, 34 f.

Trotz ihrer Grenzen ist die Forschungsmethodik Poppers zu würdigen. Hinter ihrem *positiv* verhüllten, jedoch klar *normativen* Charakter und dem engen Kriterium für Wissenschaftlichkeit scheint der Versuch auf, die Qualität wissenschaftlicher Forschung sicherzustellen und unter Verzicht auf den Probabilismus induktiven Schließens die Menge wahrer Sätze zu schützen und zu vergrößern – ein kumulatives Wissenschaftsbild. Zudem bietet Popper ein wirksames Instrumentarium gegen „-ismen" an, die als „self-fulfilling prophecies" performativ Individuum und Gesellschaft mit scheinbar wissenschaftlicher Argumentation ideologisch beeinflussen, hier wären zum Beispiel Rassenideologie und „Verschwörungstheorien" im Horizont der Covid-19-Pandemie zu nennen.

2.2.2 Lakatos' Kritik

Imre Lakatos, der gemeinsam mit Popper an der London School of Economics lehrte, vertrat besonders in seiner Schrift *Criticism and the Methodology of Scientific Research Programmes* einen am kritischen Rationalismus Poppers orientierten Ansatz, der Grundgedanken der popperschen Theorie integriert, dessen – aus Lakatos' Perspektive naiven – Falsifikationismus jedoch entscheidend modifiziert.[20]

Naiver Falsifikationismus bedeutet für Lakatos das unumgängliche Falsifizieren von H/T durch einen widersprechenden Beobachtungssatz – dem er eine Modifikation des Falsifikationskonzepts unter folgenden Bedingungen gegenüberstellt:[21] eine Theorie T1 gilt erst dann als falsifiziert, wenn eine Theorie T2 auftritt, die (1) über T1 hinausgehende Vorhersagen macht, (2) den früheren Erfolg der Vorhersagen von T1 erklärt sowie integriert und (3) deren neuartige Vorhersagen zumindest teilweise bestätigt werden.[22]

Unter Berücksichtigung der wissenschaftshistorischen Beobachtungen Kuhns, der den Begriff des Paradigmas als für den wissenschaftlichen Fortschritt zentral herausstellte,[23] führte Lakatos das „wissenschaftliche Forschungsprogramm"[24] ein – jedoch unter Zurückweisung der relativistischen Tendenzen der kuhnschen Wissenschaftsphilosophie.[25] Ein *wissenschaftliches Forschungsprogramm*

---

20 Vgl. Chalmers, Wege der Wissenschaft, 121.
21 Vgl. Lakatos, Die Methodologie wissenschaftlicher Forschungsprogramme, 31.
22 Vgl. ebd.
23 Der Begriff des Paradigmas bleibt in Kuhns Schriften mehrdeutig; vgl. Masterman, The Nature of a Paradigm.
24 Lakatos, Die Methodologie wissenschaftlicher Forschungsprogramme, 4.
25 Vgl. Chalmers, Wege der Wissenschaft, 121.

besteht für Lakatos aus einem harten Kern theoretischer Annahmen, die, umgeben von einem Schutzgürtel aus Hilfshypothesen, Vorhersagen liefern.[26] Werden die Prognosen experimentell widerlegt, ist das Verwerfen des harten Kerns keine logisch notwendige Folge – es zeigt lediglich, dass der harte Kern mit einer oder mehreren Hilfshypothesen inkonsistent ist.[27] Mit Verweis auf die Wissenschaftsgeschichte integriert Lakatos Kuhns Einsicht, dass später erfolgreiche H/T sich erst in einem ständigen Meer von *Anomalien* entwickeln.[28] Er schlägt daher vor, die Qualität von H/T nicht wie Popper durch ein *experimentum crucis* zu beurteilen, das zeitweilige Korroboration oder endgültige Falsifikation der gesamten Theorie nach sich zieht,[29] sondern nur größere Einheiten, sprich Abfolgen von Theorien zu bewerten und als Kriterium für deren Güte nicht die einmalige Falsifikation einer Theorievariante, sondern die empirische Erklärungskraft des wissenschaftlichen Forschungsprogrammes in toto anzuwenden.[30]

Hierzu unterscheidet Lakatos *degenerative* von *progressiven* Forschungsprogrammen.[31] Ein Forschungsprogramm ist genau dann als progressiv zu beurteilen, wenn es *theoretisch* (die Theorie liefert neue,[32] teils überraschende Vorhersagen) und *empirisch* (zumindest einige der Vorhersagen lassen sich korroborieren) progressiv ist.[33] Als degenerativ wird ein Forschungsprogramm angesehen, wenn theoretische oder empirische Progressivität fehlen oder es durch ein rivalisierendes Forschungsprogramm, das bessere Ergebnisse liefert, abgelöst wird – wobei Lakatos einräumt, dass die Beurteilung eines Forschungsprogrammes als degenerativ nicht immer einfach ist.[34]

Die kontinuierliche Entwicklung von einer Theorievariante zur anderen findet bei Lakatos nicht willkürlich statt – Wissenschaftler*innen steht dazu eine Methodologie zur Verfügung, die Lakatos als *negative* und *positive* Heuristik

---

26 Vgl. Lakatos, Die Methodologie wissenschaftlicher Forschungsprogramme, 4.
27 Vgl. Lakatos, Criticism and the Methodology of Scientific Research Programmes, 162.
28 Vgl. Lakatos, Die Methodologie wissenschaftlicher Forschungsprogramme, 4 f.
29 Vgl. ebd. 150 f.
30 Vgl. ebd. 159 ff.
31 Vgl. ebd. 193.
32 „Neu" wurde von Lakatos zuerst in seiner temporalen Bedeutung verstanden. Dies impliziert jedoch, dass Daten, die vor der Formulierung einer Theorie erhoben wurden, diese nicht korroborieren könnten. Da der Zeitpunkt der Datenerhebung jedoch unabhängig vom Korroborationspotential der Daten ist, modifizierten Lakatos und seine Schüler die Bedeutung von „neu": die Daten wurden zuvor nicht für andere Zwecke verwendet.
33 Vgl. Lakatos, Die Methodologie wissenschaftlicher Forschungsprogramme, 193.
34 Vgl. ebd. 160 f.

bezeichnet.[35] Während negative Heuristik bedeutet, der Theorie widersprechende Evidenzen auf den Schutzgürtel aus Hilfshypothesen umzuleiten und bei Bedarf neue zu bilden, um den harten Kern der Theorie schützen,[36] liefert eine positive Heuristik die Systematik, nach der die Organisation des Schutzgürtels und die Artikulation neuer Hilfshypothesen geschieht – das kreativ-schöpferische Element in der Theoriebildung.[37]

Lakatos Wissenschaftsphilosophie liefert so eine an der Wissenschaftsgeschichte orientierte Methodologie, die in Abgrenzung von logisch-mechanischen Beurteilungsverfahren und relativistischen Ansätzen Wissenschaft erklärbar macht. Auch wenn im Bereich der Korroboration im Hinblick auf den qualitativen Unterschied von Nicht-Widerlegung, empirischer Bestätigung und Wahrscheinlichkeit einer Theorie noch Fragen offen sind, legt der leider früh verstorbene Lakatos einen interessanten Entwurf vor, der heute zum Beispiel in den Wirtschaftswissenschaften aufgegriffen wird.

2.2.3 Popper und Lakatos – gemeinsam verschieden

In der Zusammenschau der Ansätze Poppers und Lakatos' fallen also nicht nur Gemeinsamkeiten auf. Obwohl Lakatos Poppers Lösung der Induktionsproblematik und dessen Konventionalismus teilt, grenzt er sich klar vom (naiven) Falsifizierungskonzept Poppers ab und modifiziert es entscheidend: Mit der Differenzierung des harten Kerns von den Hilfshypothesen einer Theorie löst Lakatos den bei Popper fehlenden Bestätigungsholismus[38] ein und stellt Popper

---

35 Vgl. ebd. 46 f.
36 Vgl. ebd. 47.
37 Vgl. ebd. 49 und 51 f.
38 Der Bestätigungsholismus geht auf den französischen Physiker Pierre Duhem zurück und wurde durch den US-amerikanischen Logiker Willard Van Orman Quine für die gesamte Wissenschaft adaptiert (*Duhem-Quine-These*): eine Hypothese kann *nie* isoliert überprüft werden, denn bei jeder (experimentellen) Überprüfung werden Hintergrundannahmen gemacht, die mitgetestet werden, zum Beispiel über die Funktionsweisen von Messgeräten, Naturgesetze, mathematische und logische Gesetze sowie die grundsätzliche Zugänglichkeit des Phänomens durch Beobachtung und Denken. Eine scheinbar isolierte These ist so immer als Teil eines Ganzen, mit Quine eines *Wissensnetzes* zu betrachten, in dem alle Thesen aller Theorien aller Wissenschaften miteinander verbunden sind. Im Zentrum des Netzes stehen mathematische und logische Gesetze, nach außen nimmt die Reichweite von H/T stetig ab, bis der Rand durch Beobachtungssätze begrenzt wird, die zugleich die Schnittstelle zur Welt darstellen. Eine widerlegende Beobachtung wirkt so *immer auf das gesamte Wissensnetzwerk*

mit dem Gedanken einer kontinuierlichen Abfolge von Theorievarianten innerhalb eines wissenschaftlichen Forschungsprogramms gewissermaßen auf den Kopf: die Falsifizierung wird darin zum Motor wissenschaftlichen Fortschritts und führt nicht zum unmittelbaren Verwerfen der Theorieannahmen. Die *Korroboration der Theorie* hingegen wird als ein Aspekt der *empirischen Progressivität* zusammen mit der *theoretischen Progressivität* zum lakatosschen *Abgrenzungskriterium* – nicht etwa die Falsifizierbarkeit, wie im Falle Poppers.

Die *Heuristik*, die Lakatos Wissenschaftler*innen an die Hand gibt, markiert ebenfalls einen Unterschied. Das Ausweichen der Falsifikation durch Adaption oder Invention von Hilfshypothesen (negative Heuristik) und die Integration kreativ-schöpferischer Überlegungen zur Entwicklung einer Systematik, die der Organisation schützender Hilfshypothesen dient (positive Heuristik), ist im popperschen Ansatz undenkbar: Ad-hoc-Hypothesen dürfen lediglich die Falsifizierbarkeit der Theorie erhöhen, und Theoriebildung fällt nicht in den Bereich wissenschaftlicher Methodologie. Popper kennt auch keine *wissenschaftlichen Forschungsprogramme*, die gerade auf die Anomalien, die nach Popper Theorien endgültig falsifizieren, angewiesen sind, um eine Abfolge von immer besseren Theorievarianten zu ermöglichen. Gemeinsam ist beiden an diesem Punkt jedoch, dass *wissenschaftliche Entwicklung nichts Willkürliches* ist, sondern rational, kontinuierlich, kumulativ und approximativ wahr voranschreitet.[39] Die *Konkurrenz von Theorien* – um eine weitere Gemeinsamkeit anzuführen – ist in beide Ansätze integriert: bei Lakatos konkurrieren Theorien bezüglich ihrer empirischen Progressivität und lösen einander gegebenenfalls ab, bei Popper ist das Bilden von konkurrierenden Vermutungen/Theorien Bedingung der Möglichkeit für die Arbeit des Wissenschaftlers: Falsifizierungsversuche durchzuführen.

Schließlich kann der Versuch Poppers festgehalten werden, eine *erkenntnislogisch nahtlos gerechtfertigte Wissenschaftsmethodologie* zu entwickeln, jedoch ohne die Wissenschaftsgeschichte einzubeziehen, um seinen Begriff von Wissenschaft und Erkenntnis durchzusetzen. Lakatos hingegen orientiert sich – mit einem Blick auf den Ansatz Kuhns – mit Poppers Theorie im Hintergrund an der *Wissenschaftsgeschichte und deren Praxis*, wodurch seine Theorie die

---

zurück und macht eine systemweite Justierung erforderlich (vgl. Quine, Two Dogmas of Empiricism, 41 ff.).

39 Hier kann Kritik an Popper und Lakatos geübt werden: der sogenannte „Kuhn loss", das Verschwinden von gewissen Paradigmen in der Wissenschaftsgeschichte (z. B. das „Phlogiston" der Chemie) kann in einem *kumulativen* Wissenschaftsbild nicht erklärt werden.

Beobachtungen der Wissenschaftsgeschichte weitgehend erklärbar macht. In Popper und Lakatos präsentiert sich der kritische Rationalismus als Basis einer der aufgeklärten Vernunft verpflichteten Wissenschaft. Lakatos versucht, *innerhalb* der Grenzen dieser Vernunft, der Geschichtlichkeit von Wissenschaft Rechnung zu tragen. Eine Reflexion der *gesellschaftlichen Faktoren* wissenschaftlicher Tätigkeit sowie des *implizit angelegten Vernunftbegriffs*, wie die Frankfurter Schule sie liefert, fehlen jedoch bei Popper wie Lakatos.

2.3 Die Frankfurter Schule – Horkheimer, Adorno und Habermas

Das Frankfurter Institut für Sozialforschung ist in seiner bewegten Geschichte zu Beginn vor allem mit den Namen Max Horkheimer und Theodor W. Adorno verbunden, aber auch mit Herbert Marcuse, Erich Fromm und Walter Benjamin. Während Horkheimer und Adorno durch das Aufarbeiten der Geschichte der europäischen Vernunft in der *Dialektik der Aufklärung* und *Negative Dialektik* bekannt wurden, erforschte Fromm die psychoanalytischen Hintergründe von Gesellschaftsdynamiken und veröffentlichte mit Adorno eine breit rezipierte Studie zum „autoritären Charakter". Herbert Marcuse wurde später mit seiner philosophischen und technikkritischen Zeitdiagnose *The One-Dimensional Man* einer der Taktgeber der Studentenproteste der 1960er/70er Jahre.[40]

Den jeden Denker der Frankfurter Schule umspannenden Bogen stellt die *Kritische Theorie* dar. Eine Landmarke der Frankfurter Schule bildet dazu der sogenannte zweite Methodenstreit oder „Positivismusstreit",[41] der mit den Namen

---

40 Marcuse ist – bis heute – ein interessanter Denker, der die Grundintention Marx' und Heideggers Kritik der modernen Technik im Horizont der kritischen Theorie zu verbinden weiß: „Nur im Medium der Technik werden Mensch und Natur ersetzbare Objekte der Organisation. Die allseitige Leistungsfähigkeit und Produktivität des Apparats, unter den sie subsumiert werden, verschleiern die den Apparat organisierenden partikularen Interessen. Mit anderen Worten, die Technik ist zum großen Vehikel der Verdinglichung geworden – der Verdinglichung in ihrer ausgebildetsten und wirksamsten Form. Die gesellschaftliche Stellung des Individuums und seine Beziehung zu anderen scheinen nicht nur durch objektive Qualitäten und Gesetze bestimmt, sondern diese Qualitäten und Gesetze scheinen auch ihren geheimnisvollen und unkontrollierbaren Charakter zu verlieren; sie erscheinen als berechenbare Manifestationen (wissenschaftlicher) Rationalität. Die Welt tendiert dazu, zum Stoff totaler Verwaltung zu werden, die sogar die Verwalter verschlingt. Das Gewebe der Herrschaft ist zum Gewebe der Vernunft selbst geworden, und diese Gesellschaft ist verhängnisvoll darein verstrickt. Und die transzendierenden Denkweisen scheinen die Vernunft selbst zu transzendieren" (Marcuse, Der eindimensionale Mensch, 182 f.).
41 Die gesamte Debatte der Tagung ist aufgearbeitet in Dahms, Positivismusstreit.

Karl Popper und Hans Albert sowie Theodor Adorno und Jürgen Habermas verbunden ist. In nuce stehen sich in diesen Streitfragen der Kritische Rationalismus und die Kritische Theorie *im Horizont der Möglichkeit der Werturteilsfreiheit soziologischer Forschung und deren Methodik* gegenüber. Während der Kritische Rationalismus Poppers an jede wissenschaftliche Theorie die Forderung der Falsifizierbarkeit stellt und das Geschäft der Wissenschaft als die stete Suche nach einem die Theorie widerlegenden Experiment versteht, interpretiert die Kritische Theorie die Gesellschaft als eine *Totalität*, in der alle Elemente im Horizont einer *instrumentellen Vernunft* (Dialektik der Aufklärung) gleichgeschaltet sind. *Beide* Seiten grenzen sich von einem wissenschaftlichen Positivismus ab; während Popper jedoch davon ausgeht, die Sozialwissenschaft habe ausgehend von gesellschaftlichen Problemen die Aufgabe, Lösungen zu finden, indem analog zur naturwissenschaftlichen Methode Thesen kritisch überprüft werden, ist für Adorno eine Analyse der Gesellschaft in ihrer Totalität und dialektischen Struktur notwendiger Gegenstand der Sozialwissenschaft – nicht lediglich die kritische Überprüfung von Propositionen, die nicht isoliert, sondern als Moment der gesellschaftlichen Dynamik erscheinen müssen. Die Kritische Theorie weist so den am Logischen Empirismus und den exakten Wissenschaften orientierten „Positivismus" Poppers zurück – aufgrund seines *ahistorischen Wahrheitsbegriffs*, des Verkennens der eigenen *theoretischen Beladenheit* bei gleichzeitiger Ablehnung einer differierenden wissenschaftlich-theoretischen Deutung der Wirklichkeit sowie seiner *Unfähigkeit zur Gesellschaftskritik* außerhalb des herrschenden *status quo*.

Die kritische Theorie ruht auf der Theorie einer *Dialektik der Aufklärung*, genauer auf der formulierten *Vernunftkritik* auf. Gunnar Hindrichs sieht dieses Werk als eine der einflussreichsten Zeitdiagnosen der Moderne an und hält ihren Entstehungskontext im amerikanischen Exil des Instituts fest – ideologisch eingespannt zwischen Liberalismus, Faschismus und Stalinismus. Die Dialektik der Aufklärung spannt einen Bogen von der Gegenwart über die Geschichte der bürgerlichen Gesellschaft und deren Strukturen bis zurück ins Altertum und verfolgt dabei die Darstellung der selbstzerstörerischen Tendenz der Denkform der Aufklärung:[42]

> Seit je hat Aufklärung im umfassenden Sinn fortschreitenden Denkens das Ziel verfolgt, von den Menschen die Furcht zu nehmen und sie als Herren einzusetzen. Aber die vollends aufgeklärte Erde strahlt im Zeichen triumphalen Unheils. Das Programm der Aufklärung war die Entzauberung der Welt. Sie wollte die Mythen auflösen und durch

---

42 Vgl. Hindrichs, Einleitung, 1.

Wissen stürzen. Bacon, „der Vater der experimentellen Philosophie", hat die Motive schon versammelt.⁴³

Aufklärendes Denken ist in seinem Voranschreiten vom Mythos zum Logos immer ordnendes Denken, das eine ontologische Struktur der Welt impliziert und dem Menschen so Orientierung und die Möglichkeit zur Beherrschung seiner Umwelt liefert. Greifbar in Francis Bacon de Verulams Programm wird eine *induktiv-experimentell verfahrende Wissenschaft* zum dezidierten *Instrument der Naturbeherrschung* des Menschen, *Erkenntnis* wird in Bacons *Novum Organon* mit *Können* identifiziert.⁴⁴ Die Möglichkeiten der Vernunft werden so auf ihre instrumentelle Funktion eingeschränkt, formale Vernunft fällt mit instrumenteller Vernunft zusammen. Während Max Weber den Rationalisierungsschub der Moderne als „Entzauberung der Welt"⁴⁵ bezeichnet, deuten Horkheimer und Adorno den Fortschritt der Vernunft nun dialektisch – die Vernunft schlage in ihrem instrumentalistischen Gefängnis schließlich wieder in Mythologie um, die die Dinge der Welt auf ihre äußere Beherrschbarkeit im Nutzen verenge und ihre innere Natur unterdrücke, eine *Verdinglichung* in dreifacher Herrschaft: des Menschen über die Natur, des Menschen über sich selbst, des Menschen über andere Menschen – der Weg in die Barbarei.

Kritisiert wird letzten Endes eine „technologisch reduzierte, die moderne Vergesellschaftung durchdringende Vernunft, welche die Objektwelt eingliedert, standardisiert und verwertet und dabei lebendige Differenz ausmerzt"⁴⁶. Horkheimer und Adorno sehen zwar neben den Motiven der Entfremdung, Totalität und des Freiheitsverlusts einen möglichen Ausgang aus dieser selbstverschuldeten Unmündigkeit der Vernunft – in der Reflexion ihrer Geschichte, Gegenwart und Zukunft im Horizont ihrer potentiellen Rückläufigkeit – jedoch:

> Nimmt Aufklärung die Reflexion auf dieses rückläufige Moment nicht in sich auf, so besiegelt sie ihr eigenes Schicksal [...]. Die dabei an Aufklärung geübte Kritik soll einen positiven Begriff von ihr vorbereiten, der sie aus ihrer Verstrickung in blinde Herrschaft löst.⁴⁷

---

43 Horkheimer/Adorno, Dialektik der Aufklärung, 7.
44 Vgl. Bacon, Bacon's Neues Organon, 82 f. (I, Art. 3.). Popper bezieht sich explizit auf dieses aufklärerische Programm; vgl. Popper, Logik der Forschung, 36: „Die Theorie ist das Netz, das wir auswerfen, um ‚die Welt' einzufangen, – sie zu rationalisieren, zu erklären und zu beherrschen. Wir arbeiten daran, die Maschen des Netzes immer enger zu machen."
45 Weber, Wissenschaft als Beruf, 593.
46 Rensmann, Max Horkheimer/Theodor W. Adorno, Dialektik der Aufklärung, 170.
47 Horkheimer/Adorno, Dialektik der Aufklärung, 3 und 5.

Betrachtet man die Wurzeln der Vernunftkritik bei Horkheimer und Adorno, lässt sich ein Ansetzen an der nachidealistischen Philosophie Marx' beobachten, besonders eine kreative Lesart der „Verdinglichung" aus dem Kapital. Georg Lukács' und Siegfried Kracauers Entwürfe fließen ebenso ein – die These des Ineinanders von Mythos und Vernunft stammt von Kracauer. Auch Nietzsche stellt einen wichtigen Bezugspunkt dar sowie eine Auseinandersetzung mit der Erkenntnistheorie Kants. Schließlich steht der *Dialektik der Aufklärung* die durch Auschwitz negativ gebrochene Geschichtsphilosophie Hegels Pate.[48]

Die Dialektik der Aufklärung stellt eine *philosophische Unterbrechung* des status quo und ein neues Ansetzen philosophischer Reflexion dar, die auch durch die Exilerfahrung des Instituts und die Unmenschlichkeiten des NS-Regimes motiviert war. Wie nachhaltig Schock, Scham und Schuld das philosophische Denken nach dem Zweiten Weltkrieg, vor allem im deutschen Kulturraum unterbrachen, zeigt die Debatte um die Möglichkeit einer Kultur nach Auschwitz:

> Kulturkritik findet sich der letzten Stufe der Dialektik von Kultur und Barbarei gegenüber: nach Auschwitz ein Gedicht zu schreiben, ist barbarisch, und das frisst auch die Erkenntnis an, die ausspricht, warum es unmöglich ward, heute Gedichte zu schreiben.[49]

Adorno abwandelnd könnte gefragt werden, was es bedeutet, *nach Auschwitz Wissenschaft zu betreiben*. Kann Wissenschaft ihre gesellschaftlichen Bedingungen und Implikationen ausblenden und sich lediglich auf die logische Gültigkeit und Wahrheit ihrer Urteile begrenzen? Die Auseinandersetzung mit dem Wahrheitsbegriff des kritischen Rationalismus, greifbar im Positivismusstreit, zeigt, dass der kritische Rationalismus die Wissenschaft *innerhalb* der aufgeklärten Vernunft gegen Pseudo-Wissenschaften und Ideologien abzusichern sucht. Horkheimer und Adorno klassifizieren die aufgeklärte Vernunft *selbst* als Ideologie und enthüllen den Schatten, der sie stets begleitet. Jürgen Habermas greift das Anliegen der Aufklärung – Vernünftigkeit – im gesellschaftskritischen Horizont der Frankfurter Schule auf und bietet mit der *Theorie des kommunikativen Handelns*, die versucht die Grundstrukturen zwischenmenschlicher Kommunikation *universalpragmatisch* zu rekonstruieren, ein diskursives Wahrheitsverständnis an, das Vereinseitigungen durch die Pluralität der Geltungsansprüche im Diskurs relativiert und konfligierenden Positionen einen gemeinsamen Rahmen zur Verfügung stellt, in dem Lernprozesse stattfinden können und ein Konsens ausgehandelt werden kann:

---

48 Vgl. Rensmann, Dialektik der Aufklärung, 168 f.
49 Adorno, Kulturkritik und Gesellschaft, 30.

Zusammenfassend lässt sich sagen, dass normenregulierte Handlungen, expressive Selbstdarstellungen und evaluative Äußerungen konstative Sprechhandlungen zu einer kommunikativen Praxis ergänzen, die vor dem Hintergrund einer Lebenswelt auf die Erzielung, Erhaltung und Erneuerung von Konsens angelegt ist, und zwar eines Konsenses, der auf der intersubjektiven Anerkennung kritisierbarer Geltungsansprüche beruht.[50]

Die Frankfurter Schule trägt so in ihrer vernunft- bzw. wissenschaftskritischen Haltung in erster wie in zweiter Generation entscheidend zur Entwicklung eines *verantworteten* und *antwortenden*, d. h. sich im Austausch mit der Gesellschaft befindlichen, Wissenschaftsgeschehens bei und schafft mit der Diskursethik Habermas' die Grundlage für ein Gespräch differierender Wissenschaftskulturen, das auf Verständigung angelegt ist.[51] Vor allem die negative Dialektik Adornos bleibt jedoch in einer nahezu defätistischen Weise pessimistisch und sieht nicht in der Wissenschaft, lediglich in der Kunst Emanzipationspotential. Auch innerhalb Habermas' *Theorie des kommunikativen Handelns* muss die Frage gestellt werden, inwieweit es möglich ist, aus der Lebenswelt entspringende phänomenale Einstellungen in vernünftige Geltungsansprüche zu übersetzen, ohne dass das Eigentliche verloren geht. Die kommunikative Rationalität bietet jedoch zumindest gegenwärtig einen Rahmen, in dem sich Wissenschaft und Gesellschaft pragmatisch integrieren.

2.4 The postmodern condition – Jean François Lyotard

Obwohl Jean-François Lyotard neben Michel Foucault, Jacques Derrida und anderen Denkern der sogenannten „philosophischen Postmoderne" – vielleicht besser: des Post-Strukturalismus – oft in den Hintergrund gerät, eröffnete er in seiner Studie *La condition postmoderne* eine differenzierte, an den späten Wittgenstein der Sprachspiele[52] und die wissenschaftstheoretischen Überlegungen Kuhns anknüpfende Diagnose der Gesellschaft und ihres Wissens.

---

50 Habermas, Theorie des kommunikativen Handelns I, 37.
51 Vgl. ebd. 114.
52 Das Denken des späten Wittgenstein ist geprägt von einer *operationalistischen Semantik*, die die Bedeutung eines Wortes durch dessen Gebrauch in der Sprache *beschrieben*, nicht *erklärt* sieht (vgl. Wittgenstein, Philosophische Untersuchungen, 43 und 69). Eine Lebensform versteht er als das Ganze eines komplexen Ineinanders verschiedener *Sprachspiele*, die bestehend aus sprachlichen und nichtsprachlichen Akten lediglich über eine *Familienähnlichkeit* lose miteinander assoziiert sind, jedoch durch keinen übergeordneten Blick differenziert werden können. Wissenschaft ist als ebensolches Sprachspiel zu verstehen, deren denotationale und logische Ansprüche *immer pragmatisch* unterfangen sind, sodass der Philosophie lediglich *therapeutische* oder

Für Lyotard steht Wissenschaft dem Narrativen ambivalent gegenüber: einerseits werden Narrative zumeist als märchenhaft verbrämt, andererseits kann sich das wissenschaftliche Geschehen nicht auf das bloße Erforschen von Regelmäßigem und Wahrem beschränken, sondern muss einen Legitimationsdiskurs über die Regeln des wissenschaftlichen Schaffens, des eigenen Spieles führen – einen philosophischen Diskurs.[53] Dieser Metadiskurs legitimiert sich zum einen selbst durch große Erzählungen, Meta-Erzählungen, die in den Ansprüchen von Aufklärung oder Geschichtsphilosophie rückwirkend das Wissen sowie gesellschaftliche Institutionen *modern* zu legitimieren versuchen:

> I will use the term *modern* to designate any science that legitimates itself with reference to a metadiscourse of this kind making an explicit appeal to some grand narrative, [...] the Enlightenment narrative, in which the hero of knowledge works toward a good ethico-political end [...] [or] a metanarrative implying a philosophy of history [...] used to legitimate knowledge [...]. [J]ustice is consigned to the grand narrative in the same way as truth.[54]

Um die Homogenität und Funktionalität der Meta-Erzählungen zu erhalten, müssen Pluralität und Heterogenität abgeblendet, unterdrückt werden: eine Vereinheitlichung, zugespitzt eine *Vereinsheitlichung*. Lyotard diagnostiziert dem Wissen seiner Zeit, den Wissenschaften, deren Institutionen, in der Folge damit auch der Orientierungsgrundlage der Gesellschaft, jedoch Gegensätzliches: eine manifeste postmoderne Legitimationskrise, die er grundsätzlich als einen Fortschritt der Wissenschaft deutet:

> Simplifying to the extreme, I define *postmodern* as incredulity toward metanarratives. This incredulity is undoubtedly a product of progress in the sciences: but that progress in turn presupposes it. To the obsolescence of the metanarrative apparatus of legitimation corresponds, most notably, the crisis of metaphysical philosophy and of the university institution which in the past relied on it.[55]

Lyotard sieht *die* Philosophie als narrative Legitimation der Wissenschaft zerfallen, in seiner Metaphorik: wie Wolken „zerstieben", die in ihren jeweiligen Formen disparat nebeneinander schweben und deren individuelle Schnittmengen

---

hermeneutische Bedeutung zukommt – der Fliege den Weg aus dem Fliegenglas zu zeigen (ebd. 309) sowie das zu *interpretieren*, nicht zu *erklären*, was schon offen vor unseren Augen liegt (ebd. 89).
53 Vgl. Lyotard, The postmodern condition, XXIII.
54 Ebd. XXIII f.
55 Ebd. XXIV.

Wissenschaft – eine *diskursive Praxis* 441

jeder „von uns", jeder Mensch bildet, dabei jedoch in stark eingeschränkter Möglichkeit, verständlich und verstehend zu kommunizieren:

> The narrative function is losing its functors, its great hero, its great dangers, its great voyages, its great goal. It is being dispersed in clouds of narrative language elements—narrative, but also denotative, prescriptive, descriptive, and so on. Conveyed within each cloud are pragmatic valencies specific to its kind. Each of us lives at the intersection of many of these. However, we do not necessarily establish stable language combinations, and the properties of the ones we do establish are not necessarily communicable.[56]

Mit anderen Worten: Lyotard diagnostiziert, die europäische Moderne sei an ihr Ende gekommen, die Einheit ihrer legitimierenden Meta-Erzählungen in einzelne Interpretationen zerflossen. Stattdessen fände sich der postmoderne Mensch in seinem postmodernen Wissen inmitten einer Vielzahl unterschiedlichster Diskurse wieder, deren Inkommensurabilität eine rationale Integration unmöglich macht. Lyotard sieht jedoch Raum für eine postmoderne Vernunft, die zwischen den unterschiedlichen Sprachspielen vermitteln könne, jedoch lediglich *paralogisch*, als assoziierendes, beschreibendes „Entlangdenken":

> Postmodern knowledge is not simply a tool of the authorities; it refines our sensitivity to differences and reinforces our ability to tolerate the incommensurable. Its principle is not the expert's homology, but the inventor's paralogy.[57]

Breit rezipiert wurde Lyotards Untersuchung des postmodernen Wissens in ihrem öffentlichkeitswirksamen, metaphorischen Gewand: in seiner dritten Notiz zu Kant entwirft Lyotard im Horizont der Diskussion von Kants *Kritik der Urteilskraft* das *Bild eines Archipels*, der von der Vernunft eines jeden Menschen besegelt wird, Inseln birgt, die in jeweils eigenen Diskursen, Sprachspielen kommunizieren und die sich und durch die segelnde Vernunft aneinander vermitteln, einer postmodernen Vernunft, die sich selbst zu keiner Insel zählt, keinem Sprachspiel den Vorzug gibt:

> Let's say, an archipelago. Each genre of discourse would be like an island; the faculty of judgment would be, at least in part, like an admiral or like a provisioner of ships who would launch expeditions from one island to the next, intended to present to one island what was found (or invented, in the archaic sense of the word) in the other, and which might serve the former as an ‚as-if intuition' with which to validate it. Whether war or commerce, this interventionist force has no object, and does not have its own island,

---

56 Ebd. XXIV.
57 Ebd. XXV.

but it requires a milieu – this would be the sea – the Archepelagos or primary sea as the Aegean was once called.[58]

Lyotards Studie der postmodernen Gesellschaft und ihres Wissens verarbeitet genuin philosophische Topoi und rahmt sie neu: *post-modern*. Aufklärung und Geschichtsphilosophie werden dezidiert aufgegriffen und in einer *Depotenzierung ihrer Erklärungsleistung* verwunden. Angestoßen wurde Lyotards Untersuchung zum postmodernen Wissen von politischer Seite: der Präsident des Universitätsrates von Quebec gab den Bericht in Auftrag und genehmigte im Anschluss dessen Publikation.[59] Ordnet man Lyotards Entwurf ein, scheint er die Konsequenz selbstreflexiver Vernunft im Horizont ihrer gesellschaftlichen Wirkung zu sein: Die Brüche in Denken und Gesellschaft, die das Programm der Aufklärung und Geschichtsphilosophie mit zunehmend totalisierendem Voranschreiten erzeugte, führten zur destruierenden Philosophie Nietzsches und zur kritischen Haltung der Frankfurter Schule. Die Nachkriegsgesellschaften konnten lediglich ein politisch-pragmatisches Integral bilden, das unter zunehmendem Rechtfertigungsdruck bröckelt. Die Notwendigkeit einer nachhaltigen Sanierung übt schließlich steigenden Druck aus, der unter anderem zur postmodernen Dekonstruktion des Tradierten – der Disposition Lyotards – führt.

Die Polemik, die postmodernen Denkern wie Lyotard seitens etablierter Philosophen auch heute noch entgegenschlägt, verkennt das ehrliche, berechtigte und notwendige Anliegen einer veritablen post-modernen Verwindung moderner Hypotheken. Freilich: postmodernistische Philosophie, die sich selbst letztendlich modern gebärdet, das *Gespräch anklagend verweigert* und sich selbst absolut setzt, kann nicht ernst genommen werden. Anderseits verlässt eine positivistische Philosophie, die einen Austausch auf Augenhöhe gar nicht erst zulässt, das philosophische Feld in Richtung von *Ideologie*. Wolfgang Welsch versucht mit seiner Idee einer „transversalen Vernunft"[60], die postmoderne Vernunft Lyotards kritisch einzufangen und weiterzuentwickeln. Besonders auch sein Aufsatz „Heterogenität, Widerstreit und Vernunft. Zu Jean-François Lyotards philosophischer Konzeption von Postmoderne" beleuchtet das Denken Lyotards wertschätzend kritisch. Lyotard selbst fasst seiner *La condition postmoderne* mit mehreren Schriften nach und entwickelt vor allem die Idee der inkommensurablen Übergänge differenter Diskurse weiter.[61]

---

58 Lyotard, The Differend, 130 f.
59 Vgl. Lyotard, The postmodern condition, XXV.
60 Vgl. Welsch, Vernunft.
61 Vgl. Breitling, Möglichkeitsdichtung – Wirklichkeitssinn, 263.

Für die Wissenschaft bedeutet Lyotards Diagnose der postmodernen Kondition des Wissens mindestens zweierlei: bleibt man in der Metaphorik des Archipels, werden einerseits die unterschiedlichen Inseln in ihren unterschiedlichen Wissenskulturen und Wissensformen in ihrer Eigentlichkeit belassen und nicht von einer externen, normativen, sich überordnenden Vernunft angeeignet. Andererseits hört Wissenschaft, metaphorisch gesprochen, nicht am eigenen begrenzenden Strand auf, sondern wird in vielfältigen Formen an unterschiedlichen Orten praktiziert, mit denen ein Dialog auf Augenhöhe stattfinden kann und muss. Dazu ist es nötig sich auf den Ozean hinauszuwagen, eine Lebenswelt, die angeht und anspricht, der man nicht auf den Grund sieht und deren Fremdheit herausfordert. Die die Wissenschaftskulturen vereinheitlichenden Meta-Erzählungen, wie sie vielleicht am prominentesten der hegelsche Entwurf vorlegt, verlieren ihre Integrationskraft angesichts echter Pluralität. In solcher Differenz kann keine *theoretische* Einheit mehr gelten, *praktisch* findet jedoch Dialog und damit Kommunikation statt – nach dynamischen Regeln, denen im Sinne Wittgensteins sprachhandelnd gefolgt wird, die jedoch nicht letztgültig erklärt, lediglich beschrieben und vor allem gelebt werden können.

3 Abschließender Ausblick: Wissenschaft – eine diskursive Praxis

Was vereint nun den Kritischen Rationalismus bei Popper und Lakatos, die Kritische Theorie bei Horkheimer/Adorno und Habermas sowie die Postmoderne Kondition Lyotards im Horizont der Frage nach Wissenschaft und Gesellschaft?

Eine Antwort darauf kann sein: der *Diskurs*. Alle genannten Denker philosophieren nicht lediglich aus sich selbst heraus und für sich, sondern beziehen sich in ihren Quellen und Ansprüchen auf andere Denker*innen, die wiederum entsprechende Repliken formulieren. Bei einer großen und irreduziblen Vielfalt an Wissenskulturen und Wissensformen kann hierbei das menschliche Interesse und die Fähigkeit zur Verständigung eine – wenn auch gelegentlich fragile und wesentlich provisorische – *kommunikative Brücke* bauen, die Interdisziplinarität ermöglicht und nicht zuletzt das Eigene im Anspruch von Fremdem neu und tiefergehend erschließt. Kommunikation stellt hierbei nicht lediglich den theoretischen Austausch von Propositionen dar, sondern ereignet sich – mit Wittgenstein – in Sprachspielen, die verbale und non-verbale Akte integrieren, rational nicht vollständig auflösen, analysierbar sind und in ihrem Gesamt die Lebensform Mensch begründen. Wissenschaft erscheint so als ein Sprachhandeln, als eine *diskursive Praxis*, die sich notwendig im sozialen, d. h. *im gesellschaftlichen Horizont* ereignet und auf einer für die Verständigung unhintergehbaren Unbedingtheit des kommunikativen Handelns beruht.[62] Mit den Worten Habermas':

> Die Theorie des kommunikativen Handelns zielt [...] auf jenes Moment an Unbedingtheit, welches mit den kritisierbaren Geltungsansprüchen in die Bedingungen der Konsensbildungsprozesse eingebaut ist – als Ansprüche transzendieren diese alle räumlichen und zeitlichen, alle provinziellen Beschränkungen des jeweiligen Kontextes.[63]

Das Unbedingte in Verständigung und Kommunikation wirft ein Licht auf einen weiteren Aspekt des Zusammenhangs von Wissenschaft und Gesellschaft: alle diskutierten (und nicht diskutierten) wissenschaftstheoretischen Entwürfe stammen von Menschen, die immer schon einer *geteilten Lebenswelt* angehören, die in einer *überschießenden phänomenalen Fülle* erscheint.[64] Auch wenn sich Wissenschaftler*innen in eine *methodische* Distanz begeben und aus einer „neutralen" (cartesischen) Subjektivität heraus, d. h. ahistorisch, rein geistig und wertneutral Objekte untersuchen – meist in quantifizierender Hinsicht –, bleibt jede Untersuchung von der Lebenswelt unterfangen, die selbst nicht mit den Untersuchungsergebnissen identifiziert und auf sie reduziert werden kann. Geschieht eine solche Identifikation und Reduktion dennoch, wird die Lebenswelt kolonialisiert,[65] ihr unbedingtes Moment durch einen neutralisierenden Blick verstellt und die Fülle, in der sich die menschliche Existenz ereignet, verengt sich und gerinnt zu einem stahlharten Gehäuse,[66] in dem Individuum und Gesellschaft – *scheinbar* neutral – eine alternativlose „Wahrheit" leben, die von

---

62 Michel Foucault geht hier einen anderen Weg, der nicht mit dem kommunikativen Handeln zu verwechseln ist: in seinem Diskursverständnis ist nicht Verständigungsorientierung, sondern eine Archäologie der Machtverhältnisse leitend.
63 Habermas, Theorie des kommunikativen Handelns II, 586 f.
64 Vgl. Husserl, Die Krisis der europäischen Wissenschaften, 52 ff.
65 Vgl. Habermas, Theorie des kommunikativen Handelns II, 522 ff.
66 Vgl. Weber, Wirtschaft und Gesellschaft, 834: „Eine leblose Maschine ist geronnener Geist. Nur, daß sie dies ist, gibt ihr die Macht, die Menschen in ihren Dienst zu zwingen und den Alltag ihres Arbeitslebens so beherrschend zu bestimmen, wie es tatsächlich in der Fabrik der Fall ist. Geronnener Geist ist auch jene lebende Maschine, welche die bürokratische Organisation mit ihrer Spezialisierung der geschulten Facharbeit, ihrer Abgrenzung der Kompetenzen, ihren Reglements und hierarchisch abgestuften Gehorsamsverhältnissen darstellt. Im Verein mit der toten Maschine ist sie an der Arbeit, das Gehäuse jener Hörigkeit der Zukunft herzustellen, in welche vielleicht dereinst die Menschen sich, wie die Fellachen im altägyptischen Staat, ohnmächtig zu fügen gezwungen sein werden, wenn ihnen eine rein technisch gute und das heißt: eine rationale Beamten-Verwaltung und -Versorgung der letzte und einzige Wert ist, der über die Art der Leitung ihrer Angelegenheiten entscheiden soll."

einem *erfüllten* Leben entfremdet und Pathologien erzeugt. Ist es also nicht *auch* Aufgabe der Wissenschaft, das eigene und das gesellschaftliche Tun kritisch zu reflektieren und die problematischen Aspekte in einem verständigungsorientierten Diskurs einzuholen, der auch Werturteile integriert, sprich: im Rahmen einer deliberativen Demokratie politische Verantwortung zu übernehmen?

Aristoteles behauptet als Anfang der Philosophie das Staunen sowie das alle Menschen vereinende Streben nach Wissen und nach dem vollkommenen und selbstgenügsamen Gut als des Endziels menschlichen Handelns, die εὐδαιμονία (edudaimonía).[67] Staunen unterbricht den Menschen in seinen alltäglichen Routinen, Wissen verschafft ihm ein Koordinatensystem, um sinnvoll zu handeln, und das Bedürfnis nach erfüllendem Tätigsein motiviert seine Handlungen und richtet sie so unterschiedlich aus, wie sich unterschiedliche Verständnisse von glücklichem Leben finden. Wissenschaft steht so immer in einem *genuin praktischen Lebenskontext aller Menschen*, einem gesellschaftlichen Horizont, dem sie antwortet, den sie verantwortet und den es immer neu durchzudringen gilt – ohne den Anspruch, diesen jemals in toto zu erfassen. Sie realisiert so einen steten Diskurs in und um Positionen, die von Diskursteilnehmer*innen vertreten werden und auf Grundbedürfnisse des Menschen antworten – ist so selbst *wesenhaft praktisch* als Ausdruck der menschlichen Lebensform, in der sich der Mensch in den Konsequenzen und Reflexionen seines Handelns stetig neu entgegentritt. Daher: *Sapere aude!* Jedoch: Γνῶθι σεαυτόν (gnothi seautón), sowie mit Martin Buber: *Im Anfang ist die Beziehung, und das Du kennt kein Koordinatensystem.*

Literatur

Adorno, Theodor, Kulturkritik und Gesellschaft, in: ders., Gesammelte Schriften 10.1, Frankfurt am Main 1977, 11–30.

Aristoteles, Nikomachische Ethik. Hg. von Bien, Günther; übersetzt von Rolfes, Eugen (Meiner Philosophische Bibliothek 5), Hamburg ⁴1985.

Aristoteles, Metaphysik. Bücher I(A)–VI(E). Griechisch-Deutsch. Hg. Seidl, Horst (Meiner Philosophische Bibliothek 307), Hamburg ³1989.

Bacon, Francis, Neues Organon. Übersetzt, erläutert und mit einer Lebensbeschreibung des Verfassers versehen von Kirchmann, Julius Heinrich von (Philosophische Bibliothek 32), Berlin 1870.

---

67 Vgl. Aristoteles, Metaphysik, I 2980a, 21 und 2982b, 12; ders, Nikomachische Ethik, 1097b, 20.

Breitling, Andris, Möglichkeitsdichtung – Wirklichkeitssinn. Paul Ricœurs hermeneutisches Denken der Geschichte (Phänomenologische Untersuchungen, 24), Paderborn 2007.

Chalmers, Alan, Wege der Wissenschaft. Einführung in die Wissenschaftstheorie. Hg. und übersetzt von Bergemann, Niels/Altstötter-Gleich, Christine, Berlin/Heidelberg ⁶2007.

Dahms, Hans-Joachim, Positivismusstreit. Die Auseinandersetzungen der Frankfurter Schule mit dem logischen Positivismus, dem amerikanischen Pragmatismus und dem Kritischen Rationalismus, Frankfurt am Main 1994.

Feyerabend, Paul, Erkenntnis für freie Menschen (es 1011), Frankfurt am Main ²1981.

Feyerabend, Paul, Wider den Methodenzwang. Skizze einer anarchistischen Erkenntnistheorie. Übersetzt von Vetter, Hermann (stw 597), Frankfurt am Main ³1983.

Habermas, Jürgen, Die Einheit der Vernunft in der Vielfalt ihrer Stimmen, in: ders., Nachmetaphysisches Denken. Philosophische Aufsätze (stw 1004), Frankfurt am Main 1988, 153–186.

Habermas, Jürgen, Der philosophische Diskurs der Moderne (stw 749), Frankfurt am Main 1996.

Habermas, Jürgen, Theorie des kommunikativen Handelns, Band 1: Handlungsrationalität und gesellschaftliche Rationalisierung (stw 1175), Frankfurt am Main ¹⁰2016.

Habermas, Jürgen, Theorie des kommunikativen Handelns, Band 2: Zur Kritik der funktionalistischen Vernunft (stw, 1175), Frankfurt am Main ¹⁰2016.

Hindrichs, Gunnar, Einleitung, in: ders. (Hg.), Max Horkheimer/Theodor W. Adorno: Dialektik der Aufklärung (Klassiker Auslegen 63), Berlin/Boston 2017, 1–4.

Horkheimer, Max/Adorno, Theodor, Dialektik der Aufklärung. Philosophische Fragmente, Frankfurt am Main 1985.

Husserl, Edmund, Die Krisis der europäischen Wissenschaften und die transzendentale Phänomenologie. Eine Einleitung in die phänomenologische Philosophie, in: Meiner Philosophische Bibliothek 641, Hamburg 2012.

Kuhn, Thomas, Die Struktur wissenschaftlicher Revolutionen (stw 25), Frankfurt am Main 2001.

Lakatos, Imre, Criticism and the Methodology of Scientific Research Programmes, in: Proceedings of the Aristotelian Society 69 (1969) 1, 149–186.

Lakatos, Imre, Die Methodologie wissenschaftlicher Forschungsprogramme. Hg. Worrall, John/Currie, Gregory (Philosophische Schriften I), Wiesbaden 1982.

Lyotard, Jean-François, The Differend. Phrases in Dispute. Übersetzt von Van Den Abeele, Georges, Manchester 1988.

Lyotard, Jean-François, The postmodern condition. A Report on Knowledge, Bennington, Geoff/Massumi, Brian (Übers.) (Theory and History of Literature 10), Minnesota 1979.

Marcuse, Herbert, Der eindimensionale Mensch. Studien zur Ideologie der fortgeschrittenen Industriegesellschaft, München ³1998.

Masterman, Margaret, The Nature of a Paradigm, in: Lakatos, Imre/Musgrave, Alan (Hg.), Criticism and the Growth of Knowledge (Proceedings of the 1965 International Colloquium in the Philosophy of Science, Band 4), Cambridge 1970, 59–90.

Nickles, Thomas, Scientific Revolutions, in: Zalta, Edward (Hg.), Stanford Encyclopedia of Philosophy (Winter 2017): https://plato.stanford.edu/archives/win2017/entries/scientific-revolutions/ (19.08.2020).

Peirce, Charles, The Collected Papers of Charles Sanders Peirce. The Electronic Edition. Hg. Deely, John (1994): https://colorysemiotica.files.wordpress.com/2014/08/peirce-collectedpapers.pdf (11.09.2020).

Pollak, Guido/Heid, Helmut, Kritischer Rationalismus — Moderne — Postmoderne. Grundfragen ihrer Wechselbeziehung und Probleme der Bestimmung ihrer Identität, in: Krüger, Heinz-Hermann (Hg.), Abschied von der Aufklärung? Opladen 1990, 123–139.

Popper, Karl, Logik der Forschung, in: Keuth, Herbert (Hg.), Gesammelte Werke in deutscher Sprache 3, Tübingen ¹¹2005.

Popper, Karl, Conjectures and Refutations. The Growth of Scientific Knowledge, London/New York ⁵1989.

Quine, Willard Van Orman, Two Dogmas of Empiricism, in: ders., From a Logical Point of View. 9 logico-philosophical Essays, New York u. a. ²1963, 20–46.

Rensmann, Lars, Max Horkheimer/Theodor W. Adorno: Dialektik der Aufklärung. Philosophische Fragmente, in: Salzborn, Samuel, Klassiker der Sozialwissenschaften. 100 Schlüsselwerke im Portrait, ²2016, 168–173.

Weber, Max, Die ‚Objektivität' sozialwissenschaftlicher und sozialpolitischer Erkenntnis, in: Archiv für Sozialwissenschaft und Sozialpolitik 19 (1904) 1, 22–87.

Weber, Max, Wirtschaft und Gesellschaft. Grundriß der verstehenden Soziologie. Besorgt von Winckelmann, Johannes, Tübingen ⁵1980.

Weber, Max, Wissenschaft als Beruf, in: Winckelmann, Johannes (Hg.) Gesammelte Aufsätze zur Wissenschaftslehre, Tübingen ⁶1985, 581–612.

Welsch, Wolfgang, Heterogenität, Widerstreit und Vernunft. Zu Jean-François Lyotards philosophischer Konzeption von Postmoderne, in: Philosophische Rundschau 34 (1987) 3/4, 161–186.

Welsch, Wolfgang, Wege aus der Moderne. Schlüsseltexte der Postmoderne-Diskussion (Acta Humaniora – Schriften zur Kunstwissenschaft und Philosophie), Berlin ²1994.

Welsch, Wolfgang, Vernunft. Die zeitgenössische Vernunftkritik und das Konzept der transversalen Vernunft, Frankfurt am Main 1996.

Welsch, Wolfgang, Unsere postmoderne Moderne (Acta humaniora – Schriften zur Kunstgeschichte und Philosophie), Berlin ⁷2008.

Wittgenstein, Ludwig, Philosophische Untersuchungen (Bibliothek Suhrkamp 1372) Frankfurt am Main 2003.

Anhang

Programm der Ringvorlesung „Das Politische der Wissenschaft" im Sommersemester 2018 an der Universität Salzburg

08.03.2018 MAX PREGLAU (Universität Innsbruck, Institut für Soziologie)
Das Politische der Wissenschaft an der ökonomisierten Managementuniversität.
Erfahrungen und Reflexionen eines Soziologen

15.03.2018 ARNO STROHMEYER (Universität Salzburg, FB Geschichte)
Geschichtsforschung im Dienst des Nationalsozialismus?
Karl Brandl (1868–1946) – zwischen Wissenschaft und Politik

22.03.2018 SIEGRID SCHMIDT (Universität Salzburg, FB Germanistik)
Germanistik – Eine Wissenschaft mit (200jähriger) politischer Geschichte

12.04.2018 GEORG ZIMMERMANN (Universität Salzburg, FB Mathematik/PMU Salzburg)
Statistik – Gift oder Heilmittel für Gesellschaft und Wissenschaft?

19.04.2018 NANCY ANDRIANNE (Universität Salzburg, FB Erziehungswissenschaft/School of Education)
Bildung unter Ökonomisierungsdruck.
Anmerkungen zu vermessenen Schulen und standardisierten SchülerInnen

26.04.2018 ULRIKE GREINER (Universität Salzburg, School of Education)
Universitäre Lehrer/innenbildung zwischen Wissenschaft, Profession und Politik

03.05.2018 FRANZ GMAINER-PRANZL (Universität Salzburg, FB Systematische Theologie/Zentrum Theologie Interkulturell und Studium der Religionen)
Politische Theologie – ein Diskurs zwischen Machtanspruch und Gesellschaftskritik

17.05.2018 STEFANIE HÜRTGEN (Universität Salzburg, FB Geographie und Geologie)
Gegen die Logik des Sachzwangs:
„Wirtschaft" als politische und gesellschaftliche Angelegenheit

24.05.2018 ANDREA SCHMIDT (Gesundheit Österreich GmbH, Wien)
Politik, Praxis, Wissenschaft:
Spannungsfelder in der angewandten Sozialforschung und Sozioökonomie
07.06.2018 OTTO LAGODNY (Universität Salzburg, FB Strafrecht und Strafverfahrensrecht)
Das Politische an der Rechtswissenschaft
14.06.2018 MANFRED OBERLECHNER-DUVAL (PH Salzburg, Institut für Gesellschaftliches Lernen und Politische Bildung)
DOMINIK GRUBER (Universität Salzburg, FB Politikwissenschaft und Soziologie)
Das Politische der Wissenschaft nach Adorno – oder: Eine Kritik des gegenwärtigen Wissenschaftsbetriebs auf der Grundlage von Theorien der Frankfurt Schule
21.06.2018 STEPHAN LESSENICH (LMU München, Institut für Soziologie)
Die Dialektik der Demokratie
28.06.2018 MANFRED GABRIEL (Universität Salzburg, FB Politikwissenschaft und Soziologie)
Wissenschaft als Beruf

Vorbereitungsteam der Ringvorlesung:

- NANCY ANDRIANNE (FB Erziehungswissenschaft/School of Education)
- MANFRED GABRIEL (FB Politikwissenschaft und Soziologie)
- FRANZ GMAINER-PRANZL (FB Systematische Theologie/Zentrum Theologie Interkulturell und Studium der Religionen)

Administration:

ULRIKE KLOPF (FB Politikwissenschaft und Soziologie)

Die Vorträge der Ringvorlesung fanden jeweils am Donnerstag von 17.15–18.45 Uhr im Hörsaal 381 (Universität Salzburg, Rudolfskai) statt.

Autorinnen und Autoren

Nancy Andrianne: Geboren 1973 in Brüssel, Studium der Erziehungswissenschaft an der Universität Salzburg (MA 2012), 2013–2016 ULG Migrationsmanagement/Universität Salzburg (MAS), seit 2013 Lehrbeauftragte am FB Erziehungswissenschaft und an der School of Education, Dissertationsprojekt im Fach Erziehungswissenschaft zur Thematik migrationsspezifischer Bildungsungleichheiten. AFS (Arbeits- und Forschungsschwerpunkte): Soziale Ungleichheit; Migration, Jugend und Bildung; Diskriminierung und Rassismus; Diversität. Aktuelle Publikation: Bildungsungleichheiten aus gerechtigkeitstheoretischer Perspektive, in: Brandstetter, Bettina/Gmainer-Pranzl, Franz/Greiner, Ulrike (Hg.), Von „schöner Vielfalt" zu prekärer Heterogenität. Bildungsprozesse in pluraler Gesellschaft (Salzburger interdisziplinäre Diskurse 17), Berlin 2021, 295–332. E-Mail: nancy.andrianne@plus.ac.at

Kay-Michael Dankl: Geboren 1988 in Graz, Studium der Geschichte und Politikwissenschaft an der Universität Salzburg, Mag. phil., Studierendenvertreter der ÖH Salzburg, Kulturvermittler beim Salzburg Museum, Gemeinderat der Stadt Salzburg, Vorsitzender der Studienvertretung Doktorat an der Kultur- und Gesellschaftswissenschaftlichen Fakultät der ÖH Salzburg (2019–2021). AFS: Zeit-, Sozial- und Wirtschaftsgeschichte, politische Partizipation. E-Mail: kaymichael.dankl@gmail.com

Nikolaus Dimmel: Geboren 1959 in Linz (Oberösterreich), Dr. phil., Dr. iur., Diplom-Sozialmanager, Tätigkeiten als Tischler, Strafverteidiger, Rechtsberater, Sozialamtsleiter und GmbH-Geschäftsführer, internationale Consulting-Erfahrung, geschäftsführender Gesellschafter von InnoSozial (Salzburg) und des Zentrums für Sozialwirtschaft (Graz), Professor an der Rechtswissenschaftlichen Fakultät der Universität Salzburg. AFS: Sozialrecht, Sozialpolitik, Soziale Dienste/Sozialwirtschaft, Rechtssoziologie. Aktuelle Publikationen: Dimmel, Nikolaus/Immervoll, Karl/Schandl, Franz, Sinnvoll tätig sein. Wirkungen eines Grundeinkommens, Wien 2019; Dimmel, Nikolaus/Gmainer-Pranzl, Franz/Hahn, Sylvia (Hg.), Migration und sozialer Wandel (Salzburger interdisziplinäre Diskurse 13), Berlin 2019; Das Soziale Gestalten. Beiträge zur Sozialplanung, Linz 2019; Dimmel, Nikolaus/Schmee, Josef, Das Laboratorium. Politische Ökonomie und Soziologie pandemischer Herrschaft, Wien 2021. E-Mail: nikolausdimmel@me.com

Manfred Gabriel: Geboren 1961, Studium der Soziologie und Promotion, seit 1986 tätig an der Universität Salzburg, Mitglied der Redaktion der Österreichischen Zeitschrift für Soziologie, Mitbegründer der Reihe „Salzburger Kulturwissenschaftlicher Dialog", außeruniversitäre Lehre im Bereich Sozialpsychiatrie, Vorsitzender der Salzburger Gesellschaft für Kultursoziologie, Betriebsrat an der Universität Salzburg, stellvertretender Landesvorsitzender und Mitglied der erweiterten Bundesleitung in der Universitätengewerkschaft wissenschaftliches und künstlerisches Personal. AFS: Allgemeine Soziologie, Kunst- und Kultursoziologie, Soziologische Theorie und Theoriegeschichte. E-Mail: manfred.gabriel@plus.ac.at

Franz Gmainer-Pranzl: Geboren 1966 in Steyr (Österreich), Studien der Katholischen Theologie in Linz und Innsbruck sowie der Philosophie in Innsbruck und Wien, 1991–1994 Assistent am Institut für Fundamentaltheologie (Universität Innsbruck), 1995–2002 Assistent am Institut für Dogmatik und Fundamentaltheologie (KTU Linz), Dr. theol. 1994 (Universität Innsbruck), Dr. phil. 2004 (Universität Wien), Habilitation im Fach Fundamentaltheologie 2011 (Universität Innsbruck), seit 2009 Universitätsprofessor und Leiter des Zentrums Theologie Interkulturell und Studium der Religionen an der Universität Salzburg. AFS: Interkulturelle Philosophie, kontextuelle Theologien (Schwerpunkt: Afrika), interdisziplinärer Dialog Theologie Interkulturell und Kritische Entwicklungsforschung. Aktuelle Publikation: Brandstetter, Bettina/Gmainer-Pranzl, Franz/Greiner, Ulrike (Hg.), Von „schöner Vielfalt" zu prekärer Heterogenität. Bildungsprozesse in pluraler Gesellschaft (Salzburger interdisziplinäre Diskurse 17), Berlin 2021. E-Mail: franz.gmainer-pranzl@plus.ac.at

Dominik Gruber: Geboren 1983 in Schwarzach im Pongau, Studium der Soziologie (Diplom) und Erziehungswissenschaft (Master) an der Universität Salzburg sowie der Sucht- und Gewaltprävention in pädagogischen Handlungsfeldern (Master) in Linz; derzeit Doktoratsstudium der Soziologie an der Universität Innsbruck, Tätigkeit in der Sozialpsychiatrie, Mitglied des Forschungszentrums *Social Theory* an der Universität Innsbruck. AFS: Soziologische Theorie, Kritische Theorie, Diversität und Intersektionalität, Ideologien der Ungleichheit, Sozialpsychiatrie in Theorie und Praxis. E-Mail: dominik.gruber@student.uibk.ac.at

Stefanie Hürtgen: Geboren 1970 in Berlin, Studium der Politikwissenschaften in Berlin, Tätigkeit in der gewerkschaftlichen und politischen Erwachsenenbildung, Mitarbeiterin am Frankfurter Institut für Sozialforschung, 2004–2010

Mitarbeiterin und Dozentin an der Europäischen Akademie der Arbeit in Frankfurt am Main, 2014 Fellow am Kolleg „Postwachstumsgesellschaften" der Universität Jena, 2015 Vertretungsprofessorin in der Abteilung Soziologie der JKU Linz, seit 2015 Assistenzprofessorin am FB Geographie und Geologie/Sozial- und Wirtschaftsgeographie der Universität Salzburg, assoziiertes Mitglied des Frankfurter Instituts für Sozialforschung, Mitglied im wissenschaftlichen Beirat der Rosa-Luxemburg-Stiftung, im wissenschaftlichen Beirat von ATTAC Deutschland sowie des Mattersburger Kreises für Entwicklungspolitik. AFS: Transnationale labour geography, Arbeits- und Industriesoziologie, kritische politische Ökonomie, kritische Europa- und Globalisierungsforschung. Aktuelle Publikation: Strukturelle Heterogenität und fragmentierende Entwicklung: Zur Relevanz eines entwicklungspolitischen Konzepts für die Analyse neoliberaler Globalisierung, in: Brandstetter, Bettina/Gmainer-Pranzl, Franz/Greiner, Ulrike (Hg.), Von „schöner Vielfalt" zu prekärer Heterogenität. Bildungsprozesse in pluraler Gesellschaft (Salzburger interdisziplinäre Diskurse 17), Berlin 2021, 147–172. E-Mail: stefanie.huertgen@plus.ac.at

Katharina Kreissl: Universitätsassistentin (Post-Doc) an der Abteilung für Gesellschaftstheorie und Sozialanalysen, Institut für Soziologie, Johannes-Kepler-Universität Linz, zuvor Wissenschaftliche Mitarbeiterin an der TU München, WU Wien sowie Universität Innsbruck mit Gastaufenthalten an der Rotman Business School (Toronto), TU Berlin, FU Berlin sowie Copenhagen Business School. AFS: Differenzen und Ungleichheiten in Arbeitsverhältnissen und Organisation, sozial-ökologische Transformation und Nachhaltigkeit. E-Mail: katharina.kreissl@jku.at

Otto Lagodny: Geboren 1958 in Welzheim (Deutschland), 1977–1982 Studium der Rechtswissenschaften in Tübingen, 1984/85 Stipendiat der Max-Planck-Gesellschaft, 1986 Promotion: *Die Rechtsstellung des Auszuliefernden in der Bundesrepublik Deutschland*, 1995 Habilitation: *Strafrecht vor den Schranken der Grundrechte*, 1995–1999 Professor für Straf- und Strafprozessrecht in Dresden, seit 1999 Universitätsprofessor für österreichisches und ausländisches Straf- und Strafverfahrensrecht sowie für Strafrechtvergleichung. AFS: Straf- und Strafverfahrensrecht, Strafrechtsvergleichung mit Bezügen zu Menschenrechten, Rechtstheorie. Aktuelle Publikation: Zwei Strafrechtswelten. Rechtsvergleichende Betrachtungen und Erfahrungen aus deutscher Sicht in Österreich, Baden-Baden 2021. E-Mail: otto.lagodny@plus.ac.at

Flora Löffelmann: Geboren 1992 in Kleinbaumgarten (NÖ), Studium der Philosophie, Publizistik und Kommunikationswissenschaften sowie Gender Studies an der Universität Wien, der Humboldt-Universität zu Berlin und der Université Paris 8-Vincennes Saint Denis, 2015–2020 Studienassistentin und Tutorin am Institut für Philosophie der Universität Wien, zuerst für den Bereich History and Philosophy of Science und zuletzt im Bereich Medien- und Technikphilosophie; Mai 2020 Abschluss des Masterstudiums Philosophie und 2021 des Masters Gender Studies, seit Jänner 2021 Universitätsassistentin (PraeDoc) an der Vienna Doctoral School of Philosophy der Universität Wien und Mitglied des InterGender Consortiums. AFS: Feministische Phänomenologie und Epistemologie, Diskriminierungsforschung, Postkolonialismus. E-Mail: flora.loeffelmann@univie.ac.at

Maia Loh: Geboren 1989 in Salzburg, Studium der Kultur- und Sozialanthropologie an der Universität Wien (BA), Öffentlichkeitsarbeit und PR-Beauftrage der Studienvertretung Kultur- und Sozialanthropologie (ÖH Wien), Referentin für Bildungs- und Öffentlichkeitsarbeit am Afro-Asiatischen Institut Salzburg. AFS: Kritische und historische Auseinandersetzung mit der hegemonialen Rolle der akademischen Wissensproduktion (theoretische Bachelorarbeit), Pelu: Spezialisten Mikronesischer Navigation und Experten über Meereslandschaften (Seacapes), Institutionen kritischer Hochschulbildung (empirische Forschung an der Kritischen Uni Innsbruck), empirische Bachelorarbeit zum Wiener Lastenradkollektiv. E-Mail: maialoh@live.at

Maximilian Niesner: Geboren 1988 in Prien am Chiemsee, Studien der Katholischen Fachtheologie sowie der Philosophie an der Universität Salzburg, wissenschaftlicher Mitarbeiter am FB Philosophie KTH. AFS: Wissenschaftstheorie, Erkenntnistheorie, Phänomenologie, Interkulturalität, religionsphilosophische Fragestellungen, Kritische Theorie. E-Mail: maximilian.niesner@stud.sbg.ac.at

Manfred Oberlechner-Duval: Geboren 1970 in Salzburg, Studien der Soziologie, Politikwissenschaft, französischen Sprache und Kulturkunde, Migrationssoziologie und Ethnizitätsforschung, Migration und Religious Studies sowie Deutsch als Zweitsprache/Fremdsprache, Integrations- und Migrationskoordinator im Amt der Salzburger Landesregierung im Fachreferat 12/06: Migration, Hochschulprofessor für Soziologie an der Pädagogischen Hochschule Salzburg Stefan Zweig, Forschungsaufenthalte u. a. an der Erasmus Universiteit Rotterdam sowie am Institute for Migrations- and Ethnic Studies (IMES) der Universiteit van Amsterdam, an der Université de Strasbourg und Université de Lorraine,

Research Fellow am Institut für Sozialforschung (IfS) an der Goethe-Universität Frankfurt am Main. AFS: Erziehungswissenschaftliche und soziologische Migrationsforschung, Kritische Theorie der Gesellschaft, Kritische Pädagogik in der Migrationsgesellschaft, Bildungssoziologie und Wissenssoziologie, Politische Bildung in der Migrationsgesellschaft. E-Mail: manfred.oberlechner-duval@phsalzburg.at

Max Preglau: Geboren 1951 in Wien, Studien und Promotion an der WU Wien, Post Graduate-Studium der Soziologie am IHS (Wien), Habilitation in Soziologie an der Universität Innsbruck, 1991–2016 Professor an der Universität Innsbruck, Lehr- und Forschungsaufenthalte in den USA (Harvard, Stanford, Austin) und China (Shanghai Universität). AFS: Kritische Theorie, Sozialstruktur, Sozialpolitikanalyse. E-Mail: max.preglau@uibk.ac.at

Sonja Riegler: Geboren 1993 in Graz, Studium der Philosophie und Vergleichenden Literaturwissenschaften an der Universität Wien, der Universität Paris 1, Sorbonne-Panthéon, und der Universität Paris 8, Vincennes-Saint Denis; neben der Forschung auch Tätigkeit im Bereich der Kultur- und Wissenschaftsvermittlung, zuletzt bei period. Magazin, Ö1, Forum Alpbach, beim Österreichischen Kulturforum und dem Goethe-Institut Paris; kuratorische Arbeit bei *Philosophy Unbound* sowie Vernetzung von unterrepräsentierten Gruppen in der akademischen Philosophie bei UPsalon; zurzeit Doktorandin im Rahmen des Projekts „Politische Epistemologie" am Institut für Philosophie an der Universität Wien. AFS: Soziale, politische und feministische Epistemologie sowie deren Verbindung zu Fragestellungen in der Wissenschaftsphilosophie und politischen Philosophie. E-Mail: sonja.riegler@univie.ac.at

Andrea E. Schmidt: Geboren 1983 in Graz, seit 2016 wissenschaftliche Mitarbeiterin und Senior Health Expert an der Gesundheit Österreich GmbH in der Abteilung Gesundheitsökonomie und -systemanalyse, seit 2018 stellvertretende Abteilungsleiterin ebenda, Master of Science Public Policy and Human Development (MSc) an der Maastricht Universiteit (Niederlande) sowie Doktoratsstudium der Sozial- und Wirtschaftswissenschaften im Fach Volkswirtschaftspolitik an der WU Wien, Department Sozioökonomie, zuvor wissenschaftliche Mitarbeit (Researcher) am Europäischen Zentrum für Wohlfahrtspolitik und Sozialforschung, Abteilung Gesundheit und Pflege (Wien), Mitglied im wissenschaftlichen Beirat des Albert-Schweitzer-Instituts der Geriatrischen Gesundheitszentren Graz und Unterstützung des Fachbeirats des Schweizer Bundesamts für Gesundheit im Förderprogramm zur Entlastung pflegender Angehöriger während der gesamten Laufzeit. AFS: Gerechte Gestaltung (Equity) von Gesundheits- und Pflegesystemen, Performance von Gesundheitssystemen, Pflegefinanzierung und -ökonomie, Ungleichheit im Zugang zu Pflegeleistungen, sozioökonomische Aspekte der Versorgung durch pflegende Angehörige. Aktuelle Publikation: Schmidt, Andrea E./Waitzberg, Ruth/Blümel, Miriam, Langzeitpflege und -betreuung: Über Bedarfsgerechtigkeit und chancengerechten Zugang am Beispiel Österreich, in: Momentum Quarterly 10 (2021) 3, 168–175. E-Mail: andrea.schmidt@goeg.at

Siegrid Schmidt: Studium der Germanistik, Musik- und Politikwissenschaft an der Universität Salzburg, Promotion 1988 zur Mittelalter-Rezeption in der deutschen Literatur nach 1945, Forschungsstipendium (1988–1991) an der Max-Reinhardt-Forschungs- und Gedenkstätte Salzburg, postgraduated Ausbildung Museumspädagogik, ab 1995 wissenschaftliche Mitarbeiterin an der Universität Salzburg, Gründung und stellvertretende Leitung des Interdisziplinären Zentrums für Mittelalter-Studien, seit 2011 Vorsitzende des Arbeitskreises für Gleichbehandlungsfragen. AFS: Nibelungenlied, mittelhochdeutsche und neuhochdeutsche Narrenliteratur, späte Lyrik des Mittelalters, literarische Mittelalter-Rezeption, (Musik-)Theater im Zusammenhang mit den Salzburger Oster- und Sommerfestspielen, Literaturdidaktik und Museologie. E-Mail: siegrid.schmidt@plus.ac.at

Angelika Striedinger: Diplomstudium der Soziologie an der Universität Wien, während des Diplomstudiums vier Jahre Engagement in der ÖH sowie vier Jahre Mitarbeiterin bei der Internationalen Bildungsgewerkschaft Education International, 2016 Promotion an der WU Wien mit der Dissertation *Anpassung als Strategie der Veränderung oder als Weg zur Kooptation? Eine Untersuchung institutioneller Gleichstellungsarbeit an österreichischen Universitäten*, bis 2016 wissenschaftliche Mitarbeiterin im Forschungsprojekt „GENIA – Gender in Academia" an der Universität Wien sowie bis 2018 im Forschungsprojekt „Gleichstellung in Wissenschaft und Forschung in Österreich" am Institut für Höhere Studien, zurzeit Bereichsleiterin Wissenschaft am Karl-Renner-Institut Wien. AFS: Vernetzung von Wissenschaft und Politik, Gesellschaftliche Hegemonie und Große Erzählung, Organisationaler Wandel und Soziale Bewegungen. E-Mail: striedinger@renner-institut.at

Georg Zimmermann: Geboren 1990 in Bad Ischl (Österreich), Studium der Mathematik und der Altertumswissenschaften an der Universität Salzburg, 2020 Promotion „sub auspiciis praesidentis", seit 2020 Postdoc und Leiter des Teams

„Biostatistics & Big Medical Data" des IDA Lab Salzburg an der Paracelsus Medizinischen Privatuniversität Salzburg, seit 2016 Lektor an der Paris-Lodron-Universität Salzburg (Lehrveranstaltungen für Mathematik-, Biologie-, Medizin- und Linguistikstudierende), seit 2018 Mitglied der Core Group im Working Package „Guidelines" des Europäischen Referenznetzwerks "EpiCare" für seltene und komplexe Epilepsien. AFS: Statistische Methoden zur Analyse von Studien mit kleinen Fallzahlen, Kovarianzanalyse, Fallzahlplanung, systematische Reviews, Kooperationen im Bereich der Dermatologie, Epilepsie, uvm. Aktuelle Publikation: Zimmermann, Georg u. a., Multivariate analysis of covariance with potentially singular covariance matrices and non-normal responses, in: Journal of Multivariate Analysis 177 (2020), 104594 [doi: 10.1016/j.jmva.2020.104594]. E-Mail: georg.zimmermann@pmu.ac.at

Übersetzerin

Elena Haider: Geboren 1994 in Traunstein (Oberbayern), Studien des Gymnasiallehramts für Spanisch und Kath. Religion sowie der Kath. Fachtheologie an der Universität Salzburg, Lehrerin an der Mittelschule Gaspoltshofen (Oberösterreich). AFS: Performative Theologie, Erkenntnistheorie, Metaphorologie, Religionskritik, E-Mail: elena.haider@stud.sbg.ac.at

Salzburger interdisziplinäre Diskurse

Herausgegeben von Franz Gmainer-Pranzl

Band 1 Franz Gmainer-Pranzl / Martina Schmidhuber (Hrsg.): Der Anspruch des Fremden als Ressource des Humanen. 2011.

Band 2 Franz Gmainer-Pranzl / Judith Gruber (Hrsg.): Interkulturalität als Anspruch universitärer Lehre und Forschung. 2012.

Band 3 Franz Gmainer-Pranzl / Sigrid Rettenbacher (Hrsg.): Religion in postsäkularer Gesellschaft. Interdisziplinäre Perspektiven. 2013.

Band 4 Judith Gruber (Hrsg.): Theologie im Cultural Turn. Erkenntnistheologische Erkundungen in einem veränderten Paradigma. Unter Mitarbeit von Verena Bull. 2013.

Band 5 Franz Gmainer-Pranzl / Ingrid Schmutzhart / Anna Steinpatz (Hrsg.): Verändern Gender Studies die Gesellschaft? Zum transformativen Potential eines interdisziplinären Diskurses. 2014.

Band 6 Anna Steinpatz / Silvia Arzt / Dominik Elmer (Hrsg.): KATHARINAfeier. Kritisch – theologisch – feministisch. Eine Nachlese. 2015.

Band 7 Franz Gmainer-Pranzl / Angela Schottenhammer (Hrsg.): Wissenschaft und globales Denken. 2016.

Band 8 Franz Gmainer-Pranzl / Anita Rötzer (Hrsg.): Zukunft entwickeln. Dokumentation der 15. Entwicklungspolitischen Hochschulwochen an der Universität Salzburg 2015. 2017.

Band 9 Arno Strohmeyer / Lena Oetzel (Hrsg.): Historische und systematische Fallstudien in Religion und Politik vom Mittelalter bis ins 21. Jahrhundert. 2017.

Band 10 Jessica Fortin-Rittberger / Franz Gmainer-Pranzl (Hrsg.): Demokratie – Ein interdisziplinäres Forschungsprojekt. 2017.

Band 11 Eneida Jacobsen: Theologie und politische Theorie. Kritische Annäherungen zwischen zeitgenössischen theologischen Strömungen und dem politischen Denken von Jürgen Habermas. 2018.

Band 12 Franz Gmainer-Pranzl / Ulrike Brandl / Ricarda Drüeke / Jochim Hansen / Eva Hausbacher / Elisabeth Klaus (Hrsg.): Inklusion/Exklusion. Aktuelle gesellschaftliche Dynamiken. 2018.

Band 13 Nikolaus Dimmel / Franz Gmainer-Pranzl / Sylvia Hahn (Hrsg.): Migration und sozialer Wandel. 2019.

Band 14 Franz Gmainer-Pranzl / Barbara Schellhammer (Hrsg.): Culture – A Life of Learning. Clifford Geertz und aktuelle gesellschaftliche Herausforderungen. 2019.

Band 15 Franz Gmainer-Pranzl / Barbara Mackinger (Hrsg.): Identitäten. Zumutungen für Wissenschaft und Gesellschaft. 2020.

Band 16 Franz Gmainer-Pranzl / Anita Rötzer (Hrsg.): Shrinking Spaces. Mehr Raum für globale Zivilgesellschaft. 2020.

Band 17 Bettina Brandstetter / Franz Gmainer-Pranzl / Ulrike Greiner (Hrsg.): Von „schöner Vielfalt" zu prekärer Heterogenität. Bildungsprozesse in pluraler Gesellschaft. 2021.

Band 18 Nancy Andrianne / Manfred Gabriel / Franz Gmainer-Pranzl (Hrsg.): Das Politische der Wissenschaft. 2022.

www.peterlang.com

www.ingramcontent.com/pod-product-compliance
Ingram Content Group UK Ltd.
Pitfield, Milton Keynes, MK11 3LW, UK
UKHW021829210426
5322IPUK00004B/87